99 卷

# 2024AATCC 国际测试方法和程序手册

## 2024AATCC Manual of International Test Methods and Procedures

美国纺织化学家和染色家协会 编著

中国纺织信息中心

中国纺织工业联合会检测中心 编译

中国纺织出版社有限公司

# 内 容 提 要

本书介绍了由美国纺织化学家和染色家协会（AATCC）提供的 2024 版国际测试方法和程序手册，重点包括 129 个测试方法、5 个实验室程序、12 个评定程序和 5 篇专论。内容涉及纺织品的色牢度性能、染色性能、生物性能、物理性能及纤维鉴别分析方法等。

本书对研究纺织品检测技术、掌握检测方法、控制和提高纺织品质量具有指导意义。可供在检测机构、科研院所、纺织品服装企业中从事质量检测、进出口贸易及相关工作的人士学习和参考。

## 图书在版编目(CIP)数据

2024AATCC 国际测试方法和程序手册. 99 卷 / 美国纺织化学家和染色家协会编著；中国纺织信息中心 中国纺织工业联合会检测中心编译. --北京 ： 中国纺织出版社有限公司，2024.5

ISBN 978-7-5229-1756-6

Ⅰ. ①2… Ⅱ. ①美… ②中… Ⅲ. ①纺织品－染色（纺织品）－测试方法－手册 Ⅳ. ①TS193.8-62

中国国家版本馆 CIP 数据核字(2024)第 088553 号

---

责任编辑：范雨昕 由笑颖 责任校对：高 涵
责任印制：王艳丽

---

中国纺织出版社有限公司出版发行
地址：北京市朝阳区百子湾东里 A407 号楼 邮政编码：100124
销售电话：010—67004422 传真：010—87155801
http://www.c-textilep.com
中国纺织出版社天猫旗舰店
官方微博 http://weibo.com/2119887771
北京华联印刷有限公司印刷 各地新华书店经销
2024 年 5 月第 1 版第 1 次印刷
开本：889×1194 1/16 印张：49.75
字数：1262 千字 定价：1800.00 元

# 前言

　　长期以来，由于《AATCC 国际测试方法和程序手册》仅有英文版本，在一定程度上制约和限制了我国出口型企业对该标准的准确理解和实施。中国纺织信息中心于 2007 年 7 月得到美国纺织化学家和染色家协会（AATCC）的正式授权后，组织专家、学者对《AATCC 国际测试方法和程序手册》进行了全文翻译，于 2008 年、2010 年、2012 年、2014 年、2016 年、2018 年、2020 年和 2022 年分别出版了中文版《AATCC 技术手册》83 卷、85 卷、87 卷、89 卷、91 卷、93 卷、95 卷和 97 卷，并于 2009 年、2011 年、2013 年、2015 年、2017 年、2019 年、2021 年和 2023 年分别出版了该标准技术手册的中文版增补册。

　　中文版《2024AATCC 国际测试方法和程序手册》（99 卷）以 2024 英文版《AATCC 国际测试方法和程序手册》（99 卷）为基准，其中包含 129 个现行有效的测试方法，5 个实验室程序，12 个评定程序及 5 篇专论，内容涉及纺织品物理、色牢度、染色及生物性能、评定程序及纤维鉴别分析等，与 2022 版相比，更新、撤销、新增或再确认 34 项标准。

　　中文版《AATCC 国际测试方法和程序手册》自出版以来，在一定程度上方便了企业、检测机构及科研院所从事标准检测及相关贸易人士使用 AATCC 标准，得到了行业内同仁的广泛欢迎及大力支持，同时，也反馈了许多宝贵建议，惠及再版的改进，在此表示感谢。

　　由于时间和水平所限，中文版《AATCC 国际测试方法和程序手册》较之原文难免有理解偏差或翻译不准确之处，恳请专家、读者提出宝贵意见，并参照原文使用。

《AATCC 国际测试方法和程序手册》编译委员会

2024 年 2 月 20 日

# 《AATCC 国际测试方法和程序手册》编译委员会

若有任何疑问，请联系：
中国纺织信息中心／中国纺织工业联合会检测中心
《AATCC 国际测试方法和程序手册》编译委员会
地址：北京市朝阳区延静里中街 3 号科研楼七层 706
电话：010-65855509
传真：010-65934577
电子信箱：peixun@fabricschina.com.cn

# 目　录

**AATCC 实验室程序**

**AATCC 评定程序**

## AATCC 专论

# AATCC 测试方法

**AATCC TM6-2021**

# 耐酸和耐碱色牢度

## 1. 目的和范围

评定试样在实验室环境下，被酸沾染或被碱熏时的颜色变化。适用于各种纤维制成的有色纱线和织物，包括染色、印花和其他有色纺织品。

## 2. 原理

用简单的实验仪器将试样在规定的溶液中浸泡或使其沾有污渍，允许在室温下进行干燥，然后观察其颜色变化。

## 3. 引用文献

**3.1** AATCC EP1，变色灰卡评定程序（见 12）。

**3.2** AATCC EP7，仪器评定试样变色（见 12）。

**3.3** ASTM E1402，抽样计划的标准指南。

## 4. 术语

色牢度：材料在加工、检测、储存或使用过程中，暴露在可能遇到的任何环境下，抵抗颜色变化和/或颜色向相邻材料转移的能力。

## 5. 安全和预防措施

**5.1** 本方法/程序中所列的安全和预防措施有助于测试，但未指出所有可能的安全问题。

**5.2** 使用者在采用本标准处理材料时，有责任参考合适的安全数据表，采用安全和合适的技术，并佩戴合适的个人防护设备。

**5.3** 使用者务必向制造商咨询详尽信息，例如设备操作说明和其他的建议。咨询并遵守合适的健康和安全规范［如美国职业安全卫生管理局（OSHA）的标准和规定］。

## 6. 仪器、材料和试剂

**6.1** 烧杯，250mL。

**6.2** 钟形玻璃容器，4L，底部配有玻璃板。

**6.3** 蒸发皿，直径 7.6cm。

**6.4** 盐酸（HCl），浓度 35%。

**6.5** 乙酸（$CH_3COOH$），浓度 56%。

**6.6** 氢氧化铵（$NH_4OH$），含 28% 无水氨（$NH_3$）。

**6.7** 无水碳酸钠（$Na_2CO_3$），工业级。

**6.8** 氢氧化钙［$Ca(OH)_2$］，新配制的，糊状。

**6.9** 评价变色的设施和环境条件。

**6.9.1** 视觉评价采用变色灰卡（见 12）。按照 AATCC EP1 使用其他材料和灰色样卡。

**6.9.2** 仪器评价采用 AATCC EP7 中所述的分光光度计。

## 7. 试样准备

剪取大小和形状适宜的试样。

## 8. 操作程序

**8.1** 酸性测试。

**8.1.1** 配制盐酸溶液，将 100mL 35% 的盐酸加入半装满蒸馏水的容量瓶中，然后定容到 1L。用盐酸溶液在 21℃（70℉）下浸渍试样，不需漂洗，在室温下干燥试样。

**8.1.2** 用乙酸溶液（56%）浸渍试样，不需漂洗，在室温下干燥试样。

**8.2** 碱性测试。

**8.2.1** 在 21℃（70℉）条件下，将试样浸泡在氢氧化铵溶液（含 28% 无水氨）中 2min，不需漂洗，在室温下干燥试样。

**8.2.2** 在 21℃（70℉）条件下，将试样浸泡在 10%碳酸钠溶液中 2min，不需漂洗，在室温下干燥试样。

**8.2.3** 在玻璃板上放上一个 4L 的钟形玻璃容器，在容器内放入装有 10mL 氢氧化铵溶液（含 28%无水氨）的蒸发皿，将试样悬挂在蒸发皿上方 7.6cm（3 英寸）处 24h。

**8.2.4** 用配制新鲜的糊状氢氧化钙（由氢氧化钙加少量水混合制成）沾污试样并干燥试样，然后用刷子刷掉试样上干的粉末。

## 9. 评级

在相对湿度（65±5）%，温度（21±2）℃［（70±4）℉］的大气环境下调湿 1h 后，通过与变色灰卡比较来评价每个测试样的颜色变化［AATCC 评价程序（EP1）］，或采用程序 AATCC EP7 测试样变色的仪器评价方法进行评价，并且记录与灰卡相当的级数。

## 10. 报告

**10.1** 测试样品的描述或识别。

**10.2** 报告样品是按照 AATCC TM6-2021 进行测试的。

**10.3** 报告试验条件。

**10.3.1** 所使用的酸和碱溶液。

**10.3.2** 所使用的评价方法。

**10.3.3** 变色评价程序（AATCC EP1 或 AATCC EP7）。

**10.4** 报告测试结果。每种试剂溶液的颜色变化及所使用的评价方法。

**10.5** 描述对本发布方法的任何偏离。

## 11. 精确度和偏差

**11.1** 精确度。本测试方法的精确度还未确立，在关于其精确度的说明产生之前，采用标准的统计方法，比较实验室内或实验室之间试验结果的平均值。

**11.2** 偏差。耐酸和耐碱色牢度只能根据某一实验方法予以定义，因而没有单独的方法用以确定真值。本方法作为预测这一性质的手段，没有已知偏差。

## 12. 注释

可从 AATCC 获取，地址：P. O. Box 12215, Research Triangle Park NC 27709；电话：+1. 919. 549. 8141；传真：+1. 919. 549. 8933；电子邮箱：ordering@ aatcc. org；网址：www. aatcc. org。

## 13. 历史

**13.1** 2021 年修订以明确并符合 AATCC 标准的统一格式。

**13.2** 2019 年编辑性修订，2016 年修订，2011 年重新审定，2010 年编辑性修订，2006 年重新审定，2004 年编辑性修订，2001 年编辑性修订并重新审定，1995 年编辑性修订，1994 年编辑性修订并重新审定，1989 年重新审定，1986 年、1981 年编辑性修订并重新审定，1978 年、1975 年、1972 年重新审定，1957 年、1952 年、1945 年修订。

**13.3** AATCC RR1 技术委员会于 1925 年制定，由 RA99 维护。

*AATCC TM8-2016e（2022）e*

# 耐摩擦色牢度：摩擦测试仪法

## 1. 目的和范围

**1.1** 本测试方法用来评定有色纺织品表面和其他有色材料（如皮革）因摩擦而发生颜色转移到其他表面的程度。

**1.2** 测试程序中使用正方形的摩擦白布，包括干燥和用水润湿的。

## 2. 原理

**2.1** 在规定条件下，有色试样与摩擦白布进行摩擦。

**2.2** 通过与沾色灰卡（AATCC EP2）或 AATCC 9 级沾色彩卡（AATCC EP8）或用仪器评定（AATCC EP12）进行比较，评价颜色转移到摩擦白布的程度，并确定沾色级数。

## 3. 术语

**3.1** 色牢度：材料在加工、检测、储存或使用过程中，暴露在可能遇到的任何环境下，抵抗颜色变化和/或颜色向相邻材料转移的能力。

**3.2** 摩擦脱色：通过摩擦，着色剂从有色纱线或织物表面转移到另一个表面或同一织物的邻近区域。

## 4. 安全和预防措施

本安全和预防措施仅供参考。本部分有助于测试，但未指出所有可能的安全问题。在本测试方法中，使用者在处理材料时有责任采用安全和适当的技术；务必向制造商咨询有关材料的详尽信息，如材料的安全参数和其他制造商的建议；务必向美国职业安全卫生管理局（OSHA）咨询并遵守其所有标准和规定。

遵守良好的实验室规定，在所有的试验区域应佩戴防护眼镜。

## 5. 使用和限制条件

**5.1** 本方法不推荐用于地毯或面积太小的印花纺织品（见 14.1 和 14.2）。

**5.2** 水洗、干洗、缩水、熨烫、后整理等整理可能对材料的颜色转移程度产生影响，因此，可在上述各处理前或后或前和后均进行测试。

**5.3** 本方法使用 14.5 所描述的 AATCC 摩擦布。征得利益双方同意，也可以选择性使用相近的纺织基材。

## 6. 仪器和材料（见 14.3）

**6.1** 摩擦测试仪（见 14.4 和图 1）。

**6.2** AATCC 摩擦白布，剪成 50mm ± 1mm 正方形（见 14.5）。

**6.3** AATCC 9 级沾色彩卡（AATCC EP8，见 14.6）。

图 1 摩擦测试仪

**6.4** 沾色灰卡（AATCC EP2，见 14.6）。

**6.5** 白色 AATCC 纺织吸水纸（见 14.6）。

**6.6** 摩擦仪的试样夹持器（见 14.4）。

**6.7** 螺旋金属夹将摩擦布固定在摩擦头上。

**6.8** 摩擦测试仪校准布，或可以重复和预测摩擦结果，具有已知的较低摩擦色牢度性能的实验室织物。

**6.9** 为摩擦仪基座提供摩擦力的砂纸（见生产说明）。

## 7. 核查

**7.1** 定期核查试验操作和仪器，并保留记录结果。当异常摩擦图形影响评级程序时，观察和纠正操作对避免错误的测试结果很重要（见 14.7）。

**7.2** 使用摩擦测试仪校准布或已知摩擦牢度级数较低的实验室内部摩擦织物，进行三次干摩擦和三次湿摩擦测试。

**7.2.1** 如果摩擦白布因沾色不匀而使沾色图形不圆，则表明摩擦头可能需要重新修复表面（见 14.8）。

**7.2.2** 如果产生重影的细长图形，则表明螺旋金属夹可能松动（见 14.8）。

**7.2.3** 如果产生拉长的条纹图形，则表明摩擦布安装可能倾斜。

**7.2.4** 如果试样边缘有磨损痕迹，则表明螺旋金属夹向下安装了，且位置不够高，导致其对试样表面产生摩擦。

**7.2.5** 如果摩擦布中间部位有沿着摩擦方向的条纹，则表明金属基座顶部可能发生翘曲且不平。需要插入一个托架来调平测试仪基座。

**7.2.6** 如果使用了试样夹，将试样夹固定在测试仪基座的试样上。摇动摩擦臂使摩擦头到最前端的位置，观察摩擦头是否碰到了试样夹的内侧。如果碰到了，则后面所有测试将试样夹的固定位置稍稍前移。如果不进行相应的调整，将导致摩擦布沾色图形的一边颜色特别深。

**7.2.7** 含湿量的确认方法（见 10.2）。

**7.2.8** 如果摩擦仪基座上的摩擦砂纸的摩擦区域用手摸起来与其旁边的区域相比很平滑或者试样发生明显的滑动，则应及时更换摩擦砂纸。

**7.2.9** 在常规测试中，观察摩擦布的沾色图形上是否出现多个条纹。试样的长度方向一般倾斜于织物的经向和纬向。如果摩擦的方向平行于斜纹方向或花型方向，产生多个条纹，则可以轻微调整测试的角度。

## 8. 试样准备

**8.1** 两块试样，一块用于干摩擦测试，一块用于湿摩擦测试。

为了增加结果平均值的精度，可增加试样数量（见 13.1）。

**8.2** 剪取样品，尺寸至少为 50mm×130mm，最好使试样的长度方向倾斜于织物的经纬向或纵横向（见图 2）。

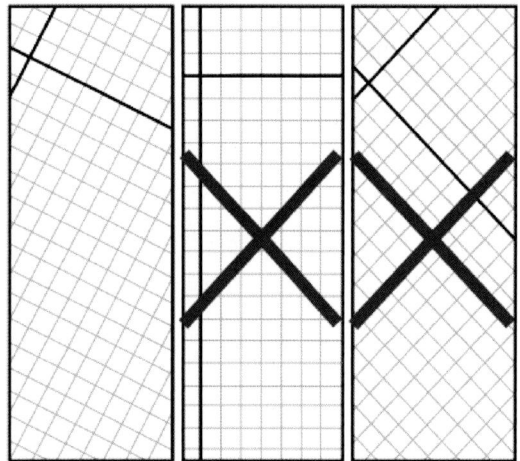

**图 2  试样的正确倾斜（左边）**

当需要进行多个测试以及进行产品的生产测试时，可以使用更大的或者全幅的实验室样品，而不必单独地裁剪试样，但是大试样应当倾斜放置，如果不可以的话，应当在报告中备注。避开缝线和凸起的区域。

取样应与织物经向和纬向呈一定的角度，即不平行、垂直或呈 45°，而应当是倾斜的。

**8.3** 纱线。将纱线编结成尺寸至少为 50mm×130mm 的织物，且按 8.2 放置；或将纱线沿长度方向紧密缠绕在一个合适的、尺寸至少为 50mm×130mm 的模板上；或者采取铺开方式（见 14.9）。

## 9. 调湿

测试前，按照 ASTM D1776《纺织品调湿和测试标准方法》的要求对试样及摩擦白布进行预调湿和调湿。将每块试样或摩擦白布分开放在筛网或调湿用多孔架上，在温度为 21℃±2℃（70℉±4℉）和相对湿度 65%±5% 的大气条件下调湿至少 4h。

## 10. 操作程序

**10.1** 干摩擦测试。

**10.1.1** 将试样平放在铺有砂纸的摩擦仪基座上，使其长度方向沿摩擦方向。

**10.1.2** 将试样夹持器固定于试样上，施加足够张力以防止试样滑动或折皱。

**10.1.3** 将摩擦白布固定在从滑动臂向下突出的摩擦头上，纹路平行于摩擦方向。用专门的螺旋金属夹固定摩擦白布，保持弹簧夹向上。如果弹簧夹向下就会对试样产生牵拉。

**10.1.4** 将装有摩擦白布的摩擦头放到试样上，摩擦头的起始位置位于前端，以每秒一圈的速度，摇动曲柄把手 10 圈，使摩擦头往复滑动 20 次。对于电动摩擦测试仪，设置并运行仪器 10 圈。对于其他的运行圈数，根据规定进行参数设置。

**10.1.5** 取下摩擦白布，调湿（见 9）并按照本方法中 11 的规定进行评级。对于拉毛、起绒或磨毛试样，松散纤维可能影响评级，因此在评级前，用透明胶带轻压摩擦白布，以沾去松散的纤维。

**10.2** 湿摩擦测试。

**10.2.1** 称量调湿后的干燥摩擦质量。计算湿重应为原干重的 1.65 倍（吸湿 65%±5%）。

在摩擦布上均匀地滴加水分，直到确认吸湿了 65%±5% 的量。如果必要时，舍弃质量不足或超重的摩擦布，重换新的。每天重复此程序（见 14.10）。获得吸湿量的一种方法：使用注射器管、刻度移液管或者自动移液管，吸取干摩擦白布质量 0.65 倍重的水量（mL）。例如，摩擦布重 0.24g，则吸取的水量（mL）为 0.24×0.65＝0.16（mL）。将摩擦白布放在盘子内的白塑料网上，如有必要，可以调整用来润湿摩擦白布的水量，并用一块新的摩擦白布重复上述步骤。当达到 65%±5% 的含湿率时，记录用水量。用注射器管、刻度移液管或自动移液管吸水润湿摩擦白布时，可使用其当天记录的用水量来进行准备。也可以使用其他可行的方法。

**10.2.2** 在实际摩擦测试开始前，应防止因水分蒸发引起含湿量降低到规定范围 65%±5% 以下。

**10.2.3** 按照 10.1 的要求继续进行测试。

**10.2.4** 在空气中晾干摩擦白布，评级前需调湿（见 9）。对于拉毛、起绒或磨毛试样，松散纤维可能影响评级，因此在评级前，用透明胶带轻压摩擦白布，以沾去松散的纤维。

## 11. 评级（见 14.11）

**11.1** 在评级时，用三层未使用过的摩擦白布垫于待评摩擦白布的下面。

**11.2** 用沾色彩卡 EP8 或沾色灰卡 EP2 或色差评定仪 EP12 评定试验后颜色从试样转移到摩擦白布上的程度（见 14.12 和 14.13）。

**11.3** 当测试多块试样或一组评级者评定沾色时，取结果的平均值，精确到 0.1 级。

## 12. 报告

**12.1** 除非利益双方有其他要求，否则应声明干湿摩擦级数。

**12.2** 按照 11.3 报告级数。

**12.3** 注明评级使用的是沾色灰卡 EP2 还是

AATCC 9 级沾色彩卡 EP8，或是仪器评定沾色 AATCC EP12（见 14.12）。

**12.4** 如果试样经过处理（见 5.2），则在报告中注明。

## 13. 精确度和偏差（见 14.14）

**13.1** 精确度。1986 年进行了实验室间的比对试验，以确定本测试方法的精度。各实验室的比对测试均在常规大气条件下进行，不必在 ASTM D1776 标准大气条件下进行。12 个实验室参加本次比对测试，每个实验室有两位操作员参加，共五块织物，每块织物取三个重复试样，用干摩擦和湿摩擦两种方法分别进行评价。三位评级者使用沾色灰卡和沾色彩卡，独立对沾色摩擦白布进行评级。原始数据归档在 AATCC 技术中心。

**13.1.1** 沾色灰卡或沾色彩卡评级的标准偏差构成见表 1。

表 1 标准偏差构成

| 测试范围 | 干摩擦 | | 湿摩擦 | |
|---|---|---|---|---|
| | 沾色彩卡 | 沾色灰卡 | 沾色彩卡 | 沾色灰卡 |
| 单个操作者/评级员 | 0.20 | 0.20 | 0.24 | 0.25 |
| 实验室内 | 0.20 | 0.19 | 0.31 | 0.34 |
| 实验室间 | 0.10 | 0.17 | 0.38 | 0.54 |

**13.1.2** 临界差见表 2。

对表 1 的偏差构成，如果两个平均值之间的差值等于或大于下述的临界差值，则认为其在 95% 置信区间下显著不同。

表 2 临界差

| 测试范围 | 观察数量 | 干摩擦 | | 湿摩擦 | |
|---|---|---|---|---|---|
| | | 沾色彩卡 | 沾色灰卡 | 沾色彩卡 | 沾色灰卡 |
| 单个操作者/评级员 | 1 | 0.55 | 0.54 | 0.68 | 0.70 |
| | 3 | 0.32 | 0.31 | 0.39 | 0.40 |
| | 5 | 0.24 | 0.24 | 0.30 | 0.31 |

续表

| 测试范围 | 观察数量 | 干摩擦 | | 湿摩擦 | |
|---|---|---|---|---|---|
| | | 沾色彩卡 | 沾色灰卡 | 沾色彩卡 | 沾色灰卡 |
| 实验室内 | 1 | 0.77 | 0.75 | 1.08 | 1.17 |
| | 3 | 0.60 | 0.61 | 0.93 | 1.02 |
| | 5 | 0.60 | 0.57 | 0.90 | 1.00 |
| 实验室间 | 1 | 0.82 | 0.89 | 1.53 | 1.90 |
| | 3 | 0.69 | 0.77 | 1.43 | 1.81 |
| | 5 | 0.66 | 0.74 | 1.41 | 1.79 |

注 临界差的依据：$t=1.96$，无限自由度。

**13.1.3** 使用一个评级者和沾色彩卡来确定实验室间差异的示例见表 3。

表 3 沾色彩卡确定摩擦测试结果

| 项目 | 干摩擦 | 湿摩擦 |
|---|---|---|
| 实验室 A | 4.5 | 3.5 |
| 实验室 B | 4.0 | 1.5 |
| 差值 | 0.5 | 2.0 |

说明：对于干摩擦测试，由于实验室间的结果差值小于表 2 中所述的临界差值（0.82），因此，结果之间的差异不显著。对于湿摩擦测试，由于实验室间的结果差值超过了临界差值（1.53），因此，结果之间的差异很显著。

**13.2** 偏差。摩擦色牢度的真值只能以试验方法进行定义，因此本方法没有已知偏差。

## 14. 注释

**14.1** 对于地毯的摩擦色牢度测试，应使用 RA57 技术委员会制定的 AATCC 165《耐摩擦色牢度：铺地纺织品——摩擦测试仪法》进行测试。

**14.2** 对于花型面积太小的印花面料，其面积达不到标准摩擦仪的测试需要（见 TM116，旋转垂直摩擦仪法）。这时两种测试方法得到的测试结果不一致，两种方法之间没有已知的相关性。

**14.3** 本测试方法相关的仪器信息，参见

AATCC 购买者手册，网址为 www.aatcc.org/bg。AATCC 提供合作商出售的仪器和材料列表，但 AATCC 不限制，不刻意支持或证实仪器、材料能够满足测试方法要求。

**14.4** 摩擦测试仪模拟的是人的手指和前臂动作的往复摩擦运动。

摩擦测试仪设计成直径为 16mm±0.3mm（0.625 英寸±0.01 英寸）的摩擦头往复移动，曲柄每转一圈，样品上形成一个 104mm±3mm 的直线轨迹，同时施加向下的压力为 9N±0.9N（2 磅±0.2 磅）。

**14.5** 摩擦白布应满足下述条件：

纤维：100% 的 10.3~16.8mm 精梳棉原纤，不含荧光增白剂。

纱线：15tex（40/1 英支棉纱），5.9 捻/cm，Z 捻向。

密度：经密 32 根/cm±5 根/cm，纬密 33 根/cm±5 根/cm。

组织：$\frac{1}{1}$ 平纹。

成品：经退浆、漂白，不含荧光增白剂和整理剂。

pH：7±1。

克重：100g/m$^2$±3g/m$^2$（整理后）。

白度：$W$=78±3（见 AATCC 110）。

警告：基于对摩擦布的研究，使用 ISO 摩擦布和使用 AATCC 摩擦布所测得结果不可等同。

**14.6** AATCC 9 级沾色彩卡、沾色灰卡和白色 AATCC 纺织吸水纸可从 AATCC 获取，地址：P.O.Box 12215, Research Triangle Park NC 27709；电话：+1.919.549.8141；传真：+1.919.549.8933；电子邮箱：ordering@aatcc.org；网址：www.aatcc.org。

**14.7** 有关摩擦实验的讨论，可参见 J. Patton 的文章 Crock Test Problems can be Prevented, Textile Chemist and Colorist, Vol.21, No.3, p13, March

1989；以及 Allan E.Gore 的文章 Testing for Crocking: Some Problems and Pitfalls, Textile Chemists and Colorists, Vol.21, No.3, p17, March 1989。

**14.8** 摩擦头、螺旋夹或砂纸的意外损坏可以参照下述方法进行处理：先更换砂纸；扳动螺旋夹使其开口更大，或者用直径比摩擦头略细的棒对其进行闭合；模拟正常使用方式，在额外一张细砂纸上对摩擦头表面进行打磨。

**14.9** 依据经验，对于多股纱或线的摩擦试验，使用定位销附件会更方便。定位销附件可用来避免摩擦头嵌入纱线之间和将纱线推到一边或从纱线滑落而可能导致错误的结果。定位销直径为 25mm，长 51mm。安装在一侧并由标准摩擦头固定，可提供更宽的测试区域，并用两个弹簧加载夹固定摩擦白布。关于相关研发资料请参考 C.R.Trommer 的文章 Modification of the AATCC Crockmeter for yarn Testing, American Dyestuff Reporter, Vol.45, No.12, p357, June 4, 1956；以及 S. Korpanty 和 C.R.Trommer 的文章 An Improved Crockmeter for Yarn Testing, American Dyestuff Reporter, Vol.48, No.6, p40, March 23, 1959。

**14.10** 一旦确定操作技术，在测试过程中，有经验的操作者不必重复称量过程。

**14.11** 注意：有报告显示，对于含有聚酯纤维和氨纶或其混纺的深色产品（如藏蓝色、黑色等），使用本方法得出的结果与消费者实际使用时的沾色倾向可能不一致。所以，本方法不建议作为验收实验方法。

**14.12** 采用沾色灰卡或 AATCC 9 级彩卡得到的评级结果不一样，因此报告中应注明使用的评级方式。对于关键性的评级及用于仲裁情况的评级，必须使用沾色灰卡进行。

**14.13** 可采用自动评级系统，只要该系统可提供与有经验的评级人员目光评定结果相同或与其的重现性和再现性相同或更好。

**14.14** 本测试方法的精确度取决于被测试样

品自身的组成、方法本身和评级过程。

**14.14.1**　本方法 13 中的精度是人用视觉进行评级得出的（AATCC EP8 和 AATCC EP2）。

**14.14.2**　使用仪器进行评级（AATCC EP12）的预期结果精度更高。

## 15. 历史

**15.1**　2022 年重新审定并编辑性修订，增加了历史部分。

**15.2**　2019 年编辑性修订；2016 年、2013 年修订；2011 年、2010 年、2009 年、2008 年（标题更换）编辑性修订；2007 年、2005 年、2004 年修订；2002 年编辑性修订；2001 年编辑性修订和重新审定；1996 年修订；1995 年编辑性修订和重新审定；1989 年重新审定；1988 年修订；1986 年编辑性修订；1985 年修订；1981 年、1977 年、1974 年编辑性修订和重新审定；1972 年、1969 年修订；1968 年编辑性修订和重新审定；1961 年、1957 年、1952 年修订；1945 年重新审定；1937 年修订。

**15.3**　AATCC 委员会 RA38 于 1936 年制定。部分等同于 ISO 105-X12。

*AATCC TM15-2021e*

# 耐汗渍色牢度

## 1. 目的和范围

**1.1**　本测试方法用于评定各种有色纺织品耐酸性汗液作用的色牢度。可适用于染色、印花及其他种类的有色纤维、纱线和织物，也可适用于纺织品染料的测定。

**1.2**　RA52 技术委员会研究显示本测试方法与有限领域的研究相关。在此之前，有酸性汗液和碱性汗液两种测试，而经研究后取消了碱性测试（见13.1）。

## 2. 原理

有色试样和其他纤维材料（用于沾色）连接，浸泡在模拟的酸性汗渍溶液中，施加固定机械压力，在稍高的温度中慢慢干燥。经过调湿后，评定试样颜色变化和其他纤维材料的沾色程度。

## 3. 术语

**3.1**　色牢度：材料在加工、检测、储存或使用过程中，暴露在可能遇到的任何环境下，抵抗颜色变化和/或颜色向相邻材料转移的能力。

**3.2**　汗渍：汗腺分泌的生理盐溶液。

## 4. 安全和预防措施

本安全和预防措施仅供参考。本部分有助于测试，但未指出所有可能的安全问题。在本测试方法中，使用者在处理材料时有责任采用安全和适当的技术；务必向制造商咨询有关材料的详尽信息，如材料的安全参数和其他制造商的建议；务必向美国职业安全卫生管理局（OSHA）咨询并遵守其所有标准和规定。

**4.1**　遵守良好的实验室规定，在所有的试验区域应佩戴防护眼镜。

**4.2**　所有化学物品应当谨慎使用和处理。

**4.3**　注意小轧车安全性，切勿移动安全警示，尤其是在夹持点处要确保足够的安全。推荐使用脚踏开关。

## 5. 仪器、材料和试剂（见13.2）

**5.1**　耐汗渍测试仪（仪器配有丙烯酸夹板）（见图1，图2）。

图1　水平耐汗渍测试仪

图2　垂直耐汗渍测试仪

**5.2**　烘箱（对流）。

**5.3**　天平，精确到±0.001g。

**5.4** 多纤维贴衬织物［纤维条宽 8mm（0.33英寸）］，包含醋酸纤维、棉、锦纶、蚕丝、黏胶纤维和羊毛，用于含有蚕丝的样品。多纤维贴衬织物［纤维条宽 8mm（0.33 英寸）］，包含醋酸纤维、棉、锦纶、聚酯纤维、腈纶和羊毛，用于不含有蚕丝的样品（见 13.3）。

**5.5** pH 计，精确到±0.01。

**5.6** AATCC 9 级沾色彩卡（AATCC EP8）或沾色灰卡（AATCC EP2）（见 13.4）。

**5.7** 变色灰卡（AATCC EP1 或 EP7）（见 13.4）。

**5.8** 小轧车。

**5.9** AATCC 白色吸水纸（见 13.4）。

**5.10** 酸性汗渍溶液。

**5.11** 深度大于 1.5cm 的培养皿，可容纳 6cm×(6±0.2)cm 试样。

**5.12** 未染色的贴衬织物。

## 6. 试剂制备

**6.1** 酸性汗渍溶液。在 1L 的容量瓶中注入一半蒸馏水，加入以下化学药品并混合，确保所有的化学药品充分溶解。

氯化钠（NaCl），10g±0.01g

乳酸，1g±0.01g，USP 85%

无水磷酸氢二钠（Na$_2$HPO$_4$），1g±0.01g

L-组氨酸盐酸盐一水合物（C$_6$H$_9$N$_3$O$_2$·HCl·H$_2$O），0.25g±0.001g

再加蒸馏水至容量瓶中 1L 刻度线。

**6.2** 用 pH 计测量溶液的 pH，pH 应为 4.3±0.2，否则应废弃并重新配制，确保精确称量所有的化学品。由于 pH 试纸精度低，在此不推荐使用 pH 试纸。

**6.3** 汗渍溶液有效期不能超过 3 天（见 13.5）。

## 7. 核查

**7.1** 应定期核查试验操作和仪器，结果以 log 表示。按 7.2 的观察和校正操作对避免产生错误的测试结果很重要。

**7.2** 用内部汗渍织物（其与多纤维贴衬织物沾色最严重的纤维条，经视觉评定为中间级数）作为核查试样，每一次核查试验用三块试样，核查试验应周期性进行，且对每次使用新的一批多纤维织物或未染色贴衬织物需进行核查试验。

不均匀的沾色可能是由于浸湿程序不恰当，或者是由于仪器的夹板变形，给试样施加的压力不均匀的结果。应检查浸湿程序，确保天平称量准确，认真遵守操作程序，确认所有夹板未变形，处于良好状态。

## 8. 试样准备

试样的数量及尺寸。

**8.1** 如果测试样品为织物，将一块尺寸为 (5±0.2)cm×(5±0.2)cm 的多纤维贴衬织物贴附于尺寸为 (6±0.2)cm×(6±0.2)cm 的试样正面，采用单线针迹，沿一条边缝合在一起，使多纤维贴衬织物紧贴试样。

**8.2** 如果测试样品为纱线或散纤维，取约相当于贴衬织物总质量一半的纱线或散纤维，将其置于 (5±0.2)cm×(5±0.2)cm 的多纤维贴衬织物和 (6±0.2)cm×(6±0.2)cm 的染不上色的贴衬织物之间，并缝合四边。

**8.3** 不要使用熔边、密封或预缝的多纤维贴衬织物，因为在其边缘会产生厚度变化，导致在测试过程中受压不均匀。

## 9. 操作程序

**9.1** 称量每个试样（按 8.1 制备的）的质量，精确至 0.1g。放在培养皿里，加入新制备的汗渍溶液至 1.5cm 处，浸泡试样 30min±2min，不时加以搅动和挤压，以确保试样完全浸透。对于很难润湿的试样，润湿后通过小轧车压轧，进行交替润湿，直至其完全被浸透。

**9.2** 浸泡 30min±2min 后，使组合试样通过小轧车，多纤维织物条与轧辊长度方向垂直（所有的纤维条同时通过小轧车），将试样称重，使其为原重的（2.25±0.05）倍。当通过小轧车时，某些试样不可能保留规定量的溶液，这类试样可以用 AATCC 白色吸水纸（见 13.4）吸到要求的含湿量后再进行测试。为了获得一致的结果，在一系列试验中，一定结构的所有试样应该含有相同的含湿量，因为沾色程度会随着含湿量的增加而加重。

**9.3** 将每一组合试样放在丙烯酸夹板上，使多纤维织物纤维条与板的长度方向垂直（见图3）。

**9.4** 根据仪器类型，可使用下列操作程序。

**9.4.1** 水平耐汗渍测试仪（见图1）：夹板放于汗渍仪器中，使组合试样在 21 块夹板间均匀分布，不考虑试样的数量，将所有的 21 块夹板放进汗渍架中。在最后一块夹板放在最上面后，将带有补偿弹簧的双板放在规定位置。将一个 3.63kg（8.0 磅）的重锤放在顶端，加上压板的质量，使总质量达到 4.54kg（10.0 磅）。拧紧螺栓以锁住压板。取走重锤，将汗渍架侧放入烘箱，汗液测试仪的侧面与烘箱壁平行（见图4）。

**9.4.2** 垂直耐汗渍测试仪（见图2）：夹板放于汗渍仪器中，使组合试样在 21 块夹板间均匀分布，不考虑试样的数量，将所有的 21 块夹板放进汗渍架中。夹板固定在垂直位置，在刻度标尺之间，一端是固定的金属板，另一端是可移动的金属板。通过调整螺丝，可对夹板施加 4.54kg（10.0 磅）的力。用固紧螺栓锁住带有试样的汗渍架，取出汗渍架，将其放入烘箱中。可将另一汗渍架加到压力量具中，重复加载程序。

**9.5** 在温度 38℃±1℃（100℉±2℉）烘箱中，加热 6h±5min。定时检查烘箱温度，确保整个试验过程中温度均在规定的范围内。

**9.6** 取出耐汗渍色牢度仪，取下组合试样，将试样和多纤维贴衬织物拆开，如果使用未染色织物，将试样和未染色织物拆开，并分别放在金属网上，在温度 21℃±2℃（70℉±4℉）和相对湿度

65%±5%的条件下调湿一个晚上。

图3 在支架上的样品

图4 放置在烘箱中的水平耐汗渍测试仪

## 10. 评级（见 13.7）

**10.1** 汗渍色牢度不合格可能由于渗色或染料泳移，或染料的变色引起。应该注意到令人不满意的颜色变化可能是由于发生了不明显的渗色。另外，可能是渗色不明显的变色，也可能是既渗色又变色。

**10.2** 通过与变色灰卡（AATCC EP1）比较，评定试样的颜色效果，或使用 AATCC EP7，测试试样变色的仪器评定。记录与灰卡相当的级数（见 13.4）。

**10.3** 通过与沾色灰卡（AATCC EP2），或 AATCC 9 级沾色彩卡（AATCC EP8）比较，评定多纤维贴衬织物的每一纤维条的沾色程序和未染色织物的沾色程度。或使用沾色程度的仪器评定（AATCC EP12）。记录与其相当的级数（见 13.4）。

## 11. 报告

报告试样变色级数和多纤维贴衬织物中各纤维条的沾色级数，并注明评定沾色样卡的种类（AATCC EP2，AATCC EP8 或 AATCC EP12）（见 13.4）。

## 12. 精确度和偏差

**12.1** 精确度。用 188 个不同实验室在五个不同时间段（2012 年 6 月、2012 年 12 月、2013 年 6 月、2013 年 12 月和 2014 年 6 月）形成的成熟数据，并以此来测定沾色等级和变色等级值的精确度。每个实验室使用相同的织物材料来获得沾色等级和变色等级值。每个实验室对每种测试材料进行了三次重复测试，并使用三个不同的评估者来分别评判沾色和变色等级。每个实验室还使用含有醋酸纤维、腈纶、棉、锦纶、聚酯纤维和羊毛纤维的多纤维织物条来评估单个纤维条的沾色情况。

**12.1.1** 表 1～表 6 给出了醋酸纤维、腈纶、棉纤维、锦纶、聚酯纤维和羊毛纤维的沾色等级的实验室内和实验室间精确度。

**12.1.2** 表 7 给出了变色等级精确度。如上所述，188 个不同实验室形成的多期数据用于计算精确度。

表 1　醋酸纤维染色等级精度表

| 样品编号 | 实验室内准确度 | 实验室间准确度 |
|---|---|---|
| 1 | 0.01173 | 0.01519 |
| 2 | 0.0083 | 0.0108 |
| 3 | 0.0068 | 0.0088 |
| 4 | 0.0059 | 0.0076 |
| 5 | 0.0052 | 0.0068 |
| 6 | 0.0048 | 0.0062 |

表 2　腈纶染色等级精度表

| 样品编号 | 实验室内准确度 | 实验室间准确度 |
|---|---|---|
| 1 | 0.02733 | 0.03646 |
| 2 | 0.0196 | 0.0258 |
| 3 | 0.0160 | 0.0210 |
| 4 | 0.0139 | 0.0182 |
| 5 | 0.0124 | 0.0163 |
| 6 | 0.0113 | 0.0149 |

表 3　棉纤维染色等级精度表

| 样品编号 | 实验室内准确度 | 实验室间准确度 |
|---|---|---|
| 1 | 0.09994 | 0.1315 |
| 2 | 0.0708 | 0.0931 |
| 3 | 0.0577 | 0.0759 |
| 4 | 0.0500 | 0.0658 |
| 5 | 0.0447 | 0.0588 |
| 6 | 0.0408 | 0.0537 |

表 4　锦纶染色等级精度表

| 样品编号 | 实验室内准确度 | 实验室间准确度 |
|---|---|---|
| 1 | 0.040426 | 0.05312 |
| 2 | 0.0286 | 0.0376 |
| 3 | 0.0233 | 0.0307 |
| 4 | 0.0202 | 0.0266 |
| 5 | 0.0181 | 0.0238 |
| 6 | 0.0165 | 0.0217 |

表 5　聚酯纤维染色等级精度表

| 样品编号 | 实验室内准确度 | 实验室间准确度 |
|---|---|---|
| 1 | 0.019723 | 0.026041 |
| 2 | 0.0140 | 0.0184 |
| 3 | 0.0114 | 0.0150 |
| 4 | 0.0099 | 0.0130 |
| 5 | 0.0088 | 0.0116 |
| 6 | 0.0081 | 0.0106 |

表 6　羊毛纤维染色等级精度表

| 样品编号 | 实验室内准确度 | 实验室间准确度 |
|---|---|---|
| 1 | 0.01951 | 0.02552 |
| 2 | 0.0138 | 0.0181 |
| 3 | 0.0113 | 0.0147 |
| 4 | 0.0098 | 0.0128 |
| 5 | 0.0087 | 0.0114 |
| 6 | 0.0080 | 0.0104 |

表 7　变色等级精度表

| 样品编号 | 实验室内准确度 | 实验室间准确度 |
|---|---|---|
| 1 | 0.02182 | 0.02552 |
| 2 | 0.0155 | 0.0181 |
| 3 | 0.0126 | 0.0147 |
| 4 | 0.0109 | 0.0128 |
| 5 | 0.0098 | 0.0114 |
| 6 | 0.0089 | 0.0104 |

**12.1.3** 除了提供精确度外，对多期数据的分析还揭示了以下统计事实：

不同实验室对醋酸纤维的沾色评级在 95% 的置信水平上存在显著差异。

对应于五个不同时间段的醋酸纤维的平均沾色等级在 95% 的置信水平上存在显著差异。

不同实验室对腈纶的沾色评级在 95% 的置信水平上存在显著差异。

对应于五个不同时间段的腈纶的平均沾色等级在 95% 的置信水平上存在显著差异。

不同实验室对棉纤维的沾色评级在 95% 置信水平上没有显著差异。

对应于五个不同时间段的棉纤维的平均沾色等级在 95% 的置信水平上有显著差异。

不同实验室对锦纶的沾色评级在 95% 置信水平上没有显著差异。

对应于五个不同时间段的锦纶的平均沾色等级在 95% 的置信水平上存在显著差异。

不同实验室对聚酯纤维的沾色评级在 95% 置信水平上存在显著差异。

对应于五个不同时间段的聚酯纤维的平均沾色等级在 95% 的置信水平上存在显著差异。

不同实验室对羊毛纤维的沾色评级在 95% 置信水平上存在显著差异。

对应于五个不同时间段的羊毛纤维的平均沾色等级在 95% 的置信水平上存在显著差异。

不同实验室的平均变色评级在 95% 的置信水平上存在显著差异。

五个不同时间段的平均变色评级在 95% 的置信水平上存在显著差异。

**12.2** 偏差。耐汗渍色牢度只能根据某一实验方法予以定义，没有单独的方法用以确定真值。本方法作为预测这一性质的手段，没有已知偏差。

## 13. 注释

**13.1** 有关委员会研究的背景信息和决定取消碱性试验的两篇文章发表在 Textile Chemist and Colorist，Colorfastness to Perspiration and Chemicals（October 1974）和 Evaluating Colorfastness to Perspiration Laboratory Test vs. Wear Test（November 1974）。尽管碱性试验已经从本测试方法中取消，但碱性试验在贸易和一些特殊最终用途中仍是有需求的。在这种情况下，碱性试验可应用 AATCC 15-1973 测试方法。为方便参考，试验中碱液的组成如下：

氯化钠，10g

碳酸铵，4g，USP

无水磷酸氢二钠（$Na_2HPO_4$），1g

L-组氨酸盐酸盐，0.25g

加蒸馏水至 1L，pH 为 8.0

**13.2** 关于此方法的相关仪器信息，请访问 AATCC 网站上的顾客指南，http://www.aatcc.org/bg。AATCC 尽可能地提供公司会员销售的仪器和材料目录，但 AATCC 没有证明，或以任何方式批准、支持和证明目录中的仪器或材料符合此测试方法的要求。

**13.3** 此测试方法中应使用含有 6 种纤维的不熔边的贴衬织物。

**13.4** AATCC 9 级沾色彩卡、沾色灰卡、变色灰卡及 AATCC 白色吸水纸可从 AATCC 获取，地址：P. O. Box 12215，Research Triangle Park NC 27709；电话：+ 1.919.549.8141；传真：+1.919.549.8933；电子邮箱：ordering@aatcc.

org；网址：www. aatcc. org。

**13.5** AATCC RR52 技术委员会确定，酸性汗渍溶液在室温下，即使在密封试剂瓶中保存，三天后，细菌会开始繁殖并使 pH 逐渐升高。

**13.6** 对于关键性的视觉评级及用于仲裁情况的评级，必须使用沾色灰卡，而不是 9 级沾色彩卡。

**13.7** 注意：有报告显示，对于含有聚酯纤维和氨纶或其混纺的深色产品（如藏蓝色、黑色等），使用本方法得出的结果与消费者实际使用时的沾色倾向可能不一致。所以，本方法不建议作为验收实验方法。

## 14. 历史

**14.1** 2022 年编辑性修订，修正了一处印刷错误，更新了调湿和容差。为了清晰起见，2021 年进行了修订，并根据 AATCC 格式规定，添加了历史部分。2013 年修订，2010 年编辑性修订，2009 年修订，2008 年编辑性修订，2007 年重新审定，2005 年、2004 年编辑性修订，2002 年编辑性修订和重新审定，1997 年修订，1995 年编辑性修订，1994 年编辑性修订和重新审定，1989 年重新审定，1986 年编辑性修订，1985 年重新审定，1983 年、1981 年编辑性修订，1979 年重新审定，1976 年、1975 年修订，1974 年编辑性修订，1973 年、1972 年修订，1967 年重新审定，1967 年编辑性修订，1962 年修订，1961 年编辑性修订，1960 年、1957 年、1952 年修订。

**14.2** AATCC 委员会 RR52 于 1949 年制定；2006 年权限移交至 AATCC 委员会 RA23；与 ISO 105-E04 相关。

*AATCC TM16. 1–2023*

# 耐光色牢度：户外法

## 1. 目的和范围

本测试方法提供了透过玻璃的日光法测定纺织材料耐光色牢度的通则和程序。备选的测试方法适用于各种纺织材料以及应用于纺织材料的染料、整理剂和助剂（见 15.1）。

## 2. 原理

在规定条件下，将纺织品试样和参照标准同时放在玻璃窗内并在日光下暴晒。用 AATCC 变色灰卡（AATCC EP1）或测色仪（AATCC EP6）对比试样的暴晒部分和遮挡部分或原样之间的颜色变化，评定试样的耐光色牢度。通过评价一系列同时暴晒的 AATCC 蓝色羊毛标样完成耐光色牢度的等级评定。

## 3. 引用文献

**3.1** AATCC EP1《变色灰卡评定程序》（见 15.4）。

**3.2** AATCC EP6《仪器测色方法》（见 15.4）。

**3.3** AATCC EP7《仪器评定试样变色》（见 15.4）。

**3.4** ASTM G24《透过玻璃进行日光暴晒试验的标准程序》（见 15.10）。

**3.5** ASTM G155《材料曝光用氙弧灯设备的操作标准实施规程》。

## 4. 术语

**4.1** AATCC 蓝色羊毛标样：AATCC 发布的一组染色羊毛织物，用于确定试样在耐光色牢度测试过程中的暴晒量（见 15.2）。

**4.2** AATCC 褪色单位（AFU）：在规定条件下，不同测试方法达到的特定暴晒量。一个 AATCC 褪色单位（AFU）相当于 AATCC 蓝色羊毛标样 L4 达到变色灰卡的 4 级或（1.7 ± 0.3）CIELAB 单位的色差时所需暴晒量的 1/20。

**4.3** 宽频带辐射计：用于辐射计的相对术语。最大透光率为 50% 时，带宽大于 20nm 且小于 70nm 的辐射计。

**4.4** 变色：通过原样和试后样的比较，可辨别的无论是明度、彩度或色相的任何一种还是这些因素的组合所发生的颜色变化。

**4.5** 色牢度：材料在加工、检测、储存或使用过程中，暴露在可能遇到的任何环境下，抵抗颜色变化和/或颜色向相邻材料转移的能力。

**4.6** 耐光色牢度：材料经日光或人造光源的暴晒，其耐颜色特性变化的性能。

**4.7** 红外辐射量：波长大于可见光、小于 1mm 的单色光组成的辐射能量。

红外线辐射的光谱范围不特别明确，可根据使用者的需要变化。CIE（国际照明委员会）的 E-2.1.2 委员会在光谱范围 780nm 和 1mm 之间进行如下划分：

| | |
|---|---|
| IR-A | 780 ~ 1400nm |
| IR-B | 1.4 ~ 3.0μm |
| IR-C | 3.0μm ~ 1mm |

**4.8** 辐照度：单位面积接收到的辐射功率，单位是瓦特每平方米（W/m²）。

**4.9** "L" 编号：AATCC 蓝色羊毛标样的序列号，根据其变色达到 AATCC 变色灰卡的 4 级所需的 AATCC 褪色单位（AFU）来确定。

AATCC 蓝色羊毛标样的 "L" 编号与 AFU 之

间的数值关系见表1；试样的耐光色牢度也可以根据暴晒后试样的变色与 AATCC 蓝色羊毛标样最接近变色的比较得到，见表2。

**表1 AFU 与 AATCC 蓝色羊毛标样的等量辐射量（见 14）[①]**

| AATCC 蓝色羊毛标样 | AFU | 氙弧 [kJ/（m²·nm）] | |
|---|---|---|---|
| | | 420nm | 300~400nm |
| L2 | 5 | 21 | 864 |
| L3 | 10 | 43 | 1728 |
| L4 | 20 | 85 | 3456 |
| L5 | 40 | 170 | 6912 |
| L6 | 80 | 340 | 13824 |
| L7 | 160 | 680 | 27648 |
| L8 | 320 | 1360 | 55296 |
| L9 | 640 | 2720 | 110592 |

[①] 达到 AATCC 变色灰卡的 4 级。

**表2 AATCC 蓝色羊毛标样评定试样变色**

| 颜色变化 | | | 色牢度等级 | 等量 AFU |
|---|---|---|---|---|
| 小于 | 等于不大于 | 大于 | | |
| — | — | L2 | L1 | — |
| — | L2 | L3 | L2 | 5 |
| L2 | — | L3 | L2~L3 | — |
| — | L3 | L4 | L3 | 10 |
| L3 | — | L4 | L3~L4 | — |
| — | L4 | L5 | L4 | 20 |
| L4 | — | L5 | L4~L5 | — |
| — | L5 | L6 | L5 | 40 |
| L5 | — | L6 | L5~L6 | — |
| — | L6 | L7 | L6 | 80 |
| L6 | — | L7 | L6~L7 | — |
| — | L7 | L8 | L7 | 160 |
| L7 | — | L8 | L7~L8 | — |
| — | L8 | L9 | L8 | 320 |
| L8 | — | L9 | L8~L9 | — |
| — | L9 | — | L9 | 640 |

注 使用本表进行评级的示例：试样与 L4、L5 和 L6 同时暴晒，经暴晒和调湿后，试样的变色比 L4 和 L5 少，但是比 L6 多。测试可表示为 L5~L6，或使用以下示例：经各阶段暴晒的试样变色达到变色灰卡的 4 级，如果这个现象发生在 40~80AFU，试样可被评定为 L5~L6。

**4.10** 兰勒（langley）：太阳辐射总能量的单位，表示为每平方厘米辐射表面产生 1 卡能量。

注意：国际单位制中，焦耳（J）表示辐射量，瓦特（W）表示辐射功率，每平方米（m²）表示面积。使用下列换算关系：

1langley = 1cal/cm²，1cal/cm² = 4.184J/cm² 或 1cal/cm² = 41840J/m²。

**4.11** 耐光牢度：材料的性能，通常以指定的级数表示，描述材料在日光或人造光源下暴晒颜色特性变化的结果。

**4.12** 窄频带辐射计：用于辐射计的相对术语。最大透光度为 50% 时，带宽小于或等于 20nm 的辐射计，用于测定一定波长的辐照度，如波长为 340nm±0.5nm 或 420nm±0.5nm。

**4.13** 光致变色：当暴晒终止后，试样的暴晒部分与未暴晒部分立即出现的某种颜色（无论色相或彩度的变化）的可逆变化的定性名称。

注意：在暗处颜色变化的可逆性，或色相或彩度的不稳定性，用于区别光致变色与永久褪色。

**4.14** 日射强度计：一种辐射计，测量总日辐照度，或者半球向日的辐照度。

**4.15** 辐射功率：单位时间内发射、转移或接收的辐射量。

**4.16** 辐射曝量：辐射度的时间积分，单位为焦耳每平方米（J/m²）。

**4.17** 辐射计：测量辐射量的仪器。

**4.18** 总辐照度：某一时间点内所有波长的辐射能积分，单位为瓦特每平方米（W/m²）。

**4.19** 紫外辐射量：波长小于可见光、大于 100nm 的单色光组成的辐射能量。

注意：紫外线辐射的光谱范围界定不特别明确，根据使用者的需要变化。CIE（国际照明委员会）的 E-2.1.2 委员会在光谱范围 400nm 和 100nm 之间进行如下划分：

UVA　　　　　315~400nm

UVB　　　　　280~315nm

UVC           100～280nm

**4. 20** 可见光辐射量：引起视觉的任何辐射能量。

注意：可见辐射光的光谱范围界定不特别明确，根据使用者的需要变化。波长的下限通常被认为在 380～400nm，上限在 760～780nm。

**4. 21** 宽频带辐射计：用于辐射计的相对术语。最大透光度为 50% 时，带宽大于 70nm 的辐射计。

注意：用于测定一定波长的辐照度，如波长为 300～800nm。

**4. 22** 本测试方法使用的其他相关光牢度术语的定义，参见 AATCC M11。

## 5. 安全和预防措施

**5. 1** 方法/程序中规定的安全预防措施是测试程序的辅助措施，本部分有助于测试，但未指出所有可能的安全问题。

**5. 2** 使用者有责任参考适用的安全数据表，使用安全和适当的技术，在处理本标准中材料时应穿着适当的个人防护装备。

**5. 3** 使用者必须向制造商咨询具体细节，如设备操作说明和其他建议。咨询并遵守所有适用的健康和安全法规［如美国职业安全卫生管理局（OSHA）标准和规定］。

**5. 4** 皮肤和眼睛长期在日光下暴露可能有危险，故应注意保护这些部位（在任何情况下都不要直视阳光）。

**5. 5** 遵守良好的实验室规定，在所有的试验区域应佩戴防护眼镜。

## 6. 使用和限制条件

**6. 1** 即使在相同的光源和环境下，并不是所有的材料都会受到同样的影响。用任何一个测试方法得到的结果，并不能代表其他的测试方法获得的结果或者最终应用的情况，除非协议双方对指定的材料或指定应用已经建立了数学相关性。

封闭式的碳弧灯法、氙弧灯法和日光法广泛应用于纺织品贸易。不同制造商提供的测试仪器的光谱功率的分布、空气温度和湿度传感器的位置，以及测试箱的尺寸可能有着较大的差异，这将可能导致不同的测试结果。因此，由不同制造商提供的不同测试箱尺寸，或不同光源和过滤组合器所提供仪器测得的数据不可互换，除非它们之间已建立一种数学关系。据 AATCC RA50 委员会所掌握的资料，不同结构的测试仪器之间没有相关性。

**6. 2** 对于所有的材料，氙弧灯法与透过玻璃的日光法得到的结果有良好的一致性（见表 1）。有特殊过滤玻璃且产生光暗交替的氙弧灯与透过玻璃的平均或典型日光的光谱分布非常接近。可以预测，其结果与透过玻璃的日光法获得的结果有较好的一致性。在特定条件下，两种碳弧灯法（连续和间歇光照）与透过玻璃的日光法产生的结果也有相关性，除非碳弧和自然光的光谱特性差异对测试材料产生相反的作用。

**6. 3** 使用本标准方法时，方法的选择应根据历史的数据和经验，并结合光照条件、湿度条件及热效应条件。所选的方法也应反映出与测试材料最终用途相关的使用条件。

**6. 4** 使用本标准方法时，测试材料应与经特定暴晒且已知耐光牢度的参照标样对比。为此，应广泛使用 AATCC 蓝色羊毛标样。

## 7. 仪器和材料（见 15.3）

**7. 1** AATCC 蓝色羊毛标样，L2～L9（见 15.2 和 15.4）。

**7. 2** 变色灰卡（AATCC EP1，见 15.4）。

**7. 3** 背衬卡片，每片 163g/m²（90 磅），白色优质纸卡。

**7. 4** 遮盖物，透光率接近 0，适合于多阶段的暴晒，如 10 个 AFU、20 个 AFU、40 个 AFU 等。

**7. 5** 分光光度计或比色计（见 3.2）。

**7.6** 日光暴晒箱（见 15.5、15.8 和附录 A）。

## 8. 参照标准

**8.1** AATCC 蓝色羊毛标样定义见 AATCC TM16.1，适用于所有方法。但是在任一测试方法中，AATCC 蓝色羊毛标样的褪色速度可能因测试方法不同而不同。

**8.2** 参照标样可以是任何已知其颜色变化速度的、合适的纺织材料。

用于比较的参照标样必须确定且协议双方达成一致。参照标样与试样需同时暴晒。使用参照标样有助于随时确定仪器和测试程序的变化。如果参照标样暴晒后的测试结果与已知标准值差异超过10%，就需要彻底地检查测试仪器的操作条件，以及校验故障或缺陷的零件，然后重新测试。

## 9. 试样准备

**9.1** 试样数量。为了提高精确度，应至少剪取三块试样和参照标样，除非买卖双方有其他协议。

注意：在实际操作中，剪取一块试样和控制样即可。有争议时，应按照常规测试剪取足够的试样。

**9.2** 剪取和安装试样。测试期间用耐测试环境影响的标签区分每块试样。将试样和参照标准安装在样品架上，两者的表面与光源的距离相等。应使用避免挤压试样表面的遮盖物，尤其是测试起绒织物。试样的尺寸和形状应与参照标样相同。

按以下要求剪取和准备试样。

**9.2.1** 试样的背衬。对于所有方法，将试样和参照标准装在白色背衬卡上，该背衬卡是不反光的白色硬纸板。AATCC 购买者指南提供了相关资料（http://www.aatcc.org/bg）。用透光率几乎为 0 的遮盖物盖住安装好的试样。将装好的、或装好且遮盖好的试样以合适的材料作背衬，如无背衬、金属网或固体背衬（白纸板）。

**9.2.2** 织物。剪取试样时，其长度方向平行于经向（长度方向），尺寸至少为 70.0mm × 120.0mm（2.75 英寸×4.7 英寸），试样的暴晒面积至少为 30.0mm×30.0mm（1.2 英寸×1.2 英寸）。将有背衬的试样固定在测试仪器提供的样品架上，确保架子的前后遮盖物与试样紧紧地接触，使暴晒和未暴晒区域之间有一条明显的界限且没有挤压试样（见 15.6）。为防止试样脱边，可对其缝边、剪锯齿边或熔边。

**9.2.3** 纱线。将纱线缠绕或固定在白色背衬卡上，长度约为 150.0mm（6.0 英寸），宽度至少为 25.0mm（1.0 英寸），仅对直接面对暴晒的那部分纱线的变色程度进行评级。控制标样应与暴晒试样具有相同数目的纱线。暴晒结束后，用 20.0mm（0.75 英寸）的遮盖物或者其他合适的带子将这些面对光源的纱线捆紧，使纱线紧密地排列在暴晒架上，以进行评级（见 15.7）。

## 10. 测试程序

**10.1** 常规测试。

**10.1.1** 将 AATCC 蓝色羊毛标样和试样装在背衬卡上，然后用不透光的遮盖物盖住其一半。

**10.1.2** 将 AATCC 蓝色羊毛标样和试样同时在透过玻璃的相同测试条件下（见 15.9 和附录 A）进行暴晒。AATCC 蓝色羊毛标样和试样的正面至少距离玻璃盖的内表面下方 75.0mm（3.0 英寸），且距离玻璃架的边缘至少 150.00mm（6 英寸）。

为了达到所需的暴晒条件，暴晒箱的背衬可采用表 3 中的材料。

表 3　暴晒箱的背衬

| 背衬 | 暴晒条件 |
| --- | --- |
| 无背衬、金属网 | 低温 |
| 固体背衬 | 高温 |

AATCC 蓝色羊毛标样和试样保持一天暴晒24h，仅在检查时才可取出。

**10.1.3** 监测暴晒箱附近的温度和相对湿度

（见 15.11）。

**10.2** 日光暴晒法——指定的辐射量。

**10.2.1** 使用 AATCC 蓝色羊毛标样，首先按 10.1.1 将参照标样和试样装好，然后按 10.1.2 所述的相同测试条件下同时暴晒。为了监测光的作用，应不断地把参照标样从样品架上取出并评估其变色，继续暴晒至参照标样的遮盖和未遮盖部分的色差显示出的第 14 部分描述的色差。当试样暴晒至规定的 AFU 数量时，选择合适的标准以确定终点。为达到所需的终点，可使用一套 L2~L9 标样，或者连续地暴晒多块参照标样，即单独暴晒两块 L2 标准可达到 10 个 AFU，或者暴晒一块 L3 标准也可达到 10 个 AFU。

当试样达到所需的 AFU 时，取出试样，按规定的评定程序评级。对于多步暴晒法，即 5 个 AFU 和 20 个 AFU，试样按照标准要求的间隔进行暴晒和遮盖。试样上有被遮盖未暴晒部分及开始暴晒随后被遮盖的部分。试样的每一部分代表了一定的暴晒间隔，可与试样遮盖部分或未暴晒的部分对照进行评级。

**10.2.2** 辐射监测仪的使用。将参照标样和试样按 10.1.1 的要求安装，同时在 10.1.2 所述的透过玻璃的测试条件下暴晒。

注意：暴晒已知性能的 AATCC 蓝色羊毛标样有助于确定测试过程中是否存在异常的情况（见 15.9）。

**10.2.2.1** 用辐射计记录试样在同等条件下暴晒时的总日光、宽频带（首选 295~385nm）或窄频带的任一或组合的辐射量。

**10.2.2.2** 当辐射计测量的辐射量达到规定时，取出参照标样和试样。对于多步暴晒法，试样以一定的暴晒间隔分步骤地遮盖试样进行暴晒（见 10.2.1）。

**10.3** 日光暴晒法——参照标样。

用参照标样替代 AATCC 蓝色羊毛标样，按照 10.2.1~10.2.2 的要求操作。

**10.4** 日光暴晒法——耐光色牢度分级。

**10.4.1** 一步法。按照 10.1.1 和 10.1.2，同时暴晒试样和一系列 AATCC 蓝色羊毛标样，测量试样的变色程度达到变色灰卡的 4 级时所需的 AFU 数量（见 15.12）。

**10.4.2** 两步法。首先按 10.4.1 进行，不同的是试样的暴晒面积增加 1 倍。当试样暴晒至变色灰卡的 4 级时，从暴晒箱内取出试样，用遮盖物盖住已暴晒面积的一半，继续暴晒直到达到变色灰卡的 3 级（见 15.12）。

**10.5** 暴晒后的调节。

暴晒结束取出试样和参照标样。按照 ASTM D 1776《纺织品调湿和测试标准方法》要求的标准大气条件下 [温度 21℃ ±2℃，相对湿度（65±5）%]，在暗室里调湿至少 4h 后再评级。

## 11. 评级和解释

**11.1** 变色评级。

**11.1.1** 根据 10.5 调节后，按照材料的规格或协议要求，对试样的暴晒部分与遮盖部分或原样部分（优先）评级。全面评价试样的耐光性能需要使用两步法暴晒。原样和已暴晒样品的遮盖部分之间存在着色差，表明织物不仅仅受到光的影响，还受到其他因素（如受热或大气中的某种反应性气体）的影响。虽然产生色差的确切原因尚未知，但是此现象发生时应在报告中注明。

**11.1.2** 不管是暴晒至所规定的 AFU 或与参照标样进行对比，均可使用 AATCC EP1《变色灰卡》或 AATCC EP7《仪器评定试样变色》对样品进行变色评级（见 11.2 和 11.3）。

**11.1.3** 测定总色差（$\Delta E_{CIELAB}$）、明度差（$\Delta L^*$）、彩度差（$\Delta C^*$）和色相差（$\Delta H^*$）。使用带有 CIE 1976 公式、$D_{65}$ 光源和 10° 观察视角且可提供数据的仪器。也可使用测量中包括反射光谱，带有散射功能的仪器（见 AATCC EP6《仪器测色方法》）。

**11.2** 基于 AATCC 蓝色羊毛标样的分级。

**11.2.1** 一步法暴晒。试样的耐光色牢度分级如下。

（1）比较试样和同时暴晒的 AATCC 蓝色羊毛标样的颜色变化（见表2）。

（2）测定试样的颜色变化等于变色灰卡4级时所需的 AFU 数量（见表1）。

**11.2.2** 两步法暴晒。试样的耐光色牢度分级如下：测定试样的颜色变化达到变色灰卡4级和3级所需的 AFU 数量（见表1）。

**11.2.3** 两个级数。3级变色的结果写在前面，括号里注明4级变色时的结果。例如：L5（4）表示在试样变色达到灰卡3级时为L5级，在试样变色达到灰卡4级时为L4级。当只用1级表示时，用产生试样变色4级时的 AFU 数量来表示。

**11.3** 高于 L7 的 AATCC 蓝色羊毛标样的分级。

高于 L7 的 AATCC 蓝色羊毛标样的分级见表4，暴晒过程中 L7 蓝色羊毛标样的变色达到4级时，试样的变色也达到灰卡的4级。

**表4 高于 L7 的 AATCC 蓝色羊毛标样的分级**

| 暴晒 L7 的数量 | | | 色牢度等级 | 等量 AFU |
|---|---|---|---|---|
| 小于 | 等于不大于 | 大于 | | |
| — | 2 | — | L8 | 320 |
| 3 | — | 2 | L8~L9 | — |
| — | 3 | — | L8~L9 | 480 |
| 4 | — | 3 | L8~L9 | — |
| — | 4 | — | L9 | 640 |
| 5 | — | 4 | L9~L10 | — |
| — | 5 | — | L9~L10 | 800 |
| — | — | 5 | L9~L10 | — |
| 6 | 6 | — | L9~L10 | 960 |
| — | — | 6 | L9~L10 | — |
| 7 | 7 | — | L9~L10 | 1120 |
| — | — | 7 | L9~L10 | — |

续表

| 暴晒 L7 的数量 | | | 色牢度等级 | 等量 AFU |
|---|---|---|---|---|
| 小于 | 等于不大于 | 大于 | | |
| 8 | 8 | — | L10 | 1280 |
| 等等① | 等等① | — | 等等① | 等等① |

① 分级每增加一级，表示间隔为前一级所需的 AFU 数量的两倍。任何一个试样所需的 L7 的数量位于两个整数之间，那么其分级定位两级的中间值。

## 12. 同时暴晒的参照标样的接受性判断

**12.1** 按照第11部分，用参照标样（非蓝标）评定试样的颜色变化程度。

**12.2** 按以下的方法评定试样的耐光色牢度。

**12.2.1** 满意——当参照标样的变色达到变色灰卡的4级时，试样的颜色变化小于或等于参照标样的变色。

**12.2.2** 不满意——当参照标样的变色达到变色灰卡的4级时，试样的颜色变化大于参照标样的变色。

**12.3** 买卖双方可依据 11.1.3 部分，制定可接受的颜色变化程度。

## 13. 报告（见表5）

报告至少应包含下列内容。

**13.1** 测试是按照 AATCC TM16.1-2023 操作的。

**13.2** 操作者和测试时间。

**13.3** 样品描述。

**13.4** 耐光色牢度级数/光牢度。

**13.5** 与参照样品或遮盖部分相比的可接受程度（Yes/No）。

**13.6** 耐光色牢度：AATCC 变色灰卡或仪器评价。

**13.7** 分级方法。

**13.8** 参考标准（如果有）。

**13.9** 控制暴晒：AATCC 蓝色羊毛标样、辐射能量或其他。

表 5   报告格式

操作者：_____    操作时间：_____

样品描述：_____

材料暴晒：正面_____    反面_____

耐光色牢度级数：_____    色牢度分级：_____

与参照样品相比的可接受程度（Yes/No）：_____

试样与：遮盖部分_____    未遮盖部分_____    未暴晒原样_____

评估耐光色牢度由：AATCC 变色灰卡_____    仪器评级，名称和型号_____

分级方法：_____

参照标准：_____

控制温度由：周围环境（干球）_____℃  黑板温度计_____℃  黑标温度计_____℃

控制暴晒由：AATCC 标准蓝色羊毛标样_____    辐射量_____    其他_____

总辐射量：_____

测试仪器类型：_____  型号：_____  序列号：_____  制造商：_____

样品架：倾斜型_____    2层_____    3层_____    水平型_____

供水类型：_____

选用方法：_____    已用暴晒时间：_____

安装程序：有背衬_____    无背衬_____

样品旋转时间表：_____    相对湿度：_____%

**透过玻璃日光法，报告以下信息**

地理位置：_____

暴晒时间：从_____    到_____

暴晒高度：_____    暴晒角度：_____

透过玻璃暴晒：是/否_____    如果是，指出类型_____

每天周围温度：最低_____℃  最高_____℃  平均_____℃

每天黑板温度：最低_____℃  最高_____℃  平均_____℃

测试环境温度：最低_____℃  最高_____℃  平均_____℃

每天的相对湿度（%）：最小_____    最大_____    平均_____

潮湿的时间：雨_____    雨和露_____

**13.10**   总辐射量。

**13.11**   暴晒时间。

**13.12**   安装程序（有背衬或无背衬）。

**13.13**   如果存在与 AATCC TM16.1 或参考标准有偏离部分。

**13.14**   地理位置。

**13.15**   暴晒数据。

**13.16**   暴晒高度和角度。

**13.17**   暴晒类型。

**13.18**   每日环境温度（最低、最高和平均）和相对湿度（最小、最大和平均）。

## 14. 精确度和偏差

**14.1**   精确度。

**14.1.1**   实验室间的测试概述。AATCC RA50 委员会已做了大量的研究来评估辐射监测仪终止耐光色牢度测试中的暴晒测试。在亚利桑那州和南佛罗里达州为期两年的实验中，实验室间研究采用了可控的辐射氙弧仪并在白天采集数据。研究中，某一实验室对所有已暴晒的样品的颜色变化进行仪器测量。

**14. 1. 2** 实验室间的研究使用了八种不同的耐光色牢度标准织物，通过已测的辐射量确定 20 个 AFU 的定义。研究表明，如果在耐光色牢度测试中辐照度、黑板温度、环境温度和相对湿度得到控制，那么实验室之间可达成一致。总之，不同的实验室用仪器测量已暴晒样品的色差变化小于 10%。所有测试样品的标准偏差都小于变色灰卡的半级。根据这些测试的结果可知，当按照氙弧灯连续光照方法 3 中规定的条件测试时，20 个 AFU 相当于在波长为 420nm 处测得的辐射量为 85kJ/（$m^2 \cdot nm$）（连续光照约 21. 5h）。

**14. 1. 3** 在日光研究中，除了对 AATCC 和 ISO 蓝色羊毛标样外，还对 16 种不同织物进行了暴晒测试。每个季节，在两个地点开始持续两年的一系列暴晒测试。根据辐射能量的仪器测量结果终止暴晒测试。测试期间，气候条件变化非常大。得到的数据清楚地表明由于温度、湿度、大气污染物等因素的不同而造成样品颜色变化不同，其中，最重要的变量是辐射量。在不同年度、地点和季节所做的暴晒测试得到的色差变化的平均值是 30%。

**14. 1. 4** 这些测试结果的详细内容已在 ISO/TC 38 的第一分技术委员会的 ISO 第 14 次会议上，以 38/1 N 993 号文件提交，题为《美国关于耐光牢度测试中对辐射量的监控报告》。

**14. 2** 偏差。

耐自然光或人造光的色牢度的定义仅限于某一标准方法。没有独立的方法可以测定其真实值。作为评估该特性的方法不存在偏差。

# 15. 注释

**15. 1** 本方法与 ISO 105 - B01 技术上是等同的。

**15. 2** AATCC 蓝色羊毛标样除 L2 外都是用蓝色酸性铬媒染料 B（C. I. 43830）染色羊毛和牢度好的蓝色印地科素染料 AGG（C. I. 73801）染色羊毛以不同比例混纺特制而成的。每个编号较高的羊毛标样是前一编号牢度的两倍。AATCC 蓝色羊毛标样和 ISO 蓝色羊毛标样（用于 ISO 105 B01）的评估结果不同，因而不可互换使用。规格为 LOT8 和 LOT9 的 AATCC 耐光色牢度蓝色羊毛标样 L2 是通过批染获得的。L2 暴晒可产生两个清晰的褪色终点，用于 5 个或 20 个 AFU 褪色单位的测试。5 个 AFU 和 20 个 AFU 的 L2 褪色标准具体可以从 AATCC 获取（见 15. 4）。

**15. 3** 有关适合测试方法的设备信息，请登录 http://www. aatcc. org/bg。AATCC 提供其企业会员单位所能提供的设备和材料清单。但 AATCC 没有给其授权，或以任何方式批准、认可或证明清单上的任何设备或材料符合测试方法的要求。

**15. 4** 可从 AATCC 获取，地址：P. O. Box 12215, Research Triangle Park NC 27709；电话：+1. 919. 549. 8141；传真：+ 1. 919. 549. 8933；网址：www. aatcc. org；电子邮箱：ordering@ aatcc. org。

**15. 5** 参考 ASTM G24 对测试箱体的选择。

**15. 6** 对于纤维容易发生移位现象的簇绒织物，如地毯等或面积太小难以评估的织物，取样时应不小于 40. 0mm×50. 0mm（1. 6 英寸×2. 0 英寸）的暴晒面积。应取足够的尺寸和多个试样，以包括样品的所有颜色。

**15. 7** 样品架必须用不锈钢、铝或者适当涂层的钢制成，以避免可能催化或抑制降解产生的金属杂质污染样品。当用订书钉固定样品时，订书钉应有涂层且不含铁，以避免腐蚀性产物污染样品。样品架应进行哑光处理，在设计上应避免可能影响材料性能的反射。为了某种性能需求，样品架的尺寸应取决于试样的类型。

以下的参考文献提供了关于用光控制系统测量辐射度的背景信息。

**15. 7. 1** 《化学和物理手册》，第 61 版，1980，由 Robea C. Weast 编辑；The Chemical Rubber Co., Cleveland OH。

**15.7.2** 国际照明委员会（CIE）的出版物，No. 20，1972。

**15.7.3** *Atlas Sun Spots*，Vol. 4，No. 9，1975 年春，Atlas Material Testing Technology LLC, Chicago, IL。

**15.8** 参考 ASTM G24 对测试用窗玻璃的选择。

**15.8.1** 为了减少由于玻璃的紫外线透射率发生变化而引起的差异，在把玻璃安装到暴晒箱之前，应将所有新玻璃根据所在位置的纬度面朝赤道方向暴晒，或者置于玻璃暴晒箱中至少三个月。

**15.8.2** 三个月的暴晒期后，建议从每一批玻璃中抽出有代表性的样品，测量光谱透射率。一般来讲，经过三个月的老化之后，单层玻璃的光谱透射率在波长 320nm 时为 10%～20%，在波长 380nm 及以上时至少为 85%。测得玻璃的透射率后，报告中应体现所测批次玻璃中最少三片玻璃的透射率的平均值。应按照所使用的紫外—可见分光光度计制造商推荐的测试固体样品透射率的方法进行测量。如果使用带积分球的分光光度计，应根据 ASTM E 903 标准中用规定的积分球测试材料的太阳光吸收比、反射比和传播透射比的方法进行测量。关于该主题的更多信息可参考下面的 ASTM 论文：由 W. D. Kemla 和 J. S. Robbin 著的《单料窗玻璃的紫外透射率》。此文收录在美国实验与材料协会（ASTM）1993 年出版的专业技术出版物 ASTM STP 1202 中。此出版物名为《有机材料的加速和室外耐用性测试》，由 Warren D. Ketola 和 Douglas Grossman 等编著。

**15.9** 在某些高湿度及空气中有污染物的情况下，样品的色差与光照导致的颜色变化一样大。需要时，制备一套试样和标样，并把它们安装放在纸卡上，但不要遮盖，同时暴晒在同类型的另一个箱内。暴晒箱的玻璃用不透明材料覆盖，避免有光。由于有光、温度、湿度和大气污染物的共同作用，所以通过对遮盖暴晒箱内与不遮盖暴晒箱内样品的比较，无法区分出仅由光照引起的变化。然而，两组样品与未在箱内暴晒的原样相比较后，可显示出材料对湿度和大气污染物是否敏感，这有助于解释为什么在日光暴晒时，辐射能量相同而地点和时间不同却得到不同的结果。

**15.10** 可从 ASTM 获取，地址：100 Barr Harbor Dr., West Conshohoeken PA 19428；电话：+1.610.832.9500；传真：+1.610.832.9555；网址：www.astm.org。

**15.11** 在测量样品和参照标样所暴露的环境及暴晒箱附近环境条件相同的空气温度和相对湿度时，任何合适的显示和记录装置都可采用，但最好可连续记录温度和相对湿度。

**15.12** 可采用自动评级系统，只要该系统可提供与有经验的评级人员目光评定结果相同或与其的重复性和再现性相同或更好。

## 16. 历史

**16.1** 2023 年编辑性修订使其与指南要求格式保持一致。

**16.2** 2022 年编辑性修订。2021 年、2019 年、2016 年编辑性修订；2014 年、2012 年（替代 AATCC TM16-2004）修订；2009 年编辑性修订；2004 年、2003 年修订；1998 年重新审定；1996 年、1995 年编辑性修订；1993 年、1990 年（替代 AATCC TM16-1987、TM16A-1988、TM16C-1988、TM16D - 1988、TM16E - 1987、TM16F - 1988、TM16G-1985）修订；1986 年、1984 年、1983 年编辑性修订；1982 年、1981 年、1978 年修订；1977 年重新审定；1974 年、1971 年修订。

**16.3** AATCC RA50 技术委员会于 1964 年判定，技术上等同于 ISO 105-B01。

# 附录 A　日光暴晒箱

**A1**　日光暴晒箱有一个玻璃外罩，使用金属、木材或者其他满足要求的材料，使试样不受雨水和气候条件的影响，充分地对流并保证试样表面有自由的空气流动。玻璃罩的厚度应该为 2.0~2.5mm，用优级的、干净的、平拉制的玻璃制成。玻璃必须具有均匀的强度，而且没有气泡或其他瑕疵。

**A2**　暴晒箱内装有支撑试样的架子，该架子应使试样与玻璃罩平行，试样正面离玻璃罩下方的距离不小于 75.0mm（3.0 英寸）。制备样品架的材料与试样应该是匹配的。样品架可以是使试样的背部有较好的通风条件的开放式，或所需的固体材料。为了尽可能地减少暴晒箱顶部和侧面阴影的影响，玻璃下的可用暴晒面积应在玻璃罩到试样距离的 2 倍范围内。

**A3**　暴晒箱放在整个白天都能被日光直接照射且不会被附近物体的影子所遮挡的地方。当暴晒箱安放在地上时，箱的底部和清洁的地面之间距离应该足够大，防止在进行维护期间（如割草、铺路及除草等）对试验产生影响。

**A4**　玻璃罩和试样以一定角度向赤道倾斜，与水平的角度应和测试所在位置的纬度接近。也可以使用其他暴晒角度如 45°，在测试结果报告中必须注明该角度。

**A5**　暴晒箱安置在干净的地方，最好是放在一些能代表测试材料将要使用的不同条件的具有气候性差别的地方。主要的气候变化包括亚热带、沙漠、海岸（空气中含盐）、工业大气和一些能够接收到很大比例范围太阳光的地区。暴晒箱的下方和周围的区域应该具有较低的反射率，并且该地表是该气候地区的典型地表。在沙漠地区，地表应该都是砂砾，而在大部分的温带和亚热带地区，地表的草较低。地表的类型应在报告中注明。

**A6**　暴晒期间，测定气候数据的仪器放在暴晒箱的中间。如需要，得到数据应作为报告中的一部分。为了表征测试架周围的条件，仪器应该能够记录周围的温度（日最大值和日最小值）、相对湿度（日最大值和日最小值）、降水时间（雨水）以及总的潮湿时间（包括雨水和露水）。如果需要表征测试架内部的条件，测试仪器应该能够记录玻璃下的环境温度（日最大值和日最小值）、玻璃下的黑板温度传感器温度、与试样同样暴晒角度下的总辐射量和紫外辐射暴晒（宽带通或窄带通）、相对湿度（日最大值和日最小值）。

# 附录 B AATCC TM16.1 测试方法示意图

AATCC TM16.1 测试方法示意图如附图 1 所示。

附图 1 AATCC TM16.1 测试方法示意图

**AATCC TM16. 2-2023**

# 耐光色牢度：碳弧法

## 1. 目的和范围

**1.1** 本测试方法提供了测定纺织材料耐光色牢度的通则和程序。备选的测试方法适用于各种纺织材料以及应用于纺织材料的染料、整理剂和助剂。

备选方法有：

1—封闭式碳弧灯，连续光照。

2—封闭式碳弧灯，间歇光照。

**1.2** 使用这些方法并不是特指对某个具体应用的快速测试。协议双方必须确定耐光色牢度测试和实际暴晒之间的关系并达成一致。

## 2. 原理

在规定条件下，将纺织品试样和参照标准同时暴晒。用 AATCC 变色灰卡或测色仪对比试样的暴晒部分和遮挡部分或原样之间的颜色变化，评定试样的耐光色牢度。通过评价一系列同时暴晒的 AATCC 蓝色羊毛标样完成耐光色牢度的评级。

## 3. 引用文献

**3.1** AATCC EP1，变色灰卡评定程序（见 30.5）。

**3.2** AATCC EP6，仪器测色方法（见 30.5）。

**3.3** AATCC EP7，仪器评定试样变色（见 30.5）。

**3.4** ASTM D1776/D1776M，纺织品的调节和试验标准实施规程。

**3.5** ASTM G151，实验室光源在加速测试装置内暴晒非金属材料的标准方法（见 30.10）。

**3.6** ASTM G153，用封闭的碳弧灯仪器暴晒非金属材料的标准方法（见 30.10）。

## 4. 术语

**4.1** AATCC 蓝色羊毛标样：AATCC 发布的一组染色羊毛织物，用于确定试样在耐光色牢度测试过程中的暴晒量（见 30.1）。

**4.2** AATCC 褪色单位（AFU）：在规定条件下，不同测试方法达到的特定暴晒量。一个 AATCC 褪色单位（AFU）相当于 AATCC 蓝色羊毛标样 L4 达到变色灰卡的 4 级或（1.7±0.3）CIELAB 单位的色差时所需暴晒量的 1/20。

**4.3** 黑板温度计：测量温度的装置，其感应部分涂有黑漆，以吸收耐光测试中接收到的大部分辐射量（见 30.2）。

该装置可估测试样在自然光或人造光暴晒下达到的最高温度。任何与 30.2 中描述的装置偏离都会影响所测温度。

**4.4** 黑标温度计：测量温度的装置，其感应部位涂有黑色材料，以吸收耐光测试中接收到的大部分辐射量，并通过塑料板使其隔热（见 30.2）。

该装置可估测试样在人造光暴晒下达到的最高温度。任何与 30.2 中描述的装置偏离都会影响所测温度。黑标温度计与黑板温度计所测温度不同，故不能互换使用。

**4.5** 宽频带辐射计：用于辐射计的相对术语。最大透光率为 50% 时，带宽大于 20nm 且小于 70nm 的辐射计。

**4.6** 变色：通过原样和试后样的比较，可辨别的无论是明度、彩度或色相的任何一种还是这些因素的组合所发生的颜色变化。

**4.7** 色牢度：材料在加工、检测、储存或使用过程中，暴露在可能遇到的任何环境下，抵抗颜色变化和/或颜色向相邻材料转移的能力。

**4.8** 耐光色牢度：材料经日光或人造光源的暴晒，其耐颜色特性变化的性能。

**4.9** 红外辐射量：波长大于可见光、小于1mm的单色光组成的辐射能量。

红外线辐射的光谱范围不特别明确，可根据使用者需要变化。CIE（国际照明委员会）的E-2.1.2委员会在光谱范围780nm和1mm之间进行如下划分：

IR-A 780~1400nm

IR-B 1.4~3.0μm

IR-C 3.0μm~1mm

**4.10** 辐照度：单位面积接收到的辐射功率，单位是瓦特每平方米（W/m²）。

**4.11** "L"编号：AATCC蓝色羊毛标样的序列号，根据其变色达到AATCC变色灰卡的4级所需的AATCC褪色单位（AFU）来确定。

AATCC蓝色羊毛标样的"L"编号与AFU之间的数值关系见表1；试样的耐光色牢度也可以根据暴晒后试样的变色与AATCC蓝色羊毛标样最接近变色的比较得到，见表2。

**表1 AFU与AATCC蓝色羊毛标样的等量辐射量（见30）①**

| AATCC 蓝色羊毛标样 | AFU | 氙弧 [kJ/（m²·nm）] | |
|---|---|---|---|
| | | 420nm | 300~400nm |
| L2 | 5 | 21 | 864 |
| L3 | 10 | 43 | 1728 |
| L4 | 20 | 85② | 3456 |
| L5 | 40 | 170 | 6912 |
| L6 | 80 | 340② | 13824 |
| L7 | 160 | 680 | 27648 |
| L8 | 320 | 1360 | 55296 |
| L9 | 640 | 2720 | 110592 |

① 达到AATCC变色灰卡的4级。

② 经透过玻璃的日光法和连续光照的氙弧法确认，其他的数据可计算得出（见30）。

**表2 AATCC蓝色羊毛标样评定试样变色**

| 颜色变化 | | | 色牢度等级 | 等量AFU |
|---|---|---|---|---|
| 小于 | 等于不大于 | 大于 | | |
| — | — | L2 | L1 | — |
| — | L2 | L3 | L2 | 5 |
| L2 | — | L3 | L2~L3 | — |
| — | L3 | L4 | L3 | 10 |
| L3 | — | L4 | L3~L4 | — |
| — | L4 | L5 | L4 | 20 |
| L4 | — | L5 | L4~L5 | — |
| — | L5 | L6 | L5 | 40 |
| L5 | — | L6 | L5~L6 | — |
| — | L6 | L7 | L6 | 80 |
| L6 | — | L7 | L6~L7 | — |
| — | L7 | L8 | L7 | 160 |
| L7 | — | L8 | L7~L8 | — |
| — | L8 | L9 | L8 | 320 |
| L8 | — | L9 | L8~L9 | — |
| — | L9 | — | L9 | 640 |

注 使用本表进行评级的示例：试样与L4、L5和L6同时暴晒，经暴晒和调湿后，试样的变色比L4和L5少，但是比L6多。测试可表示为L5~L6，或使用以下示例：经各阶段暴晒的试样变色达到变色灰卡的4级，如果这个现象发生在40~80AFU，则试样可被评定为L5~L6。

**4.12** 兰勒（langley）：太阳辐射总能量的单位，表示为每平方厘米辐射表面产生1卡能量。

注意：国际单位制中，焦耳（J）表示辐射量，瓦特（W）表示辐射功率，每平方米（m²）表示面积。使用下列换算关系：

1langley = 1cal/cm²，1cal/cm² = 4.184J/cm² 或 1cal/cm² = 41840J/m²

**4.13** 耐光牢度：材料的性能，通常以指定的级数表示，描述材料在日光或人造光源下暴晒颜色特性变化的结果。

**4.14** 窄频带辐射计：用于辐射计的相对术语。最大透光度为50%时，带宽小于或等于20nm的辐射计，用于测定一定波长的辐照度，如波长为340nm±0.5nm或420nm±0.5nm。

**4.15** 光致变色：当暴晒终止后，试样的暴晒部分与未暴晒部分立即出现的某种颜色（无论色相或彩度的变化）的可逆变化的定性名称。

注意：在暗处颜色变化的可逆性，或色相或彩度的不稳定性，用于区别光致变色与永久褪色。

**4.16** 日射强度计：一种辐射计，测量总日辐照度，或者半球向日的辐照度。

**4.17** 辐射功率：单位时间内发射、转移或接收的辐射量。

**4.18** 辐射曝量：辐照度的时间积分，单位为焦耳每平方米（$J/m^2$）。

**4.19** 辐射计：测量辐射量的仪器。

**4.20** 总辐照度：某一时间点内所有波长的辐射能积分，单位为瓦特每平方米（$W/m^2$）。

**4.21** 紫外辐射量：波长小于可见光、大于100nm的单色光组成的辐射能量。

注意：紫外线辐射的光谱范围界定不特别明确，根据使用者需要变化。CIE（国际照明委员会）的E-2.1.2委员会在光谱范围400nm和100nm之间进行如下划分：

UVA      315~400nm

UVB      280~315nm

UVC      100~280nm

**4.22** 可见光辐射量：引起视觉的任何辐射能量。

注意：可见辐射光的光谱范围界定不特别明确，根据使用者需要变化。波长的下限通常被认为在380~400nm，上限在760~780nm。

**4.23** 宽频带辐射计：应用于辐射计的相对术语。最大透光度为50%时，带宽大于70nm的辐射计。

**4.24** 本测试方法使用的其他相关光牢度术语的定义，参见 AATCC M11。

## 5. 安全和预防措施

**5.1** 方法/程序中规定的安全预防措施是测试程序的辅助措施，本部分有助于测试，但未指出所有可能的安全问题。

**5.2** 使用者有责任参考适用的安全数据表，使用安全和适当的技术，在处理本标准中材料时应穿着适当的个人防护装备。

**5.3** 使用者必须向制造商咨询具体细节，如设备操作说明和其他建议。咨询并遵守所有适用的健康和安全法规〔如美国职业安全卫生管理局（OSHA）标准和规定〕。

**5.4** 操作测试仪器前，应先阅读和理解制造商的说明书。操作实验室测试仪器时，应按照制造商提供的安全建议。

**5.5** 测试仪器内有高强度光源，不要直接对视光源。仪器运行时暴晒箱门应为关闭状态。

**5.6** 应在灯停止运转并冷却 30min 后，才可进行光源维修。

**5.7** 维修测试仪器时，应关闭仪器和主电源开关。安装仪器时，应确保机器前面板的主电源指示灯已经熄灭。

**5.8** 遵守良好的实验室规定。

## 6. 使用和限制条件

**6.1** 即使在相同的光源和环境下，并不是所有的材料都会受到同样的影响。用任何一个测试方法得到的结果，并不能代表其他的测试方法获得的结果或者最终应用的情况，除非协议双方对指定的材料或指定应用已经建立了数学相关性。

封闭式的碳弧灯法、氙弧灯法和日光法广泛应用于纺织品贸易。不同制造商提供的测试仪器的光谱功率的分布、空气温度和湿度传感器的位置，以及测试箱的尺寸可能有着较大的差异，这将可能导致不同的测试结果。因此，由不同制造商提供的不同测试箱尺寸，或不同光源和过滤组合器所提供仪器测得的数据不可互换，除非它们之间已建立一种数学关系。据 AATCC RA50 委员会所掌握的资料，不同结构的测试仪器之间没有相关性。

**6.2** 使用本标准方法时，方法的选择应根据历史的数据和经验，并结合光照条件、湿度条件及热效应条件。所选的方法也应反映出与测试材料最终用途相关的使用条件。

**6.3** 使用本标准方法时，测试材料应与经特定暴晒且已知耐光牢度的参照标样对比。为此，应广泛使用 AATCC 蓝色羊毛标样。

## 7. 仪器和材料（见 30.3）

**7.1** AATCC 蓝色羊毛标样，L2～L9（见 30.1，30.4 和 30.5）。

**7.2** 褪色的 AATCC 蓝色羊毛标样 L4，已暴晒 20 个褪色单元（AFU）（见 30.5）。

**7.3** 褪色的 AATCC 蓝色羊毛标样 L2，已暴晒 20 个褪色单元（AFU）（见 30.5）。

**7.4** 变色灰卡（AATCC EP1）（见 30.5）。

**7.5** 背衬卡片，每片 163g/m²（90 磅/m²），白色优质纸卡。

**7.6** 遮盖物，透光率接近 0，适合于多阶段的暴晒，如 10 个 AFU、20 个 AFU、40 个 AFU 等。

**7.7** 黑板温度计（见 4.3 和 30.2）。

注意：黑板温度计与黑标温度计（AATCC TM16.3）不可混用，后者用于连续光照的氙弧灯方法 2 和一些欧洲测试程序。在相同测试条件下，两种不同温度计所测出的温度通常也是不一致的。本方法中的"黑色温度计"术语，同时指黑板温度计和黑标温度计。

**7.8** 分光光度计或比色计（见 3.2）。

**7.9** 封闭式碳弧灯测试仪（见附录 A 和 30.6）。

## 8. 参照标准

**8.1** AATCC 蓝色羊毛标样，定义见 AATCC TM16.2，适用于所有方法。但是在任一测试方法中，AATCC 蓝色羊毛标样的褪色速度可能因测试方法不同而不同。

**8.2** 参照标样可以是任何已知其颜色变化速度的、合适的纺织材料。

用于比较的参照标样必须确定且协议双方达成一致。参照标样与试样需同时暴晒。使用参照标样有助于随时确定仪器和测试程序的变化。如果参照标样暴晒后的测试结果与已知标准值差异超过10%，就需要彻底地检查测试仪器的操作条件，以及校验故障或缺陷的零件，然后重新测试。

## 9. 试样准备和安装

**9.1** 试样数量。为了提高精度，应至少剪取三块试样和参照标样，除非买卖双方有其他协议。

注意：在实际操作中，剪取一块试样和控制样即可。有争议时，应按照常规测试剪取足够的试样。

**9.2** 剪取和安装试样。测试期间用耐测试环境影响的标签区分每块试样。将试样和参照标准安装在样品架上，两者的表面与光源的距离相等。应使用避免挤压试样表面的遮盖物，尤其是测试起绒织物。试样的尺寸和形状应与参照标样相同。

按以下要求剪取和准备试样。

**9.2.1** 试样的背衬。对于所有方法，如果样品没有完整的背衬，则将试样和参照标准装在白色背衬卡上，该背衬卡是不反光的白色硬纸板，AATCC 购买者指南提供了相关资料（http://www.aattcc.org/bg）。用透光率几乎为 0 的遮盖物盖住安装好的试样。

**9.2.2** 织物。剪取试样时，其长度方向平行于经向（长度方向），尺寸至少为 70.0mm×120.0mm（2.75 英寸×4.7 英寸），试样的暴晒面积至少为 30.0mm×30.0mm（1.2 英寸×1.2 英寸）。将有背衬的试样固定在测试仪器提供的样品架上，确保架子的前后遮盖物与试样紧紧地接触，使暴晒和未暴晒区域之间有一条明显的界限且没有挤压试样（见 30.7 和 30.8）。为防止试样脱边，可对其缝边、剪锯齿边或熔边。

**9.2.3** 纱线。将纱线缠绕或固定在白色背衬卡上，长度约为 150.0mm（6.0 英寸），宽度至少为 25. 0mm（1. 0 英寸），仅对直接面对暴晒的那部分纱线的变色程度进行评级。控制标样应与暴晒试样具有相同数目的纱线。暴晒结束后，用 20. 0mm（0. 75 英寸）的遮盖物或者其他合适的带子将这些面对光源的纱线捆紧，使纱线紧密地排列在暴晒架上，以进行评级（见 30. 8）。

## 方法 1 封闭式碳弧灯，连续光照

### 仪器操作条件

## 10. 测试仪器的准备

**10. 1** 测试程序运行前，用以下的测试程序检验仪器的运转情况。为了提高测试结果的重现性，应按照制造商的建议将测试仪器安装在可控制温度和相对湿度的房间内。

**10. 2** 检查仪器是否按照制造商建议的校准间隔周期表进行了校准或维护。

**10. 3** 如适用，取下所有的架子和试样喷淋装置。

**10. 4** 设定仪器操作条件见表 3。

表 3 仪器操作条件（方法 1）

| 光 源 | | 封闭式碳弧连续光照 |
| --- | --- | --- |
| 黑板温度计［℃（℉）］ | | 63±3（145±6） |
| 暴晒箱内温度［℃（℉）］ | | 43±2（110±4） |
| 相对湿度（%） | | 30±5 |
| 过滤器种类 | | 硼硅玻璃 |
| 辐射量 | | — |
| 水的要求<br>（进水） | 种类 | 去离子水、蒸馏水或逆渗透水 |
| | 硬度（mg/kg） | 低于 17，最好低于 8 |
| | pH | 7±1 |
| | 环境温度<br>［℃（℉）］ | 16±5<br>（61±9） |

确保所需温度与所用的黑色温度计相适应（见 30. 2 和附录 A）。安装好带白色背衬卡的样品夹和所需的黑色温度计，没有装试样的白色背衬卡可模拟测试过程中暴晒箱内空气流动的情况。按上面的

描述和制造商的说明书操作和控制测试仪器。为了达到需要的黑板温度、箱内空气温度和相对湿度，需按该模式操作和调节仪器。当没有外部的显示器时，可透过暴晒箱门的窗户读取黑色温度计。

**10. 5** 用 AATCC 蓝色羊毛标样按照 12. 1～12. 2. 2 部分校准。如果按照制造商的说明书进行校准，而 AATCC 蓝色羊毛标样 L2 或 L4 的褪色不能满足要求，则应使用新的 L2 或 L4 蓝色羊毛标样重新暴晒至 20 个 AFU。如果褪色已经满足第 11 部分的要求，则从样品架上取出白色背衬卡，继续操作。

**10. 6** 参照制造商的说明书和以下内容，准备和操作测试仪器，以获得更多的信息。

对封闭式碳弧法，可用测试标准 ASTM G151 和 G153（见 30. 6）。

## 11. 校准、检验和测量 AFU

仪器校准。为了保证标准化和精确度，应对与暴晒仪器有关的装置（即光监控系统、黑色温度计、箱内空气传感器、湿度控制系统、UV 传感器和辐射计）进行定期校准。如有可能，校准应溯源到国家或国际标准。校准周期和程序参照制造商的说明书。

通过对 AATCC 蓝色羊毛标样的暴晒和对其每 80～100 个 AFU 的评估来检验仪器的精确性。参照标样应放置在邻近黑板温度传感装置的样品夹的中间位置暴晒。

## 12. AATCC 蓝色羊毛标样检验

**12. 1** 在规定的温度、湿度条件下，按所选的方法，将 AATCC 蓝色羊毛标样 L4 连续暴晒 20h±2h。暴晒后，用目光或仪器评定暴晒的标准试样。增加或减少灯的瓦数、暴晒时间或这两个方面，再暴晒一块新的蓝色羊毛标样，直到蓝色羊毛标样的变色达到以下的基准。

**12. 1. 1** 目光评定。等于所用批次的已褪色

L4 标样显示的变色级数。

**12.1.2** 仪器测量。对于很多批次的 AATCC 蓝色羊毛标样 L4，按照 AATCC EP6 测得其 CIELAB 值必须等于该蓝色羊毛标样的校准证书中的值。

**12.2** 在规定的温度、湿度条件下，按所选的方法，将 AATCC 蓝色羊毛标样 L4 连续暴晒 20h±2h。暴晒后，用仪器或褪色的 AATCC 蓝色羊毛标样 L2 评定暴晒的标准。如果需要，可增加或减少灯的瓦数、暴晒时间或这两个方面，再暴晒一块新的蓝色羊毛标样，直到蓝色羊毛标样的变色达到以下的基准。

**12.2.1** 目测评定。等于所用批次的已褪色 L2 标样显示的变色级数（见 30.5）。

**12.2.2** 仪器测量。对于很多批次的 AATCC 蓝色羊毛标样 L2 和 L4，按照 AATCC EP6 测得其 CIELAB 值必须等于该蓝色羊毛标样的校准证书中的值。

## 13. AATCC 蓝色羊毛标样测量 AFU

**13.1** 用 AATCC 蓝色羊毛标样和 AATCC 褪色单元（AFU）对不同的暴晒方法提供了一种通用的暴晒标准，如日光、碳弧灯和氙弧灯。不可用术语"时钟显示小时数"和"仪器显示小时数"的报告方式。

**13.2** 表 1 中列出了每个 AATCC 蓝色羊毛标样产生变色灰卡（见 3.1）或测色仪（见 3.3）的 4 级变色所需的 AFU 数量。

**13.3** 仪器测色可用 CIE 1964 的 10° 观察和 $D_{65}$ 光源计算色度数据。按照 AATCC EP6 的规定，以 CIELAB 单位表示色差。

### 仪器暴晒程序

## 14. 仪器暴晒程序，测试程序

**14.1** 安装试样。将装好的试样安装在样品架上，并确保样品架支撑住所有试样。靠近或远离光源的任何移动，即使很小的距离，都可能导致试样之间褪色的差异（见 9.2）。使用间歇光照的方法时，应从光照循环开始进行暴晒。

**14.2** 对于机织物、针织物和非织造布，除另有规定，试样的正面应正对辐射光源。

**14.3** 启动测试仪器直到暴晒结束。需要更换过滤器、碳弧或灯管而中断暴晒时，应避免不必要的拖延，否则会导致结果偏差或错误。也可用合适的记录仪监控暴晒箱内的条件。如需要，可重新调整控制条件，以保持指定的测试条件。

## 15. 仪器暴晒——指定的辐射量

**15.1** 一步法。将试样和合适的参照标准暴晒至 5、10、20 或 20 个倍数的 AFU，直到试样暴晒至所需的辐射量。辐射量可通过同时暴晒合适的蓝色羊毛标样测量 AFU。

**15.2** 两步法。首先按照 15.1 进行，不同的是试样的暴晒面积增加 1 倍。当试样暴晒到第一阶段规定的辐射量后，从暴晒箱内取出试样，用遮盖物盖住已暴晒面积的一半，然后继续暴晒 20 或 20 个倍数的 AFU，直至达到更高的辐射量。

注意：两步法可较好地表征试样耐光色牢度的性能。

## 16. 仪器暴晒——参照标样

将试样和参照标样同时暴晒到所需的终点，以 AFU 或参照标样的性能（即参照标样的变色达到变色灰卡的 4 级）判定终点。

## 17. 仪器暴晒——耐光色牢度分级

**17.1** 一步法。同时暴晒试样和一系列 AATCC 蓝色羊毛标样，测量试样的变色程度达到变色灰卡的 4 级时所需的 AFU 数量（见 30.11）。

**17.2** 两步法。首先按 17.1 进行，不同的是试样的暴晒面积增加 1 倍。当试样暴晒至变色灰卡的 4 级时，从暴晒箱内取出试样，用遮盖物盖住已暴晒面积的一半，继续暴晒直至达到变色灰卡的 3 级（见 30.11）。

# 方法 2　封闭式碳弧灯，间歇光照

## 仪器操作条件

## 18. 测试仪器的准备

**18.1**　测试程序运行前，用以下的测试程序检验仪器的运转情况。为了提高测试结果的重现性，应按照制造商的建议将测试仪器安装在可控制温度和相对湿度的房间内。

**18.2**　检查仪器是否按照制造商建议的校准间隔周期表进行了校准或维护。

**18.3**　如适用，取下所有的架子和试样喷淋装置。

**18.4**　设定仪器操作条件见表 4。

表 4　仪器操作条件（方法 2）

| 光　源 | | 封闭式碳弧光照/黑暗交替（灯开/关） |
|---|---|---|
| 黑板温度计（光周期）［℃（℉）］ | | 63±3（145±6） |
| 暴晒箱内温度［℃（℉）］ | 光周期 | 43±2（110±4） |
| | 暗周期 | 43±2（110±4） |
| 相对湿度（%） | 光周期 | 35±5 |
| | 暗周期 | 90±5 |
| 光周期（h） | 开 | 3.8 |
| | 关 | 1.0 |
| 过滤器种类 | | 硼硅玻璃 |
| 辐射量［W/（m²·nm）］（420nm） | | — |
| 水的要求（进水） | 种类 | 去离子水、蒸馏水或逆渗透水 |
| | 硬度（mg/kg） | 低于 17，最好低于 8 |
| | pH | 7±1 |
| | 环境温度［℃（℉）］ | 16±5（61±9） |

确保所需温度与所用的黑色温度计相适应（见30.2和附录 A）。安装好带白色背衬卡的样品夹和所需的黑色温度计，没有装试样的白色背衬卡可模拟测试过程中暴晒箱内空气流动的情况。按照上面的描述和制造商的说明书操作和控制测试仪器。为了达到需要的黑板或黑标温度、箱内空气温度和相对湿度，需按该模式操作和调节仪器。当没有外部的显示器时，可透过暴晒箱门的窗户读取黑色温度计。

**18.5**　用 AATCC 蓝色羊毛标样按照 20.1～20.2.2 部分校准。如果按照制造商的说明书进行校准，而 AATCC 蓝色羊毛标样 L2 或 L4 的褪色不能满足要求，则应使用新的 L2 或 L4 蓝色羊毛标样重新暴晒至 20 个 AFU。如果褪色已经满足第 19 部分的要求，则从样品架上取出白色背衬卡，继续操作。

**18.6**　参照制造商的说明书和以下内容，准备和操作测试仪器，以获得更多的信息。

对封闭式碳弧法，可用测试标准 ASTM G151 和 G153（见 30.6）。

## 19. 校准、检验和测量 AFU

仪器校准。为了保证标准化和精确度，应对与暴晒仪器有关的装置（即光监控系统、黑色温度计、箱内空气传感器、湿度控制系统、UV 传感器和辐射计）进行定期校准。如有可能，校准应溯源到国家或国际标准。校准周期和程序参照制造商的说明书。

通过对 AATCC 蓝色羊毛标样的暴晒和对其每 80～100 个 AFU 的评估来检验仪器的精确性。参照标样应放置在邻近黑板温度传感装置的样品夹的中间位置暴晒。

## 20. AATCC 蓝色羊毛标样校准

**20.1**　在规定的温度、湿度条件下，按所选的方法，将 AATCC 蓝色羊毛标样 L4 连续暴晒 20h±2h。暴晒后，用目光或仪器评定暴晒的标准试样。增加或减少灯的瓦数、暴晒时间或这两个方面，再暴晒一块新的蓝色羊毛标样，直到蓝色羊毛标样的变色达到以下的基准。

**20.1.1**　目光评定。等于所用批次的已褪色 L4 标样显示的变色级数。

**20.1.2** 仪器测量。对于很多批次的 AATCC 蓝色羊毛标样 L4，按照 AATCC EP6 测得其 CIELAB 值必须等于该蓝色羊毛标样的校准证书中的值。

**20.2** 在规定的温度、湿度条件下，按所选的方法，将 AATCC 蓝色羊毛标样 L4 连续暴晒 20h±2h。暴晒后，用仪器或褪色的 AATCC 蓝色羊毛标样 L2 评定暴晒的标准。如果需要，可增加或减少灯的瓦数、暴晒时间或这两个方面，再暴晒一块新的蓝色羊毛标样，直到蓝色羊毛标样的变色达到以下的基准。

**20.2.1** 目光评定。等于所用批次的已褪色 L2 标样显示的变色级数（见 30.5）。

**20.2.2** 仪器测量。对于很多批次的 AATCC 蓝色羊毛标样 L2 和 L4，按照 AATCC EP6 测得其 CIELAB 值必须等于该蓝色羊毛标样的校准证书中的值。

## 21. AATCC 蓝色羊毛标样测量 AFU

**21.1** 用 AATCC 蓝色羊毛标样和 AATCC 褪色单元（AFU）对不同的暴晒方法提供了一种通用的暴晒标准，如日光、碳弧灯和氙弧灯。不可用术语"时钟显示小时"和"仪器显示小时"的报告方式。

**21.2** 表 1 中列出了每个 AATCC 蓝色羊毛标样产生变色灰卡（见 3.1）或测色仪（见 3.3）的 4 级变色所需的 AFU 数量。

**21.3** 仪器测色可用 CIE 1964 的 10°观察和 $D_{65}$ 光源计算色度数据。按照 AATCC EP6 的规定，以 CIELAB 单位表示色差。

### 仪器暴晒程序

## 22. 仪器暴晒程序，测试程序

**22.1** 安装试样。将装好的试样安装在样品架上，并确保样品架支撑住所有试样。靠近或远离光源的任何移动，即使很小的距离，都可能导致试样

之间褪色的差异（见 9.2）。使用间歇光照的方法时，应从光照循环开始进行暴晒。

**22.2** 对于机织物、针织物和非织造布，除另有规定，试样的正面应正对辐射光源。

**22.3** 启动测试仪器直到暴晒结束。需要更换过滤器、碳弧或灯管而中断暴晒时，应避免不必要的拖延，否则会导致结果偏差或错误。也可用合适的记录仪监控暴晒箱内的条件。如需要，可重新调整控制条件以保持指定的测试条件。

## 23. 仪器暴晒——指定的辐射量

**23.1** 一步法。将试样和合适的参照标准暴晒至 5、10、20 或 20 个倍数的 AFU，直到试样暴晒至所需的辐射量。辐射量可通过同时暴晒合适的蓝色羊毛标样测量 AFU。

**23.2** 两步法。首先按照 23.1 进行，不同的是试样的暴晒面积增加 1 倍。当试样暴晒到第一阶段规定的辐射量后，从暴晒箱内取出试样，用遮盖物盖住已暴晒面积的一半，然后继续暴晒 20 或 20 个倍数的 AFU，直至达到更高的辐射量。

注意：两步法可较好地表征试样耐光牢度的性能。

## 24. 仪器暴晒——参照标样

将试样和参照标样同时暴晒到所需的终点，以 AFU 或参照标样的性能（即参照标样的变色达到变色灰卡的 4 级）判定终点。

## 25. 仪器暴晒——耐光色牢度分级

**25.1** 一步法。同时暴晒试样和一系列 AATCC 蓝色羊毛标样，测量试样的变色程度达到变色灰卡的 4 级时所需的 AFU 数量（见 30.11）。

**25.2** 两步法。首先按 25.1 进行，不同的是试样的暴晒面积增加 1 倍。当试样暴晒至变色灰卡的 4 级时，从暴晒箱内取出试样，用遮盖物盖住已暴晒面积的一半，继续暴晒直至达到变色灰卡的 3

级（见30.1）。

## 26. 暴晒后的调节

暴晒结束取出试样和参照标样。按照 ASTM D 1776《纺织品调湿和测试标准方法》要求的标准大气条件下［温度 21℃±2℃，相对湿度（65±5）%］，在暗室里调湿至少 4h 后再评级。

## 27. 评级和解释

**27.1** 变色评级。

**27.1.1** 按照材料的规格或协议要求，对试样的暴晒部分与遮盖部分或原样部分（优先）评级。全面评价试样的耐光性能需要使用两步法暴晒。原样和已暴晒样品的遮盖部分之间存在着色差，表明织物不仅仅受到光的影响，还受到其他因素（如受热或大气中的某种反应性气体）的影响。虽然产生色差的确切原因尚未知，但是此现象发生时应在报告中注明。

**27.1.2** 不管是暴晒至所规定的 AFU 或与参照标样进行对比，均可使用 AATCC EP1《变色灰卡评定程序》或 AATCC EP7《仪器评定试样变色》对样品进行变色评级（见30.11）。

**27.1.3** 测定总色差（$\Delta E_{CIELAB}$）、明度差（$\Delta L^*$）、彩度差（$\Delta C^*$）和色相差（$\Delta H^*$）。使用带有 CIE 1976 公式、$D_{65}$ 光源和 10° 观察视角且可提供数据的仪器。也可使用测量中包括反射光谱，带有散射功能的仪器（见 AATCC EP6《仪器测色方法》）。

**27.2** 同时暴晒的参照标样的接受性判断。

**27.2.1** 按照第 27.1 部分，用参照标样（非蓝标）评定试样的颜色变化程度。

**27.2.2** 按以下方法评定试样的耐光色牢度。

**27.2.2.1** 满意——当参照标样的变色达到变色灰卡的 4 级时，试样的颜色变化小于或等于参照标样的变色。

**27.2.2.2** 不满意——当参照标样的变色达到变色灰卡的 4 级时，试样的颜色变化大于参照标样的变色。

**27.2.3** 买卖双方可依据 27.1.3 部分，制定可接受的颜色变化程度。

**27.3** 基于 AATCC 蓝色羊毛标样的分级（见30.12）。

**27.4** 高于 L7 的 AATCC 蓝色羊毛标样的分级（见30.13）。

## 28. 报告（见表5）

报告至少应包含下列内容。

**28.1** 操作者和测试时间。

**28.2** 样品描述。

**28.3** 耐光色牢度级数/耐光牢度。

**28.4** 与参照样品或遮盖部分相比的可接受程度（Yes/No）。

**28.5** 耐光色牢度：AATCC 变色灰卡或仪器评价。

**28.6** 分级方法。

**28.7** 参考标准。

**28.8** 环境温度（干球），黑板温度或黑标温度。

**28.9** 控制暴晒：AATCC 蓝色羊毛标样、辐射能量或其他。

**28.10** 总辐射量。

**28.11** 仪器类别、型号、序列号、生产商、试样架（倾斜型，2层，3层或水平型）和供水类型。

**28.12** 方法选择。

**28.13** 暴晒时间。

**28.14** 安装程序（有背衬或无背衬）。

**28.15** 如果存在与 AATCC 16.2 或参考标准有偏离部分。

**表 5 报告格式**

操作者：_____ 操作时间：_____

样品描述：_____

材料暴晒：正面_____ 反面_____

耐光色牢度级数：_____ 色牢度分级：_____

与参照样品相比的可接受程度（Yes/No）：_____

试样与：遮盖部分_____ 未遮盖部分_____ 未暴晒原样_____

评估耐光色牢度由：AATCC 变色灰卡_____ 仪器评级，名称和型号_____

分级方法：_____

参照标准：_____

控制温度由：周围环境（干球）_____℃ 黑板温度计_____℃ 黑标温度计_____℃

控制暴晒由：AATCC 标准蓝色羊毛标样_____ 辐射量_____ 其他_____

总辐射量：_____

测试仪器类型：_____ 型号：_____ 序列号：_____ 制造商：_____

样品架：倾斜型_____ 2 层_____ 3 层_____ 水平型_____

供水类型：_____

选用方法：_____ 已用暴晒时间：_____

安装程序：有背衬_____ 无背衬_____

样品旋转时间表：_____ 相对湿度：_____%

**透过玻璃日光法，报告以下信息**

地理位置：_____

暴晒时间：从_____ 到_____

暴晒高度：_____ 暴晒角度：_____

透过玻璃暴晒：是/否_____ 如果是，指出类型_____

每天周围温度：最低_____℃ 最高_____℃ 平均_____℃

每天黑板温度：最低_____℃ 最高_____℃ 平均_____℃

测试环境温度：最低_____℃ 最高_____℃ 平均_____℃

每天的相对湿度（%）：最小_____ 最大_____ 平均_____

潮湿的时间：雨_____ 雨和露_____

## 29. 精确度和偏差

### 29.1 精确度。

**29.1.1** 实验室间的测试概述。AATCC RA50 委员会已做了大量的研究来评估辐射监测仪终止耐光色牢度测试中的暴晒测试。在亚利桑那州和南佛罗里达州为期两年的实验中，实验室间研究采用了可控的辐射氙弧仪并在白天采集数据。研究中，某一实验室对所有已暴晒的样品的颜色变化进行仪器测量。

**29.1.2** 实验室间的研究使用了八种不同的耐光色牢度标准织物，通过已测的辐射量确定 20 个 AFU 的定义。研究表明，如果在耐光色牢度测试中辐照度、黑板温度、环境温度和相对湿度得到控制，那么实验室之间可达成一致。总之，不同的实验室用仪器测量已暴晒样品的色差变化小于 10%。所有测试样品的标准偏差都小于变色灰卡的半级。根据这些测试的结果可知，当按照氙弧灯连续光照方法 3 中规定的条件测试时，20 个 AFU 相当于在波长为 420nm 处测得的辐射量为 85kJ/（$m^2 \cdot nm$）

（连续光照约 21.5h）。

**29.1.3** 在日光研究中，除了对 AATCC 和 ISO 蓝色羊毛标样外，还对 16 种不同织物进行了暴晒测试。每个季节，在两个地点开始持续两年的一系列暴晒测试。根据辐射能量的仪器测量结果终止暴晒测试。测试期间，气候条件变化非常大。得到的数据清楚地表明由于温度、湿度、大气污染物等因素的不同而造成样品颜色变化不同，其中，最重要的变量是辐射量。在不同年度、地点和季节所做的暴晒测试得到的色差变化的平均值是 30%。

**29.1.4** 这些测试结果的详细内容已在 ISO/TC 38 的第一分技术委员会的 ISO 第 14 次会议上，以 38/1 N 993 号文件提交，题为《美国关于耐光牢度测试中对辐射量的监控报告》。

**29.2** 偏差。

耐自然光或人造光的色牢度的定义仅限于某一标准方法。没有独立的方法可以测定其真实值。作为评估该特性的方法不存在偏差。

## 30. 注释

**30.1** AATCC 蓝色羊毛标样除 L2 外都是用蓝色酸性铬媒染料 B（C.I. 43830）染色羊毛和牢度好的蓝色印地科素染料 AGG（C.I. 73801）染色羊毛以不同比例混纺特制而成的。每个编号较高的羊毛标样是前一编号牢度的两倍。AATCC 蓝色羊毛标样和 ISO 蓝色羊毛标样（用于 ISO 105 B01）的评估结果不同，因而不可互换使用规格为 LOT8 和 LOT9 的 AATCC 耐光色牢度蓝色羊毛标样 L2 是通过批染获得的。L2 暴晒可产生两个清晰的褪色终点，用于 5 个或 20 个 AFU 褪色单位的测试。5 个 AFU 和 20 个 AFU 的 L2 褪色标准具体可从 AATCC 获取（见 30.5）。

**30.2** 黑色温度计可用于监控人造气候，测量样品在一定的辐射量下暴晒时的最高温度估计值。有两种黑色温度计，一种是黑板温度计，不绝缘且由金属制成；另一种是黑标温度计，绝缘且由带塑料背衬的金属制成。针对这点，一些 ISO 标准特别指定使用黑标温度计。在相同的暴晒温度下，黑标温度计显示的温度比黑板温度计高。

黑色温度计的元件表示的是其显示吸收的辐照度减去由传导和对流散失的热量。应使这些温度计的黑面保持良好的状态，按照仪器制造商的建议正确保护和维护黑色温度计。

**30.2.1** 黑板温度计：固定在样品架上的黑板温度计元件测量并调整测试温度，其正面与试样可接收到同样的暴晒。黑板温度计至少是由 70mm×150mm 的金属面板组成，用温度计或热电偶测温且位于面板的中间，并与面板接触良好的感应部位不小于 45mm×100mm。温度计的面对光源的一面是黑色的面板，其反射到达试样的光谱小于 5%，而背对光源的一面在暴晒箱内应敞开着。

**30.2.2** 黑标温度计：固定在样品架上的黑板温度计元件测量并调整测试温度，其正面与试样可接收到同样的暴晒。黑标温度计由 70mm×40mm、厚约 0.5mm 的不锈钢面板组成。有良好的导热性，固定其背面的热电阻器可测量温度。金属面板固定在塑料板上使其绝缘。温度计的面对光源的一面是黑色的面板，其反射到达试样的光谱小于 5%。

**30.3** 有关适合测试方法的设备信息，请登录 http://www.aatcc.org/bg。AATCC 提供其企业会员单位所能提供的设备和材料清单。但 AATCC 没有给其授权，或以任何方式批准、认可或证明清单上的任何设备或材料符合测试方法的要求。

**30.4** 用白纸板做背衬，可使 AATCC 蓝色羊毛标样和试样产生更好的一致性和重现性。最初测定 AATCC 蓝色羊毛标样终点时的色差值即是使用该背衬条件下完成的。虽然给定了 AATCC 蓝色羊毛标样的允差，但是应尽量达到标准要求的中间值。最终目的是仲裁时，AATCC 蓝色羊毛标样将按 3 的倍数进行暴晒，AATCC 蓝色羊毛标样的色差等同于 AATCC EP6 规定的适用标准证书上规定的 CIELAB 的色差值（见 30.5）。

**30.5** 可从 AATCC 获取，地址：P. O. Box 12215，Research Triangle Park NC 27709；电话：+1. 919. 549. 8141；传真：+ 1. 919. 549. 8933；网址：www. aatcc. org；电子邮箱：ordering @ aatcc. org。

**30.6** 该方法参考 ASTM G151 和 ASTM G153 对仪器的详细说明。在附录 A 中有进一步的说明。仪器更多的信息可查询 AATCC 购买者指南。

**30.7** 对于纤维容易发生移位现象的簇绒织物，如地毯等或面积太小难以评估的织物，取样时应不小于 40.0mm×50.0mm（1.6 英寸×2.0 英寸）的暴晒面积。应取足够的尺寸和多个试样，以包括样品的所有颜色。

**30.8** 样品架必须用不锈钢、铝或者适当涂层的钢制成，以避免可能催化或抑制降解产生的金属杂质污染样品。当用订书钉固定样品时，订书钉应有涂层且不含铁以避免腐蚀性产物污染样品。样品架应进行哑光处理，在设计上应避免可能影响材料性能的反射。为了某种性能需求，样品架的尺寸应取决于试样的类型。

**30.9** 附录 A 中的表中的数据显示带有硼硅玻璃过滤器的封闭式碳弧的典型光谱能量分布。有关日光的数据表示的是在空气质量为 1.2、气柱臭氧为 2.94mm（一个大气压下）、相对湿度为 30%、海拔高度为 2100m（大气压强为 78.78kPa）以及气溶胶厚度在波长 300nm 时为 0.081 或在波长 400nm 时为 0.62 的条件下，太阳在水平面上的总辐照度。波长在 701～800nm 范围内的数据未在表中体现。

以下的参考文献提供了关于用光控制系统测量辐射度的背景信息。

**30.9.1** 《化学和物理手册》，第 61 版，1980，由 Robea C. Weast 编辑；The Chemical Rubber Co.，Cleveland OH。

**30.9.2** 国际照明委员会（CIE）的出版物，No. 20，1972。

**30.9.3** *Atlas Sun Spots*，Vol. 4，No. 9，1975 年春，Atlas Material Testing Technology LLC，Chicago，IL。

**30.10** 可从 ASTM 获取，地址：100 Barr Harbor Dr.，West Conshohoeken PA 19428；电话：+1. 610. 832. 9500；传真：+ 1. 610. 832. 9555；网址：www. astm. org。

**30.11** 可采用自动评级系统，只要该系统可提供与有经验的评级人员目测评定结果相同或与其的重复性和再现性相同或更好。

**30.12** AATCC 蓝色羊毛标样的分级。

**30.12.1** 一步法暴晒。试样的耐光色牢度分级如下：

（1）比较试样和同时暴晒的 AATCC 蓝色羊毛标样的颜色变化（见表 2）；

（2）测定试样的颜色变化等于变色灰卡 4 级时所需的 AFU 数量（见表 1）。

**30.12.2** 两步法暴晒。试样的耐光色牢度分级如下：

测定试样的颜色变化达到变色灰卡 4 级和 3 级所需的 AFU 数量（见表 1）。

**30.12.3** 两个级数。3 级变色的结果写在前面，括号里注明 4 级变色时的结果。例如：L5（4）表示在试样变色达到灰卡 3 级时为 L5 级，在试样变色达到灰卡 4 级时为 L4 级。当仅仅只用 1 级表示时，用产生试样变色 4 级时的 AFU 数量来表示。

**30.13** 高于 L7 的 AATCC 蓝色羊毛标样的分级。

高于 L7 的 AATCC 蓝色羊毛标样的分级见表 6，暴晒过程中 L7 蓝色羊毛标样的变色达到 4 级时，试样的变色也达到灰卡的 4 级。

表 6　高于 L7 的 AATCC 蓝色羊毛标样的分级

| 暴晒 L7 的数量 | | | 色牢度等级 | 等量 AFU | 暴晒 L7 的数量 | | | 色牢度等级 | 等量 AFU |
|---|---|---|---|---|---|---|---|---|---|
| 小于 | 等于不大于 | 大于 | | | 小于 | 等于不大于 | 大于 | | |
| — | 2 | — | L8 | 320 | — | — | 5 | L9～L10 | — |
| 3 | — | 2 | L8～L9 | — | 6 | 6 | — | L9～L10 | 960 |
| — | 3 | — | L8～L9 | 480 | — | — | 6 | L9～L10 | — |
| 4 | — | 3 | L8～L9 | — | 7 | 7 | — | L9～L10 | 1120 |
| — | 4 | — | L9 | 640 | — | — | 7 | L9～L10 | — |
| 5 | — | 4 | L9～L10 | — | 8 | 8 | — | L10 | 1280 |
| — | 5 | — | L9～L10 | 800 | 等等① | 等等① | — | 等等① | 等等① |

① 分级每增加 1 级,表示间隔为前一级所需的 AFU 数量的两倍。任何一个试样所需的 L7 的数量位于两个整数之间,那么其分级定位两级的中间值。

## 31. 历史

**31.1**　2023 年编辑性修订使其与指南要求格式保持一致。

**31.2**　2022 年编辑性修订。2019 年、2016 年编辑性修订;2014 年(替代 AATCC TM16-2004)、2012 年修订;2009 年编辑性修订;2004 年、2003 年修订;1998 年重新审定;1995 年、1996 年编辑性修订;1993 年修订(替代 AATCC TM16-1987、TM16A - 1988、TM16C - 1988、TM16D - 1988、TM16E-1987、TM16F-1988、TM16G-1985);1990 年修订;1986 年、1984 年、1983 年编辑性修订;1982 年、1981 年、1978 年修订;1977 年重新审定;1974 年、1971 年修订。

**31.3**　AATCC RA50 技术委员会于 1964 年制定。

# 附录 A　封闭式碳弧灯褪色仪

不同类型的碳弧测试仪器都可使用。暴晒箱内的设计可不同,但是应该使用防腐材料,除了辐射源之外,还有提供不同控制温度和相对湿度的方法。

**A1**　实验室光源。典型的碳弧光源通常使用包含一种金属盐的混合物的碳棒。碳棒燃烧释放出紫外、可见和红外辐射以产生电流。根据仪器制造商推荐使用适用的碳棒。

**A2**　过滤器。最常用的过滤器是包覆碳弧燃烧器的硼硅球形玻璃罩。

**A3**　封闭式碳弧发射的光谱在波长较长的紫外线范围内显示出很强的发射。在可见、红外和低于 350nm 紫外线短波的发射比玻璃窗后的日光弱(见附表 1)。封闭的碳弧不能很好地匹配自然光。

带有硼硅玻璃过滤器的碳弧发出的光谱。附表 1 表示试样接收到的光谱辐射。

附表 1　带有硼硅过滤器的碳弧典型的光谱能量分布
[紫外波长范围的辐射(波长 300～400nm 的总辐射)]

| 带宽(nm) | 带硼硅过滤器的碳弧(%) | 日光(%) |
|---|---|---|
| 290～320 | 0 | 5.6 |
| 320～360 | 20.5 | 40.2 |
| 360～400 | 79.5 | 54.2 |

**A4**　见 30.9 的附加信息。

**A5**　温度计。黑板或者黑标温度计可被使用,并且与 30.2.1 和 30.2.2 中描述的安装在样品架上的方式相符,报告中注明所用的黑色温度计、安装样品架的方式和暴晒温度。

**A6**　相对湿度。暴晒箱配备相关装置,以测量并且控制相对湿度,该装置应避光。

**A7** 仪器维护。仪器要求定期维修，以保持　　均匀的暴晒条件。按照制造商的指导进行维护。

# 附录 B　AATCC TM16.2 测试方法示意图

AATCC TM16.2 测试方法示意图如附图 1 所示。

附图 1　AATCC TM16.2 测试方法示意图

**AATCC TM16. 3-2020**

# 耐光色牢度：氙弧法

## 1. 目的和范围

**1.1** 本测试方法提供了测定纺织材料耐光色牢度的通则和程序。备选的测试方法适用于各种纺织材料以及应用于纺织材料的染料、整理剂和助剂。

备选方法有：

1—氙弧灯，间歇光照。

2—氙弧灯，连续光照，黑标温度计法。

3—氙弧灯，连续光照，黑板温度计法。

**1.2** 使用这些方法并不是特指对某个具体应用的快速测试。协议双方必须确定耐光色牢度测试和实际暴晒之间的关系并达成一致。

**1.3** 本测试方法包括以下章节，该部分有助于在测定纺织材料的耐光色牢度时，对各种方法的使用和完成。

## 2. 原理

在规定条件下，将纺织品试样和参照标准同时暴晒。用 AATCC 变色灰卡或测色仪对比试样的暴晒部分和遮挡部分或原样之间的颜色变化，评定试样的耐光色牢度。通过评估一系列同时暴晒的 AATCC 蓝色羊毛标样完成耐光色牢度的评级。

## 3. 术语

**3.1** AATCC 蓝色羊毛标样：AATCC 发布的一组染色羊毛织物，用于确定试样在耐光色牢度测试过程中的暴晒量（见 44.1）。

**3.2** AATCC 褪色单位（AFU）：在规定条件下，不同测试方法达到的特定暴晒量。一个 AATCC 褪色单位（AFU）相当于 AATCC 蓝色羊毛标样 L4 达到变色灰卡的 4 级或（1.7±0.3）CIELAB 单位的色差时，所需暴晒量的 1/20。

**3.3** 黑板温度计：测量温度的装置，其感应部分涂有黑漆，以吸收耐光测试中接收到的大部分辐射量（见 44.2）。

该装置可估测试样在自然光或人造光暴晒下达到的最高温度。任何与 44.2 中描述的装置偏离都会影响所测温度。

**3.4** 黑标温度计：测量温度的装置，其感应部位涂有黑色材料，以吸收耐光测试中接收到的大部分辐射量，并通过塑料板使其隔热（见 44.2）。

该装置可估测试样在人造光暴晒下达到的最高温度。任何与 44.2 中描述的装置偏离都会影响所测温度。黑标温度计与黑板温度计所测温度不同，故不能互换使用。

**3.5** 宽带通辐射计：用于辐射计的相对术语。最大透光率为 50% 时，带宽大于 20nm 的辐射计，用于测量一定波长范围的辐照度，如波长 300~400nm 或 300~800nm。

**3.6** 变色：通过原样和试后样的比较，可辨别的无论是明度、彩度或色相的任何一种还是这些因素的组合所发生的颜色变化。

**3.7** 色牢度：材料暴露在加工、测试、储存或使用过程中，暴露在可能遇到的任何环境下，抵抗颜色变化和/或颜色向相邻材料转移的能力。

**3.8** 耐光色牢度：材料经日光或人造光源的暴晒，其耐颜色特性变化的性能。

**3.9** 红外辐射量：波长大于可见光、小于 1mm 的单色光组成的辐射能量。

红外线辐射的光谱范围不特别明确，可根据使用者需要变化。CIE（国际照明委员会）的 E-2.1.2 委员会在光谱范围 780nm 和 1mm 之间进行如下划分：

IR-A　　　780~1400nm

IR-B　　　1.4~3.0μm

IR-C　　　3.0μm~1mm

**3.10** 辐照度：单位面积接收到的辐射功率，单位是瓦特每平方米（W/m$^2$）。

**3.11** "L" 编号：AATCC 蓝色羊毛标样的序列号，根据其变色达到 AATCC 变色灰卡的 4 级所需的 AATCC 褪色单位（AFU）来确定。

AATCC 蓝色羊毛标样的 "L" 编号与 AFU 之间的数值关系见表 1；试样的耐光色牢度也可以根据暴晒后试样的变色与 AATCC 蓝色羊毛标样最接近变色的比较得到，见表 2。

**表 1　AFU 与 AATCC 蓝色羊毛标样的等量辐射量（见 41）[1]**

| AATCC 蓝色羊毛标样 | AFU | 氙弧 [kJ/(m$^2$·nm)] | |
|---|---|---|---|
| | | 420nm | 300~400nm |
| L2 | 5 | 21 | 864 |
| L3 | 10 | 43 | 1728 |
| L4 | 20 | 85[2] | 3456 |
| L5 | 40 | 170 | 6912 |
| L6 | 80 | 340[2] | 13824 |
| L7 | 160 | 680 | 27648 |
| L8 | 320 | 1360 | 55296 |
| L9 | 640 | 2720 | 110592 |

① 达到 AATCC 变色灰卡的 4 级。

② 经透过玻璃的日光法和连续光照的氙弧法确认，其他的数据可计算得出（见 41）。

**表 2　AATCC 蓝色羊毛标样评定试样变色**

| 颜色变化 | | | 色牢度等级 | 等量 AFU |
|---|---|---|---|---|
| 小于 | 等于不大于 | 大于 | | |
| — | — | L2 | L1 | — |
| — | L2 | L3 | L2 | 5 |
| L2 | — | L3 | L2~L3 | — |
| — | L3 | L4 | L3 | 10 |
| L3 | — | L4 | L3~L4 | — |
| — | L4 | L5 | L4 | 20 |
| L4 | — | L5 | L4~L5 | — |
| — | L5 | L6 | L5 | 40 |
| L5 | — | L6 | L5~L6 | — |
| — | L6 | L7 | L6 | 80 |
| L6 | — | L7 | L6~L7 | — |
| — | L7 | L8 | L7 | 160 |
| L7 | — | L8 | L7~L8 | — |
| — | L8 | L9 | L8 | 320 |
| L8 | — | L9 | L8~L9 | — |
| — | L9 | — | L9 | 640 |

注　使用本表进行评级的示例：试样与 L4、L5 和 L6 同时暴晒，经暴晒和调湿后，试样的变色比 L4 和 L5 少，但是比 L6 多。测试可表示为 L5~L6，或使用以下示例：经各阶段暴晒的试样变色达到变色灰卡的 4 级，如果这个现象发生在 40~80AFU，试样可被评定为 L5~L6。

**3.12**　兰勒（langley）：太阳辐射总能量的单位，表示为每平方厘米辐射表面产生 1 卡能量。

注意：国际单位制中，焦耳（J）表示辐射量，瓦特（W）表示辐射功率，每平方米（m²）表示面积。使用下列的换算关系：

$1langley = 1cal/cm^2$，$1cal/cm^2 = 4.184J/cm^2$ 或 $1cal/cm^2 = 41840J/m^2$。

**3.13**　耐光牢度：材料的性能，通常以指定的级数表示，描述材料在日光或人造光源下暴晒颜色特性变化的结果。

**3.14**　窄带通辐射计：用于辐射计的相对术语。最大透光度为 50%时，带宽小于或等于 20nm 的辐射计，用于测定一定波长的辐照度，如波长为 340nm±0.5nm 或 420nm±0.5nm。

**3.15**　光致变色：当暴晒终止后，试样的暴晒部分与未暴晒部分立即出现的某种颜色（无论色相或彩度的变化）的可逆变化的定性名称。

注意：在暗处颜色变化的可逆性，或色相或彩度的不稳定性，用于区别光致变色与永久褪色。

**3.16**　日射强度计：一种辐射计，测量总日辐照度，或者半球向日的辐照度。

**3.17**　辐射功率：单位时间内发射、转移或接收的辐射量。

**3.18**　辐射计：测量辐射量的仪器。

**3.19**　总辐照度：某一时间点内所有波长的辐射能积分，单位为瓦特每平方米（W/m²）。

**3.20**　紫外辐射量：波长小于可见光、大于 100nm 的单色光组成的辐射能量。

注意：紫外线辐射的光谱范围界定不特别明确，根据使用者需要变化。CIE（国际照明委员会）的 E-2.1.2 委员会在光谱范围 400nm 和 100nm 之间进行如下划分：

UVA　　　　315～400nm

UVB　　　　280～315nm

UVC　　　　100～280nm

**3.21**　可见光辐射量：引起视觉的任何辐射能量。

注意：可见辐射光的光谱范围界定不特别明确，根据使用者需要变化。波长的下限通常被认为在 380～400nm，上限在 760～780nm（1nm＝10⁻⁹m）。

**3.22**　本测试方法使用的其他相关光牢度术语的定义，参见 AATCC M11。

## 4. 安全和预防措施

本安全和预防措施仅供参考。本部分有助于测试，但未指出所有可能的安全问题。在本测试方法中，使用者在处理材料时有责任采用安全和适当的技术；务必向制造商咨询有关材料的详尽信息，如材料的安全参数和其他制造商的建议；务必向美国职业安全卫生管理局（OSHA）咨询并遵守其所有标准和规定。

**4.1**　操作测试仪器前，应先阅读和理解制造商的说明书。操作实验室测试仪器时，应按照制造商提供的安全建议。

**4.2**　测试仪器内有高强度光源，不要直接对视光源。仪器运行时暴晒箱门应为关闭状态。

**4.3**　应在灯停止运转并冷却 30min 后，才可进行光源维修。

**4.4**　维修测试仪器时，应关闭"off"和主电源开关。安装仪器时，应确保机器前面板的主电源指示灯已经熄灭。

**4.5**　遵守良好的实验室规定，在所有的试验区域应佩戴防护眼镜。

## 5. 使用和限制条件

**5.1**　即使在相同的光源和环境下，并不是所有的材料都会受到同样的影响。用任何一个测试方法得到的结果，并不能代表其他的测试方法获得的结果或者最终应用的情况，除非协议双方对指定的材料或指定应用已经建立了数学相关性。

封闭式的碳弧灯法、氙弧灯法和日光法广泛

## 10. 校准、检验和测量 AFU

**10.1** 仪器校准。为了保证标准化和精确度，应对与暴晒仪器有关的装置（即光监控系统、黑色温度计、箱内空气传感器、湿度控制系统、UV 传感器和辐射计）进行定期校准。如有可能，校准应溯源到国家或国际标准。校准周期和程序参照制造商的说明书。

**10.2** 通过对 AATCC 蓝色羊毛标样的暴晒和对其每 80～100 个 AFU 的评估来检验仪器的精确性。参照标样应放置在邻近黑板温度传感装置的样品夹的中间位置暴晒。

## 11. AATCC 蓝色羊毛标样校准

**11.1** 在规定的温度、湿度条件下，按所选的方法，将 AATCC 蓝色羊毛标样 L4 连续暴晒 20h±2h。暴晒后，用目光或仪器评定暴晒的标准试样。增加或减少灯的瓦数、暴晒时间或这两个方面，再暴晒一块新的蓝色羊毛标样，直到蓝色羊毛标样的变色达到以下的基准。

**11.1.1** 目光评定。等于所用批次的已褪色 L4 标样显示的变色级数。

**11.1.2** 仪器测量。对于很多批次的 AATCC 蓝色羊毛标样 L4，按照 AATCC EP6 测得其 CIELAB 值必须等于该蓝色羊毛标样的校准证书中的值。

**11.2** 在规定的温度、湿度条件下，按所选的方法，将 AATCC 蓝色羊毛标样 L4 连续暴晒 20h±2h。暴晒后，用仪器或褪色的 AATCC 蓝色羊毛标样 L2 评定暴晒的标准。如果需要，可增加或减少灯的瓦数、暴晒时间或这两个方面，再暴晒一块新的蓝色羊毛标样，直到蓝色羊毛标样的变色达到以下的基准。

**11.2.1** 目光评定。等于所用批次的已褪色 L2 标样显示的变色级数（见 44.5）。

**11.2.2** 仪器测量。对于很多批次的 AATCC 蓝色羊毛标样 L2 和 L4，按照 AATCC EP6 测得其 CIELAB 值必须等于该蓝色羊毛标样的校准证书中

的值。

## 12. AATCC 蓝色羊毛标样测量 AFU

**12.1** 用 AATCC 蓝色羊毛标样和 AATCC 褪色单元（AFU）对不同的暴晒方法提供了一种通用的暴晒标准，如日光、碳弧灯和氙弧灯。不可用术语"时钟显示小时数"和"仪器显示小时数"的报告方式。

**12.2** 表 1 中列出了每个 AATCC 蓝色羊毛标样产生变色灰卡（见 43.1）或测色仪（见 43.3）的 4 级变色所需的 AFU 数量。

**12.3** 仪器测色可用 CIE 1964 的 10° 观察和 $D_{65}$ 光源计算色度数据。按照 AATCC EP6 的规定，以 CIELAB 单位表示色差。

注意：对于方法 1（氙弧灯，间歇光照），可使用连续光照时间进行校准。但是由于有暗周期，故在实际的测试过程中操作时间可能或长或短。

## 13. 光谱辐射测量 AFU

在本标准规定的条件下操作氙弧灯仪器时（见表 1），波长 420nm 处测得的暴晒量为 $85kJ/(m^2 \cdot nm)$，可产生 20 个 AFU（见表 1）。

### 仪器暴晒程序

## 14. 仪器暴晒程序，通则

**14.1** 安装试样。将装好的试样安装在样品架上，应确保样品架支撑住所有试样。靠近或远离光源的任何移动，即使很小的距离，都可能导致试样之间褪色的差异（见 8.2）。使用间歇光照的方法时，应从光照循环开始进行暴晒。

**14.2** 对于机织物、针织物和非织造布，除另有规定，试样的正面应正对辐射光源。

**14.3** 启动测试仪器直到暴晒结束。需要更换过滤器、碳弧或灯管而中断暴晒时，应避免不必要的拖延，否则会导致结果偏差或错误。也可用合适的记录仪监控暴晒箱内的条件。如需要，可重新调整控制条件以保持指定的测试条件。

## 15. 仪器暴晒——指定的辐射量

**15.1** 一步法。将试样和合适的参照标准暴晒至 5、10、20 或 20 个倍数的 AFU，直到试样暴晒至所需的辐射量。辐射量可通过同时暴晒合适的蓝色羊毛标样测量 AFU。

**15.2** 两步法。首先按照 15.1 进行，不同的是试样的暴晒面积增加 1 倍。当试样暴晒到第一阶段规定的辐射量后，从暴晒箱内取出试样，用遮盖物盖住已暴晒面积的一半，然后继续暴晒 20 或 20 个倍数的 AFU，直至达到更高的辐射量。

**15.3** 仪器内安装辐射监测器，暴晒的 AFU 可通过测量波长 420nm 处的辐射量来确定和控制（见表 1）。

注意：两步法可较好地表征试样耐光牢度的性能。

## 16. 仪器暴晒——参照标样

将试样和参照标样同时暴晒到所需的终点，以 AFU、辐射量或参照标样的性能（即参照标样的变色达到变色灰卡的 4 级）判定终点。

## 17. 仪器暴晒——耐光色牢度分级

**17.1** 一步法。同时暴晒试样和一系列 AATCC 蓝色羊毛标样，测量试样的变色程度达到变色灰卡的 4 级时所需的 AFU 数量（见 44.10）。

**17.2** 两步法。首先按 17.1 进行，不同的是试样的暴晒面积增加 1 倍。当试样暴晒至变色灰卡的 4 级时，从暴晒箱内取出试样，用遮盖物盖住已暴晒面积的一半，继续暴晒直至达到变色灰卡的 3 级（见 44.10）。

## 方法 2　氙弧灯，连续光照，黑标温度计法

### 仪器操作条件

## 18. 测试仪器的准备

**18.1** 测试程序运行前，用以下的测试程序检验仪器的运转情况。为了提高测试结果的重现性，应按照制造商的建议将测试仪器安装在可控制温度和相对湿度的房间内。

**18.2** 检查仪器是否按照制造商建议的校准间隔周期表进行了校准或维护。

**18.3** 如适用，取下所有的架子和试样喷淋装置。

**18.4** 设定仪器操作条件见表 4。

表 4　仪器操作条件（方法 2）

| 光　源 | | 氙弧连续光照 |
|---|---|---|
| 黑标温度计 [℃（℉）] | | 60±3（140±8） |
| 暴晒箱内温度 [℃（℉）] | | 32±5（90±9） |
| 相对湿度（%） | | 30±5 |
| 过滤器种类 | | 见 A3.3 |
| 辐射量 [W/(m²·nm)]（420nm） | | 1.25±0.2 |
| 辐射量 [W/(m²·nm)]（300~400nm） | | 65±1 |
| 水的要求（进水） | 种类 | 去离子水、蒸馏水或逆渗透水 |
| | 硬度（mg/kg） | 低于 17，最好低于 8 |
| | pH | 7±1 |
| | 环境温度 [℃（℉）] | 16±5（61±9） |

确保所需温度与所用的黑色温度计相适应（见 44.2 和附录 A）。安装好带白色背衬卡的样品夹和所需的黑色温度计，没有装试样的白色背衬卡可模拟测试过程中暴晒箱内空气流动的情况。按照上面的描述和制造商的说明书操作和控制测试仪器。为了达到需要的黑板或黑标温度、箱内空气温度和相对湿度，需按该模式操作和调节仪器。当没有外部的显示器时，可透过暴晒箱门的窗户读取黑色温度计。

**18.5** 用 AATCC 蓝色羊毛标样按照 20.1~20.2 部分校准。如果按照制造商的说明书进行校准，而 AATCC 蓝色羊毛标样 L2 或 L4 的褪色不能满足要求，则应使用新的 L2 或 L4 蓝色羊毛标样重新暴晒至 20 个 AFU。如果褪色已经满足第 20 部分的要求，从样品架上取出白色背衬卡，继续操作。

**18.6** 参照制造商的说明书和以下内容，准备和操作测试仪器，以获得更多的信息。

对于氙弧连续光照法，可用测试标准 ASTM G151 和 G153（见 43.4 和 43.5）。

## 19. 校准、检验和测量 AFU

**19.1** 仪器校准。为了保证标准化和精确度，应对与暴晒仪器有关的装置（即光监控系统、黑色温度计、箱内空气传感器、湿度控制系统、UV 传感器和辐射计）进行定期校准。如有可能，校准应溯源到国家或国际标准。校准周期和程序参照制造商的说明书。

**19.2** 通过对 AATCC 蓝色羊毛标样的暴晒和对其每 80~100 个 AFU 的评估来检验仪器的精确性。参照标样应放置在邻近黑板温度传感装置的样品夹的中间位置暴晒。

## 20. AATCC 蓝色羊毛标样校准

**20.1** 在规定的温度、湿度条件下，按所选的方法，将 AATCC 蓝色羊毛标样 L4 连续暴晒 20h±2h。暴晒后，用目光或仪器评定暴晒的标准试样。增加或减少灯的瓦数、暴晒时间或这两个方面，再暴晒一块新的蓝色羊毛标样，直到蓝色羊毛标样的变色达到以下的基准。

**20.1.1** 目光评定。等于所用批次的已褪色 L4 标样显示的变色级数。

**20.1.2** 仪器测量。对于很多批次的 AATCC 蓝色羊毛标样 L4，按照 AATCC EP6 测得其 CIELAB 值必须等于该蓝色羊毛标样的校准证书中的值。

**20.2** 在规定的温度、湿度条件下，按所选的方法，将 AATCC 蓝色羊毛标样 L4 连续暴晒 20h±2h。暴晒后，用仪器或褪色的 AATCC 蓝色羊毛标样 L2 评定暴晒的标准。如果需要，可增加或减少灯的瓦数、暴晒时间或这两个方面，再暴晒一块新的蓝色羊毛标样，直到蓝色羊毛标样的变色达到以下的基准。

**20.2.1** 目光评定。等于所用批次的已褪色 L2 标样显示的变色级数（见 44.5）。

**20.2.2** 仪器测量。对于很多批次的 AATCC 蓝色羊毛标样 L2 和 L4，按照 AATCC EP6 测得其 CIELAB 值必须等于该蓝色羊毛标样的校准证书中的值。

## 21. AATCC 蓝色羊毛标样测量 AFU

**21.1** 用 AATCC 蓝色羊毛标样和 AATCC 褪色单元（AFU）对不同的暴晒方法提供了一种通用的暴晒标准，如日光、碳弧灯和氙弧灯。不可用术语"时钟显示小时"和"仪器显示小时"的报告方式。

**21.2** 表 1 中列出了每个 AATCC 蓝色羊毛标样产生变色灰卡（见 43.1）或测色仪（见 43.3）的 4 级变色所需的 AFU 数量。

**21.3** 仪器测色可用 CIE 1964 的 10° 观察和 $D_{65}$ 光源计算色度数据。按照 AATCC EP6 的规定，以 CIELAB 单位表示色差。

注意：对于方法 1（氙弧灯，间歇光照），可使用连续光照时间进行校准。但是由于有暗周期，故在实际的测试过程中操作时间可能或长或短。

### 仪器暴晒程序

## 22. 仪器暴晒程序，通则

**22.1** 安装试样。将装好的试样安装在样品架上，并确保样品架支撑住所有试样。靠近或远离光源的任何移动，即使很小的距离，都可能导致试样之间褪色的差异（见 8.2）。使用间歇光照的方法时，应从光照循环开始进行暴晒。

**22.2** 对于机织物、针织物和非织造布，除另有规定，试样的正面应正对辐射光源。

**22.3** 启动测试仪器直到暴晒结束。需要更换过滤器、碳弧或灯管而中断暴晒时，应避免不必要的拖延，否则会导致结果偏差或错误。也可用合适的记录仪监控暴晒箱内的条件。如需要，可重新调整控制条件以保持指定的测试条件。

## 23. 仪器暴晒——指定的辐射量

**23.1** 一步法。将试样和合适的参照标准暴晒至 5、10、20 或 20 个倍数的 AFU，直到试样暴晒至所需的辐射量。辐射量可通过同时暴晒合适的蓝色羊毛标样测量 AFU。

**23.2** 两步法。首先按照 23.1 进行，不同的是试样的暴晒面积增加 1 倍。当试样暴晒到第一阶段规定的辐射量后，从暴晒箱内取出试样，用遮盖物盖住已暴晒面积的一半，然后继续暴晒 20 或 20 个倍数的 AFU，直至达到更高的辐射量。

**23.3** 仪器内安装辐射监测器，暴晒的 AFU 可通过测量波长 420nm 处的辐射量来确定和控制（见表1）。

注意：两步法可较好地表征试样耐光牢度的性能。

## 24. 仪器暴晒——参照标样

将试样和参照标样同时暴晒到所需的终点，以 AFU、辐射量或参照标样的性能（即参照标样的变色达到变色灰卡的 4 级）判定终点。

## 25. 仪器暴晒——耐光色牢度分级

**25.1** 一步法。同时暴晒试样和一系列 AATCC 蓝色羊毛标样，测量试样的变色程度达到变色灰卡的 4 级时所需的 AFU 数量（见 44.10）。

**25.2** 两步法。首先按 25.1 进行，不同的是试样的暴晒面积增加 1 倍。当试样暴晒至变色灰卡的 4 级时，从暴晒箱内取出试样，用遮盖物盖住已暴晒面积的一半，继续暴晒直至达到变色灰卡的 3 级（见 44.10）。

## 方法 3 氙弧灯，连续光照，黑板温度计法

### 仪器操作条件

## 26. 测试仪器的准备

**26.1** 测试程序运行前，用以下的测试程序检验仪器的运转情况。为了提高测试结果的重现性，应按照制造商的建议将测试仪器安装在可控制温度和相对湿度的房间内。

**26.2** 检查仪器是否按照制造商建议的校准间隔周期表进行了校准或维护。

**26.3** 如适用，取下所有的架子和试样喷淋装置。

**26.4** 设定仪器操作条件见表 5。

**表 5　仪器操作条件（方法 3）**

| 光　源 | | 氙弧连续光照 |
|---|---|---|
| 黑板温度计 [℃（℉）] | | 63±1（145±2） |
| 暴晒箱内温度 [℃（℉）] | | 43±2（110±4） |
| 相对湿度（%） | | 30±5 |
| 过滤器种类 | | 见 A3.3 |
| 辐射量 [W/（m²·nm）]（420nm） | | 1.10±0.03 |
| 辐射量 [W/（m²·nm）]（300~400nm） | | 48±1 |
| 水的要求（进水） | 种类 | 去离子水、蒸馏水或逆渗透水 |
| | 硬度（mg/kg） | 低于 17，最好低于 8 |
| | pH | 7±1 |
| | 环境温度 [℃（℉）] | 16±5（61±9） |

确保所需温度与所用的黑色温度计相适应（见 44.2 和附录 A）。安装好带白色背衬卡的样品夹和所需的黑色温度计，没有装试样的白色背衬卡可模拟测试过程中暴晒箱内空气流动的情况。按照上面的描述和制造商的说明书操作和控制测试仪器。为了达到需要的黑板或黑标温度、箱内空气温度和相对湿度，需按该模式操作和调节仪器。当没有外部的显示器时，可透过暴晒箱门的窗户读取黑色温度计。

**26.5** 用 AATCC 蓝色羊毛标样按照 28.1~28.2 部分校准。如果按照制造商的说明书进行校准，而 AATCC 蓝色羊毛标样 L2 或 L4 的褪色不能满足要求，则应使用新的 L2 或 L4 蓝色羊毛标样重新暴晒至 20 个 AFU。如果褪色已经满足第 20 部分的要求，从样品架上取出白色背衬卡，继续操作。

**26.6** 参照制造商的说明书和以下内容，准备和操作测试仪器，以获得更多的信息。

对于氙弧连续光照法，可用测试标准 ASTM G 151 和 G 153（见 43.4 和 43.5）。

## 27. 校准、检验和测量 AFU

**27.1** 仪器校准。为了保证标准化和精确度，应对与暴晒仪器有关的装置（即光监控系统、黑色温度计、箱内空气传感器、湿度控制系统、UV 传感器和辐射计）进行定期校准。如有可能，校准应溯源到国家或国际标准。校准周期和程序参照制造商的说明书。

**27.2** 通过对 AATCC 蓝色羊毛标样的暴晒和对其每 80~100 个 AFU 的评估来检验仪器的精确性。参照标样应放置在邻近黑板温度传感装置的样品夹的中间位置暴晒。

## 28. AATCC 蓝色羊毛标样校准

**28.1** 在规定的温度、湿度条件下，按所选的方法，将 AATCC 蓝色羊毛标样 L4 连续暴晒 20h±2h。暴晒后，用目测或仪器评定暴晒的标准试样。增加或减少灯的瓦数、暴晒时间或这两个方面，再暴晒一块新的蓝色羊毛标样，直到蓝色羊毛标样的变色达到以下的基准。

**28.1.1** 目测评定。等于所用批次的已褪色 L4 标样显示的变色级数。

**28.1.2** 仪器测量。对于很多批次的 AATCC 蓝色羊毛标样 L4，按照 AATCC EP6 测得其 CIELAB 值必须等于该蓝色羊毛标样的校准证书中的值。

**28.2** 在规定的温度、湿度条件下，按所选的方法，将 AATCC 蓝色羊毛标样 L4 连续暴晒 20h±2h。暴晒后，用仪器或褪色的 AATCC 蓝色羊毛标样 L2 评定暴晒的标准。如果需要，可增加或减少灯的瓦数、暴晒时间或这两个方面，再暴晒一块新的蓝色羊毛标样，直到蓝色羊毛标样的变色达到以

下的基准。

**28.2.1** 目测评定。等于所用批次的已褪色 L2 标样显示的变色级数（见 44.5）。

**28.2.2** 仪器测量。对于很多批次的 AATCC 蓝色羊毛标样 L2 和 L4，按照 AATCC EP6 测得其 CIELAB 值必须等于该蓝色羊毛标样的校准证书中的值。

## 29. AATCC 蓝色羊毛标样测量 AFU

**29.1** 用 AATCC 蓝色羊毛标样和 AATCC 褪色单元（AFU）对不同的暴晒方法提供了一种通用的暴晒标准，如日光、碳弧灯和氙弧灯。不可用术语"时钟显示小时数"和"仪器显示小时数"的报告方式。

**29.2** 表 1 中列出了每个 AATCC 蓝色羊毛标样产生变色灰卡（见 43.1）或测色仪（见 43.3）的 4 级变色所需的 AFU 数量。

**29.3** 仪器测色可用 CIE 1964 的 10° 观察和 $D_{65}$ 光源计算色度数据。按照 AATCC EP6 的规定，以 CIELAB 单位表示色差。

注意：对于方法 1（氙弧灯，间歇光照），可使用连续光照时间进行校准。但是由于有暗周期，故在实际的测试过程中操作时间可能或长或短。

## 30. 光谱辐射测量 AFU

在本标准规定的条件下操作氙弧灯仪器时（见表 1），波长 420nm 处测得的暴晒量为 $85kJ/(m^2 \cdot nm)$，可产生 20 个 AFU。

### 仪器暴晒程序

## 31. 仪器暴晒程序，通则

**31.1** 安装试样。将装好的试样安装在样品架上，并确保样品架支撑住所有试样。靠近或远离光源的任何移动，即使很小的距离，都可能导致试样之间褪色的差异（见 8.2）。使用间歇光照的方法时，应从光照循环开始进行暴晒。

**31.2** 对于机织物、针织物和非织造布，除另有规定，试样的正面应正对辐射光源。

**31.3** 启动测试仪器直到暴晒结束。需要更换过滤器、碳弧或灯管而中断暴晒时，应避免不必要的拖延，否则会导致结果偏差或错误。也可用合适的记录仪监控暴晒箱内的条件。如需要，可重新调整控制条件以保持指定的测试条件。在测试过程中，需检验测试仪器的校准条件。

## 32. 仪器暴晒——指定的辐射量

**32.1** 一步法。将试样和合适的参照标准暴晒至 5、10、20 或 20 个倍数的 AFU，直到试样暴晒至所需的辐射量。辐射量可通过同时暴晒合适的蓝色羊毛标样测量 AFU。

**32.2** 两步法。首先按照 32.1 进行，不同的是试样的暴晒面积增加 1 倍。当试样暴晒到第一阶段规定的辐射量后，从暴晒箱内取出试样，用遮盖物盖住已暴晒面积的一半，然后继续暴晒 20 或 20 个倍数的 AFU，直至达到更高的辐射量。

**32.3** 仪器内安装辐射监测器，暴晒的 AFU 可通过测量波长 420nm 处的辐射量来确定和控制（见 30.1 和表 1）。

注意：两步法可较好地表征试样耐光牢度的性能。

## 33. 仪器暴晒——参照标样

将试样和参照标样同时暴晒到所需的终点，以 AFU、辐射量或参照标样的性能（即参照标样的变色达到变色灰卡的 4 级）判定终点。

## 34. 仪器暴晒——耐光色牢度分级

**34.1** 一步法。同时暴晒试样和一系列 AATCC 蓝色羊毛标样，测量试样的变色程度达到变色灰卡的 4 级时所需的 AFU 数量（见 44.10）。

**34.2** 两步法。首先按 34.1 进行，不同的是试样的暴晒面积增加 1 倍。当试样暴晒至变色灰卡

的 4 级时，从暴晒箱内取出试样，用遮盖物盖住已暴晒面积的一半，继续暴晒直至达到变色灰卡的 3 级（见 44.10）。

# 结 果 评 级

## 35. 调湿

暴晒结束取出试样和参照标样。按照 ASTM D 1776《纺织品调湿和测试标准方法》要求的标准大气条件下（温度 21℃±2℃，相对湿度 65%±5%），在暗室里调湿至少 4h 后再评级。

## 36. 变色评级

**36.1** 按照材料的规格或协议要求，对试样的暴晒部分与遮盖部分或原样部分（优先）评级。全面评价试样的耐光性能需要使用两步法暴晒。原样和已暴晒样品的遮盖部分之间存在着色差，表明织物不仅仅受到光的影响，还受到其他因素（如受热或大气中的某种反应性气体）的影响。虽然产生色差的确切原因尚未知，但是此现象发生时应在报告中注明。

**36.2** 不管是暴晒至所规定的 AFU、辐射能或与参照标样进行对比，均可使用 AATCC EP1《变色灰卡评定程序》或 AATCC EP7《仪器评定试样变色》对样品进行变色评级（见 44.10）。

**36.3** 测定总色差（$\Delta E_{CIELAB}$）、明度差（$\Delta L^*$）、彩度差（$\Delta C^*$）和色相差（$\Delta H^*$）。使用带有 CIE 1976 公式、$D_{65}$ 光源和 10° 观察视角且可提供数据的仪器。也可使用测量中包括反射光谱，带有散射功能的仪器（见 AATCC EP6《仪器测色方法》）。

## 37. 同时暴晒的参照标样的接受性判断

**37.1** 按照第 36 部分，用参照标样（非蓝标）评定试样的颜色变化程度。

**37.2** 按以下的方法评定试样的耐光色牢度。

**37.2.1** 满意——当参照标样的变色达到变色灰卡的 4 级时，试样的颜色变化小于或等于参照标

样的变色。

**37.2.2** 不满意——当参照标样的变色达到变色灰卡的 4 级时，试样的颜色变化大于参照标样的变色。

**37.3** 买卖双方可依据 36.3 部分，制定可接受的颜色变化程度。

## 38. AATCC 蓝色羊毛标样的分级（见 44.11）

## 39. 高于 L7 的 AATCC 蓝色羊毛标样的分级（见 44.12）

## 40. 报告（见表 6）

报告至少应包含下列内容：

（1）操作者和测试时间；

（2）样品描述；

（3）耐光色牢度级数/耐光牢度；

（4）与参照样品或遮盖部分相比的可接受程度

（Yes/No）；

（5）耐光色牢度：AATCC 变色灰卡或仪器评价；

（6）分级方法；

（7）参考标准；

（8）环境温度（干球），黑板温度或黑标温度；

（9）控制暴晒：AATCC 标准蓝色羊毛标样、辐射能量或其他；

（10）总辐射量；

（11）仪器类别、型号、序列号、生产商、试样架（倾斜型，2 层，3 层或水平型）和供水类型；

（12）方法选择；

（13）暴晒时间；

（14）安装程序（有背衬或无背衬）；

（15）如果存在与 AATCC 16.3 或参考标准有偏离部分。

**表 6 报告格式**

操作者：_____ 操作时间：_____

样品描述：_____

材料暴晒：正面_____ 反面_____

耐光色牢度级数：_____ 色牢度分级：_____

与参照样品相比的可接受程度（Yes/No）：_____

试样与：遮盖部分_____ 未遮盖部分_____ 未暴晒原样_____

评估耐光色牢度由：AATCC 变色灰卡_____ 仪器评级，名称和型号_____

分级方法：_____

参照标准：_____

控制温度由：周围环境（干球）_____ ℃ 黑板温度计_____ ℃ 黑标温度计_____ ℃

控制暴晒由：AATCC 标准蓝色羊毛标样_____ 辐射量_____ 其他_____

总辐射量：_____

测试仪器类型：_____ 型号：_____ 序列号：_____ 制造商：_____

样品架：倾斜型_____ 2 层_____ 3 层_____ 水平型_____

供水类型：_____

选用方法：_____ 已用暴晒时间：_____

安装程序：有背衬_____ 无背衬_____

样品旋转时间表：_____ 相对湿度：_____ %

续表

**透过玻璃日光法，报告以下信息**

地理位置：_____

暴晒时间：从_____ 到_____

暴晒高度：_____ 暴晒角度：_____

透过玻璃暴晒：是/否_____ 如果是，指出类型_____

每天周围温度：最低_____℃ 最高_____℃ 平均_____℃

每天黑板温度：最低_____℃ 最高_____℃ 平均_____℃

测试环境温度：最低_____℃ 最高_____℃ 平均_____℃

每天的相对湿度（%）：最小_____ 最大_____ 平均_____

潮湿的时间：雨_____ 雨和露_____

精 确 度 和 偏 差

## 41. 精确度

**41.1** 实验室间的测试概述。AATCC RA50 委员会已做了大量的研究来评估辐射监测仪终止耐光色牢度测试中的暴晒测试。在亚利桑那州和南佛罗里达州为期两年的实验中，实验室间研究采用了可控的辐射氙弧仪并在白天采集数据。研究中，某一实验室对所有已暴晒的样品的颜色变化进行仪器测量。

**41.2** 实验室间的研究使用了八种不同的耐光色牢度标准织物，通过已测的辐射量确定 20 个 AFU 的定义。研究表明，如果在耐光色牢度测试中辐照度、黑板温度、环境温度和相对湿度得到控制，那么实验室之间可达成一致。总之，不同的实验室用仪器测量已暴晒样品的色差变化小于 10%。所有测试样品的标准偏差都小于变色灰卡的半级。根据这些测试的结果可知，当按照氙弧灯连续光照方法 3 中规定的条件测试时，20 个 AFU 相当于在波长为 420nm 处测得的辐射量为 85kJ/（m² · nm）（连续光照约 21.5h）。

**41.3** 在日光研究中，除了对 AATCC 和 ISO 蓝色羊毛标样外，还对 16 种不同织物进行了暴晒测试。每个季节，在两个地点开始持续两年的一系列暴晒测试。根据辐射能量的仪器测量结果终止暴晒测试。测试期间，气候条件变化非常大。得到的数据清楚地表明由于温度、湿度、大气污染物等因素的不同而造成样品颜色变化不同，其中，最重要的变量是辐射量。在不同年度、地点和季节所做的暴晒测试得到的色差变化的平均值是 30%。

**41.4** 这些测试结果的详细内容已在 ISO/TC 38 的第一分技术委员会的 ISO 第 14 次会议上，以 38/1 N 993 号文件提交，题为《美国关于耐光牢度测试中对辐射量的监控报告》。

## 42. 偏差

耐自然光或人造光的色牢度的定义仅限于某一标准方法。没有独立的方法可以测定其真实值。作为评估该特性的方法不存在偏差。

## 43. 引用文献

**43.1** AATCC EP1《变色灰卡评定程序》（见 44.5）。

**43.2** AATCC EP6《仪器测色方法》（见 44.5）。

**43.3** AATCC EP7《仪器评定试样变色》（见 44.5）。

**43.4** ASTM G151《实验室光源在加速测试装置内暴晒非金属材料的标准方法》（见 44.9）。

**43.5** ASTM G155《氙弧灯暴晒非金属材料的

标准方法》（见 44.9）。

## 44. 注释

**44.1** AATCC 蓝色羊毛标样除 L2 外都是用蓝色酸性铬媒染料 B（C. I. 43830）染色羊毛和牢度好的蓝色印地科素染料 AGG（C. I. 73801）染色羊毛以不同比例混纺特制而成的。每个编号较高的羊毛标样是前一编号牢度的两倍。AATCC 蓝色羊毛标样和 ISO 蓝色羊毛标样（用于 ISO 105 B01）的评估结果不同，因而不可互换使用。规格为 LOT8 和 LOT9 的 AATCC 耐光色牢度蓝色羊毛标样 L2 是通过批染获得的。L2 暴晒可产生两个清晰的褪色终点，用于 5 个或 20 个 AFU 褪色单位的测试。5 个 AFU 和 20 个 AFU 的 L2 褪色标准具体可从 AATCC 获取（见 44.5）。

**44.2** 黑色温度计可用于监控人造气候，测量样品在一定的辐射量下暴晒时的最高温度估计值。有两种黑色温度计，一种是黑板温度计，不绝缘且由金属制成；另一种是黑标温度计，绝缘且由带塑料背衬的金属制成。针对这点，一些 ISO 标准特别指定使用黑标温度计。在相同的暴晒温度下，黑标温度计显示的温度比黑板温度计高。

黑色温度计的元件表示的是其显示吸收的辐照度减去由传导和对流散失的热量。应使这些温度计的黑面保持良好的状态，按照仪器制造商的建议正确保护和维护黑色温度计。

**44.2.1** 黑板温度计：固定在样品架上的黑板温度计元件测量并调整测试温度，其正面与试样可接收到同样的暴晒。黑板温度计至少是由 70mm×150mm 的金属面板组成，用温度计或热电偶测温且位于面板的中间，并与面板接触良好的感应部位不小于 45mm×100mm。温度计面对光源的一面是黑色的面板，其反射到达试样的光谱小于 5%，而背对光源的一面在暴晒箱内应敞开着。

**44.2.2** 黑标温度计：固定在样品架上的黑板温度计元件测量并调整测试温度，其正面与试样可接收到同样的暴晒。黑标温度计由 70mm×40mm、厚约 0.5mm 的不锈钢面板组成。有良好的导热性，固定其背面的热电阻器可测量温度。金属面板固定在塑料板上使其绝缘。温度计面对光源的一面是黑色的面板，其反射到达试样的光谱小于 5%。

**44.3** 有关适合测试方法的设备信息，请登录 http://www.aatcc.org/bg。AATCC 提供其企业会员单位所能提供的设备和材料清单。但 AATCC 没有给其授权，或以任何方式批准、认可或证明清单上的任何设备或材料符合测试方法的要求。

**44.4** 用白纸板做背衬，可使 AATCC 蓝色羊毛标样和试样产生更好的一致性和重现性。最初测定 AATCC 蓝色羊毛标样终点时的色差值即是使用该背衬条件下完成的。虽然给定了 AATCC 蓝色羊毛标样的允差，但是应尽量达到标准要求的中间值。最终目的是仲裁时，AATCC 蓝色羊毛标样将按 3 的倍数进行暴晒，AATCC 蓝色羊毛标样的色差等同于 AATCC EP6 规定的适用标准证书上规定的 CIELAB 的色差值（见 44.5）。

**44.5** 可从 AATCC 获取，地址：P. O. Box 12215, Research Triangle Park NC 27709；电话：+1.919.549.8141；传真：+ 1.919.549.8933；网址：www.aatcc.org；电子邮箱：ordering@ aatcc. org。

**44.6** 该方法参考 ASTM G151 和 ASTM G155 对仪器的详细说明。在附录 A 中有进一步的说明。仪器更多的信息可查询 AATCC 购买者指南。

**44.7** 对于纤维容易发生移位现象的簇绒织物，如地毯等或面积太小难以评估的织物，取样时应不小于 40.0mm×50.0mm（1.6 英寸×2.0 英寸）的暴晒面积。应取足够的尺寸和多个试样，以包括样品的所有颜色。

**44.8** 样品架必须用不锈钢、铝或者适当涂层的钢制成，以避免可能催化或抑制降解产生的金属杂质污染样品。当用订书钉固定样品时，订书订应有涂层且不含铁以避免腐蚀性产物污染样品。样品架应进行哑光处理，在设计上应避免可能影响材料性能的反射。为了某种性能需求，样品架的尺寸应取决于试样的类型。

**44.9** 可从 ASTM 获取，地址：100 Barr Harbor Dr.，West Conshohoeken PA 19428；电话：+1.610.832.9500；传真：+1.610.832.9555；网址：www.astm.org。

**44.10** 可采用自动评级系统，只要该系统可提供与有经验的评级人员目光评定结果相同或与其的重复性和再现性相同或更好。

**44.11** AATCC 蓝色羊毛标样的分级。

**44.11.1** 一步法暴晒。试样的耐光色牢度分级如下：

（1）比较试样和同时暴晒的 AATCC 蓝色羊毛标样的颜色变化（见表2）；

（2）测定试样的颜色变化等于变色灰卡4级时所需的 AFU 数量（见表1）。

**44.11.2** 两步法暴晒。试样的耐光色牢度分级如下：

测定试样的颜色变化达到变色灰卡4级和3级所需的 AFU 数量（见表1）。

**44.11.3** 两个级数。3级变色的结果写在前面，括号里注明4级变色时的结果。例如：L5（4）表示在试样变色达到灰卡3级时为L5级，在试样变色达到灰卡4级时为L4级。当仅仅只用1级表示时，用产生试样变色4级时的AFU数量来表示。

**44.12** 高于 L7 的 AATCC 蓝色羊毛标样的分级。

高于 L7 的 AATCC 蓝色羊毛标样的分级见表7，暴晒过程中L7蓝色羊毛标样的变色达到4级时，试样的变色也达到灰卡的4级。

表7　高于 L7 的 AATCC 蓝色羊毛标样的分级

| 暴晒 L7 的数量 | | | 色牢度等级 | 等量 AFU |
|---|---|---|---|---|
| 小于 | 等于不大于 | 大于 | | |
| — | 2 | — | L8 | 320 |
| 3 | — | 2 | L8～L9 | — |
| — | 3 | — | L8～L9 | 480 |
| 4 | — | 3 | L8～L9 | — |
| — | 4 | — | L9 | 640 |
| 5 | — | 4 | L9～L10 | — |
| — | 5 | — | L9～L10 | 800 |
| — | — | 5 | L9～L10 | — |
| 6 | 6 | — | L9～L10 | 960 |
| — | — | 6 | L9～L10 | — |
| 7 | 7 | — | L9～L10 | 1120 |
| — | — | 7 | L9～L10 | — |
| 8 | 8 | — | L10 | 1280 |
| 等等① | 等等① | — | 等等① | 等等① |

① 分级每增加1级，表示间隔为前一级所需的 AFU 数量的两倍。任何一个试样所需的 L7 的数量位于两个整数之间，那么其分级定位两级的中间值。

## 45. 历史

**45.1** 2020 年修订更新，在附录 B 中增加了三个流程图以体现3个选项。

**45.2** 1971 年、1974 年、1978 年、1981 年、1982 年、1990 年（替代 AATCC TM16－1997，TM16A－1988，TM16C－1988，TM16D－1988，TM16E－1987，TM16F－1988 和 TM16G－1985）、1993 年、2003 年、2004 年、2012 年（替代 AATCC TM16－2004）、2014 年修订，1997 年、1998 年重新审定，1983 年、1984 年、1986 年、1995 年、1996 年、2009 年、2016 年、2019 年编辑性修订。

**45.3** AATCC RA50 技术委员会于 1964 年制定；与 ISO-B02 方法3有相关性。

# 附录 A 氙弧灯褪色仪器

**A1** 可使用不同类型的氙弧测试仪,只要可自动控制辐射、湿度、暴晒箱内的空气温度和黑板或黑标温度计温度。

**A2** 暴晒箱内的设计可以不同,但应使用防腐材料。

**A3** 氙弧灯光源。氙弧灯测试仪采用长弧石英罩的氙弧灯作为辐射光源,可发射来自紫外270nm 以下、穿过可见光谱直到红外范围的光源。

即使所有的氙弧灯是同种类型,但是不同尺寸和型号的仪器采用不同功率的灯。不同的型号仪器,根据灯的大小和功率,样品架的直径和高度也相应变化,这样可对样品架上的试样正面提供 $1.100W/(m^2 \cdot nm) \pm 0.03W/(m^2 \cdot nm)$(420nm)的辐照度或同等能量。

**A3.1** 氙燃烧器或过滤器的老化可以导致灯光谱的变化。在燃烧器表面或里面,灰尘或其他残余物的堆积也可引起灯光谱的变化。

**A3.2** 过滤器。为了使氙弧模拟自然日光,应使用过滤器滤去波长短的紫外辐射。此外,也可应用过滤器滤去红外辐射,防止发生不存在的却使试样热降解的加热现象,而该现象在室外暴晒中是不会发生的;用过滤器滤去波长小于 310nm 的辐射,用于模拟通过玻璃过滤的日光。

提供合适的光谱应参见仪器制造商的推荐说明(见 A3.4)。当过滤片有裂缝、裂口、变色或呈乳白色时,应更换过滤器。在制造商建议的时间内,或在 20h±2h 持续光照时间内无法获得 20 个 AFU 时,应废弃氙弧灯管和过滤片。

**A3.3** 经过滤的氙弧光谱辐射。附图 1 显示出经过滤的氙弧满足这些限制条件而得到预期的光谱能量分布。AATCC 技术中心保存下图中的相对光谱能量分布变化的可接受限制条件的文档。

**A3.4** 应按照制造商的建议对仪器进行维护指导。

附图 1 经过滤的氙弧灯在 1.10W/($m^2 \cdot nm$)(420nm)控制的光谱能量分布图

## 附录 B　AATCC TM16.3 测试方法示意图

氙弧灯，间歇光照的 AATCC TM16.3 测试方法流程图如附图 2 所示。

**附图 2　氙弧灯，间歇光照**

氙弧灯，连续光照，黑标温度计法的 AATCC TM16.3 测试方法流程图如附图 3 所示。

```
┌──────────────┐                              ┌──────────────┐
│   第 8 章节    │                              │  第 36 章节   │
│   试样准备     │                              │   变色评级    │
└──────┬───────┘                              └──────┬───────┘
       │                                             │
┌──────┴───────┐                                     ▼
│  第 18 章节    │                                  ◇────────◇
│ 测试仪器的准备  │          参照标样 ──────────────◇  评价   ◇────── >L7
└──────┬───────┘                                  ◇────────◇
       │                                             │
┌──────┴───────┐                              蓝色羊毛标样
│  第 19 章节    │                                     │
│校准、检验和测量 AFU│
└──────┬───────┘
       │
┌──────┴───────┐    ┌──────────┐  ┌──────────┐  ┌──────────┐
│  第 20 章节    │    │ 第 37 章节 │  │ 第 38 章节 │  │ 第 39 章节 │
│AATCC 蓝色羊毛标样│    │同时暴晒的参 │  │AATCC 蓝色 │  │高于 L7 的 │
│   校准        │    │照标样的接受 │  │羊毛标样的  │  │AATCC 蓝色 │
└──────┬───────┘    │性判断      │  │分级       │  │羊毛标样的分级│
       │            └────┬─────┘  └────┬─────┘  └────┬─────┘
┌──────┴───────┐        │              │            │
│  第 22 章节    │        └──────────────┼────────────┘
│ 仪器暴晒程序，通则│                       ▼
└──────┬───────┘                  ┌──────────┐
       │                          │ 第 40 章节 │
       │                          │   报告    │
       ▼                          └──────────┘
    ◇──────◇
    ◇辐射量、蓝色◇
参照标样──◇羊毛标样或◇──蓝色羊毛标样
    ◇参照标样 ◇
    ◇──────◇
       │
     辐射量
```

*(流程图文字汇总)*

- 第 8 章节 试样准备
- 第 18 章节 测试仪器的准备
- 第 19 章节 校准、检验和测量 AFU
- 第 20 章节 AATCC 蓝色羊毛标样校准
- 第 22 章节 仪器暴晒程序，通则
- 判断框：辐射量、蓝色羊毛标样或参照标样（参照标样 / 辐射量 / 蓝色羊毛标样）
- 第 24 章节 仪器暴晒——参照标样
- 第 23 章节 仪器暴晒——指定的辐射量
- 第 25 章节 仪器暴晒——耐光色牢度分级
- 第 35 章节 调湿
- 第 36 章节 变色评级
- 判断框：评价（参照标样 / 蓝色羊毛标样 / >L7）
- 第 37 章节 同时暴晒的参照标样的接受性判断
- 第 38 章节 AATCC 蓝色羊毛标样的分级
- 第 39 章节 高于 L7 的 AATCC 蓝色羊毛标样的分级
- 第 40 章节 报告

附图 3　氙弧灯，连续光照，黑标温度计法

氙弧灯，连续光照，黑板温度计法的 AATCC TM16.3 测试方法流程图如附图 4 所示。

附图 4　氙弧灯，连续光照，黑板温度计法

*AATCC TM17-1999e2（2018）e2*

# 润湿剂效果的评价

AATCC RR8 技术委员会于 1932 年制定；2003 年权限移交至 AATCC RA63 技术委员会；2022 年将管辖权移交给 AATCC 委员会 RA114；1943 年、1971 年、1977 年、1980 年、1989 年、2005 年、2010 年、2014 年、2018 年重新审定；1952 年、1999 年修订；1974 年、1985 年、1994 年编辑性修订并重新审定；1988 年、1991 年、2004 年、2008 年、2019 年、2022 年编辑性修订。

## 1. 目的和范围

本测试方法适用于评价常规商业润湿剂的效果。

## 2. 原理

取一定质量的棉纱束放入盛有润湿剂水溶液的高量筒中。连接重物和纱束的弯钩松弛所需的时间为浸透时间。

## 3. 术语

润湿剂：一种化合物，加入水中后，可降低液体的表面张力及其与固体间的界面张力。

## 4. 安全和预防措施

本安全和预防措施仅供参考。本部分有助于测试，但未指出所有可能的安全问题。在本测试方法中，使用者在处理材料时有责任采用安全和适当的技术；务必向制造商咨询有关材料的详尽信息，如材料的安全参数和其他制造商的建议；务必向美国职业安全卫生管理局（OSHA）咨询并遵守其所有标准和规定。

**4.1** 遵守良好的实验室规定，在所有试验区域应佩戴防护眼镜。

**4.2** 配制润湿剂原液时，应佩戴化学防护眼镜、橡胶手套和围裙。

## 5. 仪器和材料（见 10.1）

**5.1** 标准质量的弯钩和重锤（见 10.2 和 10.3）。

**5.2** 容量瓶，1000mL。

**5.3** 烧杯，1500mL。

**5.4** 有刻度量筒，500mL。

**5.5** 球形吸管（或抽吸器），100mL。

**5.6** 球形移液管，多种尺寸。

**5.7** 棉纱，本色、未煮练，2 合股，5g 为一束（见 10.4）。

**5.8** 蒸馏水（见 10.5）。

**5.9** 双对数坐标纸。

## 6. 测试溶液

通常，润湿剂的原液按 50.0g/L 润湿剂配制而成。若润湿剂在水中的溶解性很差，则必须减少润湿剂的用量。配制过程如下：首先，用 80℃ 以上所需蒸馏水的四分之一充分溶解润湿剂，然后再用冷蒸馏水稀释至所需体积；用球形移液管分别移取 5mL、7mL、10mL、15mL、25mL、35mL、50mL、75mL 和 100mL 上述浓度为 5% 的原液，然后用适当的水（见 10.4）分别稀释到 1000mL，这样，每升溶液中润湿剂的量分别为 0.25g、0.35g、0.50g、0.75g、1.25g、1.75g、2.50g、3.75g 和 5.00g。此浓度范围足以用于任何商业产品的研究。

## 7. 操作程序

**7.1** 将测试所用的稀释溶液从容量烧瓶中倒入 1500mL 的烧杯中，并确保混合均匀。烧杯中的溶液再平分在两个 500mL 的量筒中。如果从较稀的溶液开始测，则不必每次清洗和干燥混合用的烧杯和量筒。量筒中装好溶液后，操作者必须等待溶液表面下的所有气泡都上升到顶部，才能开始做浸透实验。操作者在等待气泡上升的过程中，可提前准备至少 6 个量筒的溶液。用 100mL 的球形吸管（或抽吸器）去除溶液表面的泡沫。如果润湿剂对待测棉纱没有润湿倾向（实际上棉束总是如此），则允许使用同一份稀释液进行多次测试，而不必为每个新测试纱束重新配制溶液。在这种情况下，仅需将一升某浓度的溶液重复注入一个 500mL 的量筒里即可。

**7.2** 因温度常显著地影响润湿效果，故选择 25℃、50℃、70℃和 90℃标准温度进行测试，这样就包含了全部商业使用的温度范围。25℃的温度条件是最容易获得的，只需要在一个大桶中，把水调节到正确的温度（25℃）。对于较高的测试温度，先将用于混合的烧杯中稀释的测试溶液加热到稍高于所需的测试温度，再把此溶液倒入量筒中，让其冷却至测试温度。

**7.3** 测试时，取 5.00g 纱束多次对折，使其形成一个周长为 45.7cm 的环。周长为 91.4cm 的纱束最方便，只需两折，就可形成周长为 45.7cm 的环；137.2cm 的纱束需要三折，182.9cm 的纱束需要四折，228.6cm 的纱束需要五折。把已折好的纱束一端用带重锤的弯钩固定，用剪刀剪断纱束的另一端。当测试润湿剂时，为了使纱束更紧密，可用手指抓住剪断的纱束。把系在纱束上以修正其质量的任何纱线都折进弯钩附近的纱束里。一只手握住纱束，用手把纱束连同弯钩和重锤垂直放入 500mL 量筒中的润湿剂溶液中；另一只手拿秒表。当纱束开始沉入溶液时启动秒表，确认漂浮的纱束开始沉到量筒底部时停止计时。纱束在沉没前必须完全浸渍在溶液中，且纱中必须有空气以使纱束有足够的漂浮能力，以使弯钩和重锤（见图 1）之间的亚麻线呈绷紧状态。每种浓度的润湿剂至少测试四次浸透时间，得出其平均值。一般浸透时间的平均偏差为 10%～12%（见 10.6）。

图 1 纱束沉没前后的形态

## 8. 评价

**8.1** 上述所得数据的处理方法是非常关键的。在双对数坐标纸上绘制工作曲线是最有效的方法。图 2 中的 X 轴和 Y 轴的坐标都为对数坐标，但上面所标的数据都是直接按反对数形式给出的。水平轴（X 轴）上所表示的是润湿剂溶液的浓度值（g/L），从左到右的数值是 0.1～10g/L。同样的方式，垂直轴（Y 轴）上所表示的是浸透时间（s），底部的数值为 1s 或 10s，顶部的数值为 100s。连接所得各数据点，可得到一条平滑曲线，对大多数产品来说是一条直线（见图 2）。

**8.2** 如果当两种产品所用弯钩都为 3.0g 时，浸透曲线的斜率相同，那么这两种产品对于其他质量的弯钩，用此测试方法得出的斜率也都相同；用其他试验方法时，只要采用纯棉纱为测试样，所得直线的斜率也与本方法接近。在这种条件下，可合理地假设：相同时间内、同样条件下，同一批棉纱束的润湿效果是相同的。因此，可以得出表 1 中比较润湿的相对成本，表中 378.5L 润湿剂溶液的成本是按 8.3 计算的。

表面活性剂的四次结果的平均值。表 2 列出了三名测试人员得出数据的平均偏差和标准偏差。

图 2　结果曲线

**表 1　两种原始润湿剂的比较**

| 标　准 | 项　目 | 新产品 |
|---|---|---|
| 3.000 | 弯钩的质量（g） | 3.000 |
| 25 | 温度（℃） | 25 |
| 20 | 每磅成本（美分） | 18 |
| 1.95 | 25s 时润湿浓度（g/L） | 2.44 |
| 100 | 等量 | 125 |
| 32.5 | 润湿浓度下 378.5L 溶液的成本（美分） | 36.7 |

注　溶剂均为中性蒸馏水。

**8.3**　某润湿剂浓度下，378.5L 溶液的成本 = 0.835L×润湿剂浓度（g/L）×每克润湿剂的成本。

**8.4**　在双坐标纸上表示浸透时间和浓度的关系图中，两种产品的斜率明显不同时，说明润湿数据时必须慎重。

## 9.　精确度和偏差

**9.1**　精确度。实验室内的比对试验，建立了本测试方法的精度。三个试验员用三天的时间对每个级别的表面活性剂进行四次试验，计算每个级别

**表 2　浸透时间平均偏差和标准偏差**

| 表面活性剂用量（g/L） | 浸透时间 | |
|---|---|---|
| | 三名测试人员的平均偏差（s） | 三名测试人员的标准偏差（s） |
| 0.25 | 120.00 | 0 |
| 0.35 | 120.00 | 0 |
| 0.50 | 77.00 | 13.18 |
| 0.75 | 32.75 | 3.70 |
| 1.25 | 14.42 | 1.70 |
| 1.75 | 8.58 | 0.80 |
| 2.50 | 4.75 | 0.50 |
| 3.75 | 3.10 | 0.14 |
| 5.00 | 2.00 | 0 |

用变异系数测定本测试方法的偏差。所采用的数据是根据实验室内三名测试人员的测试结果。表 3 列出了每个级别表面活性剂的变异系数。

**表 3　不同表面活性剂级别的变异系数**

| 表面活性剂级别（g/L） | CV 值（%） |
|---|---|
| 0.25 | 0 |
| 0.35 | 0 |
| 0.50 | 17 |
| 0.75 | 11 |
| 1.25 | 12 |
| 1.75 | 9 |
| 2.50 | 11 |
| 3.75 | 5 |
| 5.00 | 0 |

**9.2**　偏差。润湿剂的润湿效果只能根据某试验方法予以定义，因而没有独立的方法测定其真值。本方法作为预测这一性质的一种手段，没有已知误差。

## 10. 注释

**10.1** 有关适合测试方法的设备信息，请登录 http：//www.aatcc.org/bg 浏览 AATCC 用户手册。AATCC 提供其企业会员所能提供的设备和材料清单。但 AATCC 没有对其授权，或以任何方式批准、认可或证明清单上的任何设备或材料符合测试方法的要求。

**10.2** 标准质量的弯钩和重锤按以下方法制备：一根长约 6.51cm 的 10 号 B&S 规格的铜丝，按图 3 中 A 所示弯成弯钩形状。然后，再把此弯钩的质量精确调节到 3.000g。由于镍、银和不锈钢丝的耐腐蚀性较好，故比铜丝更适合用于制造弯钩。重锤（图 3 中的 C）是一个平的、圆柱形的铅块，质量大约为 40g，直径 25mm，厚度约 4.7mm。在重锤的中央，焊接一个金属环，以便于用亚麻线（图 3 中的 B）连接重锤和弯钩，重锤和弯钩的间距为 19mm。如果要测试的产品较多，则至少要准备两套弯钩和重锤。

**图3 润湿剂测试所采用的弯钩和重锤**

**10.3** 在对润湿剂的比较中发现，使 3.0g 的弯钩得到浸透时间为 25s 的润湿剂浓度，通常十分接近各种工厂工艺中初润湿实际操作中所采用的浓度。但是如果工厂特定操作中润湿剂的最佳浓度比 3.0g 弯钩得到的浓度高或低出许多，这时需要换用不同质量的弯钩来做在此特殊情况下有效的产品间比较。

**10.3.1** 与低浓度产品的比较，浸透时间为

25s 时，要采用 6.0g 甚至 9.0g 的弯钩。只有具有相似斜率的浸透曲线的产品在任何标准浸透时间下，对 0.5g、1.5g、3.0g、6.0g 和 9.0g 的弯钩具有相同的值。

**10.3.2** 在与比浸透时间为 25s、弯钩质量 3.0g 时的浓度更高的产品比较时，采用 0.5g 或 1.5g 的弯钩。较高浓度下，为了使结果更快和更可靠，最好采用电子计时装置和标准浸透时间为 10s 和 4s，步骤与 3.0g 弯钩 25s 时的步骤完全相同。

**10.4** 可采用捻度为 708.7~787.4 捻/m，40 英支/2（30tex）的精梳皮勒棉纱线。用来制备指定润湿测试的 5g 纱束的本色棉线纱必须取自同批棉纱。为了平均同批棉纱中不同管所存在的细微差别以及增加测试中润湿性极其相近的纱束的数量，要求每个纱束从 4~12 管的纱中同时抽取。对于买来的纱束，每束的质量必须控制在 5g±10mg。

**10.5** 必须慎重考虑润湿剂测试中所用水的质量。原溶液最好用蒸馏水配制。当不确定润湿剂的使用条件时，最终溶液也可用蒸馏水配制。另外，为了模拟工厂的实际操作条件，测试的最终溶液，甚至最初原溶液，都应该使用厂里的水配制，其成分有必要与它们用到实际中溶液的化学成分完全相同。如果这样，虽然化学家通过比色法或电化学法可以确定最终测试液的酸度和碱度，但溶液的 pH 可自动调节。

为了一致性，常规测试中的标准浓缩液采用酸性或碱性而不采用中性溶液。推荐测试分别在不同温度，最终浓度为 5g/L 或 10g/L 的硫酸（密度为 1.84g/L）或 5g/L 或 10g/L 的碳酸钠和 5g/L 或 10g/L 的烧碱的溶液中进行。

**10.6** 将测试量筒放在振动表面上可以显著减少浸透时间的分散性。因为气泡更趋向均匀释放，消除了偶尔的延迟，因而提高了一致性。而且还发现，振动还可降低在标准时间和标准弯钩下的平均浸透浓度。

*AATCC TM20-2021*

# 纤维分析：定性

## 1. 目的和范围

**1.1** 本测试方法描述了鉴别纺织纤维的物理、化学和显微镜方法，适用于纺织产品中出现的纺织纤维以及在美国销售的纺织纤维。纤维可以在原纤状态，或者是从纱线或织物中取出后的状态下进行鉴别。

**1.2** 本测试方法可用于鉴别常用纤维的种类。有关纤维种类的定义详见（美国）纺织纤维制品鉴定条例（TFPIA）和（美国）联邦贸易委员会（FTC）的规章制度以及 ISO 2076《纺织化学纤维属名》。混纺纤维百分含量的定量分析方法见 AATCC 20A《纤维分析：定量》。

**1.3** 本测试方法适用于下列纤维（纤维按通用分类方法分组）。

**天然纤维**

纤维素纤维（植物纤维）

棉、大麻、黄麻、亚麻、苎麻、剑麻（龙舌兰属）、蕉麻（马尼拉麻）

角蛋白纤维（动物纤维）

羊驼毛、驼毛、山羊绒、马毛、美洲驼毛、马海毛、兔毛、小羊驼毛、羊毛、牦牛毛

丝蛋白纤维（动物纤维）

蚕丝、桑蚕丝（人工饲养）、柞蚕丝（野生）

矿物纤维

石棉

**化学纤维**

醋酯纤维

二醋酯纤维、三醋酯纤维

聚丙烯腈纤维

阿尼迪克斯纤维

芳族聚酰胺纤维

间位芳香族聚酰胺纤维、对位芳香族聚酰胺纤维

再生蛋白质纤维

玻璃纤维

金属纤维

改性聚丙烯腈纤维

诺沃洛伊德纤维

锦纶

锦纶 6、锦纶 66、锦纶 11

聚偏氰乙烯纤维（奈特里尔纤维）

聚烯烃类纤维

Lastol 纤维、聚乙烯纤维、聚丙烯纤维

PBI 纤维

聚酯纤维

Elastrelle 纤维

再生纤维素纤维

铜氨纤维、莱赛尔纤维、黏胶纤维

橡胶纤维

萨纶

氨纶

triexta 纤维

聚乙烯醇系纤维

维纶

## 2. 使用和限制条件

**2.1** 本测试方法描述了许多鉴别纤维的程序，包括显微镜法、溶解法、熔点法、折射率法和显微傅里叶红外光谱法等。这些方法可以结合起来使用，以鉴别某种纤维的类别。在鉴别某些纤维时，有些方法可能比其他方法更加有效。

**2.1.1** 例如，显微镜观察法特别适用于鉴别天然纤维，但用于观察化学纤维时必须谨慎。如再生纤维在生产过程中经常存在纤维的改性，而这些改性会引起纤维纵向或横向截面的外观发生改变。此外，化学纤维可能含有消光剂，或不含消光剂而

含有其他的添加剂。对于已知类型的长丝，其尺寸大小或横截面形状也有可能发生变化。有些独特的长丝，其横截面可能由两个或两个以上相同或不同类型的纤维构成。

**2.1.2** 即使是天然纤维，其横截面也呈现出相当大的不同。没有哪个特定的试样能与已出版的照片完全一致。应该测试足够多的纤维，尽可能包含任何试样的全部外观范围。

**2.2** 纤维种类的成功鉴别取决于经验和对纤维的了解程度。未知纤维进行鉴别的最好方法是与标样纤维进行比较。因此，每一种类型的纤维应该至少有一个具有代表性的纤维样品，用于比较鉴别。

**2.3** 本标准提供了对常用纤维进行分类的测试方法。在一些特殊情况下，例如对本标准中没有叙述到的纤维，或对纤维类型相同但制造商不同的纤维进行鉴别时，请务必查阅有关纤维鉴别的标准文本或纤维供货商提供的技术报告（见13）。

## 3. 术语

有关技术术语的定义参见技术手册 AATCC M11。

## 4. 安全和预防措施

本安全和预防措施仅供参考。本部分有助于测试，但未指出所有可能的安全问题。在本测试方法中，使用者在处理材料时有责任采用安全和适当的技术；务必向制造商咨询有关材料的详尽信息，如材料的安全参数和其他制造商的建议；务必向美国职业安全卫生管理局（OSHA）咨询并遵守其所有标准和规定。

**4.1** 遵守良好的实验室规定，在所有的试验区域应佩戴防护眼镜。

**4.2** 所有化学物品应当谨慎使用和处理。

**4.3** 在准备、分配和处理本标准第6部分所述的试剂时，应戴上防护眼镜或面罩、密封手套和围裙。处理浓酸时必须在通风良好的通风橱内进行。

注意：总是将酸加入水中。

**4.4** 所有有毒和易燃试剂的混合或处理，必须在通风良好的通风橱内进行。丙酮和乙醇是高度易燃物，应放置在小容器内储存于实验室中，并远离热源、明火和火花。

**4.5** 在附近安装洗眼器、安全喷淋装置以备急用。

**4.6** 本测试方法中，人体与化学物质的接触限度不得高于官方的限定值［例如，美国职业安全卫生管理局（OSHA）允许的暴露极限值（PEL），参见 29 CFR 1910.1000，最新版本请参见网址 www. osha. gov］。此外，美国政府工业卫生师协会（ACGIH）的阈限值（TLVs）由时间加权平均数（TLV-TWA）、短期暴露极限（TLV-STEL）和最高极限（TLV-C）组成，建议将其作为人体在空气污染物中暴露的基本准则并遵守（见12.1）。

## 5. 仪器（见12.2）

**5.1** 复式显微镜。配有物镜和目镜，放大倍数为100~500倍，并配有起偏镜、检偏镜。

**5.2** 载玻片和盖玻片。

**5.3** 分析针。

**5.4** 小剪刀和镊子。

**5.5** 符合以下要求的制作纤维横截面的装置。

**5.5.1** 带有钻孔的不锈钢片。2.54cm×7.62cm×0.0254cm（1英寸×3英寸×0.01英寸），钻孔直径0.09cm（0.04英寸）；软铜线 AWG＃34，直径0.016cm（0.0063英寸）。

**5.5.2** 显微镜用薄片切片器，手动。

**5.6** 剃须刀片。薄、锋利、单面或双面刀，带有手柄。

**5.7** 密度梯度管。玻璃管直径2.5cm（1英寸）、长45cm（18英寸），底部密封，有一个24/40

标准锥形连接玻璃塞（避免溶剂的吸湿或蒸发）。校准密度用的玻璃小球可以作为标准密度使用。

**5.8** 熔点仪。包括加热块、温度测量装置（如温度计）、加热速率控制器和在低放大倍数下观察样品的装置。仪器温度控制范围为 100～300℃ 或更大，全量程温度控制精度为±1℃。

**5.9** 显微傅里叶红外光谱仪。

**5.10** 示差扫描热量计。

## 6. 试剂和原料（见 12.2）

**6.1** 固定用试剂。

**6.1.1** 矿物油。美国药典规格（U.S.P.），或其他浸润液体。

**6.1.2** 火棉胶。4g 硝化纤维溶解在 100mL 乙醇/乙醚混合溶剂（1：3）中的溶液。

**6.2** 漂白剂。亚硫酸钠—碱溶液，2g 连二亚硫酸钠和 2g 氢氧化钠溶于 100mL 水中。

**6.3** 着色剂。

**6.3.1** 氯化锌—碘混合溶液。溶解 20g 氯化锌于 10mL 水中，溶解 2.1g 碘化钾和 0.1g 碘于 5mL 水中，再加入一片碘。

**6.3.2** 酸性间苯三酚试剂。将 2g 间苯三酚溶解于 100mL 水中，与等体积的浓盐酸一起使用。

**6.4** 浸润液的折射率。

**6.4.1** 十六烷。化学纯级，折射率 1.434。

**6.4.2** $\alpha$-氯萘。折射率 1.633，有毒，避免吸入蒸汽。

**6.4.3** 以上两种试剂的混合物。假设混合物的折射率与各组分的体积成线性变化关系，例如十六烷与 $\alpha$-氯萘以 42：58 的体积比混合后，得到的混合物的折射率为 1.550。

**6.5** 纤维的溶剂。

**6.5.1** 冰醋酸。腐蚀性物质，避免接触眼睛和皮肤。

**6.5.2** 丙酮。试剂级（高度易燃物质）。

**6.5.3** 次氯酸钠溶液。5%，也可使用家庭氯漂剂。

**6.5.4** 盐酸。浓试剂，20%。将 50mL 的 38% 浓盐酸用蒸馏水稀释至 95mL。

**6.5.5** 甲酸。85%，腐蚀性试剂，避免接触眼睛和皮肤。

**6.5.6** 1，4-二氧杂环己烷。

**6.5.7** 间二甲苯。

**6.5.8** 环己酮。

**6.5.9** 二甲基甲酰胺（如果溅到皮肤上应立即冲洗）。

**6.5.10** 浓度为 59.5%±0.25%、20℃ 时密度为 1.4929g/mL±0.0027g/mL 的硫酸溶液。配制：称取 59.5g 浓硫酸（密度为 1.84g/mL）放入烧杯中；称取 40.5g 蒸馏水于 250mL 容量瓶中；戴上防护眼镜，小心地将浓硫酸加于蒸馏水中，并不断搅动，同时，在冷水中或在水龙头下冷却。混合过程中如果不冷却，溶液可能变得很热，甚至沸腾和溅出。配好的溶液冷却到 20℃ 时，调节其密度至 1.4902～1.4956g/mL。

**6.5.11** 浓度为 70%±1%、20℃ 时密度为 1.6105g/mL±0.0116g/mL 的硫酸溶液。配制：分别称取 70g 浓硫酸（密度为 1.84g/mL）和 30g 蒸馏水，按照 6.5.10 中所述的注意事项将它们混合。当溶液冷却到 20℃ 时，调节其密度为 1.5989～1.6221g/mL。

**6.5.12** 间甲酚。试剂级，有毒物质，使用时在通风橱中进行操作。

**6.5.13** 49% 的氢氟酸。试剂级，非常危险的试剂，操作时务必使用防护眼镜和防护面罩，以免吸入蒸汽或与皮肤接触。

## 7. 取样

为获得具有代表性的样品，请参考以下内容。

**7.1** 如果样品是松散的纤维或纱线，它可能是一种纤维，也可能是混合在一起的两种或多种纤维组成的混合纤维。

**7.2** 如果样品是纱线，它可能是单股纱线，也可能是两股或多股纱线组成的合股混合纱线。混合纱线中各纱线的捻向可能相同，也可能不同，而且它们本身各自还可能是混纺纱。

**7.3** 机织物和针织物可由同一类别纤维的纱线构成或者由多种不同纤维的纱线构成。而且，织物组织结构中的长度方向和宽度方向的纱线可能是由不同的单一纤维构成，也可能是由不同的多种纤维的纱线构成，这种情况下，织物的长度方向和宽度方向要分别进行分析。

**7.4** 不同类别的纤维可以染成同一种颜色；反之，同一种纤维在经不同整理后的产品中可显示出不同颜色。例如，可以通过原纤维染色或纱线染色获得，或通过使用改性的染色纤维获得。

**7.5** 试验用试样必须能完全代表待测的纤维、纱线或织物。

## 8. 试样准备

**8.1** 很多情况下，一种未知纤维无须经过预处理即可被鉴定。

**8.2** 浆粉、蜡、油或其他涂料使纤维外观变模糊时，可将纤维放入蒸馏水中缓缓加热以除去无关的物质。若不能除去，可选用有机溶剂进行萃取，或者选用0.5%盐酸或0.5%氢氧化钠清洗。一些纤维，如锦纶会被酸损坏；而再生蛋白质纤维、蚕丝和毛绒会被碱处理损坏（见9.7）。

**8.3** 使用0.5%的氢氧化钠溶液处理植物纤维束；纤维分离后用水充分清洗，然后干燥。

**8.4** 染色纤维（特别是纤维素纤维）进行剥色处理时，应浸在碱性亚硫酸钠溶液中，在50℃温度下加热30min（见6.2）。

## 9. 测试程序

**9.1** 鉴别纤维通常需对试样进行多种选定的测试，直到获得足够的信息能够满意地判断出其通用属类或特殊类。具体测试方法和顺序的选定，可根据已掌握的知识和初步测试结果而改变。

**9.2** 视觉鉴别与显微镜鉴别。

**9.2.1** 检验提交鉴别的材料样品。记录样品形态（散纤维、纱线、织物等）、颜色、纤维长度、细度、外观均匀性和可能的最终产品用途等。若样品是织物，则用拆开或切断的方法分离出纱线；若样品为机织物，则分离出经、纬纱线；若纱线在颜色、光泽、尺寸和其他外观方面不一致，则需将纱线进行物理分离以进行分开鉴别。

**9.2.2** 纤维可用光学显微镜或扫描电子显微镜进行鉴别。若用光学显微镜，则取少量纤维置于载玻片上，将纤维梳理开，用一滴矿物油或其他浸润液使纤维固定在载玻片上，盖上盖玻片，在显微镜下进行观察。

**9.2.3** 仔细观察纤维特征，在四大类中确定纤维属类。

**9.2.4** 表面有鳞片的纤维鉴别。表面有鳞片状的纤维都是动物毛纤维（见1.3），除蚕丝外，所有角蛋白纤维都包括在这一组。仔细地进行显微镜观察，包括横截面的观察（见9.3）。将观察结果与表1中所列纤维特征、本方法附录A中的照片和已知动物纤维参照样品（见12.3）进行比较，对纤维属类做出判断。山羊绒是绒山羊（Capriahircuslaniger）身上优质的底层纤维。纤维一般无髓，平均最大直径为19μm，平均直径的变异系数不大于24%。30μm以上的羊绒纤维不超过3%（按质量计）。另外，可通过燃烧试验（见9.5）、密度试验（见9.6）和溶解试验（见9.7）进一步确认鉴别结果。

**9.2.5** 具有横节的纤维鉴别。这些纤维指除棉以外的植物纤维（见1.3）。仔细地进行显微镜观察，包括对纤维横截面的观察（见9.3）。将观察结果与表2中给出的纤维特征、本方法附录A中的照片和已知植物纤维样品进行比较，然后对纤维属类做出判断。对于亚麻、苎麻和大麻纤维的鉴别，可进行干燥过程中纤维自然旋转方向测试（见 9.8），由纤维干燥后的旋转方向做出鉴别。如果纤维是浅色纤维，则用氯化锌—碘试剂和酸性间苯三酚试剂做着色试验来鉴别（见 9.9）。该类纤维的进一步确认方法见 9.4~9.7 所述。

**表 1　表面有鳞片的纤维特征**

| 显微镜下外观 | 羊驼毛 | 驼毛 | 羊绒③,④ | 马毛 | 美洲驼毛 | 马海毛 | 骆马毛 | 羊毛⑤ | 牦牛毛 |
|---|---|---|---|---|---|---|---|---|---|
| **纵向表面** | | | | | | | | | |
| 有无鳞片 | — | — | — | — | — | — | — | X⑥ | — |
| 颜色暗淡 | x | x | X | x | x | X | x | — | x |
| 冠状鳞片① | — | x | x | X | — | — | x | x | x |
| 瓦状鳞片② | x | x | — | — | x | x | — | x | x |
| 边缘平滑度 | — | x | x | x | x | x | x | x | — |
| 锯齿状边缘 | X | — | — | x | X | — | — | — | X |
| **毛髓情况** | | | | | | | | | |
| 通常存在 | x | — | — | x | X | — | — | — | — |
| 很少存在 | — | x | X | — | — | x | x | x | — |
| 永不存在 | — | — | — | — | — | — | — | — | X |
| **髓质类型** | | | | | | | | | |
| 碎片型 | x | x | — | — | x | — | x | x | — |
| 间断型 | x | — | — | — | x | x | x | x | — |
| 连续型 | x | — | — | x | x | x | — | — | — |
| **髓腔直径/纤维直径** | | | | | | | | | |
| 小于 1/4 | — | — | — | — | x | — | x | x | — |
| 1/4~1/2 | x | — | — | x | x | — | x | x | — |
| 大于 1/2 | — | — | — | X | — | — | — | — | — |
| **髓质色素类型** | | | | | | | | | |
| 弥散状 | — | — | x | — | — | — | — | — | — |
| 条纹状 | x | X | — | — | — | — | x | — | x |
| 粒状 | — | x | — | x | — | — | — | — | — |
| 无 | — | — | — | — | — | X | — | X | x |
| **横截面** | | | | | | | | | |
| **轮廓** | | | | | | | | | |
| 圆至椭圆 | — | x | x | x | x | x | x | x | x |
| 椭圆至细长条 | x | — | — | x | — | — | — | x | — |
| 腰子型 | x | — | — | x | — | — | — | — | — |

| 显微镜下外观 | | 羊驼毛 | 驼毛 | 羊绒③④ | 马毛 | 美洲驼毛 | 马海毛 | 骆马毛 | 羊毛⑤ | 牦牛毛 |
|---|---|---|---|---|---|---|---|---|---|---|
| 髓心轮廓 | | | | | | | | | | |
| | 圆至椭圆 | — | — | — | x | — | x | x | x | — |
| | 椭圆至细长条 | X | — | — | — | X | — | — | — | — |
| | 腰子型至哑铃 | X | — | — | — | X | — | — | — | — |
| 色素分布 | | | | | | | | | | |
| | 均匀 | x | X | — | — | x | — | x | — | x |
| | 中心 | — | — | X | — | — | — | — | — | — |
| | 不规则 | — | — | — | X | — | — | — | — | — |
| 细度（μm） | | | | | | | | | | |
| | 平均 | 26~28 | 18 | 15~19 | — | 26~28 | — | 13~14 | — | 18~22 |
| | 范围 | 10~50 | 9~40 | 5~30 | — | 10~40 | 10~90 | 6~25 | 10~70 | 8~50 |
| | 鳞片数/100μm | — | — | 6~7 | — | — | <5.5 | — | >5.5 | >7 |

① 冠状指像花冠样的鳞片，并且可见鳞片边缘全部环抱纤维。

② 瓦状指重叠搭接的鳞片，并且可见边缘像屋顶上的瓦一样重叠的鳞片，而且仅覆盖纤维表面一部分。

③ 羊绒纤维的纵向/表皮外观的色泽一般比羊毛暗，但不如驼毛、羊驼毛等特种纤维的色泽暗。

④ 2000 年发表的关于亚洲山羊毛属毛绒纤维的学术评论，使羊绒纤维的平均直径范围扩大了。

⑤ 在这里指服用羊毛，不是指地毯用羊毛。

⑥ 本表中用大写字母 X 表示的特征是非常显著的。

**9.2.6** 扭曲纤维的鉴别。这类纤维包括棉和柞蚕丝。这两种纤维都可容易地通过横截面法（见 9.2）、燃烧法（见 9.5）、溶解法（见 9.7）或显微傅里叶红外光谱仪（见附录 B）鉴别。如果纤维颜色为浅色，则可用氯化锌—碘溶液进行着色试验（见 9.9）来鉴别。

**表 2　具有横节的纤维外观特征**

| 剖面特征 | | 亚麻 | 大麻 | 苎麻 |
|---|---|---|---|---|
| 纵剖面 | 比值：中腔/纤维直径 | <1/3 | 通常>1/3 | >1/3 |
| | 细胞端部 | 尖形 | 钝或分叉 | 钝 |
| 横截面 | 轮廓 | 尖角多边形 | 圆角多边形 | 拉长多边形 |
| | 中腔 | 圆形或椭圆 | 不规则形状 | 不规则形状 |

**9.2.7** 其他纤维的鉴别。这类纤维包括所有的再生纤维、桑蚕丝和石棉纤维。桑蚕丝和石棉纤维可以通过显微镜观察纤维表面如横截面（见 9.3）来鉴别。燃烧试验（见 9.5）和溶解试验（见 9.7）对鉴别石棉纤维具有特殊效果，对确定是否含有桑蚕丝非常有用。

再生纤维的鉴别最好是根据显微傅里叶红外光谱、溶解性、熔点、折射率和其他光学性能及密度，这些特性与纤维的化学特性有关，而不是与其物理形状有关。这是因为同一类纤维进行改性后所得纤维的染色性能发生了变化，因而纤维横截面观察法也会发生变化以及着色试验容易产生错误判断。为减少发生错判的可能性，在用这两种方法进行鉴别时，应结合其他鉴别方法同时进行。

金属纤维表面具有特殊的光泽，但纤维表面余留的光泽并不能判定其是金属纤维。放大倍数为 5、

10、20 倍的光学显微镜无法正常显示光的衍射、干涉和其他光效果，甚至会产生假象，不真实地将纤维光泽显示为自然的金属光泽，因此应该用化学（如比色分析法）和/或仪器（如原子 吸收分光光度法、等离子原子吸收光谱法和/或能量分散 X 射线或 X 射线荧光）分析来鉴别和确认这些纤维。例如：X 射线和基本分析由 AATCC 纤维鉴别商提供（见 12.4）。

**9.3** 显微镜横截面法。

**9.3.1** 取一束平行纤维或纱线备用。将一根铜线折叠后穿入一块不锈钢片上的钻孔中，使折叠铜线在孔的一端形成一个小圈。将平行纤维束或纱线穿过铜线圈，拉动折叠铜线另一端，将纤维束或纱线拉出不锈钢小孔。使用足够多的纤维把小孔填满；若需要，可用易于区别的其他纤维填满小孔。

**9.3.2** 沿不锈钢板表面用锋利的剃须刀片平滑切掉小孔两端伸出的纤维束或纱线。

**9.3.3** 在光学显微镜下以 200～500 倍放大倍数观察纤维横截面。不加或滴加矿物油于纤维束或纱线的切面上使纤维固定，盖上盖玻片。将观察结果与附录中的样照或已知纤维的横截面进行比较。

**9.3.4** 若使用哈氏切片器，应按照仪器说明书操作。将纤维束或纱线插在插槽中，再将压片滑入插槽中压紧纤维束或纱线。调节纤维数量至密实，切掉哈氏切片器两边伸出的纤维束或纱线。在切面处滴一滴火棉胶，等渗到另一面时，在另一端切面上再滴一滴火棉胶，待完全干后用剃须刀片切掉两侧多余的火棉胶和纤维束或纱线。

**9.3.5** 装上活塞，拧动附在活塞上的螺钉，顶出切槽内的纤维束或纱线，使之伸出板面 20～40μm。加一滴火棉胶于顶出的纤维束或纱线上，干燥 5min 直至变硬，用剃须刀片与切槽成 45°一次切下火棉胶和纤维束或纱线。

**9.3.6** 将切下来的纤维束或纱线薄片置于载玻片上，滴一滴矿物油或其他浸润液，盖上盖玻片，观察其横截面。按 9.3.5 中所述，继续切割纤维束或纱线，直至获得好且清楚的横截面切片。观察切片的横截面，并与已知纤维的横截面进行比较。

**9.4** 折射率鉴别法。

**9.4.1** 放置少量纤维样品于载玻片上，滴一滴氯萘和十六烷（或等效物）的混合物，混合物折射率为 1.55。

**9.4.2** 将起偏镜插入显微镜台下，使产生的偏振光方向与钟表 6 点到 12 点的连线一致；排列纤维纵向为同样方向。关上镜台下聚光灯的光阑产生轴向光照。

**9.4.3** 小心地将光线聚焦于纤维轮廓上，通过微调提升焦点刚好在纤维的正上部。如果纤维近似为一圆柱体，则它将相当于一个透镜。若纤维的折射率高于浸润液，纤维则相当于一个正透镜，随着焦点的提升，一条明亮的光线将移至纤维的中部；若纤维的折射率低于浸润液，当焦点升高时，光线将不断闪烁，并且纤维中部变得较暗。重复调焦过程直到某一确定的方向。

**9.4.4** 折射率法对圆形纤维的观察效果最好。在扁平的光带上可以很容易地看到明亮光线——贝克线在纤维轮廓上移动。随着焦点的提升，明亮光线将沿同一方向朝着高折射率的中部移动。

**9.4.5** 将试样旋转 90°，重复进行测试。

**9.4.6** 将试样旋转 45°，把检偏器插入显微镜筒或目镜下，使产生正交偏振光。观察纤维是否很亮（强双折射）、暗（弱双折射）、黑（无双折射）。

**9.4.7** 参考表 4 中纤维轴向和横向的折射率数据以及双折射率的评估值，根据纤维试样的厚度和试样的拉伸程度决定其折射的滞后情况。与直径基本相同的已知纤维样品的双折射率进行比较，做出判断。

**9.4.8** 选择其他浸润液，按照 9.4.1～9.4.5 中的实验步骤重复测试。随着液体折射率越来越接近纤维的折射率，纤维的轮廓将变得越来越不清楚。当液体和纤维的折射率相差 0.01 以下时，结束测试。

　　**9.5**　燃烧法。

　　**9.5.1**　用镊子取一小撮纤维，接近火焰一侧，记录纤维是否熔化或收缩。

　　**9.5.2**　纤维移入火焰中，记录纤维是否在火焰中燃烧。小心地慢慢离开火焰，确认纤维已被点燃，记录离开火焰后纤维是否继续燃烧。

　　**9.5.3**　若纤维继续燃烧，则吹熄火焰，并闻

其烟味。记录气味，检查残留烟灰的颜色和状态。

　　**9.5.4**　将观察到的结果与表3中所列纤维燃烧特征以及已知纤维的燃烧特征进行比较，对纤维类型做出鉴别。某些纤维（如棉、再生纤维素纤维、醋酯纤维和改性聚丙烯腈纤维）经阻燃改性后，燃烧变慢，燃烧时产生的气味和燃烧后的灰烬也会改变。有色纤维特别是颜料染色后的纤维，在燃烧残留物中仍保持其颜色。

表3　纤维的燃烧特征

| 纤维名称 | 靠近火熔融 | 靠近火焰反向收缩 | 火中燃烧 | 离开火继续燃烧 | 灰烬外观 |
|---|---|---|---|---|---|
| **天然纤维** | | | | | |
| 蚕丝 | √ | √ | √ | 缓慢 | 软的黑色小球 |
| 毛绒 | √ | √ | √ | 缓慢 | 黑色不规则形状 |
| 纤维素纤维 | × | × | √ | √ | 浅灰色 |
| 石棉纤维 | × | × | × | × | 变黑 |
| **化学纤维** | | | | | |
| 丙烯腈纤维 | √ | √ | √ | √ | 黑色 |
| 醋酯纤维 | | | | | 不规则形状 |
| 再生蛋白质纤维 | | | | | |
| 聚偏氰乙烯纤维 | | | | | 硬小球 |
| PBI 纤维 | × | × | × | × | 变黑 |
| 聚酯纤维 | √ | √ | √ | √ | 硬的黑色圆球 |
| 锦纶 | √ | √ | √ | √ | 硬的灰色圆球 |
| 烯烃类纤维 | √ | √ | √ | √ | 硬的棕褐色小球 |
| 聚乙烯醇纤维 | | | | | |
| 改性聚丙烯腈纤维 | √ | √ | √ | × | 硬的、黑色的 |
| 萨纶 | | | | | |
| 维纶 | | | | | |
| 金属纤维 | √ | √ | × | × | 金属小球 |
| 玻璃纤维 | √ | 缓慢 | × | × | 硬的透明小球 |
| 橡胶纤维 | √ | √ | √ | × | 无规则状 |
| 氨纶 | √ | × | √ | √ | 黑的、蓬松的 |

续表

| 纤维名称 | 靠近火熔融 | 靠近火焰反向收缩 | 火中燃烧 | 离开火继续燃烧 | 灰烬外观 |
|---|---|---|---|---|---|
| 化学纤维 | | | | | |
| 阿尼迪克斯纤维 | √ | × | √ | √ | 黑的发脆的不规则球 |
| 再生纤维素纤维 | × | × | √ | √ | 无 |
| 芳族聚酰胺纤维 | × | √ | √ | × | 硬的黑色小球 |
| 诺沃洛伊德纤维 | × | × | 短暂 | × | 炭 |
| triexta 纤维 | √ | √ | √ | √ | 硬的黑色圆球 |

**9.5.5** 一些纤维燃烧时放出特殊的气味。动物纤维和再生蛋白质纤维燃烧时具有燃烧头发或羽毛的气味；植物纤维和再生纤维素纤维燃烧时有烧纸的气味；橡胶燃烧时释放出人们所熟悉的特殊气味；其他纤维，如聚丙烯腈纤维、锦纶和氨纶，燃烧时也有特殊的气味，可凭经验鉴别。

**9.6** 密度法。

**9.6.1** 按以下步骤准备密度梯度管。将密度梯度玻璃管夹在一个固定的垂直架上，注入 25mL 四氯乙烯；以四氯乙烯体积百分数为递减顺序准备二甲苯和四氯乙烯的混合物，四氯乙烯与二甲苯的体积比分别是 90/10、80/20、70/30、60/40、50/50、40/60、30/70、20/80、10/90；沿梯度管壁小心地按顺序注入以上每种混合液体 25mL 于梯度管内，最后，再注入 25mL 二甲苯于梯度管顶部。

**9.6.2** 取数小段染色的参考纤维，打成一个小结，并剪去纤维零碎的部分。将纤维结放入二甲苯中煮沸约 2min，除去纤维中的水分和空气。再将纤维结放入密度管中，约半小时后这些纤维结会稳定在显示它们密度的高度。校准的密度玻璃小球可以用来确定不同高度处的溶液密度。

**9.6.3** 按同样方法准备未知纤维试样。将试样放入梯度管中，记录各试样静止后的漂浮高度。各纤维的密度见表 4。

表 4　纤维的物理性质

| 纤维种类 | 折射率（%） | | 双折射 | 密度（g/cm³） | 熔点（℃） |
|---|---|---|---|---|---|
| | 纵向 | 横向 | | | |
| 天然纤维 | | | | | |
| 石棉纤维 | 1.50~1.55 | 1.49 | 强 | 2.1~2.8 | >350 |
| 纤维素纤维 | 1.58~1.60 | 1.52~1.53 | 强 | 1.51 | 无 |
| 丝 | 1.59 | 1.54 | 强 | 1.32~1.34 | 无 |
| 毛 | 1.55~1.56 | 1.55 | 弱 | 1.15~1.30 | 无 |
| 化学纤维 | | | | | |
| 二醋酯纤维 | 1.47~1.48 | 1.47~1.48 | 弱 | 1.32 | 260 |
| 三醋酯纤维 | 1.47~1.48 | 1.47~1.48 | 弱 | 1.30 | 288 |
| 聚丙烯腈纤维 | 1.50~1.52 | 1.50~1.52 | 弱，可忽略 | 1.12~1.19 | 无 |
| 阿尼迪克斯纤维 | 不透光 | | — | 1.22 | 190℃ 变软 |
| 芳族聚酰胺纤维 | — | — | 强 | 1.38 | 400 烧焦 |

续表

| 纤维种类 | 折射率（%） | | 双折射 | 密度（g/cm³） | 熔点（℃） |
| | 纵向 | 横向 | | | |
|---|---|---|---|---|---|
| **化学纤维** | | | | | |
| 再生蛋白质纤维 | 1.53~1.54 | 1.53~1.54 | 无 | 1.30 | 无 |
| 玻璃纤维 | 1.55 | 1.55 | 无 | 2.4~2.6 | 850 |
| 金属纤维 | 不透光 | | — | 变化 | >300 |
| 改性聚丙烯腈纤维 | 1.54 | 1.53 | 弱 | 1.30 或 1.36 | 188[①] 或 120 |
| 诺沃洛伊德纤维 | 1.5~1.7 | | 无 | 1.25 | 无 |
| 锦纶 | 1.57 | 1.51 | 强 | 1.12~1.15 | 213~225 |
| 锦纶 66 | 1.58 | 1.52 | 强 | 1.12~1.15 | 256~265 |
| 聚偏氰乙烯纤维 | 1.48 | 1.48 | 零 | 1.20 | 218 |
| PBI 纤维 | >1.70 | >1.70 | 适中 | 1.4 | 无 |
| 聚酯纤维 | 1.71~1.73 或 1.63 | 1.53~1.54 | 很强 | 1.38 或 1.23 | 250~260 或 282 |
| 聚乙烯纤维 | 1.56 | 1.51 | 强 | 0.90~0.92 | 135 |
| 聚丙烯纤维 | 1.56 | 1.51 | 强 | 0.90~0.92 | 170 |
| 再生纤维素纤维 | 1.54~1.56 | 1.51~1.53 | 强 | 1.51 | 无 |
| 橡胶纤维 | 不透光 | | — | 0.96~1.06 | 无 |
| 萨纶 | 1.61 | 1.61 | 弱，可忽略 | 1.70 | 168 |
| 氨纶 | 不透光 | | — | 1.20~1.21 | 230 |
| triexta 纤维 | 1.57 | — | | 1.33 | 226~233 |
| 维纳尔纤维 | 1.55 | 1.52 | 强 | 1.26~1.30 | — |
| 维纶 | 1.53~1.54 | 1.53 | 弱，可忽略 | 1.34~1.37 | 230 或 400 |

① 熔点不明显，黏点 176℃。

**9.7** 溶解法。

**9.7.1** 如果测试在室温（20℃）下进行，将试样放入表面皿、玻璃试管或 50mL 烧杯中，再注入测试用溶剂（见表 5）。每 10mg 纤维用 1mL 溶剂。

表 5 纤维的溶解性

| 项 目 | 醋酸 | 丙酮 | 次氯酸钠 | 盐酸 | 甲酸 | 1,4-二氧杂环己烷 | 间二甲苯 | 环己酮 | 二甲基甲酰胺 | 硫酸 | 硫酸 | 间甲酚 | 氢氟酸 |
|---|---|---|---|---|---|---|---|---|---|---|---|---|---|
| 浓度（%） | 100 | 100 | 5 | 20 | 85 | 100 | 100 | 100 | 100 | 59.5 | 70 | 100 | 50 |
| 温度（℃） | 20 | 20 | 20 | 20 | 20 | 101 | 139 | 156 | 90 | 20 | 38 | 139 | 50 |
| 时间（min） | 5 | 5 | 20 | 10 | 5 | 5 | 5 | 5 | 10 | 20 | 20 | 5 | 20 |
| 醋酯纤维 | S | S | I | I | S | S | I | S | S | S | S | S | S |
| 聚丙烯腈纤维 | I | I | I | I | I | I | I | I | S | I | I | P | I |

续表

| 项　目 | 醋酸 | 丙酮 | 次氯酸钠 | 盐酸 | 甲酸 | 1,4-二氧杂环己烷 | 间二甲苯 | 环己酮 | 二甲基甲酰胺 | 硫酸 | 硫酸 | 间甲酚 | 氢氟酸 |
|---|---|---|---|---|---|---|---|---|---|---|---|---|---|
| 阿尼迪克斯纤维 | I | I | I | I | I | I | I | I | I | I | I | I | |
| 芳族聚酸胺纤维 | I | I | I | I | I | I | I | I | I | I | I | I | I |
| 再生蛋白质纤维 | I | I | S | | | | | | | | | | |
| 棉/麻纤维 | I | I | I | I | I | I | I | I | I | I | S | I | |
| 玻璃纤维 | I | I | I | I | I | I | I | I | I | I | I | I | S |
| 改性聚丙烯腈纤维 | I | SE | I | I | I | SP | I | S | ★ | I | I | P | |
| 诺沃洛伊德纤维 | I | I | I | I | I | I | I | I | I | I | I | I | + |
| 锦纶 | I | I | I | S | S | I | I | I | I | S | S | S | |
| 聚偏氰乙烯纤维 | I | I | I | I | I | I | I | S | S | I | I | SP | |
| 烯烃类纤维 | I | I | I | I | I | I | S | I | I | I | I | I | |
| PBI 纤维 | | | | | | | | | | | | | |
| 聚酯纤维 | I | I | I | I | I | I | I | I | I | I | I | S | |
| 再生纤维素纤维 | I | I | I | I | I | I | I | I | I | S | S | I | |
| 萨纶 | I | I | I | I | I | S | S | S | S | I | I | I | |
| 蚕丝 | I | I | S | I | I | I | I | I | I | S | S | I | |
| 氨纶 | I | I | I | I | I | I | I | S | S | SP | SP | SP | |
| 聚四氟乙烯纤维 | I | I | I | I | I | I | I | I | I | I | I | I | I |
| triexta 纤维 | I | I | I | I | I | I | I | I | I | I | I | S | I |
| 维纳尔纤维 | | | S | S | I | I | I | I | I | S | S | I | |
| 维纶 | I | S | I | I | I | I | S | S | S | I | I | S | |
| 羊毛 | I | I | S | I | I | I | I | I | I | I | I | I | |

　　注　S—溶解；I—不溶解；P—形成胶质体；SP—溶解或形成胶质体；SE—除了一种阻燃改性纤维（具有低燃性，且在横截面上可见液态物）外，该类纤维都可溶解；★—在 20℃溶解无胶质体产生；+—诺沃洛伊德纤维变成红色。

　　**9.7.2**　如果测试在溶剂的沸点下进行，则在通风橱中首先把溶剂放在烧杯中于电炉上加热至沸腾。调节电炉温度使溶剂保持缓和沸腾状态，并注意观察，切勿使溶剂蒸发干。然后把纤维试样投入沸腾的溶剂中。

　　**9.7.3**　如果测试在特定的中间温度下进行，则将盛有水的烧杯放在电炉上加热，并用温度计调节温度。将纤维试样放入盛有测试溶剂的试管中，然后将试管浸于加热的水浴中。

　　**9.7.4**　记录纤维是否完全溶解、软化或不溶，并与表 5 中给出的纤维溶解性能进行比较。

　　**9.7.5**　溶解性能测试也可用来确认纤维中是否有金属成分存在。在间甲酚中溶解后的闪光残留物是纤维中含有金属成分的证据。

　　**9.8**　干燥扭曲法。取少量平行排列的纤维试样，浸入水中；取出纤维，挤出多余水分。轻轻拍打纤维束一端，使纤维散开。抓住纤维束一端使纤维位于电炉上方，并使纤维束自由端朝向观测者，让纤维在暖空气中干燥，观测纤维在干燥过程中的扭曲方向。亚麻和苎麻的扭曲是顺时针方向，大麻和黄麻为逆时针方向。

**9.9** 着色法。

**9.9.1** 取少量纤维置于载玻片上，滴一滴氯化锌-碘溶液，盖上盖玻片，应防止产生气泡。在显微镜下观察纤维的着色情况。大麻、苎麻和棉呈紫罗兰色，亚麻呈褐紫色，黄麻呈褐色，许多其他纤维包括丝呈黄褐色。

**9.9.2** 取少量纤维于载玻片上，滴一滴酸性间苯三酚试剂使纤维加热。一些木质纤维如未漂白的黄麻由于存在木质素会被染成深红紫色。

**9.10** 熔点法。

**9.10.1** 熔点测试仪。

**9.10.2** 取少量纤维于干净的载玻片上，盖上盖玻片后放在显微镜的附有加热装置的载物台上。打开加热开关，设定速率。观测温度计和试样。当温度达到100℃时，调低加热速率（若预测试已估计出纤维属类，则加热速率应设置为10℃/min，直到温度低于预期熔点10~20℃），当接近熔点时，加热速率调至2℃/min。

**9.10.3** 观察纤维的熔融过程。加热至熔点时纤维开始熔融并润湿盖玻片，最终全部熔融变成液态。在测试过程中，用镊子轻压盖玻片，使纤维在压力下变扁平，这将有助于清楚地观察纤维的熔融过程。如果因加热速率过快而错过纤维熔融过程，应重新测试。

**9.10.4** 将观察结果与表4中给出的纤维熔点进行比较。

**9.10.5** 带外挂装置的显微镜。

**9.10.6** 取少量纤维于载玻片上，盖上盖玻片后放在显微镜的载物台上，使纤维遮盖住载物台中心的小孔。

**9.10.7** 将起偏镜插在显微镜的光径中，使产生正交偏振光。如果纤维与偏振光成对角线方向排列，从目镜中应能观察到纤维；若看不到纤维，则可除去起偏镜，直接用光学显微镜进行观测。

**9.10.8** 用调压器将加热速率设为高加热速率，加热纤维至100℃，当接近预期熔点时降低加热速率（见9.10.2）。

**9.10.9** 观察纤维。当温度达到熔点时，双折射减小，纤维开始熔融，视野变暗；当纤维完全变暗时，此时温度即为熔点温度。如果不使用正交偏振光进行观察，则按9.10.2中所述进行。

**9.10.10** 将观察结果与表4中给出的熔点进行比较。

**9.11** 显微傅里叶红外光谱仪。

将纤维试样的红外谱图与本方法附录B中的红外谱图做比较，或与其他数据库资源进行比较（见附录B中附图1~附图10）。

## 10. 报告

报告纤维的种类，对于多种类型纤维构成的样品，应将每种纤维的类型明确写于报告中。例如："经纱为锦纶66，纬纱为棉/再生纤维素纤维的机织物"。

## 11. 精确度和偏差

精确度和偏差描述不适用，因为数据不是由本测试方法产生的。

## 12. 注释

**12.1** 可从以下公司获得：Publication office，ACGIH，Kemper Wood Center，1330 Kemper Meadow Dr，Cincinnati OH 45240；电话：+1.513.742.2020；网址：www.acgih.org。

**12.2** 有关适合测试方法的设备信息，请登录http://www.aatcc.org/bg。AATCC提供其企业会员单位所能提供的设备和材料清单。但AATCC没有给其授权，或以任何方式批准、认可或证明清单上的任何设备或材料符合测试方法的要求。

**12.3** 羊绒、羊毛及其混纺纤维的参考样品与其实验室间数据可从以下地址获取：P. O. Box 12215，Research Triangle Park NC 27709；电话：+ 1.919.549.8141；传真：+ 1.919.549.8933；电子邮箱：ordering@ aattcc. org。

**12.4** 可以从 AATCC 获取，地址：P. O. Box 12215，Research Triangle Park NC 27709；电话：+ 1.919.549.8141；传真：+ 1.919.549.8933；电子邮箱：ordering @ aatcc. org；网址：www. aatcc. org。

## 13. 引用文献

**13.1** 纺织研究院，纺织材料的鉴别，第六版，C. Tinling& Co，London，1970。

**13.2** 联邦商务委员会，纺织纤维产品鉴别法案下的规章制度，1969 年修正案，Washington，DC 20580，www. ftc. com。

**13.3** Heyn，A. N. J.，纤维显微镜方法，课本和实验室手册，内部科学，New York，1954。旧版，但技术和解说很优良。

**13.4** Wildman A. B.，动物纤维显微镜方法，羊毛工业研究协会，Torridon，利兹，英国，1954。

**13.5** Appleyard，H. M.，动物纤维鉴别指南，出版社同 13.4，1960 年出版。两本书都有非常好的描述和显微镜图片。

**13.6** 人造纤维制造协会，人造纤维使用课本，纽约，1970。每年修订一次。当前的纤维清单由美国制作。

**13.7** 人造纺织品，全球化学纤维索引，Harlwquin 出版社，曼彻斯特，英国，1967。列举了2000 种化学纤维的商品名和它们的制造商。

**13.8** Linton G. E.，天然纤维和化学纤维，Duell，Sloan and Pearce，纽约，1966。介绍了纤维的历史和工艺，尤其是对天然纤维。

**13.9** Potter D M and Corbman B. P.，纺织品：纤维到织物，第四版，McGrawHill，纽约，1966。这是一本纤维鉴别的教科书。

**13.10** Chamot E M and Mason C. W.，化学显微镜方法，第一卷，物理方法，第三版，John Wiley & Sons，纽约，1950。这是一本经典的全面涉及纤维的教科书。

**13.11** IWTO 测试方法草案 58~79，用电镜扫描法定量分析羊毛和其他纤维的混纺物。描述了其他动物纤维和羊毛区分的方法，并给出了大量的例子。

**13.12** GSB 16-2262-2008，山羊绒纤维外观形态图谱，获取方式为内蒙古鄂尔多斯羊绒集团股份有限公司。电话：+ 86.477.8543855；传真：+ 86.477.8540114；电子邮箱：erdoscathy @ yahoo. com；网址：www. chinaeros. com。

## 14. 历史

**14.1** 2021 年修订，更新了表 5。

**14.2** 2019 年编辑性修订，2018 年重新审定；2010 年、2011 年、2013 年修订，2009 年编辑性修订，2008 年编辑性修订并技术勘误，1998 年、1999 年、2000 年、2001 年、2002 年、2004 年、2005 年、2007 年修订，1990 年、1995 年编辑性修订并重新审定，1988 年编辑性修订，1985 年重新审定，1977 年、1982 年（修改名称）、1983 年、1984 年编辑性修订，1976 年修订，1974 年编辑性修订，1973 年编辑性修订并重新审定，1958 年、1962 年、1963 年、1972 年修订，1955 年作为试行标准执行。

**14.3** AATCC RA24 技术委员会制定，与 ISO 17751、ISO 1833、ISO 2017 和 IWTO 58 有相关性。

# 附录 A　常用纺织纤维的显微镜照片

常用纺织纤维的显微镜照片如附图 1~附图 64 所示。

（a）横截面，500×

（b）纵截面，500×

附图 1　棉（未经丝光处理）

（a）横截面，500×

（b）纵截面，500×

附图 2　棉（经丝光处理）

（a）横截面，500×

（b）纵截面，500×

附图 3　亚麻

（a）横截面，500×

（b）纵截面，500×

附图 4 大麻

（a）横截面，500×

（b）纵截面，500×

附图 5 黄麻

（a）横截面，500×

（b）纵截面，500×

附图 6 苎麻

（a）横截面，500×

（b）纵截面，500×

**附图7 剑麻**

（a）横截面，500×

（b）纵截面，500×

**附图8 马尼拉麻**

（a）横截面，500×

（b）纵截面，500×

**附图9 洋麻**

（a）横截面，500×

（b）纵截面，500×

附图 10　新西兰麻

（a）横截面，500×

（b）纵截面，500×

附图 11　羊毛

（a）横截面，500×

（b）纵截面，500×

附图 12　马海毛

（a）横截面，500×

（b）纵截面，240×

（c）纵截面，1500×

附图 13　羊绒

（a）横截面，500×

（b）纵截面，500×

附图 14　驼毛

（a）横截面，500×

（b）纵截面，500×

附图 21　石棉纤维

（a）横截面，500×

（b）纵截面，500×

附图 22　二醋酯纤维

（a）横截面，500×

（b）纵截面，250×

附图 23　三醋酯纤维
0.28tex/f，消光

（a）横截面，500×

（b）纵截面，500×

**附图 24　丙烯腈系纤维 1**
常规湿纺，半消光

（a）横截面，500×

（b）纵截面，250×

**附图 25　丙烯腈系纤维 2**
改进湿纺，0.33tex/f，半消光

（a）横截面，500×

（b）纵截面，500×

**附图 26　丙烯腈系纤维 3**
溶液纺

（a）横截面，500×

（b）纵截面，250×

附图 27 丙烯腈系纤维 4
双组分，0.33tex/f，半消光

（a）横截面，100×

（b）纵截面，100×

附图 28 阿尼迪克斯纤维

（a）横截面，500×

（b）纵截面，250×

附图 29 玻璃纤维

（a）横截面，100×

（b）纵截面，100×

附图 30　金属纤维

（a）横截面，500×

（b）纵截面，500×

附图 31　改性丙烯腈系纤维 1

（a）横截面，500×

（b）纵截面，500×

附图 32　改性丙烯腈系纤维 2

（a）横截面，500×

（b）纵截面，250×

**附图 33　改性丙烯腈系纤维 3**
0.33tex/f，消光

（a）横截面，500×

（b）纵截面，500×

**附图 34　改性丙烯腈系纤维 4**
含有液态物质

（a）横截面，500×

（b）纵截面，500×

**附图 35　锦纶 1**
有光

(a) 横截面, 500×

(b) 纵截面, 250×

附图 36  锦纶 2

低改性比三叶形纤维, 1.65tex/f, 有光

(a) 横截面, 500×

(b) 纵截面, 250×

附图 37  锦纶 3

高改性比三叶形纤维, 1.98tex/f, 半消光

(a) 横截面, 500×

(b) 纵截面, 250×

附图 38  聚偏氰乙烯纤维

0.22tex/f, 消光

（a）横截面，500×

（b）纵截面，500×

**附图 39　低密度聚乙烯纤维**

（a）横截面，500×

（b）纵截面，500×

**附图 40　中密度聚乙烯纤维**

（a）横截面，500×

（b）纵截面，250×

**附图 41　高密度聚乙烯纤维**

（a）横截面，500×

（b）纵截面，250×

**附图 42　聚酯纤维 1**
常规熔融纺，0.33tex/f，半消光

（a）横截面，500×

（b）纵截面，250×

**附图 43　聚酯纤维 2**
低改性比三叶形纤维，0.15tex/f，半消光

（a）横截面，500×

（b）纵截面，250×

**附图 44　铜氨纤维**
0.14tex/f，有光

（a）横截面，500×

（b）纵截面，500×

**附图 45　黏胶纤维 1**
普通强度，有光

（a）横截面，500×

（b）纵截面，500×

**附图 46　黏胶纤维 2**
高强度，高湿伸长

（a）横截面，500×

（b）纵截面，500×

**附图 47　黏胶纤维 3**
高强度，低湿伸长

（a）横截面，500×

（b）纵截面，250×

附图 48　皂化醋酯纤维

0.09tex，有光

（a）横截面，500×

（b）纵截面，250×

附图 49　改性黏胶纤维 1

0.33tex，有光

（a）横截面，500×

（b）纵截面，250×

附图 50　改性黏胶纤维 2

0.17tex，有光

（a）横截面，500×

（b）纵截面，250×

**附图 51　改性黏胶纤维 3**

0.17tex/f，半消光

（a）横截面，65×

（b）纵截面，65×

**附图 52　萨纶 1**

（a）横截面，500×

（b）纵截面，250×

**附图 53　萨纶 2**

1.76tex/f，有光

（a）横截面，500×

（b）纵截面，250×

附图 54 氨纶 1
长丝，1.32tex/f，消光

（a）横截面，500×

（b）纵截面，250×

附图 55 氨纶 2
粗单丝，27.5tex/f，消光

（a）横截面，500×

（b）纵截面，500×

附图 56 碳氟纤维

（a）横截面，500×

（b）纵截面，500×

**附图 57　维纶**

（a）横截面，600×

（b）纵截面，600×

**附图 58　芳族聚酰胺纤维 1**
圆形，高强长丝

（a）横截面，600×

（b）纵截面，600×

**附图 59　芳族聚酰胺纤维 2**
阻燃短纤维

（a）横截面，500×

（b）纵截面，500×

附图 60　诺沃洛伊德纤维

（a）横截面，1500×

（b）纵截面，1500×

附图 61　永久卷曲莱赛尔纤维

（a）横截面，1800×

（b）扫描电镜图（10μm）

附图 62　无卷曲莱赛尔纤维

（a）横截面，500×

（b）纵截面，500×

（c）纵截面，1500×

**附图 63　牦牛毛**

（a）横截面，500×

（b）纵截面，100×

**附图 64　PBI 纤维**

# 附录 B　纺织纤维的显微傅里叶红外光谱图

纺织纤维的显微傅里叶红外光谱图如附图 65~附图 74 所示。

附图 65　超高分子量聚乙烯纤维

附图 66　聚丙烯纤维

附图 67　聚对苯二甲酸乙二醇酯纤维

附图 68　聚对苯二甲酰对苯二胺纤维

附图 69　聚间苯二甲酰间苯二胺纤维

附图 70　棉

附图 71　再生纤维素纤维

附图 72　锦纶 66

附图 73　锦纶 6

附图 74　PBI 纤维

**AATCC TM20A-2021e**

# 纤维分析：定量

## 1. 目的和范围

**1.1** 本测试方法适用于定量测定纺织品的含水率、非纤维成分含量和纤维成分含量。

**1.2** 本测试方法包括机械法、化学法和显微镜法，可应用于以下类别纤维的混纺产品：

天然纤维：棉、动物毛发、大麻、亚麻、苎麻、丝、羊毛。

化学纤维：醋酯纤维、聚丙烯腈纤维、芳纶（见17.17，间位芳纶、对位芳纶）、改性聚丙烯腈纤维、锦纶（见17.1）、聚烯烃纤维、聚苯并咪唑纤维（见17.17）、聚酯纤维、再生纤维素纤维、氨纶、Triexta。

## 2. 使用和限制条件

**2.1** 本方法给出了去除大部分非纤维物质的方法，但不包含全部的非纤维物质。每一种处理方法仅适用于某些特定类别的物质，而没有除去所有非纤维物质的综合方案。

**2.1.1** 一些新型整理剂可能存在特殊的问题，操作者应进行特例分析。热固性树脂和交联乳胶不但很难去除，而且在某种情况下必须破坏纤维才能完全去除。

**2.1.2** 当有必要更改程序，或用一种新的方法时，要确保试样中纤维部分不被破坏。

**2.2** 实验室纤维成分通常以纺织品原样烘干后的质量表示，或以去除非纤维物质后纯纤维的烘干质量表示，或者非纤维物质不能用第9部分所述的方法去除，纤维成分会随着分析过程中非纤维物

质的去除而增加。

在商业运用中，对于最终用途产品如成衣的标识纤维含量的表述，一般会将回潮率加入净干含量的结果中。可运用 ASTM D1909《纺织纤维商业回潮率标准表》，来达成这一目的。

**2.3** 用机械分离法确定纤维组分的程序，适用于由不同纤维组成的可被拆分成纱线或分层的纺织品。

**2.4** 此处描述的测定纤维成分的化学方法适用于大部分现存的、商业流通的纤维产品。表2列出了一些已知的特殊情况。然而某些方法不完全适合新开发的纤维、再生纤维和/或物理改性或化学改性的纤维。这种情况下使用这些方法时应注意。

**2.5** 显微镜法适用于所有纤维，其准确性在很大程度上依赖于分析者鉴别单种纤维的能力。然而，由于该方法的单一特性，它通常被限制于那些不能机械分离或化学分离的混纺产品，如毛绒与羊毛混纺，棉、亚麻纤维、大麻纤维与/或苎麻纤维之间的混纺。

## 3. 术语

**3.1** 纤维的净含量：去除非纤维成分后纤维的含量。

**3.2** 纤维：通用术语，形成纺织品的最基本的元素，可以是任意一种类别的物质，通常具有弹性、细度以及较大的长度与横截面之比的特性。

**3.3** 含水率：纺织材料中吸收或吸附水的质

量占纺织材料总质量的百分率。

**3.4** 非纤维成分：在纤维、纱线、织物或成衣中使用的产品，如纤维整理剂、纱线润滑剂、浆料、织物柔软剂、淀粉、瓷土、肥皂、蜡质、油脂和树脂等。

**3.5** 本测试方法中用到的其他术语可以在标准化学词典、通用术语词典中查到，也可以在 AATCC M11 标准术语表中查到。

## 4. 安全和预防措施

本安全和预防措施仅供参考。本部分有助于测试，但未指出所有可能的安全问题。在本测试方法中，使用者在处理材料时有责任采用安全和适当的技术；务必向制造商咨询有关材料的详尽信息，如材料的安全参数和其他制造商的建议；务必向美国职业安全卫生管理局（OSHA）咨询并遵守其所有标准和规定。

**4.1** 遵守良好的实验室规定，在所有的试验区域应佩戴防护眼镜。

**4.2** 所有化学物品应当谨慎使用和处理。

**4.3** 在本测试方法第9部分所述"非纤维物质—纤维的净含量"中，采用索氏萃取，并用己烷和乙醇时，必须在充分对流的通风橱中进行操作。

注意：己烷和乙醇具有高度易燃性。

**4.4** 进行化学分析方法1操作（见表2，100%丙酮）时，要在充分对流的通风橱中进行。

注意：丙酮具有高度易燃性。

**4.5** 己烷、乙醇和丙酮都是易燃液体，存放在实验室中时，必须是小包装的，并远离热源、明火和火星。

**4.6** 在化学分析方法2、3、4和6（见表2）中，准备、配制和使用盐酸（20%）、硫酸（59.5%和70%）和甲酸（90%）时，须佩戴化学防护眼镜或面部防护罩、防水手套和围裙。浓酸只能在通风橱中进行操作，且总是向水中加入酸。

**4.7** 在化学分析法4（见表2，70%硫酸）中，制备氢氧化铵（8：92）时，需佩戴化学防护眼镜或面部防护罩、防水手套和围裙。配制、混合和使用氢氧化铵时只能在通风橱中进行。

**4.8** 在附近安装洗眼器、安全喷淋装置以备急用。

**4.9** 本测试方法中，人体与化学物质的接触限度不得高于官方的限定值〔例如，美国职业安全卫生管理局（OSHA）允许的暴露极限值（PEL），参见29 CFR 1910.1000，最新版本见网址 www.osha.gov〕。此外，美国政府工业卫生师协会（ACGIH）的阈限值（TLVs）由时间加权平均数（TLV-TWA）、短期暴露极限（TLV-STEL）和最高极限（TLV-C）组成，建议将其作为人体在空气污染物中暴露的基本准则并遵守（见17.2）。

## 5. 仪器

**5.1** 分析天平，精确到0.1mg。

**5.2** 烘箱，可保持105～110℃。

**5.3** 干燥器，含有无水硅胶、硫酸钙或具有相同效果的物质。

**5.4** 索式萃取装置，200mL。

**5.5** 恒温水浴锅，可调，温度变化范围±1℃。

**5.6** 称量瓶，100mL，玻璃的且带有玻璃盖（也可用同尺寸、有紧密盖子的铝盒替代）。

**5.7** 锥形瓶，250mL，带有玻璃塞。

**5.8** 烧杯，硼硅酸盐耐热玻璃制成，250mL。

**5.9** 过滤坩埚，烧结玻璃制成，粗孔，30mL。

**5.10** 吸滤瓶，带有适配装置，可用于固定过滤坩埚。

**5.11** 称量瓶，容量足够大，可以固定过滤坩埚。

**5.12** 显微镜，带有可移动镜台和具有标线的目镜，可放大至 200~250 倍。

**5.13** 投影显微镜，可放大至 500 倍。

**5.14** 纤维切片器，包括两个刀片、穿线的销和能够紧固刀片的装置，可施加垂直的压力。可切得的纤维长度约 250μm。

**5.15** 楔形刻度尺，在厚纸片或优质纸卡上压的楔形条，可用于 500 倍放大倍率。

**5.16** 烧瓶盖（见 17.16）。

**5.17** 配备带有 25.4cm（10 英寸）压板的湿磨/抛光机，与 25.4cm（10 英寸）研磨盘配套使用。

**5.18** 胶背磨盘，25.4cm（10 英寸）。（砂砾：120 目、240 目、320 目、400 目、600 目、800 目、1200 目）。

**5.19** 1 加仑真空室，带泵，能保持至少 25 英寸汞柱的真空压力。

**5.20** 2 件式可浇铸安装杯，3.81cm（1.5 英寸）。

**5.21** 刚性安装卡：用于环氧树脂安装方法的非吸水性纱线样品安装卡。尺寸适用于 3.81cm（1.5 英寸）的样品杯，见图 1。

图 1 刚性安装卡（允差为 ±0.38mm）

# 6. 试剂

**6.1** 乙醇（95%），提纯或变性酒精。

**6.2** 己烷（$C_6H_{14}$）。

**6.3** 盐酸（HCl），0.1mol/L。

**6.4** 酶溶液。

**6.5** 丙酮（$CH_3COCH_3$），试剂级。

**6.6** 盐酸（20%）。20℃ 时，将密度为 1.19g/mL 的盐酸用水稀释至密度为 1.10g/mL。

**6.7** 硫酸（$H_2SO_4$）（59.5%）。将浓硫酸（密度为 1.84g/mL）慢慢加入水中，冷却至 20℃ 后调节密度至 1.4902~1.4956g/mL 范围内。

**6.8** 硫酸（70%）。将浓硫酸（密度为 1.84g/mL）慢慢加入水中，冷却至 20℃±1℃ 后调节密度至 1.5989~1.6221g/mL 范围内。

**6.9** 硫酸（1:19）。把 1 体积浓硫酸（密度为 1.84g/mL）加入 19 体积的水中，一边加入一边慢慢地搅拌。

**6.10** 次氯酸钠（NaOCl）溶液，其有效氯含量为 5.25%，也可用家庭用次氯酸钠漂白液（5.25%）。

**6.11** 亚硫酸氢钠（$NaHSO_3$）（1%），新配制。

**6.12** 甲酸（HCOOH）（90%），20℃ 时密度为 1.202g/mL。

**6.13** 氢氧化铵（$NH_4OH$）（8:92）。8 体积氢氧化铵（密度为 0.90g/mL）和 92 体积的水混合制成。

**6.14** 赫茨伯格（Herzberg）着色剂。把事先准备好的溶液 A 和溶液 B 混合放置一夜后，把澄清的溶液倒入深色的玻璃瓶中，并加入一片碘。

溶液 A：氯化锌 50g，水 25mL。

溶液 B：碘化钾 5.5g，碘 0.25g，水 12.5mL。

**6.15** 异丙醇（$C_3H_7$）OH（70%）。

**6.16** $N, N$-二甲基乙酰胺 $[CH_3C(O)N(CH_3)_2]$。

**6.17** 甲醇 $(CH_3OH)$，反应级。

**6.18** 氢氧化钠 $(NaOH)$，颗粒状，95%，反应级。

**6.19** 二甲苯 $[C_6H_4(CH_3)_2]$，混合物，95%，反应级。

**6.20** 氯化锂 $(LiCl)$，晶体状，反应级。

**6.21** 环氧释放剂，用于可浇铸安装材料。

**6.22** 环氧树脂，适用于制造浇铸料支架。

**6.23** 环氧固化剂，与所选环氧树脂相容。

**6.24** 环己酮 $(CH_2)_5CO$。

## 7. 试样准备

对于本标准中所适用的各种类型纺织品材料的实验室取样，不可能全部给出详细而明确的说明，但给出了一些通用的取样建议。

**7.1** 从一批材料中取出的试样尽可能有代表性。

**7.2** 如果样品相当大，尽可能地从不同的、分开的区域或不同部位取试样。

**7.3** 当样品是一个重复花型时，样品应取整个花型的所有纱（见 17.4）。

**7.4** 当样品是纱线时，取样样品至少长 2m。

## 8. 含水率

**8.1** 程序。把不少于 1.0g 的试样放在已称重的称量瓶中，立即盖上盖子，用分析天平称量并记录其总质量，精确到 0.1mg。把没有盖的且装有试样的称量瓶放入 105~110℃烘箱中恒温 1.5h，烘干后取出称量瓶，立即盖上盖子，放入干燥器中，冷却至室温，再称其总质量。间隔 30min 重复以上加热和称重的过程，直到总质量达到恒重，即质量变

化在±0.001g，并记录恒重。

**8.2** 计算。按照以下公式计算试样中的含水率：

$$M = \frac{A-B}{A-T} \times 100\%$$

式中：$M$——含水率，%；

　　　$A$——干燥前试样与称量瓶的总质量；

　　　$B$——干燥后试样与称量瓶的总质量；

　　　$T$——称量瓶的净质量。

## 9. 非纤维物质—纤维的净含量

**9.1** 程序。取不少于 5g 的试样，放在 105~110℃的烘箱中烘干至恒重（见 8.1），用分析天平称量干燥后的试样质量，精确到 0.1mg。然后，根据实际情况对试样进行以下一种或多种处理。当已知非纤维物质的类型时，可应用以下特定方法处理一次或多次，否则，应使用所有的处理方法。

**9.1.1** 己烷处理。去除试样中的油脂、蜡状物和特定的热塑性树脂等。在索式萃取器中用碳氟化合物萃取试样至少 6 次，然后在空气中干燥，再在 105~110℃的烘箱中烘干至恒重。可选择的萃取器见 17.15。

**9.1.2** 乙醇处理。去除试样中的肥皂、阳离子整理剂等。在索式萃取器中用乙醇萃取干燥后的试样至少 6 次，然后在空气中干燥，再在 105~110℃的烘箱中烘干至恒重。可选择的萃取器见 17.15。

**9.1.3** 水处理。去除试样中的水溶性物质。水跟试样的浴比为 100：1，温度为 50℃，浸泡干燥后的试样 30min，并不时地搅动或机械振荡，然后用新鲜的水清洗三次，再在 105~110℃的烘箱中烘干至恒重。

**9.1.4** 酶处理。去除试样中的淀粉类物质。根据制造商的建议，如浓度、浴比、温度和浸润时间，用制备好的酶溶液浸泡干燥后的试样，然后用热水充分地冲洗，再在 105~110℃ 的烘箱中烘干至恒重。

**9.1.5** 酸处理。去除试样中的氨基树脂。用质量为试样干燥后质量 100 倍的 0.1mol/L 盐酸浸泡干燥后的试样，温度为 80℃，时间 25min，偶尔搅动，然后用热水充分地冲洗，再在 105~110℃ 的烘箱中烘干至恒重。

**9.2** 计算。

**9.2.1** 计算非纤维物质的百分比。

$$N=\frac{C-D}{C}\times100\%$$

式中：$N$——试样中非纤维物质的百分比，%；

$C$——处理前试样的干重；

$D$——处理后试样的干重。

**9.2.2** 计算试样的纤维净含量百分比。

$$F=\frac{D}{C}\times100\%$$

式中：$F$——试样中纤维净含量的百分比，%。

其他术语见 9.2.1。

**9.2.3** 有关纺织品整理剂的萃取和分析的附加技术说明可详见 AATCC 94《纺织品整理剂：鉴别方法》。

## 10. 机械拆分法

**10.1** 程序。通过适当的方法去除非纤维物质后（见9.1），根据纤维成分，利用机械方法分开纱线，再合并这些相同纤维成分的纱线，称量每种纤维成分烘干后的质量。

**10.2** 计算。按照以下公式计算每一种纤维组分的含量：

$$X_i=\frac{W_i}{E}\times100\%$$

式中：$X_i$——试样中 $i$ 纤维的含量，%；

$W_i$——拆分后干燥的试样中纤维 $i$ 的质量；

$E$——试样经过化学处理、烘干后的质量。

## 11. 化学分析总则

**11.1** 试样准备。分析前，实验室测试样品应被分解、均匀化，然后取一部分进行化学处理。如果测试样为织物，则应先把织物拆成单根纱线并剪成长度不超过 3mm 的纱段，并充分混合纱段，取有代表性的一部分用于测试。备选方法：适用于许多情况，应用 Wiley 碾磨机把试样磨成碎末，用 Waring 混合器使碾磨后的试样在水中呈均匀的悬浮液，从中取有代表性的一部分用于测试。对于纱线，可采用同样的处理方法，但可省略不必要的步骤。

**11.2** 应用方法。在表1中列出了含有两种纤维混合试样进行适当处理的化学方法。在该表中，左边第一列列出了两种纤维混合物的其中一个组分，横着向右所对应的列是另一个组分；表中的数字表示适合特定的混合物可采用的一种或几种测试方法；表中没有括号的方法是溶解第一列中纤维的方法，而有括号的方法是溶解第一行中纤维的方法。

对于含有两种以上纤维成分的试样，可应用适当的单个方法依次进行化学成分分析。表2列出了不同的纤维在所有的试剂中的溶解性，可选择适当的方法和顺序进行多组分纤维成分分析（见17.5）。

**表 1 混纺纤维的化学分析法**

| 纤维 | 羊毛/毛发*** | 氨纶 | 蚕丝 | 黏胶纤维、莱赛尔 | 聚酯纤维、Triexta | 聚酰胺酰亚胺纤维 | 聚乳酸纤维 | 对位芳纶 | 聚烯烃纤维 | 聚酰胺纤维 | 改性聚丙烯腈纤维 | 间位芳纶 | 三聚氰胺纤维 | 棉、大麻、亚麻、苎麻 | 腈纶 |
|---|---|---|---|---|---|---|---|---|---|---|---|---|---|---|---|
| 醋酯纤维 | 1 4 12 (5) | 1 | 1 12 (5) | 1 12 | 1 12 (9) | 1 12 | 1 12 | 1 12 | 1(10) | 1 12 (2) | NA | 1 12 | 1 12 | 1 12 | 1 12 |
| 腈纶 | 7 8 (5) | (12) | 7 8(3) (5) | 7 8(3) | 7 8(9) | 7 8 | 7 8 | 7 8 | 7 8(10) (12) | 7 8(2) (3)(6) | (1) (12) | 7 8 | 7 8 | 7 8 | |
| 棉、大麻、亚麻、苎麻、黄麻、剑麻 | 4(5) | (7)(8) (12) | (5) | (3) | 4 (9) | 4 | 4 | 4 | 4(10) (12) | (2)(6) | 4(1) (12) | 4(11) | 4 | | |
| 三聚氰胺纤维 | (5) | (7)(8) (12) | (3)(4) (5) | (3)(4) | (9) | — | — | | (10) (12) | (2)(6) | (1) (12) | (1) | | | |
| 间位芳纶 | (5) | (7)(8) | (3)(4) (5) | (3)(4) | (9) | 11 | — | 11 | (10) (12) | (2)(6) | (1) (12) | | | | |
| 改性聚丙烯腈纤维 | 12(5) | 1* | 1* 12(3) (4)(5) | 1* 12(3) (4) | 1* 12 (9) | 1* 12 | 1* 12 | 1* 12 | 1*(10) | 1* 12 (2)(6) | | | | | |
| 聚酰胺纤维 | 2** 3 6 (5) | 2** 3 6 (7)(8) (12) | (5) | 2** 6 | 2** 3 6 (9) | 2** 3 6 | 2** 3 6 | 2** 3 6 | 2** 3 6 (10) (12) | | | | | | |
| 聚烯烃纤维 | 10 12 (5) | 10(7) (8) | 10 12(3) (4)(5) | 10 12 (4) | 10 12 (9) | 10 12 | 10 12 | 10 12 | | | | | | | |
| 对位芳纶 | (5) | (7)(8) (12) | (3)(4) (5) | (3)(4) | (9) | — | — | | | | | | | | |
| 聚乳酸纤维 | (5) | (7)(8) (12) | (3)(4) (5) | (3)(4) | (9) | — | | | | | | | | | |
| 聚酰胺酰亚胺纤维 | (5) | (7)(8) (12) | (3)(4) (5) | (3)(4) | (9) | | | | | | | | | | |
| 聚酯纤维、Triexta | (5) | 9(7) (8)(12) | (3)(4) (5) | 9(3) (4) | | | | | | | | | | | |
| 黏胶纤维、莱赛尔 | 4(5) | (7)(8) (12) | (5) | | | | | | | | | | | | |
| 蚕丝 | 3 4 | (7)(8) (12) | | | | | | | | | | | | | |
| 氨纶 | 7 8 12 | | | | | | | | | | | | | | |

注 非括号的方法是溶解掉表格第一列的纤维，带括号的方法是溶解掉表格第一行的纤维。

NA—化学定量法不适用同一属性的两种不同纤维的分离，应使用 AATCC 20A 显微镜部分。

— —方法正在研究中。

11.2 中有表格使用的详细说明。

1*—100%丙酮，见 12.1，* 不适合所有的改性腈纶。

2—20%盐酸，见 12.2，** 不适合所有的聚酰胺纤维。

3—59.5%硫酸，见 12.3，*** AATCC TM20A 中所引用的毛发纤维是 AATCC TM20 表 1 中特种动物纤维的代称。

4—70%硫酸，见 12.4。

5—次氯酸钠，见 12.5。

6—90%甲酸，见 12.6。

7—二甲基甲酰胺，见 12.7。

8—二甲基乙酰胺，见 12.8。

9—碱性乙醇，见 12.9。

10—100%二甲苯，见 12.10。

11—含 4%氯化锂的 *N,N*-二甲基乙酰胺，见 12.11。

12—环己酮，见 12.12。

表 2　化学分析法中不同纤维在试剂中的溶解性

| 项　目 | 方法 1: 100% 丙酮 | 方法 2: 20% 盐酸 | 方法 3: 59.5% 硫酸 | 方法 4: 70% 硫酸 | 方法 5: 次氯酸钠 | 方法 6: 90% 甲酸 | 方法 7: 二甲基甲酰胺 | 方法 8: 二甲基乙酰胺 | 方法 9: 碱性甲醇 | 方法 10: 100% 二甲苯 | 方法 11: 氯化锂+ 二甲基乙酰胺 | 方法 12: 环己酮 |
|---|---|---|---|---|---|---|---|---|---|---|---|---|
| 醋酯纤维 | S | I | S | S | I | S | S | S | S | I | ND | S |
| 腈纶 | I | I | I | I① | I | I | S | S | I | I | ND | I |
| 棉 | I | I | SS | S | I | I | I | I | I | I | ND | I |
| 毛发纤维 | I | I | I | I | S | I | I | I | I | I | ND | I |
| 大麻 | I | I | SS | S | I | I | I | I | I | I | ND | I |
| 亚麻 | I | I | SS | S | I | I | I | I | I | I | ND | I |
| 改性聚丙烯腈纤维 | S 或 I① | I | I | I | I | I | PS | PS | I | I | ND | S |
| 聚酰胺纤维 | I | S | S | S | I | S | I | I | I | I | ND | I |
| 聚烯烃纤维 | I | I | I | I | I | I | I | I | I | S | ND | I |
| 聚酯纤维② | I | I | I | I | I | I | I | I | S | I | ND | I |
| 苎麻 | I | I | SS | S | I | I | I | I | I | I | ND | I |
| 黏胶纤维 | I | I | S | S | I | I | I | I | I | I | ND | I |
| 蚕丝 | I | PS | S | S | S | PS | I | I | I | I | ND | S |
| 氨纶 | I | I | PS | PS | I | I | S | S | PS | I | ND | I |
| 羊毛 | I | I | I | I | S | I | I | I | I | I | ND | I |
| 间位芳香族聚酰胺纤维 | I | I | I | I | I | I | I | I | I | I | S | I |
| 对位芳纶 | I | I | I | I | I | I | I | I | I | I | I | I |
| 聚酰胺酰亚胺纤维 | I | I | I | I | I | I | I | I | I | I | I | I |
| 三聚氰胺纤维 | I | I | I | I | I | I | I | I | I | I | I | I |
| 聚乳酸纤维 | I | I | I | I | I | I | I | I | NA | I | ND | I |
| 莱赛尔纤维 | I | I | S | S | I | I | I | I | I | I | ND | I |
| PBI 纤维 | NA | NA | NA | NA | NA | NA | NA | NA | NA | NA | NA | NA |

**注**　符号说明：S—溶解，PS—部分溶解（方法不适用），SS—轻微溶解（可用，但需修正系数），I—不溶解，ND—尚未确定，NA—不适用。

　　11.2 中有表格使用方法的详细说明。

① 根据纤维类别选用。

② 同样适用于 triexta 纤维。

## 12. 化学分析程序

**12.1**　方法 1：100% 丙酮。

　　准确称量 0.5~1.5g 清洁、干燥、准备好的试样并记录其质量，精确到 0.1mg。把试样放入 250mL 锥形瓶中，以 1∶100（质量比）的比例加入丙酮，在 40~50℃ 条件下振荡 15min。从不溶的物质中倒出溶液，加入新鲜的丙酮并振荡几分钟，再重复倒出和振荡过程一次。然后通过已知干重的多孔玻璃过滤坩埚抽滤掉不溶物中的液体。将干燥坩埚和不溶物在 105~110℃ 烘箱中烘干至恒重。称量不溶物并记录质量，精确到 0.1mg。

**12.2**　方法 2：20% 盐酸。

准确称量 0.5~1.5g 清洁、干燥、准备好的试样并记录其质量，精确到 0.1mg。把试样放入 250mL 锥形瓶中，加入 50~150mL 的 20%盐酸（每克试样用 100mL 盐酸）并剧烈振荡，在 15~25℃ 条件下静置 5min；再次振荡，并静置 15min；进行第三次振荡（见 17.6）后，用已知干重的坩埚过滤不溶物，并用少许 20%盐酸冲洗锥形瓶，然后把洗涤液倒入坩埚中，施加吸力以排出过多的液体。先用约 40mL 的 20%盐酸清洗坩埚中的不溶物，再用水清洗，直至过滤液对石蕊呈中性。断开抽气泵，在坩埚中加入 25mL 的氢氧化铵溶液（8∶92），浸润不溶物 10min 再抽滤。然后用 250mL 的水浸泡不溶物 15min，再进行清洗，最后抽吸排液，把坩埚和不溶物一起放在 105~110℃烘箱中烘干至恒重。称量不溶物并记录，精确到 0.1mg。

**12.3** 方法 3：59.5%硫酸。

准确称量 0.5~1.5g 清洁、干燥、准备好的试样，并记录其质量，精确到 0.1mg。把试样放入 250mL 锥形烧瓶中，加入 50~150mL 的 59.5%硫酸溶液（每克试样用 100mL 溶液），并剧烈振荡 1min，在 15~25℃ 下静置 15min；再次振荡，再静置 15min；进行第三次振荡（见 17.6）后，用已知干重的坩埚过滤不溶物。用 10mL 的 59.5%硫酸溶液冲洗锥形瓶三次，并把冲洗液倒入坩埚中，用抽滤装置抽滤过多的溶液，最后用 50mL 的硫酸溶液（1∶19）冲洗坩埚中的剩余物，再用水清洗，直至过滤液对石蕊呈中性。断开抽气泵，加入 25mL 氢氧化铵溶液（8∶92），浸泡 10min 后抽滤。再用 150mL 水清洗不溶物（可浸泡约 15min），最后一次清洗后抽吸排液，然后把坩埚和不溶物一起放入 105~110℃烘箱中烘干至恒重。称量不溶物并记录，精确到 0.1mg（见 17.7）。

**12.4** 方法 4：70%硫酸。

准确称量 0.5~1.5g 清洁、干燥、准备好的试样并记录其质量，精确到 0.1mg。把试样放入

250mL 锥形瓶中，加入 50~150mL 的 70%硫酸溶液（每克试样用 100mL 溶液），并剧烈振荡 1min，在 15~25℃ 条件下静置 15min；再次振荡，并静置 15min；进行第三次振荡（见 17.6）后，用已知干重的坩埚过滤出不溶物。用 10mL 的 70%硫酸溶液冲洗锥形瓶三次，把冲洗液倒入坩埚中，并施加吸力以抽吸排液，最后用 50mL 的硫酸溶液（1∶19）冲洗不溶物，再用水清洗，直至过滤液对石蕊呈中性。断开抽气泵，加入 25mL 氢氧化铵溶液（8∶92），浸泡 10min 后抽吸排液，再用 150mL 水清洗不溶物，并浸泡 15min 左右。最后一次清洗后抽吸排液，然后把坩埚和不溶物一起放入 105~110℃烘箱中烘干至恒重。称量不溶物并记录，精确到 0.1mg。

**12.5** 方法 5：次氯酸钠。

准确称量 0.5~1.5g 清洁、干燥、准备好的试样并记录其质量，精确到 0.1mg。把试样放入 250mL 锥形瓶中，加入 50~150mL 次氯酸钠溶液（每克试样用 100mL 溶液），并在 25℃±1℃ 的温度下（用恒温水浴锅）振荡 20min（见 17.8），然后用已知干重的坩埚过滤出不溶物。先用 1%的亚硫酸钠溶液和水对不溶物进行彻底清洗，抽吸排出过多的水，最后一次清洗排出多余的水后，把坩埚和不溶物一起放在 105~110℃烘箱中烘干至恒重。称量不溶物并记录，精确到 0.1mg。

**12.6** 方法 6：90%甲酸。

准确称量 0.5~1.5g 清洁、干燥、准备好的试样并记录其质量，精确到 0.1mg。把试样放入 250mL 锥形瓶中，加入 50~150mL 的 90%甲酸溶液（每克试样用 100mL 溶液），并振荡 15min（见 17.9），将锥形瓶中的清液层倒入已知干重的坩埚中过滤；再向锥形瓶中加入等量的甲酸溶液并振荡 15min，用坩埚过滤出不溶物，再用 50mL 的 90%甲酸溶液冲洗两次后进行抽滤，接着用 50mL 水进行冲洗，再用 25mL 氢氧化铵（8∶92）浸泡大约 10min。最后用水彻底清洗，直至过滤液对石蕊呈

中性，抽吸排液后，把坩埚和不溶物一起放入105~110℃烘箱中烘干至恒重。称量不溶物并记录，精确到0.1mg。

**12.7** 方法7：二甲基甲酰胺。

准确称量0.5~1.5g清洁、干燥、准备好的试样并记录其质量，精确到0.1mg。把试样放入250mL锥形烧瓶中，加入50~150mL二甲基甲酰胺溶液（每克试样用100mL溶液），并在98℃±1℃下恒温振荡20min，移去不溶物表面的溶液，再加入新鲜的二甲基甲酰胺溶液振荡几分钟，再重复倒出溶液和振荡一次，并用70%的异丙醇彻底冲洗，用已知干重的坩埚抽滤出不溶物。把坩埚和不溶物一起放入105~110℃烘箱中烘干至恒重。称量不溶物并记录，精确到0.1mg。

**12.8** 方法8：$N,N$-二甲基乙酰胺。

准确称量0.5~1.5g清洁、干燥、准备好的试样并记录其质量，精确到0.1mg。把试样放入250mL锥形烧瓶中，加入50~150mL $N,N$-二甲基乙酰胺溶液，并在70℃±1℃下恒温振荡20min，移去不溶物表面的溶液，再加入新鲜的$N,N$-二甲基乙酰胺溶液振荡几分钟，再重复倒出溶液和振荡一次，并用70%的异丙醇彻底冲洗，用已知干重的坩埚抽滤出不溶物。把坩埚和不溶物一起放入105~110℃烘箱中烘干至恒重。称量不溶物并记录，精确到0.1mg。

**12.9** 方法9：碱性甲醇。

准确称量0.5~1.5g清洁、干燥、准备好的试样并记录其质量，精确到0.1mg。将18g反应级颗粒状氢氧化钠加入装有200mL甲醇（氢氧化钠溶解会释放热量）的250mL锥形瓶中，加热到65℃完全混合。加入样品并使用磁力棒搅动，盖上烧瓶。浸泡5min后，将溶液从未溶解的残渣中移到另一容器，并用70%的异丙醇彻底冲洗，用已知干重的坩埚抽滤出不溶物。把坩埚和不溶物一起放入105~110℃烘箱中烘干至恒重。称量不溶物并记录，精确到0.1mg。

**12.10** 方法10：100%二甲苯。

准确称量0.5~1.5g清洁、干燥、准备好的试样并记录其质量，精确到0.1mg。把试样放入250mL锥形烧瓶中。加入50~150mL二甲苯，并用瓶塞盖好。加热到煮沸温度（90℃），用磁力棒搅动20min。将溶液从未溶解的残渣中倒入另一容器。使用70%的异丙醇漂洗，再重复倒出溶液和振荡一次，然后用已知干重的坩埚抽滤出不溶物。把坩埚和不溶物一起放入105~110℃烘箱中烘干至恒重。称量不溶物并记录，精确到0.1mg。

**12.11** 方法11：含4%氯化锂的$N,N$-二甲基乙酰胺法。

准确称量0.5~1.5g清洁、干燥、准备好的试样并记录其质量，精确到0.1mg。把试样放入250mL的锥形烧瓶中，加入50~150mL含4%氯化锂的$N,N$-二甲基乙酰胺溶液（每克试样用100mL溶液），并在65℃±1℃下恒温振荡180min，移去不溶物表面的溶液，再加入新鲜的含4%氯化锂的$N,N$-二甲基乙酰胺溶液，振荡5~10min，再重复倒出溶液和振荡一次，并用70%的异丙醇彻底冲洗，用已知干重的坩埚抽滤出不溶物。把坩埚和不溶物一起放入105~110℃的烘箱中烘干至恒重。称量不溶物并记录，精确到0.1mg。

**12.12** 方法12：环己酮。准确称重0.5~1.5g，清洁、干燥、准备好的试样并记录其重量，精确到0.1mg。把试样放入250mL锥形烧瓶中，在通风橱里加入50~150mL环己酮，盖住瓶塞。加热至沸腾，并用磁力搅拌器搅拌5~10min。倒出不溶物中的液体。用70%异丙醇反复冲洗至干净。用已知干重的坩埚抽滤出不溶物。把坩埚和不溶物一起放入105~110°C的烘箱中烘干至恒重。称量不溶物并记录，精确到0.1mg。

**12.13** 计算。

通过以下的任一公式，计算用以上各种化学方法确定的某种纤维的含量。

**12.13.1** 当纤维被溶解时：

$$X_i = \frac{G-H_i}{G} \times 100\%$$

式中：$X_i$——$i$ 纤维的百分含量，%；

$G$——干燥试样的净质量；

$H_i$——处理后不溶物的干重。

**12.13.2** 当纤维不溶解时：

$$X_i = \frac{H_i}{G} \times 100\%$$

## 13. 显微镜分析总则

**13.1** 以下的程序用于两种或两种以上纤维的定量分析，这些纤维不易通过机械或化学方法分离。测试程序有赖于技术人员通过显微镜鉴别和计数样品中每种纤维相关数量的能力，这个计数方法可得到几种混合纤维的根数百分比。为将根数百分比转换成质量百分比，纤维的尺寸和各自的密度在计算时也应包括在内。

**13.2** 显微镜的载玻片可用来扫描纤维样品的纵截面或横截面。纤维的图像可以通过显微镜观察，或投射在水平面上。可以采用任何一种观察方法来鉴别和计算纤维数量，但投影法是专门用楔形刻度尺来测量纤维直径的（见 14.3.2）。

**13.3** 在 AATCC TM20 纤维定性方法中讨论了在纤维计数过程中鉴别纤维的方法，包括如下：

AATCC TM20

Herzberg 着色剂（氯化锌—碘）见 9.9.1

酸性间苯三酚试剂 见 9.9.2

纵截面 见表 1 和表 2

横截面 见表 1、表 2 和附录 A

推荐参考这些已知纤维的测试方法，而不是完全依赖于复制照片和颜色的文字描述。

## 14. 显微镜分析过程

**14.1** 载玻片的准备。

**14.1.1** 植物纤维（棉、亚麻、苎麻等）的纵截面。取一块至少 5cm×5cm 的织物，数织物的经向、纬向纱线，从每一个方向随机选取若干根纱线，经向和纬向纱线总根数应至少为 20 根（见 17.10）。若试样是纱线，则应至少取 2m 长，且随机剪取至少 20 段长 5cm 的纱段，再剪成 2.5cm 或 0.5～1mm 的纱段，剪得越短越容易形成均匀的纤维悬浮液。将纱段收集在有对比色的纸上，并移入 125mL 锥形瓶中。加入足量的水摇动，制成均匀的悬浮液，迅速煮沸或加入一些小玻璃球以使纤维分散。用玻璃标记笔在载玻片上画两条间隔约 2.5cm 的平行线。用宽口移液管吸取 0.5～1mL 充分摇动的悬浮液滴在载玻片上的两条平行线之间，移取试液的量由悬浮液的密度决定。载玻片上应有足够的液体，以便蒸发后在载玻片上形成一层薄且均匀的纤维薄膜。当蒸发完后，用 Herzberg 着色剂着色并盖上盖玻片。

**14.1.2** 羊毛、毛绒和其他圆形纤维的纵截面。如 14.1.1 所述取具有代表性的织物或纱线段。对于织物，拆其边缘的纱线，使经向和纬向纱各突出约 1cm，把试样放在平坦的台面上，使用纤维切片器，将刀片垂直于经纱边缘切割，纬纱边缘也进行同样的操作。抬起上板取下切片器，松开刀片上的张力，用食指和拇指一起取下刀片，小心地分开刀片，使切好的纤维段粘在刀片上，在干净的载玻片上滴几滴矿物油，用分析针把纤维刮入油中，用分析针彻底地使其分散浸入油中后，盖上盖玻片。对于纱线样品，排列整齐后按照上述操作使用纤维切片器。

**14.1.3** 纤维的横截面。从样品中选取具有代表性的纱线或纱线段，褪去捻度抽出纤维，使其排列整齐形成相互平行的混合束，按照 AATCC TM20 中的 9.3 所述，准备载玻片。

**14.1.4** 抗切割纤维或纱线的横截面：对于含有不易通过机械或化学方法分离的高抗切割纤维的纱线（例如含有芳纶和/或聚苯并咪唑纤维的混合物），不要使用 TM20 第 9.3 中所述的纤维切割技术。使用双面胶带将样品中的代表纱线安装到刚性安装卡上。在样品杯的内表面涂上环氧释放剂。将贴有样品的刚性安装卡放入样品杯中，注意保持卡在中心并且垂直。按照制造商的说明混合环氧树脂和环氧固化剂，并填充样品杯。将含有样品和树脂的样品杯放入真空室，并抽真空至 25 英寸汞柱的真空压力 10 分钟。缓慢释放真空压力，根据制造商说明（通常为 18~24h），在标准大气条件下固化环氧树脂。从样品杯上取下固化的环氧树脂支座，并切掉刚性安装卡的顶部凸耳。先将 120 号砂粒磨盘贴到磨光机/抛光机压板上，将表面研磨至光滑表面，无凹痕。逐渐增加磨盘的额定粒径（至更细的粒径），在环氧树脂支座上打磨/抛光至光滑（无划痕）的透明表面。然后根据 14.2 计数安装的纤维。

**14.2** 纤维计数。

**14.2.1** 显微镜观测纤维。将按照 14.1 准备好的载玻片放在显微镜可移动的载物台上，显微镜配有十字标线，放大倍数 200~250 倍。从载玻片的最上部或最下部开始计数，载玻片在水平方向上慢慢地移动，鉴别和计算经过十字标线中间的所有纤维。这一过程结束后，将载玻片在垂直方向移动 1~2mm，再按以上步骤鉴别和计算经过的纤维。重复以上过程直到整个载玻片观察结束。水平移动的距离由载玻片上纤维的数目确定，若一根纤维经过十字标线多次，则每经过一次就记下一次（见 17.11）。同样，垂直地移动载玻片计算纤维根数。在水平和垂直方向上纤维总量应至少达到 1000 根。

**14.2.2** 投影显微镜观测纤维。校准显微镜使投影平面图像放大 500 倍，把一个物镜测微尺（单位为 0.01mm）放在投影显微镜的载物台上，其刻度对着物镜，并把一大张无光泽的白纸放在投影面上。降低或抬高显微镜，当焦点集中于白纸中心时，物镜测微尺以 0.20mm 间隔测量 100mm。把按照 14.1 准备好的载玻片放于投影显微镜的载物台上，并盖上盖玻片，投影面板上以白纸的中心画一个直径为 10cm 的圆，所有测量和计数均在这个圆内。从载玻片的最上部或最下部开始，如 14.2.1

所述进行计数（见 17.12）。

**14.2.3** 影像显微镜观测纤维。使用屏幕中央带十字标线的影像监视器，其屏幕连接在一个视频照相机上，再附一个可以精确调节透光的显微镜，按照 14.2.1 进行操作，扫描载玻片。

**14.3** 纤维测量。

**14.3.1** 非圆形截面纤维。

**14.3.1.1** 坐标纸法。按照 14.1.3 将准备好的载玻片放于投影显微镜的载物台上，把图像投影到 1mm 格子的坐标纸上。使用削尖的铅笔描出纤维图形，注意不要描以前描过的纤维。若载玻片上每种纤维没有达到 100 根，则应另制作一个载玻片，继续在新的载玻片上描绘，直到每种纤维达到 100 根。通过数格子数量，计算每种纤维每根的横截面面积，然后计算每种纤维的平均横截面面积，即用每根纤维的横截面面积之和除以测量的该种纤维的总根数，最后的值应以平方毫米（$mm^2$）表示。

**14.3.1.2** 数字描图法。按照 14.1.3 将准备好的载玻片放于载物台上，并使调节好的投影图像出现在监视器上。对于大多数纤维，使用 50 倍的物镜并装配视频照相机即可。使用合适的校准图像分析软件和数字成像设备捕到横截面的图像，再用鼠标描绘出横截面的图像，然后使用图像分析软件存储此合成的横截面图像。若载玻片上每种类型的纤维没有达到 100 根，则应另制作一个载玻片，继续在新的载玻片上描绘，直到每种纤维达到 100 根。使用数字图像分析软件的统计功能计算平均横截面面积，最后的值应以单位平方微米（$\mu m^2$）表示。

**14.3.2** 圆形截面纤维。按照 14.1.2 所述准备一个载玻片，并确保准备好的载玻片能够在当天使用。将载玻片放在纤维投影仪或显微镜上，以使载玻片上的所有区域都能够被观察到。

**14.3.2.1** 用楔形刻度尺和投影显微镜测定。把待测的每种单根纤维放入楔形刻度尺中聚焦，调节刻度尺的位置，使纤维的图像投影在带细线的楔形刻度尺上，并在楔形刻度尺上相当于纤维长度中点的纤维宽度处做标记。水平移动载玻片，按预定的路线连续测量纤维，但只测定落在直径 10cm 圆形视野范围内的纤维，不测定在测量点与其他纤维相交叉的纤维以及长度小于 150μm 的纤维。每种纤维应最少测定 100 根。计算每种纤维的平均横截面面积，最终结果以平方微米（μm²）表示（见 17.13）。要考虑毛绒和羊毛纤维平均直径的变化，因此，对于任何特定样品的正确结果，必须测量纤维的直径。然而，如果不需要最大的精确度，可使用表 3 和表 4 中的数据。

**表 3 不同纺织纤维的细度对比等级——IWTO 超细羊毛的等级**

| "X" 值 | 平均直径（μm） | "X" 值 | 平均直径（μm） |
|---|---|---|---|
| 超级 80's | 19.5±0.25 | 超级 150's | 16.0±0.25 |
| 超级 90's | 19.0±0.25 | 超级 160's | 15.5±0.25 |
| 超级 100's | 18.5±0.25 | 超级 170's | 15.0±0.25 |
| 超级 110's | 18.0±0.25 | 超级 180's | 14.5±0.25 |
| 超级 120's | 17.5±0.25 | 超级 190's | 14.0±0.25 |
| 超级 130's | 17.0±0.25 | 超级 200's | 13.5±0.25 |
| 超级 140's | 16.5±0.25 | 超级 210's | 13.0±0.25 |

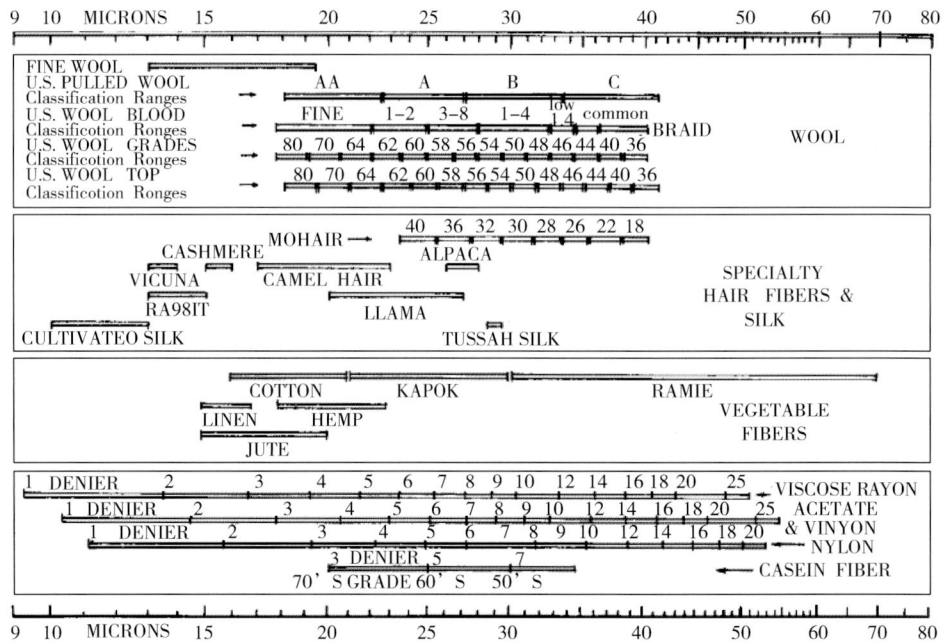

**表 4 不同纺织纤维的细度范围和纤维直径[a]**

| U. S. 羊毛分级 | | | | | |
|---|---|---|---|---|---|
| 羊毛等级 | | | 羊毛优等级 | | 皮板毛 |
| 数量体系 | 平均直径（μm） | 血统体系[b] | 数量体系 | 平均直径[c]（μm） | 等级 |
| 80s | 17.7~19.1 | 细 | 80s | 18.1~19.5 | AA |
| 70s | 19.2~20.5 | 细 | 70s | 19.6~21.0 | AA |
| 64s | 20.6~22.0 | 细 | 64s | 21.1~22.5 | AA |

| U. S. 羊毛分级 | | | | | |
|---|---|---|---|---|---|
| 羊毛等级 | | | 羊毛优等级 | | 皮板毛 |
| 数量体系 | 平均直径（μm） | 血统体系[b] | 数量体系 | 平均直径[c]（μm） | 等级 |
| 62s | 22.1~23.4 | 1/2 | 62s | 22.6~24.0 | A |
| 60s | 23.5~24.9 | 1/2 | 60s | 24.1~25.5 | A |
| 58s | 25.0~26.4 | 3/8 | 58s | 25.6~27.0 | A |
| 56s | 26.5~27.8 | 3/8 | 56s | 27.1~28.5 | B |
| 54s | 27.9~29.3 | 1/4 | 54s | 28.6~30.0 | B |
| 50s | 29.4~30.9 | 1/4 | 50s | 30.1~31.7 | B |
| 48s | 31.0~32.6 | 1/4 | 48s | 31.8~33.4 | B |
| 46s | 32.7~34.3 | <1/4 | 46s | 33.5~35.1 | C |
| 44s | 34.4~36.1 | 一般 | 44s | 35.2~37.0 | C |
| 40s | 36.2~38.0 | 有光长羊毛 | 40s | 37.1~38.9 | C |
| 36s | 38.1~40.2 | 有光长羊毛 | 36s | 39.0~41.2 | C |

| 毛发纤维和蚕丝 | | | | | |
|---|---|---|---|---|---|
| 马海毛[①] | | 其他毛发纤维[①] | | 蚕丝[①] | |
| 等级 | 细度范围（μm） | 纤维 | 平均细度（μm） | 纤维 | 平均细度（μm） |
| 40s | 23.55~25.54 | 小羊驼绒 | 13.0~14.0 | 桑蚕丝 | 10.0~13.0 |
| 36s | 25.55~27.54 | 山羊绒 | 14.0~19.0 | 柞蚕丝 | 28.5 |
| 32s | 27.55~29.54 | 骆驼毛 | 17.0~23.0 | | |
| 30s | 29.55~31.54 | 羊驼绒 | 26.0~28.0 | | |
| 28s | 31.55~33.54 | 美洲驼毛 | 20.0~27.0 | | |
| 26s | 33.55~35.54 | | | | |
| 22s | 35.55~38.04 | | | | |
| 18s | 38.05~40.54 | | | | |

| 植物纤维[①] | | 玻璃纤维[②] | | | |
|---|---|---|---|---|---|
| 纤维 | 平均细度（μm） | 长丝纤维直径（μm） | 理论直径（μm） | 短纤维直径（μm） | 平均直径（μm） |
| 棉 | 16.0~21.0 | D | 5.3 | E | 7.1 |
| 亚麻 | 15.0~17.0 | E | 7.4 | G | 9.7 |
| 黄麻 | 15.0~20.0 | G | 9.0 | J | 11.4 |
| 大麻 | 18.0~23.0 | | | | |
| 木棉 | 21.0~30.0 | | | | |
| 苎麻 | 25.0~30.0 | | | | |

| 纤维的理论直径 | | | | | | |
|---|---|---|---|---|---|---|
| 黏胶纤维[③]，醋酯纤维[③]，锦纶[④]，维纶[③] | | | | 酪蛋白纤维 | | |
| 长丝细度（旦） | 黏胶纤维（μm） | 醋酯纤维和维纶（μm） | 锦纶（μm） | 等级 | 细度（旦） | 纤维直径（μm） |
| 1 | 9.6 | 10.3 | 11.1 | 70s | 3 | 20 |
| 2 | 13.6 | 14.5 | 15.7 | 60s | 5 | 25 |
| 3 | 16.7 | 17.8 | 19.3 | 50s | 7 | 30 |
| 4 | 19.3 | 20.6 | 22.3 | | | |
| 5 | 21.6 | 23.0 | 24.9 | | | |
| 6 | 23.6 | 25.2 | 27.3 | | | |
| 7 | 25.5 | 27.3 | 29.5 | | | |
| 8 | 27.3 | 29.1 | 31.5 | | | |
| 9 | 28.9 | 30.9 | 33.4 | | | |
| 10 | 30.5 | 32.6 | 35.2 | | | |
| 12 | 33.4 | 35.7 | 38.5 | | | |
| 14 | 36.1 | 38.5 | 41.7 | | | |
| 16 | 38.6 | 41.2 | 44.5 | | | |
| 18 | 40.9 | 43.7 | 47.3 | | | |
| 20 | 43.1 | 46.1 | 49.9 | | | |

a 数据来源。

① Werner von Bergen and W. Krauss，纺织纤维图册，纺织出版社股份有限公司，纽约（1949）。

② Owens-Corning Fiberglas Corp.

③ 美国黏胶纤维公司。

④ E. I. du Pont de Nemours and Co.

⑤ Aralac Incorporated.

b 商业应用。

c 数据来源：U. S. 联邦标准，联邦公报，1954 年，1 月 13 日，优等级羊毛的细度规格和分级（ASTM D3992）。

**14.3.2.2** 使用数字成像分析软件测定。用正确的校准图像分析系统测量有疑问的个别纤维的直径。

**14.4** 计算。若使用 14.3.1 方法测定纤维横截面面积，则用式（1）计算纤维含量；若使用 14.3.2 方法测定纤维直径，则用式（2）计算纤维含量。

$$X_i = \frac{N_i \times A_i \times S_i}{\sum (N \times A \times S)} \times 100\% \qquad (1)$$

$$X_i = \frac{N_i \times D_i^2 \times \frac{\pi}{4} \times S_i}{\sum \left( N \times D^2 \times \frac{\pi}{4} \times S \right)} \times 100\% \qquad (2)$$

式中：$X_i$——$i$ 纤维的百分比（以质量表示），%；

$N_i$——$i$ 纤维相对数目；

$A_i$——$i$ 纤维图像的平均面积；

$S_i$——$i$ 纤维的密度；

$\sum (N \times A \times S)$——混合物中每种类型纤维 $N \times A \times S$ 总和；

$D_i^2$——$i$ 纤维直径平方的平均值；

$D_i^2 \times \frac{\pi}{4}$——$i$ 纤维圆形横截面面积的平均值；

$\sum \left( N \times D^2 \times \frac{\pi}{4} \times S \right)$——混合物中每种类型纤维

$$N \times D^2 \times \frac{\pi}{4} \times S \text{总和}.$$

各种纤维的密度值见表5。

**表5 各种纤维的密度表**

| 纤　维 | 密度（g/cm³） |
|---|---|
| 醋酯纤维 | 1.31 |
| 腈纶 | 1.16～1.22 |
| 棉 | 1.55 |
| 毛发纤维 | 1.32 |
| 大麻 | 1.48 |
| 亚麻 | 1.50 |
| 改性腈纶 | 1.28～1.38 |
| 锦纶 | 1.14 |
| 聚烯烃纤维 | 0.93 |
| 聚酯纤维 | 1.23～1.40 |
| PBI 纤维 | 1.4 |
| 苎麻 | 1.51 |
| 黏胶纤维 | 1.52 |
| 蚕丝 | 1.25 |
| 氨纶 | 1.0～1.2 |
| 羊毛 | 1.31 |

注 带有范围值的纤维，要根据特定的密度确定所选类型，或按 AATCC TM20 中 9.6 确定纤维的密度。

## 15. 报告

报告待测试样的纤维质量百分含量，注明是否去除非纤维物质及结果是否为在烘干质量基础上。

## 16. 精确度和偏差

**16.1** 实验室之间对 PET/羊毛织物使用化学方法进行分析，根据织物制造商提供的数据，织物名义上含量为 55%PET、45%羊毛，结果见表6和表7。

**16.1.1** 实验室之间。

标 准 偏 差 $= \sqrt{0.6305} = 0.7940$（聚酯含量,%）

精确度 $= \pm t.975$（6$df$）$\times S$

$= \pm 2.45 \times 0.7940$

$= \pm 1.9454$（聚酯含量,%）

**16.1.2** 实验室内不同的实验员。

标准偏差 $= \sqrt{0.0655} = 0.2559$（聚酯含量,%）

精确度 $= \pm t.975$（6$df$）$\times S$

$= \pm 2.45 \times 0.2559 = \pm 0.627$（聚酯含量,%）

**表6 工厂设计值（聚酯含量,%）**

| 实验室 | A | | B | | C | | D | | E | |
|---|---|---|---|---|---|---|---|---|---|---|
| 实验员 | 1 | 2 | 3 | 4 | 5 | 6 | 7 | 8 | 9 | 10 |
| 设计值 | 58.00 | 57.57 | 58.60 | 58.00 | 57.95 | 58.27 | 58.35 | 59.88 | 58.30 | 57.78 |
| | 58.09 | 57.65 | 58.00 | 57.70 | — | — | — | — | — | — |
| | 58.04 | 57.60 | — | — | — | — | — | — | — | — |
| 合计 | 174.13 | 172.82 | 116.60 | 115.70 | 57.95 | 58.27 | 58.35 | 59.88 | 58.30 | 57.78 |

**表7 方差分析**

| 项　目 | 自由度（$df$） | 平方的总和 | 平方的平均值 | $F$ 值 |
|---|---|---|---|---|
| 实验室间 | 4 | 2.5221 | 0.6305 | 2.161 |
| 实验室内实验员间 | 5 | 0.3275 | 0.0655 | 0.224 |
| 误差 | 6 | 1.7501 | 0.2917 | — |
| 总值 | 15 | 4.5997 | | |

**16.2** 解释。用以上统计方法应用在 PET/羊毛织物，是一个用化学分离法测定纤维组分较好的案例。RA 102 技术委员会正在进行有关不同混纺比例的另外的研究。

**16.3** 偏差。定量纤维分析法仅能由一个测试方法来定义，没有一种独立的方法可以测定其真值。作为一种评估该性能的方法，本测试方法没有已知的偏差。

## 17. 注释

**17.1** 仅适用于锦纶 6 和锦纶 66。

**17.2** 可从 ACGIH 出版社获取，地址：Kemper Wood Center, 1330, Kemper Meadow Dr, Cincinnati OH 45240；电话：+1.513.742.2020；网址：www.acgih.org。

**17.3** 由于次氯酸钠溶液长时间会失去效力，建议对其定期进行标定。以下是测定次氯酸钠溶液有效氯的合适方法。取 10mL 次氯酸钠溶液在容量瓶中用水稀释至 250mL，从容量瓶中用移液管移取 25mL 的溶液注入锥形瓶中，加入 3~5mL 浓度为 10% 的碘化钾，再加入 2~3mL 醋酸。充分混合后，用 0.1mol/L（0.1N）的硫代硫酸钠滴定至碘化钾由黄色几乎变为无色时，再加入 5mL 淀粉指示剂继续滴定，直到蓝色完全消失。按照以下公式计算有效氯的质量百分比：

$$有效氯 = 3.5 \times \frac{A}{B} \times 100\%$$

式中：$A$——所用的 0.1mol/L（0.1N）硫代硫酸钠的体积数，mL；

$B$——所取的 10mL 次氯酸钠溶液的质量，g。

**17.4** 例外：当花型小于 15cm×15cm 时，需要取足够数量的完整花型，且总面积不应小于 225cm²。

**17.5** 无论何时对给定方法溶解特定纤维的有效性有怀疑时，或测试方法应用于新型纤维时，应检查称重后的过滤坩埚内的残余物。

当混纺纤维是以下情况时应注意：

（1）一种大量的纤维与另一种（或多种）微量的纤维混纺；

（2）一种微量的纤维与一种（或多种）大量的纤维混纺。

**17.6** 如果使用机械振荡器，那么烧瓶应连续振荡 30min。

**17.7** 59.5% 硫酸不能完全溶解棉，也有很少量的黏胶纤维出现不溶解的现象。另外，有些种类的黏胶在 59.5% 硫酸溶液中不溶解，而是呈胶状（见图 2）。当测定棉与黏胶混纺物时，应考虑上述偏差，多个实验室测试显示应使用下列公式计算试样的混纺比：

$$棉修正后的百分比含量 = \frac{aJ}{F} \times 100\% - 1.6$$

式中：$a$——系数，对于原棉 $a = 1.062$，对于漂白棉 $a = 1.046$；

$J$——不溶物的干重；

$F$——处理前纤维的净干重。

修正后再生纤维素纤维的百分比含量 = 1 - 棉修正后的百分比含量

**17.7.1** 59.5% 的硫酸不能完全溶解亚麻，也有很少量的黏胶纤维出现不溶解的现象。另外，有些种类的黏胶（例如莱赛尔）纤维在 59.5% 的硫酸溶液中不溶解（见图 2），而是呈胶状。当测定

图 2　左边烧杯为胶状的莱赛尔纤维，右边烧杯为溶解的黏胶纤维

亚麻与黏胶混纺物时，应考虑上述偏差，多个实验室测试显示应使用下列公式计算试样的混纺比：

$$亚麻修正后的百分比含量 = \frac{100aJ}{F} - 1.6$$

式中：$a$——对于非染色亚麻，$a = 1.084$，对于染色亚麻 $a = 1.105$；

$J$——不溶物的干重；

$F$——处理前纤维的净干重；

修正后再生纤维素纤维黏胶纤维的百分比含量 = 1−亚麻修正后百分比含量

**17.7.2** 一些染整工艺可能会导致一些差异，当在用 59.5% 硫酸测定纤维素纤维共混物质量百分比时，会降低化学分离的准确性。

**17.8** 要特别留意试样在试剂中的处理时间和处理温度。如果任何一个条件达不到，则想要的纤维就不能完全溶解。如果任意一个条件超出了规定，则会导致对其他纤维的破坏。

**17.9** 机械振荡器可用于该目的。

**17.10** 对于花式机织物，取样要包括一个或多个完整花型中的所有纱线；如果花型过大，则取有代表性的部分花型。

**17.11** 亚麻纤维在织物或纱线中以纤维束形式存在，制备纤维悬浮液时大多数纤维束减少成了单纤维。如果有些纤维束在载玻片上出现，则应尽力数出纤维束中的每一根纤维。

**17.12** 可用常规显微镜观测纤维，如果有适当的校准装置，也可以测量纤维的直径。

**17.13** 关于使用楔形刻度尺记录单元数的更多信息，参见 ASTM D2130《用投影显微镜测定羊毛和其他动物纤维直径的测试方法》中，如何用单元数确定纤维的平均直径的示例。

**17.14** 注意不要混用单位，如果有些纤维的直径以 μm 为单位，那么其他纤维的直径也应以 μm 为单位。计算时可用术语 $D_i^2$ 与 $D^2$ 分别替代 $D_i^2 \times \frac{\pi}{4}$ 和 $D^2 \times \frac{\pi}{4}$，如果这样，就不能用同一个公式计算横截面的面积和直径的平方。

**17.15** 能够使试剂加热至 150℃、加压至 2000 的任何萃取装置都可使用。使用的溶剂应有高于 200℃ 的着火点这种快速溶剂萃取装置（ASE）是替代索氏萃取装置的一种合理的选择。

**17.16** 烧瓶盖（回流盖）可从飞世尔科技公司#10-042 部获得。

**17.17** 芳族聚酰胺和聚苯并咪唑的混合物使用纤维切割技术（例如 TM20，第 9.3 节）很难干净利落地切割，易使高抗切割纤维的横截面模糊。纤维的化学分离法通常导致两种纤维都不溶解或部分溶解，使精确定量不可能。固化的环氧树脂安装横截面（见 14.1.4）提供了非常清晰干净的横截面，可以进行精确的显微镜定量分析。

## 18. 引用文献

**18.1** ASTM D276《纺织品纤维鉴别标准测试方法》。

**18.2** ASTM D629《纺织品定量分析标准测试方法》。

**18.3** ASTM D1776《纺织品调湿和测试标准方法》。

**18.4** ASTM D1909《纺织纤维商业回潮率标准表》。

**18.5** ASTM D2130《用投影显微镜测定羊毛和其他动物纤维直径的测试方法》。

**18.6** ASTM D4920《纺织品回潮率相关标准术语》。

**18.7** ASTM 方法可从 ASTM 获取，地址：100 Barr Harbor Dr，West Conshohocken PA 19428；电话：+1.610.832.9500；传真：+1.610.832.9555；网址：www.astm.org。

**18.8** IWTO 测试方法草案 58~79，《用电镜扫描法定量分析羊毛和其他纤维的混纺物》描述了其他动物纤维和羊毛区分的方法，并给出了大量的例子。

## 19. 历史

**19.1** 2023 年编辑性修订，更新了 17 章顺序。

**19.2** 2021 年修订，更新了表 1。为清晰起见，于 2020 年修订并更新表 1 和表 2。2019 年编辑性修订，2017 年、2018 年修订，2015 年编辑性修订，2010 年、2011 年、2012 年、2013 年、2014 年修订，2009 年编辑性修订，2004 年、2005 年、2007 年、2008 年修订，2002 年编辑性修订，1995 年、2000 年修订，1989 年重新审定，1982 年（变更标题）、1985 年编辑性修订，1978 年重新审定，1975 年修订，1971 年重新审定，1958 年、1959 年审定。

**19.3** AATCC RA24 技术委员会于 1957 年制定。与 ISO 17751 和 ISO 1833 以及 IWTO 58 有相关性。

# AATCC TM22-2017e

# 拒水性：喷淋试验

AATCC RA63 技术委员会于 1941 年制定；1952 年、1996 年、2001 年、2005 年、2017 年修订；1943 年、1961 年、1964 年、1967 年、1971 年、1974 年、1977 年、1980 年、1985 年、1989 年、2010 年、2014 年重新审定；1987 年、2008 年、2016 年、2019 年编辑性修订。技术上等效于 ISO 4920。

## 1. 目的和范围

**1.1** 本测试方法适用于经过或未经过拒水整理的织物。评定织物对水的抗沾湿性，尤其适用于测定织物拒水整理的有效性。

**1.2** 本测试方法的结果取决于织物中纤维、纱线和织物结构的拒水性能。

## 2. 原理

在一定条件下，水喷淋到绷紧的试样表面，形成了一个润湿的图案，润湿图案的大小取决于织物的拒水性。用润湿图案与标准图片上的图案比较来评定试样的拒水性。

## 3. 术语

**3.1** 拒水性：纺织品中纤维、纱线或织物对水的抗湿性。

**3.2** 正面：纺织品中织物在最终产品上作为外面、可见面的那一面。

## 4. 安全和预防措施

本安全和预防措施仅供参考。本部分有助于测试，但未指出所有可能的安全问题。在本测试方法中，使用者在处理材料时有责任采用安全和适当的技术；务必向制造商咨询有关材料的详尽信息，如材料的安全参数和其他制造商的建议；务必向美国职业安全卫生管理局（OSHA）咨询并遵守其所有标准和规定。

遵守良好的实验室规定，在所有的试验区域应佩戴防护眼镜。

## 5. 使用和限制条件

测试仪器的轻便和操作简单以及测试程序的简短且简单，使得这个测试方法尤其适用于测定涂层整理织物。然而，这个方法不能用来预测织物的防雨渗透性，因为它不能测量水渗过织物的渗水性。若测定防雨渗透性，可以使用 AATCC 35《抗水性：淋雨测试》。

## 6. 仪器和材料（见11.1）

**6.1** AATCC 喷淋测试仪（见 11.2，图 1 ~ 图 4）。

**6.2** 量筒，250mL。

**6.3** 水（蒸馏水）。

**6.4** 秒表（见 8.3）。

## 7. 试样准备

**7.1** 剪取三块试样，尺寸为 180.0mm × 180.0mm（7.0 英寸×7.0 英寸），测试前需放在相对湿度 65%±5% 和温度 21℃±2℃（70℉±4℉）的标准大气下调湿至少 4h。

**7.2** 如果可能，每块试样含有不同的经纱和纬纱。

100 (ISO 5)  90 (ISO 4)  80 (ISO 3)

70 (ISO 2)  50 (ISO 1)  0

**图1 标准喷淋测试评级图片**

（为了拍摄效果，使用有颜色的水）

100—样品表面没有润湿或附着水珠  90—样品表面有轻微不规则的润湿
80—样品表面喷射点处有润湿  70—样品表面喷射点以外也有润湿
50—样品表面喷射点以外完全润湿或附着水珠  0—样品表面完全润湿

**图2 AATCC 喷淋测试仪**

漏斗(φ150mm±5mm)
托圈
橡胶管
喷头
支架
织物
环形夹
底托
200mm±10mm
150mm±2mm
155mm±5mm
45°

**图3 AATCC 喷淋测试仪详图**

12孔(φ0.86mm名义上的)圆(φ21mm±0.5mm)
6孔(φ0.86mm名义上的)圆(φ10mm±0.5mm)
1孔(φ0.86mm名义上的)中心圆
8.8mm±0.25mm
5.85mm±0.25mm
49mm±0.38mm
32mm±0.50mm

**图4 喷嘴测试仪的喷嘴**

## 8. 操作程序

**8.1** 检查仪器。将 250mL、27℃±1℃（80°F±2°F）的蒸馏水注入测试仪的漏斗中，测量漏斗中水漏空时所需要的时间。

喷淋时间必须在 25~30s，否则需要检查喷嘴是否有扩大或堵塞的现象。常规喷嘴见图4所示，喷淋时间是校准的关键参数。

**8.2** 将试样绷紧在直径为 152.4mm（6.0英

寸）的环形夹上，织物的正面要暴露在喷淋的水下。试样的表面应光滑、无折皱。

**8.3** 将装有试样的环形夹放在测试仪支架上，使喷淋图案的中心与环形夹的中心重合（见图3）。

如果是斜纹、华达呢、凹凸织物或类似凸条结构的织物，环形夹以织物用于最终产品的方向放置。

**8.4** 将27℃±1℃（80°F±2°F）、250mL的蒸馏水注入测试仪的漏斗中，并喷淋试样25~30s。

注水时，量筒避免与漏斗接触。因漏斗的移动会改变水喷淋在试样上的位置。

**8.5** 拿着环形夹的底边，织物正面朝下，对着一个硬物敲打一下手对着的环形边，然后旋转环形夹180°，再敲打一次（即先前手握着的点）。

**8.6** 重复8.2~8.5的程序，测试三块试样。

## 9. 评级和报告

**9.1** 轻敲后，立即将试样正面的湿润或斑点图案与评级图片（见图1）比较。根据最符合评级图片上的图案级数确定每块试样的级数。

**9.1.1** 对于50分或以上的（95、85、75、60）（见附录中的流程图）图案，可以评定中间等级。

**9.1.2** 评定稀松机织物或多孔织物如巴厘纱的级数时，透过织物空隙的水应忽略。

**9.2** 报告每块测试样品的单个评级结果。

## 10. 精确度和偏差

**10.1** 精确度。1994年进行了实验室间的比对，建立了本测试方法的精确度。六个实验室各两人参加，分别在两天内评定三块织物，每块织物测试三次。结合每个实验室得到的数据并分析（这里需要平均单个评级结果），显示两天之内的结果没有明显差异。

**10.1.1** 喷淋评级图片是离散且不连续的，但由于其结果是基于平均值产生的，因而具有一定的参考性。同样，评级是根据所研制出的评级标准（图卡）评定的，而不是任意的视觉评定。为此，

RA63委员会在确定本方法精确度使用偏差分析时做了评定。

**10.1.2** 在该研究中使用的三块织物的喷淋等级在100~80的范围内。显然，在此基础上对本测试方法精确度的范围是有限的。但这是目前评定精确度最好的也是仅有的方法，因而这个方法的使用者仍可以用此精确度。在比较织物的喷淋级别时，鼓励实验室用先前已做过任何试验比对的已知性能的试验织物，建立起自己的水平，并在统计控制下进行试验方法的操作。

**10.1.3** 工厂经验一致表明，当喷淋评级结果在100附近时，评级偏差非常小，随着评级结果下降，评级偏差会不断增加。本次研究结果与上述经验一致。因此，临界偏差分别在这两个评级结果中得到。

**10.1.4** 对于两个织物水平下单个织物的精确度参数在表1和表2中给出。

**表1 喷淋评级等级——80的偏差构成**

（$V_{lab}=17.2222$，$V_{op}=9.2593$，$V_{err}=9.3750$）

| 单个织物精确度参数 | | | |
|---|---|---|---|
| N | 单个操作者 | 实验室内 | 实验室间 |
| 1 | 8.5 | 12.0 | 16.6 |
| 2 | 6.0 | 10.4 | 15.5 |
| 3 | 4.9 | 9.8 | 15.1 |
| 4 | 4.2 | 9.4 | 14.9 |
| 5 | 3.8 | 9.2 | 14.8 |

**表2 喷淋评级等级——100的偏差构成**

（$V_{lab}=0$，$V_{op}=0.6945$，$V_{err}=4.4841$）

| 单个织物精确度参数 | | | |
|---|---|---|---|
| N | 单个操作者 | 实验室内 | 实验室间 |
| 1 | 5.9 | 6.3 | 6.3 |
| 2 | 4.2 | 4.8 | 4.8 |
| 3 | 3.4 | 4.1 | 4.1 |
| 4 | 2.9 | 3.7 | 3.7 |
| 5 | 2.6 | 3.5 | 3.5 |

**10.2** 偏差。这个测试方法没有已知的偏差。没有测定喷淋等级真值和找到本方法中任何存在的偏差的参考方法。

## 11. 注释

**11.1** 有关适合测试方法的设备信息，请登录 www.aatcc.org/bg，浏览在线 AATCC 用户指导，见 AATCC 企业会员所能提供的设备和材料清单。但 AATCC 未对其授权，或以任何方式批准、认可或证明清单上的任何设备或材料符合测试方法的要求。

**11.2** AATCC 喷淋测试仪由环形夹、喷嘴、漏斗、支架和喷淋测试评级图片组成，可从 AATCC 获取。地址：P. O. Box 12215, Research Triangle Park NC 27709；电话：+ 1.919.549.8141；传真：+ 1.919.549.8933；电子邮箱：ordering@aatcc.org；网址：www.aatcc.org。

# 附录　评级和报告的流程图

评级和报告的流程图如附图 1 所示。

附图 1　评级和报告的流程图

**AATCC TM23-2015e（2020）**

# 耐烟熏色牢度

## 1. 目的和范围

**1.1** 本测试方法用于测定所有种类和类型的纺织品暴露于天然气燃烧后产生的氮氧化物气体中的抗褪色能力，特殊情况见11.8。

**1.2** 本测试方法也可用于评定染料的染色牢度。采用规定程序对纺织品进行一定深度的染色，然后对染色后的纺织品进行测试，评定染色牢度。

## 2. 原理

将一块纺织品试样和一块试验控制标样同时暴露在天然气燃烧后产生的氮氧化物气体中，至控制标样颜色变化达到相应的褪色标准时结束。用标准变色灰卡来评定试样颜色的变化。如果试样在一段暴露周期内或一个试验循环后颜色没有明显的变化，可以继续暴露，直到达到规定的暴露时间或规定的变色级别时结束。

## 3. 术语

**3.1** 烟熏：照明或加热气体燃烧后产生的含有氮氧化物的气体。

**3.2** 色牢度：材料加工、检测、储存或使用过程中，暴露在可能遇到的任何环境下，抵抗颜色变化和/或颜色向相邻材料转移的能力。

## 4. 安全和预防措施

本安全和预防措施仅供参考。本部分有助于测试，但未指出所有可能的安全问题。在本测试方法中，使用者在处理材料时有责任采用安全和适当的技术；务必向制造商咨询有关材料的详尽信息，如材料的安全参数和其他制造商的建议；务必向美国职业安全卫生管理局（OSHA）咨询并遵守其所有标准和规定。

**4.1** 遵守良好的实验室规定，在所有试验场所佩戴防护眼镜。

**4.2** 所有化学物品应当谨慎使用和处理。

**4.3** 斯托达德溶剂（干洗溶剂）是一种中等危害程度的易燃液体，应避免在明火附近使用。用此溶剂浸透的织物应在通风良好的通风橱内干燥。处理斯托达德溶剂时，应该使用化学护目镜或面罩、防渗透手套和防渗透围裙。

**4.4** 四氯乙烯是有毒物质，皮肤反复接触以及吸入、食入四氯乙烯会引起中毒。仅限在通风效果良好的环境中使用。通过实验室动物的四氯乙烯毒理学的研究发现：大鼠和小鼠长时间接触浓度为$100\sim400mg/kg$的四氯乙烯蒸汽后有癌变迹象。因此，用四氯乙烯浸透的织物应在通风良好的通风橱内干燥。处理四氯乙烯时，应该使用化学护目镜或面罩、防渗透手套和防渗透围裙。

**4.5** 在附近安装洗眼器、安全喷淋器、有机蒸汽呼吸器以备急用。

**4.6** 在先前的版本中，为了缩短测试时间，推荐在燃烧器上方放置金属丝屏蔽。最近研究表明，这种方法不正确，因为钢丝屏蔽会增加未燃烧气体量，因此有可能导致爆炸，仪器生产商认为出于安全考虑，不使用屏蔽物（见11.6）。

**4.7** 本测试法中，人体与化学物质的接触限度不得高于官方的限定值〔例如，29 CFR 1910.1000中，美国职业安全卫生管理局（OSHA）允许的暴露极限值（PEL）。最新版见 www.osha.gov〕。此外，美国政府工业卫生师协会（ACGIH）的阈限值（TLVs）由时间加权平均数（TLV-TWA）、短期暴露极限（TLV‑STEL）和最高极限（TLV‑C）组成，建议将其作为人体在空气污染物中暴露的基本准则并遵守（见 11.1）。

## 5. 设备、材料和试剂

**5.1** 烟熏仓（见 11.2）。

**5.2** 1 号控制标样（见 11.3）。

**5.3** 褪色标准，1 号带（见 11.3）。

**5.4** 变色灰卡（AATCC EP1）（见 11.9）。

**5.5** 天然气（见 11.6）。

**5.6** 尿素溶液（见 11.10）。

**5.7** 矿物油剂。

**5.8** 四氯乙烯。

**5.9** 三氯乙烯。

**5.10** 1993 AATCC 标准洗涤剂 WOB（见 11.9）。

## 6. 试样

试样尺寸为 5.0cm×10.0cm。如果试样需要除皱，将样品夹在两层紧密的机织棉布间熨平，或用蒸汽压熨机熨平（见 11.4）。

**6.1** 评价试样在存储及使用过程中的耐氮氧化物色牢度，应用一块原样进行测试。

**6.2** 评价试样经干洗后的耐氮氧化物色牢度，可将一块试样浸在冷矿物油剂中 10min，然后挤压脱液，在空气中干燥。另一块试样浸入冷四氯乙烯中 10min，挤压脱液，在空气中干燥。也可用三氯乙烯代替四氯乙烯。试验前应保留一块干洗的试样，以便与试验后的干洗试样对比。

**6.3** 评价试样水洗后的耐氮氧化物色牢度（见 11.5），除非另外规定洗涤方法，一般应在温度为 41℃±3℃，5g/L 1993 AATCC WOB 标准洗涤剂的洗涤液中，将试样洗涤 10min，水的硬度约为零，然后用温水漂洗，在空气中干燥。试验前保留一块水洗后的试样以便与试验后的水洗试样对比。

## 7. 操作程序

**7.1** 将试样和一块控制标样自由悬挂在烟熏仓内，彼此不接触，也不与任何热的金属表面直接接触。点燃气体燃烧器，调整火焰和通风装置，使烟熏仓内的温度不超过 60℃（见 11.7 和 11.8）。将试样放在烟熏仓中，直至在日光（采用从一般光线到轻微偏蓝的北光）或等效人造光源下对比，控制标样的颜色变化与褪色标样相同时结束。

**7.2** 然后从烟熏仓中取出试样，并立即用变色灰卡评定每块试样变色。

**7.3** 从烟熏仓取出试样后，试样暴露于氮氧化合物环境下，颜色可能会继续变化。这种情况下，可用目光或仪器再做一次或几次评定。如果进行了再评定，需立即将试样及其控制标样和几块原样及其控制标样投入到尿素缓冲溶液中（见 11.10）浸泡 5min。然后挤压出试样和原样中多余溶液，彻底漂洗干净。在不超过 60℃ 的空气中干燥试样。

**7.4** 第一个试验周期后，将没有变色的试样和没有经尿素缓冲溶液处理过的试样，连同一块新的控制标样一起放回到烟熏仓中继续测试，直到第二块控制标样的颜色变化与褪色标样一致。

**7.5** 重复上述测试，直到完成规定的周期数或试样达到指定的变色程度时为止。

## 8. 评价

**8.1** 在每一个试验周期后，将试样从烟熏仓中取出，立即与它们各自保留的原样进行对比。

**8.2** 在达到规定的周期数后，用《变色灰卡评定程序》（AATCC EP1）或 AATCC EP7《仪器评定试样变色》来评定试样颜色的变化，记录与灰卡颜色最接近的级数，并报告周期数（见 11.11）。

## 9. 报告

报告每一个试样的变色级数和试验周期数、平均温度。如果提高了湿度，报告提高湿度所采用的

## 10. 精确度和偏差

**10.1** 精确度。本试验方法的精确度还未确立，在其产生之前，采用标准的统计方法比较实验室内或实验室之间的试验结果的平均值。

**10.2** 偏差。耐烟熏色牢度只能根据某一测试方法对其进行定义。没有独立的方法测定其真实值。作为评价这一性能的手段，该方法无已知偏差。

## 11. 注释

**11.1** 可从 ACGIH 获取，地址：Kemper Woods Center，1330 Kemper Meadow Dr，Cincinnati OH 45240；电话：+ 1.513.742.2020；网址：www.acgih.org。

**11.2** 烟熏仓。

**11.2.1** 烟熏仓可以有各种不同结构，但必须是密闭的，这样试样可以暴露在气体燃烧器燃烧产生的副产物的大气里。这个设备需要装配一些相应的附件支撑试样，同时使气体可以自由地围绕试样循环，并使试样仅在悬挂点这一小点上与热金属表面直接接触。为了保证尽可能让所有的样品暴露在同样的气体浓度、温度和湿度的条件下，可使用电动机驱动风扇使空气在试验仓流动，或使用电动机驱动样品架在烟熏仓中旋转。安装在气炉火焰顶点的可调通风口或节气闸以及气体燃烧火焰高度都可以用来调节烟熏仓内的温度。但是烟熏仓的温度和湿度会随其所处房间的温度和湿度而变化。

**11.2.2** 几种合适的设备在 American Dyestuff Reporter，July 22，1940，pp368-369 中列出。适当的仪器的图纸可从 AATCC 获取，地址：P. O. Box 12215，Research Triangle Park NC 27709；电话：+1.919.549.8141；传真：+1.919.549.8933；电子邮箱：ordering@aatcc.org。

**11.3** 实验控制和褪色标样。

**11.3.1** 先前的实验控制标样是醋酯纤维贡缎经 0.4% 的染料索引中分散蓝 3 染色而成。批次 21 的实验室控制标准是使用 0.4% 分散紫罗兰 1 染成的醋酯纤维贡缎。因为该染料的褪色性能众所周知，产生的颜色变化也比之前的控制织物明显。

**11.3.2** 选择新泽西南部的三个不同的地方，将最初一批控制标样悬挂六个月。假设这些地区的大气具有平均的氮氧化物浓度。试验结束后，收集三个地区的样本并与原样对比，所有试样的变色几乎都相同，与原样对比颜色变浅变红。将褪色区域与用还原染料染色的醋酯纤维缎对比，就得到了本批控制标样的最初的褪色标样。经过暴露的控制标样即使在少量氮氧化物中仍然继续变色，不如以上方法产生的褪色标样持久。

**11.3.3** 不同批次、不同来源的染料和未染色织物会造成原始颜色及褪色速率的差异，因此有必要为每批染色的控制标样精确地设定一个新的褪色标样，这样使用不同批的控制标样和其对应的褪色标样时，能获得可比的测试结果。试验时，只能使用与控制标样相对应的褪色标样。

**11.3.4** 最初一批控制标样的褪色标样是由醋酯纤维缎用还原染料染色而成。在后来的控制标样和褪色标样制备过程中，人们发现在黏胶纤维缎上使用直接染料可以产生更好的褪色对比效果。

**11.3.5** 试验控制标样和褪色标样都要妥善保存在适当的容器或盒子内，以免在运输和储存过程中接触氮氧化物或其他大气中可能存在的污染物而发生变色。

**11.3.6** 控制标样对臭氧等其他大气污染物也较敏感。其褪色速率随湿度、温度不同发生显著变化，不建议在自然或最终测试中将控制标样用于评定在氮氧化物中的暴露。由此产生的变色是大气污染物、温湿度变化共同作用的结果，而不仅仅是暴露在氮氧化物中产生的结果。

**11.3.7** 一套密封的试样控制标样包括 2.47cm

宽的注明具体批号的 1 号带状物和相对应的褪色标准试样。可从 Test fabrics Inc 获取，地址：P. O. Box 3026, 415 Delaware Ave. ，W Pittston PA 18643；电话：+1. 570. 603. 0432；传真：+ 1. 570. 603. 0433；电子邮箱：info@ testfabrics. com；网址：www. testfabrics. com。

**11.4** 熨烫加热。当用一个足够热的熨斗熨烫醋酯纤维面料上所有褶皱时，有可能使织物表面封闭，提高了织物的耐燃气烟熏色牢度。因此，这种方法可能会影响测试结果的准确性，应避免在此类织物上使用。

**11.5** 干洗和水洗试样。目前，几乎所有可用的抑制剂都不同程度地溶于水，因此水洗时易洗除。而这些抑制剂基本不溶于普通的干洗溶剂中，因此经适当抑制剂整理的织物，在数次干洗之后应能保留其耐燃气烟熏色牢度（如果干洗操作不包括水渍或用海绵蘸水擦拭）。织物频繁与汗液接触也容易使抑制剂失效。

**11.6** 气体。本试验使用的照明气体，包括天然气和人工煤气由马萨诸塞州、康涅狄格州、罗德岛、纽约、新泽西、宾州和特拉华州的气体公司提供。所有试验结果基本相同。可以使用任何一种燃烧器。亮（黄色）火焰或者蓝绿色火焰都可用，但是多选用后者，因为它可以避免产生烟尘。有争议或比对试验时应使用罐装压缩丁烷（c. p.）。

**11.7** 试验温度。其他条件均相同的条件下，样品的褪色随烟熏仓内温度变化而变化，而温度变化又取决于一定时间内燃气的消耗量。样品在 60℃ 下暴露 8 ~ 12h 所产生的颜色变化与样品在 21 ~ 27℃ 下暴露 96h 所产生的颜色变化相同。此外，在烟熏仓内的不同位置，温度有时也有略有差异。

**11.8** 试验湿度。醋酯纤维、三醋酯纤维和聚酯纤维的织物，其染料的褪色性能可以在较低相对湿度、温度近 60℃ 的烟熏仓内测定。对于其他的纤维，如锦纶、黏胶纤维或棉，需使用较高湿度才能达到与其使用性能接近的效果。建议提高烟熏仓湿度的方法如下：盛满水的容器放在烟熏仓底部。如果使用了这种或其他方法提高了烟熏仓的湿度，报告中需注明。

**11.9** 可从 AATCC 获取，地址：P. O. Box 12215, Research Triangle Park NC 27709；电话：+1. 919. 549. 8141；传真：+1. 919. 549. 8933；电子邮箱：ordering@ aatcc. org；网址：www. aatcc. org。

**11.10** 尿素溶液。向 10g/L 的尿素缓冲液（$NH_2$—CO—$NH_2$）中加入 0.4g 二水合磷酸二氢钠（$NaH_2PO_3 \cdot 2H_2O$）、2.5g 十二水合磷酸氢二钠（$Na_2HPO_3 \cdot 12H_2O$）以及 0.1g 或更少的阴离子表面活性剂，调节 pH 至 7。

**11.11** 如果事实证明，与有经验的评级者目测评定相比，自动电子评级系统可以提供相同结果并表现出相当或更高的重复性和再现性，也可使用该系统进行评级。

## 12. 历史

**12.1** 2020 年重新审定。

**12.2** 2015 年、2005 年、1972 年、1962 年、1957 年、1952 年、1946 年修订，1989 年、1983 年、1975 年、1971 年重新审定，2019 年、2014 年、2008 年、1997 年、1996 年、1995 年、1985 年、1983 年、1981 年编辑性修订，2010 年、2004 年、1999 年、1994 年、1988 年编辑性修订并重新审定。

**12.3** AATCC RA33 技术委员会于 1941 年制定。技术上等效于 ISO 105-G02。

**AATCC TM26-2020**

# 硫化染料染色纺织品的老化测试：加速法

## 1. 目的和范围

本测试方法描述了一种用来确定经硫化染料染色的纺织材料在正常储存条件下是否会老化变坏，以及确定老化程度的程序。

## 2. 原理

试样在可控潮湿大气条件下，进行蒸汽老化试验，通过试样断裂强力的损失来判定是否存在储存老化的可能性。

## 3. 引用文献

3.1　ASTM E145，重力对流炉及强制通风炉的标准规格。

3.2　ASTM E1402，取样设计标准指南。

## 4. 术语

4.1　加速老化：在纺织品加工和测试中，通过控制相关环境条件，加速纺织材料的物理性能和/或化学性能变化。

4.2　硫化染料：一种含硫染料。硫既作为载色体的一个必要组成部分，又附于多硫化合物分子链中，通常在碱性溶液中用硫化钠还原成可溶的隐色母体，然后再在纤维中经氧化成不溶物质。

## 5. 安全和预防措施

5.1　本方法/程序中指定的安全和预防措施仅供参考。本部分有助于测试，但未指出所有可能的安全问题。

5.2　在本测试方法中，使用者在处理材料时有责任参考适用的安全数据表、采用安全和适当的技术、穿戴适当的个人防护设备。

5.3　使用者务必向制造商咨询详尽信息，如设备操作说明和其他建议咨询并遵守所有适用的健康和安全规定［如美国职业安全卫生管理局（OSHA）标准和规定］。

## 6. 仪器

6.1　常规的实验室干燥烘箱（见 13.1），能够均匀加热并控制温度至±2℃。应配有通风装置和提供湿气的装置（见 13.2）。

6.2　水蒸气老化器（见 13.3），配有可调节得到均匀的蒸汽流和温度的适当装置。

6.3　拉力试验机。

## 7. 取样

7.1　仅当样品具有统计代表性时，测试结果才有效（见 ASTM E1402）。

7.2　取样必须是随机的。每个产品单元成为样品的数学概率必须相等；每个样品的每一部分成为试样的可能性必须相等。

7.3　由于纯粹的偶然性，所有试样的变化性必须相同。试样中不得存在已知原因的差异。

## 8. 试样准备

选取足够的测试试样和空白样，对照和老化样品经调湿后制备成拉伸试样（见 10.1）。

## 9. 操作程序

9.1　烘箱内测试，选择 1。将测试样放在 135℃±2℃ 的烘箱中连续加热 6h。在第 2h、3h、用于测试方法 1A。

**5.1.3**　不锈钢的柄锁水洗杯。型号 2，1200mL，90mm×200mm（3.5 英寸×8.0 英寸），用于测试方法 1B、2A、3A、4A 和 5A。

**5.1.4**　金属转接板，可将水洗杯（见 5.1.3）固定在水洗牢度测试仪的支架上。

**5.1.5**　不锈钢珠，直径 6mm（0.25 英寸）。

**5.1.6**　白色合成（SBR）橡胶球，直径 9～10mm（3/8 英寸），硬度为 70，用于测试方法 1B（见 12.1）。

**5.1.7**　特氟龙碳氟密封圈（见 7.4.2 和 12.2）。

**5.1.8**　预热器/存放装置（见 7.4，12.1 和 12.3）。

**5.2**　评级卡。

**5.2.1**　AATCC 9 级沾色彩卡（AATCC EP8，见 12.4）。

**5.2.2**　变色灰卡（AATCC EP1，见 12.4）。

**5.2.3**　沾色灰卡（AATCC EP2，见 12.4）。

**5.3**　试剂和材料。

**5.3.1**　多纤维贴衬织物［纤维条宽 8mm（0.33 英寸）］，包含醋酯纤维、棉、锦纶、蚕丝、黏胶纤维和羊毛。多纤维贴衬织物［纤维条宽 8mm（0.33 英寸）］和［纤维条宽 15mm（0.6 英寸）］，包含醋酯纤维、棉、锦纶、聚酯纤维、腈纶和羊毛（见 12.5）。

**5.3.2**　漂白棉织物，密度为 32 根/cm×32 根/cm（80 根/英寸×80 根/英寸），克重为 $100g/m^2 \pm 3g/m^2$（3.0 盎司/码² ±0.1 盎司/码²），退浆，不含荧光增白剂（见 12.5）。

**5.3.3**　1993 AATCC 标准洗涤剂 WOB（不含荧光增白剂和磷酸盐）或 2003 AATCC 标准洗涤剂 WOB（不含荧光增白剂）（见 10.5 和 12.6）。

**5.3.4**　1993 AATCC 标准洗涤剂（含荧光增白剂）或 2003 AATCC 标准洗涤剂（含荧光增白剂）（见 10.5 和 12.6）。

**5.3.5**　蒸馏水或去离子水（见 12.7）。

**5.3.6**　次氯酸钠漂白剂（NaOCl）（见 12.8）。

**5.3.7**　硫酸（$H_2SO_4$），10%（见 12.8.1）。

**5.3.8**　碘化钾（KI），10%（见 12.8.1）。

**5.3.9**　硫代硫酸钠（$Na_2S_2O_3$），0.1mol/L（见 12.8.1）。

**5.3.10**　摩擦测试织物，50 mm×50 mm（2 英寸×2 英寸）（见 12.9）。

**5.3.11**　白纸板（安装试样用），Y 刺激值至少为 85%。

## 6. 试样

**6.1**　不同测试方法需要的试样尺寸：

（1）测试方法 1A，试样尺寸为 50mm×100mm（2.0 英寸×4.0 英寸）；

（2）测试方法 1B、2A、3A、4A 和 5A，试样尺寸为 50mm×150mm（2.0 英寸×6.0 英寸）。

**6.2**　每个水洗杯中仅放一块试样。每种实验样品测试一块试样，为了提高测试结果的精确度，建议剪取多块试样。

**6.3**　测试方法 1A、2A 评定沾色，使用多纤维贴衬织物。测试方法 3A 评定沾色，可使用多纤维贴衬织物或漂白棉织物。对于测试方法 3A，使用多纤维贴衬测试织物为备选织物时，则不需考虑醋酯纤维、锦纶、涤纶和腈纶的沾色，除非被测织物或最终成衣中含有这些纤维中的某一种。对于测试方法 3A，建议将多纤维贴衬织物熔边。在测试方法 4A、5A 中不需评定沾色（见 12.10 和 12.11）。

**6.4**　试样的制备。

**6.4.1**　纤维条宽为 8mm（0.33 英寸）的多纤维贴衬织物或漂白棉织物。

剪取尺寸为 50mm×50mm（2.0 英寸×2.0 英寸）的多纤维贴衬织物或漂白棉织物（如需要），沿试样 5cm（2 英寸）的一边缝制、装订或其他合适的方式使其与试样正面接触。当使用多纤维贴衬织物时，六种纤维条沿着试样 50mm（2.0 英寸）

的边分布，羊毛在右边。多纤维贴衬织物中的纤维条平行于试样的长度方向。

**6.4.2** 纤维条宽为 15mm（0.6 英寸）的多纤维贴衬织物。

剪取尺寸为 50mm×100mm（2.0 英寸×4.0 英寸）的长方形多纤维贴衬织物，沿试样 100mm（4.0 英寸）或 150mm（6.0 英寸）的一边缝制、装订或采取其他合适的方法使其与试样正面接触。六种纤维条平行于试样的宽度方向，且羊毛纤维条固定在试样上端，以防止试样脱散。

**6.4.3** 建议针织物沿四边缝制或装订在同尺寸漂白棉布上，以防止卷边，使整个试样表面得到一致的测试结果，再将多纤维贴衬织物与试样的正面贴合。

**6.4.4** 对于具有绒头方向的绒类织物，多纤维贴衬织物附在试样的上端，且绒头方向背离试样上端。

**6.5** 如果待测试样是纱线，使用以下方法制备试样。

**6.5.1** 方法 1。在合适的针织机上编织成针织物，按照 6.1~6.4.3 准备试样和多纤维织物。每个样品保留一块针织试样作为原样。

**6.5.2** 方法 2。将每种纱样制备成两束长 110m（120 码）的纱束，折叠纱束使其沿着宽 50mm（2 英寸）的方向上纱量均匀，长度适合测试。每种样品保留一束纱样作为原样。用质量大约相同的摩擦小白布（见 12.9）或漂白棉织物分别缝制或装订在已准备好的纱束一端，再按照 6.4.1 或 6.4.2 步骤，另一端贴合多纤维贴衬织物。

## 7. 操作程序

**7.1** 表 1 为汇总的测试条件。

**7.2** 调节水洗牢度测试仪以保持所示的水浴温度。准备所需的洗涤液，将其预热至规定的温度。

表 1 测试条件①

| 测试方法② | 温　度 | | 总液量（mL） | 粉状洗涤剂含量（%） | 液态洗涤剂含量（%） | 有效氯含量（%） | 钢珠数 | 橡胶球数 | 时间（min） |
| --- | --- | --- | --- | --- | --- | --- | --- | --- | --- |
| | ℃（±2℃） | °F（±4°F） | | | | | | | |
| 1A | 40 | 105 | 200 | 0.37 | 0.56 | 0 | 10 | — | 45 |
| 1B③ | 31 | 88 | 150 | 0.37 | 0.56 | 0 | — | 10 | 20 |
| 2A | 49 | 120 | 150 | 0.15 | 0.23 | 0 | 50 | — | 45 |
| 3A | 71 | 160 | 50 | 0.15 | 0.23 | 0 | 100 | — | 45 |
| 4A | 71 | 160 | 50 | 0.15 | 0.23 | 0.015 | 100 | — | 45 |
| 5A | 49 | 120 | 150 | 0.15 | 0.23 | 0.027 | 50 | — | 45 |

① 参见本标准 9 中每个测试方法的目的。

② 所有测试都包括 2003 AATCC 标准液体洗涤剂的代替品。

③ 测试方法 1B 使用白色橡胶球，而不使用钢珠。

**7.3** 测试方法 1A，使用 75mm×125mm（3.0 英寸×5.0 英寸）的水洗杯；测试方法 2A、3A、4A 和 5A 使用 90mm×200mm（3.5 英寸×8.0 英寸）的水洗杯。

**7.3.1** 测试方法 1A、1B、2A 和 3A，按照表 1 所示，加入一定量的洗涤液至水洗杯中。

**7.3.2** 测试方法 4A，需要制备 1500mg/kg 的有效氯溶液。

按照下式可计算出稀释 1L 溶液时，所需次氯酸钠漂白溶液的质量（见 12.8）：

$$G = \frac{159.4}{N}$$

式中：G——需要加入次氯酸钠溶液的质量，g；
　　　N——次氯酸钠溶液的百分比浓度，%。

准确称量所需的次氯酸钠漂白溶液放入容量瓶内，然后稀释至1L。

每个水洗杯加入5mL的1500mg/kg有效氯溶液和45mL洗涤剂溶液，使总体积为50mL。

**7.3.3**　测试方法5A，按照下式可计算出所需的次氯酸钠漂白溶液质量（见12.8）：

$$G = \frac{4.54}{N}$$

式中：G——需要加入次氯酸钠溶液的质量，g；
　　　N——次氯酸钠溶液的百分比浓度，%。

准确称量所需的次氯酸钠漂白溶液装入量筒中，再加入洗涤剂，使总体积为150mL。

分别为每个水洗杯按照上述操作制备测试溶液。

**7.3.4**　对于所有的测试，每个水洗杯中加入规定数量的不锈钢珠或白色橡胶球。

**7.4**　有两种方法将水洗杯预热至规定的测试温度。可使用水洗牢度测试仪或者预热器/存放装置。如果水洗杯在水洗牢度测试仪中预热，则按照7.4.2继续进行。

**7.4.1**　将水洗杯放在指定测试温度的预热装置中，预热至少2min，然后将完好的褶皱测试样放入每个水洗杯中。

**7.4.2**　拧紧水洗杯的盖子。在氯丁橡胶垫片和水洗杯顶部之间插入一个特氟龙碳氟垫圈（见5.1.6），以防止氯丁橡胶污染洗涤溶液。垂直地将75mm×125mm（3.0英寸×5.0英寸）的水洗杯、或水平地将90mm×200mm（3.5英寸×8.0英寸）的水洗杯固定在与水洗牢度测试仪匹配的旋转轴上。当水洗杯开始旋转时，水洗杯的盖子应先与水接触。水洗牢度测试仪转轴的两侧放置数量相等的水洗杯。如果水洗杯用这种方式预热，则按照7.7继续进行。

**7.5**　启动机器，预热水洗杯至少2min。

**7.6**　停止机器运转，使一排水洗杯处于直立的状态。先打开每个水洗杯的盖子，然后将一块试样放入溶液中，再盖上盖子，但不要拧紧。重复该操作，直到这一排上所有的水洗杯都放入试样。再以同样的顺序拧紧这排已放入试样的水洗杯的盖子（延迟拧紧盖子的目的是使杯内压力平衡）。重复此操作，直到各排的水洗杯都放入试样。

**7.7**　启动水洗牢度测试仪，以40r/min±2r/min的速度运行45min。

**7.8**　对于所有测试方法的漂洗、脱水和干燥程序都是一样的。仪器停止后，取出水洗杯，将杯中的物品分别倒入烧杯中，一个烧杯中放入一个试样。用40℃±3℃（105℉±5℉）的蒸馏水或去离子水在烧杯中清洗三次，每次约1min，偶尔搅拌或用手挤压。可通过离心脱水、吸水或小轧车以去除多余的水分。在温度不超过71℃（160℉）的循环通风的烘箱中干燥试样；或者将试样放入锦纶网袋中，再放入自动滚筒烘干机中用Normal（标准挡）程序烘干，而此时排气温度为60~71℃（140~160℉）；或者在空气中干燥。

**7.9**　评级前，试样在温度为21℃±2℃（70℉±4℉）和相对湿度为65%±5%的条件下调湿1h。

**7.10**　试样和贴衬织物评级前，应修剪脱散的纱线，并轻轻地刷掉试样表面的散纤和散纱。按要求的方向梳理绒面试样，使其尽可能恢复到未处理前的绒头角度。试样由于洗涤和/或干燥处理出现的褶皱，应将其整理平整。为了方便评定，可将试样装订在纸卡片上。用Y刺激值至少为85%的白色纸卡作为统一的背衬材料。装订材料在评级区域不要被看见，且不影响用AATCC EP1《变色灰卡评定程序》、AATCC EP2《沾色灰卡评定程序》中的5.1和/或AATCC EP7《仪器评定试样变色》（见12.4）中所述方式进行评级。

绞纱试样在与未洗的原样比较之前，应将其进行梳顺理直。原样也需梳理以使外观一致。

## 8. 评级（见 12.16）

**8.1** 评定试样的变色。使用变色灰卡（AATCC EP1），或 AATCC EP7《仪器评价试样变色》来评定试样的变色程度，记录与变色灰卡颜色最接近的级数作为评级结果。为了提高结果的精确性和准确性，评定试样的人员应至少为两人。

**8.2** 沾色的评定。

**8.2.1** 使用沾色灰卡（AATCC EP2）、AATCC 9 级沾色彩卡（AATCC EP8）或仪器评级（AATCC EP12）来评定沾色程度（见 12.10），记录与沾色灰卡或彩卡颜色最接近的级数作为评级结果。测试报告中需注明使用的沾色评级卡的种类。

**8.2.2** 转移到 6.4.1 所述的多纤维贴衬织物或白棉织物上的颜色可定量地评定，即可通过测定原样和沾色样之间的色差确定。多纤维织物［纤维条宽 1.5mm（0.6 英寸）］应有足够宽度的纬向纤维条，以满足更多比色计或分光光度计（见 AATCC EP6《仪器测色方法》和 12.14）孔径要求。

## 9. 结果的解释

**9.1** 由这些测试方法得到的结果基本接近五次典型的家庭洗涤的颜色变化情况（见 1.1）。这些方法都是快速法，为快速达到所要求的程度，某些条件如温度，被有目地夸大了。多年来，本测试方法的大部分条件仍是一致的，但洗涤剂、洗涤仪器和干燥仪器，洗涤的实际操作及织物已经发生改变（见 AATCC LP1）。因此，解释测试结果时一定要注意这些变化。

**9.2** 测试方法 1A。本方法用于评价低温条件下、经频繁手洗的纺织品的色牢度。本测试方法得到的试样颜色的变化，类似于温度为 40℃±3℃（105℉±5℉）条件下，经五次典型的小心手洗而产生的变化情况。

**9.3** 测试方法 1B。本方法用于评价冷水条件下、经频繁手洗的纺织品的色牢度。本方法测试得到的试样颜色的变化，类似于温度为 27℃±3℃（80℉±5℉）条件下，经五次典型的小心手洗而产生的变化情况。

**9.4** 测试方法 2A。本方法用于评价低温条件下、经频繁家庭机洗的纺织品的色牢度。本方法测试得到试样颜色的变化，类似于温度为 38℃±3℃（100℉±5℉）的中等或温和条件下，进行五次家庭机洗产生的颜色变化。

**9.5** 测试方法 3A。本方法用于评价可水洗的纺织品在剧烈条件下的洗涤色牢度。本方法测试得到的试样颜色的变化，类似于温度为 60℃±3℃（140℉±5℉）、不含氯的条件下，进行五次家庭机洗产生的颜色变化。

**9.6** 测试方法 4A。本方法用于评价纺织品在含有有效氯情况下的洗涤色牢度。本方法测试得到的试样颜色的变化，类似于温度为 63℃±3℃（145℉±5℉）条件下，每 3.6kg（8.0 磅）负荷中含 3.74g/L（0.50 盎司/加仑）、5% 有效氯情况下的五次家庭机洗产生的颜色变化。

**9.7** 测试方法 5A。本方法用于评价纺织品在含有有效氯情况下的洗涤色牢度。本方法测试得到的试样颜色的变化，类似于温度为 49℃±3℃（120℉±5℉）条件下，有效氯含量为 200mg/kg±1mg/kg 的情况下的五次家庭机洗产生的颜色变化。

## 10. 报告

**10.1** 报告本测试方法编号。

**10.2** 按照 8.1 报告试样的颜色变化级数，按照 8.2 报告多纤维贴衬织物和/或漂白棉的沾色级数。

**10.3** 注明在评价沾色时，使用的沾色评级卡（沾色灰卡或 AATCC 9 级沾色彩卡）（见 12.12）。

**10.4** 注明使用的多纤维贴衬织物类型；并注明为防止针织试样卷边，是否使用漂白棉布。

**10.5** 注明产生变色和沾色结果所使用的洗涤剂（见 12.6）。

**10.6** 注明使用的洗涤仪器。

## 11. 精确度和偏差（见 12. 15）

**11.1** 对于测试方法 2A 和 5A，已有关于其精确度和偏差的详尽阐述。而对于测试方法 1A、3A 和 4A 虽然也做了相关的工作，但还没有形成对其精确度和偏差的描述。

由于该测试方法中所使用的洗涤剂的变化，故这些精确度和偏差的描述可能并不适用于目前使用的洗涤剂而得到的数据和信息。

**11.2** 测试方法 2A。

**11.2.1** 概述。为了建立测试方法 2A 的精确度，1985 年 5 月开展了一次实验室之间的比对测试。其中测试过程中的一个部分是评定宽度为 15mm（0.6 英寸）的 No. 10A 多纤维贴衬织物替代宽度为 8mm（0.33 英寸）的 No. 10 多纤维贴衬织物。整个测试过程包括六家实验室的操作人员采用测试方法 2A 对 10 种材料进行重复性测试。

**11.2.2** 变色。六家实验室的每三名评级人员使用变色灰卡独立地对九种材料进行重复评定。色牢度级数的标准偏差（No. 10 和 No. 10A 多纤维贴衬织物的平均方差）的组成分量计算结果如下：

| | |
|---|---|
| 单个操作人员的分量 | 0.29 |
| 实验室内的分量 | 0.29 |
| 实验室间的分量 | 0.29 |

**11.2.3** 临界差。对于在 11.2.2 中报告的方差分量，如果差值等于或大于表 2 中所示的临界差值，那么两个观测值的平均数可视为在 95% 的置信区间内为显著性差异。

表 2　记录条件的临界差，级数

| 观察次数 | 单个操作人员的精确度 | 实验室内的精确度 | 实验室间的精确度 |
|---|---|---|---|
| 1 | 0.80 | 1.12 | 1.37 |
| 3 | 0.46 | 0.92 | 1.21 |
| 5 | 0.36 | 0.87 | 1.18 |

注　临界差是根据无限自由度 $t = 1.950$ 计算所得。

**11.2.4** 沾色。六家实验室的每三名评级人员使用沾色灰卡对 10 种材料的多纤维贴衬织物（No. 10 和 No. 10A）中的六种纤维独立地进行沾色级数的评定。在这 60 种可能的纤维或织物组合中，仅有 51 种结果可以使用。No. 10 和 No. 10A 多纤维贴衬织物的平均值为方差的组成分量，沾色级数的标准偏差如下所示：

| | |
|---|---|
| 单个操作人员分量 | 0.27 |
| 实验室内分量 | 0.34 |
| 实验室间分量 | 0.25 |

**11.2.5** 临界差。对于在 11.2.4 中报告的方差组成分量，如果差值等于或大于表 3 中所示的临界差值，那么两个观测值的平均数可视为在 95% 的置信区间内为显著性差异。

表 3　记录条件的临界差，级数

| 观察次数 | 单个操作人员的精确度 | 实验室内的精确度 | 实验室间的精确度 |
|---|---|---|---|
| 1 | 0.75 | 1.20 | 1.39 |
| 3 | 0.43 | 1.03 | 1.25 |
| 5 | 0.33 | 1.00 | 1.22 |

注　临界差是根据无限自由度 $t = 1.950$ 计算所得。

**11.2.6** 偏差。比较 40℃（105℉）时的五次家庭洗涤和一次测试方法 2A 得到的变色和沾色结果，显示这两个方法之间没有偏差。

**11.3** 测试方法 5A，含有效氯的漂白。

**11.3.1** 概述。为了建立有效氯漂白影响织物色牢度的测试方法 5A 的精确度，1984 年开展了一次实验室之间的比对测试。所有试样由同一名操作员在同一台 Launder Ometer 水洗牢度测试仪中进行。试样经测试方法 5A 得到的变色程度通过目光和仪器两种方法来评定。有关的数据统计分析的详细资料可参见该报告，"实验室间的研究：建议使用 Launder Ometer 仪器测试织物的氯漂和非氯漂色牢度"，1985 年 10 月 21 日，J. W. Whitworth, Milliken Research Corp. , Spartanburg, SC。

**11.3.2** 目光评级。四种材料在五个实验室中逐个进行测试。三名评级人员对四种材料进行目光评定变色。作为色牢度级数的标准偏差的组成分量计算结果如下：

| | |
|---|---|
| 单个操作人员分量 | 0.38 |
| 实验室内分量 | 0.28 |
| 实验室间分量 | 0.27 |

**11.3.3** 临界差。对于在 11.3.2 中报告的方差组成分量，如果差值等于或大于表 4 中所示的临界差值，那么两个观测值的平均数可视为在 95% 的置信区间内为显著性差异。

表 4 记录条件的临界差，级数

| 观察次数 | 单个操作人员的精确度 | 实验室内的精确度 | 实验室间的精确度 |
|---|---|---|---|
| 1 | 1.03 | 1.29 | 1.49 |
| 3 | 0.59 | 0.98 | 1.23 |
| 5 | 0.46 | 0.91 | 1.17 |

注　临界差是根据无限自由度 $t = 1.950$ 计算所得。

**11.3.4** 仪器评级。用分光光度计或色度计测量总色差值（CIELAB）表示变色程度，其中可使用孔径的直径范围为 13~51mm（0.5~2.0 英寸），$D_{65}$ 光源/10°或 C 光源/2°观察。六家实验室都测试六种材料。每个实验室的一名操作人员测定每种织物的四块试样。$\Delta E^*$ 值的方差分量表示为变异系数，计算结果如下：

| | |
|---|---|
| 单个操作人员分量 | 6.8% |
| 实验室间分量 | 11.2% |

**11.3.5** 临界差。对于在 11.3.4 中报告的方差分量，如果差值等于或大于表 5 中所示的临界差值，那么两个观测值的平均数可视为在 95% 的置信区间内为显著性差异。

**11.3.6** 偏差。比较 49℃（120℉）时的五次家庭洗涤和一次测试方法 5A 得到的变色和沾色结果，显示这两个方法之间没有偏差（见 12.13）。

表 5 临界差，总平均数的百分比

| 每个平均值的观察次数 | 单个操作人员的精确度 | 实验室间的精确度 |
|---|---|---|
| 1 | 18.7 | 36.2 |
| 3 | 10.8 | 32.8 |
| 5 | 8.4 | 32.1 |

注　临界差是根据无限自由度 $t = 1.950$ 计算所得。为了将临界差值转换为测量单位，临界差值乘以被比较的两组规定数据的平均值，然后再除以 100。

## 12. 注释

**12.1** 有关适合测试方法的设备信息，请登录 http://www.aatcc.org/bg。AATCC 提供其企业会员单位所能提供的设备和材料清单，但 AATCC 没有给其授权，或以任何方式批准、认可或证明清单上的任何设备或材料符合测试方法的要求。

**12.2** Teflon 是杜邦公司的注册商标，Wilmington DE 19898。

**12.3** 预热/存放装置可以是水洗测试仪的附带装置，或者是具有单独的电动加热器和自动调温器的独立装置。主要作用是在放入水洗牢度测试仪之前，控制水浴温度以加热水洗杯和溶液。

**12.4** 可从 AATCC 获取，地址：P.O. Box 12215, Research Triangle Park NC 27709；电话：+1.919.549.8141；传真：+1.919.549.8933；电子邮箱：ordering@aatcc.org；网址：www.aatcc.org。

**12.5** 漂白棉布，密度为 32 根/cm×32 根/cm（80 根/英寸×80 根/英寸），克重为 100g/m² ± 3g/m²，不含荧光增白剂。

**12.6** 1993 AATCC 标准洗涤剂 WOB（不含荧光增白剂），是本方法中主要的洗涤剂。如果要评定荧光增白剂对颜色的影响，也可以采用 1993 AATCC 标准洗涤剂（含荧光增白剂）。2003 AATCC 标准液体洗涤剂（不含荧光增白剂）已被认可，可以代替 1993 AATCC 标准洗涤剂 WOB。所有洗涤剂可从 AATCC 获取，地址：P.O. Box 12215, Research Triangle Park NC 27709；电话：

+1. 919. 549. 8141；传真：+1. 919. 549. 8933；电子邮箱：ordering@ aatcc. org；网址：www. aatcc. org。

**12. 7** 制备测试溶液，溶解洗涤剂使用硬度不超过 15mg/kg 的蒸馏水或去离子水。

**12. 8** 使用最近六个月内购买的次氯酸钠漂白剂作为备用溶液。

**12. 8. 1** 为了确定备用溶液的次氯酸盐的活性，先称取 2.00g 的液体次氯酸钠放入锥形瓶中，然后用 50mL 去离子水稀释，再加入 10mL 的 10% 的硫酸和 10mL 的 10% 的碘化钾。用 0.1mol/L（0.1N）硫代硫酸钠滴定直至无色。计算公式：

$$\frac{次氯酸钠百分}{含量（\%）} = \frac{V \times 0.1 \times 0.03722}{2.00} \times 100\%$$

式中：$V$——硫代硫酸钠的体积；

0.03722——NaOCl 的摩尔质量（74.45g/moL）乘以 0.001（mL 到 L 的转换系数）再除以 2（每一份次氯酸盐的硫代硫酸盐物质的量）。

**12. 8. 2** 次氯酸钠的氧化能力主要以有效氯表示，相当于二价氯存在的数量。5.25% 的 NaOCl 溶液含有 50000mg/kg 的有效氯。

**12. 9** 摩擦测试白布，密度为 32 根/cm×33 根/cm（80 根/英寸×84 根/英寸），精梳棉，退浆，漂白（不含荧光增白或整理剂）。

**12. 10** 如果测试方法 4A 和 5A 需要评价沾色，可使用相应的没有漂白剂的测试方法 2A 或 3A。测试方法 2A 是测试方法 5A 的无漂白剂的替代方法，测试方法 3A 是测试方法 4A 的无漂白剂的替代方法。

**12. 11** 如果在测试方法 4A 或 5A 中使用多纤维贴衬织物，羊毛可能会吸收氯而使漂白作用减弱。为了避免该影响，在测试前可将羊毛从多纤维贴衬织物中去除。

**12. 12** 对于关键性的评级及用于仲裁情况的评级，必须使用沾色灰卡进行。

**12. 13** 关于测试方法 5A 和五次家庭洗涤之间偏差的补充信息，可参考以下资料中的图 1，"实验室间的研究：建议使用 Launder-Ometer 仪器测试织物的氯漂和非氯漂色牢度"，AATCC RA 60 技术委员会的报告，洗涤测试方法的色牢度，1984 年 11 月，纽约，L. B. Farmer and J. W. Whiteworth of Milliken Research Corp, Spartanburg SC, and J. G. Tew, AATCC 技术中心，Research Triangle Park NC。

**12. 14** AATCC EP7 提供了一种根据测色数据来计算灰度等级的方法。

**12. 15** 本测试方法的精确度取决于试验材料、试验方法及使用的评级程序的联合变异性。

**12. 15. 1** 第 11 节中的精确度说明是根据目光评级（AATCC EP1 和 EP2）得出。

**12. 15. 2** 使用仪器评级（AATCC EP7 和 EP12）可能比目光评级更精确。

**12. 16** 注意：有报告显示，对于含有聚酯和氨纶或其混纺的深色产品（如藏蓝色、黑色等），使用本方法得出的结果与消费者实际使用时的沾色倾向可能不一致。所以，本方法不建议作为验收实验方法。

## 13. 历史

**13. 1** 2023 年编辑性修订，变更名称和历史部分。

**13. 2** 2022 年编辑性修订；2020 年重新审定；2019 年、2016 年重新审定；2013 年修订；2012 年重新审定；2009 年、2010 年修订；2008 年重新审定；2006 年（变更题目）、2007 年修订；2004 年重新审定；2003 年修订；2002 年重新审定；2001 年编辑性修订和重申；1998 年重新审定；1996 年修订；1995 年重新审定；1994 年、1993 年修订；1991 年重新审定；1986 年（变更题目）、1989 年修订；1984 年、1981 年、1983 年重新审定；1976 年、1975 年、1974 年、1973 年重新审定；1972 年、1970 年、1961 年、1960 年、1957 年、1954 年、1952 年修订。

**13. 3** AATCC RA60 技术委员会于 1950 年制定，部分等同于 ISO 105-C06。

# 机织物折皱回复性的测定：回复角法

## 1. 目的和范围

本测试方法用于测定机织物的折皱回复性，适用于任何纤维制成的织物或混纺织物。

## 2. 原理

将试样折叠，并在规定的时间和压力条件下加压以形成折痕。卸除负荷后，将试样悬挂在测试仪器中，使其回复一定时间，然后记录折皱回复角。

## 3. 术语

折皱回复性：能使织物从褶皱变形中回复的性能。

## 4. 安全和预防措施

本安全预防措施仅供参考。本部分有助于测试，但未指出所有可能的安全问题。在本测试方法中，使用者在处理材料时有责任采用安全和适当的技术；务必向制造商咨询有关材料的详尽信息，如材料的安全参数和其他制造商的建议；务必向美国职业安全卫生管理局（OSHA）咨询并遵守其所有标准和规定。

遵守良好的实验室规定，在所有的试验区域应佩戴防护眼镜。

## 5. 使用和限制条件

**5.1** 本测试方法中包含两种用来测试折皱回复角的方法。方法1的程序适用于商业用仪器，且类似于ISO 2313《以回复角表示水平折叠试样的折皱回复性的测定方法》中使用的仪器（见13.1）；方法2适用于那些仍在使用较陈旧的折皱回复性测试仪的实验室，这种测试仪目前已无法从原制造商处购买。

**5.2** 本测试方法可作为研究工具，也可应用于产品质量控制（见13.2）。

**5.3** 在测试中应控制的参数有相对湿度、温度、压力、加压时间和回复时间。但测试时，基于对在操作中可能遇到的情况和可以迅速测试，本测试方法对后三个参数规定任意的选择值。对于温度和相对湿度这两个条件的规定与常规试验规定相同。如果有特殊目的也可以采用其他温度和相对湿度的组合。

**5.4** 如果试样是柔软或厚重织物，有可能扭曲或卷曲，使折皱回复角难以读取（见13.3）。

## 6. 仪器（见13.4）

**6.1** 折皱回复性测试仪和附件，方法1（见图1）。

**图1　折皱回复性测试仪和附件（方法1）**

**6.1.1** 加压装置，带有两个平板（见图2）。

图 2　加压装置（方法 1）

**6.1.2**　折皱回复性测试仪，范围 10°～180°（见图 3）。

图 3　折皱回复性测试仪（方法 1）

**6.1.3**　纸或铝箔，厚度不超过 0.04mm。

**6.2**　折皱回复性测试仪和附件，方法 2（见图 4）。

**6.2.1**　圆盘和量角器，圆盘上带有夹具（见图 4）。

**6.2.2**　带有两层不锈钢薄片的试样夹，夹片厚为 0.16mm±0.01mm，一端固定在一起。上夹片比下夹片短。

**6.2.3**　塑料夹子由两层夹片组成，规格为

图 4　折皱回复性测试仪和附件（方法 2）

95mm×20mm，一端固定在一起。在一个夹片自由端的外表面上附有一个尺寸为 23mm×20mm 的塑料部件，与外边缘平齐，形成一个平台，用于放置重锤。

**6.3**　镊子的夹口宽度为 25mm，在两个外表面距末端 5mm 处，各有一条平行于夹口宽度的标记线（见图 5）。需要另外一只最好是塑料的镊子来夹持试样。

图 5　折叠的试样（方法 1）

**6.4**　秒表或定时器（精度±1s）。

**6.5**　模板（40mm×15mm）。

**6.6**　重锤（500g±5g）。

**6.7**　调湿箱。适合于试样和测试仪器操作，能够提供各种大气条件环境。

## 7. 试样准备

**7.1**　确定织物试样的正、反面。避免从有折

痕、起皱或扭曲的地方取样。

**7.2** 剪取 12 块大小为 40mm×15mm 的试样，六块长度方向平行于试样的经向，六块长度方向平行于试样的纬向。

从样品上剪取经向试样时，试样应在不同的经纱位置剪取；从样品上剪取纬向试样时，试样应在不同的纬纱位置剪取（见图 6）。除非有特殊说明，取样位置都不要靠近布边或至少距布边十分之一幅宽取样。

图 6　取样布局图

**7.3** 在每块试样的正面做标记。

**7.4** 避免握持或扭曲这些试样。推荐使用模板或模具剪取试样，用镊子夹取试样。

## 8. 调湿

**8.1** 测试前，将试样平铺放置在温度为 21℃±2℃（70℉±4℉）、相对湿度为 65%±5% 的环境下，调湿试样至少 24h。也可以接受较短时间的调湿，只要试样的含湿率在此时间内能够达到平衡。

**8.2** 如果使用其他大气条件，应在测试结果报告中注明（见 11.3）。例如，测定试样在高湿条件下的回复角，试样要在温度为 35℃±1℃（95℉±2℉）、相对湿度为 90%±2% 的大气中调湿 24h 后测试。

## 9. 操作程序

**9.1** 方法 1。

**9.1.1** 依次用三套负荷装置、折皱回复刻度盘和重锤测试三块试样，时间间隔为 60s。

**9.1.2** 将试样面对面、两端对齐折叠，并用镊子夹住，夹持的位置离试样末端不超过 5mm。对于一些具有黏附倾向的织物，应在试样末端之间放置一张 18mm×14mm 的纸或铝箔（见图 5）。除镊子外避免其他任何物品接触试样。

**9.1.3** 把折叠好的试样放于负荷装置中，立即放上重锤，并开始计时。过 60s±2s 后，重复 9.1.2 和 9.1.3 步骤对第二块试样进行测试。再过 60s±2s 后，对第三块试样进行负荷计时测试。

**9.1.4** 过 300s±5s 后，迅速而平稳地从第一块试样上去除重锤，使受压后的试样不回弹打开。

**9.1.5** 用镊子把有折痕的试样移到刻度盘上的试样夹上，如果使用了纸或铝箔，此时应将其去掉。将试样的一端插入试样夹持器的夹子之间，另一端自由悬垂。不要将试样过分地插入夹具而超过后面的定位杆，以避免破坏试样形成的折痕。开始回复计时。每过 60s±2s，依次将第二块试样和第三块试样放入试样夹中。

**9.1.6** 当试样放置在试样夹中时，调整试样夹，使悬垂下来的试样的自由端始终保持对齐垂直标记。在 5min 内有必要经常地调整试样夹，以避免重力对试样的影响。

**9.1.7** 将试样夹入试样夹 300s±5s 后，从刻度盘上读取并记录折皱回复角。如果试样的自由端卷曲，通过该端中心（可以）观测到一个垂直平面，使这个垂直平面与刻度盘上的垂直标记对齐，读取并记录夹入试样夹 300s±5s 后的每个试样的折皱回复角。

**9.1.8** 重复所有步骤，测试另一方向三块试样和反面对折的两个方向试样。

**9.2** 方法 2。

**9.2.1** 使用镊子，将一个试样放入金属夹的单位所能提供的设备和材料清单。但 AATCC 没有给其授权，或以任何方式批准、认可或证明清单上的任何设备或材料符合测试方法的要求。

**13.5** 方法 2 的合乎实际的程序要求采用多块样品同时进行测试。这个程序要求使用六台测试仪、六个重锤、12 个塑料压具、18 个样品夹持器和一个计时器。要把六个样品在 7min 时间间隔内同时循环交错完成测试。

**13.5.1** 在把六个试样放在组合压具夹持器后，第一个测试循环要求在 5s 之内把重锤分别放到六个夹持器上，5min 后以同样的顺序去除重锤。使得对所有试样的折叠时间相同。然后尽快地把试样放到刻度盘上的夹子上，调节试样并在 5min 之内，以同样的顺序读取每个试样的折皱回复角，以使每块试样回复的时间都是 5min 的时间。从去除重锤和将试样插入刻度盘上的试样夹上开始 1min 后，将重锤加在下一套组合夹持器上，同时对所用的重锤负荷开始计时。这个程序需要一个连续运行的时钟或者计时器。

当试样在没有负荷的情况下放入塑料压具中时，试样的折叠时间和回复时间是有差异的。这种差异没有发现对测试结果有明显的影响。因为夹在夹持器上的无负荷试样不能随意地回复。

**13.5.2** 测试时，六个试样中的每个试样要晚前一个试样 7min，折皱时间（施加负荷）发生在 0min、7min、14min 等。这种连续的测试方法会在每小时产生 51 个读数。

**13.6** 2016 年进行的实验室间研究，2 家额外的实验室进行了仪器折皱回复角测试，采用的同一织物，并将成品提供给了其他实验室（见 12.1.1）。但是因为方法 1 和方法 2 在统计学上不相似，因此没有分析方法 1 和方法 2 所采用的仪器差别。如果实验室想用仪器方法，则需要建立精确度。

## 14. 历史

**14.1** 2022 年编辑性修订。增加了历史部分。

**14.2** 2019 年编辑性修订；2017 年修订；2016 年编辑性修订；2014 年重新审定；2008 年、2006 年编辑性修订；2003 年重新审定；1998 年修订（更换标题）；1996 年重新审定并编辑性修订；1995 年编辑性修订；1991 年编辑性修订；1990 年重新审定；1986 年编辑性修订；1984 年、1978 年、1975 年、1972 年、1968 年重新审定；1959 年、1956 年、1953 年、1952 年修订。

**14.3** AATCC 委员会 RR6 于 1951 年制定；1995 年权限移交至 AATCC 委员会 RA61。

*AATCC TM70-2015e2*（*2020*）

# 拒水性：动态吸水性测试

## 1. 目的和范围

**1.1** 本测试方法适用于任何可能经过或未经过防水或拒水整理的纺织品。测定经水润湿过的纺织品的防水性。尤其适用于测定经过整理的织物的拒水效果，因为处理过的织物在实际使用中经常遇到类似的动态条件的影响。本测试并非用来预测织物防雨水渗透的能力，因为它测量织物所吸入的水分含量，而非渗透过织物的水分含量。

**1.2** 本测试方法所获得的结果主要取决于织物中纤维和纱线的防水性或拒水性，而非织物结构。

## 2. 原理

将预先称重的样品放入水中，搅拌一定时间后取出并除去过量的水，再次称重。用整个样品质量增加的百分比来衡量织物吸收或抵抗内部润湿的能力。

## 3. 术语

**3.1** 吸水性：材料的一种性能，指在材料的微孔和空隙中吸收和保留液体（通常指水）的性能。

**3.2** 拒水性：指在纺织品中，纤维、纱线或织物抗润湿的性能。

## 4. 安全和预防措施

本安全和预防措施仅供参考。本部分有助于测试，但未指出所有可能的安全问题。在本测试方法中，使用者在处理材料时有责任采用安全和适当的技术；务必向制造商咨询有关材料的详尽信息，如材料的安全参数和其他制造商的建议；务必向美国职业安全卫生管理局（OSHA）咨询并遵守其所有标准和规定。

**4.1** 遵守良好的实验室规定，在所有的试验区域应佩戴防护眼镜。

**4.2** 注意观察轧水机的安全，尤其是夹辊处，不能移动常规的安全装置。推荐使用脚踏式。

**4.3** 操作实验室测试仪器时，应按照制造商提供的安全建议。

## 5. 设备和材料（见 11.1）

**5.1** 动态吸水测试仪（见图 1 和 11.2）。

图1 动态吸水测试仪

**5.2** 轧水机（电动机驱动）（见 11.3）。

**5.3** 实验室天平，精确至 0.1g。

**5.4** AATCC 白色纺织吸水纸，25cm×25cm（见 11.4）。

**5.5** 蒸馏水。

**5.6** 塑料容器，或加仑拉链型塑料袋。

## 6. 试样准备

**6.1** 织物样品和吸水纸在测试前应放在相对湿度为 65%±5% 和温度为 21℃±2℃ （70℉±4℉）的条件下调湿至少 4h。

**6.2** 每个样品测试两组试样。每组试样包含 5 块沿 0.79 弧度（45°）斜度裁剪的 20cm×20cm 的试样。去掉松散的边角纱线并在边角涂上液体乳胶或橡胶胶水，以避免缠结。在每块试样的边角做上标记，作为一组试样的一部分。

## 7. 操作程序

**7.1** 彻底清洗动态吸水测试仪的滚筒罐，除去所有杂质，尤其是肥皂、清洁剂和润湿剂。

**7.2** 每组试样中的 5 块试样卷在一起（组成一组样品）称重，精确至 0.1g。

**7.3** 向动态吸水测试仪的滚筒罐中倒入 2L 温度为 27℃±1℃ （80℉±2℉）的蒸馏水，将两组试样放到滚筒罐内（见 11.5），每次放入一组，转动 20min。

**7.4** 立即取出一组试样中的一块布样，使其边缘平行于轧辊，轧水机以 2.5cm/s 的速度进行辊压，然后用两片没有使用过的吸水纸夹住样品再次经过轧水机辊压。将夹在吸水湿纸中的试样放置一边，再对同一组试样剩余的四块布样重复此操作，然后除去吸水纸并把这五块布片卷在一起，放到一个称过净重的塑料容器里，或者加仓拉链型塑料袋里。盖上容器并称量湿样品的质量，精确到 0.1g。湿试样的质量不应大于干试样的 2 倍。

**7.5** 重复 7.4 的操作测试第二组样品。

## 8. 计算

**8.1** 采用以下公式计算每个样品的吸水量，精确至 0.1%：

$$WA = \frac{W - C}{C} \times 100\%$$

式中：$WA$——吸水量，%；

$W$——试样湿重，g；

$C$——试样调湿后的质量，g。

**8.2** 通过取两组样品中的每组样品吸水量的平均值，来计算织物样品的动态水分吸收性。

## 9. 报告

**9.1** 报告两组样品织物吸水量百分比的平均值。

**9.2** 报告测试方法的编号。

## 10. 精确度和偏差

**10.1** 精确度。

**10.1.1** 1998 年，进行了一次有限的实验室内部研究。所有的样品由同一个操作人员进行测试。

**10.1.2** 分析了四组织物样品。在各组数据之间没有发现统计上的差异，因此由这些合并数据计算精度参数。

**10.1.3** 鉴于这项研究本身的局限性，建议使用该方法的用户，在应用这些结论时保持应有的谨慎。

**10.1.4** 分析合并数据产生了一个 1.8 的重复性标准偏差，数据偏差组成和临界偏差见表 1。对于合适的精度参数，两个测试平均值之间的偏差应该达到或超过表中的值，这些值从统计学上来说具有 95% 的置信度。

表 1  数据偏差组成和临界差

| 平均值测定的数量 | 95%置信区间 | 临界差 |
|---|---|---|
| 2 | +16.2 | 32.4 |
| 3 | +4.5 | 9.0 |
| 4 | +2.9 | 5.8 |
| 5 | +2.2 | 4.4 |

**10.2** 偏差。织物的动态吸水性仅可根据一个测试方法确定。没有单独的仲裁方法可以用于确定其真实值。这个测试方法没有已知的偏差。

## 11. 注释

**11.1** 有关适合测试方法的设备信息，请登录 www.aatcc.org/bg，浏览在线 AATCC 用户指导，见 AATCC 企业会员所能提供的设备和材料清单。但 AATCC 未对其授权，或以任何方式批准、认可或证明清单上的任何设备或材料符合测试方法的要求。

**11.2** 动态吸水测试仪（见图 1）由电动驱动和滚筒罐构成。滚筒罐为容积为 6L 的圆柱形或六方形，直径约为 15cm，长度约为 30cm，以恒定切向速率为 55r/min±2r/min 的转速旋转。这种罐可由玻璃、防腐蚀金属或者化学制品瓷器制成。

通过用校准后误差不超过 1s 的秒表计数每分钟内的转数，确定滚筒罐每分钟的旋转。

**11.3** 轧水机，家用洗衣机型，配有直径为 5.1~6.4cm，长度为 28.0~30.5cm 的软橡胶轧辊，用肖氏硬度计测量的硬度应为 70~80。轧水机之所以如此构造是要通过砝码或操纵杆装置来保持织物样品顶部的压力。该总压力（来自砝码，或操纵杆装置和轧辊的总质量）为 27.2kg±0.5kg。以恒定速率驱动，以使织物样品以 2.5cm/s 的速率通过轧辊。轧辊的直径应用一对测径器或直接用一把合适的千分尺测量。沿着每个轧辊的长度在 5 个不同地方测量，取这些测量结果的平均值作为轧辊的直径。测量负载砝码和操纵杆装置的负荷，应使用弹簧秤和天平，通过两根等长的胶带将轧水机的上辊从弹簧秤上悬挂起来。两根胶带应置于上下辊之间端头附近，且应分开足够距离，以便使胶带和轧水机顶部装置和载荷装置（弹簧秤和天平）互相不接触，弹簧秤或天平应从一个合适的固定处悬挂下来，弹簧秤或天平上配有一个螺丝扣或其他装置以便调节秤的高度。通常使用前要注意弹簧秤刻度归零。然后调节弹簧秤或天平上的螺丝扣或其他装置，称量上辊。当轧水机的上辊从下辊处完全抬起，能看到两根胶带底部和下辊上方之间的部分，则弹簧秤或天平被认为处于平衡状态。这时，调整弹簧秤或天平上的砝码直至弹簧秤或天平显示 27.2kg±0.5kg，弹簧秤或天平的校准应使用已经校准过的总重为 24.95kg±0.23kg、27.22kg±0.23kg 和 29.48kg±0.23kg 砝码来校验。弹簧秤在三次校验中每次都应精确至 0.2268kg 以内。轧辊的线速度应通过穿一根细钢丝经过轧辊来测量。这根钢丝至少 150cm 长，每 150cm 精确到 3mm 以内。这根 150cm 长的钢丝通过夹辊处所需的时间以秒计算，用校准后时间间隔不超过 0.5s 的秒表精确至秒计时。调节轧辊速度使得 150cm 长钢丝穿过夹辊处所需时间为 60s±2s。

**11.4** 吸水纸可从 AATCC 获取，地址：P. O. Box 12215，research Triangle Park NC 27709；电话：+1.919.549.8141；传真：+1.919.549.8933；电子邮箱：ordering@aatcc.org；网址：www.aatcc.org。

**11.5** 如果有必要，仅能测一个样品，则应使用一材料相似的样品作为压载物和被测样品一起进行测试。在任何测试中，滚筒内的试样应该相当于两组样品（10 块）的量。

## 12. 历史

**12.1** 2020 年重新审定。

**12.2** 1961 年、1997 年、2000 年、2015 年修订，1964 年、1967 年、1972 年、1975 年、1978 年、1983 年、1988 年、1989 年、2010 年、2014 年重新审定，1994 年、2005 年编辑修订并重新审定，1985 年、1986 年、2008 年、2009 年、2016 年、2019 年编辑修订。

**12.3** AATCC RA63 技术委员会于 1952 年制定；技术上等效于 ISO 18696。

*AATCC TM76-2000e3（2018）e*

# 织物表面电阻率

AATCC RA32 技术委员会于 1954 年制定；1963 年、1968 年、1970 年、1972 年、1973 年、1982 年、1995 年、2000 年修订（更换标题）；1969 年、1975 年、1978 年、1989 年、2011 年、2018 年重新审定；1974 年、1984 年、1985 年、1997 年、2004 年、2008 年、2019 年编辑性修订；1987 年、2005 年编辑性修订并重新审定。

## 1. 目的和范围

本方法的目的是用来测定织物的表面电阻率。表面电阻可能影响织物静电电荷的积聚（参见 AATCC 84《纱线的电阻》）。

## 2. 原理

试样在规定的相对湿度和温度条件下调湿，用电阻计测试织物在平行电极间的电阻。

## 3. 术语

电阻率：一种材料属性，其数值等于电压梯度与电流强度的比值。

注意：本测试方法是用测量平行放置的金属板或同心环表面间隔之间的电阻来计算织物表面电阻率的。单位为单位面积上的电阻（欧姆）。本方法实际测量两个电极间材料对电流的阻力。

## 4. 安全和预防措施

本安全预防措施仅供参考。本部分有助于测试，但未指出所有可能的安全问题。在本测试方法中，使用者在处理材料时有责任采用安全和适当的技术；务必向制造商咨询有关材料的详尽信息，如材料的安全参数和其他制造商的建议；务必向美国职业安全卫生管理局（OSHA）咨询并遵守其所有标准和规定。

**4.1** 遵守良好的实验室规定，在所有的试验区域应佩戴防护眼镜。

**4.2** 操作实验室测试仪器时，应按照制造商提供的安全建议。

**4.3** 放射性棒释放 α 射线，表面上对人身体无害。放射性同位素钋 210 是有毒的，应该熟练预防措施，以避免该固体物质的摄入或吸入。不要拆卸放射性棒或者触摸栅格下的放射条。如果接触或者使用放射条，立刻彻底洗手。当它失去作为一个静电清除器的效用或者不再使用时，处理方式是将它还给制造商，不要像废料一样丢弃。

## 5. 仪器和材料

**5.1** 电阻计（见 11.1）。

**5.2** 调湿和试验箱（见 11.2）。

**5.3** 标准电阻。

**5.4** 放射性棒。

**5.5** 两块大小适宜的长方形金属平板，可用作电极。或两个同心环电极，适合测试材料，并符合结果需要。

## 6. 试样准备

**6.1** 调整被测试样的大小，使适合所使用的特定仪器的电极。当使用平行板电极时，试样的宽度一定不能超过电极的宽度。当使用同心环电极时，试样大小至少与同心环外环一样大。测量区域要避免污染。

**6.2** 用于平行金属板电极仪器的试样。需制备两组试样，每组三块试样，一组测试方向平行于织物的长度方向，另一组测试方向平行于织物的宽度方向。

**6.2.1** 用于同心环电极装置的试样。一组试样，共三块，因为对于这种类型的仪器，织物的长度方向和宽度方向的测试是同时进行的。

**6.2.2** 织物的正面和反面测量的电阻大小可能会有不同，这取决于组织结构或最终用途。每块试样应取自织物的不同部位。

## 7. 操作程序

**7.1** 根据制造商的建议校准电阻计，这种校准应定期重复一次。

**7.2** 在一个适当的试验箱或调湿室中，按预先选定的相对湿度对试样进行调湿，这个步骤对于反映织物电阻信息是必要的。

**7.2.1** 对于需要抗静电处理的或其静电倾向已达临界值的大部分织物，最好在 20% 的相对湿度下进行测试。

**7.2.2** 在静电倾向低于临界值的条件下，可以使用 40% 的相对湿度进行调湿。

**7.2.3** 对于特殊的要求，可以使用其他的相对湿度。例如，在医院手术室使用的抗静电床单、薄膜和纺织品要求在（50±2）% 的相对湿度、21℃±2℃（70℉±4℉）的温度下进行预调湿（见 11.2.1）。也可在其他条件下或适合最终用途的调湿范围下进行测试〔例如相对湿度 65% 和温度 24℃（75℉）〕。所有的测试最好在保持恒定的温度和湿度下进行。

**7.2.4** 如果有必要在一个较宽的湿度范围下测量电阻，可以在相对湿度 65% 和温度 24℃（75℉）下或其他设置的适合最终用途的条件下进行附加试验。所有的测试最好在保持恒定的温度和湿度下进行（见 11.3）。

**7.3** 用放射棒随意在织物的两面移动，可以去除织物表面的静电荷。

**7.4** 放置试样与电极稳固接触。当在织物和电极间施加附加压力时，试验结果不受影响。

**7.4.1** 使用平行金属板电极时，试样接触电极，并且试验方向与电极相邻边垂直。测试织物长度和宽度两个方向的电阻。因为电荷是沿着电阻最小的方向流动，所以仅记录通过方向的较低的读数。

**7.4.2** 对于同心环电极，电荷会自动沿电阻最小的方向流动。

**7.5** 按照所使用的特定电阻计的操作说明和程序测量试样的电阻。使电流通过试样 1min，或者直到得到恒定的读数。恒定电阻率标准是电阻的对数值变化每小于 0.1 个单位/min。达到恒定读数所需要的时间，可能随所加的电压和试样的电阻而不同。过长时间的高电压可能损坏织物。

**7.6** 为了仲裁目的时，使用平行板电极配置，电极间隔 25mm，80~100V 电压持续 1min；对于同心环电极，使用类似的电压（见 11.4）。

**7.7** 避免在试样和仪器上使用任何导电液体。

## 8. 评定

**8.1** 按如下公式计算电阻率至最接近的每平方米电阻值。

**8.1.1** 对于平行金属板电极的情况：

$$R = O \times \frac{W}{D}$$

式中：$R$——单位面积上的电阻，$\Omega$；

$O$——测量得出的电阻，$\Omega$；

$W$——样品宽度；

$D$——电极间的距离。

**8.1.2** 对于同心环电极的情况：

$$R = \frac{2.73 \times O}{\lg \dfrac{r_o}{r_i}}$$

式中：$R$——单位面积上的电阻，$\Omega$；

$O$——测量得出的电阻，$\Omega$；

**5.2** 吸水性有助于判断或者解释"舒适性"。但是 AATCC 79 的使用者需要注意，该标准的结果并不是评估舒适性的唯一指标（见 2008 AATCC/ASTM International 的 Moisture Management Technical Supplement《服装、亚麻产品及布匹的应用》，p19）（见 12.1）。

**5.3** AATCC 79 的使用者应该注意织物正面或织物反面作为测试面对应的测试结果的解释是不同的。如果测试的目的是测定整理、工艺的吸收性或者耐洗涤性，那么在测试中应使试样正面接触水滴。如果测试的目的是评价进一步进行整理的吸水性，那么测试中应将试样接触皮肤的面接触水滴。另外，如果织物最终用于复合织物，那么单个织物的吸水性与最终复合产品的吸水性是不同的。

**5.4** 如果测试中使用的是液体，而非蒸馏水，那么测试结果不具有可比性。

**5.5** 本测试方法所得的测试结果与其他吸水性测试方法的结果的可比性不详。

**5.6** 本测试方法中的 A 程序与 B 程序所得测试结果的可比性和关联性未知。

# 6. 仪器（见 12.2）

**6.1** 烧杯，口径大小可以支撑绣花绷的外边缘。

**6.2** 程序 A，滴定管，带有 0.5mL 刻度的 10mL±0.05mL 滴定管，每毫升可滴 15~25 水滴。

**6.3** 程序 A，滴定管架。

**6.4** 蒸馏水或去离子水，21℃±2℃（70℉±4℉）。

**6.5** 绣花绷，直径 152mm±5mm（6.0 英寸±0.2 英寸）（见 12.1）。

**6.6** 秒表。

**6.7** 程序 B，药用滴管，76mm 玻璃杯，2mL 容量，每毫升可滴 20 滴药品。

# 7. 试样准备

**7.1** 取两块（200±5）mm×（200±5）mm 的试样，每个试样上进行共 5 个水滴测试。织物足够大时，建议从一个样品的不同位置剪取五块试样（如不同的长度和宽度位置；样品的边部—中间—边部剪取试样；服装的前身—后身—袖子剪取试样），在每块试样上进行一个水滴测试。否则，在保证水滴测试点距离绣花绷边缘至少 25mm±2.5mm（1 英寸±0.12 英寸），且两个水滴的外边缘相隔至少 25mm±2.5mm（1 英寸±0.12 英寸）的情况下，5 个水滴的测试可以在同一块试样上进行。在服装或者一个样品上进行 5 个水滴测试时，可以不单独从样品上剪取试样，而是将样品的不同部分放到绣花绷里面。

**7.2** 如果测试样为纱线，准备的绞纱试样在装入绣花绷后，纱线与纱线之间不应有间隔。

**7.3** 试样需根据 ASTM D1776《纺织品调湿和测试标准方法》（见 12.3）的要求，在相对湿度为（65±5）%、温度为 21℃±2℃（70℉±4℉）的条件下调湿。如需要测试湿整理后织物的吸水性（如经漂白后），试样在调湿前应预先在空气中干燥（见 12.4）。

# 8. 操作程序

**8.1** 所有测试应在标准大气条件下进行。

**8.2** 程序 A，滴定管。

**8.2.1** 在恒温恒湿室中选择有顶灯照明的位置，便于判断测试终点，即润湿（见 3.2）。

**8.2.2** 调整滴定管的管塞，释放放出规定量的水滴（见 6.2）。

**8.2.3** 将试样装在绣花绷上，使测试面朝上，表面绷紧无褶皱，且织物结构不产生伸长或扭曲。

**8.2.4** 将装有试样的绣花绷置于滴定管下端约 10mm±1.0mm（0.394 英寸±0.04 英寸）处。使一滴蒸馏水或去离子水滴落至织物上，立即开始计时。观察水滴，不要将烧杯从滴定管下移走，以避免干扰水滴及其与试样的分界面。

**8.2.5**　当水滴的光反射消失时（见3.2），停止计时。如果水滴没有立即消失，应从各个方向观察水滴直至最终消失。测试的终点为水滴不再反射光且变成深色的润湿斑点，时间应小于60s。

**8.2.6**　记录水滴消失的时间至整数秒。如果水滴立即消失，记录"0s"，如果润湿时间超过60s，记录为"60+s"。

**8.2.7**　重复8.2.4~8.2.6步骤对另外四个位置进行测试。

**8.3**　程序B，药品滴定。

使用特定的药品，药用滴管位于试样表面10mm高度处，同样使用8.2.3~8.2.6的步骤进行测试。可以使用10mm±1.0mm高的瞄准装置来保证药用滴管高度的一致性。不要移动绣花绷中的试样，直到液滴不再光反射，测试点处呈现深色的润湿斑点。按照8.2.6记录液滴消失所用的时间。对其他试样重复同样的步骤。

## 9. 计算和解释

程序A和程序B。

**9.1**　计算5个所记录时间的平均值和标准偏差，报告到最近的整数秒。当5个测试值中包含立即吸收（"0"）时，应使用所有5个数据计算平均值，包括0值。当5个测试值中包含吸收时间大于60s（60+）时，应使用所有5个数据计算平均值，报告值后面表示+，并注明吸收时间大于60s的次数。

**9.2**　吸水时间越短，表明吸水性越好。

## 10. 报告

报告平均吸水时间和标准偏差（必要时）。

## 11. 精确度和偏差

**11.1**　精确度。

**11.1.1**　实验室间比对研究。2009年一个实验室的三个操作者对六块织物分别使用程序A和程序B进行了纺织品吸水性的测试、评定。比对所用试样为：

（1）棉漂白非织造织物；
（2）100%棉平针织物；
（3）100%棉双罗纹针织物；
（4）100%棉斜纹织物；
（5）棉/聚酯纤维机织物；
（6）100%聚酯纤维机织物。

**11.1.2**　应用方差分析对数据进行分析，方差分析表明不同的织物、操作者或者天数之间没有明显差异。因此，所有数据均用来计算测试方法的精确度。比对中的所有数据和分析都保留在AATCC技术中心，供参考。

**11.1.3**　程序A的数据参见表1。所有180个测试点的平均值为11s，标准偏差为16s，95%置信区间为±2s。

表1　程序A——数据　　单位：s

| 织物种类 | 操作者1 | | 操作者2 | | 操作者3 | |
|---|---|---|---|---|---|---|
| | 第1天 | 第2天 | 第1天 | 第2天 | 第1天 | 第2天 |
| 非织造织物 | 2 | 4 | 1 | 1 | 1 | 2 |
| | 4 | 2 | 1 | 1 | 2 | 3 |
| | 4 | 3 | 1 | 1 | 1 | 2 |
| | 2 | 4 | 2 | 1 | 0 | 2 |
| | 2 | 4 | 1 | 1 | 0 | 1 |
| 平针织物 | 1 | 3 | 2 | 1 | 0 | 1 |
| | 1 | 3 | 2 | 1 | 0 | 1 |
| | 1 | 3 | 1 | 1 | 0 | 1 |
| | 1 | 2 | 4 | 1 | 1 | 2 |
| | 1 | 2 | 2 | 3 | 1 | 1 |
| 双罗纹针织物 | 9 | 17 | 9 | 16 | 12 | 25 |
| | 13 | 22 | 9 | 23 | 12 | 9 |
| | 15 | 28 | 4 | 60 | 11 | 9 |
| | 8 | 50 | 14 | 44 | 12 | 6 |
| | 8 | 20 | 14 | 35 | 11 | 6 |

*AATCC TM81-2022*

# 湿处理纺织品水萃取液 pH 的测定

## 1. 目的和范围

**1.1** 本测试方法是用来测定经过湿处理的纺织品的 pH。

**1.2** 定量的测定是必须将影响 pH 的化学品从试样上去除，制备水萃取液，然后用 pH 计准确的测量萃取液的 pH。

## 2. 原理

试样在蒸馏水或去离子水中煮沸。将水萃取液冷却至室温，测定其 pH。

## 3. 术语

**3.1** 漂白：通过氧化或者还原化学处理，从基质上除去不想要的有色物质过程。

**3.2** pH：以克当量每升表示的氢离子活度的负对数，值在 0～14，可表示酸性和碱性，7 代表中性，越小于 7 表示酸性越强，越大于 7 则表示碱性越强。

**3.3** 湿处理：在纺织品生产中的一个组合加工工序，包括在前处理、染色、印花和后整理过程中，用液体、水、化学溶液或悬着液处理纺织品。

## 4. 安全和预防措施

本安全预防措施仅供参考。本部分有助于测试，但未指出所有可能的安全问题。在本测试方法中，使用者在处理材料时有责任采用安全和适当的技术；务必向制造商咨询有关材料的详尽信息，如材料的安全参数和其他制造商的建议；务必向美国职业安全卫生管理局（OSHA）咨询并遵守其所有标准和规定。

**4.1** 遵守良好的实验室规定，在所有的试验区域应佩戴防护眼镜。

**4.2** 所有化学物品应当谨慎地使用和处理。

## 5. 限制条件

**5.1** 测定 pH，可以评价湿加工的纺织品是否适合后续的染色、整理工序或评价后续任一湿加工过程的洗涤和/或中和效率。

**5.2** 定量测量存在的总碱含量，这个方法还可以结合 AATCC 144《纺织品湿加工过程中的总碱含量》使用。因为 pH 能表示相对碱和酸的量，精确量可能被溶液中存在的强缓冲剂掩盖。

## 6. 仪器和材料

**6.1** pH 计，读数精度为 0.1。

**6.2** 玻璃烧杯，400mL。

**6.3** 缓冲溶液，pH 为 4.0、7.0、10.0 或其他需要的缓冲溶液。

## 7. 校准

根据制造商的说明校准 pH 计。选择校准用缓冲溶液，其 pH 在试样的 pH 估计范围内。

## 8. 试样准备

在待测材料上取 10g±0.1g 的试样。如果织物较难润湿，可将试样剪成小块。

## 9. 操作程序

**9.1** 将 250mL 蒸馏水以适中的速度煮沸10min；浸入试样，将表面皿盖在烧杯上，再煮沸 10min。

**9.2** 将盖着的烧杯或容器冷却至室温，用镊子取出试样，并使试样上多余的液体滴回萃取液中。

**9.3** 根据制造商的说明，用 pH 计测量萃取液的 pH。

## 10. 评定

**10.1** 水萃取液的 pH 取决于纺织品经过的化学处理、洗涤水的 pH 和水洗的效果。

**10.2** 一般来说，纺织品经烧碱煮练后要比漂白后水萃取液的 pH 高。如果纺织品漂白后经过水洗，pH 会更低。

**10.3** 纺织品 pH 高可导致纺织品发黄，可能会引起变色，改变染料的上染率和固色，并且降低树脂整理剂效果或破坏柔软剂的效果。

## 11. 报告

**11.1** 样品信息描述。

**11.2** 报告样品是用本方法 AATCC TM81-2022 测试的。

**11.3** 报告水萃取液的 pH。

## 12. 精确度与偏差

**12.1** 精确度。

**12.1.1** 在 1993 年后期，完成了实验室间的研究，在五个实验室，分别有两名操作人员参加，对四块织物测试，每块织物测试三次。预先没有对参与实验室的相对水平作出评估。

**12.1.2** 对这些数据（5×2×3×4＝120）进行分析，得出偏差构成如下：

实验室间的偏差为 0.1203。

同一实验室的操作员间的偏差为 0.0150。

同一实验室的同一操作员测定同一材料的试样间的偏差为 0.0188。

**12.1.3** 表 1 给出用 12.1.2 中数值计算出的临界差。

**表 1　两个平均值的临界差**

（95% 置信水平）

| 漂白织物水萃取液的 pH | | | |
|---|---|---|---|
| 测试次数 | 单个操作者 | 实验室内 | 实验室间 |
| 1 | 0.38 | 0.51 | 1.09 |
| 2 | 0.27 | 0.43 | 1.05 |
| 4 | 0.19 | 0.39 | 1.04 |
| 8 | 0.13 | 0.37 | 1.03 |

**12.1.4** $N$ 次测定的两个平均值的差值，作为适宜的精度参数，应达到或超过表中 95% 置信水平下测定的数值。

**12.2** 偏差。在某种程度上，这种方法所使用 pH 计测定的 pH 与真值相符。到目前为止，采用这个方法测定的漂白织物水萃取液的 pH 没有已知偏差。在这次研究中，没有独立的方法来测定这一真值，欲证明偏差是否存在，可参考其他分析方法。

## 13. 历史

**13.1** 2022 年进行修订，明确按照 AATCC 标准统一格式修订。

**13.2** 2019 年编辑修订，2016 年、2012 年重新审定，2008 年编辑修订，2006 年编辑修订并重新审定，2001 年重新审定，1996 年修订（更换标题），1990 年修订，1989 年、1988 年、1983 年、1980 年、1977 年、1974 年、1969 年、1968 年重新审定，1963 年修订。

**13.3** AATCC RA34 技术委员会于 1954 年制定。

**13.4** 与 ISO 3017 标准有相关性。

*AATCC TM82-2022*

# 漂白棉布的纤维素分散质流度的测定

## 1. 目的和范围

本测试法适用于漂白后未整理的棉布。漂白后的纤维素纤维在铜乙二胺溶剂中的流度，能准确地反映纤维素纤维受酸、碱、氧化或还原剂作用而导致的降解程度。因此，可利用本测试法测定棉布漂白是否完全，分析化学处理对棉布断裂强力的影响（本方法删除了纤维素纤维在氢氧化铜氨液中的流度测定内容，详见 11.1）。

## 2. 原理

当用酸、碱、氧化剂或还原剂处理纤维素纤维时，纤维素大分子链长度变短。化学处理的程度决定了纤维素分子链缩短的程度和纤维素分散质在溶剂中的流度，或流动性。

## 3. 术语

**3.1** 流度：纤维素溶液中，溶液流动或运动的难易程度，因此也用来反映纤维素平均分子量的大小。

**3.2** 流值：流度单位，用流体黏度（泊）的倒数表示。

## 4. 安全预防措施

本安全预防措施仅供参考。本部分有助于测试，但未指出所有可能的安全问题。在本测试方法中，使用者在处理材料时有责任采用安全和适当的技术；务必向制造商咨询有关材料的详尽信息，如材料的安全参数和其他制造商的建议；务必向美国职业安全卫生管理局（OSHA）咨询并遵守其所有标准和规定。

**4.1** 遵守良好的实验室规定，在所有的试验区域应佩戴防护眼镜。

**4.2** 小心谨慎使用和处理所有化学物品。在配置和混合化学品时，要使用化学防护眼镜或者面罩、专用手套和实验服。

注意：始终是将酸加入水中。

**4.3** 在附近安装洗眼器、安全喷淋装置、自给式呼吸设备以备急用。

**4.4** 本测试法中，人体与化学物质的接触限度不得高于官方的限定值〔例如，美国职业安全卫生管理局（OSHA）允许的暴露极限值（PEL），参见 29 CFR 1910.1000〕。此外，美国政府工业卫生师协会（ACGIH）的阈限值（TLVs）由时间加权平均数（TLV-TWA）、短期暴露极限（TLV-STEL）和最高极限（TLV-C）组成，建议将其作为人体在空气污染物中暴露的基本准则并遵守（见 11.2）。

## 5. 仪器和材料

**5.1** 铜乙二胺溶液，1.0mol/L。

**5.2** 氮气（N$_2$）。

**5.3** Ostwald Cannon Fiske 型黏度计（见图 1 和 11.3）。

图 1　铜乙二胺黏度计

## 6. 试样准备

**6.1** 称取具有代表性的漂白未整理的布样，不少于5g。

**6.2** 用20目筛和顶部有导管的Wiley剪切机剪碎样品，制备1.5mm（0.06英寸）长的单纤维。

**6.3** 从同一样品的纤维中取两个平行样进行测试。把切碎的样品分成质量几乎相等的两份，分别存储于独立的容器中，放在含浓硫酸干燥剂的干燥器内过夜。在该条件下调节试样含湿率为2%。

**6.4** 把切碎的样品分成两部分是为了减少称重时样品在大气中暴露的时间，用于测定流度的样品质量应能足够制成0.5%的棉分散质溶液。

## 7. 溶液制备

**7.1** 在容量瓶中，用新煮沸并冷却的水将161mL、1.0mol/L铜乙二胺溶液稀释至1.0L，制成0.167mol/L的铜乙二胺溶液，并注意排出空气。

**7.2** 将铜乙二胺试剂一直保存在无氧的氮气环境中，尽量降低氧化分解。

**7.3** 用已知精确度的滴定管分别取1.0mol/L和0.161mol/L的铜乙二胺溶液，将试剂瓶的侧臂密封固定到滴定管的下部，并在试剂瓶中用氮气充满侧臂。

## 8. 操作程序

**8.1** 表1列出了Ostwald Cannon Fenske型黏度计（见图1）的特点，它适于用来测定正常范围内的漂白棉布的流度。为了保证测试结果的准确性，建议流出时间（见8.9）超过100s。

**表1 黏度计特征**

| 尺寸型号 | 大致流出时间（s） | 毛细管直径（cm） | 流度性范围（流值） |
|---|---|---|---|
| 200 | 100~700 | 0.097~0.103 | 1.43~10.0 |
| 300 | 100~700 | 0.120~0.130 | 0.80~4.0 |
| 400 | 100~700 | 0.180~0.190 | 0.1175~0.83 |

**8.2** 称取0.4~0.45g按上述步骤制备的样品，精确到0.1mg。从干燥器中每次取出一块试样，称量要尽可能快，避免样品从空气中吸湿。

**8.3** 把纤维小心地从称量盘或表面皿转移到容量约为120mL（4盎司）的广口棕色玻璃瓶中。

向广口瓶中加入 $X$ mL 0.167mol/L的铜乙二胺溶液。$X$ 由下式计算得出：

$$X = 120 \times 样品的质量 \times 0.98$$

**8.4** 在铜乙二胺试剂液面上方通入纯氮气流20s，以排出试剂瓶中液面上方的空气，并快速拧上瓶盖。

**8.5** 用自动振荡器以中速将试样瓶振荡2h。

**8.6** 从振荡器中取出试样瓶，并向该溶液中加入 $Y$ mL 1.0mol/L的铜乙二胺溶液，$Y$ 可由下式计算得出：

$$Y = 80 \times 样品的质量 \times 0.98$$

**8.7** 按上述方法重复进行氮化处理和振荡操作，不同的是振荡时间应为3h。

**8.8** 从振荡器中取出试样瓶，插入黏度计之前静置30min。在装入分散质溶液前先向黏度计中充入氮气。将黏度计倒置，有毛细管的支臂浸入纤维素分散液中，另一支臂施加吸力将分散液吸入毛细管臂上的两个玻璃球内至标注的刻度。将吸管旋转到正常的垂直位置，并把黏度计放进25℃±1℃（77℉±2℉）的恒温水浴内。液体将流至较低的贮液器，并达到与水浴相同的温度（大约5min）。

**8.9** 将液体吸到两个玻璃球间的刻度线的上方，测定新月液面从两个玻璃球间的刻度降到较低的玻璃球下方刻度所用时间即为液体流出时间。取两次或多次观察结果的平均值。

## 9. 计算

流度 $F$（单位为流值），计算如下：

$$F = \frac{100}{c \times t \times d}$$

式中：$c$——由已知黏度的液体测定的仪器常数；

$t$——刻度间液体的流经时间，s；

$d$——铜乙二胺溶液的密度，取 $1.052 \mathrm{g/cm^3}$。

## 10. 报告

**10.1** 漂白和未整理样品的描述。

**10.2** 报告测试方法 AATCC TM 82-2022。

**10.3** 报告液体流出时间的平均值。

## 11. 精确度和偏差

**11.1** 精确度估计值。

**11.1.1** 单个实验室分析。2005 年，在一个实验室中测定了技术员误差（$V_O$）和剩余误差（$V$）及其相关的临界差，$CD_m$（实验室内多个技术员）和 $CD_O$（实验室内单个技术员）的偏差组分估计值。三个技术员按照 6.3 中方法，使用铜乙二胺溶液对经以下三种不同整理，即未漂白（NB）、标准漂白（SB）和过漂白（OB）的试样做了两次平行测试。

**11.1.2** 单个技术员和整理得到的精确度估计值为 95%。表 2 中所示的结果是一个技术员两次测试结果的平均值。根据这些平均值，可计算出每个技术员的偏差组分（$V_O$）和剩余偏差（$V$）。从这项有限的研究中甚至可发现 3 号技术员的每种情况的报告结果都与其他技术员有明显的差别。该项研究非常有限，建议在具体的测试环境下使用这些估计值时需注意（见表 2）。

三位技术员参与的这项有限的研究，可通过对不同整理试样进行试验的技术员得到的结果比较和计算 $V_O$（技术员）和 $V$（剩余）的偏差组分，评估多个技术员在测试结果比较中的影响。以上的总结表明 $CD_m$（实验室内多个技术员）偏差相当大是因为技术员之间的水平不同。该项研究非常有限，建议在具体的测试环境下使用这些估计值时需注意。以上考虑都是基于 95% 的置信水平。

表 2 不同技术员和不同加工情况下的数据总结

| 项 目 | | 未漂白试样 | 标准漂白试样 | 过漂白试样 | 试验员结果总结 |
|---|---|---|---|---|---|
| 技术员 01 | $A_V$（2） | 0.564 | 0.811 | 4.033 | $V$ 0.0006 |
| | $V$ | 0.0013 | 0.0004 | 0.0002 | $CD_O$ 0.05 |
| | $CD_{SO}$ | 0.07 | 0.04 | 0.03 | |
| 技术员 02 | $A_V$（2） | 0.609 | 0.885 | 4.172 | $V$ 0.00014 |
| | $V$ | 0.0003 | 0.0001 | 0.00004 | $CD_O$ 0.02 |
| | $CD_{so}$ | 0.03 | 0.02 | 0.01 | |
| 技术员 03 | $A_V$（2） | 0.397 | 0.745 | 3.625 | $V$ 0.0107 |
| | $V$ | 0.0022 | 0.0238 | 0.0060 | $CD_O$ 0.20 |
| | $CD_{SO}$ | 0.09 | 0.31 | 0.15 | |
| **不同整理总结** | | | | | |
| 项 目 | | 试样 1 | 试样 2 | 试样 3 | |
| 3 个技术员（$O=3$） | $V_O$ | 0.01118 | 0 | 0.0795 | |
| | $V$ | 0.0012 | 0.0088 | 0.0021 | |
| 单个技术员 | $CD_O$ | 0.07 | 0.19 | 0.09 | |
| 多个技术员 | $CD_m$ | 0.31 | 0.19 | 0.79 | |

注 $A_V$—流值单位，$CD$—流值单位，$V$—流值平方。

$CD$ 方程：$CD_O = 2.8 (V/2)^{0.5}$，$CD_m = 2.8 (V/2+V_O)^{0.5}$。

**11.1.3** 对整个数据表分析得到 95% 精确度估计值。通过方差分析计算得到的技术员偏差组分和剩余偏差组分见表 3。由于 3 号技术员报告的测试结果不同，$CD_m$（实验室内多个技术员）测得的值也高。这些估计值仅适合于实验室内的精度。应进行更大范围的，有多个实验室参与的研究，得出可信的实验室间精度估计值（见表 3）。

表 3 偏差组分和 95% 的精度估计

| 偏差 组分 | | |
|---|---|---|
| 来源 | COV | 单位偏差 |
| O.L | $V_O$ | 0.0307 |
| Res | $V$ | 0.0038 |
| **95% 的精度估计** | | |
| 实验室内单个技术员 | $CD_O$ 0.12 | $CD_O = 2.8 (V/2)^{0.5}$ |
| 实验室内多个技术员 | $CD_m$ 0.51 | $CD_m = 2.8 (V/2+V_O)^{0.5}$ |

**11. 2** 偏差。漂白棉布的纤维素分散质流度的真实值只能在一种测试方法中定义。没有独立的方法测定其真实值。该方法在评价这种性能时无已知偏差。

## 12. 注释

**12. 1** 对纤维素流度值的测定，美国和世界上其他一些地方主要采用铜乙二胺法，英国主要使用铜氨法（表 4）。2005 年，AATCC RA34 委员会表决删除了铜氨溶液法，铜氨溶液法可参照英国标准 BS 2610：1978《棉及某些再生纤维素纤维的铜氨溶液流度值测定方法》。Bleachers Handbook 对铜氨溶液法的探讨具有很高的参考价值（见 12.4）。

**12. 2** 可从 ACGIH Publications Office 获取，地址：Kemper Woods Center，1330 Kemper Meadow Dr.，Cincinnati OH 45240；电话：+ 1. 513. 742. 2020；网址：www. acgih. org。

**12. 3** 未校准的黏度计可按照 ASTM D 445 方法 6B，用标准油或其他标准液体校准。

**12. 4** 图 2 表格中列举的流度值用作参考。可能需要进行其他损伤性测试。参考 AATCC 出版的《纺织品实验室分析方法》，1984 年第三版（William Weaver 著），进行进一步的损伤测试。尽管图 2 的数据和图的来源不详，但它对比较铜氨法和铜乙二胺法仍是很方便的参考。

## 13. 历史

**13. 1** 2022 年明确按照 AATCC 标准统一格式修订。

表 4 流度—流值

| 织 物 | 铜乙二胺法 | 铜氨法 |
|---|---|---|
| 坯布 | 0. 2 ~ 0. 4 | 1. 0 ~ 2. 0 |
| 轻度整理 | 0. 3 ~ 0. 7 | 1. 5 ~ 2. 5 |
| 一般漂白 | 0. 9 ~ 3. 3 | 3. 0 ~ 7. 0 |
| 过度漂白 | 5. 5 ~ 15. 3 | 10. 0 ~ 20. 0 |

图 2 铜氨溶液和铜乙二胺溶液流度评价

**13. 2** 2019 年编辑性修订；2016 年、2012 年重新审定；2010 年、2008 年编辑性修订；2007 年修订；2004 年编辑性修订；2001 年编辑性修订并重新审定；1996 年修订；1990 年编辑性修订；1989 年编辑性修订并重新审定；1988 年、1985 年编辑性修订；1984 年重新审定；1983 年编辑性修订；1979 年、1975 年重新审定；1975 年、1974 年编辑性修订；1972 年、1968 年、1961 年重新审定。

**13. 3** AATCC RA34 技术委员会于 1954 年制定。

*AATCC TM84-2000e（2018）e*

# 纱线的电阻

AATCC RA32 技术委员会于 1955 年制定；1960 年、1969 年、1973 年、1977 年、1989 年、2005 年、2011 年、2018 年重新审定；1974 年、1984 年、1985 年、1997 年、2008 年、2019 年编辑性修订；1982 年、2000 年修订（更换标题）；1987 年、1995 年编辑性修订并重新审定。

## 1. 目的和范围

本方法的目的是用来测定含有天然纤维或人造纤维的所有纺织纱线的电阻。纺织纱线积聚电荷的倾向取决于纱线的电阻。由于导电性机理，本方法不适用于随机含有不锈钢纤维或其他高导电性纤维的纱线（参见 AATCC 76《织物表面电阻率》）。

## 2. 原理

纱线试样在规定的相对湿度和温度下调湿，用电阻计测量放在两个电极之间的纱线电阻。

## 3. 术语

电阻：材料的物理性能，表示在材料的两点间施加电压时，材料上电子通过的能力大小。电阻（Ω）等于电压（V）与电流（A）的比值。

注意：本方法测试两个电极之间材料的电阻，结果表示为纱线单位长度的电阻，即每 10mm 的欧姆数。

## 4. 安全和预防措施

本安全预防措施仅供参考。本部分有助于测试，但未指出所有可能的安全问题。在本测试方法中，使用者在处理材料时有责任采用安全和适当的技术；务必向制造商咨询有关材料的详尽信息，如材料的安全参数和其他制造商的建议；务必向美国职业安全卫生管理局（OSHA）咨询并遵守其所有标准和规定。

**4.1** 遵守良好的实验室规定，在所有的试验区域应佩戴防护眼镜。

**4.2** 操作实验室测试仪器时，应按照制造商提供的安全建议。

**4.3** 放射性棒释放 α 射线，表面上对人身体无害。放射性同位素钋 210 是有毒的，应该熟练预防措施，以避免该固体物质的摄入或吸入。不要拆卸放射性棒或者触摸栅格下的放射条。如果接触或者使用放射条，立刻彻底洗手。当它失去作为一个静电清除器的效用或者不再使用时，处理方式是将它还给制造商，不要像废料一样丢弃。

## 5. 仪器和材料

**5.1** 装有固定位置平行板电极的或分离可变位置平行板电极的电阻计（见 11.1）。AATCC 76 中推荐的用于织物的同心环电极系统不适用于测试纱线。

**5.2** 调湿和试验箱（见 11.2）。

**5.3** 标准电阻。

**5.4** 放射性棒。

## 6. 试样准备

**6.1** 试样的长度随所用电极位置是固定或可变而定。如果所用的电极系统，平行极板之间的距离可变动，应当进行一次预测以确定极板间距，使电阻计灵敏度最高。

**6.2** 当测定单纱电阻的均匀度时，应至少测量 10 个单纱试样。

**6.3** 为了预测用本方法所试验的纱线制成的机织或针织织物的性能，应当在多股纱上测量。

**6.4** 每次试验应准备至少三个试样，试样的纱股须平行且张力相同，间距均匀，并且沿长度方向无重叠或触碰。如果提供的纱线数量有限，则每个试样应包含 10 股。如果提供的纱线数量充足，则准备较多试样，在绕纱机上卷绕 50~100 圈，然后用胶带粘牢纱线，以准备适合于所使用电极系统的长度。为了得到结果的重现性，每个试样的股数必须相同。电阻也可能取决于纱束的横截面，因此，纱束包含的单丝数不同或股数不同，导致同样纤维制成的纱线电阻可能不同。

## 7. 操作程序

**7.1** 按照制造商的建议校准电阻计。

**7.2** 在适当的试验箱或调湿室内，按预先设好的相对湿度和温度对试样进行调湿，并在该条件下测试纱线的电阻。

**7.2.1** 对于需要抗静电处理的纱线或其静电倾向已达临界值的纱线，最好在 20% 的相对湿度下进行测试。对于特殊的要求，可以使用其他的相对湿度。例如，在医院手术室使用的抗静电床单、薄膜和纺织品要求在 21℃±2℃（70℉±4℉）的温度下进行预调湿（见 11.2）。如果有必要在一个宽泛的调湿范围下测量电阻，可以在 65% 相对湿度和 24℃ 温度下或其他适合的条件下进行附加试验（见 11.3）。

**7.2.2** 在 24℃（75℉）及预定的相对湿度下，调湿试样至少 4h 或直至达到平衡为止。经进一步调湿时电阻没有明显的变化即充分表示已达到平衡，如变化达到电阻对数值（lgR）的 ±5%，可认为电阻有明显变化。

**7.3** 用放射棒扫过试样的两侧，可以除去纱线表面的静电荷。

**7.4** 安放纱线试样与电极稳固接触，使纱线的方向与电极的相邻边垂直，施加足够的张力使股纱伸直。

**7.5** 按照所使用的特定电阻计的操作说明和程序测量试样的电阻。

**7.6** 使电流通过试样至少 1min，直到达到恒定的读数。达到恒定读数所需要的时间可能随所加的电压和试样的电阻而不同。过长时间的高电压可能损坏纱线。

**7.7** 为了仲裁目的的试验时，使用 30~40V 电压，最小时间为 1min 或电极间距 10mm 时获得恒定的读数（见 11.4）。

**7.8** 避免在试样或仪器上使用任何导电液体。

## 8. 评定

按下面公式计算每股纱线 10mm 的电阻欧姆数：

$$R = \frac{S}{D} \times \frac{r_1 + r_2 + r_3 + \cdots + r_n}{n} \times 10$$

式中：$R$——每股纱线的电阻率，$\Omega/mm$；

$S$——每个试样的纱线股数；

$D$——电极间的距离，mm；

$r$——每个含有 S 股试样的电阻；

$n$——试样的总数量（乘以 10 折算成先前本方法的用法）。

## 9. 报告

报告每股纱线每 10mm 的电阻欧姆数的对数值（lgR）和所用的温度和相对湿度（见 10.1）。

## 10. 精确度和偏差

**10.1** 精确度。经验表明重现性在平均电阻对数值的 ±10% 范围内。

**10.2** 偏差。电阻率只能根据某一实验方法予以定义。因而没有独立的方法用以确定真值。本方法作为预测这种特性的手段，没有已知偏差。

## 11. 注释

**11.1** 为适用于各种临界值，与电极系统相接的电阻计的量程范围应为 $10^8 \sim 10^{15}\Omega$。如已知纱线的性质能接受小于 $10^{13}\Omega$ 的电阻值的测试，则量程范围在 $10^8 \sim 10^{13}\Omega$ 的设备也适用。

**11.1.1** 另外，固定位置平行极板可用于该仪器，并可按照 Hayek &Chromey 在《美国染料报告》，Vol. 40，1951，p164-168 中的描述来制作。为增加通用性，这些电极可以设计为极板间距可在 $5 \sim 50$mm 调节。

**11.1.2** 其他电阻测试仪也可能满足本试验的要求。

**11.2** 要求调湿和试验箱的相对湿度能控制在 ±2% 范围（最好在 20%~65% 的相对湿度有效范围内），温度控制在 ±1℃ 的范围，空气可以循环。因为试样从干到湿（相对于试验箱）达到平衡表现滞后性，因此建议试样尽可能以低于试验箱的湿度状态达到平衡。

国家防火协会，NFPA 标准，编号＃56 A - 1973，4663 章节。

**11.3** 通常相对湿度越低，静电积聚越多（反之亦然）。在 40% 相对湿度下静电积聚程度低的纱线，可能在 20%~25% 的相对湿度下呈现出严重的静电积聚，而在 40% 的相对湿度下静电有问题的纱线，可能在 65% 的相对湿度下呈现轻度的静电积聚。静电积聚的倾向与相对湿度之间的关系，随具体的抗静电剂、纤维、织物结构、表面特性等而改变。因此，在 40% 相对湿度条件下测试纱线的抗静电性能，可能无法提供真正有意义的信息，除非也在 20%~25% 相对湿度下进行测试，而这种条件在装有取暖和空调系统的建筑物中很容易实现。完整信息可能还需要有关在相对湿度 65% 以上时的电阻信息。

**11.4** 关于电阻测试的更多具体信息，详见 ASTM D257《绝缘材料直流电阻和导电性的测试方法》。

*AATCC TM86-1973e10（2016）e*

# 图案和整理剂的干洗耐久性

AATCC RA43 技术委员会于 1957 年制定；1963 年、1968 年、1970 年、1973 年修订；1976 年、1979 年、1989 年、2000 年、2005 年、2016 年重新审定；1969 年、1983 年、1986 年、1993 年、1995 年、2004 年、2008 年、2010 年、2019 年编辑性修订；1985 年、1994 年、2011 年编辑性修订并重新审定。

## 1. 目的和范围

**1.1** 本测试方法反映经多次（见 10.1）干洗后对纺织品和其他材料上的图案或整理剂的影响，它同时也适用于评价需商业干洗的服装和家用纺织品的图案和整理剂的耐久性。本测试方法可用于评价干洗剂在去除污渍和斑点中对颜色影响程度。

**1.2** 本测试方法不可用于评价干洗色牢度，评价耐干洗色牢度时，需采用 AATCC 132 测试方法。

## 2. 原理

试样放入溶剂和干洗剂的混合溶液中搅动，钢珠模拟干洗机的机械运动。测试一块大试样与商业干洗条件有相关性。

## 3. 术语

干洗：从石油提炼出的溶剂、四氯乙烯或碳氟化合物等有机溶剂用于清洁织物。

注意：本方法包括添加的干洗剂和溶剂中的水分。相对水分最高量为 75%，滚筒烘干温度为 71℃（160℉）。

## 4. 安全预防措施

本安全预防措施仅供参考。预防措施虽有助于测试，但并不包括所有可能发生的情况。方法使用者有责任在处理材料时采用安全和正确的技术。查阅制造商提供的详尽信息，如材料的安全参数和其他制造商的建议，同时参照并遵守美国职业安全卫生管理局（OSHA）所有的标准和规定。

**4.1** 遵守良好的实验室规定，在实验室所有区域都应佩戴防护眼镜。

**4.2** 谨慎地使用和处理所有的化学品。

**4.3** 四氯乙烯是有毒物质，皮肤反复接触及食入都会引起中毒，要求仅在通风效果良好的环境下使用。通过对实验室动物进行四氯乙烯毒理学研究，发现大鼠和小鼠长时间地接触浓度为 100～400mg/kg 的四氯乙烯蒸汽后有癌变迹象。因此用四氯乙烯浸透的织物应在通风较好的通风橱内干燥。处理四氯乙烯时，使用化学护目镜或面罩、防渗透手套和防渗透围裙。

**4.4** 在附近安装洗眼器、安全喷淋装置以备急用。

**4.5** 本测试法中人体与化学物质的接触限度不得高于官方的限定值［例如，美国职业安全卫生管理局（OSHA）允许的暴露极限值（PEL），参见 1989 年 1 月 1 日实施的 29 CFR 1910.1000］。此外，美国政府工业卫生师协会（ACGIH）的阈限值（TLVs）由时间加权平均数（TLV-TWA）、短期暴露极限（TLV-STEL）和最高极限（TLV-C）组成，建议将其作为人体在空气污染物中暴露的基本准则并遵循执行（见 10.2）。

## 5. 仪器和材料（见 10.3）

**5.1** 快速洗涤仪。以转速 40r/min±2r/min 旋转的密封罐在控温的水浴中。

**5.2** 不锈钢圆柱容器。直径 89mm×203mm（3.5 英寸×8.0 英寸）、配有耐溶剂的密封圈的容器。

**5.3** 特氟龙衬垫。

**5.4** 金属转接器。将容器固定在快速洗涤仪的支架上（见 10.9）。

**5.5** 不锈钢珠。直径 6.3mm（0.25 英寸）。

**5.6** 变色灰卡（AATCC EP1）（见 10.4）。

**5.7** 四氯乙烯，干洗剂。

**5.8** 干洗剂（见 10.5）。

**5.9** 手工熨斗。蒸汽熨斗或平板熨烫仪。

## 6. 试样

**6.1** 制备一块试样，试样的规格和尺寸如下：

（1）不大于 135g/m²（4 盎司/码²）：203mm×203mm（8 英寸×8 英寸）；

（2）139～203g/m²（4.1～6.0 盎司/码²）：152mm×152mm（6 英寸×6 英寸）；

（3）207～305g/m²（6.1～9.0 盎司/码²）：127mm×127mm（5 英寸×5 英寸）；

（4）大于 305g/m²（9 盎司/码²）：102mm×102mm（4 英寸×4 英寸）。

**6.2** 若还需评价拒水性，试样的尺寸至少为 178mm×178mm（7 英寸×7 英寸）（见 AATCC 22《拒水性：喷淋试验》）。

## 7. 操作程序

**7.1** 将试样放入盛有 150mL 四氯乙烯、1mL 干洗剂（见 10.6）和 100 颗钢珠的不锈钢容器中，密封容器（见 10.7），然后固定在快速洗涤仪。在室温［27℃（28℉）］条件下运转 10min 后倒掉溶剂。

**7.2** 再放入 150mL 四氯乙烯，不加干洗剂，如上运转 10min 后倒掉溶剂。

**7.3** 重复第二步的操作过程后，取出的试样夹在吸水纸之间，然后在空气中干燥。

**7.4** 用以下方法中的任何一种处理试样。

**7.4.1** 手工熨烫［起绒织物（见 10.8）除外］。先将试样用水浸湿、挤压，使其含水量约为干重的 75%。覆上湿的细薄棉织物［其质量为 135～153g/m²（4.0～4.5 盎司/码²）］，用温度为 135～150℃（275～300℉）的手动熨斗熨烫。

**7.4.2** 蒸汽熨烫［起绒织物（见 10.8）除外］。平面织物用平板熨斗或抛光金属熨斗熨烫，绉纹织物用织物包裹熨面的熨斗熨烫。蒸汽压力为 448～482 kPa（65～70 磅/平方英寸），放下熨斗，使其与试样接触 5～10s。

## 8. 评级

**8.1** 图案的耐久性。评价试样包括植绒、金属丝或其他的外观变化，级别如下：

A5 级——可以忽略不计或无外观变化；

A4 级——轻微的外观变化；

A3 级——明显的外观变化；

A2 级——更明显的外观变化；

A1 级——很严重的外观变化。

**8.2** 织物手感的耐久性。评价试样的手感变化，级别：

B5 级——可以忽略不计或手感无变化；

B4 级——轻微的手感变化；

B3 级——明显的手感变化；

B2 级——更明显的手感变化；

B1 级——很严重的手感变化。

**8.3** 后整理性能。需要评价后整理性能时，参见 AATCC TM22《拒水性：喷淋试验》。

## 9. 精确度与偏差

**9.1** 精确度。本测试方法的精确度还未确定。在得出精确度之前，应采用标准的统计方法比较实验室内部或实验室之间的测试结果并取得平均值。

**9.2** 偏差。图案和整理剂的干洗耐久性只能根据某一测试方法的确定。没有单独的方法来确定其真值。本方法作为评价该性能的一种方法，因此没有已知偏差。

## 10. 注释

**10.1** 本测试方法基于大量的、一系列实验室之间的试验结果，这些试验结果与三次重复商业干洗具有良好的相关性。

由于整理材料主要是在第一次干洗过程中大量损失，因此进行一次本测试就能很好地代表重复干洗的效果。

**10.2** 可从 ACGIH（美国政府工业卫生学家协会）获取，地址：Kemper Woods Center, 1330 Kemper Meadow Dr., Cincinnati OH 45240；电话：+1.513.742.2020；网址：www.acgih.org。

**10.3** 有关适合测试方法的设备信息，请登录 www.aatcc.org/bg。AATCC 提供其企业会员单位所能提供的设备和材料清单。但 AATCC 没有给其授权，或以任何方式批准、认可或证明清单上的任何设备或材料符合测试方法的要求。

**10.4** 可从 AATCC 获取。地址：P.O.Box 12215，Research Triangle Park NC 27709；电话：+1.919.549.8141；传真：+1.919.549.8933；电子邮箱：ordering@aatcc.org；网址：www.aatcc.org。

**10.5** 可使用任何有信誉供应商的干洗剂。

**10.6** 残留的皂液会影响后整理性能（如残留的干洗剂会降低拒水性的评价级数），测试溶液可忽略含有干洗剂，但这是一种人为情况。

**10.7** 容器不需如耐洗色牢度试验中所要求的浸没在水浴中。

**10.8** 起绒织物只需采用合适的方式在空气中干燥。

**10.9** 旧型号的机型上转换器是必要的。

## AATCC TM88B-2018te

# 织物经家庭洗涤后缝线平整度

## 前言

该方法和所涉及的样照被用于经耐久压烫整理的机织物的评价。尽管一些样品由于不同的面料和接缝结构而呈现出不一样的外观特征，但是使用此方法和样照来进行评价已成为行业惯例。

标准的洗涤程序保持一致性，以便使结果具有可比性。标准参数仅可代表，但是不能完全复制目前的消费者洗涤情况，因为消费者洗涤情况是随着时间和不同家庭而变化的。AATCC LP1：家庭洗涤：机洗（见 12.3）和 ISO 6330，纺织品试验时采用的家庭洗涤及干燥程序（见 12.8）可供选择洗涤程序和设备参数。

## 1. 目的和范围

**1.1** 本测试方法用于评价织物经家庭洗涤后缝线平整程度。一些洗涤和干燥程序提供了代表普通家庭护理的标准参数。

**1.2** 本测试方法可用于评价可水洗的任何织物（机织物、针织物或非织造布）的缝线平整度。

**1.3** 本测试方法未给出织物缝合工艺。因为该方法主要评价由生产者提供的或已准备好的样品，而且织物本身也会影响缝合工艺。

## 2. 原理

有缝线的织物试样采用标准家庭洗涤方法，洗涤后在标准光源和观测区域内，与一套 AATCC 缝线平整度参考标准样照比较，评价试样缝线的平整度级别，缝线平整度（SS）级别从 1~5 级，1 级代表平整度最差（最皱），5 级代表平整度最好。

## 3. 术语

**3.1** 陪洗织物：纺织品测试或处理过程中使用的，可以使织物的总重或总体积达到规定数量的材料。

**3.2** 耐久压烫：织物在使用时、洗涤或干洗后，可基本保持最初的形态、平展的缝线、压烫的折痕和平整的外观的一种特性。

**3.3** 等级：与样照比较，评价测试样品所得到的评价级数。

**3.4** 洗涤：纺织材料的洗涤是使用水溶性洗涤剂溶液去除油污和/或污渍的过程，包括漂洗、脱水和干燥过程。

**3.5** 洗后折痕：洗涤或干燥后试样上明显的折皱或杂乱无序的褶线。

注意：洗后折痕不是试样在洗衣机或烘干机内运动预期的结果。

**3.6** 缝线平整度：试样与一套参考标准样照比较后，视觉得到的缝线平整程度。

## 4. 安全预防措施

本安全预防措施仅供参考。预防措施虽有助于测试，但并不包括所有可能发生的情况。方法使用者有责任在处理材料时采用安全和正确的技术。查阅制造商提供的详尽信息，如材料的安全参数和其他制造商的建议，同时参照并遵守美国职业安全卫生管理局（OSHA）所有的标准和规定。

**4.1** 遵守良好的实验室规定，在实验室所有区域都应佩戴防护眼镜。

**4.2** 洗涤剂可能有刺激性，应注意防止其接触皮肤和眼睛。

**4.3** 需谨慎地处理所有化学品。

**4.4** 按照制造商的安全建议操作实验室测试

仪器。

## 5. 使用和限制条件

**5.1** 本测试方法仅用于评价织物经家庭洗涤后缝线平整度。

**5.2** 一般说来，相对剧烈的测试条件下，测试效果更好。目前使用的洗衣机和烘干机有专门的洗涤循环或特性，以保护织物的某些性能，如轻柔挡并降低搅拌速度，可以保护轻薄织物的结构；耐久压烫循环并采用冷水漂洗、降低搅拌速度，可减少织物的褶皱。

**5.3** 有缝线织物上的印花和图案可能掩盖杂乱的情况，而评级程序根据试样的视觉外观，故包括其引起的影响效果。

**5.4** 接缝平整度样照是由机织物拍摄得到，不能完全复制其他织物或类型的接缝。样照可以作为参考，代表不同的接缝平整度水平。

**5.5** 小样品的测试有时可能产生褶皱和折痕，但这种情况并不是使用中织物的外观特性。

**5.6** 本测试方法的实验室间结果重现性与方法使用者双方协商采用的洗涤和干燥条件（见表1~表4）有关。

## 6. 仪器和材料（见12.1）

**6.1** 温控的蒸汽熨斗或普通熨斗。

**6.2** 标准洗衣机（见12.2，表1），用于机洗。

**6.3** 桶，容积9.5L，用于手洗。

**6.4** 白毛巾，不计重量，需能容纳测试样，用于手洗。

**6.5** 标准滚筒干燥机（见12.2，表4），或滴干、平铺晾干或悬挂晾干的设备。

表 1　标准洗衣机洗涤参数（见 12.2，12.7）

| 项　　目 | | （1）标准挡 | （2）轻柔挡 | （3）耐久压烫挡 |
|---|---|---|---|---|
| 水位［L（加仑）］ | | 72±4（19±1） | 72±4（19±1） | 72±4（19±1） |
| 搅拌速度（r/min） | | 86±2 | 27±2 | 86±2 |
| 洗涤时间（min） | | 16±1 | 8.5±1 | 12±1 |
| 脱水速度（r/min） | | 660±15 | 500±15 | 500±15 |
| 脱水时间（min） | | 5±1 | 5±1 | 5±1 |
| 洗涤温度［℃（℉）］[1] | Ⅱ低温 | 27±3（80±5） | 27±3（80±5） | 27±3（80±5） |
| | Ⅲ中温 | 41±3（105±5） | 41±3（105±5） | 41±3（105±5） |
| | Ⅳ高温 | 49±3（120±5） | 49±3（120±5） | 49±3（120±5） |
| | Ⅴ极高温 | 60±3（140±5） | 60±3（140±5） | 60±3（140±5） |

[1] 本表规定温度与美国联邦贸易委员会规定的洗标检验温度相同（见表8）。根据美国能源部的要求，家用洗衣机多采用冷水洗涤。外部控制器可以用来调节仪器温度。

表 2　标准手洗和漂洗温度

| 分类 | 洗涤温度［℃（℉）］ | 漂洗温度［℃（℉）］ |
|---|---|---|
| 极低温 | 16±3（60±5） | <18（<65） |
| 低温 | 27±3（80±5） | <29（<85） |
| 中温 | 41±3（105±5） | <29（<85） |
| 高温[1] | 49±3（120±5） | <29（<85） |

[1] 热水不是手洗或需要轻柔手洗试样的合适选择。

表 3　标准烘干程序

| A | 滚筒烘干 |
|---|---|
| Ai | 滚筒烘干（标准） |
| Aii | 滚筒烘干（轻柔） |
| Aiii | 滚筒烘干（耐久压烫） |
| B | 悬挂晾干 |
| C | 滴干 |
| D | 平铺晾干 |

表 4 标准滚筒式干燥机参数（见 12.2）

| 项　目 | Ai 标准 | Aii 轻柔 | Aiii 耐久压烫 |
|---|---|---|---|
| 最高排气温度［℃（℉）］ | 68±6（155±10） | 60±6（140±10） | 68±6（155±10） |
| 冷却时间（min） | ≤10 | ≤10 | ≤10 |

**6.6** 调湿设备或抽拉式带孔货架的调湿/干燥架（见 12.3）。

**6.7** 天平，量程至少为 5kg 或 10 磅。

**6.8** 1993AATCC 标准洗涤剂（粉末状，含荧光增白剂，见 12.3）。

**6.9** 陪洗织物，1 型或 3 型（见表 5）。

**6.10** 评级区，见附录描述。

**6.11** 标准 AATCC 缝线平整度样照，单缝线和双缝线（见图 1 和 12.3）。图 1 所示样照的复制品不可用于评级。

表 5 陪洗布参数

| 项　目 | | 1 型陪洗布 | 3 型陪洗布 |
|---|---|---|---|
| 成分 | | 100%棉 | （50%±3%）棉/（50%±3%）聚酯纤维 |
| 坯布纱线 | | 环锭纺 36tex×1（16 英支/1） | 环锭纺 36tex×1（16 英支/1）或 19tex×2（30 英支/2） |
| 坯布结构（根/25.4mm） | | （52±5）×（48±5）平纹 | （52±5）×（48±5）平纹 |
| 整理后克重（g/m²） | | 155±10 | 155±10 |
| 边缘 | | 四边缝合或包边 | 四边缝合或包边 |
| 整理后织物尺寸 | mm | （920±30）×（920±30） | （920±30）×（920±30） |
| | 英寸 | （36.0±1）×（36.0±1） | （36.0±1）×（36.0±1） |
| 整理后织物重量（g） | | 130±10 | 130±10 |

（a）单缝样照

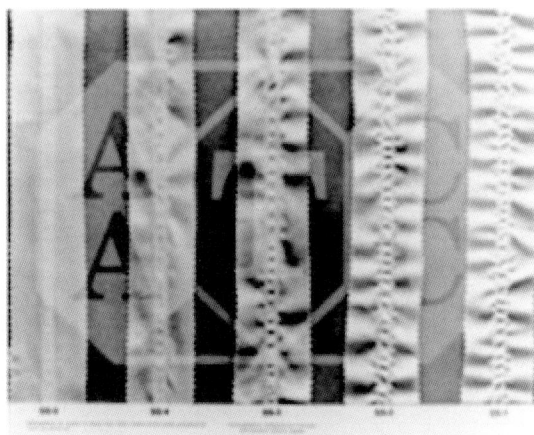

（b）双缝样照

图 1 AATCC 缝线平整度样照

# 7. 试样

平行于织物的长度方向和宽度方向，制备三块

具有代表性的试样，尺寸为 380mm×380mm（15 英寸×15 英寸），缝线正好处于试样的中间。如可能，

每个试样含有不同的经纬纱，试样上应标记好长度方向。

**7.1** 若洗涤时试样出现散边现象，参见12.4。

**7.2** 若织物有褶皱，可在洗涤前适当地熨烫，见TM133耐热色牢度：热压（见12.3）表1安全熨烫温度指南。小心处理以免改变缝线本身的特性。

## 8. 洗涤程序

**8.1** 机洗。

**8.1.1** 从表1选择测试所需的水洗条件。推荐使用标准档，按照选择的洗涤条件设定洗衣机参数。

**8.1.2** 负载包括全部试样、陪洗织物，总负载为1.8kg±0.1kg（4.0磅±0.2磅）。对于关键评价和仲裁试验，每次洗涤应限定试样数量且试样取自同一样品。

**8.1.3** 开始选择水洗循环，加水至指定的水位。

**8.1.4** 按照洗衣机生产商说明，加入66g±1g的1993AATCC标准洗涤剂。如果洗涤剂直接加入到水中，应当轻微搅拌，使其全部溶解。在加负载之前停止搅拌。

**8.1.5** 加入负载（测试样和陪洗织物），均匀分散在搅拌器四周，开始水洗循环。

**8.1.6** 对于需要滴干的试样（干燥程序C），在最后一次漂洗后，开始排水之前停止水洗循环。取出浸湿的试样。对于需要滚筒烘干（A），悬挂晾干（B），或平铺晾干（C）的试样，允许继续洗涤直到最后一次洗涤循环结束。

**8.1.7** 在每次水洗循环结束后，将绞在一起的试样和陪洗织物分开，切忌使试样发生扭曲变形。

**8.1.8** 洗涤褶皱。洗后试样可能有褶皱，干燥前应用手去除。

**8.1.9** 选择合适的干燥程序。

**8.2** 手洗。

**8.2.1** 从表2中选择水洗温度。在水洗盆内加入7.6L±1.9L（2.0加仑±0.5加仑）此温度的水。

**8.2.2** 向水洗盆内加入20g±1g的AATCC1993标准参考洗涤剂。

**8.2.3** 用手搅拌使洗涤剂溶解。

**8.2.4** 加入试样，轻轻挤压试样使其分散在洗涤剂溶液中，不要扭或拧。

**8.2.5** 让试样浸泡2min。

**8.2.6** 轻轻挤压试样1min，不要扭或拧。

**8.2.7** 重复浸泡2min，挤压1min。

**8.2.8** 从水洗盆中取出试样，轻轻挤压去除多余的洗涤剂，不要扭或拧。

**8.2.9** 将试样放置于干净的毛巾上。清洗水洗盆。

**8.2.10** 在选定的漂洗温度下（见表2），向水洗盆中加入7.6L±1.9L（2.0加仑±0.5加仑）的干净水。

**8.2.11** 从毛巾上取下试样，放入漂洗水中，轻轻挤压使其分散，不要扭或拧。

**8.2.12** 让试样浸泡2min。

**8.2.13** 轻轻挤压试样1min，不要扭或拧。

**8.2.14** 重复浸泡2min，挤压1min。

**8.2.15** 将试样从水洗盆中取出，轻轻挤压去除多余的水分，不要扭或拧。

**8.2.16** 用干净的白毛巾，吸掉试样上的水分，不要扭或拧。

**8.2.17** 进行合适的干燥程序。

**8.3** 干燥。

**8.3.1** 从表3选择干燥条件。

**8.3.2** （A）滚筒烘干。将洗涤负荷（试样与陪洗织物）放入滚筒烘干机中，设置温度达到选定的排气温度（见表4）。启动烘干机，直到试样和陪洗织物烘干。烘干机停止后，立即取出试样。

**8.3.3** （B）悬挂晾干。悬挂晾干时固定试样的两角，织物的长度方向与水平面垂直，悬挂在室温不超过 26℃（78℉）的静止空气中至干燥。不要直接对着试样吹风，以防止试样发生扭曲。

**8.3.4** （C）滴干。滴干时固定滴水试样的两角，织物的长度方向与水平面垂直，悬挂在室温不超过 26℃（78℉）的静止空气中至干燥。不要直接对着试样吹风，以防止试样发生扭曲。

**8.3.5** （D）平铺晾干。试样在水平的网架或打孔架上摊平，去除褶皱，但不要扭曲或拉伸试样，放在室温不超过 26℃（78℉）的静止空气中至干燥。不要直接对着试样吹风，以防止试样发生扭曲。

**8.3.6** 对于所有的干燥方式，允许试样在再次洗涤之前完全干燥。

**8.3.7** 洗后折痕。除最后一次干燥循环外，试样在任何一次的干燥循环后出现了折痕或褶皱，应在下一次洗涤和干燥循环前，浸湿试样，以适合的温度手工烫平（见 7.1.2）。若是最后一次干燥循环，则不可用此方式去除试样的折痕或褶皱。

**8.3.8** 重复选定的洗涤和干燥程序，总共进行 5 次循环或按协议要求的循环次数。

**8.4** 调湿。

最后一次干燥完成后，按 ASTM D1776《纺织品调湿和测试标准方法》（见 12.5）调湿试样。（按照表 1 选择织物调湿条件。按照表 2，根据纤维含量选择调湿时间），将每个测试试样分别平铺于筛网或带孔的调湿/干燥架上。

## 9. 评级

**9.1** 每块试样经三名有经验的观测者独立地评级。

**9.2** 所有的评级应在专门的观测区进行（见附录），唯一光源是观测板上悬挂的荧光灯，房间中其他的光源都应关闭。

**9.3** 观测者站在试样的正前方，距离观测板 1219mm±25mm（48 英寸 ±1 英寸），观测高度在 1524mm（60 英寸）左右对评级结果无明显影响。

**9.4** 将试样放在评级板上，缝线与水平面垂直。为方便评级，将合适的单缝或双缝 AATCC 标准样照（SS）放在试样的旁边。

**9.5** 评级时应关注缝线影响的区域，忽略周围织物的外观。接缝平整度样照是由机织物拍摄得到，不能完全复制其他织物或类型的接缝。样照可以作为参考，代表不同的接缝平整度水平。

**9.6** 指出与试样的缝线外观最接近的标准评级样照的数字级数。

**9.7** 每种织物的 9 个观测结果的平均值（三个测试试样，每个测试试样三个评级结果）。平均值精确到 0.1 级。该平均值即是本测试方法的测试结果。

## 10. 报告

报告每个样品的测试结果。

**10.1** 样品的描述或识别。

**10.2** 报告评级是按照 AATCC TM88B-2018te 进行的。

**10.3** 测试样数量。

**10.4** 陪洗织物类型，1 型或 3 型。

**10.5** 洗涤循环次数（默认为 5 个循环）。

**10.6** 如果可能，报告洗涤的条件，包括循环模式、水洗温度、干燥程序和滚筒烘干温度。如果各方都了解的话，可以使用数字描述这些条件，例如 1-Ⅳ-A（ii）表示标准档，49℃，滚筒烘干。

**10.7** 观察者人数。

**10.8** 所用的接缝平整度样照，单缝或双缝样照。

**10.9** 任何测试的偏离。

**10.10** 平均接缝平整度（SS）等级。

## 11. 精确度和偏差

**11.1** 实验室间研究。1993 年进行缝线外观试验，条件为机洗、41℃、滚筒烘干、标准挡/厚重棉织物挡。6 家实验室提供双缝线的评级数据。每个实验室的三个评级人员独立地评定每块织物中的三块试样,按要求将九个评级结果平均得出评级结果。

**11.2** 精确度。

**11.2.1** 双缝线。表6中给出方差要素,表7和表8中分别给出单个试样和多个试样比较的临界差。

**11.2.2** 如果实验室间比较单个试样,见表4中的临界差。

**11.2.3** 如果实验室间比较多个试样,见表4中的临界差。

**11.2.4** 若两个实验室在统计控制中,且以相当的水平操作,临界差的数值可能小于表中给出的数值,可通过比较得出数据。

**11.3** 偏差。缝线外观的数值仅在该测试方法中定义,没有独立的方法确定其真值。本测试方法没有已知的偏差。

表6　方差要素

| 要素 | 方差 |
|---|---|
| 实验室 | 0.113 |
| FL 相互作用 | 0.031 |
| 试样（FRL） | 0.191 |

表7　单个试样比较的临界差（95%置信区间）

| 实验室内部 | 实验室之间 |
|---|---|
| 0.70 | 1.16 |

表8　多试样比较的临界差（95%置信区间）

| 实验室内部 | 实验室之间 |
|---|---|
| 0.70 | 1.26 |

## 12. 注释

**12.1** 有关适合测试方法的设备信息,请登录www.aatcc.org/bg,浏览在线 AATCC 用户指导,可见 AATCC 企业会员所提供的设备和材料清单。但

AATCC 未对其授权,或以任何方式批准、认可或证明清单上的任何设备或材料符合测试方法的要求。

**12.2** 建议的洗衣机和烘干机的型号和来源,可联系 AATCC 获取,地址:P.O. Box 12215, Research Triangle Park NC 27709;电话:+1.919.549.8141;传真:+1.919.549.8933;电子邮箱:ordering@aatcc.org;网址:www.aatcc.org。此方法的前一个版本描述了另一种参数(3.6kg 负载,83L 水位,80g AATCC 1993 标准参考洗涤剂),但是没有可满足此参数的设备。另外此参数得到的结果不等同于标准设备得到的结果。

**12.3** 可从 AATCC 获取,P.O. Box 12215, Research Triangle Park NC 27709;电话:+1.919.549.8141;传真:+1.919.549.8933;电子邮箱:ordering@aatcc.org。网址:www.aatcc.org。

**12.4** 如果在洗涤过程中试样出现过多的散边现象,应对其适当地剪切或缝合。如果洗后试样的边缘出现扭曲,那么在评级前也应对其进行修剪。

**12.5** ASTM 标准可从 ASTM 获得,地址:100 Barr Harbor Dr., West Conshohocken PA 19428;电话:+1.610.832.9500;传真:+1.610.832.9555。网址:www.astm.org。

**12.6** 此方法需要两个 2440mm(96英寸)的灯管,用于观察水洗测试试样。如果空间有限,可以选择两个 1220mm(48英寸)的灯管代替,和一个窄点的观察板。

**12.7** 此测试方法中的水洗温度和其他参数都是测试的标准条件。作为实验室的常用测试程序,它代表但不完全和目前消费者的实际情况一致。消费者的实际情况会随着时间和每个家庭有所不同。实验室操作必须一致,以便使结果具有可比性。如果水洗设备或其他条件不同于此方法,必须要描述细节和偏离。LP1 和 ISO 6330 概述了可选择的其他洗涤条件。

**12.8** 可从 ISO 网站获取,www.iso.org。

## 13. 历史

**13.1** 2023 年编辑性修订，增加历史部分。

**13.2** 2018 年编辑性修订并重申 2 次（变更题目）；2016 年编辑性修订；2014 年编辑性修订并重新审定；2012 年编辑性修订；2011 年、2010 年编辑性修订并重新审定；2008 年编辑性修订；2006 年编辑性修订并重新审定；2004 年、2005 年编辑性修订；2003 年、2001 年编辑性修订并重新审定；1997 年编辑性修订；1996 年、1992 年编辑性修订

并重新审定；1991 年编辑性修订；1989 年编辑性修订并重新审定（变更题目）；1986 年、1985 年编辑性修订；1984 年编辑性修订并重申；1983 年编辑性修订；1981 年、1978 年、1975 年编辑性修订并重新审定；1974 年编辑性修订；1973 年修订；1970 年编辑性修订并重新审定；1969 年重新审定。

**13.3** 由 AATCC RA61 技术委员会于 1962 年制定。技术上等同于 ISO 7770。

# 附录 评级区

**1.** 评级板。

**1.1** 胶合板，高度 1829mm（72 英寸），厚度 6mm（0.25 英寸），足够宽，可以容纳尺子和样品。

**1.2** 板上喷涂与 2 级灰卡颜色一样的颜料（见 12.3）。CIELAB 的值大约为 $L^* = 77$，$a^* = 0$，$b^* = 0$。每个参数可接受 2 个单位的允差。

**1.3** 固定试样和样照的弹簧或其他装置需要保证试样中心离地面 1524mm（60 英寸）高。可以使用薄钢板 0.76mm（22ga）厚。

**2.** 光源。

**2.1** 悬挂荧光灯管（见 12.6）。

**2.1.1** 2 个平行的 F96 T12 冷白灯（无挡板或玻璃）。

**2.1.2** 一个白色搪瓷反光镜（无挡板或玻璃）。

**2.1.3** 按照附图 1 固定。

**2.2** 除去指定的荧光灯以外的所有光源。

**3.** 墙。

**3.1** 许多观察者的经验说明，靠近观察板的墙面颜色会影响评级结果。建议墙壁颜色为哑光黑（85°角光泽度 5 以下）或在观察板的两侧安装遮光帘，以消除反射。

附图 1 接缝平整度评价区

**AATCC TM88C-2018te**

# 织物经家庭洗涤后的褶裥保持性

## 前言

该测试方法及所涉及的立体褶裥保持性样照被用于经过耐久压烫的机织物的评价。尽管一些样品由于不同的织物结构呈现不同的物外观特征，但是使用此方法和样照来进行评价已成为行业惯例。

统一的标准洗涤程序可使结果具有可比较性。标准程序可代表，但不能完全复制目前的消费习惯，因为消费习惯会随时间和家庭变化。实验室程序1（LP1），家庭洗涤：机洗（见12.3），和ISO 6330，纺织品试验时采用的家庭洗涤及干燥程序（见12.8）提供了可选的洗涤程序和设备参数。

## 1. 目的和范围

**1.1** 本测试方法评价织物经家庭洗涤后褶裥保持性。一些洗涤和干燥程序提供了代表普通家庭护理的标准参数。

**1.2** 适用于任何可水洗的织物（机织物、针织物和非织造布）褶裥，都可按照该方法评价。

**1.3** 本测试方法未给出织物褶裥工艺。因为该方法主要评价由生产者提供的或已准备好的样品，而且织物本身也会影响褶裥工艺。

## 2. 原理

有褶裥的织物试样采用标准家庭洗涤方法洗涤后，在标准光源和观测区域内，与一套AATCC立体褶裥保持性标准样照比较，评价试样褶裥保持性。褶裥保持性等级（CR）从1~5，1代表最差的褶裥保持性，5代表最好的褶裥保持性（褶裥较明显）。

## 3. 术语

**3.1** 陪洗织物：纺织品测试或处理过程中使用的，可以使织物的总重或总体积达到规定数量的材料。

**3.2** 褶裥保持性：试样与一套参考标准样照比较后，视觉得到的褶裥保持性。

**3.3** 耐久压烫：织物在使用时、洗涤或干洗后，可基本保持最初的形态、平展的缝线、压烫的折痕和平整的外观的特性。

**3.4** 等级：与样照对比，样品测试结果对应的等级。

**3.5** 洗涤：纺织材料的洗涤是使用水溶性洗涤剂溶液去除油污和/或污渍的过程，包括漂洗、脱水和干燥过程。

**3.6** 洗后折痕：洗涤或干燥试样上明显的折皱或杂乱无序的褶线。

注意：洗后折痕不是试样在洗衣机或烘干机内运动预期的结果。

## 4. 安全预防措施

本安全预防措施仅供参考。预防措施虽有助于测试，但并不包括所有可能发生的情况。方法使用者有责任在处理材料时采用安全和正确的技术。应查阅制造商提供的详尽信息，如材料的安全参数和其他制造商的建议，同时参照并遵守美国职业安全卫生管理局（OSHA）所有的标准和规定。

**4.1** 遵守良好的实验室规定，在实验室所有区域都应佩戴防护眼镜。

**4.2** 洗涤剂可能有刺激性，应注意防止其接触皮肤和眼睛。

**4.3** 需谨慎地处理所有化学品。

**4.4** 按照制造商的安全建议操作实验室测试

仪器。

**4.5** 评价褶裥保持性时，泛光灯上的灯罩有助于因灯泡发热而预防烫伤。

## 5. 使用和限制条件

**5.1** 本测试方法仅用于评价织物经家庭洗涤后褶裥的保持性。

**5.2** 一般说来，相对剧烈的测试条件下，测试效果更好。目前使用的洗衣机和烘干机有专门的洗涤循环或特性，以保护织物的某些性能，如轻柔档并降低搅拌速度，可以保护轻薄织物的结构；耐久压烫循环并采用冷水漂洗、降低搅拌速度，可减少织物的褶皱。

**5.3** 有缝线织物上的印花和图案可能掩盖杂乱的情况，而评级程序根据试样的视觉外观，故包括其引起的影响效果。

**5.4** 褶裥样照是由机织物拍摄得到，不能完全复制其他织物（针织物，非织造布）。样照可以作为参考，代表不同的褶裥保持性水平。

**5.5** 小样品的测试有时可能产生褶皱和折痕（干燥折痕），但这种情况并不是使用中织物的外观特性。本方法的预防措施可减少发生干燥折痕的现象。

**5.6** 本测试方法的实验室间结果重现性与方法使用者双方协商采用的洗涤和干燥条件（见表1~表4）有关。

## 6. 仪器和材料（见12.1）

**6.1** 温控蒸汽熨斗或普通熨斗。

**6.2** 标准洗衣机（见12.2，表1），用于机洗。

**6.3** 水洗盆，容积9.5L，用于手洗。

**6.4** 白毛巾，不计重量，需能容纳测试样，用于手洗。

**6.5** 标准滚筒干燥机（见12.2，表4），或滴干、平铺晾干或悬挂晾干的设备。

**表1　标准洗衣机洗涤参数（见12.2，12.7）**

| 项目 | | （1）标准挡 | （2）轻柔挡 | （3）耐久压烫挡 |
|---|---|---|---|---|
| 水位［L（加仑）］ | | 72±4（19±1） | 72±4（19±1） | 72±4（19±1） |
| 搅拌速度（r/min） | | 86±2 | 27±2 | 86±2 |
| 洗涤时间（min） | | 16±1 | 8.5±1 | 12±1 |
| 脱水速度（r/min） | | 660±15 | 500±15 | 500±15 |
| 脱水时间（min） | | 5±1 | 5±1 | 5±1 |
| 洗涤温度<br>［℃（℉）］[①] | Ⅱ低温 | 27±3（80±5） | 27±3（80±5） | 27±3（80±5） |
| | Ⅲ中温 | 41±3（105±5） | 41±3（105±5） | 41±3（105±5） |
| | Ⅳ高温 | 49±3（120±5） | 49±3（120±5） | 49±3（120±5） |
| | Ⅴ极高温 | 60±3（140±5） | 60±3（140±5） | 60±3（140±5） |

[①] 根据美国能源部的要求，家用洗衣机多采用冷水洗涤。外部控制器可以用来调节仪器温度。

**表2　标准手洗和漂洗温度**

| 分类 | 洗涤温度［℃（℉）］ | 漂洗温度［℃（℉）］ |
|---|---|---|
| 极低温 | 16±3（60±5） | <18（<65） |
| 低温 | 27±3（80±5） | <29（<85） |
| 中温 | 41±3（105±5） | <29（<85） |
| 高温[①] | 49±3（120±5） | <29（<85） |

[①] 热水不是手洗或需要轻柔手洗试样的合适选择。

**表3　标准干燥程序**

| 干燥程序符号 | 干燥程序 |
|---|---|
| A | 滚筒烘干 |
| Ai | 滚筒烘干（标准） |
| Aii | 滚筒烘干（轻柔） |
| Aiii | 滚筒烘干（耐久压烫） |
| B | 悬挂晾干 |
| C | 滴干 |
| D | 平铺晾干 |

表4 标准滚筒式干燥机参数（见12.2）

| 项 目 | Ai 标准 | Aii 轻柔 | Aiii 耐久压烫 |
|---|---|---|---|
| 最高排气温度［℃（℉）］ | 68±6（155±10） | 60±6（140±10） | 68±6（155±10） |
| 冷却时间（min） | ≤10 | ≤10 | ≤10 |

**6.6** 调湿设备或抽拉式带孔货架的调湿/干燥架（见12.3）。

**6.7** 天平，量程至少为5kg或10磅。

**6.8** AATCC 1993 标准洗涤剂（粉末状，含荧光增白剂，见12.3）。

**6.9** 陪洗织物，1型或3型（见表5）。

**6.10** 评级区，见附录所述。

**6.11** 标准 AATCC 三维褶裥保持性评级样照，一套五张（见图1和12.3）。

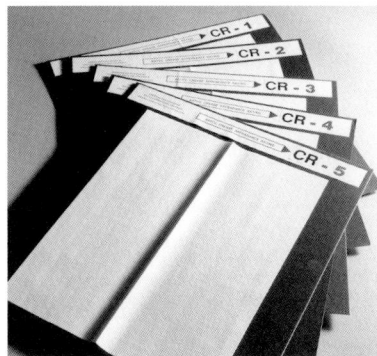

图1 AATCC 三维褶裥保持性评级样照

表5 陪洗布参数

| 项目 | | 1 型 | 3 型 |
|---|---|---|---|
| 成分 | | 100%棉 | （50%±3%）棉/（50%±3%）聚酯纤维 |
| 坯布纱线 | | 环锭纺 36tex×1（16英支/1） | 环锭纺 36tex×1（16英支/1）或 19tex×2（30英支/2） |
| 坯布结构（根/英寸） | | （52±5）×（48±5）平纹 | （52±5）×（48±5）平纹 |
| 整理后克重（g/m²） | | 155±10 | 155±10 |
| 边缘 | | 四边缝合或包边 | 四边缝合或包边 |
| 整理后织物尺寸 | mm | （920±30）×（920±30） | （920±30）×（920±30） |
| | 英寸 | （36.0±1）×（36.0±1） | （36.0±1）×（36.0±1） |
| 整理后织物质量（g） | | 130±10 | 130±10 |

## 7. 试样准备

平行于织物的长度方向和宽度方向，制备三块具有代表性的试样，尺寸为380mm×380mm（15英寸×15英寸）。如可能，每个试样含有不同的经纬纱，试样上应标记好长度方向。

**7.1** 若洗涤时试样出现散边现象，参见12.4。

**7.2** 若织物有折皱，可在洗涤前适当地烫平，见 TM 133 耐热色牢度热压（见12.3），表1安全熨烫温度指南。

**7.3** 沿着织物长度方向，通过每个样品的中间位置压一道折痕。

## 8. 洗涤程序

**8.1** 机洗。

**8.1.1** 从表1选择洗涤条件。推荐使用标准档。设置程序形成选定的循环参数。

**8.1.2** 水洗负载包括全部试样、足够的陪洗织物，总负载为 1.8kg±0.1kg（4.0 磅±0.2 磅）。对于关键评价和仲裁试验，每次洗涤应限定试样数量且试样取自同一样品。

**8.1.3** 开始选择水洗循环，允许仪器加水至指定的水位。

按照洗衣机制造商的说明，加入 66g±1g 的 AATCC1993 标准洗涤剂。如果洗涤剂直接加入水中，应当轻微搅拌，使其全部溶解，在加负载之前停止搅拌。

**8.1.4** 加入负载（试样和陪洗织物），均匀分散在搅拌器四周，开始水洗循环。

**8.1.5** 需要滴干的试样（干燥程序 C），在最后一次漂洗后，开始排水之前停止水洗循环。取出浸湿的试样。对于需要滚筒烘干（A），悬挂晾干（B），或平铺晾干（C）的试样，允许继续洗涤直到最后一次洗涤循环结束。

**8.1.6** 在每次水洗循环结束后，将绞在一起的试样和陪洗织物分开，切忌使试样发生扭曲变形。

**8.1.7** 洗涤折痕。洗后试样可能有褶皱，干燥前应用手去除。

**8.1.8** 选择合适的干燥程序。

**8.2** 手洗。

**8.2.1** 从表 2 中选择水洗温度。在水洗盆内加入 7.6L±1.9L（2.0 加仑±0.5 加仑）此温度的水。

**8.2.2** 向水洗盆内加入 20g±1g 的 AATCC1993 标准参考洗涤剂。

**8.2.3** 用手搅拌使洗涤剂溶解。

**8.2.4** 加入试样，轻轻挤压试样使其分散在洗涤剂溶液中，不要扭或拧。

**8.2.5** 让试样浸泡 2min。

**8.2.6** 轻轻挤压试样 1min，不要扭或拧。

**8.2.7** 重复浸泡 2min，挤压 1min。

**8.2.8** 从水洗盆中取出试样，轻轻挤压去除多余的洗涤剂，不要扭或拧。

**8.2.9** 将试样放置于干净的毛巾上。清洗水洗盆。

**8.2.10** 在选定的漂洗温度下（见表2），向水洗盆中加入 7.6L±1.9L（2.0 加仑±0.5 加仑）的干净水。

**8.2.11** 从毛巾上取下试样，放入漂洗水中，轻轻挤压使其分散，不要扭或拧。

**8.2.12** 让试样浸泡 2min。

**8.2.13** 轻轻挤压试样 1min，不要扭或拧。

**8.2.14** 重复浸泡 2min，挤压 1min。

**8.2.15** 将试样从水洗盆中取出，轻轻挤压去除多余的水分，不要扭或拧。

**8.2.16** 用干净的白毛巾，吸掉试样上的水分，不要扭或拧。

**8.2.17** 进行合适的干燥程序。

**8.3** 干燥。

**8.3.1** 从表 3 选择干燥条件。

**8.3.2** （A）滚筒烘干。将洗涤负荷（试样与陪洗织物）放入滚筒烘干机中，设置温度达到选定的排气温度（见表 4）。启动烘干机，直到试样和陪洗织物烘干。烘干机停止后，立即取出试样。

**8.3.3** （B）悬挂晾干。悬挂晾干时固定试样的两角，织物的长度方向与水平面垂直，悬挂在室温不超过 26℃（78℉）的静止空气中至干燥。不要直接对着试样吹风，以防止试样发生扭曲。

**8.3.4** （C）滴干。滴干时固定滴水试样的两角，织物的长度方向与水平面垂直，悬挂在室温不超过 26℃（78℉）的静止空气中至干燥。不要直接对着试样吹风，以防止试样发生扭曲。

**8.3.5** （D）平铺晾干。试样在水平的网架或打孔架上摊平，去除褶皱，但不要扭曲或拉伸试样，放在室温不超过 26℃（78℉）的静止空气中至干燥。不要直接对着试样吹风，以防止试样发生扭曲。

**8.3.6** 对于所有的干燥方式，允许试样在再次洗涤之前完全干燥。

**8.3.7** 洗后折痕。除最后一次干燥循环外，试样在任何一次的干燥循环后出现了折痕或褶皱，应在下一次洗涤和干燥循环前，浸湿试样，以适合的温度手工烫平（见 7.1.2）。若是最后一次干燥循环，则不可用此方式去除试样的折痕或褶皱。

**8.3.8** 重复选定的洗涤和干燥程序，总共进行 5 次循环或按协议要求的循环次数。

**8.4** 调湿。

最后一次干燥完成后，按 ASTM D1776《纺织品调湿和测试标准方法》（见 12.5）调湿试样。（按照表 1 选择织物调湿条件。按照表 2，根据纤维含量选择调湿时间），将每个测试试样分别平铺于筛网或带孔的调湿/干燥架上。

## 9. 评级

**9.1** 每块试样经三名有经验的观测者独立地评级。

**9.2** 所有的评级应在专门的观测区进行（见附录），唯一光源是观测板上悬挂的荧光灯，房间中其他的光源都应关闭。

**9.3** 观测者站在试样的正前方，距离观测板（见附图 2）1219mm±25mm（48 英寸±1 英寸），观测高度在 1524mm（60 英寸）左右对评级结果无明显影响。

**9.4** 将试样放在评级板上，褶裥与水平面垂直。为方便评级，将最接近的三维褶裥保持性样照（CR）放在试样的旁边。1、3、5 级评级样照放在试样的左边，2、4 级评级样照放在试样的右边。

**9.5** 评级时应关注缝线影响的区域，忽略周围织物的外观。褶裥样照是由机织物拍摄得到，不能完全复制其他织物（针织物，非织造布）。样照可以作为参考，代表不同的褶裥保持性水平。

**9.6** 指出与试样的缝线外观最接近的标准评级样照的数字级数。

**9.7** 每种织物的 9 个观测结果的平均值（三个测试试样，每个测试试样三个评级结果）。平均值精确到 0.1 级。该平均值即是本测试方法的测试结果。

## 10. 报告

报告每个样品的测试结果。

**10.1** 样品的描述或识别。

**10.2** 报告评级是按照 AATCC TM88C-2018te 进行的。

**10.3** 测试样数量。

**10.4** 陪洗织物类型，1 型或 3 型。

**10.5** 洗涤循环次数（默认为 5 个循环）。

**10.6** 如果可能，报告洗涤的条件，包括循环模式、水洗温度、干燥程序和滚筒烘干温度。如果各方都了解的话，可以使用数字描述这些条件，例如 1-Ⅳ-A（ⅱ）表示标准档，49℃，滚筒烘干。

**10.7** 观察者人数。

**10.8** 任何测试的偏离。

## 11. 精确度和偏差

**11.1** 实验室间研究。1992 年进行褶裥保持性试验。试验条件为机洗，41℃，滚筒烘干，标准/厚重棉织物档，6 家实验室提供褶裥保持性的评级数据。每个实验室的三个评级人员独立地评定三块试样，按要求将九个评级结果平均得出评级结果。

**11.1.1** 参加的实验室被认为是在统计学控制下进行的该试验，但未经确认。

**11.1.2** RA61 委员会直接用方差技术分析，没有修正评级样照的不连续性。

**11.1.3** 由于研究中的差异非常大，尤其是剩余方差，因此方法的使用者在开始试验前要注意查找差异可能的来源。

**11.1.4** 在 RA61 委员会的文件中还保留着该分析文件，可以作为参考。

**11.2** 精确度。

**11.2.1** 表 6 中给出方差要素，表 7 和表 8 中分别给出单个试样和多个试样比较的临界差。

**11.2.2** 如果实验室间比较单个试样，见表 7 中的临界差。

**11.2.3** 如果实验室间比较多个试样，见表 8 中的临界差。

**11.2.4** 若两个实验室在统计控制中，且以相当的水平操作，临界差的数值可能小于表中给出的数值，可通过比较得出数据。

**11.3** 偏差。褶裥保持性的数值仅在该测试方法中定义，没有独立的方法确定其真值。本测试方法没有已知的偏差。

表 6　方差要素

| 要素 | 方差 |
| --- | --- |
| 实验室 | 0.0855 |
| FL 相互作用 | 0.2049 |
| 试样（FRL） | 0.6304 |

表 7　单个试样比较的临界差（95%置信区间）

| 实验室内部 | 实验室之间 |
| --- | --- |
| 1.37 | 1.59 |

表 8　多试样比较的临界差（95%置信区间）

| 实验室内部 | 实验室之间 |
| --- | --- |
| 1.37 | 2.03 |

## 12. 注释

**12.1** 有关适合测试方法的设备信息，浏览在线 AATCC 用户指导，可见 AATCC 企业会员所提供的设备和材料清单。但 AATCC 未对其授权，或以任何方式批准、认可或证明清单上的任何设备或材料符合测试方法的要求。

**12.2** 建议的洗衣机和烘干机的型号和来源，可联系 AATCC 获取，地址：P.O. Box 12215, Research Triangle Park NC 27709；电话：+1.919.549.8141；

传真：+1.919.549.8933；电子邮箱：ordering@aatcc.org；网址：www.aatcc.org。此方法的前一个版本描述了另一种参数（3.6kg 负载、83 L 水位、80g AATCC1993 标准参考洗涤剂），但是没有可满足此参数的设备，另外，此参数得到的结果不等同于标准设备得到的结果。

**12.3** 可从 AATCC 获取，地址：P.O. Box 12215, Research Triangle Park NC 27709；电话：+1.919.549.8141；传真：+1.919.549.8933；电子邮箱：ordering@aatcc.org；网址：www.aatcc.org。

**12.4** 如果在洗涤过程中试样出现过多的散边现象，应对其适当地剪切或缝合。如果洗后试样的边缘出现扭曲，那么在评级前也应对其进行修剪。

**12.5** ASTM 标准可以从 ASTM 获得，100 Barr Harbor Dr., West Conshohocken PA 19428；电话：+1.610.832.9500；传真：+1.610.832.9555。网址：www.astm.org。

**12.6** 此方法需要两个 2440mm（96 英寸）的灯管，用于观察水洗测试试样。如果空间有限，可以选择两个 1220mm（48 英寸）的灯管代替，和一个窄点的观察板。

**12.7** 此测试方法中的水洗温度和其他参数都是测试的标准条件。作为实验室的常用测试程序，它代表但不完全和目前消费者的实际情况一致。消费者的实际情况会随着时间和每个家庭有所不同。实验室操作必须一致，以便使结果具有可比性。如果水洗设备或其他条件不同于此方法，必须描述细节和偏离。LP1 和 ISO 6330 概述了可选择的其他洗涤条件。

**12.8** 可从 ISO 网站获取，www.iso.org。

## 13. 历史

**13.1** 2023 年编辑性修订，增加历史部分。

**13.2** 2018 年修订（变更题目）；2018 年编辑性修订；2014 年编辑性修订；2012 年编辑性修订；

2011 年、2010 年修订；2008 年编辑性修订；2006 年修订；2005 年、2004 年编辑性修订；2003 年修订；2001 年编辑性修订并重新审定；1997 年编辑性修订；1996 年、1992 年修订；1991 年编辑性修订；1989 年修订（变更题目）；1987 年修订；1986 年、1985 年编辑性修订；1984 年编辑性修订并重

新审定（新题目）；1979 年、1975 年修订；1973 年重新审定；1974 年编辑性修订；1969 年重新审定。

**13.3** 由 AATCC RA61 技术委员会于 1963 年制定。技术上等同于 ISO 7769。

# 附录　评级区

**1. 评级板。**

**1.1** 胶合板，高度 1892mm（72 英寸），厚度 6mm（0.25 英寸），足够宽，可以容纳尺子和样品。

**1.2** 板上喷涂与 2 级灰卡颜色一样的颜料（见 12.3）。CIELAB 的值大约为 $L^*=77$，$a^*=0$，$b^*=0$。每个参数可接受 2 个单位的允差。

**1.3** 固定试样和样照的弹簧或其他装置需要保证试样中心离地面 1524mm（60 英寸）高，可以使用 0.76mm 厚（22ga）的薄钢板固定。

**2. 光源。**

**2.1** 悬挂荧光灯管（见 12.6）。

**2.1.1** 2 个平行的 F96 T12 冷白灯（无挡板或玻璃）。

**2.1.2** 一个白色搪瓷反光镜（无挡板或玻璃）。

**2.1.3** 按照附图 1 固定。

**2.2** 白炽泛光灯，500W，120V，C9 长丝，90°泛光灯。

**2.2.1** 254mm（10 英寸）铝反射器，和泛光灯一起使用。

**2.2.2** 遮光罩。

**2.2.3** 位置见附图 2 所示。

**2.3** 消除除荧光灯和泛光灯外的其他光源。

**3. 墙面。**

许多观察者的经验说明，靠近观察板的墙面颜色会影响评级结果。建议墙壁颜色为哑光黑（85 度角光泽度 5 以下）或在观察板地两侧安装遮光帘，以消除反射。

附图 1　褶裥保持性的观测区域

注意：抑菌区是由于试样上抗菌剂的扩散所造成。

## 5. 安全和预防措施

**5.1** 在方法/程序中规定的安全预防措施是测试程序中的附属措施，并不包括所有的安全措施。

**5.2** 本标准的使用者有责任参考适用的安全数据表，采用安全和适当的技术，并在处理本标准的材料时穿戴适当的个人防护装备。

**5.3** 使用者务必向制造商咨询有关材料的详尽信息，如设备的操作说明和其他建议。咨询并遵守所有适用的健康和安全法规（如美国职业安全卫生管理局的标准和条例）。

**5.4** 有关细菌操作的安全预防措施和人员培训请参阅 3.4，8.1 和 11.1 章节。

## 6. 使用和限制

**6.1** 本方法不适用于具有胶囊化和防止抗菌剂扩散的材料。不适用于含有可能中和抗菌剂物质的材料。不适用于能与琼脂反应的抗菌整理剂。

**6.2** 作为一种定性方法，抗菌的效果不由抑菌区域大小决定。

**6.3** 一些标准纺织品整理化学试剂，特别是抗皱和耐久压烫试剂，具有抗菌活性。为了确定抗菌活性是否是由于抗菌剂的作用：使用除抗菌剂外完全相同的其他整理剂，在相同的工艺下处理同样材料样品，测试其抗菌活性。

## 7. 设备（见 15.5）

**7.1** 恒温培养箱，温度保持在 37℃±2℃（99℉±4℉）。

**7.2** 水浴锅，温度保持在 45~50℃（113~122℉）。

**7.3** 本生灯或等同设备。

**7.4** 立式显微镜，最小 40 倍放大率。

**7.5** 高压蒸汽灭菌锅。

**7.6** 旋涡振荡器或等同设备。

## 8. 材料（见 15.5）

**8.1** 适合预期以测试样品为最终用途的细菌种类。某些细菌具有致病性（能够感染人类并产生疾病）。采取一切必要和合理的预防措施，消除实验室人员和相关环境中的其他风险。在处理前，对所有被污染的样品和测试材料进行消毒。可使用下列任何一种或全部细菌：

**8.1.1** 革兰氏阳性菌：金黄色葡萄球菌（Staphylococus aureus），ATCC 6538、CIP 4.83、DSM 799、NBRC 13276、NCIMB 9518 或等效菌株（见 15.6）。

**8.1.2** 革兰氏阴性菌：肺炎克雷伯氏菌（Klebsiella pneumoniae），ATCC 4352、CIP 104216、DSM 789、NBRC 13277、NCIMB 10341 或等效菌株（见 15.6）。

**8.1.3** 有关各方商定的其他菌种。

**8.2** 肉汤/琼脂培养基：营养肉汤/琼脂，胰蛋白胨大豆肉汤/琼脂，脑心浸液肉汤/琼脂，Muleer-Hinton 肉汤/琼脂，或适合维持所选测试菌种生长的肉汤/琼脂。

**8.3** 蒸馏水或去离子水。

**8.4** 接种环。

**8.5** 吸液管，1mL，无菌。

**8.6** 带盖的培养管，最小容量 10mL，无菌。

**8.7** 培养皿，直径 100mm×深 15mm，无菌。

**8.8** 镊子，无菌。

**8.9** 直尺。

## 9. 抽样

**9.1** 仅当样品具有统计学代表性时，测试结果有效（见 ASTM E1402）。

**9.2** 抽样必须是随机的。产品的每一个单元成为样本的概率应是相等的；每个样品的每一部分都应等可能的成为测试试样。

**9.3** 由于纯粹的偶然性，所有试样在偏差范围内必须是相同的。样本内必须没有已知原因的差异。

## 10. 试样

**10.1** 试样采用手工或模具裁剪。如果材料是不规则的，也可使用其他合适的尺寸。标准样品为直径 2.5cm（1英寸）的圆形。

**10.2** 需要一组平行测试试样。使用额外的测试试样，可以提高平均值精度。

## 11. 试验步骤

**11.1** 本试验应由经过培训的人员操作。参考美国卫生和公共服务部出版的《微生物和生物医学实验室的生物安全》（见3.4）。

**11.2** 用灭菌后的接种环，将所使用的菌种分别接种在装有合适肉汤的培养管中，制备试验菌液。在 37℃±2℃（99℉±4℉）条件下培养 18~24h。

**11.3** 用旋涡振荡或等效方法混匀菌液。将培养 18~24h 后的每种目标菌液用移液器吸取 1.0mL，分别装入在 45~50℃（113~122℉）水浴中保存的 150mL 无菌、融化的琼脂培养基中。也可按当量比例取 0.1mL 的试验菌液到 15mL 融化的琼脂培养基中。手动轻轻地旋转琼脂培养基（旋转会产生不必要的气泡），以实现细菌在融化琼脂中的均匀分布。对于每种混匀的菌液，在无菌环境下将 15mL 接种的琼脂转移到不同的培养皿中。不规则的试样，待琼脂培养基冷却至半凝胶状态，将试样埋覆在培养基中，紧密接触培养基。对于规则、表面平整的试样，琼脂培养基冷却至固态。

**11.4** 需要埋覆的试样，用火焰灭菌或蒸汽灭菌，冷却后的镊子轻轻地将试样按入琼脂培养基中；不需要埋覆的试样，用灭菌冷却后的镊子轻轻地按在琼脂培养基表面。对于需要埋覆的测试样品，在无菌环境下额外取接种同一菌种的琼脂培养基，注入埋覆有试样的平板中，以达到约 6mm 深的厚度。

**11.5** 培养皿盖上皿盖，待琼脂培养基凝固后，在 37℃±2℃（99℉±4℉）条件下培养 18~24h。

注意：应加入足量琼脂培养基与试样接触，但不要将试样深埋，否则会不利于抑菌区的观察。

## 12. 评价

**12.1** 观察经过培养的平板中试样周围的抑菌区，试样底部的无菌区。在直接观察平板底部时，应避免视差。如果肉眼观察时未发现抑菌区，应将试样放在最小放大倍数为 40 的立式显微镜下，以发现任何小区域抑菌区。

**12.2** 计算选择的抑菌区尺寸试样任意一边的平均抑菌圈宽度可用按照以下公式计算：

$$W = \frac{T - D}{2}$$

式中：$W$——抑菌区的宽度，mm；

$T$——试样以及抑菌区的总宽度，mm；

$D$——试样的直径，mm。

**12.3** 抑菌区的大小不能用于抗菌活性的定量评价。经过抗菌整理的样品应与相应的未经抗菌整理的样品以及已知抑菌活性的试样进行比较。通过测试的标准应该由协议双方商定。

## 13. 报告

**13.1** 测试样品的描述。

**13.2** 报告样品使用 AATCC TM90-2022 测试。

**13.3** 报告试验条件：

**13.3.1** 测试试样的尺寸；

**13.3.2** 重复测试试样的数量；

**13.3.3** 试验前试样是否灭菌及灭菌方式；

**13.3.4** 使用的琼脂培养基名称；

**13.3.5** 培养时间；

**13.3.6** 使用的菌种名称。

**13.4** 报告试验结果。

任何观察到的抑菌区。

**13.5** 任何关于本标准的修改情况。

## 14. 精确度和偏差

**14.1** 本试验方法的精确度尚未建立，在建立之前，采用标准的统计方法比较实验室内或实验室之间的试验结果的平均值。

**14.2** 偏差。抗菌活性可以根据测试方法来定义。没有独立的方法来确定真值。作为评估这一特性的手段，本方法没有已知的偏差。

## 15. 注释

**15.1** Rehule，G. G. A 和 Brewer，C. M.，美国食品药品监督局抗菌消毒测试方法。美国农业部，通告，198，p20（1931）。

**15.2** 文件可从 AATCC 获取，地址：美国 Research Triangle Park NC 22709，邮编：12215，电话：+ 1. 919. 549. 8141；邮箱：order @ aatcc. org；网址：www. aatcc. org。

**15.3** 文件可从 ASTM 获取，地址：100 Barr Harbor Drive，P. O. Box C700，West Conshohocken，PA，19428 - 2959，USA；电话：+1. 610. 832. 9500，传真：+1. 610. 832. 9555，邮箱：service@ astm. org。

**15.4** 文件可从 CDC 获取，网址：http://www. cdc. gov/labs/BMBL. html。

**15.5** 对于可能用到的仪器，试剂或原材料，请访问 AATCC 买家指南：www. aatcc. org/bg。AATCC 向其团体会员提供列出其项目和服务的选项。AATCC 没有资质，以任何方式批准、认可或证实所有清单均符合其标准中的规定。

**15.6** 美国典型菌种保藏中心（ATCC）地址：P. O. Box 1549，Mnassas VA 20108；电话：+1. 703. 365. 2700；传真：+ 1. 703. 365. 2701；网址：www. atcc. org。CIP 为法国巴斯德研究所保藏中心，DSM 为德国微生物和细胞培养物保藏中心，NBRC 为日本技术评价研究所生物资源中心，NCIMB 为英国国家工业微生物菌保藏中心。经由利益相关方商议，可选用世界培养物保藏联合会（WFCC）的同等菌种。试验使用的菌种应有溯源文件。

**15.7** 为确保测试的一致性和准确性，需保证储藏的测试用培养物纯净、无污染和突变。在接种和转种过程中应采用良好的无菌技术，避免污染；严格坚持每月对保藏培养物转种，防止突变；定期对平板画线，观察具有典型特征的单个菌落，检查菌种的纯度。

## 16. 历史

**16.1** 2022 年明确按照 AATCC 标准统一格式修订。

**16.2** 2019 年编辑性修订（更改标题）；2016 年重新审定；2011 重启/修订；2010 年修订；1989 年删除；1986 年、1985 年、1982 年编辑性修订；1977 年重新审定；1974 年、1972 年、1971 年编辑性修订；1970 年重新审定；1965 年、1962 年修订。

**16.3** AATCC RA31 技术委员会于 1958 年制定。

**AATCC TM92-2019**

# 残留氯强力损失：单试样法

## 1. 目的和范围

**1.1** 本测试法是测定残留氯可能引起损伤程度的快速方法。

**1.2** 本测试方法适用于棉和黏胶织物，也可用于那些不仅仅由于热量而导致破坏的任何织物（见11.1）。织物必须可用于拉伸强力的测试（典型的是机织物）。

## 2. 原理

织物在次氯酸钠溶液中处理后漂洗、干燥，并在热金属板间进行压烫。残留氯的破坏作用按压烫前后拉伸强力的差异计算。

## 3. 术语

残留氯：经含氯漂白的纺织品经洗涤和干燥后残留在材料中的有效氯。

## 4. 安全和预防措施

本安全和预防措施仅供参考。预防措施虽有助于测试，但并没有包括所有可能发生的情况。方法使用者有责任在处理材料时采用安全和正确的技术。查阅制造商提供的详尽信息，如材料的安全参数和其他制造商的建议，同时参照并遵守美国职业安全卫生管理局（OSHA）所有的标准和规定。

**4.1** 遵守良好的实验室规定，在试验所有的区域应佩戴防护眼镜。

**4.2** 按照制造商提供的安全建议操作实验室测试仪器。

**4.3** 谨慎地使用和处理所有的化学品。因为这些化学品有腐蚀性，故在处理碳酸钠溶液和次氯

酸钠漂白溶液时，应佩戴防护眼镜或面罩、防渗橡胶手套和防渗工作围裙进行操作。

**4.4** 在附近安装洗眼器、安全喷淋装置以备急用。

**4.5** 本测试法中，人体与化学物质的接触限度不得高于官方的限定值［例如，美国职业安全卫生管理局（OSHA）允许的暴露极限值（PEL），参见1989年1月1日实施的29 CFR 1910.1000］。此外，美国政府工业卫生师协会（ACGIH）的阈限值（TLVs）由时间加权平均数（TLV-TWA）、短期暴露极限（TLV-STEL）和最高极限（TLV-C）组成，建议将其作为人体在空气污染物中暴露的基本准则并遵守（见10.1）。

## 5. 仪器和试剂（见11.3）

**5.1** 烧杯，800mL。

**5.2** pH计（见11.4）。

**5.3** 恒温水浴锅（也可选用其他可控制温度的合适手段）。

**5.4** 绞干机，实验室用或家用。

**5.5** 加热仪。在一定温度下与试样表面紧密接触，使试样均匀受热。试样受到的压力为8.8g/cm²（见图1和11.5）。

**5.6** 拉伸强力测试仪。

**5.7** 次氯酸钠储备溶液，有效氯约为5%。

**5.8** 蒸馏水。

## 6. 试样准备

通常只测试经向的拉伸强力。试样经向尺寸约为35.6cm（14英寸），纬向尺寸约为20.3cm（8英寸）。如果需要测试纬向试样，试样纬向尺寸约

平均拉伸强力值。

**11.2** 可 从 Publications Office 获取，地址：ACGIH, Kemper Woods Center, 1330 Kemper Meadow Dr. , Cincinnati OH 45240；电话：+1.513.742.2020；网址：www.acgih.org。

**11.3** 有关适合测试方法的设备信息，请登录 www.aatcc.org/bg，浏览在线 AATCC 用户指导，可见 AATCC 企业会员所提供的设备和材料清单。但 AATCC 未对其授权，或以任何方式批准、认可或证明清单上的任何设备或材料符合测试方法的要求。

**11.4** 采用适合测试高 pH 的标准实验室 pH 计，比色法不适用于次氯酸钠。

**11.5** 一对温度可精确控制的电加热板，压力可调到 8.8g/cm²。为了达到规定的 8.8g/cm² 的压力，四个装有插脚的弹簧必须与上板接触，平衡上板重量，使试样受力达到规定值，也可使用其他可提供同样试验条件的设备。

**11.6** 预润湿和漂洗溶液的 pH 可能影响本试验方法测得的结果。鉴于商业惯例中 pH 变化范围较大，残留氯损委员会尚未为本测试方法设定一个具体值。

**11.7** 有效氯含量测定。用移液管移取浓度约为5%的、1.00mL 次氯酸钠溶液至容量瓶中，加蒸馏水稀释到 100mL。加入 6mL、12% 的碘化钾和 20mL、$c\left(\frac{1}{2}H_2SO_4\right) = 6mol/L$ 的硫酸，然后用 0.1mol/L 硫代硫酸钠溶液滴定。

计算公式如下：

$$有效氯的百分含量 = \frac{硫代硫酸钠的体积（mL）\times 0.1N \times 0.0355}{1mL \times 次氯酸钠溶液的相对密度} \times 100\%$$

## 12. 历史

**12.1** 2019 年进行了修订，使其与 AATCC 格式保持统一。

**12.2** 1962 年、1967 年、1971 年、1977 年、1980 年、1989 年、1999 年、2009 年、2013 年进行了重新审定，1974 年、1988 年、1992 年、2008 年、2010 年、2016 年进行了编辑性修订，1985 年、1994 年、2004 年进行了编辑性修订和重新审定。

**12.3** AATCC RR35 技术委员会于 1958 年制定。由 RA99 委员会维持。

**AATCC TM93-2019**

# 织物的耐磨性能：埃克西来罗试验仪法

## 1. 目的和范围

本测试方法用于评价纺织品和其他弹性材料的耐磨性能（见14.1）。

## 2. 原理

**2.1** 自由状态的织物样品在叶轮（转子）的驱动下，在圆柱测试箱内沿圆形轨道呈 Z 字形运动。样品反复与测试箱壁和摩擦衬垫撞击，同时不断受到极快的高速冲击。在测试过程中，样品受到折曲、摩擦、冲击、挤压、拉伸和其他机械力作用。

样品通过试样的纱线与纱线之间、纤维与纤维之间、织物表面之间和织物表面与磨料之间摩擦而产生磨损。

**2.2** 当试样在磨损的折线处断裂时，可根据试样的质量损失或（机织物）试样的抓样强力损失评价纺织品的耐磨性能。一般平纹机织物的评价可用两个方法之一，簇绒、其他起绒织物及针织物的评价用质量损失法。

**2.3** 织物的其他特性变化采用埃克西来罗试验仪法（见14.1）可能有助于评价织物的耐磨性能。

## 3. 术语

耐磨性能，材料的任何部分与另一表面摩擦产生的损耗。

## 4. 安全和预防措施

本安全和预防措施仅供参考。预防措施虽有助于测试，但并不包括所有可能发生的情况。方法使用者有责任在处理材料时采用安全和正确的技术。应查阅制造商提供的详尽信息，如材料的安全参数和其他制造商的建议，同时参照并遵守美国职业安全卫生管理局（OSHA）所有的标准和规定。

**4.1** 遵守良好的实验室规定，在实验室所有区域都应佩戴防护眼镜。

**4.2** 电动机运转时，必须关闭埃克西来罗试验仪箱门。按照制造商的安全建议操作实验室测试仪器。

**4.3** 建议定期使用埃克西来罗试验仪的操作者佩戴面罩，以防吸入纤维粉尘。

## 5. 使用和限制条件

**5.1** 测试时间、叶轮的尺寸、形状和角速度及所用衬垫类型影响本方法的测试结果。这些影响因素相互关联，因此改变测试条件就会使试样产生不同程度的磨损。如对于轻薄或易损织物，标准偏置叶轮转速2000r/min（209.44弧度/s）时，可能仅需试验2~3min就产生合适程度的磨损；而对于较厚重或耐久性织物，转速3000r/min（314.6弧度/s）时可能需要6min。

**5.2** 当织物卷曲或因其他原因而不能在测试箱中自由运动时，应停止测试。

**5.3** 本方法的测试结果并不等同于被测织物的使用寿命。

## 6. 设备和材料

**6.1** 埃克西来罗试验仪（见图1及14.3）包括以下两部分。

**6.1.1** 偏置叶轮（延长的 S 形），长度为114mm（4.5英寸）（见图2及14.4中对替代叶轮的说明）。

**图 1　埃克西来罗试验仪**

摩擦衬垫在泡沫橡胶垫上，S 形叶轮长度为 114mm（4.5 英寸）

**图 2　延长的 S 形叶轮**

**6.1.2**　环状塑料垫，厚度 3.2mm（0.125 英寸）的聚氨酯泡沫。

**6.2**　摩擦衬垫，精细磨料，500J 细砂氧化铝织物（见 14.3 及 14.5 中规定的替代摩擦衬垫）。

**6.3**　氙灯或其他频闪观测仪。

**6.4**　自动计时器，精确到 ±1s。

**6.5**　白色黏合剂。

**6.6**　花边剪和标记模板或裁剪模板（见 14.8）。

**6.7**　清洁测试箱的锦纶刷或清洁测试箱和试样的便携式真空吸尘器。

**6.8**　缝纫线，联邦 V-T-295 规定 E 尺寸、1 型、1 或 2 级。

**6.9**　棉布，宽度 1.2m（46 英寸），约 8m/kg（4 码/磅）的经纱 78 根/2.54cm×纬纱 76 根/2.54cm 印花织物（粗梳纱），经漂白退浆，未经着蓝、荧光漂白或整理剂处理的材料。

**6.10**　分析天平，精度至 ±0.001g。

## 7. 试样准备

**7.1**　无适用规范时，距离布边不小于织物幅宽的十分之一或 64mm（2.5 英寸）。每个样品上至少剪取三块试样，所选试样要有代表性。

**7.2**　试样的尺寸。

**7.2.1**　方法 A（质量损失法）。为了尽量减少试样与测试箱壁和摩擦衬垫的冲击而产生的偏差，剪取厚重的试样或批样时，尺寸比轻薄织物要小些。

表 1 列出织物质量与试样尺寸的关系。试样的边缘平行于经纱和纬纱（横列和纵列）或斜向。

**表 1　试样尺寸的选择**

| 织物的质量范围<br>［g/m²（盎司/码²）］ | 试样尺寸<br>［mm²（平方英寸）］ |
| --- | --- |
| 300～400（9～12） | 95（3.75） |
| 200～300（6～9） | 115（4.5） |
| 100～200（3～6） | 135（5.25） |
| 小于 100（3） | 150（6） |

**7.2.2**　方法 B（强力损失法）。试样尺寸为 100mm×150mm（4 英寸×6 英寸），拉伸方向的试样取样应大些。取样时试样边缘平行于经纱和纬纱。

**7.3**　试样准备。

**7.3.1**　方法 A。用花边剪或裁剪模板（见 14.8）剪取试样。如果机织物平行于纱线冲切，就沿着每边拆下宽度为 3.2mm（0.125 英寸）纱线。将试样放在塑料垫板上（为了保护台面），在每条剪裁或拆纱的边上涂抹宽度为 3.2mm（0.125 英寸）的黏合剂（见图 3 及 14.4 和 14.9），室温下晾干。

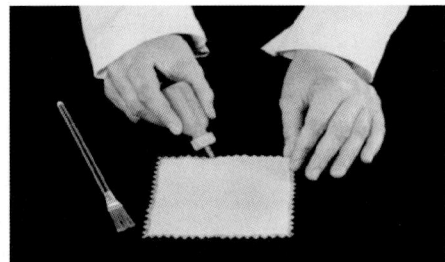

**图 3　黏合剂（见 6.5）涂抹试样的锯齿边缘**

**7.3.2** 方法 B。剪取 100mm×300mm（4 英寸×12 英寸）的试样（剪取长度是抓样法断裂强力试样长度的两倍），每个试样的两端需标数字，然后从中间剪开。其中一半作为对照样测定抓样法原始拉伸强力，另一半作为测定磨损试样抓样法的拉伸强力。试样边缘按照方法 A 涂抹黏合剂。距一端 50mm（2 英寸）处垂直长边折叠试样，使试样呈 100mm×100mm（4 英寸×4 英寸）的正方形，将折后 50mm×100mm（2 英寸×4 英寸）的试样折叠处（见图 4），距其边缘 6mm（0.25 英寸）以 4 针/cm（11 针/英寸）缝合。

图 4　方法 B 的试样准备

# 8. 埃克西来罗试验仪

**8.1** 转速表的校正。

**8.1.1** 叶轮。选择并安装合适的直径为 114mm（4.5 英寸）的标准偏置叶轮（见 14.4）。

**8.1.2** 氖灯。为了检查转速表的精度，氖灯可作为简单的闪光观测仪观察旋转的叶轮。关闭测仪箱门，氖灯靠近箱门窗口处，可看到叶轮在不同的转速下呈现不同的形状。如果氖灯在频率为 60Hz 交流电下使用，当叶轮以 1800r/min（188.50 弧度/s）速度运转时，呈现一个静止的、独特的双叶片；以 3600r/min（377 弧度/s）速度运转时，叶轮的轴心变得静止模糊，轴心两边出现两个微小的凸角。在许多欧洲国家，氖灯在 50Hz 交流电下，以上的图案分别在转速为 1500r/min（157.08 弧度/s）

和 1300r/min（314.16 弧度/s）运转时出现。如果转速表读数不准确，需转动刻度盘面板上的小螺丝钉来修正。

**8.1.3** 频闪观测仪。将频闪观测仪刻度盘设置为 3000r/min（314.16 弧度/s）。关闭埃克西来罗试验仪箱门后，启动仪器，调节叶轮的速度，使其呈现一个静止的双叶片。如果转速表的读数不是 3000r/min（314.16 弧度/s），需转动刻度盘面上的小螺丝钉来修正。

**8.2** 摩擦衬垫（见 14.5）。

**8.2.1** 安装衬垫。将衬垫放入环形箱槽中，用手指压着衬垫沿着环形箱槽的内壁转动，直至衬垫平整地紧贴在筒壁上，不要有任何折痕。

**8.2.2** 预磨新衬垫。将备好的环状塑料垫插入装有叶轮的埃克西来罗试验仪。剪取两块 114mm（4.5 英寸）正方形的 78×76 未整理棉印花织物（见 6.9），其边缘涂有黏合剂，预磨新衬垫。关闭箱门，启动埃克西来罗试验仪，叶轮以速度为 3000r/min（314.16 弧度/s）运行 6min 后，用第二块织物替换第一块织物，继续运行，直到总运行时间达到 12min 停止埃克西来罗试验仪，取出织物，刷掉或吸除衬垫上的残屑。

**8.2.3** 调换衬垫。为了使结果获得更好的重现性，建议测试 6 块试样后，从埃克西来罗试验仪上取下环形衬垫，调转方向，使原来靠近箱门的边缘放在测试箱的后部。

**8.2.4** 更换摩擦衬垫。建议测试 12 块样品后，更换摩擦衬垫。如果衬垫没有过多使用，则其使用次数可以超过 12 次。在系列测试之前及测试 6 块试样后，测定未整理的 76×78 棉印花布（见 6.9）的质量损失，并检查衬垫的使用情况。将衬垫放在平面上，用锦纶刷和肥皂水擦洗，除去衬垫上一些织物沉积的整理剂或其他物质，在一定程度上可以延长摩擦衬垫的使用寿命。擦洗后应该用水彻底地清洗并干燥，再检查衬垫的情况。

## 9. 调湿

按照 ASTM D1776《纺织品调湿和测试标准方法》，将备好的试样在标准大气下预调湿，基本达到平衡后，在标准大气下调湿进行测试。

## 10. 操作程序

**10.1** 方法 A（质量损失法）。

**10.1.1** 用分析天平（见 6.10）称重调湿试样（见 9）。

**10.1.2** 将长 114mm（4.5 英寸）长 S 形的偏置叶轮和一个 500J 喷砂铝氧化物织物精细磨料安装到埃克西来罗试验仪上（见 14.4、14.5 和 14.7）。

**10.1.3** 将试样捏成一团后放入测试箱。

**10.1.4** 关闭箱门（见 4），启动埃克西来罗试验仪和计时器，在设定的时间内保持速度精确至 ±100r/min（10.48 弧度/s）。运行速度一般保持在 3000r/min ± 1000r/min（314.16 弧度/s ± 10.48 弧度/s）运行一定时间，如 2～6min（见 14.7），使试样大量磨损而不撕破。

**10.1.5** 试验时间结束 ±2s 时，停止埃克西来罗试验仪，取出试样。

**10.1.6** 用刷子或吸尘器清除衬垫上的碎屑。

**10.1.7** 抖掉或用吸尘器去除试样上的碎屑。

**10.1.8** 将试样进行调湿（见 9）。

**10.1.9** 再次用分析天平称重试样，精确至 ±0.001g。

**10.2** 方法 B（拉伸强力损失法）。

**10.2.1** 进行 10.1.2 到 10.1.7 的操作。

**10.2.2** 拆去缝线，使样品恢复为 100mm×150mm（4 英寸×6 英寸）。

**10.2.3** 按 9.1 调湿试样。

**10.2.4** 按 ASTM D5034《纺织品断裂强力和伸长率的测试方法（抓样法）》测定拉伸强力。将试样的磨损折痕平行且等距离地放在拉伸测试仪的钳口中（见 14.6）。试样沿折线断裂为有效试验。

**10.2.5** 测定经调湿（见 9）、原始（未磨损）（见 7.3.2）试样的拉伸强力。

## 11. 计算和评价

**11.1** 方法 A（质量损失法）。计算每块试样的质量损失百分率，精确到 ±0.1%。

**11.2** 方法 B（拉伸强力损失法）。计算每对试样的强力损失百分率（见 7.3.2）。

**11.3** 计算每种方法的平均值。

## 12. 报告

**12.1** 方法 A。计算三块试样的质量损失百分率的平均值。

**12.2** 方法 B。计算三块试样强力损失百分率的平均值。

**12.3** 报告注明实际使用的条件，如叶轮转速、时间、尺寸和叶轮及衬垫类型。方法 A 还需报告试样的实际尺寸。

## 13. 精确度和偏差

**13.1** 精确度。本测试方法的精确度还未确定。在得出精确度之前，应采用标准的统计方法比较实验室内部或实验室之间的测试结果并取得平均值。

**13.2** 偏差。织物的耐磨性（埃克西来罗试验仪法）只能根据某一测试方法的确定。没有单独的方法来确定其真值。本方法作为评价该性能的一种方法，因此没有已知偏差。

## 14. 注释

**14.1** 虽然标准测试程序不包括透气性、透光性、外观、手感等性能的变化，但根据织物类型和最终用途可对其进行评价。

**14.2** 额外的信息见 T. F. Cooke，埃克西来罗试验仪的摩擦试验：实验室内测试的重现性，

American Dyestuff Reporter，47 卷，第 20 期，1958 年，679 ~ 683 页；H. W. Stiegler，H. E. Glidden，G. J. Mandikos，G. R. Thompson，"埃克西来罗试验仪用于磨损试验及其他用途"，American Dyestuff Reporter，45 卷，19 期，1956 年，685~700 页。

**14.3** 可从 SDL Atlas L. L. C 获取，地址：1813A Associate Lane，Charlotte NC 28217；电话：+1. 704. 329. 0911；传真：+1. 704. 329. 0914；电子邮 箱：info @ sdlatlas. com；网 址：www. sdlatlas. com。

**14.4** 长 度 为 108mm（4. 25 英寸）、114mm（4. 50 英寸）和 121mm（4. 75 英寸）的斜叶轮和 108mm（4. 25 英寸）的偏置 S 型叶轮用作特殊用途。

**14.5** 可用中等精细磨料和 240J 喷砂铝氧化物织物的衬垫（见 14.8），衬垫、磨料的安装程序同精细磨料和 500J 喷砂铝氧化物织物（见 8.2）。

**14.6** ASTM D 76《织物拉伸强力测试仪》中规定拉伸强力测试仪。

**14.7** 根据双方协议，可通过以下方法改变埃克西来罗试验仪的速度和磨损方式：改用中等精细磨料、240J 喷砂铝氧化物织物的衬垫，较短的 S 形叶轮或选用 0. 26 弧度斜叶轮，叶轮的速度从 1500r/min± 100r/min（157. 08 弧度/s ± 10. 48 弧度/s）变为 4000r/min±100r/min（418. 88 弧度/s ± 10. 48 弧度/s）。

该内容在试验结果报告中注明。

**14.8** 用金属、塑胶或纸板制作的正方形模板，可以方便地标记、裁剪的样品，也可使用适当尺寸的剪切模具。应在样品的边缘涂抹黏合剂前拆边（见 14.9）。

**14.9** 用塑料挤压瓶装的白色黏合剂涂在样品的锯齿边缘或脱散的边缘（见图 3），防止样品散边引起质量损失。胶条的宽度不超过 3.2mm（0. 125 英寸）。对于冲压裁剪的或不能剪成锯齿形的织物，沿着每个边缘拆纱 3.2mm（0. 125 英寸），然后涂上黏合剂。

## 15. 历史

**15.1** 2019 年修订，阐明了棉织物的结构。

**15.2** 2016 年进行重审审定，2011 年编辑性修订和重新审定，2008 年编辑性修订，2005 年修订，2004 年、1999 年编辑性修订和重新审定，1995 年编辑性修订，1994 年编辑性修订和重新审定，1989 年重新审定，1986 年、1985 年编辑性修订，1984 年修订，1978 年编辑性修订，1977 年、1974 年重新审定，1966 年修订。

**15.3** AATCC RR29 技术委员会于 1959 年制定。由 RA99 委员会维持。

点是非常灵敏、结果可信、需要样品量少且仪器简单。斑点试验需要的最小样品量为溶解在溶剂中的样品可以被检测到。斑点试验不能检测出待测材料的所有组分或组分的含量，但可以检测出待测材料中是否含有特定的元素、化合物以及化合物的种类。检测者在检测待测样品的同时还必须做空白样品和包含目标化合物的已知样品的试验。此外，应仔细重复试验以确认结果的可信度。

**13.2** 以下几种方法可用于斑点试验：

（1）将一滴待测溶液与一滴试剂在无孔隙的表面上混合；

（2）将一滴待测溶液滴在浸有试剂的介质上；

（3）将一滴试剂滴在固体待测样品上；

（4）将一滴试剂或一条浸有试剂的滤纸暴露在待测样品（固体形式或液体形式，见表2）挥发出的蒸气中；

（5）将一滴试剂滴在织物上并在织物的下面放一张白色滤纸用来观察颜色的变化。

上述方法中的任何一种，都可用于织物整理剂的斑点试验样品的制备。

第一，此试验可直接在织物上进行，不需要预先制备；

第二，用选定的溶剂将织物萃取后，可直接用萃取溶液进行斑点试验；

第三，织物样品在干灰化或湿灰化过程中可能被破坏，进行残余物的斑点试验时，可采用固体形式或是液体形式；

最后，一些化合物在灼烧过程中产生难溶的氧化物，对于此类氧化物的样品制备可采用熔融的方法。此方法涉及样品与金属钠或金属钾的一起加热。

## 14. 报告

**14.1** 测试样品的描述或识别。

**14.2** 按照 AATCC TM94-2020 测试样品。

**14.3** 报告测试条件。

**14.3.1** 萃取溶剂。

**14.3.2** 萃取物分析方法。

**14.3.3** 萃取物分析的仪器条件。

**14.3.4** 其他相关测试条件。

**14.4** 报告测试结果。

整理剂或整理剂成分检测。

**14.5** 描述与本标准的任何偏离。

## 15. 精确度和偏差

由于本检测方法中没有涉及数据，因此没有精确度与误差。

## 16. 注释

可从 AATCC 获取，地址：P. O. Box 12215, Research Triangle Park NC 27709, USA；电话：+1. 919. 549. 8141；电子邮箱：ordering@ aatcc. org；网址：www. aatcc. org。

## 17. 历史

**17.1** 在 2020 年进行了修订，更新了光谱，修订现有章节中文本，并添加新章节使得内容更明确。

**17.2** 2017 年、2012 年进行重新确认，2010 年进行编辑性修订，2007 年、2002 年进行重新确认，1997 年、1992 年进行编辑性修订和重新确认，1987 年进行修订，1985 年、1977 年进行重新确认，1974 年进行编辑性修订，1973 年、1969 年进行重新确认，1965 年、1962 年、1961 年进行修订。

**17.3** 由 AATCC 委员会 RA45 在 1959 年开发。

# 附录　波谱图

不同整理剂的光谱图、色谱图如附图 1~附图 10 所示。

附图 1　一种脂肪族柔软剂的红外光谱图

附图 2　硅树脂柔软剂的红外光谱图

附图 3　DMDHI 无甲醛耐久压烫整理剂的红外光谱图

附图 4　羟乙酸盐二羟甲基二羟乙基亚乙基脲（DMDHEU）耐久压烫整理剂的红外光谱图

附图 5　有机磷阻燃剂的红外光谱图

附图 6　C-6 氟碳类防水/油整理剂的红外光谱图

附图 7　二羟甲基二羟乙基亚乙基脲（DMDHEU）耐久压烫整理剂的激光拉曼光谱图

附图 8  甲醛 2，4-二硝基苯腙的高效液相色谱图

附图 9  DMDHI 耐久压烫整理剂的高效液相色谱图

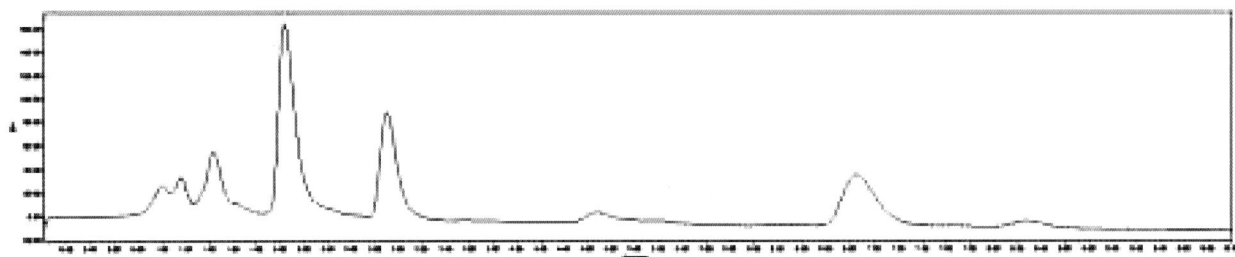

附图 10  羟乙酸盐二羟甲基二羟乙基亚乙基脲（DMDHEU）耐久压烫整理剂的高效液相色谱图

**AATCC TM97-2020**

# 纺织品中的可萃取物含量

## 1. 目的和范围

本测试方法主要是测定纤维素纤维或纤维素纤维和其他种类纤维混纺的纤维、纱线或织物中的水、酶和有机溶剂萃取物的总含量。

## 2. 原理

测试样品中的水和酶这类可溶性非纤维物质，要求在热水中处理，然后依次经淀粉酶溶液处理。油、脂肪和蜡，可用己烷萃取（见 5.11 和 11.1）。

## 3. 术语

可萃取物：指纺织品中的非纤维素物质，不包括水，可以用水、淀粉酶溶液或专用的溶剂按照规定的方法与纺织品分离。

## 4. 安全和预防措施

本安全和预防措施仅供参考。本部分有助于测试，但未指出所有可能的安全问题。在本测试方法中，使用者在处理材料时有责任采用安全和适当的技术；务必向制造商咨询有关材料的详尽信息，如材料的安全参数和其他制造商的建议；务必向美国职业安全卫生管理局（OSHA）咨询并遵守其所有标准和规定。

**4.1** 遵守良好的实验室规定，在所有的试验区域应佩戴防护眼镜。

**4.2** 所有化学物品应当谨慎使用和处理。

**4.3** 1,1,1-三氯甲烷可能对眼睛和黏膜有刺激作用，必须在通风良好的通风橱内处理。

**4.4** 在附近安装洗眼器、安全喷淋装置，并应提供有机蒸汽呼吸器以备急用。

**4.5** 本测试法中，人体与化学物质的接触限度不得高于官方的限定值［例如，美国职业安全卫生管理局（OSHA）允许的暴露极限值（PEL），参见 1989 年 1 月 1 日实施的 29 CFR 1910.1000］。此外，美国政府工业卫生师协会（ACGIH）的阈限值（TLVs）由时间加权平均数（TLV-TWA）、短期暴露极限（TLV-STEL）和最高极限（TLV-C）组成，建议将其作为人体在空气污染物中暴露的基本准则并遵守（见 AATCC 103）。

## 5. 仪器和材料

**5.1** 精度为 0.1mg 的分析天平。

**5.2** 循环鼓风烘箱，温度可恒定在 105～110℃（220～230℉）。

**5.3** 索氏萃取器（方法 1）。

**5.4** 加速溶液萃取器，22mL。

**5.5** 带玻璃盖的称量瓶。

**5.6** 萃取套筒，纤维素。

**5.7** 300mL 的高型烧杯。

**5.8** 表面皿，90mm（要能遮盖住 300mL 的高型烧瓶）。

**5.9** 100 目不锈钢过滤网。

**5.10** 氯化钙或类似的干燥剂。

**5.11** 己烷，萃取级（这里的己烷是指己烷同分异构体的混合物。纯度更高的级别，如 HPLS，更昂贵且对于本方法可能不必要）。

**5.12** 细菌淀粉酶，枯草杆菌，1600～1800 B.A.U.（见 AATCC 103《退浆中使用的细菌 α-淀粉酶的分析》）。

**5.13** 实验室通风橱。

## 6. 试样准备

**6.1** 从每个样品中取 10g 试样，如果材料是机织物，斜向取样以减少松散纤维和纱线。

**6.2** 为提高准确度，可每个样本中测试 2 个试样。

## 7. 操作程序

**7.1** 试样准备。把样品放入已称重的称量瓶中，小心将试样布边折叠，以避免损失疏松纤维或纱线，在 105～110℃（220～230℉）循环空气的烘箱中干燥至恒重（见 AATCC 20A）。在干燥器中冷却称量瓶，准确称重（包括样品和称量瓶），精确到 0.1mg。

**7.2** 水萃取。从称量瓶中取出干燥样品，将其放入含有 200mL、82℃±3℃（180℉±5℉）的蒸馏水烧杯中，用表玻璃盖在烧杯上，保温 2h。然后把水和试样倒入固定在过滤烧瓶上的布氏漏斗中进行过滤，分别用 100mL 的蒸馏水清洗样品两次，用滤网过滤松散纤维并将它们包进试样里，把试样放回称量瓶，如 7.1 将试样烘干至恒重。根据 7.1 和 7.2 中试样重量的不同，用 8.1 中公式可计算出水溶性物质的含量。

**7.3** 酶萃取。将经水萃取的试样从称量瓶中取出（见 7.2），放进含有 200mL、2% 的细菌性淀粉酶溶液的烧杯中，在 74℃±3℃（165℉±5℉）下保温 1h，把溶液和样品倒进过滤网，每次用 100mL、82℃±3℃（180℉±5℉）的蒸馏水连续冲洗共 10 次。将过滤网上的纤维和纱线放回试样，如 7.1 方法烘至恒重。根据 7.2 和 7.3 中试样重量的不同，用 8.1 中公式可计算出酶萃取物的含量。

**7.4** 油、脂肪和蜡状物质（选择以下方法中的一种）。

**7.4.1** 方法 1（索氏萃取法）：将经过水和酶萃取的试样（见 7.2 和 7.3）放入索氏萃取器。如果试样含有松散纤维物质，则使用萃取套管用己烷萃取 12～16 次（见 11.1）。将试样从萃取器中取出，在实验室烟雾罩内挥发试样残留的己烷。将试样放回称量瓶，如果使用了萃取套管，将试样从套管中取出放入称量瓶。用 7.1 中的方法将试样烘干至恒重。用 7.3、7.4 中得出的重量用 8.1 中公式可计算出溶剂萃取物的含量。

**7.4.2** 方法 2（加速溶液萃取过程）：在以下条件下用加速萃取器萃取干试样。

萃取仓大小：22mL（见 11.3）。

加热：5min。

静置：15min。

满容量：90%。

清洗：90s。

纤维素过滤层温度：100℃。

压力：1500。

溶剂：己烷。

循环：3 次。

使用玻璃珠。

空气中干燥试样后，将其转移至称量瓶中，按照 7.1 中的方法将试样烘干至恒重。用 7.3、7.4 得出的重量采用公式 1 计算出溶剂萃取物的含量。

## 8. 计算

**8.1** 用下面式（1），分别计算用水、酶和溶剂从样品中提取的物质含量，保留两位小数。

$$E = \frac{B - A}{X} \times 100\% \qquad (1)$$

式中：$E$——水、酶溶液或有机溶剂萃取的物质含量，%；

$B$——萃取前样品的质量，g；

$A$——萃取后样品的质量，g；

$X$——第一次萃取前烘干样品的质量，g。

如果三次萃取的任何一次中，萃取的物质少于 0.02%，记录萃取值为"低于 0.02%"。

**8.2** 试样总的萃取值为水、酶、溶剂三次萃取值的和，如果这三项萃取值中有报告低于 0.02% 的情况，则按 0.01% 计算。

## 9. 报告

报告以下信息。

**9.1** 使用 AATCC 97-2019 测试并计算数据。

**9.2** 报告任何对测试方法的偏离。

**9.3** 报告萃取器的品牌与型号。

**9.4** 水萃取物质的百分含量。

**9.5** 酶萃取物质的百分含量。

**9.6** 溶剂萃取物质的百分含量。

**9.7** 报告总萃取量。

## 10. 精确度和偏差

**10.1** 实验室间比较。在 2005 年对该测试方法进行了有限的研究，用于评价索氏萃取法与快速萃取器之间的精确度以及它们之间的偏差。有三个实验室参与，每个实验室出 2 名操作员、测试 3 种面料。所使用的面料包括 100% 棉漂白面料，50/50 涤棉混纺灰色面料以及 100% 棉灰色面料。使用加利福尼亚桑尼维尔 Dionex 公司生产的加速溶液萃取器。由每个操作者对每种面料用每种方法测试两次。萃取物平均值和标准偏差见表 1。基于这些有限数据得出的平均值和标准偏差，用户在使用本测试方法做严格的比较时要考虑这一测试方法的偏差范围。

**表 1　总含量的平均值**

（以百分率表示）

| 方　法 | 材　料 | 平均值 | 标准偏差 | $n$ |
|---|---|---|---|---|
| 加速法 | 漂白棉 | 0.412 | 0.113 | 12 |
| 索氏萃取法 | 漂白棉 | 0.429 | 0.060 | 12 |
| 加速法 | 50/50 涤/棉 | 2.615 | 0.190 | 12 |
| 索氏萃取法 | 50/50 涤/棉 | 2.669 | 0.057 | 12 |
| 加速法 | 100% 棉 | 8.127 | 0.267 | 12 |
| 索氏萃取法 | 100% 棉 | 8.066 | 0.362 | 12 |

**10.1.1** 精确度。这些精确度与偏差的分析基于所有萃取方法和所有面料。这样做的原因是实验量较小以及实验材料的单一性。方差分量用 ASTM 2904-97 的附录 1 估算。数据的细节可联系 AATCC

技术中心得到。精确度由根据 ASTM 2906-97 计算出的临界差表示。ASTM 2906-97（2002）列出的计算方法用于计算两种样品数量之间的单侧临界差。

**10.1.2** 方差分量。索氏萃取过程。索氏萃取过程的方差分量见表 2。这一节里的每一个量度单位都是总萃取量的百分率。

**表 2　索氏萃取过程标准偏差的估算分量**

| 方差分量 | 估算标准偏差 |
|---|---|
| L | 0.000 |
| M—L 相互作用 | 0.000 |
| O 在 L 内 | 0.000 |
| M—O 在 L 内相互作用 | 0.242 |
| S 在 M，O 和 L 不同组合内 | 0.081 |

注　L—实验室；M—材料（面料）；O—操作者；S—试样。

**10.1.3** 临界偏差（索氏萃取过程）。索氏萃取过程 95% 临界差见表 3。

**表 3　索氏萃取过程**

（95% 置信水平临界差）

| 计算平均值样品数量 | 单个操作者临界差 | 实验室内临界差 | 实验室间临界差 |
|---|---|---|---|
| 1 | 0.225 | 0.706 | 0.706 |
| 2 | 0.159 | 0.688 | 0.688 |
| 3 | 0.130 | 0.682 | 0.682 |
| 4 | 0.112 | 0.679 | 0.679 |

**10.1.4** 加速萃取过程的方差分量见表 4。

**表 4　加速溶液萃取过程标准偏差的估算分量**

| 方差分量 | 估算标准偏差 |
|---|---|
| L | 0.121 |
| M—L 互相作用 | 0.000 |
| O 在 L 内 | 0.080 |
| M—O 在 L 内相互作用 | 0.018 |
| S 在 M，O 和 L 不同组合内 | 0.134 |

**10.1.5** 加速萃取过程的 95% 临界差见表 5。

表5 加速溶液萃取

（95%置信水平临界差）

| 计算平均值<br>样品数量 | 单个操作者<br>临界差 | 实验室内<br>临界差 | 实验室间<br>临界差 |
|---|---|---|---|
| 1 | 0.371 | 0.488 | 0.591 |
| 2 | 0.263 | 0.411 | 0.530 |
| 3 | 0.214 | 0.382 | 0.508 |
| 4 | 0.186 | 0.367 | 0.496 |

**10.2** 偏差。萃取物的含量与所使用萃取方法有关。所以无法依据绝对值来衡量测试过程的绝对偏差。

相对偏差。本次研究获得的数据是用于两种萃取过程之间的相对偏差。这两种萃取过程没有稳定的偏差。但给出了某实验室测定某种面料偏差的实例。在实验室特定的应用与测试条件下，萃取过程之间存在偏差时，应进行自我验证。

## 11. 注释

**11.1** 去除油、脂和蜡质时也可选择替代试剂或添加某些试剂替代己烷，然而，其他试剂没有被 RA34 委员会评估过。所以暂无使用其他试剂的可靠性和重现性的说明。如果使用己烷以外的试剂（或在己烷内加入添加剂），应在报告中注明。10.2

对 7.1 中的干燥条件敏感的合成纤维通过本测试方法不能得出准确的数据。

**11.2** 资料可以从 ACGIH 获取，地址：Publications Office，Kemper Woods Center，1330 Kemper Meadow Dr.，Cincinnati OH 45240；电话：+1.513.742.2020；网址：www.acgih.org。11.2 有关适合测试方法的设备信息，请登录 http://www.aatcc.org/bg。AATCC 提供其企业会员单位所能提供的设备和材料清单。但 AATCC 没有给其授权，或以任何方式批准、认可或证明清单上的任何设备或材料符合测试方法的要求。

## 12. 历史

**12.1** 2020 年修订，以明确安全性要求。

**12.2** 2019 年修订，使其与 AATCC 格式保持统一。

**12.3** 2013 年重新审定，2010 年编辑性修订，2009 年（名称变更）修订，1999 年、1995 年修订，1993 年编辑性修订，1989 年、1988 年重新审定，1987 年编辑性修订，1982 年（名称变更）修订，1979 年修订，1975 年、1972 年、1968 年重新审定。

**12.4** AATCC RA34 技术委员会于 1960 年制定。

*AATCC TM98-2022*

# 过氧化氢漂白浴中碱含量的测定

## 1. 目的和范围

**1.1** 本测试方法主要是测定过氧化氢漂白浴中的总碱量，包括其他来源的碱。总碱含量用氢氧化钠百分含量表示。

**1.2** 漂白浴中的碱可能由氢氧化钠、硅酸钠、碳酸钠或者其他碱性物质，包括钾化合物、氨水、石灰或含有碱性盐的过氧化物固体构成。

**1.3** 漂白浴中的碱含量是确定漂白速率和程度的一个关键参数，也能确定织物受漂白工艺影响的程度。

**1.4** 本测试方法用于实验室测定和生产过程控制。

## 2. 原理

用硫酸标准溶液滴定已知质量的漂白液，用酚红指示终点，或者 pH 计显示范围为 6.8～8.4，未指示终点，总碱含量用氢氧化钠的百分含量表示，根据漂白浴的质量来计算。

## 3. 术语

漂白：通过氧化或者还原化学处理，去除基质上有色物质的过程。

## 4. 安全和预防措施

本安全和预防措施仅供参考。本部分有助于测试，但未指出所有可能的安全问题。在本测试方法中，使用者在处理材料时有责任采用安全和适当的技术；务必向制造商咨询有关材料的详尽信息，如材料的安全参数和其他制造商的建议；务必向美国职业安全卫生管理局（OSHA）咨询并遵守其所有标准和规定。

**4.1** 遵守良好的实验室规定，在所有的试验区域应佩戴防护眼镜。

**4.2** 所有化学物品应当谨慎使用和处理。硫酸是一种腐蚀性化学品，在使用纯溶液或浓溶液配置稀溶液时，必须使用护目镜或面罩、专用手套和实验服。务必将酸加入水中。

**4.3** 在附近安装洗眼器、安全喷淋装置以备急用。

**4.4** 本测试法中，人体与化学物质的接触限度不得高于官方的限定值〔例如，美国职业安全卫生管理局（OSHA）允许的暴露极限值（PEL），参见 1989 年 1 月 1 日实施的 29 CFR 1910.1000〕。此外，美国政府工业卫生师协会（ACGIH）的阈限值（TLVs）由时间加权平均数（TLV-TWA）、短期暴露极限（TLV-STEL）和最高极限（TLV-C）组成，建议将其作为人体在空气污染物中暴露的基本准则并遵守（见 12.1）。

## 5. 仪器和材料

**5.1** 邻苯二甲酸氢钾（$C_8H_5O_4K$），美国化学会（ACS）规定的试剂级。

**5.2** 如果没有 pH 计，使用酚红（苯酚磺酞）或 0.06%酚红溶液。

**5.3** 甲醇（$CH_3OH$）（如果使用 0.06%的酚红溶液则不需要）。

**5.4** 硫酸（$H_2SO_4$），美国化学会（ACS）试剂级，95%～98%，或 0.05mol/L（0.1N）（见 7.1 和 12.2）。

**5.5** 氢氧化钠（NaOH），美国化学会（ACS）试剂级。

址：www. atcc. org。CIP 为法国巴斯德研究所保藏中心，DSM 为德国微生物和细胞培养物保藏中心，NBRC 为日本技术评价研究所生物资源中心，NCI-MB 为英国国家工业微生物菌保藏中心，CUG 为瑞典哥德堡菌种保藏大学。经由利益相关方商议，可选用世界培养物保藏联合会（WFCC）的同等菌种。试验使用的菌种应由有溯源文件。

**13.3** 为确保测试的一致性和准确性，需保证储藏的测试用培养物纯净、无染菌和突变。在接种和转种过程中应采用良好的无菌技术，避免污染；严格坚持每月对保藏培养物转种，防止突变；定期对平板画线，观察具有典型特征的单个菌落，检查菌种的纯度。

**13.4** 已经确定了一种合适的可行性控制织物，已知该织物在此标准方法的条件下显示出＞1log 的增长，可以通过国际抗菌理事会（www.

amcouncil. org）购买。

## 14. 历史

**14.1** 最近修订于 2019 年，删除了一些导致用户混淆的问题。通过定义参数来减少歧义，包括用于未处理的可行性控制试样，接种培养基中营养物的浓度，接种菌液制备，试样制备，样品灭菌和最终测试报告内容。

**14.2** 2012 年修订，2010 年、2009 年编辑性修订，2008 年重新审定，2004 年编辑性修订并重新审定，1999 年修订，1998 年重新审定，1993 年修订，1989 年重新审定，1988 年修订（更改标题），1986 年编辑性修订并重新审定，1985 年进行编辑性修订，1981 年修订，1977 年重新审定，1974 年、1971 年、1969 年进行了编辑性修订，1965 年修订。

**14.3** AATCC RA31 技术委员会在 1961 年制定。

**AATCC TM101-2019**

# 过氧化氢漂白色牢度

## 1. 目的和范围

本测试方法用于评定各种类型（除含聚酰胺纤维以外）的纺织品耐过氧化氢漂白作用的色牢度。在漂白液中过氧化氢的浓度与纺织品加工过程中的过氧化氢浓度相同。

## 2. 原理

试样和规定的白色织物结合在一起形成组合试样，组合试样浸入漂白溶液中，漂洗后干燥。评定试样的变色以及贴衬织物的沾色。

## 3. 术语

色牢度：材料在加工、检测、储存或使用过程中，暴露在可能遇到的任何环境下，抵抗颜色变化和/或颜色向相邻材料转移的能力。

## 4. 安全和预防措施

本安全和预防措施仅供参考。本部分有助于测试，但未指出所有可能的安全问题。在本测试方法中，使用者在处理材料时有责任采用安全和适当的技术；务必向制造商咨询有关材料的详尽信息，如材料的安全参数和其他制造商的建议；务必向美国职业安全卫生管理局（OSHA）咨询并遵守其所有标准和规定。

**4.1** 遵守良好的实验室规定，在所有的试验区域应佩戴防护眼镜。

**4.2** 在漂白浴液的制备过程中，处理过氧化氢（35%）和氢氧化钠浓溶液时，应使用适当的个人防护设备。涉及以上材料的准备时，应佩戴化学防护眼镜或面罩、橡胶手套和橡胶围裙。

**4.3** 在附近安装洗眼器、安全喷淋装置以备急用。

**4.4** 处理热的试样试管时采用适当的防护设备，如手套和金属夹钳。

**4.5** 本测试法中，人体与化学物质的接触限度不得高于官方的限定值［例如，美国职业安全卫生管理局（OSHA）允许的暴露极限值（PEL），参见1989年1月1日实施的29 CFR 1910.1000］。此外，美国政府工业卫生师协会（ACGIH）的阈限值（TLVs）由时间加权平均数（TLV-TWA）、短期暴露极限（TLV-STEL）和最高极限（TLV-C）组成，建议将其作为人体在空气污染物中暴露的基本准则并遵守（见12.1）。

## 5. 仪器和材料（见12.2）

**5.1** 试管或烧杯，直径和长度适合于试样卷，并且保证试样能被漂白溶液浸没。

**5.2** 适合的漂白浴组分见表1。

**5.3** 两块白色贴衬织物，每块的尺寸为10.2cm×3.8cm（4.0英寸×1.5英寸）。第一块贴衬织物中的纤维与待测织物中的纤维相同，第二块贴衬织物的纤维见表2。白色的多纤维贴衬织物（见12.3）可用来代替第二块白色贴衬织物。

**5.4** 变色灰卡（AATCC EP1，见12.7）。

**5.5** 沾色灰卡（AATCC EP2，见12.7）。

**5.6** AATCC 9级沾色彩卡（AATCC EP8，见12.7）。

## 6. 试样准备

**6.1** 若待测纺织品为织物，取一块尺寸为10.2cm×3.8cm（4.0英寸×1.5英寸）的试样，将试样夹在两块白色贴衬织物中间，然后将四边缝合，制成组合试样（见表2）。

表 1　漂白溶液的组成及使用条件

| 条　件 | 试验 1（羊毛） | 试验 2（蚕丝） | 试验 3（棉） | 试验 4（棉） |
|---|---|---|---|---|
| | 每升蒸馏水所需要的量 | | | |
| 过氧化氢（35%）① | 15.4mL（17.5g） | 8.8mL（10.0g） | 8.8mL（10.0g） | 8.8mL（10.0g） |
| 硅酸钠（42°Bé）② | | 5.1mL（7.2g） | 4.2mL（6.0g） | 7.0mL（10.0g） |
| 焦磷酸钠③ | 5.0g | | | |
| 氢氧化钠④ | | | 0.5g | 0.5g |
| 润湿剂⑤ | | | 2.0mL | |
| pH（最初）⑥ | 9.0~9.5 | 10.5 | 10.5 | 10.5 |
| 时间 | 2h | 1h | 2h | 1h |
| 温度 | 49℃（120℉） | 82℃（180℉） | 88℃（190℉） | 100℃（212℉） |
| 浴比 | 30：1 | 30：1 | 30：1 | 1：1 |

① 质量百分比。
② 42°Bé，$SiO_2$：$Na_2O$ = 2.5：1，10.6%$Na_2O$，26.0%$SiO_2$。
③ $Na_4P_2O_7 \cdot 10H_2O$。
④ 化学纯。
⑤ 双硫化蓖麻油。
⑥ 如果需要，用氢氧化钠调节。

表 2　贴衬织物的选择

| 第一块 | 第二块 |
|---|---|
| 羊毛，丝，亚麻，黏胶纤维 | 棉布或多纤维贴衬织物 |
| 棉，醋纤 | 黏纤或多纤维贴衬织物（见12.3） |

**6.2** 若待测纺织品为纱线，将纱线编织织物，制成与 6.1 中样品大小相同的样品或在两块贴衬织物中间平铺一层平行长度相同的待测纱线，然后将四边缝合以固定纱线。

**6.3** 若待测纺织品为纤维，将纤维梳压成一块大小为 10.2cm×3.8cm（4.0英寸×1.5英寸）的小片，然后将其夹在两块贴衬织物之间，缝合四边，制成组合试样。

## 7. 操作程序（见 12.4）

**7.1** 对于试验1、试验2和试验3，将待测组合试样沿长边松松地卷成卷，并放入试管内，将试样浸入适当的漂白溶液中，浸泡温度和时间见表1。

**7.2** 对于试验4，将组合试样在漂白溶液中浸泡到其自身质量的100%饱和（见表1），然后将试样沿长边卷起，并放入 99~101℃（210~214℉）的饱和蒸汽（见12.5）中 1h。

**7.3** 取出组合试样，再用流动的冷自来水漂洗 10min，然后挤干。拆开组合试样的两个长边和一个短边缝线，展开试样，使试样的三个部分仅由一条缝线连接，然后在不高于60℃（140℉）的温度中干燥。

## 8. 变色的评定方法（色光和强度）

使用《变色灰卡评定程序》（AATCC EP1）或 AATCC EP7《仪器评定试样变色》评定试样的

变色。记录与灰卡颜色最接近的级数。为提高测试精确度和准确性，评级人员应为一人以上。

## 9. 沾色的评价方法

用《沾色灰卡评定程序》（AATCC EP2）、《AATCC 9级沾色彩卡》（AATCC EP8）或《仪器评定沾色程度的方法》（AATCC EP12）评价织物的沾色。记录与所用评级卡颜色最接近的级数（见12.6）。所用评级卡应在报告中注明。

## 10. 报告

对测试中所使用的每种白色纤维布应报告如下内容：使用的漂白液（表1中的试验号）；变色级数；沾色级数；使用的评级卡（AATCC EP2，EP8，EP12）。

## 11. 精确度与偏差

**11.1** 精确度。2000年一个实验员在一个实验室内完成此项研究。

**11.1.1** 测试试样含有六块织物，每种三块。按照表1所示漂白方案、试验条件、使用仪器评估每种试样的变色和沾色程度。

**11.1.2** 实验室内标准误差及样本方差见表3，AATCC技术中心档案中有数据记载。

**11.2** 偏差。耐过氧化氢漂白色牢度只能根据某一实验方法予以明确，没有单独的方法用以确定准确数值。作为一种估计这一性质的手段，本测试方法没有已知的偏差。

## 12. 注释

**12.1** 资料索取地址：Publications Office，ACGIH，Kemper Woods Center，1330 Kemper Meadow Dr.，Cincinnati OH 45240，电话：+1.513.742.2020；网址：www.acgih.org。

**12.2** 有关适合测试方法的设备信息，请登录http://www.aatcc.org/bg。AATCC提供其企业会员单位所能提供的设备和材料清单。但AATCC没有给其授权，或以任何方式批准、认可或证明清单上的任何设备或材料符合测试方法的要求。

**12.3** 白色贴衬织物的要求：平纹、中等质量、未整理、无残留化学物质和没有化学损伤的纤维。棉和麻织物应经漂白，其他纤维的织物要清洗到通常的白度。一块白色多纤维贴衬织物可代替第二块单纤维贴衬织物。

**12.4** 根据纤维的使用情况，从表1中选择最合适的条件。例如，染色蚕丝用于粗纺毛织物或精纺毛织物的花纹纱，评定色牢度时采用羊毛的试验

表 3  实验室内标准误差及样本方差

| 样品识别 | 测试参数 | 均 值 | 标准差 | 标准误差 | 样本方差 | 临界方差 |
|---|---|---|---|---|---|---|
| 棕色羊毛（试验1） | 变色 | 3.00 | 0 | 0 | 0 | 0 |
| | 沾色 | 4.17 | 0.29 | 0.17 | 0.08 | 0.50 |
| | 多纤维沾色 | | | | | |
| | 醋纤 | 4.17 | 0.58 | 0.33 | 0.33 | 1.01 |
| | 棉 | 4.67 | 0.29 | 0.17 | 0.08 | 0.50 |
| | 锦纶 | 3.33 | 0.58 | 0.33 | 0.33 | 1.01 |
| | 涤纶 | 4.67 | 0.29 | 0.17 | 0.08 | 0.50 |
| | 腈纶 | 5.00 | 0 | 0 | 0 | 0 |
| | 羊毛 | 3.67 | 0.29 | 0.17 | 0.08 | 0.50 |

**AATCC TM102-2022**

# 高锰酸钾滴定法测定过氧化氢

## 1. 目的和范围

本测试方法测定水溶液中过氧化氢（$H_2O_2$）的浓度，尤其适用于织物漂白过程中过氧化氢水溶液的测定。

## 2. 原理

样品经硫酸酸化后用高锰酸钾标准溶液滴定，由达到滴定终点时所消耗的高锰酸钾标准溶液的体积和其当量浓度计算过氧化氢的浓度。

## 3. 术语

漂白：通过氧化或还原化学处理，除去织物上有色物质的加工工艺。

## 4. 安全和预防措施

本安全和预防措施仅供参考。本部分有助于测试，但未指出所有可能的安全问题。在本测试方法中，使用者在处理材料时有责任采用安全和适当的技术；务必向制造商咨询有关材料的详尽信息，如材料的安全参数和其他制造商的建议；务必向美国职业安全卫生管理局（OSHA）咨询并遵守其所有标准和规定。

**4.1** 遵守良好的实验室规定，在所有的试验区域应佩戴防护眼镜。

**4.2** 所有化学物品应当谨慎使用和处理。草酸钠、高锰酸钾和硫酸等试剂具有腐蚀性，稀释纯或浓的试剂时，请佩戴防化眼镜或面罩、防护手套和防护围裙。切记：永远是酸加于水中。

**4.3** 在附近安装洗眼器、安全喷淋装置，并应提供有全面罩的有机蒸汽呼吸器以备急用。

**4.4** 本测试法中，人体与化学物质的接触限度不得高于官方的限定值［例如，美国职业安全卫生管理局（OSHA）允许的暴露极限值（PEL），参见 1989 年 1 月 1 日实施的 29 CFR 1910.1000］。此外，美国政府工业卫生师协会（ACGIH）的阈限值（TLVs）由时间加权平均数（TLV-TWA）、短期暴露极限（TLV-STEL）和最高极限（TLV-C）组成，建议将其作为人体在空气污染物中暴露的基本准则并遵守（见 13.1）。

## 5. 仪器

**5.1** 过滤漏斗：烧结玻璃制，微孔，250mL。

**5.2** 过滤瓶：2000mL。

## 6. 试剂

**6.1** 草酸钠（$Na_2C_2O_4$）晶体，化学纯。

**6.2** 硫酸（$H_2SO_4$），95%～98%。

**6.3** 高锰酸钾（$KMnO_4$），晶体。

## 7. 试样

取 10g±0.1g 的过氧化氢水溶液试样，加入 250mL 的烧瓶中（见 13.3）。

## 8. 试剂制备

**8.1** 0.050mol/L（0.100N）草酸钠标准溶液。

**8.1.1** 在烘箱中将至少 7g 草酸钠烘干。烘干温度 105℃±1℃，烘干时间 4h；然后，在干燥器内冷却。

**8.1.2** 称量 6.7000g±0.0002g 草酸钠（见 8.1.1），在 70℃±10℃下溶解于 250～300mL 蒸馏

水或者去离子水中。

**8.1.3** 上述草酸钠溶液冷却后，定量转移溶液到 1L 的容量瓶内并盖上盖子；至少静置 12h，然后用蒸馏水或者去离子水稀释至刻度。

**8.2** 体积浓度约为 20% 的硫酸溶液（见 4）。

**8.2.1** 搅拌下，缓慢地将 95%~98% 的硫酸 200mL 添加至 800mL 水中，将溶液冷却到 20℃±2℃。

**8.2.2** 加水到 1L。

**8.3** 0.1176mol/L（0.588N）高锰酸钾标准溶液配制（见 13.2）。

**8.3.1** 称量 18.6g±0.1g 高锰酸钾，加至 900mL 水中。

**8.3.2** 沸煮溶液 15min，然后冷却。

**8.3.3** 用过滤漏斗（见 5.1）将溶液过滤到 1L 的容量瓶内，用水稀释到刻度。

**8.3.4** 储存高锰酸钾溶液于褐色瓶中或保存在避光处。

**8.4** 标定 0.1176mol/L（0.588N）的高锰酸钾溶液，按以下方法重复标定三次。

**8.4.1** 用移液管移取 0.050mol/L（0.100N）的草酸钠溶液 100mL 到 250mL 的锥形瓶内，加入 20% 的硫酸 10mL±1mL。

**8.4.2** 加热草酸溶液至沸腾。从热源上取下溶液，立即用待标定的高锰酸钾溶液滴定，在滴定开始和接近终点时应逐滴缓慢加入。滴定终点显示为持久的浅弱粉红色。

**8.4.3** 用下面的公式计算 $KMnO_4$ 当量浓度 $N_k$，精确到 0.001。

$$N_k = \frac{V_0 \times N_0}{V_k}$$

式中：$V_0$——使用的草酸钠溶液的体积，mL；

$N_0$——草酸钠溶液的当量浓度；

$V_k$——消耗的高锰酸钾溶液体积，mL。

**8.4.4** 求出三次浓度测定结果的平均值，并使用该平均值进行所有计算。

## 9. 操作程序

**9.1** 称量 10g±0.1g $H_2O_2$ 水溶液样品置于 250mL 的烧瓶内（见 7.1 和 13.3）。

**9.2** 加入 20mL±1mL，20% 的硫酸（见 8.2）至烧瓶中，并小心摇晃或搅拌，使瓶内物质充分混合。

**9.3** 用标定过的高锰酸钾溶液滴定 $H_2O_2$ 水溶液（见 8.3 和 8.4），滴定到溶液出现浅粉红色，并且至少 30s 内不褪色为止。记录下所消耗的滴定液体积 $V_t$，单位为 mL。

如果所消耗的滴定液少于 2mL，则需用已标定的低当量浓度的高锰酸钾标准溶液重新滴定，或者称取质量比较多的样品重新滴定。

**9.4** 滴定一个空白样品，并记录下所消耗的滴定液体积 $V_b$，单位为 mL。

## 10. 计算

**10.1** 用下面公式计算 $H_2O_2$ 水溶液中 $H_2O_2$ 的浓度，以百分数表示，并精确到 0.01%。

假定配制 $H_2O_2$ 水溶液时所用 $H_2O_2$ 原料的浓度为 100%，则：

$$H_2O_2\ 的浓度 = \frac{N_t\ (V_t - V_b)\ \times 0.017 \times 100}{W_s}$$

式中：$N_t$——滴定液的当量浓度；

$V_t$——消耗的滴定液体积，mL；

$V_b$——空白试验中消耗的滴定液体积，mL；

$W_s$——样品的质量，g。

**10.2** 如果用 0.1176mol/L（0.588N）的高锰酸钾标准溶液进行滴定，并且称取样品（假定 $H_2O_2$ 原料的浓度为 100%）质量为 10g，则上式可简化为：

$$H_2O_2\ 的浓度 = 0.1\ (V_t - V_b)$$

**10.3** 使用 10.2 中的条件，当 $H_2O_2$ 原料的浓度不为 100%（如 35% 或者 50%）时，则可由 $(V_t - V_b)$ 直接乘以因子 10/B 得到 A（译者注：此处 B 为

100g $H_2O_2$ 原料中 $H_2O_2$ 的含有量值，而 $A$ 为配制 100g $H_2O_2$ 水溶液所需 $H_2O_2$ 原料的量值）。例如，当 $H_2O_2$ 原料的浓度为 35% 时，则：

$$H_2O_2 \text{ 的浓度} = \frac{(V_t - V_b) \times 10}{35}$$

$$= (V_t - V_b) \times 0.286$$

## 11. 报告

**11.1** 过氧化氢水溶液样品的描述和识别。

**11.2** 报告样品采用 AATCC TM102-2022 进行测试。

**11.3** 报告过氧化氢的百分比和过氧化氢原料的浓度（如 35%）。

## 12. 精确度和偏差

**12.1** 精确度。

**12.1.1** 1993 年，由五个实验室（每个实验室两名实验人员）组成的多个实验室对两个不同的过氧化氢水溶液的浓度进行了研究和评价。每个浓度准备了两组试样。每位实验员分别在四种独立场合对每组中的样品做两次的测定，则每位实验员对每个浓度得到了 16 个（2×4×2）测定结果。所得实验数据用美国材料协会（ASTM）制定的 Tex-Pac 程序进行分析（见 13.4）。

**12.1.2** 分析结果显示，两个浓度的残差是不同的。因此，列出了每个浓度 $n$ 次测定结果平均值与总平均值的最大差分表，见表 1 和表 2。

### 表 1 2 个平均值的临界差

（95% 置信区间过氧化氢浓度测定结果的总平均值为 0.65%）

| $n$ | 单操作员 | 实验室内 | 实验室间 |
|---|---|---|---|
| 1 | 0.03 | 0.04 | 0.05 |
| 2 | 0.02 | 0.03 | 0.05 |
| 4 | 0.01 | 0.03 | 0.04 |
| 8 | 0.01 | 0.02 | 0.04 |

### 表 2 2 个平均值的临界差

（95% 置信区间过氧化氢浓度测定结果的总平均值为 2.88%）

| $n$ | 单操作员 | 实验室内 | 实验室间 |
|---|---|---|---|
| 1 | 0.05 | 0.06 | 0.11 |
| 2 | 0.04 | 0.04 | 0.11 |
| 4 | 0.03 | 0.04 | 0.10 |
| 8 | 0.02 | 0.03 | 0.10 |

**12.2** 偏差。水溶液中过氧化氢的浓度可以仅根据一种测试方法定义，在这种局限下，本测试 $H_2O_2$ 百分比浓度的方法误差未知。

## 13. 注释

**13.1** 资料可从 ACGIH Publications Office 获取，地址：Kemper Woods Center, 1330 Kemper Meadow Dr., Cincinnati OH 45240, 电话：+ 1.513.742.2020; 网址：www.acgih.org。

**13.2** 广泛应用的高锰酸钾标准溶液的当量浓度是 0.588N，该浓度溶液和浓度为 0.1N 溶液可由供货商提供。

**13.3** 如果过氧化氢水溶液样品的体积为整数体积值，则样品质量可由下式计算得到：

样品质量（g）= 样品密度（g/mL）× 样品体积（mL）

必须在同一温度下测定样品的整数体积值和密度值。在工厂，当漂白工艺处方不改变时，通常不考虑密度。

**13.4** 资料可从 ASTM 获取。地址：100 Barr Harbor Dr., West Conshohocken PA 19428; 电话：+ 1.610.832.9500，传真：+ 1.610.832.9555；网址：www.astm.org。

## 14. 历史

**14.1** 2022 年修订以符合 AATCC 标准的统一格式。

**14.2** 2019 年编辑性修订（更换标题）；2016

年、2012 年重新审定；2010 年编辑性修订（更换标题）；2007 年、2002 年重新审定；1997 年修订；1992 年编辑性修订并重新审定；1987 年修订（更换标题）；1985 年编辑性修订并重新审定；1083 年编辑性修订；1979 年、1975 年、1972 年、1968 年、1962 年重新审定。

**14.3** 由 AATCC RA34 技术委员会于 1957 年制定。

**AATCC TM103-2019**

# 退浆中使用的细菌 $\alpha$-淀粉酶测试方法

## 1. 目的和范围

本测试方法主要用于工业中织物退浆使用的细菌 $\alpha$-淀粉酶的分析，不适用于同时含有 $\alpha$-淀粉酶和 $\beta$-淀粉酶的产品。

## 2. 原理

右旋型淀粉酶活性的分析原理是以淀粉基发生色变时的糊精化（水解）时间为依据，试样中淀粉酶的含量，用细菌淀粉酶单位（BAU）表示，可以根据糊精化时间计算（见 13.1）。

## 3. 术语

细菌性淀粉酶单位（BAU）是指在一定条件下，每分钟水解 1mg 淀粉所需淀粉酶的数量。

## 4. 安全和预防措施

本安全和预防措施仅供参考。本部分有助于测试，但未指出所有可能的安全问题。在本测试方法中，使用者在处理材料时有责任采用安全和适当的技术；务必向制造商咨询有关材料的详尽信息，如材料的安全参数和其他制造商的建议；务必向美国职业安全卫生管理局（OSHA）咨询并遵守其所有标准和规定。

**4.1** 遵守良好的实验室规定，在所有的试验区域应佩戴防护眼镜。

**4.2** 使用化学药品时必须小心，碘是一种腐蚀性化学品，在配制碘溶液时，必须使用防护眼镜或面罩、专用手套和实验服。

**4.3** 在附近安装洗眼器、安全喷淋装置、有机蒸气呼吸器以备急用。

**4.4** 本测试法中，人体与化学物质的接触限度不得高于官方的限定值［例如，美国职业安全卫生管理局（OSHA）允许的暴露极限值（PEL），参见 1989 年 1 月 1 日实施的 29 CFR 1910.1000］。此外，美国政府工业卫生师协会（ACGIH）的阈限值（TLVs）由时间加权平均数（TLV-TWA）、短期暴露极限（TLV-STEL）和最高极限（TLV-C）组成，建议将其作为人体在空气污染物中暴露的基本准则并遵守（见 13.2）。

## 5. 使用和限制条件

**5.1** 本测试方法的校正进一步限制了该方法只能用于细菌性淀粉酶的分析。

**5.2** 某些表面活性剂对发色会产生干扰，而颜色变化是本测试方法中最重要的一点。因此，本测试方法不适合检验表面活性剂对淀粉酶的作用。

## 6. 仪器

**6.1** 比色计（见 13.3）。

**6.2** 恒温水浴，恒温 30℃±1℃（86°F±2°F）。

**6.3** 电子计时器。

**6.4** 玻璃仪器（见 13.5）。

**6.4.1** 硅酸盐试管 13mm×100mm，至少要备 72 支。

**6.4.2** 标准移液管。2mL、5mL、10mL、20mL，1mL 可吹快速移液管，用于试样的水解混合，包括在稀释过程中所需要的相应的移液管。

## 7. 试剂

**7.1** 碘（晶体），试剂级。

**7.2** 碘化钾。

**7.3** 磷酸二氢钾（一元碱）。

**7.4** 磷酸氢二钠（二元碱）。

**7.5** 默克牌线性淀粉。

# 8. 试剂制备

**8.1** 试样制备。

**8.1.1** 根据表1，选择不同 $\alpha$-淀粉酶含量的样品稀释到10mL，使得糊精化时间在15～35min内。干样品常含有不溶性物质，但是可不用过滤溶液。

**8.1.2** 表1给出了不同 $\alpha$-淀粉酶含量样品的质量，如果样品的 $\alpha$-淀粉酶含量处于两个质量范围中间，首选质量较大的值，这样糊精化时间较长，测试更容易，测量结果也更准确。

表1 样品质量参照表

| $\alpha$-淀粉酶含量<br>（BAU/g） | 每10mL最终稀释液中<br>样品含量（mg） |
|---|---|
| 70～250 | 200 |
| 125～500 | 100 |
| 300～900 | 50 |
| 600～1800 | 25 |
| 1000～4000 | 10 |
| 3000～9000 | 5 |
| 6000～18000 | 2.5 |
| 12500～50000 | 1 |

**8.1.3** 由于相对密度通常大于1.0，液态产品应称重。

**8.1.4** 在任何情况下，样品的称量都必须足量，尽可能减小称量误差。如果有必要，可将测试试样进行二次稀释。

**8.2** 碘溶液的储存。

**8.2.1** 使用玻璃称量瓶称量5.5g试剂级的碘晶体，加水溶解，再将11g试剂级碘化钾溶于最少量的水（10～12mL）中，完全溶解后，稀释到

250mL。

**8.2.2** 将配制好的溶液保存棕色玻璃塞瓶内，并储存在冰箱中，使用期为三个月。

**8.3** 碘溶液的稀释。

**8.3.1** 取2.0mL配制好的碘溶液和20g试剂级的碘化钾溶解于水中，稀释到500mL。

**8.3.2** 稀释的碘溶液可以在冰箱中储存，使用期限为一周，30℃±1℃（86℉±2℉）以下使用（见9.1）。

**8.4** 缓冲溶液，pH为6.6。

**8.4.1** 溶液A。将9.078g磷酸二氢钾溶解于水，稀释到1L。

**8.4.2** 溶液B。将9.472g磷酸氢二钠溶解于水，稀释到1L。

**8.4.3** 将600mL溶液A和400mL溶液B混合，可制得pH为6.6的缓冲溶液。

**8.5** 缓冲淀粉。

**8.5.1** 将20g默克牌线性淀粉（见7.5）（特别适用于测定糖化力）在103～104℃（217～219℉）下干燥3h，测定淀粉的干重。在干燥器中冷却后，称量并继续干燥至恒重，称量干重后可计算出失重。

**8.5.2** 根据8.5.1计算相当于10.00g干重淀粉的质量，配制500mL淀粉溶液。

**8.5.3** 淀粉应保存在密封的容器内，不能暴露在湿度变化较大的环境中。

**8.5.4** 准确地把10.00g（干重）默克牌线性淀粉转移到带有搅拌棒的1L烧杯中，烧杯中含有300mL沸水，剧烈搅拌，等再次沸腾后，继续搅拌并沸煮3min。

**8.5.5** 将1L烧杯转移到冷水浴中，持续搅拌，避免表面成膜（表面脱水），冷却至室温。

**8.5.6** 将上述冷却后的淀粉溶液定量转移到500mL的容量瓶内，使用少量的水完成转移过程。

**8.5.7** 加入10mL、pH为6.6的缓冲溶液，

并稀释到容量瓶刻度。

**8.5.8**　用标准 pH 计测定淀粉溶液的 pH。

**8.5.9**　淀粉溶液中不能有结块或者成膜，每天需要重新配制，即使淀粉溶液中含有极少量的酶污物，也不能再使用。

## 9. 操作程序

**9.1**　在一系列试管中加入 5.0mL 碘稀释溶液，调整水浴的温度为 30℃±1℃（86℉±2℉）。

**9.2**　将 20.0mL 缓冲淀粉溶液转移到 50mL 的锥形瓶中（或同类的有铅环便于称量的烧瓶）并盖上塞子，放置到 30℃±1℃（86℉±2℉）水浴中 15min，使烧瓶内的温度一致。

**9.3**　将新制备的样品溶液按照上述步骤调节温度，用快速移液管加入 10mL 淀粉酶溶液，并开始计时。移液管控水后，塞紧盖子，剧烈摇晃烧瓶，使溶液充分混合。

**9.4**　在合适的时间内，向 5mL、30℃±1℃（86℉±2℉）的稀碘溶液中缓慢添加 1mL（用带有棉塞的移液管）淀粉水解混合物，摇晃至完全混合后，转移到 13mm 的精密比色管中，在 Hellige 比色仪内与标准的 α-淀粉酶颜色盘对比，完成对比之后，排空比色管，快速甩干使管内液体尽可能少。比色管还可以用于后续测试。

**9.5**　在反应开始阶段，在加入稀释后的碘溶液之前，样品不用精确到 1mL，随着接近终点，添加量必须准确。移液管内的溶液要吹进稀碘溶液中，使测量精确。

**9.6**　在达到终点前后，应每隔 0.5min 取一次样。如果两个样品在 0.5min 间隔内，显示一个比标准颜色深暗，另一个比标准颜色浅，则记录终点应为这两次间隔的中间，即精确到 1/4min。

**9.7**　应小心操作以避免 1mL 水解产物的移液管与稀释后的碘溶液接触。如果将碘带入，会干扰淀粉酶的水解反应。

## 10. 计算

**10.1**　用下面公式计算样品中 α-淀粉酶的含量。

$$BAU = 40 \times \frac{F}{T}$$

式中：BAU——每克样品中细菌淀粉酶单位；
　　　　$F$——稀释因子（总的稀释体积/样品质量）；
　　　　$T$——糊精化时间，min。

**10.2**　公式说明（见 13.1）。

**10.3**　前面所述的公式来源于如下：

（1）BAU 定义为 1min 内使 1mg 淀粉糊精化所需要淀粉酶的量；

（2）通常采用糊精化 400mg 淀粉（20mL、2% 的溶液）与 10mL 的淀粉酶溶液之比表示，即：

$$BAU = \frac{400}{T} \times \frac{F}{10} = 40 \times \frac{F}{T}$$

**10.4**　计算示例。

**10.4.1**　如果假定被测样品的 BAU 是 800，按表 1，在最终稀释液中，每 10mL 含有 25mg 淀粉酶样品。因此，应该称出 2.5g 样品，并稀释到 1000mL，则稀释因子 $F$ 为：

$$F = \frac{总的稀释体积}{样品质量} = \frac{1000}{2.5} = 400$$

**10.4.2**　如果糊精化时间是 20min，则 BAU 为：

$$BAU = \frac{40F}{T} = 40 \times \frac{400}{20} = \frac{16000}{20} = 800$$

**10.4.3**　如果 BAU 不在预计范围内，习惯上应进行重新测试，包括重新制备各种样品。应检查试液制备的过程，该过程中的错误可能会导致错误的 BAU 值。

## 11. 报告

报告样品的细菌淀粉酶含量，以每克细菌淀粉酶单位（BAU）计。

## 12. 精确度和偏差

**12.1** 精确度。在95%置信水平下，重复测试得出的平均值在真实平均数的±6.5%范围内。这一信息来自实验室之间测试研究。

**12.2** 偏差。细菌性淀粉酶单位（BAU）的数值只能根据一种测试方法来定义，没有独立方法测定真实值。基于现有的信息，本测试方法偏差未知。

## 13. 注释

**13.1** 如果已知用于测试的材料的BAU的近似值或预期值，则可用选定测试时间（$T$）乘以预期BAU值然后除以40，得出稀释因素（$F$），即：

$$F = \frac{T \times BAU}{40}$$

**13.2** 资料可从ACGIH，Publications Office获取，地址：Kemper Woods Center，1330 Kemper Meadow Dr.，Cincinnati OH 45240，电话：+1.513.742.2020；网址：www.acgih.org。

**13.3** 所需的仪器，试剂或材料，可访问www.aatcc.org/bg网站上的AATCC买方指南。AATCC为其企业会员提供了项目和服务的选项。AATCC不授权，或以任何方式批准、认可或证明

清单列表符合标准方法的要求。

**13.4** 光源。可以是日光或者是日光色荧光灯，不应使用白炽灯，因为白炽灯会使测定结果偏低。

**13.5** 所有的玻璃器皿必须清洁干净，尤其是移液管，管头极小液滴都会影响转移溶液体积的准确性。浓硫酸—重铬酸钾洗液是一种高效清洁剂，但必须通过反复冲洗才能去除。

## 14. 历史

**14.1** 2019年修订（名称变更），使其与AATCC格式保持统一。

**14.2** 2013年重新审定，2010年编辑性修订，2009年重新审定，2008年编辑性修订，2004年重新审定，1999年修订，1994年编辑性修订和重新审定，1991年编辑性修订，1989年编辑性修订和重新审定，1986年、1985年编辑性修订，1984年、1979年、1976年、1973年、1970年、1965年重新审定。

**14.3** AATCC RR41技术委员会于1962年制定。1987年权限移交至RA34技术委员会，1993年重回至RR41技术委员会。现在有RA99维持。

## AATCC TM106-2009e（2013）e3

# 耐水色牢度：海水

AATCC RA23 技术委员会于 1962 年制定；1967 年、1968 年、1972 年、1981 年、2009 年修订；1975 年、1978 年、1989 年、2007 年重新审定；1985 年、1994 年、2001 年、2005 年、2008 年、2010 年、2016 年、2019 年编辑性修订；1986 年、1991 年、1997 年、2002 年、2013 年编辑性修订并重新审定。部分内容等效于 ISO 105-E02。

## 1. 目的和范围

**1.1** 本测试方法用于测定各类染色、印花或其他有色纱线和织物的耐海水色牢度。

**1.2** 本测试方法中采用的是人工海水，因为天然海水成分变化大，且不容易获得。

## 2. 原理

试样和多纤维贴衬织物组合，在规定的温度以及时间条件下，浸泡在人造海水中，然后放于两块玻璃板或者塑料板之间，并在规定的压力和温度条件下，保持一定的时间。然后评定试样的变色及多纤维贴衬织物的沾色。

## 3. 术语

色牢度：材料在加工、检测、储存或使用过程中，暴露在可能遇到的任何环境下，抵抗颜色变化和/或颜色向相邻材料转移的能力。

## 4. 安全和预防措施

本安全和预防措施仅供参考。本部分有助于测试，但未指出所有可能的安全问题。在本测试方法中，使用者在处理材料时有责任采用安全和适当的技术；务必向制造商咨询有关材料的详尽信息，如材料的安全参数和其他制造商的建议；务必向美国职业安全卫生管理局（OSHA）咨询并遵守其所有标准和规定。

**4.1** 遵守良好的实验室规定，在所有的试验区域应佩戴防护眼镜。

**4.2** 所有化学物品应当谨慎使用和处理。

**4.3** 操作实验室测试仪器时，应按照制造商提供的安全建议。

**4.4** 遵循染轧机的安全说明，尤其是在夹持点处要确保足够的安全，切勿移动安全说明。

## 5. 仪器和材料（见 12.1）

**5.1** 耐汗渍色牢度试验仪（仪器配有塑料或玻璃板）（见 12.2）。

**5.2** 烘箱—对流。

**5.3** 多纤维贴衬织物［8mm（0.33 英寸）宽纤维条］，包含醋酯纤维、棉、锦纶、丝、黏胶纤维和羊毛，用于含有丝的试样。多纤维贴衬织物［8mm（0.33 英寸）宽纤维条］，包含醋酯纤维、棉、锦纶、聚酯纤维、腈纶和羊毛，用于不含有丝的试样。

**5.4** AATCC 9 级沾色彩卡（AATCC EP8，见 12.3）。

**5.5** 变色灰卡（AATCC EP1）及沾色灰卡（AATCC EP2）（见 12.3）。

**5.6** 小轧车。

## 6. 试剂（人工海水）

每升溶液中含有：

氯化钠（NaCl），工业级，30g；

无水氯化镁（MgCl$_2$），5g；

用蒸馏水配制成1000mL的溶液。

## 7. 试样准备

**7.1** 如果测试样为织物，取一块尺寸为（5cm±0.2cm）×（5cm±0.2cm）的多纤维贴衬织物与（6cm±0.2cm）×（6cm±0.2cm）的试样贴合，沿一条短边缝合在一起，多纤维贴衬织物贴在试样的正面。

**7.2** 如果测试样为纱线或散纤维，取约相当于贴衬织物一半质量的纱线或散纤维。将其置于（5cm±0.2cm）×（5cm±0.2cm）的多纤维贴衬织物和（6cm±0.2cm）×（6cm±0.2cm）的未染色织物之间，并缝合四边。

## 8. 操作程序

**8.1** 在室温下将组合试样浸泡在试液中，偶尔搅动以确保试样充分润湿（一般的试样所需时间约15min）（见12.4）。

**8.2** 将试样从试液中取出，若试样的湿重大于干重的3倍，试样仅需在轧水辊（小轧车）之间通过，从而去掉多余的水分。如可能，使试样湿重为干重的2.5~3.0倍。

**8.3** 将组合试样放在玻璃板或塑料板之间，放入耐汗渍色牢度试验仪试样架中，调节仪器对试样施加4.5kg（10.0磅）压力（见12.2）。

**8.4** 在烘箱中对装有试样的汗渍架加热，温度为38℃±1℃（100℉±2℉），时间为18h。

**8.5** 从烘箱中取出耐汗渍色牢度仪，取下试样组合，将试样和多纤维贴衬织物拆开，如果使用未染色织物，将试样和未染色织物拆开，将多纤维贴衬织物和试样分别放在金属网上，在大气环境21℃±2℃（70℉±4℉）、相对湿度65%±5%的条件下调湿一个晚上。

## 9. 变色的评级

用《变色灰卡评定程序》（AATCC EP1）或AATCC EP7《仪器评定试样变色》评定试样的变色。记录与灰卡颜色最接近的级数。

## 10. 沾色的评级

用《沾色灰卡评定程序》（AATCC EP2）、《AATCC 9级沾色彩卡》（AATCC EP8）或《仪器评定沾色程度的方法》（AATCC EP12）评价多纤维贴衬织物（见12.5）的沾色。记录与所使用评级卡颜色最接近的级数。报告所用的评级卡（见12.6）。

## 11. 精确度与偏差

**11.1** 精确度。本试验方法的精确度还未确立，在其产生之前，采用标准的统计方法，比较实验室内或实验室之间的试验结果的平均值。

**11.2** 偏差。耐海水色牢度只能根据某一实验方法予以定义，因而没有单独的方法用以确定真值。本方法作为预测这一性质的手段，没有已知偏差。

## 12. 注释

**12.1** 有关适合测试方法的设备信息，请登录http://www.aatcc.org/bg。AATCC提供其企业会员单位所能提供的设备和材料清单。但AATCC没有给其授权，或以任何方式批准、认可或证明清单上的任何设备或材料符合测试方法的要求。

**12.2** 水平耐汗渍色牢度试验仪器：将所有21块玻璃或塑料板都放进试样架中，而不考虑试样的数量。在最后一块玻璃或塑料板放在最上面后，将带有补偿弹簧的双板放置在规定位置。将一个3.6kg（8.0磅）的重锤放在顶端，加上压板的质量，使总质量达到4.5kg（10.0磅）。拧紧螺栓以锁住压板。取走重锤，将汗渍架侧放进烘箱，以使玻璃板或塑料板和试样竖直。

垂直耐汗渍色牢度试验仪器：玻璃板或塑料板固定在垂直位置，在刻度标尺之间，一端是固定的金属板，另一端是可移动的金属板。通过调整螺丝，移动板可向试样施加压力。当压力在刻度尺上显示为 4.5kg（10.0 磅）时，用固紧螺栓锁住试样架。然后将试样架从施压的部分撤出。另一试样架可以放入施压部分，重复装载程序。

**12.3** 可从 AATCC 获取：地址：P. O. Box 12215，Research Triangle Park NC 27709；电话：+1. 919. 549. 8141；传真：+1. 919. 549. 8933；电子邮箱：ordering@ aatcc. org；网址：www. aatcc. org。

**12.4** 或将试样浸在室温下的测试液中，通过轧辊（小轧车），然后再浸入。若有必要，请重复，使试样彻底润湿。

**12.5** 根据显现出的最严重的沾色纤维评级。

**12.6** 对于十分关键的评定和仲裁的情况下，评级必须基于沾色灰卡。

**AATCC TM107-2022e**

# 耐水渍色牢度测试方法

## 1. 目的和范围

**1.1** 本测试方法是用于测试染色、印花或其他有色纺织纱线和织物的耐水渍色牢度。

**1.2** 在本试验方法中使用蒸馏水或去离子水，因为自来水的成分是不稳定的。

## 2. 原理

试样和多纤维贴衬织物贴合形成组合试样，在规定的温度和时间下，将组合试样浸泡在水中，然后放于两块玻璃板或者塑料板之间，并在规定的压力、温度下保持一定的时间。然后评定试样的变色及多纤维贴衬织物的沾色。

## 3. 术语

色牢度：材料在加工、检测、储存或使用过程中，暴露在可能遇到的任何环境下，抵抗颜色变化和/或颜色向相邻材料转移的能力。

## 4. 安全和预防措施

本安全和预防措施仅供参考。本部分有助于测试，但未指出所有可能的安全问题。在本测试方法中，使用者在处理材料时有责任采用安全和适当的技术；务必向制造商咨询有关材料的详尽信息，如材料的安全参数和其他制造商的建议；务必向美国职业安全卫生管理局（OSHA）咨询并遵守其所有标准和规定。

**4.1** 遵守良好的实验室规定，在所有的试验区域应佩戴防护眼镜。

**4.2** 操作实验室测试仪器时，应按照制造商提供的安全建议。

**4.3** 遵守小轧车安全，尤其是在夹持点处要确保足够的安全。切勿移动安全警示。

## 5. 仪器和材料（见 12.1）

**5.1** 耐汗渍色牢度试验仪（仪器配套有塑料或玻璃板）（见 12.2）。

**5.2** 对流式烘箱。

**5.3** 多纤维贴衬织物［8mm（0.33 英寸）宽纤维条］，包含醋酯纤维、棉、锦纶、丝、黏胶纤维和羊毛，用于含有丝的试样。多纤维贴衬织物［8mm（0.33 英寸）宽纤维条］，包含醋酯纤维、棉、锦纶、聚酯纤维、腈纶和羊毛，用于不含有丝的试样。

**5.4** AATCC 9 级沾色彩卡（AATCC EP8，见 12.3）。

**5.5** 变色灰卡（AATCC EP1）及沾色灰卡（AATCC EP2）（见 12.3）。

**5.6** 小轧车。

## 6. 试剂

蒸馏水或取自离子交换器中的去离子水。

## 7. 试样准备

**7.1** 如果测试样为织物，取一块尺寸为（5cm±0.2cm）×（5cm±0.2cm）的多纤维贴衬织物与（6cm±0.2cm）×（6cm±0.2cm）的试样贴合，沿一条短边缝合在一起，多纤维贴衬织物贴在试样的正面。

**7.2** 如果测试样为纱线或散纤维，取约相当于贴衬织物一半的质量的纱线或散纤维，将其置于（5cm±0.2cm）×（5cm±0.2cm）的多纤维贴衬织物和（6cm±0.2cm）×(6cm±0.2cm）的未染色织物之间，并缝合四边。

## 8. 操作程序

**8.1** 在室温下将组合试样浸泡在试液中，偶尔搅动试样，确保试样充分浸湿（对于普通织物一般浸泡时间约 15min）（见 12.4）。

**8.2** 将试样从试液中取出，若试样湿重大于干重的 3 倍，试样需在轧水辊（小轧车）之间通过，从而挤去多余的水分。只要有可能，使试样湿重为干重的 2.5~3.0 倍。

**8.3** 将组合试样夹在玻璃板或塑料板之间，再放入汗渍试验仪的汗渍架中，然后调节耐汗渍色牢度仪，给试样施加 4.5kg（10.0 磅）压力（见 12.2）。

**8.4** 将带有组合试样的汗渍架放入烘箱中加热，在温度为 38℃±1℃（100℉±2℉）下处理 18h。

**8.5** 取出耐汗渍色牢度仪，取出组合试样，将试样和多纤维贴衬织物拆开，如果使用未染色织物，将试样和未染色织物拆开，并分别放在金属网上，在大气环境 21℃±2℃（70℉±4℉）、相对湿度 65%±5% 的条件下调湿一个晚上。

## 9. 变色的评级

用《变色灰卡评定程序》（AATCC EP1）或 AATCC EP7《仪器评定试样变色》评定试样的变色。记录与灰卡颜色最接近的级数。

## 10. 沾色的评级

用《沾色灰卡评定程序》（AATCC EP2）、《AATCC 9 级沾色彩卡》（AATCC EP8）或 AATCC EP12《仪器评定沾色程度的方法》评定多纤维贴衬织物的沾色（见 12.5）。记录与所使用评级卡颜色最接近的级数。报告所用的评级卡（见 12.6）。

## 11. 精确度和偏差

**11.1** 精确度。这一测试方法的精确度尚未确

定。在该方法的精确度描述建立之前，通常采用标准统计技术来比较同一实验室内测试结果或是不同实验室间测试结果，并取平均值。

**11.2** 偏差。耐水渍色牢度只是针对一种测试方法而定义，至今仍没有任何一个独立的可供参考的测试方法可以用来确定其真值。作为一种评价这一性能的手段，该实验方法的偏差未知。

## 12. 注释

**12.1** 有关适合测试方法的设备信息，请登录 http://www.aatcc.org/bg。AATCC 提供其企业会员单位所能提供的设备和材料清单。但 AATCC 没有给其授权，或以任何方式批准、认可或证明清单上的任何设备或材料符合测试方法的要求。

**12.2** 水平耐汗渍色牢度试验仪：将所有 21 块玻璃或塑料板放进试样架中，这里不考虑试样的数量。当最后一块玻璃或塑料板放在最高位后，放带有补偿弹簧的双板于此位置。将一个 3.6kg（8.0 磅）的重锤放在顶端，使压板下承受总压力为 4.5kg（10.0 磅）。旋紧翼形螺钉以锁住压板在此位置。取下重锤，将样品架侧放进烘箱，以使夹板和试样竖立。

垂直耐汗渍色牢度试验仪器：用一端是固定的金属板，另一端是可移动的金属板将试样夹板竖直夹在指示尺之间。调节螺钉，移动板可对试样施加压力。当指示尺上指示所需要的 4.5kg（10.0 磅）压力时，用定位螺丝锁住试样架中的试样。随后将样品架从施压的一端撤出。另一试样架可以加到施压的那一端，重复装载程序。

**12.3** 可从 AATCC 获取：地址：P. O. Box 12215，Research Triangle Park NC 27709；电话：+1.919.549.8141；传真：+1.919.549.8933；电子邮箱：ordering@aatcc.org；网址：www.aatcc.org。

**12.4** 或在室温下将试样浸泡在试液中，通过轧辊（小轧车），然后再浸泡。若有必要，请重复，

使彻底润湿。

**12.5** 根据显现出的最严重的沾色纤维评级。

**12.6** 对于十分关键的评定和仲裁的情况下，评级必须基于沾色灰卡。

**12.7** 注意：有报告显示，对于含有聚酯和氨纶或其混纺的深色产品（如藏蓝色、黑色等），使用本方法得出的结果与消费者实际使用时的沾色倾向可能不一致。所以，本方法不建议作为验收实验方法。

## 13. 历史

**13.1** 2023 年编辑性修订，纠正了拼写错误。

**13.2** 2022 年、2013 年、2012 年修订；2010 年编辑性修订；2009 年修订；2008 年编辑性修订；2007 年重新审定；2005 年编辑性修订；2002 年编辑性修订和重新审定；2001 年编辑性修订；1997 年编辑性修订和重新审定；1994 年编辑性修订；1991 年编辑性修订和重新审定；1989 年重新审定；1986 年编辑性修订和重新审定；1985 年、1983 年编辑性修订；1981 年修订；1978 年、1975 年重新审定；1972 年、1968 年、1967 年修订。

**13.3** AATCC RA23 技术委员会于 1962 年制定，技术上等同于 ISO 105-E01。

AP‐11，May 1965，Office of Technical Information and Publication(OTIP)，Springfield VA. PB，167‐677。

**12.6** 一种自动化的电子评级系统也可使用，只要证明它给出的结果重复性和再现性相当于或好于有经验的评级者目测评定的结果。

**AATCC TM110-2021**

# 纺织品的白度

## 1. 目的和范围

本测试方法提供了使用 CIE（见 12.1）推荐公式测量纺织品白度和色彩的操作程序。本方法描述了操作程序、局限性和限制条件。

## 2. 原理

**2.1** 采用反射分光光度计或比色计测定 CIE 三刺激值，再以 CIE 色品坐标为基准，用公式计算白度值和色调值。

**2.2** 纺织品中的许多杂质会吸收短波长光线，在外观上就出现泛黄现象。所以可以通过测定白度来显示纺织品不含杂质的程度。

**2.3** 通过白度测定还可以测定纺织品中是否含有蓝光成分或荧光增白剂（FWAS）。

## 3. 术语

**3.1** CIE 色品坐标：三原色三刺激值与三刺激值总和之比（见 12.1）（ASTM E284）。

**3.2** CIE 三刺激值：由 CIE 规定，CIE 1931 标准色度观察者和 CIE 1964 增补标准色度观察者，在特定照明条件下，与待测光达到颜色匹配时，需要的红、绿、蓝三原色的量（见 12.1）。

**3.3** 荧光增白剂（FWA）：一种染料，能将吸收近紫外光发射为紫—蓝色可见光，使得本来泛黄的物质看起来更加洁白（ASTM E284）。

**3.4** 完全漫反射体：既不吸收也不透射而全反射，各反射角反射率相同的理想反射面，与入射光的角度分布状况无关（ASTM E284）。

注释：完全漫反射体是反射测量仪器的校正基础。白度和色调值由公式算出，CIE 体系中完全漫反射体的白度为 100.0，色调为 0.0。

**3.5** 色调：测试白度时，白色材料的色相受发射或反射波长峰值影响（见 CIE15.2）。

注释：色调（如果不是零）是一个向红色或绿色方向偏离波长为 466nm 的蓝色的标志。

**3.6** 白度：判断一物体颜色是否接近指定白色的依据（见 ASTM E284）。

注释：本方法测试的白度是一种对于普通观察者来说，纺织品有多白的表示。

## 4. 安全和预防措施

本安全和预防措施仅供参考。本部分有助于测试，但未指出所有可能的安全问题。在本测试方法中，使用者在处理材料时有责任采用安全和适当的技术；务必向制造商咨询有关材料的详尽信息，如材料的安全参数和其他制造商的建议；务必向美国职业安全卫生管理局（OSHA）咨询并遵守其所有标准和规定。

**4.1** 遵守良好的实验室规定，在所有的试验区域应佩戴防护眼镜。

**4.2** 为保护眼睛，防止紫外光照射，要遵循紫外光制造商的安全防护建议。

**4.3** 操作实验室测试仪器时，应按照制造商提供的安全建议。

## 5. 使用和限制条件

**5.1** 由于反射率受纺织品表面性质的影响，所以只有同一类型的织物样本之间才能进行比较。

**5.2** 本公式的应用仅限于商业上被称为"白色"的试样，颜色和荧光程度不能有太大差异。

**5.3** 当使用没有校准样品发出 UV 含量能力的测量仪器时，该公式所提供的对白度的相对评价仅限于在几乎相同的时间、同一个仪器测量的试样。当使用有 UV 含量校准能力的仪器测量试样时，该公式提供的白度的评价结果，可以直接与类似的校准仪器进行比较，可用于商业用途。

## 6. 仪器和材料

**6.1** 测色仪器。反射分光光度计或比色计可以测量或计算 CIE 三刺激值，满足至少一个 CIE 指定的照明/观察条件（45°：0°，0°：45°，d：8°，8°：d）。当用积分球的照明/观察条件来测量荧光试样时，照明系统的光谱功率的分布随试样上反射和发射出的功率而变化。因此最好采用 45°：0°或 0°：45°的照明/观察条件（见 12.1）。为了使不同测试仪器的测量结果能够相互比较，应使用同样的几何形状测试。所有的测试仪器应有调节光源紫外线能量的能力。

**6.2** 参考标准。第一标准是完全反射漫射体（见 3.4），第二参考标准是依据完全漫反射体校正的标准，用于仪器校准。

**6.3** UV 紫外光源。用来观测纺织品中是否含有荧光增白剂 FWA。

## 7. 试样准备

将每块试样在温度 21℃±2℃（70°F±4°F）、相对湿度（65±5）% 的条件下恒定几个小时。每个测试样分别放于筛网或有孔的恒温恒湿架上（见 ASTM D1776《纺织品调湿和测试标准方法》和 12.5）。避免弄脏和沾污试样，试样的尺寸由所用反射测试仪器的孔径和测试面料的半透明程度决定。

## 8. 操作程序

**8.1** 在测试之前，首先要确定织物是否含荧光增白剂（FWA），可在暗室中的紫外光源（UV）下观察。若织物中含有荧光增白剂（FWA）物质，则会在紫外光的照射下发荧光。

**8.1.1** 如果纺织面料上有荧光增白剂，必须使用可以用全光谱照明待测织物，并且相对光谱功率分布接近 CIE 规定的 $D_{65}$ 光源 360~700nm 的仪器。可咨询仪器制造商选择合适的设备，若仪器使用频闪光源，应核实仪器的适用性。

**8.1.2** 为了测量荧光增白剂大约相对有效性，可以使用允许在照明光束插入能切断紫外光滤光片的仪器。插入紫外滤光片前后的变化可以说明试样由于添加了荧光增白剂外观白度有所提高。由于光源或紫外过滤片可能有所不同，使用者需注意只在"相对内部"的测试时使用此方法。

**8.2** 为保证测量标准化，依据 AATCC EP6《仪器测色方法》，需根据制造商的说明操作测色仪器。

如果分光光度计可调节紫外线能量，则将光源的紫外线能量标准化（见 12.2）。

## 9. 计算、说明和限制

**9.1** 取每个试样测量值的平均值。

**9.2** 对于每个平均的测量，测定 CIE $D_{65}$ 光源和 1964 10°视角下的 CIE 三刺激值 $X_{10}$、$Y_{10}$ 和 $Z_{10}$（参考 ASTM 标准测试 E308《根据反射率计算三刺激值》）。测定色品坐标 $Y_{10}$、$x_{10}$、$y_{10}$。

**9.3** 任何试样都可以用 9.4 中公式计算白度值（$W_{10}$），用 9.5 中公式计算色调值（$T_{w,10}$）。只有相似的样品才可以比较白度和色度值；只有在使用相似的校准仪器、光源拥有标准化的紫外线能量且测量的几何形状相同时，才可以比较白度；不同的仪器不能比较色度值。由于测试要求完全取决于特定用途和被测材料，所以接受或拒绝两个样品相差的程度完全由使用者决定。$W_{10}$ 值越高，白度越白。$W_{10}$ 值相差的程度不能指示视觉白度差异的程度，也不能表示荧光增白剂浓度的差异程度。同样，与 $T_{w,10}$ 值相差的程度并不能代表视觉上白色偏绿或偏红相差的程度。

**9.4** 白度（见 12.2、12.3）（CIE $D_{65}$ 光源和

1964 10°视角）。

$$W_{10} = Y_{10} + 800 \ (0.3138 - x_{10}) + 1700 \ (0.3310 - y_{10})$$

式中：　　$W_{10}$——白度值或白度指数；

$Y_{10}$，$x_{10}$，$y_{10}$——试样的色品坐标；

0.3138 和 0.3310——对于完全漫反射体，分别代表 $x_{10}$ 和 $y_{10}$ 色品坐标。

限制范围：$40 < W_{10} < 5Y_{10} - 280$。

**9.5** 色调（CIE $D_{65}$ 光源和 1964 10°视角）。

$$T_{w,10} = 900 \ (0.3138 - x_{10}) - 650 \ (0.3310 - y_{10})$$

式中：　　$T_{w,10}$——色调值；

$x_{10}$，$y_{10}$——试样的色品坐标；

0.3138 和 0.3310——对于完全漫反射体，分别代表 $x_{10}$ 和 $y_{10}$ 色品坐标。

限制范围：$-4 < T_{w,10} < +2$。

当 $T_{w,10}$ 为正时，表示偏绿色的色调；$T_{w,10}$ 为负值时，表示偏红色的色调；为零时，表示为主体波长为 466nm 的偏蓝色调。

## 10. 报告

报告白度值。如需要，报告色调值、光源、计算时使用的 CIE 标准色度观测者、设备以及其测量的几何形状，分光光度计光源的紫外线能量是否能按照 AATCC EP11 进行标准化，对于发光纺织品分光光度计的 UV 能量的校准过程（见 12.2）。

## 11. 精确度和偏差

**11.1** 精确度。本试验方法的精度还未确立，在其产生之前，采用标准的统计方法，比较实验室内或实验室之间的试验结果的平均值。

**11.2** 偏差。纺织品的白度和色调值只能根据某一实验方法予以定义，因而没有单独的方法用以确定真值。本方法作为预测这一性质的手段，没有已知偏差。

## 12. 注释

**12.1** 要了解 CIE 色度系统的详细介绍、仪器几何参数及上述白度和色调公式的完整描述，参见 CIE 出版号 15：2018，《色度学》，第四版，可通过美国 CIE 国家委员会或 CIE 网店（www.techstreet.com/cie/）获取。

**12.2** 见 AATCC EP11 中发光纺织品分光光度计 UV 能量的校准过程和对光源的紫外分光光度计能量标准化的细节，这部分内容也包含在本手册中。操作程序也可从 AATCC 获取，地址：P. O. Box 12215，Research Triangle Park NC 27709；电话：919/549-8141；传真：919/549-8933；电子邮箱：ordering @ aatcc.org；网站：www.aatcc.org。

**12.3** 本测试方法之前的版本所用的公式是：

$$W = 4B - 3G \ (AATCC \ TM110 - 1979)$$

式中：$W$——白度；

$B$——表示 CIE C 光源和 1931 2°视角下的蓝色反射系数；

$G$——表示 CIE C 光源和 1931 2°视角下的绿色反射系数。

**12.4** 若希望研究在真实 $D_{65}$ 光源下含荧光增白剂的样本数据，可参考如下资料：F. W. Billmeyer Jr.，Metrology，文本标准和荧光材料的颜色规范，《色彩研究与应用》（第 19 卷，1994 年，第 413~425 页），以及出版物 ISO 23603（CIE S 012/E）《颜色的视觉鉴定和测量用日光模拟器光谱质量评估的标准方法》。

**12.5** ASTM 标准操作规范可从 ASTM 获取，地址：100 Barr Harbor Dr.，W. Conshohocken PA 19428；电话：+1.610.832.9500；传真：+1.610.832.9555；网址：www.astm.org。

**12.6** 获取有关颜色测量的完整描述，见 AATCC EP6《仪器测色方法》。

## 13. 历史

**13.1** 为了清晰起见，2021 年进行了修订，并添加了历史部分以与 AATCC 格式保持一致。

**13.2** 2019 年和 2016 年编辑性修订，2015 年修订，2011 年、2005 年和 2000 年重新审定，1995 年修订，1994 年编辑性修订和重新审定，1989 年修订（更改标题），1980 年和 1979 年编辑性修订，1979 年、1975 年和 1972 年重新审定，1968 年重新审定。

**13.3** AATCC 委员会 RA34 于 1964 年制定，1983 年权限移交至 AATCC 委员会 RA36。1987 年被采纳为 ISO 105-J02。

**AATCC TM111-2023**

# 纺织品耐气候性：暴露在日光和气候条件下

## 1. 目的和范围

**1.1** 本测试方法规定了测定纺织品耐气候性的方法。

**1.2** 本测试方法适用于天然的、染色的、整理过的或未整理过的纤维、纱线、织物及其制成品，包括涂层织物。测试方法如下：

方法 A：在自然光和气候下直接暴晒。

方法 B：经玻璃过滤后的自然光和不直接淋湿的气候下暴晒。

**1.3** 本测试方法中描述的户外实验必须进行操作，以验证实验室加速测试。户外测试的频率和范围由利益相关方确定。实验室加速测试的局限性参考 AATCC 169《纺织品的耐气候性：氙弧灯暴晒》和 AATCC 186《纺织品的耐气候性：紫外光下湿态暴晒》。

**1.4** 本测试方法包括以下内容，有助于纺织品耐气候性能不同的测试方法的使用和执行。

## 2. 原理

将试样和双方协议的参照标准在直接或透过玻璃后的自然气候条件下同时暴晒，达到某一指定的变化程度，如颜色变化或强度损失等，或者达到某一指定的辐射量。暴晒时间以日历的日、月或年计时。但是，该方法在不同时期的相等时间暴晒，结果也可能有较大的差异。采用本标准中推荐的一个或多个操作程序，通过对试样的暴晒部分和对应的未暴晒部分的评定，从而确定材料的耐气候性能。

## 3. 引用文献

**3.1** ASTM 标准（见 15.9）。

**3.1.1** ASTM D5034《纺织品断裂强力和伸长率的测试方法（抓样法）》。

**3.1.2** ASTM D5035《纺织品断裂强力和伸长率的测试方法（条样法）》。

**3.1.3** ASTM D2256《单纱法测定纱线断裂强力和伸长率》。

**3.1.4** ASTM D3787《针织物顶破强力测试方法：等速型（CRT）弹子顶破强力测试》。

**3.1.5** ASTM D3786《纺织品液压胀破强力试验方法：膜片式胀破强力仪法》。

**3.1.6** ASTM D1424《摆锤法测定织物撕破强力的试验方法》。

**3.1.7** ASTM D5587《织物梯形法撕破强力试验方法》。

**3.1.8** ASTM E903—1996《用积分球仪测量材料的太阳能吸收率、折射率及透过率的测试方法》。

**3.1.9** ASTM E824《日射强度计的校准测试方法》。

**3.1.10** ASTM G24《透过玻璃进行日光暴晒试验的标准程序》。

**3.1.11** ASTM D2905《纺织品样品数值表的标准实施规程》。

**3.1.12** ASTM D1776《纺织品调湿和测试标准方法》。

**3.1.13** ASTM G7《非金属材料暴晒试验大气环境的标准程序》。

**3.1.14** ASTM G183《野外用日射强度计、太阳热量计和 UV 辐射计标准操作规程》。

**3.2** AATCC 测试方法（见 15.10）。

**3.2.1** AATCC 方法 16.1《耐光色牢度：户外法》。

**3.2.2** AATCC EP1《变色灰卡评定程序》。

**3.2.3** AATCC EP 7《仪器评定试样变色》。

**3.3** ISO 标准（见 4.4、4.12 和 4.30）。

ISO 9370《塑料——气候试验中辐射暴露的仪器测定——指南通则》。

## 4. 术语

**4.1** AATCC 蓝色羊毛标样：由 AATCC 发布的一组染色羊毛织物，用于确定试样在耐光测试中的暴晒量。

**4.2** 黑板温度计：测量温度的装置。其感应部分涂有黑漆，吸收耐光测试中接收到的大部分辐射能量。

**4.3** 断裂强力：试样在拉伸测试中被拉至断裂时作用于试样最大的力。

**4.4** 宽频带辐射计：相关术语。最大透光率为 50% 时、带通宽度大于 20nm 的辐射计，用于测量一定波长的辐照度，如波长 300～400nm 或 300～800nm。

**4.5** 胀破强力：在特定条件下，以一个垂直于织物表面的力作用于织物，使其破裂所需的压力或压强。

**4.6** 中心波长：两个半值功率之间所指定的波长的中间值，如 340nm±2nm。

**4.7** 变色：对比试样和相应的未测样品进行识别，不管是亮度、色相还是彩度，或任意组合的各种颜色变化。参见 AATCC EP1 和 EP7。

**4.8** 半功率带宽：在带宽过滤器中，透光率为峰值透过率的 50% 时波长之间的距离。

注意：对于窄带宽过滤器，距离不应超过20nm。

**4.9** 辐照度：波长的函数，单位面积的辐射功率，表示为瓦特/平方米（W/m²）。

**4.10** 辐照量：辐照度的时间积分，表示为焦耳/平方米（J/m²）。

**4.11** 实验室样品：取自批样或原材料的一部分作为实验室试样。

**4.12** 窄频带辐射计：当透光率为峰值透光率的 50% 时，带宽小于或等于 20nm 的一种辐射计。用于测定某波长的辐照度，如波长为 340nm±0.5nm 或 420nm±0.5nm 的辐照度。

**4.13** 日射强度计：一种辐射计，测量总日辐照度或者半球向日辐照度。

**4.14** 辐射能：各种波长的光子或电磁波在空间传播的能量。

**4.15** 辐射暴晒量：辐照度的时间积分。

**4.16** 辐射通量密度：辐射能通过试样时的流动速度。

**4.17** 辐射功率：单位时间内发射、转移或接收的辐射能量。

**4.18** 辐射计：用于测量辐射能的仪器。

**4.19** 参比织物：用于检查测试仪器和操作条件而选择的一块或多块蓝色羊毛标样。

**4.20** 试样：取自材料或实验室用于进行试验的部分。

**4.21** 光谱能量分布：放射出的辐射能在不同波长跨度内的能量变化。

**4.22** 光谱透射率：波长的函数。辐射能量经过给定的材料后，其中未被材料吸收的能量占总入射能量的百分比。

**4.23** 纺织品试验用标准大气：空气温度为 21℃±2℃，相对湿度为 65%±5%。

**4.24** 纺织品储存用标准大气：保持 ASTM D1776 中规定的实验室条件。

**4.25** 撕破强度：将织物上已有的切口完全撕裂时所需要力的平均值。

**4.26** 紫外辐射量：波长小于可见光、大于 100nm 的单色光组成的辐射能量。

注意：紫外线辐射的光谱范围界定不特别明确，根据使用者而变化。CIE（国际照明委员会）中 E-2.1.2 委员会在光谱范围 400nm 和 100nm 之间进行如下划分：

UVA：315～400nm

UVB：280～315nm

UVC：100~280nm

**4.27** 可见光辐射量：引起视觉的任何辐射能量。

注意：可见辐射光的光谱范围界定不特别明确，根据使用者而变化。波长的下限通常被认为在380~400nm，上限在760~780nm（1nm=10⁻⁹m）。

**4.28** 气候：指定地理位置包括日光、雨水、湿度和温度等因素的气候条件。

**4.29** 耐气候性：材料在气候条件下暴晒，抵抗其性能变差的能力。

## 5. 安全和预防措施

**5.1** 方法/程序中规定的安全预防措施是测试程序的辅助措施，本部分有助于测试，但未指出所有可能的安全问题。

**5.2** 使用者有责任参考适用的安全数据表，使用安全和适当的技术，在处理本标准中材料时应穿着适当的个人防护装备。

**5.3** 使用者必须向制造商咨询具体细节，如设备操作说明和其他建议。咨询并遵守所有适用的健康和安全法规［如美国职业安全卫生管理局（OSHA）标准和规定］。

**5.4** 皮肤和眼睛长期在日光下暴露可能有危险，因此应注意保护这些部位（在任何情况下都不要直视太阳）。

**5.5** 遵守良好的实验室规定，在所有的试验区域应佩戴防护眼镜。

## 6. 使用和限制条件

**6.1** 这些方法的使用并不意味是对某特定应用的加速测试。耐气候性测试与实际耐气候性之间的相关程度必须经数学方法确定，以及由协议双方达成一致。

### A. 使用说明

**6.2** 方法 A 适用于评估纺织品和相关材料、包括涂层织物在淋湿和辐射能量等自然气候条件下暴晒的抗老化程度，和进一步核查材料的耐久性。方法 B 适用于材料在受到保护的较温和条件下，如在户内未淋湿和由于玻璃使短波长 UV 辐射能量减少的环境中，评估其暴晒后的耐气候和日光的老化程度。

**6.3** 选择的测试方法应根据试验材料的最终使用环境条件而定。

**6.4** 使用本标准时，应使用参照标样。参照标样是经过一定的暴晒后，已知其性能的变化情况。

### B. 限制条件

**6.5** 在相同的光源和环境下，并非所有的材料达到同样的效果。任意一个测试方法得到的结果，并不能代表其他测试方法或者最终应用时所得到的结果，除非协议双方已经对指定的材料或指定的应用情况建立了数学相关性。

**6.6** 根据以下几个因素解释拟实际日光暴晒所得到的抗老化性测试结果。

**6.6.1** 材料的固有性能：物理状态、质量和紧密度。

**6.6.2** 光谱能量的分布以及辐射流的密度（来自太阳）。

**6.6.3** 暴晒期间，试样周围的空气温度和相对湿度。

**6.6.4** 添加物如纤维稳定剂，被雨水浸出或老化作用。

**6.6.5** 大气中的污染物。

**6.6.6** 有光谱吸收特性的添加整理剂和染料的作用。

**6.6.7** 残留洗涤剂或干洗化学药品的作用。

**6.7** 不同纺织材料的相对老化速度并不一定随着这些因素自身的变化而发生相同的变化。因而，在不同使用条件下，使用任一种测试方法都不能预测出纺织品和相关材料的耐久性。因此，常用的做法是将试样在已经全面了解了材料预期性能的不同条件下暴晒，研究其耐久性。

**6.8** 当操作条件在本标准可接受限制范围内变

化，或者在不同的地理位置测试时，得到的结果可能不同。因此，通过该方法得到的结果是没有参考性的，除非按照 12 中的报告描述具体操作的条件和位置。

## 7. 设备和材料（见 15.1）

**7.1** 可被大雨淋湿的日光暴晒架（见 15.2、15.4 和 ASTM G7）。

**7.2** 不会被大雨淋湿、有玻璃罩的日光暴晒箱（见 15.3、附录和 ASTM G24，A 型）。

**7.3** 黑板温度计。

**7.4** 日射强度计。

**7.5** 紫外辐射计。

**7.6** RH 传感器。

**7.7** 蓝色羊毛标样（见 AATCC TM16.1）。

## 8. 维护

按照制造商的说明书进行维护。对于有玻璃罩的日光暴晒箱，每月应擦洗玻璃内外表面（或如需要，可更频繁），以去掉灰尘和其他污物。

## 9. 试样制备

**9.1** 按规定的测试程序准备试样，尺寸至少满足表 1 中的要求。应用时，按照材料的规格或者合同要求，试样的长边平行于织物的经向或者纬向（见 9.1.1.3）。

**9.1.1** 按照表 1 中的测试方法制备试样。

#### 表 1 试样的尺寸和制备

| 项 目 | | 测试方法 | 试样尺寸 [cm（英寸）] |
|---|---|---|---|
| 断裂强力 | 条样法 | ASTM D5035 | 5×20（2×8） |
| | 抓样法 | ASTM D5034 | 13×28（5×7） |
| | 单纱 | ASTM D2256 | 15（6） |
| 胀破强力 | 机织物 | ASTM D3786 | 15×15（6×6） |
| | 非织造布 | ASTM D3786 | 15×15（6×6） |
| | 针织物 | ASTM D3787 | 15×15（6×6） |
| 撕破强力 | 摆锤法 | ASTM D1424 | 10×13（4×5） |
| | 梯形法 | ASTM D5587 | 10×18（4×7） |
| 色牢度 | | AATCC TM16.1 | 3×6（1.25×2.44） |

**9.1.1.1** 除非有其他协议，对于指定材料的规格，剪取一定数量的试样，以使用户期望在 95% 的置信水平下，试样的测试结果不超过该批试样真实平均值的 5%。样品数量按照 ASTM D2905 标准中所规定的标准偏差的单侧极限来确定。

**9.1.1.2** 对于绒头织物如地毯，其纤维有位置移位性；或者一些织物因为面积小很难评价。测试这些材料时，暴晒面积应该不小于 40.0mm×50.0mm（1.6英寸×2.0英寸）。暴晒足够的尺寸或多个试样，使其包含各种颜色。

**9.1.1.3** 一般取样剪取经向，但是在连接处或者代替经向的特殊情况时，也可选用纬向。有时经纱会因织物结构而辐照不到。选用纬向时必须在报告中注明。

**9.1.2** 以上给出的尺寸是通用要求。大多数情况下，足以满足评定的需要。某些材料暴晒后可能尺寸发生变化。设备制造商、物理测试仪器和所需的试样数量都将影响所需的试样尺寸。在任何情况下，应该核查表 1 中的测试程序，以确保有足够的试样进行各自所需的暴晒。

**9.1.3** 除非特别说明，试样的最大厚度为 25mm（1英寸）。对于厚度超过 25mm、成形的或复合而成的试样及组合的试样，需由买卖双方达成一致的特定要求。

**9.1.4** 若防止试样散边，需将试样的边缘用环氧树脂或者类似的材料封边，也可缝边、剪锯齿边或者熔边。

**9.1.5** 最好对每个试样进行标记，记录其在不同的辐射暴晒水平下产生的变化。保留一块未暴晒的试样，用于与暴晒的试样进行比较。

**9.2** 试样安装。

**9.2.1** 方法 A 和方法 B。为了更接近特定的最终用途的条件，可以使用箱体的背衬材料见表2。

**9.2.2** 织物：确保试样平整地、不卷边地固定在框架上。织物可以缝合在纱网背衬上。对于色牢度测试，按照 AATCC TM16.1《耐光色牢度：户外法》要求安装试样。

表 2 箱体的背衬材料

| 最终用途 | 箱的背衬 | 近似温度 |
|---|---|---|
| 汽车 | 固体（夹板） | 82℃（180℉） |
| 家庭用（装饰用织物等） | 金属网 | 63℃（145℉） |
| 服用和敏感材料 | 无（开放式） | 43℃（110℉） |
| 防护织物 | 无（开放式） | 43℃（110℉） |

**9.2.3** 纱线：将纱线卷绕到框架上。只有直接面对辐射能的那部分纱线用来测试断裂强力，单纱或多根纱线的断裂强力都这样操作。测试多根纱线的断裂强力时，纱线必须紧密地卷绕到框架上，宽度为 2.5cm（1.0 英寸）。控制样和暴晒试样的纱线根数必须相同。暴晒结束后，纱线从测试框架取下前，将面对光源的那部分纱线用宽度为 2.0cm（0.75 英寸）的遮盖物或者其他合适的带子捆在一起，使这些纱线紧密地排列在暴晒架上。

## 10. 调湿

**10.1** 暴晒周期结束后，从暴晒架取下试样和控制样放入标准大气环境中［温度为 21℃±2℃、相对湿度为（65±5）%］进行调湿。

**10.2** 如果从框架上取下的试样是湿的，将试样置于实验室或者在温度不超过 71℃下条件干燥后再调湿。未暴晒的参照标准（参照标样）和保留的未暴晒试样与试样在完全相同的干燥和调湿条件下处理。

**10.3** 所有的样品、控制试样和试样都需放到标准大气中调湿平衡。试样达到平衡的条件是不少于 2h 间隔称重，两次连续称重的差异小于试样质量的 0.2%，一般认为"收样"达到工业平衡。

实际应用中，纺织品达到调湿平衡并不是通过不断地称重来确定的。通常采用的方法是（出现争议时不适用）：测试前，试样置于标准大气下放置一段合理的时间，大多数情况下需放置 24h。但是对于某些纤维达到湿度平衡的速度比较慢，当出现这种情况时，合同双方可以协商，按照 ASTM D 1776《纺织品调湿和测试标准方法》（见 3.1.12）进

行预调湿。

**10.4** 对于试样和控制试样、暴晒和未暴晒试样的每次测试，应参照表 1 中的测试方法，标记、分开或剪取暴晒试样的中间部分至所规定的尺寸。最好在暴晒后标记、分开或剪取试样，也可以在暴晒前。无须暴晒的控制试样也需同样制备。对于暴晒在潮湿条件下的试样和浸润的控制试样，可在测试前进行无张力干燥。所有的试样、控制试样和试样根据材质需同时在标准大气下至少调湿 24h 或更长时间，然后同时进行测试。

## 11. 操作程序

**11.1** 将适当数量的试样（见 8）以及所需数量的参照标样固定在暴晒架上，其数量的选择应考虑平均结果的可变性，且确保结果的准确性。为了避免有阴影，试样安装应避免放在暴晒箱的边上。

**11.2** 将试样在日光和自然气候环境下暴晒一定时间，记录此期间的辐射能量或者用日照辐射计和 UV 辐射计测定达到规定量的辐射能（见 15.5、15.7 和 15.8）。

**11.2.1** 方法 A。使用附录中 2 描述的直接暴晒架，在日光和自然环境下直接暴晒。

**11.2.2** 方法 B。用附录中 3 描述的暴晒箱，透过玻璃且不被淋湿的自然光下暴晒。标样和试样的正面与玻璃盖内表面的距离至少为 7.5cm（3 英寸），且距离玻璃框的边缘至少 15cm（6 英寸）。

为了满足所需的暴晒条件，暴晒箱的背衬可采用表 3 中的材料。

表 3 暴晒箱的背衬

| 背　　衬 | 暴晒条件 |
|---|---|
| 敞开的 | 低温 |
| 金属网 | 中温 |
| 固体 | 高温 |

**11.3** 标样和试样暴晒以 24h 为一天，暴晒完成后，取下进行检查或者进行物理性能测试。

**11.4** 监控暴晒箱或测试架附近的温度和相对

法，将获得的数据通过比较对比建立两实验室间的统计偏差。

**14.4** 偏差。耐气候性评价只能根据特定的测试方法来定义。在这样的限制下，测试标准 TM111 中用断裂强力来测量耐气候性的程序没有已知的偏差。

## 15. 注释

**15.1** 有关适合测试方法的设备信息，请登录 http://www.aatcc.org/bg。AATCC 提供其企业会员单位所能提供的设备和材料清单。但 AATCC 没有给其授权，或以任何方式批准、认可或证明清单上的任何设备或材料符合测试方法的要求。

**15.2** 测试箱（见 3.1）的选择参见 ASTM G24 和 ASTM G7。

**15.3** 窗玻璃（见 3.1）的选择参见 ASTM G24。

**15.4** 样品框架必须用不锈钢、铝或者适当涂层的钢制成，以避免可能催化或抑制降解产生的金属杂质污染样品。当用订书钉固定样品时，订书钉应有涂层且不含铁以避免腐蚀性产物污染样品。样品架应进行哑光处理，在设计上应避免可能影响材料性能的反光。为了满足某种性能需求，样品框架应该和试样架的曲率相匹配，其尺寸应取决于试样的类型。

**15.5** 测量 295~385nm 太阳光的总紫外线辐射能量请参阅 ASTM G183 测量太阳总辐射能和紫外线辐射计的指导（见 3.1）。

**15.6** 国际上推荐使用测量和报告辐射能量的单位，单位转换的系数，日射强度计/辐射计的说明和分类摘自《气象仪器指南和观察程序指南》，WMO（世界气象组织），No.8 TP.3。

**15.7** 参考 ASTM G183 测量全球（太阳和天空总辐射）辐射计的指南（见 3.1）。

**15.8** 原样和暴晒试样的遮盖部分之间有一定色差，这表明纺织品受到了除光照以外其他因素的影响，如热量或者大气中的活性气体。尽管引起色差的具体原因还未知，但是出现这种现象时，应该在报告中注明。

**15.9** 可从 ASTM 获取，地址：100 Barr Harbor Dr.，W. Conshohocken PA 19428-2959；电话：+ 1.610.832.9500；传真：+ 1.610.832.9555。www.astm.org.

**15.10** 可从 AATCC 获取，地址：P.O.Box 12215，Research Triangle Park NC 27709；电话：+1.919.549.8141；传真：+ 1.919.549.8933；电子邮箱：ordering@aatcc.org；网址：www.aatcc.org.

## 16. 历史

**16.1** 2023 年修订，使其与 AATCC 标准格式一致。

**16.2** 2022 年修订；2019 年、2016 年编辑性修订；2015 年修订；2009 年编辑性修订和重新审定；2008 年、2007 年编辑性修订；2003 年修订（变更题目）。

**16.3** AATCC RA64 技术委员会于 1996 年制定，代替 1964 年最初制定、1990 年最后一次修订并重新审定的 111A-1990、111B-1990、111C-1990 和 111D-1990；2007 年权限移交至 AATCC RA50 技术委员会。

## 附录 仪器设备和材料——日光暴晒

**1.** 一般条件，日光暴晒，方法 A 和方法 B。

**1.1** 试验箱或者试验架应该放在整个白天都能受日光直接照射的地方，并且不会被附近物体的影子所遮挡。当把试验箱或者试验架安放在地上时，箱或架的底部和清洁的地面之间的距离应该足够大，防止在进行地面维护期间（如割草、铺路及锄草等）对试验产生影响。

**1.2** 暴晒试验箱或者试验架应该安置在干净的地方，最好是放在一些能代表测试材料将要使用的不同条件的具有气候性差别的地方。主要的气候变化包括亚热带、沙漠、海岸（空气中含盐）、工业大气和一些能够接受到很大比例范围太阳光的地区。试验箱或者试验架的下方和周围的区域应该具有较低的反射率，并且该地表是该气候地区的典型地表。在沙漠地区，地表应该都是沙砾，而在大部分的温带和亚热带地区，地表应该是低草。

**1.3** 暴晒期间，测气候数据的仪器放在最接近暴晒箱或暴晒架的区域进行测试。为了表征测试框架周围的条件，仪器应该能够记录：周围的环境温度（日最小值和日最大值）、黑板温度、相对湿度（日最小值和日最大值）、降水时间（雨水）以及总的潮湿时间（包括雨水和露水）。

**1.4** 当双方达成一致协议时，也可以使用其他测试辐射的方法。过去使用 kJ/m² 为单位记录总的紫外辐射能，然而，由于温度的影响、紫外光、可见光和红外光的构成不同，在不同的地方和季节得到给定辐射能产生的相对老化效应也是不一样的。

**2.** 方法 A——潮湿环境下日光暴晒。

**2.1** 暴晒架。合适的暴晒架应该包含相对地面的升降结构，在北半球朝南，而在南半球朝北。暴晒架与水平的角度应该和试验所在位置的角度相同，或者与双方协商一致的任何角度相同，如 45°。当试样固定在没有背衬的暴晒架上时，在试样的背面应一直有自由空气流动。

**2.2** 在有些情况下，为模拟指定的最终用途条件，需要暴晒带有背衬的试样。报告中应注明使用的背衬，及背衬的类型和其特性。连续暴晒 24h 为一天，直到达到要求的暴晒量。

**3.** 方法 B——非潮湿环境下，透过玻璃的日光暴晒箱和位置。

**3.1** 日光暴晒箱有一个玻璃面罩，四周用适宜尺寸的金属，木头或者其他满足要求的材料做成，可以保护试样不受到雨水和气候条件的影响，并且保证试样表面有自由的空气流动。玻璃面罩的厚度应该是 2.0~3.2mm，用优级的、干净的、平拉制的玻璃做成。为了减少由于玻璃的紫外透射的变化而产生的变化，在将新玻璃安装在暴晒箱之前，应将新玻璃按照所在位置的纬度，面朝赤道，根据 ASTM G24 规定或者安装在空暴晒箱上，至少暴晒 3 个月。玻璃必须具有均匀的强度，而且没有气泡或其他瑕疵。一般来说，经过三个月的预老化之后，均匀强度的玻璃在 320nm 处的透光率为 10%~20%，在波长为 380nm 处的透光率为 85% 或者更高。如果测量玻璃的透光率，则需要报告被测玻璃样品中至少三块玻璃的测量平均值。使用紫外可见光分光光度计，应按照制造商建议的关于测量固体样品的透光率的说明书测量透光率。如果使用了一个带有积分球的分光光度计，就应该按照 ASTM E903（1996）进行测量（见 3.1 和 15.9）。

**3.2** 箱体四周或者是暴晒箱内装有支撑试样的架子，该架子可以使试样与玻璃面罩平行，试样正面距离玻璃面罩表面下方的距离不小于 75.0mm（3.0 英寸）。制备试样架的材料与试样应该是匹配的。为使试样的背部有较好的通风条件，该固定架可以是敞开式的，也可以为满足条件要求是固体材料的。为了最大限度地减少暴晒箱顶部和侧面的阴影的影响，玻璃下的可用暴晒面积应限制在一定的范围，即暴晒面积比玻璃盖面积缩小了玻璃面罩到试样距离的 2 倍的范围内。

**3.3** 玻璃面罩和试样以一定角度向赤道倾斜，其与水平的角度和测试所在位置的纬度接近。也可以使用其他暴晒角度，如 45°，在测试结果报告中必须注明该角度。

**3.4** 如果需要显示试验框架内部的条件，测试仪器应该能够记录：玻璃下的环境温度（日最小值和最大值）、玻璃下的黑板温度、与试样同样暴晒角度下的总辐射能量和紫外辐射暴晒（宽带通或窄带通）、相对湿度（日最小值和最大值）。

**3.5** 如果需要的话，可以用一个紫外辐射计测量辐照度，并将其连接到积分仪上计算紫外辐射量。紫外辐射计应该安装在与暴晒箱中使用的相同类型的玻璃的后面，或者相同通风条件的封闭环境

中，避免仪器过热。装有辐射计的密闭环境应该和测试箱的方位相同。可以使用以下两种不同的辐射计。

**3.5.1** 宽带通紫外辐射计（见 15.5～15.7），能够测量波长在 295～385nm 的辐照度。

**3.5.2** 窄带通紫外辐射计（见 15.5～15.7），能够测量波长集中在 340nm±2nm 的辐照度。

**AATCC TM112-2020**

# 织物甲醛释放量的测定：密封广口瓶法

## 1. 目的和范围

**1.1** 本测试方法适用于释放甲醛的纺织品，尤其是适用于用含有甲醛的化学试剂整理过的纺织品。本方法提供了加速存储条件，并用分析方法测定织物在加速存储条件下甲醛的释放量（见 5 和 10.1）。本方法测定在加速存储条件下可能产生的游离甲醛、水解甲醛以及任何其他甲醛。

**1.2** 提供了一种加速的萃取程序供选择使用（见 13.6）。

**1.3** AATCC TM206 是一种可选的浸没方法，它模拟在正常使用条件下的近似水解甲醛量。

## 2. 原理

将已称重的织物试样悬挂在密封广口瓶中的水面上方，然后将密封广口瓶放在烘箱中，并在控制温度条件下加热规定的时间（见 13.5）。然后用比色法测定被水吸收的甲醛量。

## 3. 术语

**3.1** 甲醛释放：在本方法所述的加速存储条件下，从纺织品中释放出的甲醛量，包括源于未反应的化学试剂或源于整理降解的游离（释放的或吸附的）甲醛。

**3.2** 游离甲醛：未与饰面或织物粘合的甲醛被视为游离甲醛。在这种形式下，甲醛可以很容易地通过浸入水中从织物中提取。

**3.3** 水解甲醛：虽然最初是较大化学结构的一部分，例如交联反应物，但在本试验过程中，甲醛会从较大分子上裂解并溶解在水中。

## 4. 安全和预防措施

本安全和预防措施仅供参考。本部分有助于测试，但未指出所有可能的安全问题。在本测试方法中，使用者在处理材料时有责任采用安全和适当的技术；务必向制造商咨询有关材料的详尽信息，如材料的安全参数和其他制造商的建议；务必向美国职业安全卫生管理局（OSHA）咨询并遵守其所有标准和规定。

**4.1** 遵守良好的实验室规定，在所有的试验区域应佩戴防护眼镜。

**4.2** 当使用冰醋酸制备纳氏试剂时，在操作过程中要使用化学防护眼镜或面罩，防渗透手套和防渗透围裙。浓酸的操作只能在足够通风的通风橱中进行。注意：必须是将酸加入水中。

**4.3** 甲醛是一种感官刺激物和潜在的激敏物。其慢性毒性尚未完全确定。要在足够通风的通风橱中使用甲醛。避免吸入或与皮肤接触。操作甲醛时，要使用化学防护眼镜或面罩、防渗透手套和防渗透围裙（见 8.1）。

**4.4** 在附近安装洗眼器、安全喷淋装置以备急用。

**4.5** 本测试法中，人体与化学物质的接触限度不得高于官方的限定值［例如，美国职业安全卫生管理局（OSHA）允许的暴露极限值（PEL），参见 1989 年 1 月 1 日实施的 29 CFR 1910.1000］。此外，美国政府工业卫生师协会（ACGIH）的阈限值（TLVs）由时间加权平均数（TLV-TWA）、短期暴露极限（TLV-STEL）和最高极限（TLV-C）组成，建议将其作为人体在空气污染物中暴露的基本准则并遵守（见 13.7）。

## 5. 使用和限制条件

**5.1** 本方法适用于疏水性和非疏水性织物上释放甲醛的范围不超过 3500μg/g 的情况。如果在测试的分析部分中使用的纳氏试剂与样品溶液的比例为 1:1，则检测上限为 500μg/g，如果比例为 10:1，则检测上限为 3500μg/g。本程序能够促进无异味、硫化耐久压烫整理织物经水洗后的甲醛释放（Vail, S. L. and B. A. K. Andrews, Textile Chemist and Colorist, Vol. 11, No. 1, January 1979, p48）。因此，本方法不适用于按强制标准或推荐性标准测定空气中的甲醛含量（μg/g）。本方法最初制定是为了测定在湿热环境下树脂整理织物释放过量甲醛的倾向性（Nuessle, A. C., American Dyestuff Reporter, Vol. 55, No. 17, 1966, p48-50；以及 Reid, J. D., R. L. Arcenaux, R. M. Reinhardt 和 J. A. Harris, American Dyestuff Reporter, Vol. 49, No. 14, 1960, p29-34）。

**5.2** 或者，测试方法 206，游离甲醛和水解甲醛的测定：水萃取法测定织物上游离甲醛和水解甲醛的含量范围为 20μg/g 到 3500μg/g 左右。该方法近似于水解甲醛并严格模拟正常使用条件，应基于该区别进行适当的测试。但是，由于 TM206 是一种水浸方法，因此应考虑可能会出现易于掉色的织物。如果染料的吸光度在 412nm 范围内，则可能会干扰分光光度计的测量。TM112 不使用水浸；因此，染料污染而干扰分光光度计测量的可能性较小。

## 6. 仪器和材料

**6.1** 透明玻璃瓶，Mason 瓶或类似的广口瓶，0.95L（1 夸脱），带有气体密封盖。这些是透明的方形玻璃瓶，尺寸约为 9cm 宽×17cm 高，约 1 升，盖上有螺丝。

**6.2** 小型金属丝网篮（或其他可以将试样悬挂在广口瓶内水面上方的工具，见 13.2）。将织物对折两次，然后用双股缝纫线在对折两次的织物中上部形成一个环，用以替代金属网篮，将织物悬挂

在水面上。双股缝纫线的两端伸出广口瓶的瓶口，然后用广口瓶的密封盖将其固定牢固。

**6.3** 称重天平，最小灵敏度为 0.01g。

**6.4** 恒温控制烘箱。温度 49℃±1℃（120℉±2℉）（见 13.6）。

**6.5** 纳氏试剂。由乙酸胺、乙酸、乙酰丙酮和水配置而成（见 7.1）。

**6.6** 甲醛溶液（浓度约 37%）。

**6.7** 容量瓶。容量为 50mL、250mL、500mL 和 1000mL，A 级。

**6.8** 体积移液管：5mL、10mL、15mL、20mL、25mL、30mL 和 50mL 体积移液管，全部满足 A 级精度和流速要求（见 13.3）。或能满足 A 级要求的数字式可变体积移液管。

**6.9** 1L 带盖的干净棕色玻璃瓶。

**6.10** 分光光度计，能够在 412nm 波长下读取吸光度至最少三位小数（见 10.6）。

**6.11** 试管（见 13.3）。

**6.12** 水浴：一般用途，温度可控（见 10.5）。

**6.13** 蒸馏水或去离子水。以下简称去离子水。

## 7. 纳氏试剂的制备

**7.1** 在 1000mL 容量瓶中，用大约 800mL 的蒸馏水将 150.0±0.1g 醋酸铵溶解，再加入 3.0±0.1mL 冰醋酸和 2.0±0.1mL 乙酰丙酮，用蒸馏水稀释到刻度线并使其充分混合。存储在有盖的棕色试剂瓶中。

**7.2** 纳氏试剂在放置的最初 12h 内，试剂颜色会逐渐变深。因此，试剂应在存放 12h 后才可使用。另外，试剂的有效期为至少 6~8 周。但是，试剂的灵敏度在较长一段时间后会产生轻微的变化，因此最好每周作一次校准曲线来对标准曲线进行校正。

## 8. 标准溶液的制备及标定（小心处置）

**8.1** 取（3.8±0.1）mL 试剂级的甲醛溶液

（浓度约 37%），用去离子水稀释至 1.0L，以制备浓度约为 1500μg/mL 的甲醛原液。标定之前至少将原液放置 24h。用标准方法（见 13.5 或任何其他适当的方法，例如用 0.1mol/L（0.1N）盐酸滴定亚硫酸钠。参考资料：J. Frederick Walker, Formaldehyde, 3rd Ed. Reinhold Publ. Co., New York, 1964, p486)，另外可以选择参考《纺织实验室的分析方法》，第三版。精确测定甲醛原液中的甲醛浓度。记录这个标定甲醛原液的实际浓度。该溶液有效期至少为 4 周，用于制备标准稀释液。移取 25.0mL±0.03mL 标定甲醛原液到 250mL 容量瓶中，然后用去离子水稀释至刻度线，以此方式制备标定甲醛原液的 1:10 稀释液。滴定储备溶液时，浓度以 μg/mL 为单位测定，通过以下方法制备校准曲线。

移取 5.0mL、10.0mL、15.0mL、20.0mL 和 30.0mL 按 1:10 稀释后的甲醛稀释液到 500mL 容量瓶中，用去离子水稀释至刻度线（例如，如果通过标定得出甲醛原液的浓度为 1470μg/mL，计算校准曲线横坐标的新值；采用线性回归分析 1.47μg/mL、2.94μg/mL、4.41μg/mL、5.88μg/mL、8.82μg/mL）。

**8.2** 分别从 8.1 得到的甲醛原液的 1:10 稀释液中移取 5.0mL、10.0mL、15.0mL、20.0mL 和 30.0mL，在 500mL 的容量瓶中用去离子水稀释，则分别得到浓度约为 1.5μg/mL、3.0μg/mL、4.5μg/mL、6.0μg/mL 和 9.0μg/mL 的甲醛溶液。准确的记录溶液的浓度。在测试瓶中，基于 1.0g 试样和广口瓶中 50.0mL 蒸馏水的测试样品中的甲醛浓度是这些标准溶液实际浓度的 50 倍。

**8.3** 使用 5.0mL 各种浓度的标准溶液，按照步骤 10.4~10.7 的描述制备校准曲线，在校准曲线中，以甲醛浓度（μg/mL）对吸光度读数进行绘制。

## 9. 试样准备

**9.1** 从卷轴上取样或剪切样品后，应立即将样品放入单独的拉链式封口塑料袋中。作为保持其原始状态的额外预防措施，样品放入塑料袋之前用铝箔包裹。

**9.2** 剪取 1g±0.01g 的试样。每个样品做平行样。如果剪 1g 样品后不立即进行测试，则应将其放回拉链式封口塑料袋中（如果之前用铝箔纸包装，则也要再用铝箔纸包装），直到开始测试再取出。

## 10. 操作程序

**10.1** 用移液管向广口瓶底部移入 50.0mL 去离子水，用金属网篮或其他方式将试样悬吊在广口瓶的水面上方（见图 1）。将瓶密封后置于 49℃±1℃（120℉±2℉）的烘箱中放置 20h±10min（见 13.6）。盛有 50mL 去离子水的广口瓶中的空金属网篮（无织物）的控件也可以使用。

（a）金属网篮详图　（b）将试样放于金属网篮后悬挂于密封罐中

**图 1　广口瓶和金属网篮**

**10.2** 取出广口瓶，使其冷却至少 30min。

**10.3** 从广口瓶中取出试样和网篮，或其他支撑物。重新盖好瓶盖，摇晃以便将瓶壁上形成的凝聚物溶解。

**10.4** 移取 5.0mL 纳氏试剂到适当大小的试管中。同时吸取 5.0mL 纳氏试剂到另一个（至少一个）试管中作为空白试剂。从每个试样萃取瓶中取 5.0mL 萃取液放入试管中，将 5mL 去离子水加到作为空白试剂的试管中。每个样品萃取液做两个平行样。

**10.5** 混合均匀后将试管放入 58℃±1℃ 的水浴中恒温 6min±15s。然后取出冷却。

**10.6** 在波长 412nm 处，以空白试剂为参照，用分光光度计测出试样萃取液的吸光度。

注意：已显黄色的溶液直接暴露于日光下一定时间会引起褪色。如果显色后试管的读数有明显的延迟，且有强烈阳光存在，则应对试管施加保护措施，以避光。否则，颜色需要稳定相当长的时间（至少 1 晚上），读数将延迟。

**10.7** 使用绘制好的校准曲线，测定甲醛萃取液中的甲醛（HCHO）浓度（见 8.3 和 13.3）。

## 11. 计算

按照下列公式计算每个试样的甲醛释放量，精确到 μg/g：

$$F = C \times \frac{50}{W}$$

式中：$F$——甲醛浓度，μg/g；

$C$——由校准曲线读出的萃取液中甲醛浓度；

$W$——测试试样的质量，g。

## 12. 精确度和偏差

**12.1** 精确度。

**12.1.1** 实验室间的测试。在 1990 年和 1991 年，分别对 AATCC TM112 方法进行了实验室间的比对研究（ILS）。在 49℃ 温度下萃取 20h，试样萃取液和纳氏试剂的比例为 5/5。参加比对的各个实验室中，由一个操作员对每块样品进行三次的重复测试。在第一次实验室间比对研究中，对九个实验室 100~400μg/g 低甲醛含量水平的同一块织物得出的测试结果进行了代表方差分析（ANOVA）。在第二次实验室间比对研究中，八个实验室对十种

名义上甲醛含量水平为 0 的织物进行了测试，对结果进行代表方差分析（ANOVA）。分析资料在 RA68 技术委员会文件进行记载以供参考。

**12.1.2** 零甲醛织物的临界差值的计算见表 1，低甲醛含量织物的临界差值的计算见表 2。

**12.1.3** 当两个或多个实验室希望开展测试结果比对时，建议在比对之前先建立需要比对的实验室之间的实验室水平。

**表 1 零甲醛织物的临界差值**
（平均概率为 95% 的临界差值，μg/g）

| 平均测试数量 | 实验室内 | 实验室间的单个织物 | 实验室间的多个织物 |
|---|---|---|---|
| 1 | 7.7 | 12.0 | 13.8 |
| 2 | 5.5 | 10.6 | 12.7 |
| 3 | 4.5 | 10.2 | 12.3 |

**表 2 低甲醛含量织物的临界差值**
（平均概率为 95% 的临界差值，μg/g）

| 平均测试数量 | 实验室内 | 实验室间的单个织物 | 实验室间的多个织物 |
|---|---|---|---|
| 1 | 21.6 | 80.3 | 116.0 |
| 2 | 15.2 | 78.9 | 115.0 |
| 3 | 12.4 | 78.4 | 114.7 |

**12.1.4** 如果在两个实验室之间对同一块织物的甲醛释放水平进行比较，应使用表 2 中单水平列下的临界差值。

**12.1.5** 如果在两个实验室之间对一定甲醛释放范围水平内的一系列织物进行比较，应使用表 2 中多水平列下的临界差值。

**12.1.6** 每个实验室得出平均值的测试数量也是临界差值的决定因素。

**12.2** 偏差。

**12.2.1** 织物的甲醛释放只能根据试验方法予以定义。没有单独的方法可以确定其真值。在 AATCC TM112 中，作为在加速存储条件下测定织

物释放甲醛量的一种手段，本方法没有已知偏差。

**12.2.2** 作为一个参考方法，AATCC TM112 被纺织和服装工业广泛接受。

## 13. 注释

**13.1** 甲醛是许多织物整理剂的组成部分或前体。作为施用的一部分，整理剂被固化，导致整理剂的自交联和/或整理剂与织物的交联。不完全交联或后期存储中发生水解会导致织物上存在水解甲醛。温暖潮湿的环境会（进一步）水解交联的饰面并释放出更多的甲醛。测试方法 112 测定在更严苛条件下产生的游离和水解甲醛以及统称为"释放甲醛"的其他甲醛。测试方法 206 测定游离甲醛和水解甲醛的量。应基于该区别选择适当的测试方法。

**13.2** 放入 Mason 广口瓶中的简单试样支架可按下述方法构成：将一块尺寸为 15.2cm×14.0cm（6.0 英寸×5.5 英寸）的铝丝网缠绕在边长为 3.8cm（1.5 英寸）的方形木块上，且扎紧，形成一个两端开口的长方形框。将其中一面自转角处自下朝上剪开直到略过一半，并将剪开部分向内弯折成平面且扎紧。折起的部分形成金属网架的底部，其他三面成为支撑。可以通过或在适当的部分用短段金属丝扎牢。金属网不应成为甲醛的来源。使用前进行测试。

**13.3** 纳氏试剂对萃取液的比例，在一定范围内可以调整，以适应个别的吸光度范围及所用光度仪器的取样试管的光学路径长度。例如：虽然已证明 5mL 纳氏试剂对 5mL 试样溶液的比例，对于一些仪器来讲是方便适用的，但是对于其他一些仪器来讲，可能其他 1∶1 的比率，例如 2mL 纳氏试剂对 2mL 试样溶液会更适用。测试中，标准溶液与试样溶液所用的纳氏试剂与试样溶液的比例必须相同。如用分光光度计的比色皿直接显色，可减少试管转移到分光光度计比色皿这一步骤，当测定数量多时可节省许多测定时间。另外，移液管或类似器

具可用于试剂配制，顶端活动式自动吸管可用于试样溶液。

**13.4** 本方法第 10 部分所规定的操作程序适用于织物释放甲醛量 0~500μg/g 范围的情况。织物中释放甲醛量如果为 500~3500μg/g，建议纳氏试剂与试样溶液的比率为 10∶1（体积比）。如果使用了这一比率，那么有必要绘制一个标准溶液与纳氏试剂比率为 10∶1（体积比）的附加校准曲线。方法是分别移取 5.0μg/mL、10.0μg/mL、15.0μg/mL 和 20.0μg/mL（译者注：应为 mL）浓度约为 1500μg/mL 的标准甲醛原液，用蒸馏水稀释到 500mL，得到浓度大约为 15μg/mL、30μg/mL、45μg/mL 和 60μg/mL 的甲醛溶液（见 8.3）。

**13.5** 在烘箱内萃取之后，样品瓶内试样溶液的甲醛含量的测定可使用铬变酸色度法代替纳氏试剂。应该注意：铬变酸法没有关于精确度和偏差的说明，该方法的操作程序可参见下述文献：J. Frederick Walker, Formaldehyde, 3rd Edition, Reinhold Publishing Co., NY, 1964, p470。当使用此方法时，从样品瓶中取出的萃取液（见 10.2）的数量和用于制备校准曲线（见 8.3）的标准甲醛溶液的数量都需改变。

注意：铬变酸法须用浓硫酸，应采取适当的防护措施来保护操作人员和分光光度计设备。

**13.6** 可用 65℃±1℃（149℉±4℉）温度下进行萃取 4h 的萃取条件代替 49℃±1℃（120℉±2℉）温度下进行萃取 20h 的萃取条件（见 6.3 和 10.1）。萃取条件的时间、温度需在报告中注明。在完成 4h 萃取之后，将广口瓶取出并冷却至少 30min，然后从瓶中取出试样，再盖上瓶盖，摇动瓶子以溶解瓶壁上形成的冷凝物。萃取之后，样品的准备程序和显色操作程序按照 10.4~10.7 的要求进行。

**13.7** 如果烧瓶中的萃取液有色，请参阅 Dilip Pasad 的出版物"AATCC 密封罐的优化和用于测定低含量甲醛的 HPLC 方法"。纺织化学家和调色师，

1989 年 6 月，第 21 卷，第 6 期。

**13.8** 如果萃取液中有颗粒物，则应对萃取液进行离心或过滤以除去污染物。

**13.9** 甲醛原液的标定。一般甲醛原液浓度约 1500μg/mL，必须对其进行精确的标定以便在色度分析中精确地按照校准曲线进行计算。

一定量的甲醛原液与过量亚硫酸钠反应，然后以百里酚酞为指示剂，用标准酸溶液进行反滴定。

仪器：10mL、50mL 的移液管，50mL 的滴定管，150mL 的锥形瓶。

试剂：1mol/L 亚硫酸钠（126g 无水亚硫酸钠/L）、0.1% 百里酚酞指示剂、0.01mol/L（0.02N）的硫酸（必须是从制造商购买的标准溶液或用标准 NaOH 溶液标定的）。不能使用商业标定的硫酸，因为其已经用甲醛进行了稳定。如对硫酸有怀疑，要同化学品制造商进行核对。

溶液的标定步骤：

（1）吸取 1mol/L 亚硫酸钠溶液 50.0mL 至锥形瓶中；

（2）加两滴百里酚酞指示剂；

（3）加数滴标准酸直至蓝色消失（如果必要）；

（4）再在锥形瓶中加入 10.0mL 甲醛原液（蓝色再度出现）；

（5）用 0.01mol/L 的硫酸滴定至蓝色消失。记录所用 0.01mol/L 硫酸的体积（0.01mol/L 硫酸的体积在 25mL 以内）。既不使用百里酚酞也不额外

使用标准酸使蓝色消失的其他滴定方法也可以使用，滴定直至终点 9.5 即可。

$$c = \frac{30030 \times V \times N}{10}$$

式中：$c$——甲醛浓度，μg/mL；

$V$——使用的硫酸的体积，mL；

$N$——硫酸溶液的当量浓度。

重复上述操作程序一次。测试结果取平均值，在色度分析中使用精确的浓度校正曲线。

**13.10** 可从 AGGIH Publications Office 获取，地址：Kemper Woods Center, 1330 Kemper Meadow Dr., Cincinnati OH 45240；电话：+1.513.742.2020；网址：www.acgih.org。

## 14. 历史

**14.1** 2020 年修订，为清晰起见更新了多个章节。

**14.2** 1968 年、1972 年、1989 年、1998 年、2003 年重新审定，1975 年、1978 年、1982 年、1984 年、1993 年修订，1983 年技术性修订，1985 年、1986 年、2010 年、2011 年编辑性修订，1990 年（名称变更）、2008 年经过编辑性修订并重新审定。

**14.3** 由 AATCC 委员会 RR68 于 1965 年制定；2012 年管辖权转移至 AATCC 委员会 RA45。

**AATCC TM114-2021**

# 残留氯试验方法：强力损失

## 前言

本测试方法基于 AATCC TM92。AATCC TM114 使用自动家用洗衣机对多个样本进行氯化处理，而 AATCC TM92 使用烧杯对单个样本进行加速氯化处理。

## 1. 目的和范围

**1.1** 该试验方法是测定氯漂可能造成潜在损害的程序。

**1.2** 该方法适用于机织物。不建议对针织面料进行拉伸强度测试，因为其具有高拉伸性。

## 2. 原理

**2.1** 试样在家用洗衣机中进行氯漂、漂洗和干燥，然后在热金属板间压烫，多个样品可一起进行漂白。

**2.2** 残留氯的破坏作用根据压烫前后拉伸强力的变化来计算（见 14.1）。以原始拉伸强力的百分率作为结果报告，损失百分率越大，表明残留氯造成的损害越大。

## 3. 引用文献

注释：除非另有说明，否则使用所有出版物的现行版本。

**3.1** AATCC LP1《家庭洗涤的实验室程序：机洗》（见 14.2）。

**3.2** AATCC TM92《残留氯强力损失：单试样法》（见 14.2）。

**3.3** ASTM D5035《纺织品断裂强力和伸长率的测试方法（条样法）》（见 14.3）。

## 4. 术语

残留氯：经含氯漂粉漂白的纺织品在洗涤和干燥后残留在材料中的有效氯。

## 5. 安全和预防措施

**5.1** 本安全和预防措施仅供参考。本部分有助于测试，但未指出所有可能的安全问题。

**5.2** 在本标准中，使用者在处理材料时有责任参考合适的安全数据表，采用安全和适当的技术，佩戴合适的个人防护设备。

**5.3** 用户务必向制造商咨询设备操作说明和其他建议等具体细节。咨询并遵守所有适用的健康和安全法规［如美国职业安全卫生管理局（OSHA）标准和规则］。

## 6. 仪器和试剂（见 14.4）

**6.1** 标准洗衣机（见表 1，14.5）。

表 1　标准洗衣机参数

| 循环 | | 正常 |
|---|---|---|
| 水位（加仑①） | | 45±4（12±1） |
| 搅拌速度（r/min） | | 86±2 |
| 冲程长度 | | 最高 220° |
| 洗涤时间（min） | | 12±1 |
| 漂洗 | | 1 |
| 最终旋转速度（r/min） | | 660±15 |
| 最终旋转时间（min） | | 5±1 |
| 洗涤温度［℃（℉）］ | 热 | 60±3（140±5） |
| | 温 | 41±3（105±5） |
| | 冷 | 27±3（80±5） |

① 表中显示的水位和洗涤温度可能与标准设备设置不符，根据需要进行验证和调整，以达到指定的参数。1 加仑（gal）= 3.785412 升（L）。

**6.2** 陪洗布，1 型（见表2）。

表 2　陪洗布参数

| 陪洗布 | 1 型 | |
|---|---|---|
| 纤维成分 | 100%棉 | |
| 本色织物纱 | 16/1 环锭纺 | |
| 本色织物组织结构（根/英寸） | 52×(45±5)，平纹 | |
| 最终织物克重（g/m²） | 155±10 | |
| 布边 | 全部包边 | |
| 最终样品尺寸 | mm | 920×920±30 |
| | 英寸 | 36.0×(36.0±1) |
| 最终样品质量（g） | 130±10 | |

**6.3** 标准滚筒烘干机（见表3，14.5）。

表 3　标准滚筒烘干机参数

| 循环 | 正常 | 轻柔 | 耐久压烫 |
|---|---|---|---|
| 最高排气温度 [℃（℉）] | 68±6 (155±10) | 60±6 (140±10) | 68±6 (155±10) |
| 冷却时间（min） | ≤10 | ≤10 | ≤10 |

**6.4** 加热仪。在一定温度下与试样表面紧密接触，使试样均匀受热。试样受到的压力为 9g/cm²。

**6.5** ASTM D5035 所需的仪器和调湿设施（详见标准）。

**6.6** 试剂。次氯酸钠溶液，有效氯约为 5%（见9.2）。

**6.7** 缓冲液（见9.1）。

**6.8** 四磷酸钠（$Na_6P_4O_{13}$）。

**6.9** 碳酸钠。

**6.10** 碳酸氢钠。

## 7. 试样准备

通常只测试经向的拉伸强力。每个样品裁剪两个试样，试样的尺寸经向约为 35.6cm（14 英寸），纬向约为 20.3cm（8 英寸）（若测试纬向试样，则相应的尺寸相反）。

## 8. 试剂的制备

**8.1** 缓冲溶液。用足量的水配制含有 290g 四磷酸钠和 93g 磷酸二氢钠（$NaH_2PO_4 \cdot H_2O$）的溶液，制成 1000mL 溶液。

**8.2** 有效氯，验证有效氯浓度百分率。将 1.00mL 标称 5% 的次氯酸钠溶液移入锥形瓶中，用蒸馏水稀释至 100mL。加入 6mL 12% 的碘化钾，然后加入 20mL 6mol/L 的硫酸。用 0.1mol/L 的硫代硫酸钠溶液滴定并使用式（1）计算。使用 1.08 作为比重值。

$$\frac{有效氯浓度}{百分率} = \frac{（硫代硫酸盐×0.1mol/L×0.0355）×100}{1mL×次氯酸钠比重}$$

（1）

也可以使用从实验室化学品供应商处购买的 5% 有效氯溶液。COA［分析报告（证书）］可用于确定强度。氯会降解。一旦打开，应将化学品储存在冰箱中，并在制造商的有效期内使用。

## 9. 操作程序

**9.1** 洗衣机的准备。如果洗衣机曾用作任何除氯漂以外的其他用途，需用水进行一次完整的洗涤循环，循环开始时加入 0.15% 的四磷酸钠。在低水位下确定水量，用于计算液浴比。当洗衣机内无杂质后，设置洗衣机程序以获得表 1 中列出的参数。根据维护说明选择水温。

**9.2** 氯漂。

**9.2.1** 开始选择洗涤循环。让机器加注到指定的水位（50∶1 浴比）。

**9.2.2** 加入足量的稀次氯酸钠溶液，使其浓度为 0.10%（按有效氯的质量计算）。

**9.2.3** 搅拌均匀，用碳酸钠或碳酸氢钠调节溶液 pH 至 9.5。

**9.2.4** 加入所有的试样和足量的漂白棉布，浴比为 50∶1，启动洗涤程序。

**9.3** 漂洗。排空第一次洗涤后的水，重新注水，每加仑水加入 10mL 缓冲溶液，继续漂洗循环和脱水循环。

9.4 干燥和调湿。将试样和陪洗布放入滚筒烘干机中至烘干，设置滚筒烘干机以获得表3中列出的参数。根据维护说明选择干燥温度。由于残留氯的影响，请勿在测试方法中重复使用陪洗布。立即将试样移至温度为 $21℃±2℃$（$70℉±4℉$）、相对湿度为 $65\%±5\%$ 的大气条件下调湿，然后进行压烫试验和拉伸强力测试。试样在进行压烫试验前，调湿时间至少为 4h，但不超过 24h；进行拉伸强力测试前，需要的调湿时间至少为 16h。

9.5 制备压烫试验的试样。小心地沿着经向剪取五块尺寸约为 $35.6cm×3.2cm$（14.0 英寸×1.25 英寸）的条形试样。按 ASTM D5035 将宽度为 $3.2cm$（1.25 英寸）的试样精确地拆纱至 $2.54cm$（1.0 英寸），然后将长度为 $35.6cm$（14 英寸）的长边拆纱至 $30.5cm$（12 英寸）。将这五块 $2.54cm×30.5cm$（1 英寸×12 英寸）的试样剪断，分成两组（取自同一组经纱）尺寸为 $2.54cm×15.2cm$（1 英寸×6 英寸）的试样。将这两组试样分开，一组用于压烫试验，另一组用作对照试样。

9.6 加热装置的准备。预热试验仪使加热板的温度保持为 $185℃±1℃$（$365℉±2℉$）。如需要避免空气流动，可以将仪器放在封闭箱内。确保两块加热板干净且调节灵活（即所有点可均匀接触）（见14.6）。将其中一组中的每块尺寸为 $2.54cm×15.2cm$（1 英寸×6 英寸）的试样放在加热仪上（每次一块），试样的长度方向与加热板的长度方向垂直，使试样的中间加热（见图1），压烫时间为 30s。试验过程中要不断地检查温度计的读数。测试拉伸强力前，将试样调湿至少 16h。

9.7 拉伸强力。测试压烫后和未经压烫试样的拉伸强力，记录单值，并计算出每组试样的平均拉伸强力。

图1 在加热盘上的样品

（图中标注：6英寸、1英寸、拆纱后5块条形试样、加热板、压烫区域）

## 10. 结果计算

使用式（2）（见14.1）。

$$由残留氯引起的拉伸强力损失百分率 = \frac{T_c - T_{cs}}{T_c} × 100\% \qquad (2)$$

式中：$T_c$——氯漂后，未经压烫试样的平均拉伸强力；

$T_{cs}$——氯漂后，经压烫试样的平均拉伸强力。

## 11. 报告

11.1 描述或识别测试的样品。

11.2 报告样品使用 AATCC TM114-2021 进行测试。

11.3 报告测试条件。

11.3.1 测试的试样数量。

11.3.2 洗涤条件。

11.4 报告测试结果。

11.4.1 由于残留氯造成的损坏，经纱拉伸强度损失的平均百分比。

11.4.2 平均值的标准差。

11.4.3 如果确定填充强度损失，报告填充强度损失百分比的平均值和标准偏差。

11.5 描述已发布标准的任何修改。

## 12. 精确度和偏差

12.1 精确度。制定本测试方法时的标准偏差

$s = 5.98$。根据五块样品的置信区间为 C. I. ±5. 2。

**12. 2** 偏差。残留氯引起的拉伸强力损失只能在一个测试方法中定义。没有独立的方法测定其真实值。作为评价这一性能的手段，该方法无已知偏差。

## 13. 注释

**13. 1** 如果织物或整理剂在压烫时易损失，可用蒸馏水作为对照样仅测试其耐热性，即整个试验中用蒸馏水替代次氯酸盐溶液。由压烫引起的强力损失可用式（3）计算：

$$\frac{\text{仅由压烫试验引起的}}{\text{拉伸强力损失百分率}} = \frac{T_w - T_{ws}}{T_w} \times 100\% \quad (3)$$

式中：$T_w$——经水处理后，未经压烫试样的平均拉伸强力；

$T_{ws}$——经水处理后，经熨烫试样的平均拉伸强力。

如果强力损失很大，需考虑氯损测试是否适用。通常没有必要测定湿氯处理时对织物的影响，因为计算氯损时不考虑该因素。但需要测定湿氯处理的影响时，可用式（4）计算：

$$\frac{\text{湿氯引起的拉伸}}{\text{强力损失百分率}} = \frac{T_w - T_c}{T_w} \times 100\% \quad (4)$$

式中：$T_w$——经水处理后，未经压烫试样的平均拉伸强力；

$T_c$——经氯化处理后，未经熨烫试样的平均拉伸强力。

**13. 2** 可从 ATCC 获取，P. O. Box 12215, Research Triangle Park NC 27709；电话：+1.919.549.8141；电子邮箱：ordering@ aattc. org；网址：www. aatcc. org。

**13. 3** 可从 ASTM 获取，地址：100 Barr Harbor Dr, West Conshohocken PA 19428；电话：+1.610.832.9500；网址：www. astm. org。

**13. 4** 有关其他的仪器、试剂或材料来源，请

访问 www. aatcc. org/bg 上的 AATCC 买手指南。AATCC 提供其企业会员单位所能提供的设备和材料清单。但 AATCC 没有给其授权，或以任何方式批准、认可或证明清单上的任何设备或材料符合测试方法的要求。

**13. 5** 有关符合标准参数的洗衣机和滚筒烘干机的型号，请访问 www. aatcc. org/testing/laundering 或联系 AATCC，地址：P. O. Box 12215, Research Triangle Park NC 27709；电话：+1.919.549.8141；电子邮箱：ordering@ aatcc. org。

**13. 6** 加热板应能施加 255g（9 盎司）或 9g/cm² （20 盎司/英寸²）的压力。用一根细绳将弹簧秤与测试仪的上板连接，通过测定将上下板刚好分开时的力进行校准。如需重新调整，应遵照制造商提供的说明书进行。

**13. 7** 在 2021 年之前，水温和搅拌时间是该测试方法指定的唯一洗涤参数。表 1 中列出的其他参数是为达到测试目的所需的标准条件，为了与其他 AATCC 洗涤方法中指定的设备参数保持一致。请注意，该测试方法必须在传统顶加载洗衣机中进行。

## 14. 历史

**14. 1** 2021 年修订，以阐明并与规定的 AATCC 格式保持一致。

**14. 2** 2019 年编辑性修订，2016 年修订，2012 年编辑性修订，2011 年编辑性修订和重新审定，2010 年技术更正，2008 年编辑性修订，2005 年编辑性修订和重新审定，2004 年编辑性修订，1999 年修订，1994 年编辑性修订和重新审定，1992 年编辑性修订，1989 年重新审定，1985 年编辑性修改和重新审定。1980 年，1977 年，1974 年，1971 年，1967 年重新审定。

**14. 3** AATCC 委员会 RR35 于 1965 年制定，由 RA99 维护。

**AATCC TM115-2000e（2011）e**

# 织物静电吸附：织物与金属测试

AATCC RA32 技术委员会于 1965 年制定；1969 年、1973 年、2000 年修订；1974 年、1976 年，1977 年、1978 年、1991 年、1999 年、2008 年、2019 年编辑性修订；1977 年、1980 年、1989 年、2005 年、2011 年重新审定；1986 年、1995 年编辑性修订并重新审定。

## 1. 目的与范围

本测试方法用于评价特定织物由于静电荷产生而引起的相对吸附性。该测试与织物的质量、硬挺度、组织结构、表面特性、后整理以及其他影响织物吸附性的织物性能参数有关。

## 2. 原理

**2.1** 当带正电荷或负电荷的织物靠近人体表面时，在人体皮肤表面瞬间感应，产生等量的相反电荷，就会出现人体对带电织物的吸附性。物理学的基本定律表明，带有相反电荷的材料相互吸引。当金属平板放在带电荷材料的区域附近，也会与人体一样，产生类似的瞬间电荷感应现象。因此，可以用金属平板来模拟带电服装与人体间产生的吸附问题。有些人比其他人更易于产生静电吸附，而且同一个人在某个时间比其他时间也可能更易于产生静电吸附。所以织物与金属板的吸附时间与织物和不同人体之间的静电吸附并不具有直接相关性。

**2.2** 在本测试方法中，时间（$t_d$）为试样上电荷衰减到一定程度所需的时间，即由于电荷衰减而导致试样与金属板之间的静电吸附力小于试样所受重力，从而与金属板分离失去平衡时所用的时间（见 12.1）。

## 3. 术语

静电吸附：由于一个物质表面或两个物质表面所带的电荷引起的一种物质对另一种物质的吸附性。

## 4. 安全和预防措施

本安全和预防措施仅供参考。本部分有助于测试，但未指出所有可能的安全问题。在本测试方法中，使用者在处理材料时有责任采用安全和适当的技术；务必向制造商咨询有关材料的详尽信息，如材料的安全参数和其他制造商的建议；务必向美国职业安全卫生管理局（OSHA）咨询并遵守其所有标准和规定。

**4.1** 遵守良好的实验室规定，在所有的试验区域应佩戴防护眼镜。

**4.2** 放射棒释放对人体不产生外部伤害的阿尔法（alpha）射线。放射性同位素钋 210 具有毒性，要采取措施防止固体材料摄取或吸入钋 210。不要拆解放射棒或触碰栅板下的放射带。如果不慎触碰或接触到放射带时，应立即彻底洗手。当按照 12.3.1 检测到放射棒的静电消除功能失效时应将仪器送还制造商，当放射棒不再使用时也要将其交还制造商作为处理方法。不要作为废弃物随意丢弃。

## 5. 使用和限制条件

本测试方法的目的不是用于测定织物在静电火花可能导致火灾或爆炸的危险地区使用的适用性。

**5.1** 一些特殊织物，尤其是组织结构厚重的部，使摩擦织物的长轴与试样的长轴保持正确的角度［见图1（b）］。摩擦块上没有露出摩擦织物剪切边的一侧位于下边。保持测试板和摩擦块表面平整，确保测试织物和摩擦织物在电荷产生过程中完全接触。

**9.8** 将中指放在摩擦块的后部边缘，拖动摩擦组合通过试样的整个长度［见图1（c）］。用拇指和中指夹住摩擦块的末端，从试样上提起摩擦组合，放回到试样顶部的起始位置。重复这一连续过程12次，每个摩擦循环大概用1s的时间。全部12次摩擦循环应该在15s之内完成。要得到恒定的摩擦压力，确保试样上唯一的向下压力来源于摩擦块与摩擦织物的重力。

**9.9** 将组合摩擦快速地放置在接地板上，呈直立状态。用绝缘镊子夹住试样右下角［见图1（d）］，拉起试样未夹住的部分，使试样完全脱离金属板，直到试样处于垂直位置，保持 1s±0.5s［见图1（e）］，然后镊子松开测试样。立即开始用秒表计时［见图1（f）］。

**9.10** 每30s±2s后，用绝缘镊子夹取试样的右下角，拉起试样，使其从金属板远离，使试样位于垂直位置，保持1s±0.5s，然后镊子放开试样。

**9.11** 记录织物自动不吸附［见图1（g）］的时间，精确至0.1min。不考虑试样继续向夹钳底部25mm内吸附的倾向。

图1 测试主要步骤

**9.11.1** 如果时间大于10min，停止测试并记录 $t_d$ 为>10min（大于10min）。在某些情况下，可以选择一个不同的最长吸附时间，此时报告中应报告实际测试所用的最长吸附时间。

**9.11.2** 如果试样几乎完全不吸附，但是在握持夹钳底部25mm范围之外，还有小面积存在局部

吸附，舍弃这个试样，另外多测试一个试样。如果所有试样都存在这种情况，记录并报告这种情况，报告没有确定吸附时间（见12.9）。

**9.12** 分别以锦纶和涤纶作为摩擦织物，经向（或直向）和纬向（或横向）分别测试三个试样，每次测定使用新的试样和摩擦织物（见12.10）。

## 10. 报告

**10.1** 报告测试样在 9.9 和 9.11.2 中描述的脱离金属板的时间（$t_d$），精确至 0.1min。分别报告三个经向（或直向）试样的单次值和平均值以及三个纬向（或横向）试样的单次值和平均值，并分别报告使用锦纶作为摩擦织物和涤纶作为摩擦织物的时间（$t_d$）。

**10.1.1** 如果三个试样中有两个试样的 $t_d$ 值小于 9.11.1 所选择的最大吸附时间，但是第三个试样的 $t_d$ 值大于所选的最大吸附时间，报告小于所选最大吸附时间的两个 $t_d$ 的平均值，舍弃第三个试样的 $t_d$ 值，报告中说明第三个测试样超出了最大吸附时间。

**10.1.2** 如果三个试样中有两个试样的 $t_d$ 值大于所选择的最大吸附时间，$t_d$ 报告为吸附时间大于最大吸附时间，舍弃第三个试样的 $t_d$ 值。

**10.2** 报告试样测试过程的相对湿度和温度。

## 11. 精确度和偏差

**11.1** 精确度。1955 年的一项在多个实验室之间进行的针对机织织物的测试表明，对于被测织物，本测试方法在 95% 置信度区间的误差为 ±0.5min（见12.1）。

**11.2** 1975 年进行的一项在多个实验室之间进行的针对经编针织物的测试包括以下变量：

5 个实验室；

4 块织物；

2 种洗烫水平；

2 种织物纹理方向；

2 种相对湿度；

2 种锦纶摩擦织物和 2 种涤纶摩擦织物。

这一研究结果显示，一组的三个测试结果均未超过最大吸附时间 10min，相对湿度 20% 环境下平均不吸附时间的 95% 置信限度为 ±2.0min，相对湿度 40% 环境下为 ±1.7min。

在所有测试的织物中部分测试织物完全不吸附（吸附时间 0min），而部分织物的吸附时间超过最大吸附时间 10min，此时实验中止。在上述多实验室测试中，涉及 576 种不同的实验条件，得出 1728 项不吸附测试结果。其中 469 种实验条件包含至少一个 0 或 10 值，只有 109 种不包含 0 或 10 值。任何包含 0 或 10 值的记录都不能对实验误差进行有效评估（见 12.7）。

**11.3** 偏差。分散染料的分散性只能从一个测试方法方面进行定义。目前还没有一个独立的方法来确定其真实值。作为一个评估性的方法，本方法没有已知的偏差。

## 12. 注释

**12.1** 详细信息可参见 American Dyestuff Reporter 56，p345-350（1967）。

**12.2** 有关适合测试方法的设备信息，请登录 http://www.aatcc.org/bg。AATCC 提供其企业会员单位所能提供的设备和材料清单。但 AATCC 没有给其授权，或以任何方式批准、认可或证明清单上的任何设备或材料符合测试方法的要求。

**12.3** 可从 AATCC 获取。地址：P. O. Box 12215，Research Triangle Park NC 27709；电话：+1.919.549.8141；传真：+1.919.549.8933；电子邮箱：ordering@aatcc.org；网址：www.aatcc.org。

标准测试板上的 No.4 抛光处理应按照《ASTM 金属手册》第 2 卷第 8 版，599 页（1964）中所述进行。文中指出：先用粗制磨具打磨，之后用经润滑处理的 120~150 网目砂带研磨抛光。由此形成的 No.4 抛光面粗糙度最大为 1.1μm（45 微英寸）。

**12.4** 由于放射性元素钋有一定的半衰期（约 6 个月），需定期检查放射棒，确保其仍然能足够有效地彻底移除电荷。检查可通过按照 6 所述对一吸附性能已知的样本进行测试，其吸附时间不得少于 10min。理想的样本为由细度 4.44tex（40 旦）、非抗静电性平针锦纶经编针织物，未经洗涤处理或其他处理，克重为 50~100g/m²。应使样本织物直接带电，然后用放射棒消除电子。如果实验织物显示出零吸附时间，则说明放射棒充分有效，可完全消除电荷。

**12.5** 对未经整理、干净的 100% 纯棉织物用本实验方法所测得的吸附性能结果可作为其他与其相似结构与质量的实验织物抗静电能力测试的参照点。一般认为，这种未经整理、干净的 100% 纯棉织物做成的衣物在使用中不存在静电吸附问题。

**12.6** Gayler, J., R. E. Wiggins 和 J. B. Arthur, 北卡罗来纳州立大学纺织学院纺织工艺专业，"Static Electricity Generation, Measurement, and Its Effect on Textiles"，p11-12（1965 年 5 月）。

**12.7** 数据分析与相关资料可从 AATCC 获取。地址：P. O. Box 12215, Research Triangle Park NC 27709；电话：+1. 919. 549. 8141；传真：+1. 919. 549. 8933；电子邮箱：ordering@ aatcc. org；网址：www. aatcc. org。

**12.8** 温度一定的条件下，一般来说，相对湿度越低，静电积累作用越大（反之亦然）。例如，在相对湿度 40%、温度 24℃ 时显示较弱静电积累的织物，可能在相对湿度 25%、温度 24℃ 的条件下静电积累作用严重。而在相对湿度 40%、温度 24℃ 的环境中静电积累严重的织物在相对湿度 65%、温度 24℃ 时的表现大大减弱。静电积累趋势与相对湿度之间的关系随特定抗静电剂、纤维、织物构造、布面特点等的变化而不同。因此，虽然相对湿度 40% 和 24℃ 是标准测试条件，但织物可能存在的抗静电性能的重要信息，可能要求在较低相对湿度的条件下进行实验。如相对湿度 20% 和 24℃，这也是目前在装有供暖、空调设备的建筑中比较常见的大气条件。为进行完全测试，也许还需要在较高相对湿度 65%、24℃ 的条件中进行实验。

**12.9** 在局部小范围内吸附可能表明存在杂质或非常规物质，此时并不能代表试样本所代表的面料批所具有的静电吸附特性。

**12.10** 一般多个测试可同时进行，因此预备多个测试板和接地板可节省时间。

*AATCC TM116-2018e（2022）e*

# 耐摩擦色牢度测试方法：旋转垂直摩擦仪法

## 1. 目的和范围

**1.1** 本测试方法用来评定有色纺织品表面因摩擦而发生颜色转移到其他表面的程度。适用于各种纤维制成的各种类型的有色纱线和织物，包括染色、印花和其他方法着色的纱线和织物。尤其适用于面积过小而无法使用标准摩擦仪法（AATCC 8《耐摩擦色牢度：摩擦测试仪法》）进行测试的印花纺织品（见14.1）。

**1.2** 本测试方法使用摩擦布，包括干摩擦布、用水润湿的摩擦布或者用本方法范围允许的其他液体润湿的摩擦布。

## 2. 原理

**2.1** 试样固定在旋转垂直摩擦仪的基座上，在规定条件下与标准摩擦布进行摩擦（见14.1）。

**2.2** 通过与沾色灰卡或AATCC沾色彩卡进行比较评价颜色转移到标准摩擦布的程度（见14.2和14.3）。

## 3. 术语

**3.1** 色牢度：材料在加工、检测、储存或使用过程中，暴露在可能遇到的任何环境下，抵抗颜色变化和/或颜色向相邻材料转移的能力。

**3.2** 摩擦脱色：通过摩擦，着色剂从有色纱线或织物表面转移到另一个表面或同一织物的邻近区域。

## 4. 安全和预防措施

本安全和预防措施仅供参考。本部分有助于测试，但未指出所有可能的安全问题。在本测试方法中，使用者在处理材料时有责任采用安全和适当的技术；务必向制造商咨询有关材料的详尽信息，如材料的安全参数和其他制造商的建议；务必向美国职业安全卫生管理局（OSHA）咨询并遵守其所有标准和规定。

遵守良好的实验室规定，在所有的试验区域应佩戴防护眼镜。

## 5. 使用和限制条件

**5.1** 由于水洗、干洗、收缩、熨烫、整理等可能对材料颜色的转移程度产生影响，因此可以根据具体要求在上述任何处理前或处理后一并进行试验。

**5.2** 本方法使用AATCC标准摩擦布，此外，其他类似的纺织材料可在相关方同意的情况下使用。

## 6. 仪器和材料（见14.4）

**6.1** 旋转垂直摩擦测试仪，摩擦头直径16mm±0.1mm（见图1）。

**图1 旋转垂直摩擦测试仪**

**6.2** AATCC 摩擦布，50mm±1mm 的四方形（见 14.5）。

**6.3** AATCC 9 级沾色彩卡（AATCC EP8，见 14.2）。

**6.4** 沾色灰卡（AATCC EP2，见 14.2）。

**6.5** AATCC 白色吸水纸（见 14.2）。

**6.6** 螺旋金属夹，用于将摩擦布固定在旋转垂直摩擦测试仪的摩擦头上。

**6.7** 摩擦校准布，或可以重复和预测摩擦结果，具有已知的较低摩擦色牢度性能的实验室织物。

## 7. 校准

**7.1** 应对试验操作和仪器做定期核查，并保留对结果的记录。当异常摩擦图影响评级程序时，使用以下的观察和纠正操作对避免错误的测试结果是非常重要的。

**7.2** 使用摩擦校准织物或使用实验室内部可预测、可重复摩擦行为的摩擦织物作为校准试样。

**7.2.1** 如果摩擦白布因沾色不匀而使沾色图形不圆，则表明摩擦头可能需要重新修复表面。

**7.2.2** 如果产生重影的细长图形，则表明螺旋金属夹可能松动。

**7.2.3** 如果摩擦图形周围产生不均匀的沾色环，则表明摩擦头不平。

**7.2.4** 如果试样边缘有磨损痕迹，则表明螺旋金属夹向下安装了，且位置不够高，导致其对试样表面产生摩擦。

**7.2.5** 含湿量的确认方法（见 10.2）。

**7.2.6** 如果摩擦基座上的摩擦砂纸的摩擦区域用手摸起来与其旁边的区域相比很平滑或者试样发生明显的滑动，则应及时更换摩擦砂纸。

## 8. 试样准备

**8.1** 测试试样为 2 个，一个用于干摩擦，另一个用于湿摩擦。

为提高平均值的准确度，可增加试样（见 13.1）。

**8.2** 试样应大于摩擦头的尺寸，以便保证摩擦头在整个旋转过程中与试样完全接触。避开接缝和其他凸起的地方。

**8.3** 对于纱线，编织成一块织物，或者将纱线紧密缠绕在合适的样卡/板上。

## 9. 调湿

测试前，按照 ASTM D1776《纺织品调湿和测试标准方法》的要求对测试试样及摩擦白布进行预调湿和调湿。将每块测试试样或摩擦白布分开放在筛网或调湿用的多孔架上，在温度为 21℃±2℃（70℉±4℉）和相对湿度 65%±5% 的大气条件下调湿至少 4 h。

## 10. 操作程序

**10.1** 干摩擦测试。

**10.1.1** 抬起仪器上半部，露出仪器基座。将标准摩擦布置于垂直摩擦头的末端，并用弹簧夹固定。

**10.1.2** 将试样固定于仪器的基座上，固定位置为摩擦头与基座接触的位置。放下仪器的上半部分使其回到操作位置，使位于摩擦头末端的摩擦布接触试样。将摩擦仪配置的砝码放到垂直杆上，给摩擦头施加 11.1N±1.1N（40 盎司±4 盎司）的向下压力。

**10.1.3** 使试样固定在基座上，以大约 1 圈/s 的速度转动曲柄 20 圈，使垂直杆往复转动 40 圈。

**10.1.4** 抬起仪器上半部，取出试样和摩擦布，根据 9.1 进行调湿，根据 11 进行评级。

**10.2** 湿摩擦测试。

**10.2.1** 对符合条件的干摩擦布进行称重。使用注射器管、刻度移液管或自动移液管，吸取干摩擦布质量 0.65 倍重的水（mL）。例如，摩擦布重 0.24g，则吸取的水量（mL）为 0.24×0.65 = 0.16

（mL）。将摩擦布放在盘子内的白塑料网上。向摩擦布上均匀加水并称量润湿后的摩擦布质量，使之达到（65±5）%的含湿率。含湿率可用干摩擦布的质量乘以1.65后经称重获得。如有必要，可以调整用来润湿摩擦布的水量，并用一块新的摩擦布重复上述步骤。当达到（65±5）%的含湿率时，记录用水量。用注射器管、刻度移液管或自动移液管吸水润湿摩擦白布时，可使用其当天记录的用水量来进行准备。每天需重复上述过程（见14.6）。

**10.2.2** 在实际摩擦测试开始前，应防止因水分蒸发引起的含湿量降低到规定范围以下。

**10.2.3** 按照10.1的要求继续进行测试。

**10.2.4** 在空气中晾干摩擦白布，在评级前进行调湿（见9.1）。松散纤维可能影响评级，因此在评级前，用透明胶带轻压摩擦白布，以沾去松散的纤维。

## 11. 评级（见14.7）

**11.1** 在评级时，用三层未使用过的AATCC摩擦布垫于待评摩擦布下面。

**11.2** 用《沾色灰卡评定程序》（AATCC EP2），《AATCC 9级沾色彩卡》评（AATCC EP8）或《仪器评定沾色程度的方法》（AATCC EP12）评价干摩擦和湿摩擦色牢度，并记录与灰卡或彩卡颜色最接近的级数（见14.3、14.8）。

**11.3** 应当注意：一般来说，摩擦布沾色圆形的边缘部分沾色比中心部分要严重。

**11.4** 对摩擦布沾色圆形的边缘部分进行评级。

**11.5** 当测试多块试样或一组评级者评定沾色时，取结果的平均值，精确到0.1级。

## 12. 报告

**12.1** 报告11.5中得出的评级结果。

**12.2** 注明是干摩擦测试还是湿摩擦测试。

**12.3** 注明评级使用的是沾色灰卡还是AATCC 9级沾色彩卡。

## 13. 精确度和偏差

**13.1** 精确度。2017年，5个实验室针对织物经干摩擦和湿摩擦后色牢度的评估进行了一项实验室间研究。按照本测试方法，5个实验室分别对3种织物进行了色牢度测试。测试的织物包括2种还原染料染色的牛仔织物和1种碱性染料染色的棉织物。每个实验室有2位测试人员，并且每个测试人员都对干湿摩擦重复进行了10次测试。使用分光光度计对每个试样的沾色区域进行仪器评估，以确定沾色灰度等级。碱性染色的棉织物（织物1）干摩擦等级为3.5，湿摩擦等级为1.5。牛仔织物（织物1和2）的干摩擦等级为4.5和5，湿摩擦等级为1和1.5。表1给出了这项研究在实验室内和实验室间精确度。

表1　精确度

| n | 干摩擦 | | 湿摩擦 | |
|---|---|---|---|---|
| | 实验室内 | 实验室间 | 实验室内 | 实验室间 |
| 1 | 0.116 | 0.4006 | 0.307 | 1.067 |
| 2 | 0.082 | 0.2837 | 0.218 | 0.7557 |
| 3 | 0.067 | 0.2313 | 0.178 | 0.6160 |
| 4 | 0.058 | 0.2003 | 0.154 | 0.5335 |
| 5 | 0.052 | 0.1792 | 0.138 | 0.4772 |
| 6 | 0.047 | 0.1635 | 0.126 | 0.4356 |
| 7 | 0.044 | 0.1515 | 0.116 | 0.4034 |
| 8 | 0.041 | 0.1417 | 0.109 | 0.3773 |
| 9 | 0.039 | 0.1335 | 0.103 | 0.3557 |
| 10 | 0.037 | 0.1267 | 0.097 | 0.3374 |

**13.2** 偏差。摩擦色牢度的真值仅能以测试方法进行定义。没有独立的方法可以测得真值。作为色牢度性能的评价方法，本方法无已知偏差。

## 14. 注释

**14.1** 旋转垂直摩擦测试仪提供了摩擦头往复

## 7. 仪器和材料（见 13.3）

**7.1** 加热装置。在控制温度下通过与试样两面紧密接触将热量均匀传递给试样（见 13.4）。

**7.2** 两块未染色贴衬织物，其尺寸与加热装置相适应。

**7.2.1** 第一块贴衬织物为与待测试样同纤维成分制成，若试样是混纺产品，则为待测试样的主体纤维制成；

**7.2.2** 第二块贴衬织物由混纺样品的次要纤维制成，或使用由醋酯纤维、棉、锦纶、涤纶、腈纶、羊毛组成的多纤维贴衬布［15mm（0.3 英寸）宽］，或者使用其他特殊要求的织物，需在报告中注明。

**7.3** 调湿设备和用于平铺试样的多孔可抽拉调湿架。

**7.4** 评价变色用设备和环境。

**7.4.1** 采用灰卡进行变色的视觉评级（见 13.1）。按照 AATCC EP1 获得其他材料和灰卡的使用方法。

**7.4.2** 仪器评级，使用 AATCC EP7 所述的分光光度计。

**7.5** 评价沾色用设备和环境。

**7.5.1** 采用 AATCC 9 级沾色彩卡进行沾色的视觉评价（见 13.1）。按照 AATCC EP1 或 AATCC EP8 获得其他材料和色卡的使用方法（见 13.5）。

**7.5.2** 仪器评价，使用 AATCC EP12 所述的分光光度计。

## 8. 试样准备

**8.1** 若待测纺织品为织物，则将尺寸与加热装置尺寸相适应的试样置于两块未染色贴衬织物（见 7.2）之间，并沿短边缝合制成组合试样。

**8.2** 若待测纺织品为纱线，则将其织成织物并按照 8.1 操作。或用大约为未染色贴衬织物总质量一半量的纱线在两块未染色贴衬织物（见 7.2）之间铺成平行均匀的薄层，并沿一边缝合以固定纱线，制成组合试样。

**8.3** 若待测纺织品为散纤维，取大约为未染色贴衬织物总质量一半量的散纤维（见 7.2），将其梳压成需要大小的均匀薄片，将纤维片置于两块未染色贴衬织物之间并沿四边缝合，制成组合试样。

## 9. 操作程序

**9.1** 根据最终用途和试样的稳定性，对加热装置进行设置。

Ⅰ. 150℃±2℃。

Ⅱ. 180℃±2℃。

Ⅲ. 210℃±2℃。

**9.2** 设置设备压力为 4kPa±1kPa。

**9.3** 将组合试样放置在加热设备上，加热 30s。

**9.4** 取出组合试样，按照 ASTM D1776 进行调湿（通常，按照表 1 所述对纺织品进行调湿。按照表 2 根据纤维成分选择调湿时间）。将每一个试样或产品单独放置在调湿/干燥架的穿孔隔板上。

## 10. 评级

**10.1** 评价测试试样的颜色变化。

**10.1.1** 按照 AATCC EP1 变色灰卡评定程序。

**10.1.2** 按照 AATCC EP7 仪器评定试样变色。

**10.2** 对每个贴衬织物或多纤贴衬织物进行评级。

**10.2.1** 按照 AATCC EP2 或 AATCC EP8 对每个贴衬织物和/或多纤贴衬进行沾色视觉评级。

**10.2.2** 按照 AATCC EP12 对每个贴衬织物和/或多纤贴衬织物进行沾色仪器评级。

## 11. 报告

**11.1** 测试试样的描述。

**11.2** 报告是按照 AATCC 117-2019 对试样进行的测试。

**11.3** 报告以下测试条件。

**11.3.1** 测试温度。

**11.3.2** 所使用的的加热设备。

**11.3.3** 试样和贴衬织物的纤维含量标称值。

**11.3.4** 变色评级程序（AATCC EP1 或 AATCC EP7）。

**11.3.5** 沾色评级程序（AATCC EP2，AATCC EP8，或 AATCC EP12）。

**11.4** 报告测试结果。

**11.4.1** 测试试样的变色等级。

**11.4.2** 每个贴衬织物和/或多纤贴衬织物的沾色等级。

**11.5** 描述测试方法的任何偏离情况。

## 12. 精确度和偏差

**12.1** 精确度。本试验方法的精确度尚未确立，在其产生之前，应采用标准的统计方法进行实验室内或实验室间测试结果平均值的比较。

**12.2** 偏差。耐干热色牢度（热压除外）只能作为一种试验方法进行定义，没有独立的方法可以确定其真值。本方法作为评估这一性能的一种手段，没有已知偏差。

## 13. 注释

**13.1** 可从 AATCC 获取，地址：P. O. Box 12215，Research Triangle Park NC 27709；电话：+1. 919. 549. 8141；传真：+1. 919. 549. 8933；电子邮箱：ordering@aatcc. org；网址：www. aatcc. org。

**13.2** 可从 ASTM 国际获得。地址：100 Barr Harbor Dr，W Conshohocken PA 19428，USA；电话：+1. 610. 832. 9500；网址：www. astm. org。

**13.3** 有关适合测试方法的设备信息，请登录 http://www. aatcc. org/bg 了解。AATCC 尽可能提供其合作会员销售的设备和材料清单，但是 AATCC 并不证明其资格，或以任何方式批准、认可或证明清单上的任何设备或材料符合测试方法的要求。

**13.4** 干热装置。可以使用以下加热装置中的一种。

**13.4.1** 一对加热板，在特定范围内可精确控制温度，并且压力可调节到 4kPa±1kPa，为了获得 7.1 中所规定的压力，组合试样的总面积应适合和电热板面积间的关系，使电热板四角的弹簧加载销反作用于上加热板的外壳上。这可用一个细棒来实现，如小通用扳手，用细棒将弹簧销伸出的上端向下推过塑料板，然后将它轻轻地移向一侧，以便弹簧销咬合在下面的板上。当四角的弹簧销在正常位置时，给上面的加热板和外壳的重力一个平衡力，使两块板之间的压强为 $8.8g/cm^2$。也可使用其他能达到相同试验条件并产生同样结果的装置。

**13.4.2** 夹持组合试样的夹持装置浸在熔化金属镀液中（如"干热起褶和定型下的变色测定"所述）。

**13.5** 对于关键性的评定或仲裁情况下的评定，必须使用沾色灰卡进行评级。

## 14. 历史

**14.1** 2019 年就行了修订确认，调整与 AATCC 格式保持统一。

**14.2** 2018 年（名称变更）修订，2016 年编辑性修订，2013 年编辑性修订和重新审定，2010 年编辑性修订，2009 年编辑性修订和重新审定，2008 年编辑性修订，2004 年编辑性修订和重新审定，2002 年、2001 年编辑性修订，1999 年、1994 年编辑性修订和重审审定，1989 年重新审定，1988 年、1985 年编辑性修订，1984 年重新审定，1983 年、1981 年编辑性修订，1979 年、1976 年重新审定，1973 年、1971 年、1967 年修订。

**14.3** AATCC RR54 技术委员会于 1966 年制定。由 RA99 技术委员会维持。

**12. 4** 偏差。拒油等级的准确数值是基于本试验方法的数值，因而本试验方法没有已知偏差。

## 13. 说明

**13. 1** 可从 AATCC 获取。地址：P. O. Box12215, Research Triangle Park NC 27709, USA；电话：+1. 919. 549. 8141；电子邮箱：ordering @ aatcc. org；网址：www. aatcc. org。

**13. 2** 可从 ASTM 国际获取。地址：100 Barr Harbor Dr, W Conshohocken PA 19428, USA；电话：+1. 610. 832. 9500；网址：www. astm. org。

**13. 3** 可从美国政府出版社获取。网址：www. govinfo. gov。

**13. 4** 有关适合本测试方法的设备信息，请登录 AATCC 购买者指导网站 www. aatcc. org/bg。AATCC 提供其企业会员单位所能提供的设备和材料清单，但 AATCC 没有给其授权，或以任何方式批准、认可或证明清单上的任何设备或材料符合测试方法的要求。

**13. 5** 为便于操作，将库存的试液转移到 60mL 的滴瓶中，瓶外贴上 AATCC 拒油等级编号的标签纸。典型的配套设备为 60mL 配有磨口吸管和氯丁橡胶吸头的滴瓶。橡胶吸头使用前应该在正庚烷中浸泡几个小时，然后在干净的正庚烷中清洗，去除可溶物质。实践中发现，将试液按评级表的顺序放在木台上是很有帮助的。

**13. 6** 如果样品按 AATCC TM193 和 AATCC TM118 同时测试，建议用于各个方法的试样尺寸一致。

**13. 7** 试液的纯度对其表面张力存在影响，应仅使用分析纯的试液。在本测试中，矿物油被认定为美国药典要求达到食品级或更高级别的商用产品俗称白矿物油，CAS 号为 8042 - 47 - 5，在 38℃（100℉）下，赛波特黏度为 340 ~ 360，沸点为 174 ~ 177℃（346 ~ 350℉），相对密度为 0. 840 ~ 0. 890，闪点大于 188℃（370℉）；Kaydol 和 Crystal Plus 是美国两大知名品牌，也可能有其他适用的品牌。所有试液均能从当地化学供应商获取。

## 14. 历史

**14. 1** 2021 年编辑性修订，修正了参考内容，从 CAS 8012-95-1（石蜡油）更新至 CAS 8042-47-5（白色矿物油）。

**14. 2** 2020 年、2019 年修订，2016 年编辑性修订，2013 年修订，2012 年重新审定，2010 年、2008 年编辑性修订，2007 年修订，2004 年编辑性修订，2002 年重新审定，1997 年编辑性修订并重新审定，1995 年编辑性修订，1992 年修订，1990 年编辑性修订，1989 年重新审定，1986 年、1985 年编辑性修订，1978 年、1975 年、1972 年重新审定。

**14. 3** AATCCRA56 技术委员会于 1966 年制定。技术上等效于 ISO 14419。

**AATCC TM119-2019**

# 平磨（霜白）色牢度测试方法：金属丝网

## 前言

本测试方法由一个工业委员会制定，即著名的工业测试委员会。以名称"一种评估因磨损引起的霜白的试验方法"首次于 1965 年发布。本测试方法会产生局部变色，这种变色与服装实际穿着时进行相对短期、温和的摩擦产生的变色相似。要评价相对剧烈的磨损效果，请参考 AATCC TM120。

## 1. 目的和范围

**1.1** 本测试方法用于评价染色织物耐平磨导致的颜色变化的能力。

**1.2** 本方法适用于所有的染色织物，尤其适用于耐久熨压混纺套染织物的颜色变化，该织物中，一种纤维的磨损速度比另一种纤维快。

## 2. 原理

将样品固定在一个泡沫橡胶垫上，使其与安装在负载压头上的金属丝网进行多方向的摩擦。在清洗和调湿后，进行变色评级。报告变色等级，从 5~1 级。5 级代表无颜色变化，1 级代表颜色变化最严重。

## 3. 引用文献

注释：除非另有规定，应当使用发布标准的最新版本。

**3.1** AATCC EP1，变色灰卡评级程序（见 14.1）。

**3.2** AATCC EP7，仪器评级试样变色（见 14.1）。

**3.3** AATCC LP1，家庭洗涤的实验室程序：机洗（见 14.1）。

**3.4** AATCC 120，平磨（霜白）色牢度测试方法：金刚砂（见 14.1）。

**3.5** ASTM D1776，纺织品调湿和测试标准方法（见 14.2）。

**3.6** "提出了一种评估因磨料磨损引起的霜白的试验方法". Gobeil，N. B. 和 D'Alessandro，P. L. American Dyestuff Reporter，1965 年 12 月 22 日. 54（24），42-49（见 14.1）。

## 4. 术语

**4.1** 磨损：材料的任一部分与另一表面进行摩擦而导致材料任何部位的磨耗。

**4.2** 霜白：在纺织品中，穿着时局部磨损所引起的织物颜色的变化（含霜白，原纤化）。

霜白可能是由磨损差异，如在多组分混纺织物中纤维的色调不匹配，结构有差异的单纤维磨损或者染料渗透不充分造成的。

## 5. 安全预防措施

本安全和预防措施仅供参考。本部分有助于测试，但未指出所有可能的安全问题。在本测试方法中，使用者在处理材料时有责任采用安全和适当的技术；务必向制造商咨询有关材料的详尽信息，如材料的安全参数和其他制造商的建议；务必向美国职业安全卫生管理局（OSHA）咨询并遵守其所有标准和规定。

**5.1** 遵守良好的实验室规定，在所有的试验区域应佩戴防护眼镜。

**5.2** 操作实验室测试仪器时，应按照制造商提供的安全建议。

## 6. 仪器和材料（见 14.3）

**6.1** 调湿设备和用于平铺试样的多孔可抽拉的调湿架（见 14.1）。

**6.2** Stoll—万能耐磨试验仪（见 9.2，9.3 和图 1）。

图 1　霜白测试准备的万能耐磨试验仪

图 2　霜白装置结构图

**6.3** 霜白部件（见图 2）。

**6.3.1** 圆形试样霜白夹持器（见 9.4）。

**6.3.2** 橡胶 O 形环。

**6.3.3** 锥形固定器。

**6.3.4** 侧边夹持器。

**6.4** 磨料。16 目不锈钢丝网，金属丝细度 0.23mm（见 9.5）。

**6.5** 毛巾，用于清洗后洗掉试样上多余的水分。

**6.6** 白棉布，用于熨烫。

**6.7** 手持熨斗。

**6.8** 变色评级用设备和环境。

**6.8.1** 使用变色用灰卡进行视觉评级（见 14.1）。按照 AATCC EP1 获得其他材料和灰卡的使用方法。

**6.8.2** 仪器评级，使用 AATCC EP7 所述的分光光度计。

## 7. 试样准备

**7.1** 距织物布边至少 1/10 处剪取至少两块 127mm×127mm 的试样（见 14.4）。不要从织物幅宽方向距布边 1/10 内取样。边缘平行于织物长和宽进行取样。

**7.2** 在试样背面标注长度方向。

## 8. 调湿

测试之前，按照 ASTM D1776 对试样进行调湿（通常，纺织材料调湿条件见表 1。根据纤维成分按照表 2 确定调湿时间）。将试样或产品分别放置在调湿/干燥架的筛网或多孔板上。

## 9. 试样和设备的准备

**9.1** 为了获得与织物在实际应用中的性能相关的信息。有时需要在霜白试验前对试样进行预处理，如洗涤。见 AATCC LP1 标准家庭洗涤程序。

**9.2** 定期使用一个或多个已知霜白特性的标准织物检查霜白试验仪的运行情况。

**9.3** 确认平衡压头在未施加载荷的情况下既不向前倾，也不向后斜。压力不平衡会导致金属网与织物之前的摩擦压力发生变化。

**9.4** 当拿到带有泡沫橡胶垫的试样夹持器时，或者当该夹持器多次使用后，橡胶头表面的平面可能与摩擦板接触不良，导致磨损方式变差或不均匀。用"O"形砂布在1134g的砝码作用下摩擦橡胶表面（不装样品），可以对上述情况进行校正。

**9.5** 摩擦网的经线必须与上压头往复运动方向平行。新摩擦网在刚开始用时应进行清洗，除去油污。建议每次试验后，用带保险喷嘴的高压空气枪除去不锈钢摩擦网上的残屑；定期用温和洗涤剂清洗摩擦网，去除空气枪无法吹走的聚集物。破损或有残疵的钢丝网磨料应该迅速换掉。

## 10. 操作程序

**10.1** 纺织品在标准大气条件下进行测试，相对湿度（65±5）%，温度21℃±2℃（70℉±4℉）。

**10.2** 用霜白装置配备的两角扳手取出中心的圆形螺母锁，然后取下平磨试验仪往复运动板上的圆形表面摩擦头。

**10.3** 将圆形霜白试样夹持器插入表面摩擦头中，用金属"O"形环套在圆形样品夹持器上，并用螺母固定。

**10.4** 试样面朝上放置在试样夹持器中间，然后把锥形固定器放在试样上（固定器将试样固定在泡沫橡胶垫上，以便试样上方的橡胶"O"形环插

入凹槽。橡胶"O"形环将试样固定，无变形）。将样品上的橡胶"O"形环插入凹槽后，移走固样器。

**10.5** 将夹持有试样的表面摩擦头放在往复式工作台上。

**10.6** 把不锈钢丝网放在磨料板上，用夹子将其两端固定。前张力夹施加张力，侧边夹持器将两边固定。

**10.7** 将总重为1134g的砝码压在平衡摩擦头上。

**10.8** 调节电动旋转爪，使表面摩擦头约每100次转一圈。

**10.9** 轻轻放下摩擦头与试样刚好接触，然后启动"开始"按钮。

**10.10** 摩擦1200次后停止。

**10.11** 取下有磨损试样的摩擦头，然后取出试样。

**10.12** 在38℃（100℉）干净的微温水中用手漂洗试样，除去残屑，然后将试样夹在毛巾间吸掉多余的水分。

**10.13** 将试样面向下放在两块干净的白棉布之间，然后用温度设置约为149℃（300℉）的家用熨斗熨烫直至干燥。

**10.14** 对所有试样重复上述测试。

**10.15** 在进行评价之前，按照第8条的规定对试样进行调湿。

## 11. 评价

**11.1** 按照 AATCC EP1 规定，在改良的观察角下，对每个摩擦后的试样的变色进行视觉评级。

**11.1.1** 将试样平放在上观测桌面上，用光照射。光源应该充分地分散，当从试样上方观测试样时不产生阴影。保持视线在机械方向（经纱方向）。

**11.1.2** 观测者在调整观测角时，试样应该保

持固定，从试样上方与试样呈 0.2～1.57rad（15°～90°）观测试样。

**11.1.3** 转动试样，再沿横向（纬向）观测，从试样上方与试样呈 0.2～1.57rad（15°～90°）观测试样。

**11.2** 使用仪器评级时，按照 AATCC EP7 进行每个摩擦后试样的变色评级。

## 12. 报告

**12.1** 测试试样的描述或识别。

**12.2** 报告测试是按照 AATCC TM 119-2019 进行的。

**12.3** 报告测试条件。

**12.3.1** 试样数量。

**12.3.2** 变色评级程序（AATCC EP1 或 AATCC EP7）。

**12.4** 报告测试结果。

测试试样的单个和平均变色级数。

**12.5** 任何偏离方法的描述。

## 13. 精确度和偏差

**13.1** 实验室内的测试数据。在 1966 年和 1967 年进行了实验室内比对测试，在该试验中，五个实验室均对八块织物进行了两次比对观测，所有评级均按照 AATCC EP1 进行。

**13.1.1** 本测试方法的精确度取决于被测材料，试验方法本身和所采用的评价程序。

**13.1.2** 方差成分用标准差表示，计算结果为：实验室内灰色样卡 0.3 级，实验室间为灰色样卡 0.5 级。

**13.1.3** 如果差异大于或等于表 1 中列出的临界差，应认为测得的两个平均值在 95% 置信区域内有显著差异。

**13.2** 偏差。因为用独立的方法得不到真实值，所以无合理的偏差报告。

表 1 临界差，灰卡单位，条件注释

| 每个平均值观测的次数 | 实验室内精确度 | 实验室间精确度 |
|---|---|---|
| 2 | 0.4 | 1.4 |
| 4 | 0.3 | 1.4 |
| 8 | 0.2 | 1.4 |

注 临界差用基于无限自由度的 $t=1.960$ 计算。

表中精确度数据是按照 EP1 评价得到的，而按照 EP7 评价得到的精确度数据是不一样的。表中列出的临界差应该认为是一般说明，尤其在实验室间的精确度方面。在两个特定试验室给出有意义的说明之前，两个实验室之间的统计误差（如果有）比较必须建立在该材料一个样品上的随机试样最近得到的数据上。

## 14. 注释

**14.1** 可从 AATCC 获取，地址：P. O. Box 12215, Research Triangle Park NC 27709；电话：+1.919.549.8141；电子邮箱：ordering@aatcc.org；网址：www.aatcc.org。

**14.2** 可从 ASTM 国际部获得，地址：100 Barr Harbor Dr, W Conshohocken PA 19428, USA，电话+1.610.832.9500。网址：www.astm.org。

**14.3** 有关适合测试方法的设备信息，请登录 www.aatcc.org/bg 了解。AATCC 尽可能提供其合作会员销售的设备和材料清单，但是 AATCC 并不证明其资格，或以任何方式批准、认可或证明清单上的任何设备或材料符合测试方法的要求。

**14.4** 对于试样的最佳数量，除非另有协议（如可用的材料规格），测试的试样数量要求确保在 95% 的置信区域内的试验结果平均值的精度为灰卡的 ±0.5 级，计算如下：

$$n = 15.4\sigma^2$$

式中：$n$——试样的数量；

$\sigma$——个别试样的结果标准偏差，由类似材料已有的大量结果确定。

如果 $\sigma$ 未知，实验室内测试取四块试样，实验室间测试九块试样。

上述规定的试验次数基于单个实验室单个试验员结果 $\sigma = 0.5$ 级，实验室间的结果 $\sigma = 0.75$ 级，$\sigma$ 值比期望值略偏高的情况实际上经常出现。因此，为得到正确的 $\sigma$ 值，可能允许测试的试样数比上述规定的少。

## 15. 历史

**15.1** 2019 年修订（名称变更），调整使其与 AATCC 格式保持统一。

**15.2** 2016 年编辑性修订，2013 年编辑性修订和重申，2010 年编辑性修订，2009 年、2004 年、1999 年重申，1997 年编辑性修订，1994 年编辑性修订和重申，1989 年重申，1986 年、1985 年编辑性修订，1984 年编辑性修订和重申，1980 年编辑性修订，1979 年编辑性修订和重申，1977 年、1974 年、1970 年重申。

**15.3** AATCC RR29 技术委员会于 1967 年制定，由 RA99 技术委员会维持。

**11.1.1** 将试样平放在上观测桌面上，用光照射。光源应该充分地分散，当从试样上方观测试样时不产生阴影。保持视线在机械方向（经纱方向）。

**11.1.2** 观测者在调整观测角时，试样应该保持固定，从试样上方与试样呈 0.2~1.57rad（15°~90°）观测试样。

**11.1.3** 转动试样，再沿横向（纬向）观测，从试样上方与试样呈 0.2~1.57rad（15°~90°）观测试样。

**11.2** 使用仪器评级时，按照 AATCC EP7 进行每个摩擦后试样的变色评级。

## 12. 报告

**12.1** 测试试样的描述或识别。

**12.2** 报告测试是按照 AATCC TM120-2019 进行的。

**12.3** 报告测试条件。

**12.3.1** 所用的金刚砂纸。

**12.3.2** 变色评级程序（AATCC EP1 或 AATCC EP7）。

**12.4** 报告测试结果：
测试试样的单个和平均变色级数。

**12.5** 任何偏离标准的描述。

## 13. 精确度和偏差

**13.1** 精确度。本试验方法的精确度尚未确立，在其产生之前，采用标准的统计方法比较实验室内或实验室之间的试验结果的平均值。

**13.2** 偏差。由平磨、霜白和金刚砂法产生的变色只能在一个测试方法中定义。没有独立的方法测定其真实值。作为评价这一性能的手段，该方法无已知偏差。

## 14. 注释

**14.1** 可从 AATCC 获取，地址：AATCC，P. O. Box 12215，Research Triangle Park NC 27709；电话：+1.919.549.8141；电子邮箱：ordering @ aatcc.org；网址：www.aatcc.org。

**14.2** 可从 ASTM 国际部获得，地址：100 Barr Harbor Dr，W Conshohocken PA 19428，USA，电话+1.610.832.9500。网址：www.astm.org。

**14.3** 有关适合测试方法的设备信息，请登录 www.aatcc.org/bg 了解。AATCC 尽可能提供其合作会员销售的设备和材料清单，但是 AATCC 并不证明其资格，或以任何方式批准、认可或证明清单上的任何设备或材料符合测试方法的要求。

**14.4** 本测试方法最初要求 0 级金刚砂纸。当前 600 目规格的砂纸可得到相同的摩擦效果，但这是一种更加精确的测试方法，在制造商之间可保持一致。

## 15. 历史

**15.1** 2019 年修订（名称变更），调整与 AATCC 格式保持统一。

**15.2** 2016 年编辑性修订，2013 年编辑性修订和重申，2010 年编辑性修订，2009 年重申，2004 年编辑性修订和重申，1999 年重申，1997 年编辑性修订，1994 年编辑性修订和重申，1989 年重申，1986 年编辑性修订，1984 年、1980 年编辑性修订和重申，1977 年、1974 年、1970 年重申。

**15.3** AATCC RR29 技术委员会于 1967 年制定。由 RA99 技术委员会维持。

*AATCC TM121-1995e2（2014）e*

# 地毯沾污测试方法：目光评级法

AATCC RA57 技术委员会于 1967 年制定；1970 年、1973 年、1976 年、1979 年、1982 年、1989 年、2000 年、2005 年、2010 年重新审定；1986 年、1991 年、2008 年、2019 年编辑性修订；1987 年、2014 年编辑性修订并重新审定；1995 年修订。

## 1. 目的和范围

**1.1** 本测试方法用于评价绒头地毯从无沾污到中度沾污范围内的清洁程度，还可以用于评价污垢的积累程度或者清洗程序的去污能力。本方法适用于任何颜色、样式、组织结构及纤维成分的绒头地毯。

**1.2** 本方法不适用于评价地毯结构外观的变化（见 14.1）。

## 2. 原理

原样或清洁样与测试样在清洁度上的差异主要采用呈逐级深浅变化的灰色样卡对色差的目光评定。

## 3. 术语

**3.1** 地毯。所有纺织材料制成的地板覆盖物。

**3.2** 清洁度。在地毯沾污测试中，清洁度特指被测样品与原始未沾污样品之间的接近程度，被测样品经过沾污试验后未产生明显的外观变化说明清洁度好。

清洁度与地毯在踩踏或清洁程序处理过程中所引起的物理结构变化无关。

**3.3** 沾污。污垢、油污或者其他通常不应附着在纺织材料上的物质。

**3.4** 污染。在纺织品中，纺织材料被污垢比较均匀地覆盖或浸渍的过程。

**3.5** 纺织地毯。使用表面由纺织材料构成，通常用来覆盖地板的物品。

**3.6** 使用面。纺织地毯上，人脚踩踏的那一面。

## 4. 安全和预防措施

本安全和预防措施仅供参考。本部分有助于测试，但未指出所有可能的安全问题。在本测试方法中，使用者在处理材料时有责任采用安全和适当的技术；务必向制造商咨询有关材料的详尽信息，如材料的安全参数和其他制造商的建议；务必向美国职业安全卫生管理局（OSHA）咨询并遵守其所有标准和规定。

遵守良好的实验室规定，在所有的试验区域应佩戴防护眼镜。

## 5. 使用与限制条件

由于地毯织物表面结构复杂，毛圈或绒头的高度以及地毯织物的可压缩性，很难指定一种方法适用于评价所有类别的地毯织物的反射率，或者满足所有不同地毯织物之间的比较。对于反射率差异的解释，尤其是对于不同颜色或不同原始反射率的材料之间，尚无定论。本测试方法通过评价一种差异，即借助能够反映反射率差异的标准灰卡通过目光感观色差判定未沾污与已沾污试样的差异，借此规避了上述难点。

## 6. 仪器与材料

变色灰卡（AATCC EP1，见 14.2）。

## 7. 灰卡的校验

**7.1** 目光校准。对灰卡进行检查，每对连续的小卡片间应有可辨的、质地均匀的、明显的观感色差。如果灰卡间具有明显的逐级过渡的色差观感，那么该灰卡就是合格的。要确保灰卡清洁以便正常评级。

**7.2** 反射率测定。如果操作者对目光校准有质疑，也可以通过测反射率来检查灰卡。可使用适用于小卡片尺寸为（10mm×38mm）的任何反射率测试仪。灰卡中两组中的每个级别的小卡片所测得的反射率结果平均值的差异应该小于九级灰卡（包括半级）中四级中两个小卡片反射率差异的一半。用灰卡上每一对小卡片的反射率的差值对其对应的级数或半级数在坐标纸上标绘，应该得到一条直线。灰卡上 4~5 级的一对小卡片的反射率的差值应该也能够对应在直线上，因为其差值是以 5 级的变化为基准的。如果其他级别的每一对小卡片的反射率差值形成逐级系列，那么 4~5 级的结果就没有那么重要了。

## 8. 试样准备

**8.1** 洁净参照试样。从原始试样或者洁净的地毯上取一块足够大的试样，所取参照试样的大小应使试样的图案及颜色结构具有代表性。如果地毯上同时包含深色和浅色，取样时应该以浅色部分为参照试样的边缘。参照试样边缘应剪切齐整。

**8.2** 将整块已经沾污的地毯或者是经过清洗处理的地毯放置于地上，或者将上述地毯裁剪成易于处理的试样。如果试样是剪切下来的，需要剪切具有代表性的部分，包括沾污过程或者清洗过程的代表性，同时地毯的图案花型也要具有代表性并包含地毯的浅色部分。

## 9. 调湿

使用常规的室内条件调湿。如果试样是经过就地清洗方法处理的，那么必须确认地毯已经干燥，回潮率在正常范围内。

## 10. 操作程序

**10.1** 将干净的参照试样置于被测试样上面，或者置于被测试样旁边，两个试样之间不留缝隙。调整两个试样的位置使试样的图案和结构方向一致。使用标准的光源系统，包括日光及人造光源。所使用的其他任何光源也要尽量满足目光评级的标准条件。

**10.2** 将灰卡上每对小灰卡与被测试样和参照试样组进行对比，直到参照样和测试样之间的观感色差与灰卡上某个级别的观感色差基本一致为止。使用黑色套卡来保证每次只露出灰卡中的某个级别的对比部分。

**10.3** 记录与试样之间清洁度差异的观感色差最匹配的灰卡级数并包括半级级数。要注意比较的是试样间清洁度的差异程度而不是试样的灰度。

**10.4** 要求至少四个评级者参与评级。如果想提高评级的精确度，可以由五个或者六个评级人员评级。评级人员之间独立进行评级。如果评级人员没有使用本方法进行评级的经验，则需要在正式进行评级并记录数据之前，进行相应的评级练习，可以通过三组或更多的比对训练进行练习，比对训练应包括灰卡的所有级别，练习中无须记录结果。

## 11. 结果计算

取四个或者多个评级人员评级结果的平均值，结果精确到 0.1 级。

## 12. 报告

报告清洁度的平均级数，报告评级人员数量，从 5 级（即与洁净参照试样无差异）到 1 级（即与参照试样差异最大）。

## 13. 精确度与偏差

**13.1** 不同评级人员对相同试样的评级结果差异（标准方差）应在 0.2（有经验的评级人员）~0.5（初学者），通常在 0.3~0.4。因此需要 4~6 个评级者进行评级来保证在置信水平为 95% 或 90% 的前提下与另一组评级者所报告的评级差异在 0.5 以内。

**13.2** 不同实验室之间的评级差异的信息比较有限，但是通常情况下出现的差异在 0.2~0.5。

**13.3** 可以通过本测试方法的定义，即通过采用色差呈逐级深浅变化的灰色样卡来对清洁度进行主观评定的测试方法，来理解测试方法的偏差程度。结果显示本方法对于不同组织结构、花型图案及颜色的地毯均有效，如果地毯的初始反射率高，测试结果与反射率之间具有一定的关联。对于较深颜色的地毯来说，目光评级与反射率的变化无关。

## 14. 注释

**14.1** 对于地毯由于踩踏而引起的结构方面的变化的确定程序可以参见 ASTM D7330，用标准参照刻度来评估簇绒地板覆盖物表面外观变化的标准实验方法。该标准可以通过如下方式获取，地址：100 Barr Harbor Dr.，West Conshohocken PA 19428；电话：+1.610.832.9500；传真：+1.610.832.9555；网址：www.astm.org。

**14.2** 相关信息可从 AATCC 获取，地址：P.O. Box 12215，Research Triangle Park NC 27709；电话：+1.919.549.8141；传真：+1.919.549.8933；电子邮箱：ordering@aatcc.org；网址：www.aatcc.org。

**AATCC TM122-2019**

# 地毯沾污测试方法：实地沾污

AATCC RA57 技术委员会于 1967 年制定；1970 年、1973 年、1976 年、1979 年、1982 年、1989 年、2000 年、2013 年重新审定；1985 年、1990 年编辑性修订；1987 年、1995 年编辑性修订并重新审定；2009 年、2019 年修订。

## 1. 目的和范围

本测试方法用来评价纺织地毯在实际使用中的沾污性能。

## 2. 原理

将地毯试样和选定的对照样品在可控的测试区域内进行实际踩踏，根据不同的沾污程度，在规定的时间间隔移走试样并进行沾污评级。

## 3. 术语

**3.1** 地毯：所有纺织材料制成的地板覆盖物。

**3.2** 沾污：污垢、油污或者其他通常不应附着在纺织材料上面的物质。

**3.3** 污染：在纺织品中，纺织材料比较均匀地覆盖或浸渍污垢的过程。

**3.4** 纺织地毯：使用表面由纺织材料构成，通常用来覆盖地板的物品。

**3.5** 使用面：纺织地毯上，人脚踩踏的那一面。

## 4. 安全和预防措施

本安全和预防措施仅供参考。本部分有助于测试，但未指出所有可能的安全问题。在本测试方法中，使用者在处理材料时有责任采用安全和适当的技术；务必向制造商咨询有关材料的详尽信息，如材料的安全参数和其他制造商的建议；务必向美国

职业安全卫生管理局（OSHA）咨询并遵守其所有标准和规定。

遵守良好的实验室规定，在所有的试验区域应佩戴防护眼镜。

## 5. 沾污场所

**5.1** 沾污测试的场所应该充分远离街道或其他户外场所，以保证试样不被湿踩踏。建议测试场所离街道或者户外场所的距离至少为 15m（50英尺）。

**5.2** 沾污测试场所应完全与工业性油脂、油污等污垢隔离。

**5.3** 沾污测试区域的踩踏方式应该能够使所有试样都经过类似在一个狭窄通道或只有一个方向有出口的出入口处的情况下进行的踩踏。如果不能在狭窄通道定向踩踏，那么也可以进行随机踩踏，但是要保证试样的沾污程度与上述条件产生的沾污程度一致。

**5.4** 如果是以一个狭长通道的形式进行踩踏测试，即从通道的两个相对的方向行走，那么需要在测试区域两端各放置一块 2m（6.5 英尺）长的地毯起到缓冲作用。对于其他情况，或者测试以随机踩踏的形式进行，则缓冲地毯应该放置在测试试样的周围，其大小根据测试样的边长按比例进行适当的调节，但是任何情况下缓冲地毯各个方向上的长度都不得小于 2m（6.5 英尺）。缓冲地毯的纤维成分和组织结构不限，但颜色要求为浅色，以避免

缓冲地毯上的纤维或者染料被带到被测试样上面。

## 6. 地毯试样

**6.1** 试样尺寸。测试试样的最小尺寸应为30cm×30cm（12英寸×12英寸）。

**6.2** 试样安装。地毯试样的安装固定方式应以易于移走为准。譬如使用双面胶或者用12mm（0.5英寸）宽的夹板和订书钉固定试样。

## 7. 试样的安置与旋转调整

**7.1** 试样安置与旋转的要求与待测沾污区域的规格和踩踏方式有关。因此，不可能找到一个普遍适用的操作程序。但是试样的旋转是必需的，以获得均匀的沾污效果。

**7.2** 为了给每个特定的沾污区域找到合适的旋转方式，可以选择一个沾污程度已知的材料（如对照样）。在沾污区域内安装正确数量的试样以保证所有空间均被使用。对指定试样进行沾污到预期程度，然后旋转样品以使所有试样都能达到均匀一致的沾污。一旦旋转方式确定下来，需要对旋转顺序进行记录以备后用。

## 8. 沾污程度

**8.1** 对照地毯沾污程度。

**8.1.1** 在开始进行沾污测试之前一定要确定标准沾污程度。在本测试的一般用途下，沾污间隔相当于一个任意选取的地毯对照样达到轻度、中度或重度沾污程度（见13）所需要的时间。每个实验室选择或准备的沾污对照样应当与本实验室的条件要求一致。如果测试涉及两个或者多个实验室，则每个实验室要使用相同的对照样。

**8.1.2** 根据不同的沾污程度，需要在指定的时间间隔将测试试样和对照样从测试区域中移走。

**8.1.3** 当测试试样达到已沾污对照样（一级沾污水平）的沾污程度时，将所有相应的试样从第一

组中移走。此操作无须考虑此时其他试样的表面状态。

**8.1.4** 在测试样（依次分别）达到二级或三级沾污水平时，分别依次如上述将相应的试样移走。

**8.1.5** 当达到某一级沾污程度水平后，用新的一组测试样和对照样重新置于撤走上一组试样空出的区域进行新的测试，缓冲地毯的位置不变。

**8.2** 以踩踏为基础的沾污程度。上述方法的替代方法是对各级沾污水平测试的所有试样进行特定次数的踩踏。实验室应该在试验开始前确定具体的踩踏次数，在达到相应的踩踏次数后从试验区域移走试样。

## 9. 评估

**9.1** 将试样移出后，应尽快将经真空吸尘器处理后的试样与沾污对照样进行对比。一旦确定要移走一组试样应先用吸尘器处理该批试样。每天转换一次沾污位置以继续沾污试验。

**9.2** 保存踩踏次数和试验周期的记录。

## 10. 维护

每日用往复式电动刷真空吸尘器清洁待测试样。

正确的清洁方法应该包括吸尘器在指定的地毯区域内经过四次。吸尘器第一次运行朝着远离操作者的方向清扫，然后第二次返回操作者的位置。最后一次清扫方向应该是沿着回到操作者的位置的方向（即往复各两次）。在清洁试样的下一个相邻位置时，吸尘器第一次运行还是朝着远离操作者的方向。由于试样宽度并非吸尘器清扫宽度的倍数，因此所造成的部分重复清洁可以忽略。

## 11. 评级

试样沾污程度的差异可以通过目光评级来确定（见AATCC 121《地毯沾污：目光评级法》）。

## 12. 精确度和偏差

**12.1** 精确度。本测试方法的精确度尚未确立。在本测试方法的精确度声明确立之前，可以使用标准的统计技术来对实验室内部或者实验室之间的测试结果进行比对分析。

**12.2** 偏差。地毯沾污（实地沾污法）只能从一个测试方法方面进行定义。目前还没有一个独立的方法来确定其真实值。作为一个评估性的方法，本方法没有已知的偏差。

## 13. 注释

RA57 技术委员会将沾污程度定义为将锦纶割绒地毯样品沾污至三个不同水平（轻度、中度、重度）（见附录）。

# 附录　人造污垢准备

**人造污垢配方（质量百分含量）**

| | |
|---|---|
| 泥煤苔（深色的） | 38% |
| 硅酸盐水泥 | 17% |
| 瓷土 | 17% |
| 硅石（200 目） | 17% |
| 黑烟末（灯黑或者炉黑） | 1.75% |
| 黑色氧化铁 | 0.50% |
| 矿物油（医用级别） | 8.75% |

**1.** 泥煤苔应为干燥的，且不含有结块。

**2.** 硅酸盐水泥应为干燥的，如果含有结块，则将结块拣出。

**3.** 在本测定方法之前的版本中，"黑色氧化铁"被错列成了"红色氧化铁"。

**4.** 将所有干燥的配料彻底混合后再加入矿物油。在 50℃（122℉）下干混合 6~8h。

**5.** 将干的混合物放入球磨机并加入氧化铝珠。开启球磨机运行大概 24h。

**6.** 将混合物连同干燥剂放入密封容器。

**AATCC TM124-2018te**

# 织物经家庭洗涤后的外观平整度

## 前言

该方法和所涉及的三维外观平整度样照被用于经耐久压烫整理的机织物的评价。尽管一些样品由于不同的织物结构而呈现出不一样的外观特征，但使用此方法和样照来进行评价已成为行业惯例。

标准的洗涤程序保持一致性，以便使结果具有可比性。标准参数仅可代表，但不能完全复制目前的消费者洗涤情况，因为消费者洗涤情况是随着时间和不同家庭而变化的。AATCC LP1：家庭洗涤：机洗（见12.3）和ISO 6330，纺织品试验时采用的家庭洗涤及干燥程序（见12.8），提供了可供选择的洗涤程序和设备参数。

## 1. 目的和范围

**1.1** 本测试方法是用来评价织物经反复家庭洗涤后的外观平整度。一些洗涤和干燥程序提供了代表普通家庭护理的标准参数。

**1.2** 任何可水洗的织物（机织物、针织物、非织造布）都可以使用这个方法评定外观平整度。

## 2. 原理

样品经过标准的实际家庭洗涤后，在标准光源和观测区域内将试样与一套AATCC参考标准样照比较，根据视觉印象评定试样外观的平整程度。结果以平整度外观（SA）等级表示，从1~5，1代表最不平整，5代表最平整（没有褶皱）。

## 3. 术语

**3.1** 陪洗织物：在织物测试过程中使用的、可以将织物的总重或体积规范达到规定数量的材料。

**3.2** 耐久压烫：在使用中、洗涤或干洗后，一种可以保持原有形态、平整缝线、原有压烫折痕和平整外观的织物特性。

**3.3** 等级：与样照比较，评价测试样品所得到的评价级数。

**3.4** 洗涤：纺织材料的洗涤是指一种使用水溶性洗涤剂溶液去除污渍的过程，通常包括漂洗、脱水和干燥。

**3.5** 洗后折痕：洗涤或干燥后样品上明显的折皱或杂乱无序的褶线。

洗后折痕是样品在洗涤和干燥中造成的非故意结果。

**3.6** 外观平整度：将试样与一套参考标准样照比较，根据视觉印象评定试样的外观平整度。

## 4. 安全和预防措施

本安全和预防措施仅供参考。本部分有助于测试，但未指出所有可能的安全问题。在本测试方法中，使用者在处理材料时有责任采用安全和适当的技术；务必向制造商咨询有关材料的详尽信息，如材料的安全参数和其他制造商的建议；务必向美国职业安全卫生管理局（OSHA）咨询并遵守其所有的标准和规定。

**4.1** 遵守良好的实验室规定，在所有的试验区域应佩戴防护眼镜。

**4.2** 洗涤剂可能会引起对人体的刺激，应注意防止其接触到皮肤和眼睛。

**4.3** 所有化学物品应当谨慎地使用和处理。

**4.4** 操作实验室测试仪器时，应按照制造商提供的安全建议。

## 5. 使用和限制条件

**5.1** 本测试方法仅用来评价可水洗织物经反复家庭洗涤后织物的外观平整度。

**5.2** 通常，在相对严格的洗涤条件下进行测试更好。目前使用的洗衣机和烘干机有专门的洗涤循环或特性，以保护织物的某些性能，如轻柔档并降低搅拌速度，可以保护轻薄织物的结构；耐久压烫循环并采用冷水漂洗、降低搅拌速度，可减少织物的褶皱。

**5.3** 纺织制品上的印花和图案可能会使折皱模糊，评级程序是以试样的视觉外观平整度为基础的，也包括这样的影响。

**5.4** 外观平整度样照是由机织物拍摄得到，不能完全复制其他织物（针织物、非织造布）的外观。样照可以作为参考，代表不同的外观平整度水平。

**5.5** 使用小样品测试偶尔会引起折皱和折痕，这种非正常的折皱和折痕在织物的使用性能中不用考虑。

**5.6** 实验室间对于本测试方法的结果重现性与标准使用者采用的洗涤和干燥条件（在表1~表4列出）有关。

## 6. 仪器和材料（12.1）

**6.1** 带有温度调节的蒸汽熨斗或普通熨斗。

**6.2** 标准洗衣机（见12.2和表1），用于机洗。

**6.3** 水洗盆，9.5L，用于手洗。

**6.4** 白毛巾，不计重量，需能容纳测试样，用于手洗。

**6.5** 标准滚筒干燥机（见12.2，表4），或滴干、平铺晾干或悬挂晾干的设备。

表1 标准洗衣机洗涤参数（见12.2，12.7）

| 项　　目 | | （1）标准档 | （2）轻柔档 | （3）耐久压烫档 |
|---|---|---|---|---|
| 水位［L（加仑）］ | | 72±4（19±1） | 72±4（19±1） | 72±4（19±1） |
| 搅拌速度（r/min） | | 86±2 | 27±2 | 86±2 |
| 洗涤时间（min） | | 16±1 | 8.5±1 | 12±1 |
| 脱水速度（r/min） | | 660±15 | 500±15 | 500±15 |
| 脱水时间（min） | | 5±1 | 5±1 | 5±1 |
| 洗涤温度［℃（℉）］① | Ⅱ低温 | 27±3（80±5） | 27±3（80±5） | 27±3（80±5） |
| | Ⅲ中温 | 41±3（105±5） | 41±3（105±5） | 41±3（105±5） |
| | Ⅳ高温 | 49±3（120±5） | 49±3（120±5） | 49±3（120±5） |
| | Ⅴ极高温 | 60±3（140±5） | 60±3（140±5） | 60±3（140±5） |

① 根据美国能源部的要求，家用洗衣机多采用冷水洗涤。外部控制器可以用来调节仪器温度。

表 2　标准手洗和漂洗温度

| 分类 | 洗涤温度［℃（℉）］ | 漂洗温度［℃（℉）］ |
|---|---|---|
| 极低温 | 16±3（60±5） | <18（<65） |
| 低温 | 27±3（80±5） | <29（<85） |
| 中温 | 41±3（105±5） | <29（<85） |
| 高温① | 49±3（120±5） | <29（<85） |

① 热水不是手洗或需要轻柔手洗试样的合适选择。

表 3　标准干燥程序

| 符号 | 干燥程序 |
|---|---|
| A | 滚筒烘干 |
| Ai | 滚筒烘干（标准） |
| Aii | 滚筒烘干（轻柔） |
| Aiii | 滚筒烘干（耐久压烫） |
| B | 悬挂晾干 |
| C | 滴干 |
| D | 平铺晾干 |

表 4　标准滚筒式干燥机参数（见 12.2）

| 项　目 | Ai 标准 | Aii 轻柔 | Aiii 耐久压烫 |
|---|---|---|---|
| 最高排气温度［℃（℉）］ | 68±6（155±10） | 60±6（140±10） | 68±6（155±10） |
| 冷却时间（min） | ≤10 | ≤10 | ≤10 |

**6.6** 调湿设备或抽拉式带孔货架的调湿/干燥架（见 12.3）。

**6.7** 天平，量程至少为 5kg 或 10 磅。

**6.8** 1993 AATCC 标准洗涤剂（粉末状，含荧光增白剂，见 12.3）。

**6.9** 陪洗织物，1 型或 3 型（见表 5）。

**6.10** 评级区，见附录描述。

**6.11** AATCC 三维外观平整度评级样照，一套 6 张（见图 1 和 12.3）。

**6.12** 数字成像系统，用于评价样品（可选）。

图 1　AATCC 三维外观平整度评级样照

表 5　陪洗布参数

| 项　目 | | 1 型 | 3 型 |
|---|---|---|---|
| 成分 | | 100%棉 | （50%±3%）棉/（50%±3%）聚酯纤维 |
| 坯布纱线 | | 环锭纺 36.4tex（16 英支） | 环锭纺 36.4tex（16 英支）或 19.4tex×2（30 英支/2） |
| 坯布结构（根/25.4mm） | | （52±5）×（48±5）平纹 | （52±5）×（48±5）平纹 |
| 整理后克重（g/m²） | | 155±10 | 155±10 |
| 边缘 | | 四边缝合或包边 | 四边缝合或包边 |
| 整理后织物尺寸 | mm | （920±30）×（920±30） | （920±30）×（920±30） |
| | 英寸 | （36.0±1）×（36.0±1） | （36.0±1）×（36.0±1） |
| 整理后织物质量（g） | | 130±10 | 130±10 |

## 7. 试样准备

取 3 块具有代表性的试样，平行于长度方向和宽度方向，样品尺寸为 380mm×380mm（15 英寸×15 英寸）。如果可能，每个试样均应含有不同的经纱和纬纱。试样上应标记好长度方向。

**7.1** 如果洗涤中试样可能出现散边，见 12.4。

**7.2** 若织物有褶皱，可在洗涤前适当地熨烫，见 TM133 耐热色牢度：热压（见 12.3）表 1 安全熨烫温度指南。

## 8. 洗涤程序

**8.1** 机洗。

**8.1.1** 从表 1 选择测试所需的水洗条件。推荐使用标准档，按照选择的洗涤条件设定洗衣机参数。

**8.1.2** 负载包括全部试样、陪洗织物，总负载为 1.8kg±0.1kg（4.0 磅±0.2 磅）。对于关键评价和仲裁试验，每次洗涤应限定试样数量且试样取自同一样品。

**8.1.3** 开始选择水洗循环，加水至指定的水位。

**8.1.4** 按照洗衣机生产商说明，加入 66g±1g 的 1993 AATCC 标准洗涤剂。如果洗涤剂直接加入到水中，应当轻微搅拌，使其全部溶解。在加负载之前停止搅拌。

**8.1.5** 加入负载（测试样和陪洗织物），均匀分散在搅拌器四周，开始水洗循环。

**8.1.6** 对于需要滴干的试样（干燥程序 C），在最后一次漂洗后，开始排水之前停止水洗循环。取出浸湿的试样。对于需要滚筒烘干（A）、悬挂晾干（B），或平铺晾干（C）的试样，允许继续洗涤直到最后一次洗涤循环结束。

**8.1.7** 在每次水洗循环结束后，将绞在一起的试样和陪洗织物分开，切忌使试样发生扭曲变形。

**8.1.8** 洗涤褶皱。洗后试样可能有褶皱，干燥前应用手去除。

**8.1.9** 选择合适的干燥程序。

**8.2** 手洗。

**8.2.1** 从表 2 中选择水洗温度。在水洗盆内加入 7.6L±1.9L（2.0 加仑±0.5 加仑）此温度的水。

**8.2.2** 向水洗盆内加入 20g±1g 的 AATCC1993 标准参考洗涤剂。

**8.2.3** 用手搅拌使洗涤剂溶解。

**8.2.4** 加入试样，轻轻挤压试样使其分散在洗涤剂溶液中，不要扭或拧。

**8.2.5** 让试样浸泡 2min。

**8.2.6** 轻轻挤压试样 1min，不要扭或拧。

**8.2.7** 重复浸泡 2min，挤压 1min。

**8.2.8** 从水洗盆中取出试样，轻轻挤压去除多余的洗涤剂，不要扭或拧。

**8.2.9** 将试样放置于干净的毛巾上。清洗水洗盆。

**8.2.10** 在选定的漂洗温度下（见表 2），向水洗盆中加入 7.6L±1.9L（2.0 加仑±0.5 加仑）的干净水。

**8.2.11** 从毛巾上取下试样，放入漂洗水中，轻轻挤压使其分散，不要扭或拧。

**8.2.12** 让试样浸泡 2min。

**8.2.13** 轻轻挤压试样 1min，不要扭或拧。

**8.2.14** 重复浸泡 2min，挤压 1min。

**8.2.15** 将试样从水洗盆中取出，轻轻挤压去除多余的水分，不要扭或拧。

**8.2.16** 用干净的白毛巾，吸掉试样上的水分，不要扭或拧。

**8.2.17** 进行合适的干燥程序。

**8.3** 干燥。

**8.3.1** 从表 3 选择干燥条件。

**8.3.2** （A）滚筒烘干。将洗涤负荷（试样与陪洗织物）放入滚筒烘干机中，设置温度达到选定的排气温度（见表 4）。启动烘干机，直到试样和陪洗织物烘干。烘干机停止后，立即取出试样。

**8.3.3** （B）悬挂晾干。悬挂晾干时固定试样的两角，织物的长度方向与水平面垂直，悬挂在室温不超过 26℃ （78℉） 的静止空气中至干燥。不要直接对着试样吹风，以防止试样发生扭曲。

**8.3.4** （C）滴干。滴干时固定滴水试样的两角，织物的长度方向与水平面垂直，悬挂在室温不超过 26℃ （78℉） 的静止空气中至干燥。不要直接对着试样吹风，以防止试样发生扭曲。

**8.3.5** （D）平铺晾干。试样在水平的网架或打孔架上摊平，去除褶皱，但不要扭曲或拉伸试样，放在室温不超过 26℃ （78℉） 的静止空气中至干燥。不要直接对着试样吹风，以防止试样发生扭曲。

**8.3.6** 对于所有的干燥方式，允许试样在再次洗涤之前完全干燥。

**8.3.7** 洗后折痕。除最后一次干燥循环外，试样在任何一次的干燥循环后出现了折痕或褶皱，应在下一次洗涤和干燥循环前，浸湿试样，以适合的温度手工烫平 （见 7.1.2）。若是最后一次干燥循环，则不可用此方式去除试样的折痕或褶皱。

**8.3.8** 重复选定的洗涤和干燥程序，总共进行 5 次循环或按协议要求的循环次数。

**8.4** 调湿。

最后一次干燥完成后，按 ASTM D1776《纺织品调湿和测试标准方法》 （见 12.5）调湿试样。（按照表 1 选择织物调湿条件。按照表 2，根据纤维含量选择调湿时间），将每个测试试样分别平铺于筛网或带孔的调湿/干燥架上。

## 9. 评级

**9.1** 每块试样经三名有经验的观测者独立地评级。

**9.2** 所有的评级应在专门的观测区进行 （见附录），唯一光源是观测板上悬挂的荧光灯，房间中其他的光源都应关闭。

**9.3** 观测者站在试样的正前方，距离观测板 1219mm±25mm （48 英寸±1 英寸），观测高度在 1524mm （60 英寸） 左右对评级结果无明显影响。

**9.4** 将试样放在评级板上，织物的长度方向与水平面垂直。将最接近的外观平整度样照放在试样的旁边，方便评级。

**9.5** 尽管 3-D 外观平整度（SA）样照是根据机织物制成的，但这些折皱表面不可能复制所有可能的织物表面。对于不同水平的织物平整度，样照具有代表性。观测者应根据平整度 SA 样照并结合试样上的折皱程度，确定平整度等级，见表 6。

表 6 样照相对应的织物平整度等级

| 等级 | 描述 |
| --- | --- |
| SA-5 | 相当于 SA-5 样照。非常光滑，平整，完整的外观 |
| SA-4 | 相当于 SA-4 样照。光滑，完整的外观 |
| SA-3.5 | 相当于 SA-3.5 样照。相对光滑但不平整的外观 |
| SA-3 | 相当于 SA-3 样照。凹凸不平的外观 |
| SA-2 | 相当于 SA-2 样照。皱巴巴，明显褶皱的外观 |
| SA-1 | 相当于 SA-1 样照。皱巴巴，严重褶皱的外观 |

**9.6** 给出与试样外观平整度最接近的标准评级样照的数字级数。有的整数评级样照没有中间等级的样照，也可以评半级 （SA-1.5、SA-2.5、SA-4.5）。

如果在评级的试样上有洗后折痕，请细心评级试样。某些洗后折痕可以忽略。当带有洗后折痕的试样与其他试样的等级相差一级以上时，应重新取样重新测试，一定要小心以避免产生干燥折痕。

**9.7** 可以用数字成像系统评级，如果使用者能证明其与样照的效果等同。

**9.8** 每种织物的 9 个观测结果的平均值 （三个测试试样，每个测试试样三个评级结果）。平均值精确到 0.1 级。该平均值即是本测试方法的测试结果。

*AATCC TM129-2011（2016）e*

# 耐高湿大气中臭氧色牢度

AATCC RA33 技术委员会于 1962 年制定；1973 年、1974 年、1981 年、1989 年、1997 年、2008 年、2019 年编辑性修订；1972 年、1975 年、1985 年、2005 年、2011 年修订；1990 年、2001 年、2016 年重新审定；1996 年、2010 年编辑性修订并重新审定。部分内容等效于 ISO 105—G03。

## 1. 目的和范围

本方法用于测定在高温度且相对湿度高于 85% 的大气中各种纺织品的颜色耐大气中臭氧作用的能力。

## 2. 原理

**2.1** 纺织品试样和一块控制标样同时暴露在相对湿度恒定为（87.5±2.5）%、温度为 40℃±1℃（104℉±2℉）的含有臭氧的大气环境中，直到控制标样显示的变色程度达到相应的褪色标准。不断重复此循环，直到试样达到一定的变色，或完成规定的循环次数。

**2.2** 对于某些纤维在低于 85% 的湿度中，染料不容易褪色。这就需要在更高的湿度下测试以产生颜色变化，以预测其在温暖、潮湿环境中使用时的褪色情况（见 11.1）。

## 3. 术语

色牢度：材料在加工、检测、储存或使用过程中，暴露在可能遇到的任何环境下，抵抗颜色变化和/或颜色向相邻材料转移的能力。

## 4. 安全和防范措施

本安全和预防措施仅供参考。本部分有助于测试，但未指出所有可能的安全问题。在本测试方法中，使用者在处理材料时有责任采用安全和适当的技术；务必向制造商咨询有关材料的详尽信息，如材料的安全参数和其他制造商的建议；务必向美国职业安全卫生管理局（OSHA）咨询并遵守其所有标准和规定。

**4.1** 遵守良好的实验室规定，在所有的试验区域应佩戴防护眼镜。

**4.2** 臭氧是敏感的刺激物，按照制造商的规定，测试箱应向室外通风。

**4.3** 本测试法中，人体与化学物质的接触限度不得高于官方的限定值［例如，美国职业安全卫生管理局（OSHA）允许的暴露极限值（PEL），参见 29 CFR 1910.1000，最新版本见网址 www.osha.gov］。此外，美国政府工业卫生师协会（ACGIH）的阈限值（TLVs）由时间加权平均数（TLV-TWA）、短期暴露极限（TLV-STEL）和最高极限（TLV-C）组成，建议将其作为人体在空气污染物中暴露的基本准则并遵守（见 11.2）。

## 5. 仪器和材料（见 11.3）

**5.1** 臭氧箱。高温，相对湿度超过 85%（见 11.4）。

**5.2** 高湿度下的控制标样 No.129（见 11.5、11.7 和 11.8）。

**5.3** 高湿度下的褪色标准 No.129（见 11.6、11.7 和 11.8）。

**5.4** 变色灰卡（AATCC EP1，见 11.7）。

## 6. 测试样准备

**6.1** 剪取试样，每块尺寸至少为 100mm × 60mm（4.25 英寸×2.375 英寸）。为了接下来的颜色对比，应将未暴露的试样放在避光密封的容器里，防止产生变色。

**6.2** 如果测试样是经水洗过或干洗过的，则会影响臭氧的评定，应与水洗或干洗后的试样进行比较。对于洗涤试样或干洗试样的准备，可分别参照 AATCC 61《耐洗涤色牢度：快速法》和 AATCC 132《耐干洗色牢度》。

## 7. 操作程序

**7.1** 将测试试样和控制标样（见 11.5 和 11.7）悬挂在接触箱内（见 11.4），箱内相对湿度恒定为 87.5%±2.5%、温度为 40℃±1℃（104℉±2℉）。臭氧浓度应控制在 0.1～0.35mg/kg，使得一个褪色循环为 3～28h。

**7.2** 定期检查控制标样，直到其颜色变化与褪色标准（见 11.6 和 11.7）一致，即构成一个循环。当比较时，采用从一般光线到轻微偏蓝的北部地区光线的日光或与其等同的人造光源（见 11.9）。

**7.3** 取出一次循环结束时颜色发生变化的试样。对臭氧敏感的试样一般一次循环可以产生可测出的变色。

**7.4** 悬挂一块新的控制标样和剩余的试样继续进行第二次循环试验。

**7.5** 如有必要，追加同样循环。

## 8. 评级

**8.1** 每一循环的试验结束时，立即将从试样接触箱取出的试样与保存的原样比较。

**8.2** 试样在规定的暴晒循环后，用《变色灰卡评定程序》（AATCC EP1）或 AATCC EP7《仪器评定试样变色》评定试样颜色的变化，记录与灰卡颜色最接近的级数，并报告试验循环次数（见 11.7、

11.10 和 11.11）。

## 9. 报告

报告试样变色的级数、测试循环次数和测试所采用的温度及相对湿度。

## 10. 精确度与偏差

**10.1** 精确度。

**10.1.1** 实验室间研究：四家实验室参加了这项研究。21 块地毯试样在该测试方法的条件下进行了色牢度评价。每家实验室每种材料分配四块试样。将三块试样暴露在臭氧—湿度箱中，一块放在原条件下，用 AATCC EP1 评定色牢度。该项研究包含以下要素：四家实验室，21 种材料，三块试样，每块试样一个评定结果，每家实验室用 AATCC EP1 对试样评级。

**10.1.2** 方差分量。方差分量由地毯材料（VF）、实验室（VL）、相互作用（VFL）和残留物（V）构成。对于单个地毯材料进行的测试，分量 VL 和 V 需计算准确度估计值，见表 1，方程如下：

$$\text{实验室内 95\%置信区间临界差} = 2.83 \times \dfrac{\dfrac{V}{3}}{0.5} \qquad (1)$$

$$\text{实验室内 95\%置信区间临界差} = 2.83 \times \dfrac{\dfrac{V}{3}+VL}{0.5} \qquad (2)$$

表 1　方差分量

| 协方差矩阵 | 方差单位 |
|:---:|:---:|
| VL | 0.038 |
| V | 0.026 |

在电子表注释中有说明。这些方程给出了期望的临界差（1），每个实验室每个地毯材料不超过两个测试结果；或当临界差不大时（2），两个实验室每个地毯材料不超过 1 个测试结果。

**10.1.3** 准确度估计值。表 2 为临界差，其值是在 95%置信条件下计算得到的。该项研究使用了

三块试样（黑体标明）。其他试样的测试值表明了试样数量平均值对临界差的影响。

表 2 临界差

| 试样平均数 | 实验室内<br>95%置信区间 | 实验室间<br>95%置信区间 |
|---|---|---|
| 1 | 0.46 | 0.70 |
| 3 | 0.26 | 0.61 |
| 5 | 0.20 | 0.40 |

**10.2** 偏差。本试验方法的精确度还未确立，在其产生之前，采用标准的统计方法来比较实验室内或实验室之间的试验结果的平均值。

## 11. 注释

**11.1** 在高湿度条件下，少量纤维（如锦纶）由于臭氧而褪色的现象会随着相对湿度的微小波动而发生很大变化。所以为了获得重现性和较好的实验室间测试结果的相关性，必须严格控制温度和相对湿度。

**11.2** 可从 ACGIH Publications Office 获取，地址：1330 Kemper Meadow Dr., Cincinnati OH 45240；电话：+1.513.742.2020；网址：www.acgih.org。

**11.3** 有关适合测试方法的设备信息，请登录 http://www.aatcc.org/bg。AATCC 提供其企业会员单位所能提供的设备和材料清单。但 AATCC 没有给其授权，或以任何方式批准、认可或证明清单上的任何设备或材料符合测试方法的要求。

**11.4** 对于高温和相对湿度到 85% 以上的臭氧接触箱，只要可以提供相对湿度为（87.5±2.5）%、温度为 40℃±1℃（104℉±2℉），并且臭氧浓度可以控制在 0.1~0.35mg/kg，其结构都可以变化。

**11.4.1** 适当仪器的图纸可从 AATCC 获取，地址：P. O. Box 12215，Research Triangle Park NC 27709；电话：+ 1.919.549.8141；传真：+1.919.549.8933；电子邮箱：ordering@ aatcc.org；网址：www.aatcc.org。

**11.4.2** 臭氧浓度测定的有关信息，请参考以下：Schulze, Fernand, Versatile Combination Ozone and Sulfur Dioxide Analyzer, Analytical Chemistry, Vol. 38, p748–752, May 1966。

Selected Methods of the Measurement of Air Pollutants, Public Health Service Publication No. 999–AP–11, May 1965, Office of Technical Information and Publication（OTIP），Springfield VA, p167–677。

**11.5** 放置在高温且相对湿度超过 85% 的环境中测试用的控制标样是三拼色的暗绿色织物。其采用 Y 形截面且未经过高压蒸汽处理的锦纶 6 为原料，织成管状针织物，参照织物质量按以下配方染色制成：0.15% C. I. 分散红 4，0.63% C. I. 分散黄 3，0.25% C. I. 分散蓝 3。

**11.6** 放置在高温且相对湿度超过 85% 的环境中测试用的褪色标准，是采用相同 Y 形纤维截面且未经过高压处理的锦纶 6 为原料染色，织成管状针织物，参照织物质量按以下配方染色而成：0.557% C. I. 酸性黄 79，0.081% C. I. 酸性红 361 和 0.102% C. I. 酸性蓝 227。

**11.7** 可从 AATCC 获取，地址：P. O. Box 12215，Research Triangle Park NC 27709；电话：+1.919.549.8141；传真：+1.919.549.8933；电子邮箱：ordering@ aatcc.org；网址：www.aatcc.org。

**11.8** 警告：控制标样和褪色标准都必须放在不透气的容器里，以免正常的大气条件下使其变色。此外，控制标样对其他大气成分也很敏感，如氮的氧化物。在不同的湿度和温度条件下，其褪色速率差异很大，不推荐将其正常使用或最终用于臭氧的接触试验。由此产生的变色反映了大气污染、温度和湿度变化的共同作用，而不仅仅是暴露在臭氧中的效果。

**11.9** 确定一次褪色循环终止的另一种方法是：当控制标样 129 采用 Lot No. 10（见 11.10）对色系统其颜色变化相当于（22.5±1.4）CIELAB 时终止。

**11.10** 使用带有镜面组件的比色计或分光光度计，采用 CIE 1964 10°视场和 D$_{65}$ 光源测定控制标样 129，计算比色值。其色差采用 CIELAB 单位来表示。

**11.11** 如果事实证明，与有经验的评级者目测评定相比，自动电子评级系统可以提供相同结果并表现出相当或更高的重复性和再现性，也可使用该系统进行评级。

*AATCC TM130-2018t*

# 去污性：油渍清除法

AATCC RA56 技术委员会于 1969 年制定；1970 年、1974 年、1977 年重新修订；1978 年、1983 年、1986 年、1997 年、2004 年、2005 年、2008 年、2011 年、2012 年、2016 年编辑性修订；1981 年、1990 年、1995 年、2010 年、2018 年（2 次）修订；2000 年、2015 年编辑性修订并重新审定。

## 前言

本测试方法用于测试织物在家庭洗涤过程中去污的能力。标准洗涤程序可以代表但不能完全复制目前的消费者习惯，因为其会受样品，时间和家庭的影响。可选择其它的沾污和维护方法或者本方法的修改方法。

本测试方法中，在洗涤之前将玉米油压入织物。评价织物抗油或拒油的能力，使用 AATCC TM118《拒油性：抗碳氢化合物测试》。

## 1. 目的和范围

**1.1** 本试验方法用于测定织物在家庭洗涤过程中释放油污的能力。

**1.2** 本试验方法适用于可家庭洗涤的服装或其他纺织制品。

## 2. 原理

先用玉米油处理试样，然后用指定重物压在试样上，以使油污渗入织物。按照规定的方式洗涤已沾污的试样，洗涤结束后将试样上残留油污与级别为 5 级到 1 级的油污样照对比并评级。5 级代表无残留油污，1 级代表残留油污最多。

## 3. 引用文件

注释：除非另有规定，否则应使用所有发布文件的最新版本。

**3.1** AATCC LP1《家庭洗涤的实验程序：机洗》（见 15.1）。

**3.2** AATCC TM118《拒油性：抗碳氢化合物测试》。

**3.3** AATCC TM133《耐热色牢度：热压》（见 15.1）。

**3.4** ASTM D1776《纺织品调湿和测试标准方法》（见 15.2）。

## 4. 术语

**4.1** 污物：脏污、油污或其他不希望出现在纺织品的物质。

**4.2** 去污性：已沾污的基质经过特定的处理过程后接近其本来、未沾污外观的程度。

**4.3** 污渍：在基质上的污物或变色，在干洗和水洗过程中具有一定的耐去除性。

## 5. 安全和预防措施

本安全和预防措施仅供参考。本部分有助于测试，但未指出所有可能的安全问题。在本测试方法中，使用者在处理材料时有责任采用安全和适当的技术；务必向制造商咨询有关材料的详尽信息，如材料的安全参数和其他制造商的建议；务必向美国职业安全卫生管理局（OSHA）咨询并遵守其所有标准和规定。

**5.1** 遵守良好的实验室规定，在所有的试验区域应佩戴防护眼镜。

**5.2** 洗涤剂可能会引起对人体的刺激，应注意防止其接触到皮肤和眼睛。

**5.3** 操作实验室测试仪器时，应按照制造商提供的安全建议。

## 6. 使用和限制条件

**6.1** 在本测试方法中，在洗涤之前，预先将油污压入织物中，采用 AATCC TM118 对织物的抗油或拒油性进行评价。

**6.2** 标准洗涤条件不能复制消费者对于所有样品的维护方法。通过采用相同的条件洗涤所有样品，本测试方法提供了相对的去污性测试方法。该方法可以修改为对特定的样品使用推荐的护理方法，但是结果与使用其他不同洗涤条件得到的结果没有对比性。

**6.3** 本测试方法的试样不能用于尺寸变化或外观评价。本测试方法的试样应当与尺寸变化或外观评价的试样分开洗涤，尽管试样尺寸是相同的，油渍沾污可能会干扰其他性能的评价。

## 7. 仪器和材料（见15.3）

**7.1** 调湿设备和用于平铺试样的带孔，可抽拉架子（见15.1）。

**7.2** AATCC 白色吸水纸（见15.1）。

**7.3** 玉米油（见15.4）。

**7.4** 玻璃纸（见15.1）。

**7.5** 计时器。

**7.6** 重物。直径为 6.4cm（2.5英寸），重为 2.268kg±0.045kg（5.0磅±0.1磅）的圆柱形（最好是不锈钢的，见15.1）物体。建议使用多个砝码处理多个样品。

**7.7** 带有滴管的滴瓶（见15.5）。76mm 规格的玻璃，2mL 容积，每毫升有 20滴。

**7.8** 全自动洗衣机（见表1，15.6）。

**7.9** 滚筒烘干机，正常循环：最大排气温度

68℃±6℃（155℉±10℉），冷却时间≤10min（见15.6）。

**7.10** AATCC 1993 标准洗涤剂（粉末状，无荧光增白剂［WOB］）（见15.1）。

**7.11** 天平，量程至少为 5.0kg（10.0磅）。

**7.12** 陪洗织物，1 型（见表2，15.7）。

**7.13** 水硬度测试盒，住宅用。

**7.14** 评级区。见附录。

**7.15** AATCC 去污评级样照（见15.1）。

## 8. 试样准备

每次测试剪取两块（38cm±1cm）×(38cm±1cm)［（15.0英寸±0.4英寸）×(15.0英寸±0.4英寸)］试样。

## 9. 调湿

试样在滴加玉米油前，按照 ASTM D1776 进行调湿。（采用表1中纺织品通用条件。按照表2纤维成分选择适当的调湿时）。将每个试样或产品分别放置在平板或带孔的调湿/干燥架上。

## 10. 滴油程序

**10.1** 在光滑的水平面上，放置一张单层的吸水纸。

**10.2** 将试样正面朝上平铺在吸水纸上。

**10.3** 用滴管将五滴（约0.2mL）玉米油滴在试样的中间区域。每一滴都滴在相同的位置。

**10.4** 将一块 7.6cm×7.6cm（3英寸×3英寸）的玻璃纸放在油污位置。

**10.5** 将重物直接压在玻璃纸上油滴位置。

**10.6** 压重物的持续时间为 60s±5s，然后移走重物，去掉玻璃纸。

**10.7** 对于第二块试样重复 10.2～10.6 过程。如果测试多个要一起洗涤的样品，使用多块重物可以提高测试效率。不能重复使用吸水纸的同一个位置。

**10.8** 沾污后 20min±5min 内进行洗涤，避免弄污的试样互相接触转移污渍。每次洗涤负荷最多允许 30 块测试试样。如果测试多个试样并符合 20min±5min 的时间间隔，建议同时放入所有试样前，规定的洗衣机温度，洗涤剂，和陪洗布提前准备就绪。

## 11. 洗涤程序

**11.1** 洗涤。

**11.1.1** 按照表 1 设置好洗衣机参数。

**11.1.2** 使所有试样加上陪洗布的质量达到 1.8kg±0.1kg（4.0 磅±0.2 磅）（见表 2）。

**11.1.3** 开始选择的程序。加水至指定的水位。

**11.1.4** 测试并记录洗涤用水的硬度（见 15.8）。

**11.1.5** 按照设备制造商说明书，加入 66g±1g 的 AATCC1993 标准洗涤剂（无荧光增白剂）。如果洗涤剂直接加入到水中，应当轻微搅拌，使其全部溶解。在加负载之前停止搅拌。

**11.1.6** 加入负载（试样和陪洗布），均匀分散在搅拌器四周，开始水洗循环。

**11.1.7** 允许继续洗涤直到最后一次洗涤循环结束。

**11.1.8** 将纠缠在一起的试样和陪洗布进行分离，分离时应最大程度地避免使试样变形。洗涤结束后，开始相应的干燥程序。

**11.2** 滚筒干燥。

**11.2.1** 将洗涤负荷（试样与陪洗织物）放入滚筒烘干机中，设置温度达到最大排气温度 68℃±6℃（155℉±10℉）。

**11.2.2** 启动烘干机，直到负载完全干燥。

**11.2.3** 在循环结束后立即取出试样，平放以避免产生影响去污评级的收缩或褶皱。

**11.3** 熨烫（可选）。

**11.3.1** 如果样品褶皱严重，消费者总是希望能够对最终产品进行熨烫，则可以在测量之前进行手工熨烫。由于不同操作人员的手工熨烫程序会存在较大差异（没有标准的手工熨烫程序），因此不同操作人员手工熨烫后的尺寸变化结果应谨慎使用。

**11.3.2** 参照 AATCC TM133，其表 1《安全熨烫温度指南》。根据纤维成分选择样品使用的安全熨烫温度，施加熨烫样品所需的最小压力。

**11.4** 每个试样的去污性评级应在干燥后 4h 内完成。无须再次调湿。

**表 1 标准洗衣机参数（见 15.9）**

| 循环 | （1）标准档 |
|---|---|
| 水位〔L（加仑）〕 | 72±4（19±1） |
| 搅拌速度（r/min） | 86±2 |
| 水洗时间（min） | 16±1 |
| 脱水速度（r/min） | 660±15 |
| 脱水时间（min） | 5±1 |
| 水洗温度〔℃（℉）〕① | （Ⅲ）中温 41±3（105±5） |

① 根据美国能源部的要求，家用洗衣机多采用冷水洗涤。外部控制器可以用来调节仪器温度。

**表 2 1 型陪洗布参数**

| 项目 | | 1 型 |
|---|---|---|
| 成分 | | 100%棉 |
| 坯布纱线 | | 环锭纺 36.4tex（16 英支） |
| 坯布结构（根/25.4mm） | | （52±5）×（48±5）平纹 |
| 整理后克重（g/m²） | | 155±10 |
| 边缘 | | 四边缝合或包边 |
| 整理后织物尺寸 | mm | （920±30）×（920±30） |
| | 英寸 | （36.0±1）×（36.0±1） |
| 整理后织物质量（g） | | 130±10 |

## 12. 评级

**12.1** 将评级样照放在观测板上，中心距离地面 114cm±3cm（45 英寸±1 英寸）（见附录）。

**12.2** 将试样正面朝上平放在桌子的中间。可旋转试样至可观测到的最低等级的方向。

**12.3** 观测者在试样的正前方，距离观测板76cm±3cm（30英寸±1英寸），观测高度（眼睛）距离地面157cm±15cm（62英寸±6英寸）。不同观测的角度会影响一些织物的评级。

**12.4** 两名观测者应当独立对每个测试试样进行评级。与残余油渍最接近的去污性评级样卡对应的就是测试试样的级别。当残留油渍介于去污性评级样卡中间的级别时，可以评为半级（例如1.5，2.5，3.5，4.5）。

**12.5** 计算样品4次评级（2名观测者，2个试样）的平均值，精确至0.1。

## 13. 报告

**13.1** 测试织物的描述或识别。

**13.2** 报告样品是按照AATCC TM130-2018t进行测试的。

**13.3** 报告测试条件。

洗涤中的水硬度，用ppm表示。

**13.4** 报告测试结果。

**13.4.1** 12.5计算得到的平均去污等级。

**13.4.2** 每个试样和每个观测者单独的去污等级，或平均值的标准偏差。

**13.5** 描述本方法的任何偏离，包括可选的污渍或洗涤程序。

## 14. 精确度和偏差

**14.1** 摘要。实验室间的比对试验于1987年的夏天进行，以确立本试验方法的精确度。五个实验室各有一名实验员，使用一台洗衣机和烘干机，对五块织物的两个试样连续三天进行试验。含有9.8%磷（见15.10）洗剂因其在美国应用广泛而在试验中得以采用。所用参考植物油是Mazola牌玉米油，这是由于其易购买且颜色及质量稳定。两名评级员用AATCC去污样照独立评定试样。测定结果为每天试验两个试样评定等级的平均值。所用织

物仅限于聚酯和聚酯/棉织物，且大部分采用了去油污整理。

**14.2** 形成方差的去污等级标准偏差的各个偏差值如下计算。

|  | AATCC去污样照 |
|---|---|
| 单人操作/洗涤 | 0.30 |
| 实验室间 | 0.23 |

**14.3** 临界差。对于14.2中提到的各偏差，如果偏差等于或超过表3所示的临界差，两次观测的平均值应考虑在95%置信区间。

**表3 特定条件的临界差①**

（观测结果=两块试样的两个等级的平均值）

| 观测次数 | 单人操作/洗涤 | 实验室间 |
|---|---|---|
|  | AATCC去污样照 | AATCC去污样照 |
| 1 | 0.82 | 1.04 |
| 2 | 0.58 | 0.86 |
| 3 | 0.47 | 0.79 |

①$t=1.950$计算临界差值，基于无限自由度。

**14.4** 偏差。去污性等级的准确数值只能根据某一试验方法进行确定，因而本测试方法没有已知的偏差值。

## 15. 注释

**15.1** 可从AATCC获取，地址：P.O.Box 12215，Research Triangle Park NC 27709；电话：+1.919.549.8141；电子邮箱：ordering@aatcc.org；网址：www.aatcc.org。

去污样照应每12个月更换一次，并存放在暗处以防止褪色。

**15.2** 可从ASTM国际获得，地址：100 Barr Harbor Dr.，West Conshohocken PA 19428；电话：+1.610.832.9500；网址：www.astm.org。

**15.3** 有关适合测试方法的设备信息，请登录http://www.aatcc.org/bg，浏览在线AATCC用户指导，见AATCC企业会员提供的设备和材料清单。

但 AATCC 未对其授权，或以任何方式批准、认可或证明清单上的任何设备或材料符合测试方法的要求。

**15.4** Mazola 商标属于 ACH Food Companies Inc.，是纯玉米油，用于实验室间比对测试，因其广泛应用并且在颜色和质量上具有一致性。包装瓶的标签上印有保质期，过期不得使用。

**15.5** 滴瓶应能保护玉米油不发生降解。

**15.6** 对于满足标准参数的洗衣机和滚筒干燥机的型号，见 www.aatcc.org/test/washers 或练习 AATCC 获得，PO Box 12215，Triangle Park NC 27709，USA；+ 1.919.549.8141；ordering @ aatcc.org。

**15.7** 由于整理剂和/或存积在陪洗织物上的油污可能向试样转移，若认为该转移现象可能严重影响去污性结果时，或采用新整理剂获取关键结果时，应使用新的陪洗布。陪洗布有明显磨损时应及时更换。

**15.8** 水硬度可以按照制造商的说明，用一种适合住宅测试的测试盒进行测量。水硬度会降低洗涤剂的有效性，并导致较低的去污等级。本方法未规定硬度范围，但是在比较不同水硬度值的测试结果时要小心谨慎。

**15.9** 本测试方法列出的水洗温度和其它参数为测试程序的标准条件。和众多实验室程序一样，其代表但不完全复制消费者的习惯，因为消费者习惯随着时间和家庭变化。实验室程序可以进行有效的结果比对。如果使用本实验方法规定之外的洗涤设备或条件，应当描述细节并注明本标准方法的任何偏离。AATCC LP1 列出了可选的洗涤条件。

**15.10** 本试验方法于 1995 年的修订，反映了参考洗涤剂配方的变化，同时增加了陪洗布的选择类型（3 型），从而能更准确地评定去油污整理剂在实际使用中的性能。玉米油一直作为参考油污。采用新型参考洗涤剂和 3 型陪洗织物的初步对比研究由 AATCC 实验室进行。对于 3 型陪洗织物，未发现 95% 置信区间的统计差异。但早期的结果说明，新的 1993 AATCC 标准洗涤剂和 AATCC 标准洗涤剂 124 之间存在统计差异，新型洗涤剂有较弱的油污去除能力。

测试方法 2010 年的修订使负载、洗涤剂类型和洗涤剂用量符合 AATCC 专论《家庭洗涤测试条件的标准化程序》和其他 AATCC 测试方法。2007/2008 年的五个实验室间的研究表明：

（1）尽管不同的负载得出的实验结果有差异，但没有明确迹象表明某种负载会比其他的更稳定；

（2）尽管不同的洗涤剂用量得出的实验结果有差异，但没有明确迹象表明某种洗涤剂用量会比其他的更稳定。要注意粉末洗涤剂和液体洗涤剂的结果也会不同；

（3）同一个实验室的评价者通常可以保持一致，重复的实验也可以保持一致的结果，这些要素的方差分析也证明了这些结果与以前所用的测试方法的结果是一致的。

其他 AATCC 标准中的洗涤条件和洗涤设备持续地进行了更改。在 2018 年，"标准"洗涤条件在 AATCC LP1 中进行了定义。这些与之前的 AATCC TM130 水洗条件机洗中温，标准档，滚筒烘干标准档，仅有轻微变化。之前的 AATCC TM130 洗涤条件表 1 规定 12min 洗涤而不是 16min 洗涤。中温洗涤温度是一样的。之前的 AATCC TM130 干燥条件规定 65℃ 的最高排气温度和 5min 的冷却温度；现在该方法规定的最高排期温度未 68℃，冷却温度为 ≤10min，和 AATCC LP1 和相关方法保持一致。

**15.11** 本测试方法中规定了使用 2 个 2438mm（96 英寸）的灯管照射洗后试样。但是，某些实验室由于空间限制无法使用 2438mm（96 英寸）的灯管，在这种情况下，可以使用两个 1219mm（48 英寸）灯管和较窄的观察板。

# 附录 评级区

**1.** 评级板。

**1.1** 胶合板，高度 1829mm（72 英寸），厚度 6mm（0.25 英寸），足够宽，可以容纳尺子和样品。

**1.2** 板上喷涂与 2 级灰卡颜色一样的颜料（见 15.1）。CIELAB 的值大约为 $L^* = 77$，$a^* = 0$，$b^* = 0$。每个参数可接受 2 个单位的允差。

**2.** 光源。

**2.1** 悬挂荧光灯管（见 15.11）。

**2.1.1** 2 个平行的 F96 T12 冷白灯（无挡板或玻璃）。

**2.1.2** 一个白色搪瓷反光镜（无挡板或玻璃）。

**2.1.3** 按照附图 1 固定。

**2.2** 除去指定的荧光灯以外的所有光源。

**3.** 墙。

许多观察者的经验说明，靠近观察板的墙面颜色会影响评级结果。建议墙壁颜色为哑光黑（85 度角光泽度 5 以下）或在观察板的两侧安装遮光帘，以消除反射。

**4.** 试样桌。

**4.1** 桌面采用无炫光黑色桌面，610×920mm（24×36 英寸）；890mm±30mm（35 英寸±1 英寸）高。

**4.2** 桌子的一个长边居中摆放并接触观察板（见附图 1）。

附图 1 去污评级区

**AATCC TM131–2019**

# 蒸汽褶裥色牢度测试方法

## 1. 目的和范围

**1.1** 本试验方法适用于评价各种纺织品在经汽蒸产生褶裥加工过程中的颜色坚牢度。试验中不对试样进行褶裥处理。注意本试验不适用于评定褶裥工艺的质量（见12.1）。

**1.2** 该标准包括三种不同剧烈程度的测试方法；根据需要可采用一种或多种方法。

**1.3** 剧烈测试方法主要是针对纯化纤产品，如聚酰胺纤维和聚酯纤维产品。该测试方法不适用于含羊毛的纺织品。

## 2. 原理

将试样与标准贴衬织物接触，在一定的压力和时间条件下汽蒸，然后干燥。用标准灰卡评定试样变色以及标准贴衬织物的沾色。等级分为5~1级，5级代表无颜色变化或无沾色，1级代表变色或沾色最严重。

## 3. 引用文献

注释：除非另有说明，请使用所有发布版本的最新版本。

**3.1** AATCC EP1《变色灰卡评定程序》（见12.2）。

**3.2** AATCC EP2《沾色灰卡评定程序》（见12.2）。

## 4. 术语

**4.1** 色牢度：材料在加工、检测、储存或使用过程中，暴露在可能遇到的任何环境下，抵抗颜色变化和/或颜色向相邻材料转移的能力。

**4.2** 褶裥：根据需要，将织物对折后形成一个或多个折痕的加工工艺。

## 5. 安全和预防措施

本安全和预防措施仅供参考。本部分有助于测试，但未指出所有可能的安全问题。在本测试方法中，使用者在处理材料时有责任采用安全和适当的技术；务必向制造商咨询有关材料的详尽信息，如材料的安全参数和其他制造商的建议；务必向美国职业安全卫生管理局（OSHA）咨询并遵守其所有标准和规定。

**5.1** 遵守良好的实验室规定，在所有的试验区域应佩戴防护眼镜。

**5.2** 操作实验室测试仪器时，应按照制造商提供的安全建议。

## 6. 仪器和材料（见12.3）

**6.1** 试样夹持器（见图1和12.4）。

**6.2** 带套层的汽蒸锅（见12.5）或压力锅（见12.6）。

**6.3** 两块煮练过的未染色布样，每块尺寸为5cm×4cm（2.0英寸×1.6英寸），用所试纺织品同类纤维制成或另有规定。如属于混纺，则需用两块煮练过的未染色布样，按试样的两种主要纤维制成（见12.7）。

**6.4** 变色灰卡（见12.2）。按照 AATCC EP1 获得其他材料和灰卡的使用方法。

**6.5** 沾色灰卡（见12.2）。按照 EP2 获得其他材料和灰卡的使用方法。

固定圆柱两端钢杆的弹簧

钢杆

棉布的外层

棉布的外层

Cu.CYL.

相邻层

试样

相邻层

六层棉布

铜管（直径 8cm、厚 0.15cm）

沿箭头 A 方向的侧视图

**图 1　试样夹持器：钢杆**

## 7. 试样

**7.1** 如果试样为织物，剪取 5.0cm×4.0cm（2.0 英寸×1.6 英寸）。

试样放在两块标准贴衬织物中间，沿一边缝合形成一个组合试样。

**7.2** 如果试样是纱线，剪取质量约为标准贴衬织物总质量的一半的纱线织成织物，并按 7.1 进行处理，或制成平行的纱线层夹于标准贴衬织物间。沿一边将纱线缝合固定，形成组合试样。

**7.3** 如果试样为散纤维，取约为标准贴衬织物质量一半的纤维试样，梳理成大小为 5.0cm×4.0cm（2.0 英寸×1.6 英寸）的片状。然后将其置于两块标准贴衬织物中间，沿四边缝合形成组合试样。

## 8. 操作程序

**8.1** 将组合试样放在夹持器的两块未染色布样（见 6.3）间，如图 1 所示。

**8.2** 将夹持器连同组合试样放进带套层的汽

蒸箱或者压力锅中。

**8.3** 按表 1 所列的条件之一进行汽蒸。

**表 1　汽蒸条件**

| 测试条件 | 持续时间（min） | 压力（计） | | 温度 | |
|---|---|---|---|---|---|
| | | kgf/cm² | 磅/平方英寸 | ℃ | ℉ |
| Ⅰ 温和 | 5 | 0.35 | 5 | 108 | 226 |
| Ⅱ 中等 | 10 | 0.7 | 10 | 115 | 239 |
| Ⅲ 剧烈 | 20 | 1.76 | 25 | 130 | 266 |

**8.4** 汽蒸结束后 2min 内释放压力。

**8.5** 展开组合试样，使两块或三块试样仅一边与缝合线相连，在温度不超过 60℃（140℉）的空气中干燥；然后在 20℃±2℃（68℉±3℉），相对湿度（65±2）% 的条件下调湿 4h。

**8.6** 在汽蒸褶裥条件下释放甲醛的试样，应单独测试。

## 9. 评价

**9.1** 按照 AATCC EP1 所述评价测试试样的变色程度。

**9.2** 按照 AATCC EP2 所述评价每个未染色贴衬织物的沾色程度。

## 10. 报告

**10.1** 测试试样的描述。

**10.2** 报告是按照 AATCC TM131-2019 对试样进行的测试。

**10.3** 报告以下测试条件。

**10.3.1** 测试条件（Ⅰ、Ⅱ或Ⅲ）。

**10.3.2** 试样和贴衬织物的纤维含量标称值。

**10.4** 报告测试结果。

**10.4.1** 测试试样的变色等级。

**10.4.2** 每个贴衬织物的沾色等级。如果两块贴衬布相同，但沾色程度不同，仅报告较严重的沾色。

**10.5** 描述测试方法的任何偏离情况。

寸），且纱量均匀，长度适合本测试。每种样品保留一束纱样作为原样。将折叠的摩擦白布分别缝制或装订在纱束两端，并在一端附上多纤维贴衬织物。

## 7. 操作程序

**7.1** 每块试样用未染色纯棉斜纹布（见5.4）缝制一个口袋。沿两块棉布的三边缝合，使其内部尺寸为10cm×10cm（4英寸×4英寸），然后将试样和12块不锈钢片（见5.3）放入袋内，采取任何便利的方法封上袋口，如缝合。

**7.2** 在通风橱内，制备四氯乙烯/洗剂溶液。在1000mL的容量瓶中加入部分四氯乙烯，然后加入10mL的洗涤剂（Perk-Sheen 324），摇匀或搅拌，再加入四氯乙烯至1000mL刻度，最后加入0.6mL的水，再摇匀或搅拌至溶液无混浊为止。该混合物在相对湿度为75%时的体积比浓度为1%。

**7.3** 在通风橱中内将封好的口袋放入500mL（1品脱）不锈钢杯中，加入200mL、温度为30℃±2℃（86℉±4℉）的四氯乙烯洗剂溶液，密封不锈钢杯。在快速水洗牢度测试仪内在30℃±2℃（86℉±4℉）的条件下搅拌30min。

**7.4** 将钢杯放在足够通风的通风橱中，从杯中拿出布袋，取出试样。为了去除多余的溶液，把试样放在吸水纸或布之间，然后放在通风橱内，在温度不超过65℃（149℉）的空气中干燥试样。

**7.5** 评级前，试样在温度为21℃±2℃（70℉±4℉），相对湿度为（65±5）%的环境中调湿1h。

**7.6** 试样和贴衬织物评级前，应修剪脱散的纱线，并轻轻地刷掉试样表面的散纤和散纱。按要求的方向刷绒头试样，使试样尽可能恢复到未处理前的绒头角度。试样上若有褶皱，应将其整理平整。为了方便评定，将试样装在纸卡上。装订试样不要影响用AATCC EP1《变色灰卡评定程序》、

EP2《沾色灰卡评定程序》和EP8《AATCC 9级沾色彩卡》中所述方式进行评级。用 *Y* 刺激值至少为85%的白色纸卡作为统一的背衬材料。

绞纱试样在与未洗的原样比较之前，应将其进行梳顺理直。原样也需梳理以使外观一致。

## 8. 评定

**8.1** 变色评定。

**8.1.1** 用AATCC EP1《变色灰卡评定程序》或AATCC EP7《仪器评定试样变色》评定试样的变色。记录与灰卡颜色最接近的级数。为了提高结果的精确性和准确性，评定人员应至少为两人。

**8.1.2** 变色程度也可定量地评定。通过采用合适的、装有软件的比色计或分光光度计（见AATCC EP7《仪器评定试样变色》）测出原样和试样之间的色差。

**8.2** 沾色评定。

**8.2.1** 用AATCC EP2《沾色灰卡评定程序》、AATCC EP8《AATCC 9级沾色彩卡》或AATCC EP12《仪器评定沾色程度的方法》评价多纤贴衬织物的沾色。记录与所用评级卡颜色最接近的级数。所用评级卡应在报告中注明。

**8.2.2** 转移到6.3.1所述的多纤维贴衬织物或白棉织物上的颜色可以定量地评定，通过测定原样和沾色样之间的色差确定。多纤维织物［纤维条宽15mm（0.6英寸）］应有足够宽度的纬向纤维条，以满足多数比色计或分光光度计的孔径要求。

**8.3** 计算。平均每个样品观察到的结果（3块试样的判定结果的平均值）。

## 9. 计算和结果报告

**9.1** 每个试样观察到结果的平均值（3块试样的判定结果的平均值），报告平均值，精确到0.1。

**9.2** 报告本测试方法编号。

**9.3** 报告9.1确定的变色等级和9.2确定的

多纤维织物和/或沾色织物的沾色等级。

**9.4** 注明评定沾色使用的沾色卡、沾色灰卡或 AATCC 9 级沾色彩卡（见 11.8）。

**9.5** 注明使用的多纤维贴衬织物的类型，且为防止针织试样卷边，是否使用了棉布。

## 10. 精确度和偏差（见 11.9）

**10.1** 精确度。一块织物，两名试验人员分别对三块试样进行三次试验。两名评定人员和三块试样的平均值为本试验方法的测定结果。

**10.2** 变色级数的标准差作为偏差分量如下：

一名试验员　　　0.03
实验室内部　　　0.11

**10.3** 偏差。变色真值仅在本测试法中指明，故在这个范围内没有已知的偏差值。

## 11. 注释

**11.1** 本试验方法仅限于干洗色牢度。它不包括对水斑、溶剂斑以及商业干洗操作中使用的蒸汽压烫的影响。对印花图案及整理剂耐久性的测试，参见 AATCC 86《图案和整理剂的干洗耐久性》。

**11.2** 在本方法中应用四氯乙烯的原因有如下两点：

（1）在美国商业干洗中使用最多的溶剂；

（2）作用比石油产品稍微剧烈一些，不受四氯乙烯影响的颜色也不会受到石油类溶剂的影响，反之则不一定。

**11.3** 可从 ACGIH Publications Office 获取，地址：Kemper Woods Center, 1330 Kemper Meadow Dr.,

Cincinnati OH 45240；电话：+1.513.742.2020。

**11.4** 有关适合测试方法的设备信息，请登录 http://www.aatcc.org/bg。AATCC 提供其企业会员单位所能提供的设备和材料清单。但 AATCC 没有给其授权，或以任何方式批准、认可或证明清单上的任何设备或材料符合测试方法的要求。

**11.5** 棉漂白测试织物，织物组织密度（经×纬）为 32 根/cm×32 根/cm（80 根/英寸×80 根/英寸），克重为 136g/cm² ±10g/cm²（4.0 盎司/码²±0.3 盎司/码²），无荧光增白剂。

**11.6** 可从 AATCC 获取，地址：P.O. Box 12215, Research Triangle Park NC 27709；电话：+1.919.549.8141；传真：+1.919.549.8933；电子邮箱：ordering@aatcc.org。

**11.7** 可从 Adco Inc. 获取，地址：900 W. Main St., P.O. Box 999, Sedalia MO 65301；电话：+1.660.826.3300 或 +1.800.821.7556；传真：+1.660.826.1361；电子邮箱：sales@adco-inc.com。

**11.8** 对于关键性或仲裁情况下的评定，必须使用沾色灰卡进行评级。

**11.9** 本测试方法的精度取决于试验材料、测试方法自身以及采用的评级程序的变异性。

**11.9.1** 本测试方法 10 中的精度说明是基于目光评价（AATCC EP1 变色和 EP2、EP8 沾色）结果得出。

**11.9.2** 采用仪器评价（AATCC EP7 和 EP12）的精度预计比目光评级的精度更高。

**AATCC TM133-2020e**

# 耐热色牢度：热压

## 1. 目的和范围

　　本测试方法用来测定各种类型和各种形式的纺织品在热压条件下抵抗变色和沾色的能力。本热压测试可以在织物的干态、潮态及湿态下进行，具体采用哪些状态进行测试，需要根据纺织品的最终用途确定。

## 2. 原理

　　**2.1**　干压。在特定温度和压力条件下，用加热装置对干燥试样加压一定时间。

　　**2.2**　潮压。将干燥试样用一块润湿的未染色棉布覆盖，并在特定温度和压力条件下，用加热装置加压一定时间。

　　**2.3**　湿压。将湿态试样用一块润湿的未染色棉布覆盖，并在特定温度和压力条件下，用加热装置加压一定时间。

　　**2.4**　试样变色和棉布沾色均以 5 ~ 1 级表示，其中 5 级代表无变色或沾色，而 1 级代表最严重的变色或沾色。

## 3. 引用文献

　　**3.1**　AATCC EP1《变色灰卡评定程序》（见14.1）。

　　**3.2**　AATCC EP2《沾色灰卡评定程序》（见14.1）。

　　**3.3**　AATCC EP7《仪器评定试样变色》（见14.1）。

　　**3.4**　AATCC EP8《AATCC 9 级沾色彩卡》（见14.1）。

　　**3.5**　AATCC EP12《仪器评定沾色程度的方法》（见14.1）。

　　**3.6**　ASTM E1402《取样设计标准指南》。

## 4. 术语

　　**4.1**　色牢度：材料在加工、检测、储存或使用过程中，暴露在可能遇到的任何环境下，抵抗颜色变化和/或颜色向相邻材料转移的能力。

　　**4.2**　热压：在干热或湿热条件下，通过机械热压力使纺织品光滑平整或者塑形的过程。

## 5. 安全和预防措施

　　**5.1**　本方法/程序中指定的安全和预防措施是测试程序的辅助，但未指出所有可能的安全问题。

　　**5.2**　在本测试方法中，使用者在处理材料时有责任参考适用的安全数据表、采用安全和适当的技术、穿戴适当的个人防护设备。

　　**5.3**　务必向制造商咨询详尽信息，如安全数据表、设备操作说明和其他建议。咨询并遵守所有适用的健康和安全规定〔如美国职业安全卫生管理局（OSHA）标准和规定〕。

## 6. 仪器和材料（见14.2）

　　**6.1**　加热装置。紧贴试样以某一控制的温度（110 ~ 200℃，见10.1）从试样顶部为试样提供均匀的热传递，并对试样施予 $40g/cm^2 \pm 10g/cm^2$ 的压力（见14.3、14.4）。

　　**6.2**　一块平整的耐热片（见14.5）。

　　**6.3**　羊毛法兰绒，约 $260g/m^2$（见14.3）。用两层这种材料合成一块厚度大约为 3mm 的衬垫。也可以使用其他平整的羊毛布或毛毡来合成厚度约为 3mm 的衬垫。

**6.4** 未染色、漂白且未经丝光处理的棉布。表面光滑，克重为100~130g/m²。

**6.5** 评定变色的仪器和环境。

**6.5.1** 对于目光评定，使用变色灰卡（见14.1）。参考 AATCC EP1 附录使用灰卡。

**6.5.2** 对于仪器评定，使用 AATCC EP7 指定的分光光度计。

**6.6** 评定沾色的仪器和环境。

**6.6.1** 对于目光评定，使用沾色灰卡或 AATCC 9级沾色彩卡（见14.1）。参考 AATCC EP2 附录使用灰卡。参考 AATCC EP8 附录使用彩卡。

**6.6.2** 对于仪器评定，使用 AATCC EP12 指定的分光光度计。

## 7. 取样

**7.1** 仅当样品具有统计代表性时，测试结果才有效（见 ASTM E1402）。

**7.2** 取样必须是随机的。每个产品单元成为样品的数学概率必须相等；每个样品的每一部分成为试样的可能性必须相等。

**7.3** 由于纯粹的偶然性，所有试样的变化性必须相同。试样中不得存在已知原因的差异。

## 8. 试样准备

**8.1** 若待测纺织品为织物，取样尺寸为12cm×4cm。

**8.2** 若待测纺织品为纱或线，则将其织成13cm×4cm大小的织物，或将其缠绕于尺寸为12cm×4cm的薄的惰性材料上。

## 9. 调湿

在温度21℃±2℃（70°F±4°F）和相对湿度为65%±5%的环境中，将试样、羊毛法兰绒和未染色的棉布分别放置在调节架的筛网或穿孔架上，至少放置4h。

## 10. 操作程序

**10.1** 使用的测试温度有如下几种（见表1、14.6）：

110℃±2℃
150℃±2℃
200℃±2℃

如有必要，也可使用其他测试温度，但必须在报告中明确注明。将加热装置的顶板预热至测试温度至少15min。在预热期间和测试期间，加热装置加热板应该保持与试样接触以确保均匀加热。

表1　安全熨烫温度指南

| 0级<br>121℃以下 | I级<br>121~135℃ | II级<br>149~163℃ | III级<br>177~191℃ | IV级<br>204℃及以上 |
|---|---|---|---|---|
| 改性腈纶（93~121℃） | 醋酯纤维 | 腈纶 | 锦纶66 | 棉 |
| 烯烃类（聚乙烯）（79~121℃） | 烯烃类（聚丙烯） | 再生蛋白纤维 | 聚酯纤维 | 碳氟化合物 |
| 橡胶（82~93℃） | 丝 | 锦纶6 | — | 玻璃纤维 |
| 萨纶（66~93℃） | — | 氨纶 | — | 大麻、黄麻、苎麻、亚麻 |
| 维纶（54℃） | — | 羊毛 | — | 人造丝、黏胶纤维、三醋酯纤维（热定型） |

**10.2** 将耐热片覆盖在加热装置的底板上。将羊毛法兰绒放在耐热片上。将干燥的未染色棉布放

表 3  标准滚筒式干燥机参数（见 12.2）

| 项　　目 | Ai 标准 | Aii 轻柔 | Aiii 耐久压烫 |
|---|---|---|---|
| 最高排气温度［℃（℉）］ | 68±6（155±10） | 60±6（140±10） | 68±6（155±10） |
| 冷却时间（min） | ≤10 | ≤10 | ≤10 |

表 4  陪洗布参数

| 项　　目 | | 1 型 | 3 型 |
|---|---|---|---|
| 成分 | | 100%棉 | （50%±3%）棉/（50%±3%）聚酯纤维 |
| 坯布纱线 | | 环锭纺 36.4tex（16 英支） | 环锭纺 36.4tex（16 英支）或 19.4tex×2（30 英支/2） |
| 坯布结构（根/25.4mm） | | （52±5）×（48±5）平纹 | （52±5）×（48±5）平纹 |
| 整理后克重（g/m²） | | 155±10 | 155±10 |
| 边缘 | | 四边缝合或包边 | 四边缝合或包边 |
| 整理后织物尺寸 | mm | （920±30）×（920±30） | （920±30）×（920±30） |
| | 英寸 | （36.0±1）×（36.0±1） | （36.0±1）×（36.0±1） |
| 整理后织物质量（g） | | 130±10 | 130±10 |

## 8. 测量

**8.1** 调湿后，样品标记、测量均无张力地放在同一个光滑水平面上，如 6.2 和 6.3 所述。

**8.2** 测量并记录每对标记间的距离，精确到毫米，0.25 英寸或 0.1 英寸。测量值为 B。如果使用缩水率尺，测量每对标记，直接从尺上读出尺寸变化率值，精确到 0.5% 或更小的刻度。如果使用数字成像系统，按照生产商说明进行操作。

**8.3** 在测量时，样品在测量仪器的压力下折痕变平，以避免引起测量结果的偏差。

## 9. 计算与说明

**9.1** 计算。

**9.1.1** 若测量结果是直接读取尺寸变化率，则取第一次、第三次或其他洗涤干燥次数后的每个方向上三个结果的平均值，分别计算长度和宽度方向的平均值，精确到 0.1%。

**9.1.2** 若测量结果是长度（精确到 mm，0.25 英寸或 0.1 英寸），则按以下公式计算第一次、第三次或其他洗涤干燥次数后的尺寸变化。

$$DC=\frac{B-A}{A}\times100\%$$

式中：DC——平均尺寸变化；

B——平均洗后尺寸；

A——平均原始尺寸。

平均原始尺寸和平均洗后尺寸都是所有样品各个方向测量值的平均值，分别计算长度和宽度方向的平均值，精确到 0.1%（见 12.8）。

**9.1.3** 若最终测量的尺寸小于原始尺寸，表示织物收缩；若最终测量的尺寸大于原始尺寸，表示织物伸长。

**9.2** 说明。

**9.2.1** 洗涤干燥一次后按照 9.1 进行尺寸变化计算，需要时可以熨烫。如果结果在预定的要求范围内，按照 7.1～7.4 操作直到预定的循环全部完成。

**9.2.2** 洗涤干燥一次后按照 9.1 进行尺寸变化计算，需要时可以熨烫。如果结果超出了预定的要求范围，则停止测试。

## 10. 报告

**10.1** 每个样品需要报告：

**10.1.1** 样品的描述或识别。

**10.1.2** 结果是按照 AATCC TM135-2018t 进行的。

**10.1.3** 所使用的陪洗织物类型，类型 1 或类型 3。

**10.1.4** 水洗循环的次数（默认 3 次循环，见 9.2）。

**10.1.5** 报告水洗条件，如果可能的话，报告包括水洗循环档位，水洗温度，干燥程序和滚筒干燥温度。被双方所接受的字母数字符号，例如 1-Ⅳ-A（ⅱ）表示 49℃ 常规水洗循环，滚筒干燥循环。

**10.1.6** 样品原状态是否有扭曲或褶皱。

**10.1.7** 试样是否经过熨烫。

**10.1.8** 测试方法的任何偏离。如果使用本测试方法未列出的水洗设备或条件，必须进行详细描述并且作为标准方法的偏离进行备注（见 12.9）。

**10.2** 每个方向的报告：

**10.2.1** 测试的织物方向：长度或宽度方向。

**10.2.2** 平均尺寸变化，精确到 0.1%，（-）表示缩短，（+）表示伸长。

**10.2.3** 测试次数（默认为 9 次：三个样品上各 3 个测试结果）。

**10.2.4** 初始标记之间的距离，例如 250mm（选项 1）或 460mm（选项 2）。

## 11. 精确度和偏差

**11.1** 精确度。本测试方法没有建立精确度，方法精确度的描述是用标准统计学技术来比较实验室内部或实验室间的测试结果的平均值而进行的。

**11.2** 偏差。织物经自动家庭洗涤后的尺寸变化仅仅是按照测试方法进行定义。没有独立的方法评价其真值。作为评估该项性能的一种手段，本方法没有已知的偏差。

## 12. 注释

**12.1** 有关适合测试方法的设备信息，请登录 http://www.aatcc.org/bg，浏览在线 AATCC 用户指导，见 AATCC 企业会员提供的设备和材料清单。但 AATCC 未对其授权，或以任何方式批准、认可或证明清单上的任何设备或材料符合测试方法的要求。

**12.2** 建议的洗衣机和烘干机的型号和来源，可以联系 AATCC 获取，P.O. Box 12215, Research Triangle Park NC 27709；电话：+1.919.549.8141；传真：+1.919.549.8933；电子邮箱：ordering@aatcc.org；网址：www.aatcc.org。本测试方法的上一版本中列出了另一种负载（3.6kg 负载，83 L 水，80gAATCC1993 标准参考洗涤剂）。但是目前没有设备能满足此参数要求，另外，此参数所得到的测试结果与本标准方法得到的测试结果没有可比性。

**12.3** 材料和记号笔可以从 AATCC 获取，地址：P.O. Box 12215, Research Triangle Park NC 27709；电话：+1.919.549.8141；传真：+1.919.549.8933；电子邮箱：ordering@aatcc.org；网址：www.aatcc.org。

**12.4** 若数字成像系统的精度可以等同于指定的测量装置，则可使用数字成像系统替代指定的装置进行测量。

**12.5** 可从 ASTM 国际组织，100 Barr Harbor Dr., W.Conshohocken PA 19428; tel：+1.610.832.95.；fax：+1.610.832.9555；web site：www.astm.org。

**12.6** 若在洗涤过程中出现严重脱边，样品应该剪成锯齿边或边缘斜剪，不推荐缝边或包边，因为那样可能会影响实际测试结果。但是当同一块样品既做方法 AATCC TM124《织物经家庭洗涤后的外观平整度》又做方法 AATCC TM135 时，对于一些机织织物，为防止其在洗涤和干燥过程中散边纠缠而影响尺寸变化和平整度的评定，要求样品要缝边或包边。

**12.7** 当 AATCC 135 和 AATCC 179 使用相同试样测试时，连接四角的记号应形成直角。

**12.8** 若想得到样品本身和样品之间尺寸变化的可变性相关信息，样品本身的数据是计算每对单独标记的尺寸变化，或者计算样品间三对标记样品的平均值。

**12.9** 此测试方法中的水洗温度和其他参数都是测试的标准条件。作为实验室的常用测试程序，它代表但不完全和目前消费者的实际情况一致。消费者的实际情况会随着时间和每个家庭有所不同。实验室操作必须一致，以便使结果具有可比性。如果水洗设备或其他条件不同于此方法，必须描述细节和偏离。LP1、LP2 和 ISO 6330 概述了可选择的其他洗涤条件。

**12.10** 可从 ISO 网站获取，www.iso.org。

## AATCC TM137-2002e（2012）e2

# 小地毯背面对乙烯地板的沾色

AATCC RA57 技术委员会于 1972 年制定；1973 年、1989 年、2000 年、2007 年、2012 年重新审定；1974 年、1986 年、1991 年、2001 年、2010 年、2013 年、2019 年编辑性修订；1983 年、2002 年修订；1995 年编辑性修订并重新审定。

## 1. 目的和范围

**1.1** 本测试方法用来评价染色小地毯背面或者正面对乙烯地板的沾色程度。

**1.2** 本方法中的湿测试法用于加快测试，已证明其与实际使用中的干湿度有关联性。

## 2. 原理

**2.1** 将小地毯试样完全润湿，然后放在两块地板之间，在室温下用一定负荷压 24h。

**2.2** 通过与 AATCC 9 级彩色沾色样卡（AATCC EP8）或者沾色灰卡（AATCC EP2）对比来评估试样对地板的颜色转移程度。

## 3. 术语

**3.1** 沾色：由于下述原因导致的非故意被沾色。

（1）置于有色的或被污染的液体介质中；

（2）直接与染色的或有颜色的物质接触，由于升华作用或机械运动（如摩擦）而导致染料转移。

**3.2** 小地毯：整块的小面积铺地地毯，主要用于覆盖地板的有限区域或地板覆盖物的部分区域。

**3.3** 小地毯背面：

（1）指小地毯与地板接触的那面；

（2）小地毯的下面，与小地毯使用面相对的那面。

## 4. 安全和预防措施

本安全和预防措施仅供参考。本部分有助于测试，但未指出所有可能的安全问题。在本测试方法中，使用者在处理材料时有责任采用安全和适当的技术；务必向制造商咨询有关材料的详尽信息，如材料的安全参数和其他制造商的建议；务必向美国职业安全卫生管理局（OSHA）咨询并遵守其所有标准和规定。

**4.1** 遵守良好的实验室规定，在所有的试验区域应佩戴防护眼镜。

**4.2** 注意轧车的使用安全，尤其是它的辊间夹持点。遵循轧车制造商提供的安全建议。

## 5. 仪器和材料

**5.1** 两块实心白色、表面光滑的 76mm×76mm（3 英寸×3 英寸）纯乙烯地板（见 11.1）。

**5.2** 实验室用轧车。

**5.3** 重锤，质量为 0.91kg（2.0 磅）（见 11.2）。

**5.4** 评级卡。

**5.4.1** AATCC 9 级沾色彩卡（AATCC EP8，见 11.3）。

**5.4.2** 沾色灰卡（AATCC EP2，见 11.3）。

**5.5** 蒸馏水。

**5.6** AATCC 洗涤剂 171$^{\#}$（见 11.5）。

## 6. 试样准备

从一块具有代表性的小地毯样品上取下一块

51mm×51mm（2 英寸×2 英寸）的试样，将边缘或饰边进行捆扎。对于含有多种颜色或多纤维组分的试样，建议对每种颜色或代表性纤维部分均进行测试。

## 7. 操作程序

**7.1** 按照说明（见 11.5.1）准备好 AATCC 洗涤剂 171#，用该洗涤剂对地板块进行预清洗，然后用毛巾擦干。

**7.2** 用蒸馏水将试样完全润湿。

**7.3** 用轧辊（轧车）对试样进行轧液使其含水率为 40%～60%。

**7.4** 将小地毯试样背面朝下铺在其中一块地板的正面上。

**7.5** 将另一块地板正面朝下盖在小地毯试样的正面上。

**7.6** 将一个 0.91kg（2.0 磅）的重锤放到组合试样上（见 11.2）。

**7.7** 在室温条件下让组合试样静置 24h。

**7.8** 在加放重锤后，应避免小地毯试样或地板块移动，以免影响测试结果。

**7.9** 将重锤和小地毯试样移开，让两块地板块正面向上在室温下调湿 30min。

**7.10** 用 AATCC 洗涤剂 171# 溶液清洗地板，然后用毛巾擦干。

## 8. 评级

**8.1** 用 AATCC EP2《沾色灰卡评定程序》、AATCC EP8《AATCC 9 级沾色彩卡》或 AATCC EP12《仪器评定沾色程度的方法》评价小地毯背面或者正面纤维的颜色转移到乙烯地板上的程度，并记录与之颜色最接近的级数（见 11.3）。

当边缘或饰边也有颜色沾到地板块上时，可以对组合试样最上层地板块的沾色进行评估。

**8.2** 评级时，选择地板块上颜色转移最明显的部位进行评级。

## 9. 报告

**9.1** 报告 8.1 中评定的级数。

**9.2** 分别报告小地毯背面和正面颜色转移的级数。作为选择，也可对边缘或饰边的颜色转移进行报告。

**9.3** 注明沾色评级时使用的是 AATCC 9 级沾色彩卡还是沾色灰卡（见 11.4）。

## 10. 精确度和偏差（见 11.6）

**10.1** 精确度。1999 年对本方法的实验室内精确度进行了初步研究，使用四种材料分别进行测试，每种材料测试八次。本方法的实验室内精确度可参照表 1。

表 1  精确度参数综述

| 材料 | 各试样测试次数 | 总平均值 | 再现性标准偏差（实验室内） | 95%再现性极限值（实验室内） |
|---|---|---|---|---|
| A | 8 | 3.4 | 0.42 | 0.35 |
| B | 8 | 4.1 | 0.35 | 0.30 |
| C | 8 | 3.4 | 0.32 | 0.27 |
| D | 8 | 2.9 | 0.32 | 0.27 |

注 A— 黄褐色棉织小地毯，B—粉红色棉织小地毯，C—蓝色锦纶小地毯，D—红色锦纶小地毯。

**10.2** 偏差。小地毯背面对乙烯地板的沾色的偏差只能从一个测试方法方面进行定义。目前还没有一个独立的方法来确定其真实值。作为一个评估性的方法，本方法没有已知的偏差。

## 11. 注释

**11.1** 乙烯地板 137-2 可通过 AATCC 获取。地址：P. O. Box 12215，Research Triangle Park NC 27709；电话：+ 1.919.549.8141；传真：+1.919.549.8933；电子邮箱：ordering @ aatcc. org；网址：www. aatcc. org。

**11.2** 需装满水的实验室烧杯。

**11.3** 可从 AATCC 获取，地址：P. O. Box

12215，Research Triangle Park NC 27709；电话：
+1.919.549.8141；传真：+1.919.549.8933；电子
邮箱：ordering@aatcc.org；网址：www.aatcc.org。

**11.4** 评级时使用 AATCC 9 级沾色彩卡或者
沾色灰卡的不同会直接导致评级结果的不同，因
此结果中报告所使用的评价参照卡的类别十分
重要。

**11.5** AATCC 洗涤剂 171# 可从 AATCC 获得，
地址：P.O.Box 12215，Research Triangle Park NC
27709；电话：+ 1.919.549.8141；传真：
+1.919.549.8933；电子邮箱：ordering@aatcc.org；
网址：www.aatcc.org。

**11.5.1** 稀释液：3.0~4.5g/L。

**11.5.2** 洗涤剂的成分：

（1）五水合硅酸钠；

（2）硬脂酸钠；

（3）十二烷基苯磺酸盐；

（4）碳酸氢钠（小苏打）；

（5）磷酸三钠。

**11.6** 本测试方法的精度取决于试验材料、测
试方法自身以及采用的评价程序的变异性。

**11.6.1** 本测试方法 10 中的精度说明是基于
目光评价（AATCC EP2 或 AATCC EP8）结果
得出。

**11.6.2** 采用仪器评定（AATCC EP12）的精
度预计比目光评定的精度更高。

*AATCC TM138-2000e（2014）e*

# 清洁：铺地纺织品的清洗

AATCC RA57 技术委员会于 1972 年制定（作为洗涤剂洗涤程序）；1978 年、1982 年、1995 年（标题更换为洗涤程序）、2000 年修订；1986 年、1988 年、2008 年、2019 年编辑性修订；1987 年编辑性修订并重新审定；2005 年、2010 年、2014 年重新审定。

## 1. 目的和范围

**1.1** 本测试方法是一个实验室程序，用来模拟铺地纺织品在清洗过程中所发生的变化。

**1.2** 本测试方法仅适用于小规格试样，其尺寸在普通实验室所用设备容量允许的范围内。

**1.3** 本测试方法适用于已沾污或未沾污的铺地纺织品。

**1.4** 本湿洗程序可以用来评价如下性能：

（1）耐湿洗性能和抗微生物的耐久性能；

（2）色牢度性能；

（3）铺地纺织品在制造前、中、后其绒头的耐整理性能；

（4）易清洁性能；

（5）尺寸稳定性。

**1.5** 本程序还可以用于去除铺地纺织品试样上的污垢或者杂质，以备测试使用。

## 2. 原理

用洗涤剂对试样进行手工刷洗、漂洗及晾干。

## 3. 术语

**3.1** 地毯：所有铺地纺织品并不专指小地毯。

**3.2** 铺地纺织品：使用面由纺织材料构成，通常用来覆盖地板的物品。

**3.3** 使用面：铺地纺织品，人脚踩踏的那一面。

**3.4** 洗涤：在铺地纺织品测试中，使用洗涤剂和刷洗工具来去除地毯上的污垢以及绒头纤维中残留杂质的特殊洗涤程序。

## 4. 安全和预防措施

本安全和预防措施仅供参考。本部分有助于测试，但未指出所有可能的安全问题。在本测试方法中，使用者在处理材料时有责任采用安全和适当的技术；务必向制造商咨询有关材料的详尽信息，如材料的安全参数和其他制造商的建议；务必向美国职业安全卫生管理局（OSHA）咨询并遵守其所有标准和规定。

**4.1** 遵守良好的实验室规定，在所有的试验区域应佩戴防护眼镜。

**4.2** 所有化学物品应当谨慎使用和处理。

**4.3** 在混合、处理及使用洗涤剂和洗涤剂溶液时应使用眼部防护装置。

**4.4** 在处理洗涤剂及溶液时建议使用手套或者具有防护作用的护手膏。

**4.5** 使用离心脱水机时遵循制造商提供的操作规程及预防措施。液体在压力及高度真空下会导致液体溢出和/或水头胶管脱落。

**4.6** 使用轧车时，在其夹压点要尤其注意，严格按照制造商的安全手册操作。

## 5. 仪器和材料（见 10.1）

**5.1** 清洁剂：十二烷基硫酸钠型表面活性剂。也可以使用 AATCC 标准洗涤剂（见 AATCC TM171）。该表面活性剂浓度为 1.0%的溶液 pH 应为 8.0±0.5（见 10.2）。

**5.2** 毛刷：刷子由长约 25mm 的锦纶或丙纶短毛构成。刷子的宽度应为 50mm；长度最好不小于试样的测试长度，即 200mm。

**5.3** 脱水设备：实验室用扭绞机、轧车或者离心脱水机。

**5.4** 干燥设备：推荐使用循环气式烘箱。

## 6. 测试试样

背部经过涂层处理的铺地纺织品，尺寸约为 200mm×200mm 的正方形。

## 7. 程序

**7.1** 将各试样放在干净、温度为 50℃±3℃的自来水中浸渍 1min，使其完全润湿。然后用实验室轧车或者脱水机去除多余水分。

**7.2** 将试样用适当方法（双面胶）或者用刷洗板（见图 1）固定在地板上以保证在手工刷洗的过程中试样的稳固性。

**7.3** 每 645mm² 的绒头表面使用 0.30mL、预热到 50℃±3℃、浓度为 1.0%的十二烷基硫酸钠溶液。例如，一块 200mm×200mm 的试样需要大概 20mL 的上述溶液。用毛刷手工刷洗试样的整个绒面，每个方向刷洗 5 次，这里的每次包含往返刷洗各一次。沿着试样一个方向刷洗 5 次，然后沿另一个方向刷洗 5 次。

**7.4** 用温度为 50℃±3℃的自来水彻底冲洗每一块试样。用实验用轧车或者脱水机对试样进行脱水。

**7.5** 将每块试样放入温度设置为 105℃±5℃

的烘箱中（见 5.4），直到试样烘干后将其取出。

**7.6** 在进行测试之前需将烘干的试样冷却。建议在标准大气温湿度条件下对试样进行调湿。在手工刷洗的过程中可以使用刷洗夹板来固定试样（见 10.3 和图 1）。

## 8. 评定

本清洗程序无须进行评价。

经本程序清洗过的试样适用于评价洗涤对试样的色牢度、易清洁性、尺寸稳定性以及后整理、局部整理、抗微生物整理的耐久性的影响。请注明试样按照 AATCC TM138 方法进行洗涤。报告洗涤次数（见 7.1~7.4）。

## 9. 精确度和偏差

由于本测试方法不产生数据，不采用精确度和偏差。

## 10. 注释

**10.1** 有关适合测试方法的设备信息，请登录 http://www.aatcc.org/bg。AATCC 提供其企业会员单位所能提供的设备和材料清单。但 AATCC 没有给其授权，或以任何方式批准、认可或证明清单上的任何设备或材料符合测试方法的要求。

**10.2** 在选择清洗剂时可使用 AATCC 标准清洗剂 171 获取，地址：P.O.Box 12215，Research Triangle Park NC 27709；电话：+1.919.549.8141；传真：+1.919.549.8933；电子邮箱：ordering @ aatcc.org；网址：www.aatcc.org。

**10.3** 一些实验室在刷洗过程中需要使用特别的夹具来固定 200mm×200mm 的正方形试样。图 1 是设计的在刷洗过程中用来固定地毯试样的刷洗夹板的示意图。

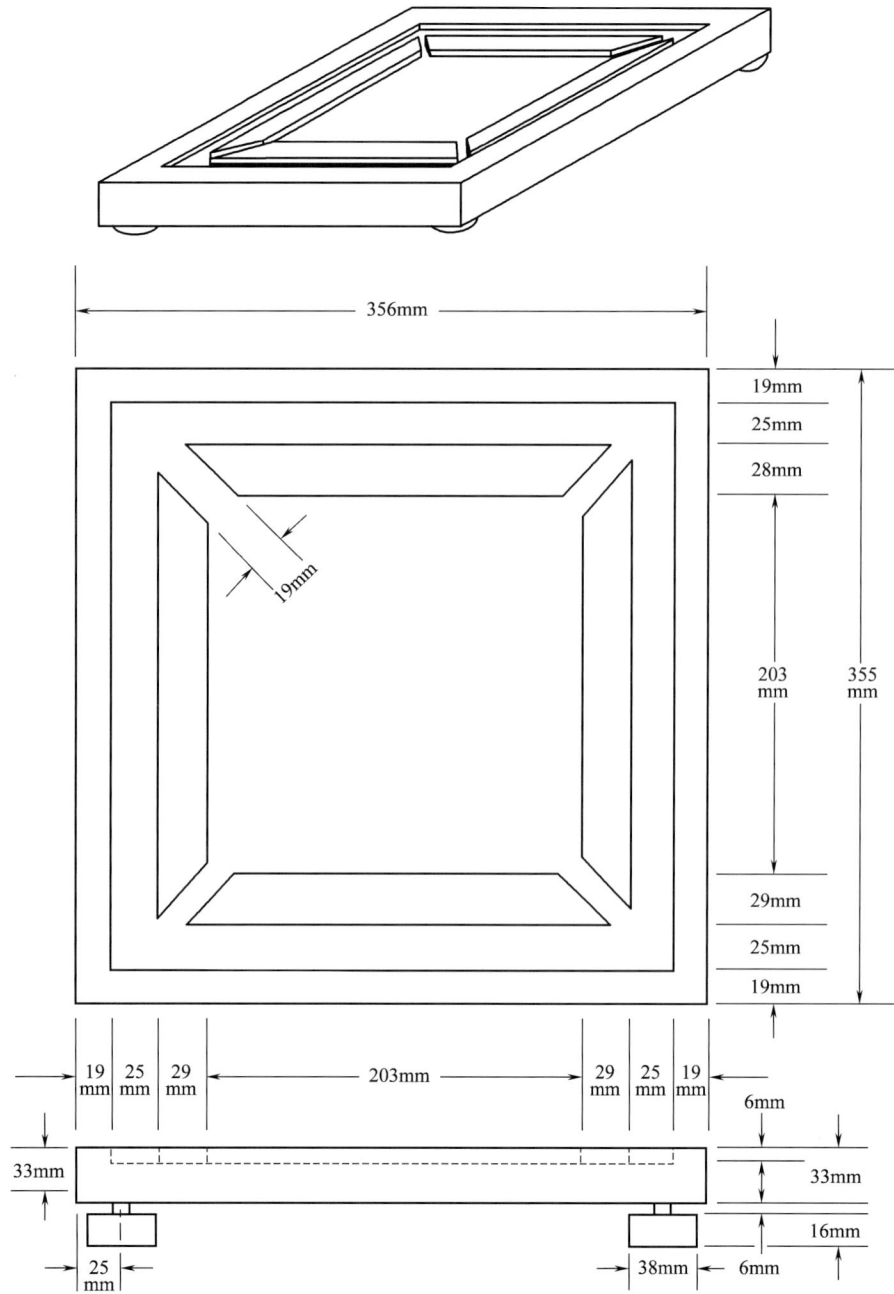

图 1　刷洗夹板

*AATCC TM140-2018e*

# 染料和颜料在浸轧烘干过程中泳移性的评价

AATCC RA87 技术委员会于 1974 年制定；1976 年、1977 年、1980 年、2006 年、2011 年重新审定；1985 年、1990 年、2001 年编辑性修订并重新审定；1987 年、1991 年、1998 年、2010 年、2019 年（更换标题）编辑性修订；1992 年、1996 年更换标题并修订、2018 年修订。技术上等效于 ISO 105-Z06。

## 1. 目的和范围

**1.1** 本测试方法适用于评价带有染料或涂料的浸轧液系统中染料或者涂料的泳移性。后来被推荐用于着色剂，其中可能含有不同种类和数量的防泳移剂。

**1.2** 当烘干条件不稳定或不统一时，可能发生不均匀的泳移现象，导致染色过程中的颜色变化，或者是织物的正反面色差或者是边缘与中心部分之间的色差。

## 2. 原理

织物用含有着色剂或含有着色剂与助剂的工作液浸轧，烘干，烘干时用表面皿盖住织物的一部分，允许产生不同步的干燥，这种情况下就会发生泳移现象。之后通过目光评定或者测定覆盖部分和未覆盖部分的反射值来评价泳移程度。

## 3. 术语

**3.1** 着色剂：一种应用于基质以后用以改变基质对可见光的透射比或反射比的物质材料。

染料、颜料、水彩和荧光增白剂是着色剂；泥土不是着色剂。

**3.2** 着色：着色剂通过分子分散状态应用于基材或者附着于基材，这种附着具有一定的长久性特征。

**3.3** 移染：指在纺织品生产、测试、储存和使用过程中，化学品、染料或者颜料由于毛细作用而在同一基材的纤维间或者不同基材的纤维间的移动的现象（参见转移）。

**3.4** 颜料：一种特殊形式的着色剂，不溶于基材，但是可以分散在基材中并改变基材颜色。

## 4. 安全和预防措施

本安全和预防措施仅供参考。本部分有助于测试，但未指出所有可能的安全问题。在本测试方法中，使用者在处理材料时有责任采用安全和适当的技术；务必向制造商咨询有关材料的详尽信息，如材料的安全参数和其他制造商的建议；务必向美国职业安全卫生管理局（OSHA）咨询并遵守其所有标准和规定。

**4.1** 遵守良好的实验室规定，在所有的试验区域应佩戴防护眼镜。

**4.2** 注意浸轧机使用安全。浸轧机上的常规安全防护应保留，确保压辊夹持点足够安全。推荐使用脚踏开关。

**4.3** 所有化学物品应当被谨慎使用和处理。当用浓酸和氢氧化钠制备缓冲模拟染浴时，使用化学防护眼镜或者面罩，佩戴防水手套和围裙。

**4.4** 在附近安装洗眼器、安全喷淋装置、自给式呼吸设备以备急用。

**4.5** 本测试法中，人体与化学物质的接触限度不得高于官方的限定值。例如，美国职业安全与卫生条例管理局（OSHA）允许的暴露极限值（PEL），参见 1989 年 1 月 1 日实施的 29 CFR 1910.1000。此外，美国政府工业卫生师协会（ACGIH）的阈限值（TLVs）由时间加权平均数（TLV-TWA）、短期暴露极限（TLV-STEL）和最高极限（TLV-C）组成，建议将其作为人体在空气污染物中暴露的基本准则并遵守（见 13.1）。

## 5. 使用和限制条件

**5.1** 本测试方法提供两个备选的程序：

**5.1.1** 程序 A。织物与玻璃的组合样（见 8.2）可以在室温下干燥。这一程序操作很简单，但是比较耗时（隔夜）。

**5.1.2** 程序 B。织物与玻璃的组合样（见 8.3）在实验室用烘干机或者烘箱内干燥，既可有空气循环，也可没有空气循环。这一程序比较节省时间，但是稍微复杂一些。

**5.2** 本测试方法可用于比较染料的泳移性，以及不同类型的防泳移剂、增稠剂和电解质对泳移性能的影响。

**5.3** 本测试方法可用于评价浸轧液，此浸轧液在连续染色过程中发生移染。可以通过改变移染抑制剂的用量或类型来改变浸轧液的组成，调整后的浸轧液在应用于染色工艺前可以在实验室内进行测试。在实验室内测试时，使用的着色剂的浓度、基材和带液率应与应用在染色工艺中的相同，这样才有可能把测试结果和实际应用中的工艺改进相关联。

## 6. 仪器和材料

**6.1** 实验室用轧车。

**6.2** 玻璃板，600mm×350mm（程序 A）。

**6.3** 表面皿（90mm），22mm 拱形。

**6.4** 铝环，外径 110mm、内径 80mm、厚度 1mm（程序 B）。

**6.5** 夹子（程序 B）。

**6.6** 实验室用烘干机或烘箱（程序 B）。

**6.7** 变色灰卡（AATCC EP1，用于目光评定，见 13.2）。

**6.8** 分光光度计（AATCC EP7，见 13.2）。

**6.9** 织物样品（见 13.3 和 8.2.1 或 8.3.1）。

## 7. 试样准备

**7.1** 所需浓度的着色剂。

**7.2** 防泳移剂、增稠剂和其他助剂（如活性染料染色用的电解质溶液）可适当使用。

## 8. 操作程序

**8.1** 轧液准备。制备含有着色剂和含有着色剂与防泳移剂的浸轧染色工作液。

**8.2** 程序 A：室温晾干。

**8.2.1** 将一块 150mm×300mm 的织物样品在 20℃±2℃（68℉±4℉）的温度下进行浸轧。也可以使用其他浸轧温度，但必须在报告中注明。通常使用 60% 的带液率，有必要时也可以适当调整特定织物的带液率以适应特殊的染色工艺（见 13.4）。

**8.2.2** 浸轧后，立即把织物放到玻璃平板上。如图 1 所示，把表面皿放到织物上，让织物在室温下干燥。记录干燥过程中的室内温度和相对湿度。

图 1 程序 A 测染料移染的测试装置

**8.2.3** 取下表面皿。

**8.3** 程序 B：针板式烘箱干燥。

**8.3.1** 将一块 110mm×220mm 的织物样品在 20℃±2℃（68℉±4℉）的温度下进行浸轧。可以使用其他的浸轧温度，但必须在报告中注明。通常使用 60% 的带液率，有必要时也可以适当调整特定织物的带液率以适应特殊的染色工艺（见 13.4）。

**8.3.2** 浸轧后，立即将织物样品两端拉紧固定在针板上，并将其夹在两块表面皿之间，一块表面皿在织物的正面上，另一块在织物反面的下面。如图 2 所示，用两个铝环和夹子使表面皿固定。

图 2　程序 B 测染料移染的测试装置

**8.3.3** 试样水平放置放在实验室烘干机或者烘箱中，在 100℃±2℃（212℉±5℉）的条件下烘干约 7min（或者直到干燥）。此过程中可以鼓风也可以不鼓风。

**8.3.4** 取下表面皿。

## 9. 灰卡评级

**9.1** 参照以下评定程序。

AATCC EP1《变色灰卡评定程序》。

**9.2** AATCC EP7《仪器评定试样变色》。

## 10. 报告

**10.1** 报告基材、浸轧液成分。包括染料、化学品、助剂等以及带液率。

**10.2** 对于程序 A，报告干燥过程中的室温和相对湿度。

**10.3** 对于程序 B，报告干燥时是否使用空气循环。

**10.4** 对于目测评定，参考变色灰卡的 1~5 级进行评级。

**10.5** 对于反射率测量，报告使用外部染色区作为参照的移染百分比。

## 11. 精确度和偏差

本测试方法的精确度还未确定。在本测试方法的精确度声明确立之前，使用标准的统计技术来对实验室内部或者实验室之间的测试结果进行比对分析。

## 12. 引用文献

**12.1** Etters, J. N., Textile Chemist and Colorist, Vol. 4, 1972, No. 6, p160.

**12.2** Etters, J. N., Modern Knitting Management, Vol. 51, 1973, No. 2, p24.

**12.3** Gerber, H., MelliandTexblberichte, Vol. 53, 1972, No. 3, p335.

**12.4** Lehmann, H., and Somm, F., Textile Praxis International, Vol. 28, 1973, No. 1, p52.

**12.5** Northern Piedmont Section, AATCC, Textile Chemist and Colorist, Vol. 7, 1975, No. 11, p192.

**12.6** Urbanik, A., and Etters, J. N., Textile Research Journal, Vol. 43, 1973, p657.

## 13. 注释

**13.1** 相关资料可从 ACGIH Publication Office 获取，Kemper Woods Center, 1330 Kemper Meadow

## 11. 精确度和偏差

**11.1** 精确度。本测试方法的精确度尚未确立。在精确度综述产生之前，用标准统计学技术进行实验室内部或不同实验室之间测试结果的对比。

**11.2** 偏差。腈纶用碱性染料的配伍性的偏差仅能依据一种测试方法进行定义。尚没有独立的方法确定其真值。作为这一特性的一种评价手段，本方法没有已知偏差。

## 12. 注释

**12.1** 本测试方法可参见 the Society of Dyers and Colourists，JSDC，Vol. 88，1972 年 6 月，p220-222。

**12.2** 相关资料可从 ACGIH Publications Office 获取，Kemper Woods Center，1330 Kemper Meadow Dr.，Cincinnati OH 45240；电话：+ 1. 513. 742. 2020；网址：www. acgih. org。

**12.3** 可以从 AATCC 获取。地址：P. O. Box 12215，Research Triangle Park NC 27709；电话：+ 1. 919. 549. 8141；传真：+ 1. 919. 549. 8933；电子邮箱：ordering@ aattc. org；网址：www. aatcc. org。

**12.4** 为了便于目光评定，推荐使用能够适使大多数腈纶达到 1/1 标准深度的 1/2 染色效果的染料和标准染料。如果不知道待测染料的标准深度，可使用表 1 标准色卡相近深度的染料浓度。另外标准深度资料可从染料供应商获得。但是应当了解，并不是必须用标准深度来评价染料的配伍性，因为在不同的标准染料和测试染料配合的比例下，在不同的颜色深度下也能得到相同的配伍值。

**12.5** 腈纶在染色特性上的变化范围很大。本测试方法是将染色浴里面所有的染料都以平分的方式吸附到各个测试样品上。为达到这一效果，染色温度可以为 90~100℃，每个试样的染色时间可以在 5~10min 范围内进行适当调整。对于某些典型的纤维推荐使用的染色温度和时间如下：

阿克利纶 16：93℃，染色时间 5min。

阿克利纶 SEF：96℃，染色时间 5min（除了蓝 C-1 和黄 C-2 标准染料，使用 93℃）。

奥纶 75：96℃，染色时间 10min（除了 C-1 标准染料，使用 5min 时间）。

克列丝纶：88℃，染色时间 5min。

**12.6** 上述的 200% 的染料力份已经在 1984 年 8 月对表示的力份进行了更改。现在使用的（%，owf）是之前所表示的 1/2。例如，0.25% 的 C. I. 碱性黄 29（200%）对应 0.5% 的 C. I. 碱性黄 29（100%）。

## AATCC TM143-2018te

# 服装及其他纺织制品经家庭洗涤后的外观

## 前言

该方法和所涉及的评价工具被用于经耐久压烫整理的机织物的评价。尽管一些样品由于不同的织物结构而呈现出不一样的外观特征，但使用此方法和样照来进行评价已成为行业惯例。

标准的洗涤程序保持一致性，以便使结果具有可比性。标准参数仅可代表，但不能完全复制目前的消费者洗涤情况，因为消费者洗涤情况是随着时间和不同家庭而变化的。AATCC LP1：家庭洗涤的实验室程序：机洗（见12.3）和 ISO 6330，纺织品试验时采用的家庭洗涤及干燥程序（见12.7），提供了可供选择的洗涤程序和设备参数。

## 1. 目的和范围

**1.1** 本测试方法是用来评价经家庭洗涤后服装及其他纺织制品的外观平整度、缝线平整度和褶裥保持性。

**1.2** 任何可水洗的服装及其他纺织品都可以使用这个方法评定外观平整度、缝线平整度和褶裥保持性。

**1.3** 纺织制品包括任何结构的织物，如机织物、针织物、非织造布，都可以按照此方法评定。

**1.4** 本标准中没有列出制造缝线和褶裥的方法。因为本标准主要是评定由生产厂商提供的或已经准备好的样品。

## 2. 原理

纺织制品经过标准的实际家庭洗涤，可以用手洗或机洗，可以改变机洗的循环和温度以及干燥条件。然后在标准光源和观测区域内将试样与一套参考标准样照比较，根据视觉印象评定试样的外观。

结果以百分数表示，范围从0~100%。100%表示最平整，褶裥保持性最好。结果也可以分别表示成外观平整度（SA），接缝平整度（SS）和褶裥保持性（CR）等级。等级范围从1~5，1代表平整度最差，褶裥保持性最差，5代表平整度最好，褶裥保持性最好。

## 3. 术语

**3.1** 纺织制品的外观：纺织制品外观的整体视觉印象，由成品外观的各个组成要素与合适的参考标准样照相比较评定的视觉印象。

**3.2** 陪洗织物：在织物测试过程中使用，可以将织物的总重和体积规范为规定数量的材料。

**3.3** 褶裥保持性：将试样与一套参考标准样照比较，根据视觉印象评定试样的褶裥保持性。

**3.4** 耐久压烫：织物在使用中以及洗涤或干洗后，一种可以保持原有形态、平整缝线、原有压烫折痕以及平整外观的特性。

**3.5** 等级：与样照比较，评价测试样品所得到的评价级数。

**3.6** 洗涤：纺织材料的洗涤是指一种使用水溶性洗涤剂溶液去除污渍的过程，通常包括漂洗、脱水和干燥。

**3.7** 洗后折痕：洗涤或干燥后样品上明显的褶皱或杂乱无序的褶线。洗后折痕为样品在洗涤和干燥中造成的非故意结果。

**3.8** 缝线平整度：将试样与一套参考标准样照比较，根据视觉印象评定试样的缝线平整度。

**3.9** 外观平整度：将试样与一套参考标准样照比较，根据视觉印象评定试样的外观平整度。

## 4. 安全和预防措施

本安全和预防措施仅供参考。本部分有助于测试，但未指出所有可能的安全问题。在本测试方法中，使用者在处理材料时有责任采用安全和适当的技术；务必向制造商咨询有关材料的详尽信息，如材料的安全参数和其他制造商的建议；务必向美国职业安全卫生管理局（OSHA）咨询并遵守其所有标准和规定。

**4.1** 遵守良好的实验室规定，在所有的试验区域应佩戴防护眼镜。

**4.2** 洗涤剂可能会引起对人的刺激，应注意防止其接触到皮肤和眼睛。

**4.3** 所有化学物品应当谨慎使用和处理。

**4.4** 操作实验室测试仪器时，应按照制造商提供的安全建议。

**4.5** 评定褶皱保持性时，泛光灯附上防护罩可防止因灯的发热而发生灼伤情况。

## 5. 使用和限制

**5.1** 本测试方法用来评价由可水洗织物制成的服装或其他纺织制品经家庭洗涤后的织物外观平整度。尽管此方法适用于织物水洗后的性能，但是用此方法评价产品初始状态的级数已经成为普遍的行业行为。

**5.2** 本测试程序为反映一般消费者所使用的家庭洗涤设备的能力而设计。通常，在相对严格的洗涤条件下进行测试更好。目前使用的洗衣机和烘干机有专门的洗涤循环或特性，以保护织物的某些性能，如轻柔档并降低搅拌速度，可以保护轻薄织物的结构；耐久压烫循环并采用冷水漂洗、降低脱水速度，可减少织物的褶皱。

**5.3** 织物的印花和图案可能会遮掩褶裥外观，因为评定程序是基于试样的视觉外观，故包括了这样的影响。

**5.4** 评级样卡和样照是由机织物拍摄得到，不能完全复制其他织物（针织物、非织造布）的外观。样卡和样照可以作为参考，代表不同的外观平整度水平和褶裥保持性水平。

**5.5** 实验室间对于本测试方法的结果重现性与标准使用者采用的洗涤和干燥条件，见表1~表4，与9.7.3中描述的外观组成要素所使用的权重因数也有关。

表1 标准洗衣机洗涤参数（见12.2，12.6）

| 项　目 | | （1）标准档 | （2）轻柔档 | （3）耐久压烫档 |
|---|---|---|---|---|
| 水位［L（加仑）］ | | 72±4（19±1） | 72±4（19±1） | 72±4（19±1） |
| 搅拌速度（r/min） | | 86±2 | 27±2 | 86±2 |
| 洗涤时间（min） | | 16±1 | 8.5±1 | 12±1 |
| 脱水速度（r/min） | | 660±15 | 500±15 | 500±15 |
| 脱水时间（min） | | 5±1 | 5±1 | 5±1 |
| 洗涤温度［℃（℉）］① | Ⅱ低温 | 27±3（80±5） | 27±3（80±5） | 27±3（80±5） |
| | Ⅲ中温 | 41±3（105±5） | 41±3（105±5） | 41±3（105±5） |
| | Ⅳ高温 | 49±3（120±5） | 49±3（120±5） | 49±3（120±5） |
| | Ⅴ极高温 | 60±3（140±5） | 60±3（140±5） | 60±3（140±5） |

① 根据美国能源部的要求，家用洗衣机多采用冷水洗涤。外部控制器可以用来调节仪器温度。

表2 标准手洗和漂洗温度

| 分类 | 洗涤温度［℃（℉）］ | 漂洗温度［℃（℉）］ |
|---|---|---|
| 极低温 | 16±3（60±5） | <18（<65） |
| 低温 | 27±3（80±5） | <29（<85） |
| 中温 | 41±3（105±5） | <29（<85） |
| 高温① | 49±3（120±5） | <29（<85） |

① 热水不是手洗或需要轻柔手洗试样的合适选择。

表3 标准干燥程序

| 符号 | 干燥程序 |
|---|---|
| A | 滚筒烘干 |
| Ai | 滚筒烘干（标准） |
| Aii | 滚筒烘干（轻柔） |
| Aiii | 滚筒烘干（耐久压烫） |
| B | 悬挂晾干 |
| C | 滴干 |
| D | 平铺晾干 |

表4 标准滚筒式干燥机参数（见12.2）

| 项目 | Ai 标准 | Aii 轻柔 | Aiii 耐久压烫 |
|---|---|---|---|
| 最高排气温度［℃（℉）］ | 68±6（155±10） | 60±6（140±10） | 68±6（155±10） |
| 冷却时间（min） | ≤10 | ≤10 | ≤10 |

## 6. 仪器和材料（见12.1）

**6.1** 带有温度调节的蒸汽熨斗或普通熨斗。

**6.2** 标准洗衣机（见12.2和表1），用于机洗。

**6.3** 水洗盆，9.5L，用于手洗。

**6.4** 白毛巾，不计重量，需能容纳测试样，用于手洗。

**6.5** 标准滚筒干燥机（见12.2，表4），或滴干、平铺晾干或悬挂晾干的设备。

**6.6** 调湿设备或抽拉式带孔货架的调湿/干燥架（见12.3）。

**6.7** 天平，量程至少为5kg或10磅。

**6.8** AATCC 1993标准参考洗涤剂（粉末状，含荧光增白剂，见12.3）。

**6.9** 陪洗布，1型或3型（见表5）。

表5 陪洗布参数

| 项目 | | 1 型 | 3 型 |
|---|---|---|---|
| 成分 | | 100%棉 | （50%±3%）棉/（50%±3%）聚酯纤维 |
| 坯布纱线 | | 环锭纺36tex（16英支/1） | 环锭纺36tex（16英支/1）或 19.4tex×2（30英支/2） |
| 坯布结构（根/25.4mm） | | 平纹（52±5）×（48±5） | 平纹（52±5）×（48±5） |
| 整理后克重（g/m²） | | 155±10 | 155±10 |
| 边缘 | | 四边缝合或包边 | 四边缝合或包边 |
| 整理后织物尺寸 | mm | （920±30）×（920±30） | （920±30）×（920±30） |
| | 英寸 | （36.0±1）×（36.0±1） | （36.0±1）×（36.0±1） |
| 整理后织物质量（g） | | 130±10 | 130±10 |

**6.10** 评级区，见附录描述。

**6.11** AATCC三维外观平整度评级样照，一套6张（见图1和12.3）。

**6.12** 标准AATCC缝线平整度样照，有单缝和双缝两种（见图2和12.3）。图2所示样照的复制品不能用于评级。

**6.13** 标准AATCC三维褶裥保持性样照，一套5个（见图3和12.3）。

图 1    AATCC 三维外观平整度评级样照

（a）单缝样照

（b）双缝样照

图 2    AATCC 缝线平整度样照

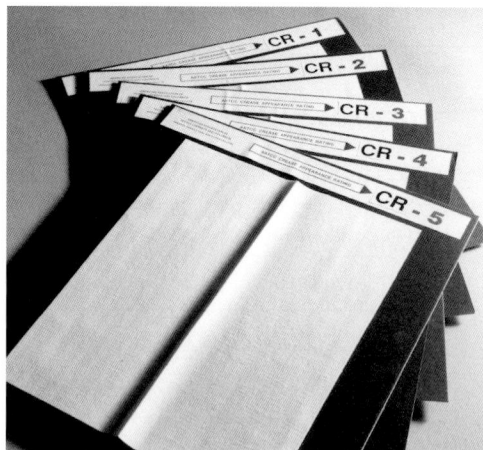

图 3    AATCC 三维褶裥保持性样照

## 7. 测试样品

对于纺织制品，取 3 个用于测试。

若织物有褶皱，可在洗涤前适当地熨烫。见 TM133 耐热色牢度热压（见 12.3），表 1 安全熨烫温度指南。

## 8. 洗涤程序

**8.1**    机洗。

**8.1.1**    从表 1 选择测试所需的水洗条件。推荐使用标准档，按照选择的洗涤条件设定洗衣机参数。

**8.1.2**    负载包括全部试样、陪洗织物，总负载为 1.8kg±0.1kg（4.0 磅±0.2 磅）。对于关键评价和仲裁试验，每次洗涤应限定试样数量且试样取自同一样品。

**8.1.3**    开始选择水洗循环，加水至指定的水位。

**8.1.4**    按照洗衣机生产商说明，加入 66g±1g 的 1993 AATCC 标准洗涤剂。如果洗涤剂直接加入水中，应当轻微搅拌，使其全部溶解。在加负载之前停止搅拌。

**8.1.5**    加入负载（测试样和陪洗织物），均匀分散在搅拌器四周，开始水洗循环。

**8.1.6**    对于需要滴干的试样（干燥程序 C），

在最后一次漂洗后，开始排水之前停止水洗循环。取出浸湿的试样。对于需要滚筒烘干（A），悬挂晾干（B），或平铺晾干（C）的试样，允许继续洗涤直到最后一次洗涤循环结束。

**8.1.7** 在每次水洗循环结束后，将绞在一起的试样和陪洗织物分开，切忌使试样发生扭曲变形。

**8.1.8** 洗涤褶皱。洗后试样可能有褶皱，干燥前应用手去除。

**8.1.9** 选择合适的干燥程序。

**8.2** 手洗。

**8.2.1** 从表2中选择水洗温度。在水洗盆内加入 7.6L±1.9L（2.0加仑±0.5加仑）此温度的水。

**8.2.2** 向水洗盆内加入 20g±1g 的 AATCC 1993 标准参考洗涤剂。

**8.2.3** 用手搅拌使洗涤剂溶解。

**8.2.4** 加入试样，轻轻挤压试样使其分散在洗涤剂溶液中，不要扭或拧。

**8.2.5** 让试样浸泡 2min。

**8.2.6** 轻轻挤压试样 1min，不要扭或拧。

**8.2.7** 重复浸泡 2min，挤压 1min。

**8.2.8** 从水洗盆中取出试样，轻轻挤压去除多余的洗涤剂，不要扭或拧。

**8.2.9** 将试样放置于干净的毛巾上。清洗水洗盆。

**8.2.10** 在选定的漂洗温度下（见表2），向水洗盆中加入 7.6L±1.9L（2.0加仑±0.5加仑）的干净水。

**8.2.11** 从毛巾上取下试样，放入漂洗水中，轻轻挤压使其分散，不要扭或拧。

**8.2.12** 让试样浸泡 2min。

**8.2.13** 轻轻挤压试样 1min，不要扭或拧。

**8.2.14** 重复浸泡 2min，挤压 1min。

**8.2.15** 将试样从水洗盆中取出，轻轻挤压去除多余的水分，不要扭或拧。

**8.2.16** 用干净的白毛巾，吸掉试样上的水分，不要扭或拧。

**8.2.17** 进行合适的干燥程序。

**8.3** 干燥。

**8.3.1** 从表3选择干燥条件。

**8.3.2** （A）滚筒烘干。将洗涤负荷（试样与陪洗织物）放入滚筒烘干机中，设置温度达到选定的排气温度（见表4）。启动烘干机，直到试样和陪洗织物烘干。烘干机停止后，立即取出试样。

**8.3.3** （B）悬挂晾干。悬挂晾干时固定试样的两角，织物的长度方向与水平面垂直，悬挂在室温不超过 26℃（78℉）的静止空气中至干燥。不要直接对着试样吹风，以防止试样发生扭曲。

**8.3.4** （C）滴干。滴干时固定滴水试样的两角，织物的长度方向与水平面垂直，悬挂在室温不超过 26℃（78℉）的静止空气中至干燥。不要直接对着试样吹风，以防止试样发生扭曲。

**8.3.5** （D）平铺晾干。试样在水平的网架或打孔架上摊平，去除褶皱，但不要扭曲或拉伸试样，放在室温不超过 26℃（78℉）的静止空气中至干燥。不要直接对着试样吹风，以防止试样发生扭曲。

**8.3.6** 对于所有的干燥方式，允许试样在再次洗涤之前完全干燥。

**8.3.7** 洗后折痕。除最后一次干燥循环外，试样在任何一次的干燥循环后出现了折痕或褶皱，应在下一次洗涤和干燥循环前，浸湿试样，以适合的温度手工烫平（见7.1.1）。若是最后一次干燥循环，则不可用此方式去除试样的折痕或褶皱。

**8.3.8** 重复选定的洗涤和干燥程序，总共进行5次循环或按协议要求的循环次数。

**8.4** 调湿。

最后一次干燥完成后，按 ASTM D1776《纺织品调湿和测试标准方法》（见12.4）调湿试样。（按照表1选择织物调湿条件。按照表2，根据纤维含量选择调湿时间），将每个测试试样分别平铺实验室内部或实验室间的测试结果的平均值而产生的。

**11.2** 偏差。服装和其他纺织制品经家庭洗涤后的外观，仅仅是根据测试方法确定。没有确定真实值的独立方法。作为评定这个性能的方式，本方法没有已知的偏差。

## 12. 注释

**12.1** 有关适合测试方法的设备信息，请登录 http://www.aatcc.org/bg，浏览在线 AATCC 用户指导，见 AATCC 企业会员提供的设备和材料清单。但 AATCC 未对其授权，或以任何方式批准、认可或证明清单上的任何设备或材料符合测试方法的要求。

**12.2** 建议的洗衣机和烘干机的型号和来源，可联系 AATCC 获取，地址：P.O. Box 12215, Research Triangle Park NC 27709；电话：+1.919.549.8141；传真：+1.919.549.8933；电子邮箱：ordering@aatcc.org；网址：www.aatcc.org。此方法的前一个版本描述了另一种参数（3.6kg 负载，83L 水位，80g AATCC 1993 标准参考洗涤剂），但是没有可满足此参数的设备，另外此参数得到的结果不等同于标准设备得到的结果。

**12.3** 可从 AATCC 获得，地址：P.O. Box 12215, Research Triangle Park NC 27709；电话：+1.919.549.8141；传真：+1.919.549.8933；电子邮箱：ordering@aatcc.org；网址：www.aatcc.org。

**12.4** ASTM 标准可以从 ASTM 获取，地址：100 Barr Harbor Dr., West Conshohocken PA 19428；电话：+1.610.832.9500；传真：+1.610.832.9555；网址：www.astm.org。

**12.5** 此方法需要两个 96 英寸的灯管，用于观察水洗测试试样。如果空间有限，可以选择两个 48 英寸的灯管代替，和一个窄点的观察板。但评级样照 SA-4、SA-3 和 SA-1 应始终放在评级板的左边，从观测板的正前方观测。评级样照 SA-5、SA-3.5 和 SA-2 应始终放在评级板的右边，从观测板的正前方观测。

**12.6** 此测试方法中的水洗温度和其他参数都是测试的标准条件。作为实验室的常用测试程序，它代表但不完全和目前消费者的实际情况一致。消费者的实际情况会随着时间和每个家庭有所不同。实验室操作必须一致，以便使结果具有可比性。如果水洗设备或其他条件不同于此方法，必须描述细节和偏离。LP1 和 ISO 6330 概述了可选择的其他洗涤条件。与其他手洗程序相似，本方法存在固有的局限性。例如由于人为原因限制的重现性。

**12.7** 可从 ISO 网站获取，www.iso.org。

## 13. 历史

**13.1** 2023 年编辑性修订，增加历史部分。

**13.2** 2018 年编辑性修订；2018 年修订（变更题目）；2012 年编辑性修订；2011 年、2010 年修订；2008 年编辑性修订；2006 年修订；2005 年、2004 年编辑性修订；2001 年编辑性修订并重新审定；1997 年编辑性修订；1996 年、1992 年修订；1991 年编辑性修订；1989 年修订；1986 年编辑性修订；1984 年编辑性修订并重新审定；1982 年修订。

**13.3** 由 AATCC RA61 技术委员会于 1975 年制定。技术上等同于 ISO 15487。

# 附录　评级区

**1.** 评级板。

**1.1** 胶合板，高度 1829mm（72 英寸），厚度 6mm（0.25 英寸），足够宽，可以容纳尺子和样品。

**1.2** 板上喷涂与 2 级灰卡颜色一样的颜料

（见 12.3）。CIELAB 的值大约为 $L^* = 77$，$a^* = 0$，$b^* = 0$。每个参数可接受 2 个单位的允差。

**1.3** 固定试样和样照的弹簧或其他装置需要保证试样中心离地面 1524mm（60 英寸）高，可以使用薄钢板固定 0.76mm（22ga）。

**2. 光源。**

**2.1** 悬挂荧光灯管（见 12.5）。

**2.1.1** 2 个平行的 F96 T12 冷白灯（无挡板或玻璃）。

**2.1.2** 一个白色搪瓷反光镜（无挡板或玻璃）。

**2.1.3** 按照附图 1 固定。

**2.2** 白炽泛光灯，500W，120V，C9 长丝，90°泛光灯，用于褶裥评级。

**2.2.1** 254mm（10 英寸）铝反射器，和泛光灯一起使用。

**2.2.2** 遮光罩

**2.2.3** 位置见附图 2 所示。

**2.3** 消除除指定荧光灯外的其他所有光源。

**3. 墙面。**

许多观察者的经验说明，靠近观察板的墙面颜色会影响评级结果。建议墙壁颜色为哑光黑（85°角光泽度 5 以下）或在观察板的两侧安装遮光帘，以消除反射。

附图 1 评级区

附图 2 褶裥保持性评级的照明及观测图示

**AATCC TM144-2022**

# 纺织品湿加工过程中的总碱含量

## 1. 目的和范围

本测试方法用来测定纺织品湿加工过程中的总碱含量。总碱含量可用于确定织物经湿加工后，特别是在漂白后的洗涤和/或中和的效率，也可以用于评价前处理后的纺织品是否适合于后续染色和整理。

## 2. 原理

将样品浸在蒸馏水或去离子水中，然后用标准酸滴定溶液到预先确定的终点，通过滴定所耗用酸的体积和样品的质量，计算碱的百分含量。

## 3. 术语

**3.1** 漂白：通过氧化或者还原化学处理，去除基质上不想要的有色物质的过程。

**3.2** pH：以克当量每升表示的氢离子活度的负对数，值为 0 ~ 14，可表示酸性和碱性，7 代表中性，越小于 7 表示酸性越强，越大于 7 则表示碱性越强。

**3.3** 总碱量：在纺织品湿加工过程中，经过湿加工的织物中残留的碱性物质量，用氢氧化钠对织物干重的百分数来表示。

**3.4** 湿处理：在纺织品加工过程中，有一整套加工工序，包括前处理、染色、印花和整理工艺，在这些过程中通常都是使用液体，如用水、或溶液中或分散液中的化学品来对纺织品进行处理。

## 4. 安全和预防措施

本安全和预防措施仅供参考。本部分有助于测试，但未指出所有可能的安全问题。在本测试方法中，使用者在处理材料时有责任采用安全和适当的技术；务必向制造商咨询有关材料的详尽信息，如材料的安全参数和其他制造商的建议；务必向美国职业安全卫生管理局（OSHA）咨询并遵守其所有标准和规定。

**4.1** 遵守良好的实验室规定，在所有的试验区域应佩戴防护眼镜。

**4.2** 所有化学物品应当谨慎使用和处理。

**4.3** 如果用浓硫酸稀释制备 0.05mol/L（0.1N）硫酸（见6.5），要使用化学护目镜或者面罩、防渗透手套和围裙，处理浓酸时必须在通风良好的通风橱中进行。需要注意的是，配置酸液时，应总是向水中滴加酸。

**4.4** 在附近安装洗眼器、安全喷淋装置，并应提供有全面罩的高效微粒呼吸器以备急用。

**4.5** 本测试法中，人体与化学物质的接触限度不得高于官方的限定值［例如，美国职业安全卫生管理局（OSHA）允许的暴露极限值（PEL），参见 1989 年 1 月 1 日实施的 29 CFR 1910.1000］。此外，美国政府工业卫生师协会（ACGIH）的阈限值（TLVs）由时间加权平均数（TLV－TWA）、短期暴露极限（TLV－STEL）和最高极限（TLV－C）组成，建议将其作为人体在空气污染物中暴露的基本准则并遵守（见14.1）。

## 5. 限制条件

**5.1** 用本测试方法测定织物上所含碱的总量，所有测得的碱性物质（包括氢氧化钠、碳酸钠、碳酸氢钠以及其他碱盐）均换算为氢氧化钠进行计算，试验结果报告为总碱量，用氢氧化钠表示。

**5.2** 因为蒸馏水或去离子水可能含有二氧化碳，所以使用之前必须煮沸以去除二氧化碳。

## 6. 仪器和试剂

**6.1** pH 计，最小刻度 0.1。

**6.2** 玻璃烧杯，600mL。

**6.3** 玻璃滴定管，10mL，最小刻度 0.10mL。

**6.4** 缓冲溶液，pH 为 4.0 和 7.0。

**6.5** 硫酸（$H_2SO_4$），0.05mol/L（0.10N）（见 14.2）。

## 7. 校准

根据产品使用说明，用 pH 为 4.0 的缓冲溶液校准 pH 计，二点校准 pH 计应使用 pH 为 4.0 和 7.0 的缓冲溶液分别校正。

## 8. 试样准备

**8.1** 在干态或湿态下取样均可。

**8.2** 干态织物。选择两块或更多块具有代表性的干织物试样，将其放入烘箱内，在 100℃（212℉）下干燥 1h，在干燥器中冷却并称量，精确到 0.1g，试样总质量应为 5~10g。

**8.3** 湿态织物。选择两块或者更多块具有代表性样品，湿态下总重 10~20g。

## 9. 操作程序

**9.1** 室温下，将每个样品分别放入盛有 450~500mL 蒸馏水或者去离子水的 600mL 烧杯中，剧烈搅拌 1min，盖上盖子，浸渍样品 15min。最后，再次搅拌样品溶液，插入 pH 计电极，注意要避免 pH 计与样品接触。

**9.2** 用 0.05mol/L（0.10N）的硫酸滴定水和样品溶液，到 pH 为 3.9 作为终点并稳定 10s，随着一滴滴地滴定，轻轻搅动试样，注意搅动时不要接触到电极，读取滴管上最接近的刻度值（见 14.3）。

**9.3** 如果从湿样品上剪取试样，按 8.2 中方法清洗并烘干已滴定试样至恒重（精确到 0.1g），小心收集在滴定过程中可能散开的任何线头。

**9.4** 重复 9.2 的步骤，滴定不放试样的空白水样。

## 10. 计算

**10.1** 按照下面公式用滴定量计算总碱含量的百分数：

$$X = \frac{(A-B) \times 0.04 \times N}{W} \times 100\%$$

式中：$X$——以氢氧化钠表示的总碱量的质量百分数，%；

$A$——滴定试样溶液耗用酸的体积，mL；

$B$——滴定空白水样耗用酸的体积，mL；

$N$——硫酸的当量浓度，0.10N；

$W$——试样的质量。

**10.2** 使用下面公式计算样品的平均值：

$$x = \frac{x_1 + x_2 + \cdots + x_n}{n}$$

## 11. 评价

**11.1** 总碱含量的重要性在于它会影响到纺织品的后续加工工艺。所以试验结果通常是用总碱含量和纺织品中萃取液的 pH 共同表示，详见 AATCC 81《湿处理纺织品水萃取液 pH 的测定》。

**11.2** 只要试样中含有碱，那么总碱量表示单位质量试样中残余碱的量。

## 12. 报告

**12.1** 测试样品的描述和识别。

**12.2** 报告样品采用 AATCC TM144-2022 进行测试。

**12.3** 报告总碱量的平均值。

## 13. 精确度和偏差

**13.1** 精确度。

**13.1.1** 实验室间的研究于 1993 年完成，共有五个实验室参与，每个实验室有两名操作员对四块织物样本进行试验，每个织物样品进行三次测定。预先没有对参与的实验室在试验方法操作上的相对水平进行评估。

**13.1.2** 对数据组（5×2×3×4＝120）进行分析可得到偏差构成如下：

| 偏差构成 | 偏差 |
|---|---|
| 实验室间偏差 | 0.000245 |
| 同一实验室内操作员间的偏差 | 0.000061 |
| 同一材料、同一实验室和同一操作员的试样间的偏差 | 0.000047 |

**13.1.3** 表 1（临界差）是使用 13.1.2 中的值计算的。

表 1  给定条件下两个平均值的临界方差
（95%置信水平）

| 测试次数（N） | 纺织品湿加工过程中的总碱度（以氢氧化钠计的总碱量的百分数） | | |
|---|---|---|---|
| | 单操作员精度 | 实验室内精度 | 实验室间精度 |
| 1 | 0.0190 | 0.0288 | 0.0509 |
| 2 | 0.0134 | 0.0230 | 0.0491 |
| 4 | 0.0095 | 0.0209 | 0.0481 |
| 8 | 0.0067 | 0.0198 | 0.0477 |

**13.1.4** 在合适的精度参数下，N 次测定值中的两个平均值间的方差，应达到或超过表中的以 95%的置信水平下统计的值。

**13.2** 偏差。纺织品湿加工过程中的总碱含量的测试方法的偏差只能作为一种测试方法进行定义。本方法没有已知偏差。在研究中，没有单独的、参考性的统计方法可以确定本方法是否存在偏差。

## 14. 注释

**14.1** 相关资料可从 ACGIH Publications Office 获取，Kemper Woods Center, 1330 Kemper Meadow Dr., Cincinnati OH 45240；电话：＋1.513.742.2020；网址：www.acgih.org。

**14.2** 标准酸的制备方法参考 W.W. Scott, Standard Methods of Chemical Analysis, 6th Ed., Van Nostrand, New York, 1962, p1343。

**14.3** 滴定的过程中可以使用合适的比色指示剂，比如甲基橙（pH＝3.1~4.4）指示剂，用指示剂得到的结果要比用 pH 计测得结果的精度低。

## 15. 历史

**15.1** 2022 年修订以符合 AATCC 标准的统一格式。

**15.2** 2019 年编辑性修订；2016 年、2012 年重新审定；2010 年编辑性修订；2007 年、2002 年重新审定；1997 年修订（更换标题）；1992 年重新审定；1990 年编辑性修订；1987 年修订（更换标题）；1986 年重新审定；1985 年编辑性修订；1980 年、1977 年重新审定。

**15.3** 由 AATCC RA34 技术委员会于 1975 年制定。

**AATCC TM146-2011（2022）e**

# 分散染料的分散性：过滤测试法

## 1. 目的和范围

**1.1** 本测试方法是通过在标准条件下，分散染料在水溶性介质中的过滤时间和过滤残留量来评价分散染料的分散性能。有关影响本测试方法的精确度和可重现性的因素请参见 10。

**1.2** 本测试方法仅适用于评价在水溶性介质中及在特定条件下分散染料的分散性。

## 2. 原理

**2.1** 先对一定量的分散染料进行稀释、加热并用特定的微米级尺寸的滤纸过滤，记录染料扩散通过滤纸的时间。

**2.2** 根据预期的染料应用情况列出三个测试方法（见 10.5 和表 1）。

表 1  应用测试方法的选择

| 测试方法 | Whatman 滤纸组合 | 应    用 | 所用染液 pH |
|---|---|---|---|
| I | 2# 放在 4# 上 | 涤纶的筒子纱染色 | 4.5~5.0 |
| II | 4# 放在 4# 上 | 涤纶的绳状染色 | 4.5~5.0 |
| III | 4# 放在 4# 上 | 锦纶地毯和成衣染色 | 9.0~10.0 |

## 3. 术语

**3.1** 分散染料：一种非水溶性染料，在被适当分散时，对聚酯、聚酰胺及其他合成纤维具有亲和力。

**3.2** 分散性：颗粒被分解到最小粒子尺寸的程度，该极微小的粒子能通过标准滤纸间隙。

## 4. 安全和预防措施

本安全和预防措施仅供参考。本部分有助于测试，但未指出所有可能的安全问题。在本测试方法中，使用者在处理材料时有责任采用安全和适当的技术；务必向制造商咨询有关材料的详尽信息，如材料的安全参数和其他制造商的建议；务必向美国职业安全卫生管理局（OSHA）咨询并遵守其所有标准和规定。

**4.1** 遵守良好的实验室规定，在所有的试验区域应佩戴防护眼镜。在处理粉末状染料时需佩戴单次使用的防尘呼吸器。

**4.2** 所有化学物品应当谨慎使用和处理。在遵守良好的实验室规范的前提下，本测试方法中所使用的特定浓度的化合物并不存在严重危害性。

**4.3** 如果需要将浓醋酸稀释以制备 10% 的醋酸溶液，在制备过程中需使用化学护目镜或者防护面罩、防护手套和防渗透围裙。浓酸处理只能在充分通风的通风橱内进行。需要注意的是，应总是向水中滴加酸。

**4.4** 在附近安装洗眼器、安全喷淋装置，并应提供有全面罩的有机蒸汽呼吸器以备急用。

**4.5** 本测试法中，人体与化学物质的接触限度不得高于官方的限定值〔例如，美国职业安全卫生管理局（OSHA）允许的暴露极限值（PEL），参见 1989 年 1 月 1 日实施的 29 CFR 1910.1000〕。此外，美国政府工业卫生师协会（ACGIH）的阈限值（TLVs）由时间加权平均数（TLV-TWA）、短期暴露极限（TLV-STEL）和最高极限（TLV-C）组成，建议将其作为人体在空气污染物中暴露的基本准则并遵守（见 10.15）。

## 5. 仪器和材料

**5.1** 布氏漏斗。表面光滑、陶瓷制，直径为

110mm（见 10.2）。

**5.2** 滤纸。Whatman 2$^\#$，直径为 110mm；Whatman 4$^\#$，直径为 110mm 或者其他等效滤纸（见 10.4）。

**5.3** 放置滤纸的不锈钢环。大概尺寸为内径 103mm（4.05 英寸），外径 111mm（4.33 英寸），高 8mm（0.32 英寸）（见 10.6 和 10.12）。

**5.4** 带有支管的过滤烧瓶，容量为 1000mL。

**5.5** 压力计。用来测量真空度（压力下降）。

**5.6** 真空泵或者吸水器。以获得 560mm ± 100mm 汞柱（22 英寸±4 英寸汞柱）。

**5.7** 真空控制阀。

**5.8** 抽真空用橡胶管。

**5.9** 秒表。

**5.10** 烧杯。400mL 或者更大容积。

**5.11** 分析天平。

**5.12** 乙二胺四乙酸四钠盐（EDTA），25% 溶液。如 Cheelox BF-12 或等效溶液。

**5.13** 无水焦磷酸钠（TSPP）（$Na_4P_2O_7$），10% 溶液。

**5.14** 醋酸（$CH_3COOH$）。10% 溶液。

**5.15** 过滤残留样卡（见图 1 和 10.12）。

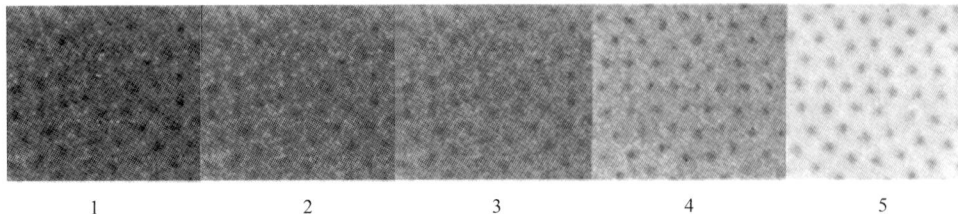

**图 1 过滤残留卡**

**5.16** 蒸馏水或者去离子水，加热时 pH 不会有太大改变。根据 5.12 所述，用 0.25g/L 的螯合剂（EDTA）对蒸馏水或者去离子水进行处理。

**5.17** 染料样品（见 6.2）。

**5.18** 搅拌器。实验室用磁力搅拌。

**5.19** 刻度量筒。250mL。

**5.20** pH 计。

## 6. 操作程序

**6.1** 水的制备。

**6.1.1** 将 400mL 水预热至 71℃（160℉），使漏斗的温度在试验前预热（见 10.7 和 6.6）。

**6.1.2** 染料分散专用水（见 5.16）制备。在蒸馏水或者去离子水中加入 0.25g/L EDTA（见 5.12）。

**6.2** 染料的称重。

**6.2.1** 称出 2.0g±0.1g 待测粉末状染料，或 4.0g±0.2g 的 50% 待测染料样品溶液，同时称出等

量的标准染料（见 10.3）。

**6.2.2** 如果染料着色强度高，其质量可减少到 1g/200mL，但报告中应注明仅使用了 1g（见 10.8）。

**6.2.3** 在对两种色度相近，但着色强度不同的两种同染料进行评价时，选择其中一种作为标准品，另一样品同样按 1g/200mL 进行试验。在对同种染料的两个样品进行评价时，标准品由各自的制造商提供。在对两个来自不同制造商的同种染料进行评价时，如果两种产品的着色强度相同，试验前应确定一种作为标准品。如果着色强度已知，这两种产品应按本段首句描述进行评价。

**6.3** 在 400mL 烧杯（见 10.9）中加入 200mL 经特殊处理的 43~49℃（110~120℉）的水（见 5.16），用磁力搅拌器强力搅拌，然后将称量的染料（见 6.2.1）全部缓慢加入 200mL 水中。按照下述方法调节 pH。

**6.3.1** 测试方法 I 和 II。用 10% 醋酸（见

5.13 和 10.14）调节 pH 至 4.5~5.0。

**6.3.2** 测试方法Ⅲ。用 TSPP（见 5.13 和 10.14）调节 pH 至 9~10。

**6.4** 将溶液加热 5~10min，升温至 71℃（160℉）。升温过程中用磁力棒进行搅拌以避免局部性受热（见 10.1 和 10.10）。

**6.5** 把 200~300mL 的 71℃（160℉）的水（见 6.1.1）倒入一个不带滤纸的 110mm 的漏斗中（见 10.9），等待 25s±10s。打开真空泵，直到水全部流过漏斗，迅速擦干漏斗（见 10.6 和 10.7）。

**6.6** 关闭真空泵，立即将滤纸放入布氏漏斗中（见 10.4、10.5、10.6 和表1）。

测试方法Ⅰ：Whatman 2# 滤纸在上

Whatman 4# 滤纸在下

测试方法Ⅱ：Whatman 4# 滤纸在上

Whatman 4# 滤纸在下

测试方法Ⅲ：Whatman 4# 滤纸在上

Whatman 4# 滤纸在下

**6.7** 将不锈钢环放到漏斗中的滤纸上，并打开真空泵，使真空度为 560mm±100mm（22 英寸±4 英寸）。用标准真空泵或吸尘器可达到所需的真空度。采用吸水器时，当液体吸入该系统中时才能达到所需的真空度。这种情况下，将染料分散液注入漏斗中，静置 10~13s 后再抽真空，继续试验。

**6.7.1** 真空泵保持开启状态，立即将已经加热到 71℃（160℉）的染料分散液（见 6.4）倒入布氏漏斗中，并开始计时。记录时间最长为 120s，精确到秒。当滤纸的表面由湿态转为干态时为计时终点。

**6.7.2** 为了提高实验结果的再现性，尤其是 3 级或更低级别的再现性，建议在干燥前用 10~15mL 的专用水（见 6.1.2）冲洗漏斗中的滤纸。

**6.8** 干燥滤纸，并按照 7 的要求进行评定。

## 7. 评定

**7.1** 记录过滤时间，并根据如下要求评级：

A 级——0~24s

B 级——25~49s

C 级——50~74s

D 级——75~120s

E 级——大于 120s

**7.2** 对照过滤残留样卡（标准照片的复制品）（见 10.13、10.14）检查滤纸上的残留物，同时也要检查任何可见的粗的或颗粒状的物质（见 10.13）。如果出现上述残留物，则结果直接评为 1 级。如果没有上述残留物出现，则按如下进行评级：

5 级——优异

4 级

3 级——中间值

2 级

1 级——较差

## 8. 报告

分类并报告如下：

**8.1** 测试方法（见 10.6 和表1）。

**8.2** 根据过滤速度所得的评级结果（见 7.1）。

**8.3** 根据过滤残留物所得的评级结果（见 7.2）。

例：Ⅰ-A-3，这里Ⅰ表示测试方法（Whatman 2# 放在 Whatman 4# 上面）；A 表示过滤时间（0~24s）；3 代表与标准过滤残留样卡比较所得的滤纸上残留物的量。

## 9. 精确度和偏差

**9.1** 精确度。本测试方法的精确度尚未确立。在本测试方法的精确度声明确立之前，可以使用标准的统计技术来对实验室内部或者实验室之间的测试结果进行比对分析。

**9.2** 偏差。分散染料的分散性只能从一个测试方法方面进行定义。目前还没有一个独立的方法来确定其真实值。作为一个评估性的方法，本方法没有已知的偏差。

## 10. 注释

**10.1** 除非实验过程严格按照本方法所规定的条件进行，否则测试结果可能差异很大。测试条件的任何变化可能导致测试无效。当满足方法所要求的测试条件时，已证明不同实验室间的测试结果具有可重现性。

**10.2** 过滤漏斗直径、表面积的不同，可能导致测试结果的偏差。

**10.3** 采用标准染料，可以将操作员的操作对测定结果的影响降低到最低程度。

**10.4** Whatman 滤纸是专用的，因为在改进本测试方法过程中，所有过程均使用这一滤纸。能证明具有等效过滤结果的任何其他滤纸也可以使用。过程中使用两层滤纸可保证过滤表面具有更加一致的真空度。滤纸通常是装在盒子中，光滑的一面向上，以避免由于粗糙面的质地不同而引起变化。粗糙的滤纸应一直位于底部。其他滤纸如果品质和微孔确保与 Whatman 滤纸完全一致，也可以使用。

Whatman 2#——过滤颗粒 8μm 以上。

Whatman 4#——过滤颗粒 25μm 以上。

**10.5** 测试方法 Ⅰ、Ⅱ 和 Ⅲ 定义如下：

测试方法 Ⅰ——Whatman 2# 滤纸放在 Whatman 4# 滤纸上面。这个测试方法用于评价高分散性要求的染料，如用于涤纶的筒子纱染色。

测试方法 Ⅱ——Whatman 4# 滤纸放在 Whatman 4# 滤纸上面。这个测试方法用于评价高浴比染色（如绳状染色）染料的分散性。

测试方法 Ⅰ 和 Ⅱ 在 pH 为 4.5~5.0 的酸性环境中进行，以反映出常规涤纶用分散染料进行染色的过程。

测试方法 Ⅲ——Whatman 4# 滤纸放在 Whatman 4# 滤纸上面。这个测试方法用于评价用于锦纶产品（如锦纶地毯和成衣染色）的染料的分散性。本测试方法的 pH 为 9~10，能够反映工业中锦纶染色的实际环境。

**10.6** 由于 Whatman 滤纸是天然纤维素纤维，润湿后很容易膨胀。因此，如果滤纸进行了预润湿，过滤时间将随着润湿温度或润湿滞后而变长，而且滤纸的微孔保持力也将下降，因此必须保证测试前滤纸不被润湿。这也是为什么用来固定滤纸的不锈钢环也不能润湿的原因。对于颗粒很细小的染料，过滤速度将不会随真空度改变而产生显著的变化。但是，对于颗粒较大的染料，即使抽吸力没有那么大，降低真空度会缩短过滤时间。对于颗粒较大的染料，增大真空度会造成滤纸过滤阻碍，降低过滤速率，进而滤纸膨胀会更厉害。这将导致过滤时间变长以及滤纸上残留的染料量更多。

**10.7** 漏斗应用 200~300mL 的温度为 71℃（160℉）的水进行预热，而后擦干，这样分散染料溶液的温度不会因为接触到冷的漏斗而降低。漏斗的预热过程应该在准备放滤纸进行测试前进行。

**10.8** 在染料的常规应用中以浓度 2g/200mL 作为浓度的上限。对于高着色力的染料，这一浓度可以降低到 1g/200mL，这一浓度应该在报告中进行明示。

**10.9** 使用 43~49℃（110~120℉）的水是很重要的。如果开始使用 71℃（160℉）的水，对于个别的染料可能会导致很大的结果差异。在类似于工厂生产条件的情况下，特定的步骤允许染料打湿。

**10.10** 过长的时间延迟和保持温度可能影响测试结果。测试应该在 15min 内完成。

**10.11** 过滤残留样卡由代表五个等级的过滤残留量状态的照片组成，作为评价部分使用（见 7.2）。

**10.12** 相关资料可以从 AATCC 获取。地址：P. O. Box 12215，Research Triangle Park NC 27709；电话：+1.919.549.8141；传真：+1.919.549.8933；电子邮箱：ordering@aatcc.org；网址：www.aatcc.org。

**10.13** 在滤纸干燥前，用 10~15mL 的专用制备的水清洗滤纸。这样有助于去除比所用滤纸孔径更小的微米级的染料。

**10.14** 调节 pH 是必需的，因为不同的染料自身会有很大的 pH 变化范围。例如，浆状染料的分散液的 pH 通常比其相应粉末的分散液具有更强的碱性。

**10.15** 相关资料可从 ACGIH Publication Office 获取，Kemper Woods Center，1330 Kemper Meadow Dr.，Cincinnati OH 45240；电话：+1.513.742.2020；网址：www.acgih.org。

## 11. 历史

**11.1** 编辑性修订并重新审定，增加了历史部分。

**11.2** 2019 年编辑性修订；2015 年重新审定；

2011 年修订；2010 年、2008 年编辑性修订；2006 年重新审定；2004 年、2001 年编辑性修订；1996 年修订；1995 年编辑性修订；1994 年编辑性修订并重新审定；1989 年重新审定；1987 年重新审定；1985 年编辑性修订；1984 年编辑性修订并重新审定；1083 年、1980 年编辑性修订；1979 年修订；1977 年、1976 年重新审定。

**11.3** 由 AATCC RA87 技术委员会于 1975 年制定，技术上等效于 ISO 105-Z04。

## 附录 AATCC TM146 方法的流程图

AATCC TM146 方法的流程图如附图 1 所示。

附图 1 AATCC TM146 方法的流程图

*AATCC TM147-2011（2016）e*

# 纺织材料抗菌活性测试方法：平行条纹法

AATCC RA31 技术委员会于 1976 年制定；1977 年、1982 年、1998 年、2016 年重新审定；1980 年、1982 年、1983 年、1986 年、2010 年、2019 年（更换标题）编辑性修订；1987 年、1988 年（更换标题）、1993 年、2011 年修订；2004 年编辑性修订并重新审定。

## 前言

平行画线法满足了对经抗菌整理的纺织材料中可扩散抗菌剂抗菌活性进行相对快捷和易操作的定性检测的需求。

AATCC 100《纺织材料抗菌整理剂的评价》是一种十分灵敏的定量方法，但是对日常质量控制和筛检而言过于烦琐、耗时。因此，当要用抗菌剂在琼脂中的扩散来表明抑菌活性时，AATCC 147 可以满足这种要求。试验采用平行条纹法在琼脂表面接种，因此更易区分试验菌种和未灭菌样品可能带入的污染菌。平行条纹法在评价抗革兰氏阳性菌和抗革兰氏阴性菌活性上的多年应用证明该方法有效。

## 1. 目的和范围

旨在检测纺织材料的抑菌活性。RA31 技术委员会根据多家实验室对经多次标准洗涤后织物上残留的抗菌剂（用化学分析法测定）进行的测试，证实了该方法的可重现性。随着从条纹的一端到另一端以及相邻两条纹之间接种微生物繁殖量的逐渐减少，其灵敏度在不断增加，所以本方法可测定这种活性的粗略值。通过抑菌区的大小以及抗菌剂导致的线条变窄，可以评价经过多次洗涤后残留的抗菌活性。

## 2. 原理

将测试材料的试样，包括相应的未经抗菌整理的同样材料的控制样，紧贴在营养琼脂上，营养琼脂预先用测试菌种画线接种。经过培养，试样下以及周围的无菌区表明试样的抑菌活性。测试材料对使用的标准菌株有规定。如果没有特殊要求，革兰氏阳性菌可以金黄色葡萄球菌为代表。其他建议使用的菌种在下文 6 中列出。

## 3. 术语

**3.1** 活性：抗菌整理剂效果的度量。

**3.2** 抗菌剂：纺织品中，任何能够杀死细菌（杀菌剂）或抑制细菌活性、生长、繁殖（抑菌剂）的化学物质。

**3.3** 抑菌区：与琼脂培养基表面直接接触的试样附近，无已接种在培养基表面的微生物生长的区域。抑菌区是由于试样上抗菌剂的扩散造成的。

## 4. 安全和预防措施

本安全和预防措施仅供参考。本部分有助于测试，但未指出所有可能的安全问题。在本测试方法中，使用者在处理材料时有责任采用安全和适当的技术；务必向制造商咨询有关材料的详尽信息，如材料的安全参数和其他制造商的建议；务必向美国职业安全卫生管理局（OSHA）咨询并遵守其所有标准和规定。

**4.1** 本测试只能由受过训练的人员操作。参阅美国健康与社会服务部出版的《微生物和生物化学实验室的生物安全》（见 12.1）。

**4.2** 本测试中所用的某些微生物具有致病性，可能使人感染和产生病菌。因此，应采取一切必要和合理的措施，消除实验室以及相关环境中人员的风险。应穿着防护服、佩戴呼吸器防止细菌侵入。

**4.3** 遵守良好的实验室规定，在所有的试验区域应佩戴防护眼镜。

**4.4** 所有化学物品应当谨慎使用和处理。

**4.5** 在附近安装洗眼器、安全喷淋装置以备急用。

**4.6** 所有污染的样品和测试材料必须经过消毒灭菌后才能处理。

**4.7** 本测试法中，人体与化学物质的接触限度不得高于官方的限定值［例如，美国职业安全卫生管理局（OSHA）允许的暴露极限值（PEL），参见1989年1月1日实施的29 CFR 1910.1000］。此外，美国政府工业卫生师协会（ACGIH）的阈限值（TLVs）由时间加权平均数（TLV-TWA）、短期暴露极限（TLV-STEL）和最高极限（TLV-C）组成，建议将其作为人体在空气污染物中暴露的基本准则并遵守（见12.2）。

## 5. 使用和限制

本方法不适用于胶囊化抗菌剂，并阻碍其扩散，或含有抗菌中和物质的材料。

## 6. 试验细菌

**6.1** 试验菌种。

**6.1.1** 金黄色葡萄球菌（Staphylococcus aureus），ATCC 6538，CIP 4.83，DSM 799，NBRC 13276，NCIMB 9518或等效菌种（见12.3）。

**6.1.2** 肺炎杆菌（Klebsiella pneumoniae），ATCC 4352，CIP 104216，DSM 789，NBRC 13277，NCIMB 10341或等效菌种（见12.3）。

**6.1.3** 根据试样的最终用途，也可使用其他合适的菌种。

**6.2** 应按良好的实验室操作规范保藏菌种

（见12.4）。

**6.3** 如果条件允许，可用一块已知抗菌活性的标准对照样（阳性对照样）测试所使用的培养物的活性。

**6.4** 为了确定抗菌活性是否是抗菌剂所致，可对相同材料的，任何其他整理剂（抗菌整理剂除外）进行同样整理的试样进行测试。许多标准织物整理剂，尤其是抗皱剂和免烫剂，即使在经过多次洗涤之后仍具有强抗菌性。

## 7. 材料、培养基和试剂

**7.1** 培养基和试剂。适用的肉汤/琼脂培养基如下。

**7.1.1** 营养肉汤/琼脂。

**7.1.2** 大豆蛋白肉汤/琼脂。

**7.1.3** 脑心浸液（BHI）肉汤/琼脂。

**7.1.4** MH（Müller-Hinton）肉汤/琼脂。

**7.1.5** 根据测试菌种的需要，可选用其他肉汤/琼脂。

**7.2** 材料。

**7.2.1** 恒温培养箱，温度保持在37℃±2℃（99°F±4°F）。

**7.2.2** 接种环。

**7.2.3** 本生灯或其他相似设施。

**7.2.4** 水浴锅，温度保持在45～50℃（113～122°F）。

**7.2.5** 吸液管，1mL，无菌的。

**7.2.6** 带盖的培养管，最小容量10mL。

**7.2.7** 有盖培养皿。直径100mm×深度15mm，无菌的。

**7.2.8** 镊子，无菌的。

**7.2.9** 立式显微镜，最小40倍放大率。

**7.2.10** 直尺。

## 8. 试样

用手或裁样器裁剪试样（未灭菌）。试样尺寸合适即可。建议将试样剪成 25mm×50mm 的长方形。长 50mm 的试样可使试样与 5 条平行的接种线垂直相交，接种线从 8~4mm 依次递减。

## 9. 试验步骤

**9.1** 将灭菌的营养（或合适的培养基）琼脂培养基［冷却至 47℃±2℃（117℉±4℉）］注入标准平底皮氏培养皿（15mm×100mm）中，每个平板注入 15mL±2mL，待凝固后用于接种。

**9.2** 菌液制备。取 1mL±0.1mL 培养 24h 的肉汤培养物放进装有 9.0mL±0.1mL 灭菌蒸馏水的试管或小锥形瓶装中，适当搅拌混合均匀。

**9.3** 用 4mm 的接种环取一环稀释后的菌液，在灭菌琼脂表面画五条大约 60mm 长的线，每条线间隔 10mm，线条应处在标准皮氏培养皿的中部（见 10.1），划线过程中不再取菌液，操作时需注意避免划破琼脂表面。

**9.4** 轻轻按压垂直横放在 5 条接种线上的试样，使其与琼脂表面紧密接触。为了便于操作，也可用生物移片器或刮勺使试样紧贴在琼脂表面，生物移片器或刮勺应先用火焰灼烧灭菌，并速在空气中冷却后使用。

**9.5** 如果试样卷曲，不能与接种表面紧密接触，可用一个灭菌的玻片压在试样两端将其固定。

**9.6** 在 37℃±2℃（99℉±4℉）的条件下培养 18~24h。

## 10. 评价

**10.1** 观察经过培养的平板中试样下的接种线上细菌生长间断情况及试样边缘外的抑菌区。试样每边沿接种线的平均抑菌区宽度按照以下公式计算：

$$W = \frac{T-D}{2}$$

式中：$W$——抑菌区的宽度，mm；

　　　$T$——试样以及抑菌区的总宽度，mm；

　　　$D$——试样的直径，mm。

**10.2** 抑菌区的大小不能用于抗菌活性的定量评价。经过抗菌整理的材料应与相应的未经抗菌整理的材料以及已知抑菌活性的试样进行比较。应报告对抑菌区和试样正下方细菌生长情况观察的结果。通过测试的标准应该由协议双方商定。试样正下方与琼脂接触的区域必须无菌落生长，才能认为该试样有抗菌性。

## 11. 精确度

精确度。本试验方法的精确度尚未建立，在建立之前，采用标准的统计方法比较实验室内或实验室之间的试验结果的平均值。

## 12. 注释

**12.1** 出版物可从 U. S. Department of Health and Human Services CDC/NIH–HHS 获取；出版号（CDC）84-8395；网址：www. hhs. gov。

**12.2** 手册可从以下地址获取：ACGIH Publications Office, Kemper Woods Center, 1330 Kemper Meadow Dr. , Cincinnati OH 45240；电话：+ 1. 513. 742. 2020；网址：www. acgih. org。

**12.3** 美国典型菌种保藏中心（ATCC）地址：P. O. 1549, Manassas VA 20108；电话：+ 1. 703. 365. 2700；传真：+1. 703. 365. 2701；网址：www. atcc. org。CIP 为法国巴斯德研究所保藏中心，DSM 为德国微生物和细胞培养物保藏中心，NBRC 为日本技术评价研究所生物资源中心，NCIMB 为英国国家工业微生物菌保藏中心。经由利益相关方商议，可选用世界培养物保藏联合会（WFCC）的同等菌种。试验使用的菌种应有溯源文件。

**12.4** 为确保测试的一致性和准确性，需保证储藏的测试用培养物纯净、无污染和突变。在接种和转种过程中应采用良好的无菌技术，避免污染；严格坚持每月对保藏培养物转种，防止突变；定期对平板划线，观察具有典型特征的单个菌落，检查菌种的纯度。

*AATCC TM148-2014e4（2021）*

# 纺织品及相关材料的遮光效果：光电探测器法

## 前言

AATCC 148-1989《窗帘材料的光屏蔽效果》于 1994 年被废除。在该方法被废除后，由于仍需要测试遮光效果性能，该方法被重新确立并更换了新标准名称。与之同类的另一种测试方法使用的是积分球分光光度计透过率测试模式（见 AATCC 203），两种方法并不等效（见 14.1）。

## 1. 目的和范围

**1.1** 本测试方法使用照度计测量纺织品及相关材料对于光线的阻隔遮光性。

**1.2** 本测试方法适用于各种类型的织物，包括涂层织物和其他以纺织材料为基材的物质。

## 2. 原理

本测试方法通过测试光源发出的光量和同一光源透射过试样后的光量的百分比，来评价材料的遮光性能。

## 3. 术语

**3.1** 漫透射：入射光在穿过物体透射时以不同的角度发生折射和散射。

**3.2** 光亮：根据人眼视觉的亮度函数来计算。

**3.3** 遮光性：纺织材料阻止光线透射的能力。

**3.4** 非扩散性透射：入射光垂直通过物体未发生漫反射的过程。

**3.5** 照度计：用于测试光线的仪器。

**3.6** 总透射：透过物体的光线总量，包括漫透射和非漫透射光。

**3.7** 透射：入射光穿过物体的过程。

## 4. 安全和预防措施

本安全和预防措施仅供参考。本部分有助于测试，但未指出所有可能的安全问题。在本测试方法中，使用者在处理材料时有责任采用安全和适当的技术；务必向制造商咨询有关材料的详尽信息，如材料的安全参数和其他制造商的建议；务必向美国职业安全卫生管理局（OSHA）咨询并遵守其所有标准和规定。

**4.1** 遵守良好的实验室规定，在所有的试验区域应佩戴防护眼镜。

**4.2** 在操作实验室检测设备时，应遵守仪器生产商的安全操作规程。

## 5. 使用和限制条件

**5.1** 测试结果与仪器所用光源有关，所使用光源需在报告中加以说明。

**5.2** 测试系统可检测到的光量有限，对于高遮光性能的材料，本测试方法具有一定的局限性。同时也与仪器的灵敏度和所使用的光源相关（见 14.3）。

**5.3** 本测试方法测量的是通过材料的非扩散性透射光量，排除了扩散光（散射光）的干扰（见 14.1）。

## 6. 校准

测量是基于光照度（单位为勒克斯，用 lx 表示）的，仪器应根据其制造商推荐的周期进行校准，例如每年。

## 7. 仪器

仪器（见图 1）包含有一个内部表面为哑光黑色，光线不可透过的箱体（高 360mm±20mm，宽

280mm±20mm，深 200mm±20mm）。其中一面没有为满足照度计传感器尺寸的圆形开口，并配有夹持器，可从内部固定传感器；与之相对的一面具有直径为 50mm±3mm 的圆形开口（开口处用于放置试样），同时，开口处有由不透明材料制成的滑动闸板，可满足完全遮挡此开口的要求。磁条可以方便

地将试样固定并紧密接触箱体的外表面，也可使用其他可固定试样的方法。一盏光源灯安装于一个金属反射器中，并与箱体上的两个圆形开口在同一条直线上。灯距测试试样的表面 300mm。为了适应不同的灯具，向固定的器具可以方便地使其到样品的距离保持恒定。

图 1 照度计

## 8. 样品

**8.1** 从样品不同部位上裁取 3 个具有代表性的试样。不可从机头布或布边宽度 10% 的范围内取样。

**8.2** 如果测试一条完整的窗帘或一卷布，可以在宽度方向上的 3 个不同位置进行测试。

**8.3** 如果不同试样的测试结果差异较大，即使人眼看上去并无明显差别，此时也应增加测试试样的数量（见 11 和 14.2）。

**8.4** 测试材料在尺寸较小时（取样小于 50mm）具有不同的光线透射性能（与织物结构，装饰物等有关）时，需增加测试试样的数量。

**8.5** 测试材料具有大范围的循环（单个循环

尺寸大于 50mm 时），不同区域可能具有不同的光线透射性能时，需分别测试。

**8.6** 测试报告中应包含样品信息。

## 9. 调湿

**9.1** 测试前应将试样放置于具有排孔的架子上，在温度为 21℃±2℃（70°F±4°F），相对湿度为（65±5）% 的环境下，按照 ASTM D1776《纺织品调湿和测试标准方法》的要求至少调湿平衡 4h。

**9.2** 所有试样均需在标准大气压环境下进行测试。此外，由于样品用途的不同，可能测试环境有所不同，报告中应包含特殊的样品测试环境条件。

## 10. 操作程序

**10.1** 将光源、箱体和光电传感器放置于一个恒定低光照的室内（见 14.1），并关闭样品夹持位置处的滑动闸板。

**10.2** 打开光源，发出持续稳定的光。

**10.3** 仪器清零。进行仪器清零时，室内应为恒定低光照环境，且此环境条件在后续测试时不应发生变化。

**10.4** 将仪器灵敏度调节至较低水平（如可行），以测量高亮度水平的光线。

**10.5** 打开滑动孔径。

**10.6** 测量并记录试样位置处无材料时到达光电传感器的光线总量，记为 $A$。

**10.7** 关闭滑动孔径。

**10.8** 将测试样品置于试样固定位置并固定。

**10.9** 打开滑动孔径。

**10.10** 测量并记录试样存在时到达光电传感器的光线透过量，记为 $B$。如可行且必要时，调节仪器灵敏度至合适的水平，用于测试穿过试样的光线总量。

**10.11** 关闭滑动孔径，移除已测试试样，安装下一个试样后，打开滑动孔径，读取试样的光线透过量，同样记为 $B$。重复上述操作，直至测试完所有试样。

**10.12** 再次重复 10.6 的操作，测量试样位置处无材料时到达光电传感器的光线总量，同样记为 $A$。

## 11. 计算

**11.1** 计算 10.6 和 10.12 中所测量光源灯进入传感器的光线总量 $A$ 的平均值。

**11.2** 计算分别使用两种测试方法（见 14.6）中的一种测量，得到的试样遮光性能。

**11.2.1** 根据下式计算试样的遮光率：

$$遮光率 = \left(1 - \frac{B}{A}\right) \times 100\%$$

式中：$B$——光源穿过试样到达传感器的光线总量；

$A$——试样位置处无材料时光源穿过试样到达传感器的光线总量。

**11.2.2** 或者按下式计算试样的吸光光度值：

$$吸光度 = -\lg\frac{B}{A}$$

**11.3** 计算 3 个（或更多）试样的平均遮光率或平均吸光光度值。

**11.4** 计算所有测试试样的标准偏差。

## 12. 报告

**12.1** 报告所使用的测试方法。

**12.2** 报告仪器所用光源，包括光源类型、功率、名义输出功率和测量输出功率（即 11.1 中的 $A$ 值）。

**12.3** 报告所有测试样品的平均遮光率或平均吸光光度值（见 11.3）。

**12.4** 报告测试样品或试样的数量。

**12.5** 报告测试数据的标准偏差。

**12.6** 报告测试环境的温度和相对湿度。

## 13. 精确度和偏差

**13.1** 精确度。测试了几种涂层织物的遮光效果，每种织物均由同一操作人员测量 3 个不同部位并读数，然后换不同操作人员进行同样操作并读数。利用收藏于美国国会图书馆的编号为 63-23531，由 Richard Burington 和 McGraw Hill 编写的《概率函数使用手册》p358~359 中的表 22 分析其精确度（95% 置信区间）。

**13.1.1** 同一操作人员的稳定性。编号为 1 的操作人员在 95% 置信区间内测试 3 种不同织物的遮光率值分别为 99.64300%~99.66925%、99.99996%~99.99999% 和 99.99801%，具体见表 1。

**13.1.2** 不同操作人员间的稳定性。两个操作人员分别测试 3 块织物，测试结果具有相似性。在95% 置信区间内，样品 B2 的遮光率范围为

99.65611%~99.65615%，样品 A5 的遮光率范围为 99.99738%~99.99769%，样品 A2 的遮光率范围为 99.99997%~99.99998%，具体见表 2。

**13.2** 偏差。使用本测试方法来评价织物遮光性能，没有独立的方法可以测定其真值，因此本方法没有已知偏差。

表 1    单一操作员稳定性的计算精确度测量数据

| 操作员 | 样品 | 测试结果 | | | 平均值 | 标准偏差 | 95%置信区间 | 下限：95% | 上限：95% |
|---|---|---|---|---|---|---|---|---|---|
| 操作员 1 | B2 | 99.622% | 99.653% | 99.659% | | | | | |
| 操作员 1 | B2 | 99.628% | 99.667% | 99.653% | 99.65614% | 0.02011% | 0.03942% | 99.64300% | 99.66928% |
| 操作员 1 | B2 | 99.666% | 99.677% | 99.680% | | | | | |
| 操作员 1 | A2 | 100.000% | 100.000% | 100.000% | | | | | |
| 操作员 1 | A2 | 100.000% | 100.000% | 100.000% | 99.99997% | 0.00003% | 0.00005% | 99.99996% | 99.99999% |
| 操作员 1 | A2 | 100.000% | 100.000% | 100.000% | | | | | |
| 操作员 1 | A5 | 99.998% | 99.998% | 99.996% | | | | | |
| 操作员 1 | A5 | 99.998% | 99.998% | 99.998% | 99.99761% | 0.00061% | 0.00120% | 99.99721% | 99.99801% |
| 操作员 1 | A5 | 99.998% | 99.999% | 99.998% | | | | | |

表 2    操作员间实验操作对比的计算精确度测量数据

| 操作员 | 样品 | 测试结果 | | | 平均值 | 标准偏差 | 95%置信区间 | 下限：95% | 上限：95% |
|---|---|---|---|---|---|---|---|---|---|
| 操作员 1 | A5 | 99.998% | 99.998% | 99.996% | | | | | |
| 操作员 1 | A5 | 99.998% | 99.998% | 99.998% | 99.99761% | 0.00061% | | | |
| 操作员 1 | A5 | 99.998% | 99.999% | 99.998% | | | | | |
| 操作员 2 | A5 | 99.997% | 99.996% | 99.997% | | | | | |
| 操作员 2 | A5 | 99.998% | 99.998% | 99.998% | 99.99746% | 0.00063% | | | |
| 操作员 2 | A5 | 99.998% | 99.998% | 99.998% | | | | | |
| 两个操作员间的平均数据 | | | | | 99.99754% | 0.00011% | 0.00022% | 99.99738% | 99.99769% |
| 操作员 1 | B2 | 99.622% | 99.653% | 99.659% | | | | | |
| 操作员 1 | B2 | 99.628% | 99.667% | 99.653% | 99.65614% | 0.02011% | | | |
| 操作员 1 | B2 | 99.666% | 99.677% | 99.680% | | | | | |
| 操作员 2 | B2 | 99.624% | 99.624% | 99.627% | | | | | |
| 操作员 2 | B2 | 99.669% | 99.634% | 99.656% | 99.65612% | 0.03100% | | | |
| 操作员 2 | B2 | 99.707% | 99.671% | 99.692% | | | | | |
| 两个操作员间的平均数据 | | | | | 99.65613% | 0.00001% | 0.00002% | 99.65611% | 99.65615% |
| 操作员 1 | A2 | 100.000% | 100.000% | 100.000% | | | | | |
| 操作员 1 | A2 | 100.000% | 100.000% | 100.000% | 99.99997% | 0.00003% | | | |
| 操作员 1 | A2 | 100.000% | 100.000% | 100.000% | | | | | |
| 操作员 2 | A2 | 100.000% | 100.000% | 100.000% | | | | | |
| 操作员 2 | A2 | 100.000% | 100.000% | 100.000% | 99.99997% | 0.00001% | | | |
| 操作员 2 | A2 | 100.000% | 100.000% | 100.000% | | | | | |
| 两个操作员间的平均数据 | | | | | 99.99997% | 0 | 0 | 99.99997% | 99.99998% |

## 14. 注解

**14.1**　测试试样和传感器间的黑色箱体用于屏蔽测试区域的杂散光。探测器夹持器周围的泡沫或其他材料可增加对杂散光的屏蔽效果。仪器在测试环境中清零，避免了测试环境中杂散光可能造成的任何微小影响。同时，黑色箱体的存在也排除了光在测试基材上发生光散射对测试结果的影响。AATCC TM203《纺织品的遮光效果：光谱分析法》使用积分球分光光度计，在测试试样和传感器间有一个积分球，因此没有排除光散射的影响，这意味着该测试方法是受限的。真实生活环境中散射光是存在的，因此，应根据实际情况选择测试方法。光在穿过窗帘进入室内浅色墙面上的过程中发生了散射现象，同时到达浅色墙面的光会发生反射而进入光源观察者的视野中；当墙面为深色时，进入室内光源观察者视野的光量将变少；当光穿过间层结构的纺织材料进入漆黑的环境中时，光源观察者将观察不到光。本测试方法与后两种情况相关联。

**14.2**　具有遮光性能的织物通常为涂层类纺织品。涂层的厚度会影响织物的遮光能力。基于此，此方法对测试涂层均匀性也可能是有效的。在任何情况下，都应在高精确度条件下进行测试，来源于同一样品的不同试样间的测试结果的不同，可能主要源于测试样品本身，而非测试引起的差异。来源于同一样品的试样的多次测量可提供对测量重复性的估计。

**14.3**　光亮根据人眼视觉（如标准观察者）的亮度函数来计算。具体有如下两种测试方法：通过阵列二极管来收集不同波长的光，然后用软件进行计算；或单一测试穿过某一具有适合特性的传感器的总能量，然后用软件进行计算。两种计算光线穿过量的方法与人眼灵敏度的符合性会影响相应仪器的灵敏度，进而会成为选择测试方法的一个影响因素（见14.1）。

**14.4**　本标准所描述的方法不适用于非视觉电磁辐射，但可通过更改滤光片和软件来满足所要模拟的检测装置的灵敏度。

**14.5**　在低光照水平时，观察者使用暗视野进行观察，因此应使用适应暗光线的滤光片来进行测试，并在测试报告中进行标注。同时，因初始光源测试时进行了加权计算，为保持一致性，透过光线要以同样的方式进行加权。

**14.6**　本方法提供了两种测量结果的表达方式：遮光率和吸光光度值。两种表达方式基于相同的测试数据，只是计算方法不同而已。当遮光率值较高时，吸光光度值的表达更为方便。

0.250——钙离子滴定溶液的（体积）摩尔浓度，mmol/mL；

$V$——耗用的钙离子滴定溶液的体积，mL；

$W$——试样的质量，g。

**12.2** 得出三个试样钙螯合值（CaCV）的平均值。

## 13. 报告

每个试样的测试结果。

**13.1** 样品的描述或识别。

**13.2** 使用 AATCC TM149-2023 进行评价。

**13.3** 平均 CaCV 值，保留三位有效数字。

**13.4** 测试方法的任何偏离。

## 14. 精确度和偏差

**14.1** 总结。为证明该测试方法的精度，1990 年 3 月在实验室间进行了比较，使用四种螯合剂（EDTA，四钠盐；EDTA，40% 四钠盐溶液；DTPA，游离酸；DTPA，40% 溶液）进行测试，六个实验室没有严格地遵守上述程序，其结果没有被采用。

**14.2** 精确度。CaCV 的标准偏差的方差分量计算如下：

| | |
|---|---|
| 单个操作者分量 | 1.46 |
| 实验室间分量 | 0 |

**14.3** 临界偏差。14.2 中所报告的方差分量，如果偏差等于或者超过下面的临界偏差，测定值的两个平均值的统计置信水平为 95%：

| | |
|---|---|
| 单个操作者分量 | 4.04 |
| 实验室分量 | 4.04 |

**14.4** 偏差。这项实验室研究中使用的四种材料的理论钙离子螯合值，五个实验室的平均偏差为 2.24%，四种材料和五个实验室的单个偏差范围为 2.50%~4.25%。

## 15. 历史

**15.1** 2023 年修订，明确并使其与 AATCC 标准风格一致。

**15.2** 2019 年编辑性修订；2018 年修订；2012 年重新审定；2010 年编辑性修订；2007 年重新审定；2002 年重申；1997 年编辑性修订并重新审定；1992 年修订；1988 年、1986 年编辑性修订；1985 年编辑性修订并重新审定；1984 年编辑性修订；1980 年重新审定；1977 年编辑性修订并重新审定。

**15.3** AATCC RR90 技术委员会于 1976 年制定。由 RA99 技术委员会维护。

*AATCC TM150-2018t*

# 服装经家庭洗涤后尺寸变化的测定

AATCC RA42 技术委员会于 1977 年制定；1979 年、1984 年、1992 年编辑性修订并重新审定；1983 年、1985 年、1989 年、1990 年、1991 年、1996 年、1997 年、2004 年、2005 年、2006 年、2008 年、2016 年编辑性修订；1987 年、1995 年、2001 年、2003 年（更换标题）、2010 年、2012 年、2018 年 1 月、2018 年 11 月修订；2000 年重新审定。与 ISO 3759 有相关性。

## 前言

尽管该方法被称为服装试样非接缝部分的尺寸变化的测定，但是测试结果会受到服装结构，张力，缝线或裁边的影响。因此提供了一种测试接缝间或沿着接缝的尺寸变化的测定选项。

标准的洗涤程序保持一致性，以便使结果具有可比性。标准参数仅可代表，但不能完全复制目前的消费者洗涤情况，因为消费者洗涤情况是随着时间和不同家庭而变化的。AATCC LP1《家庭洗涤的实验室程序：机洗》（见 12.3），AATCC LP2《家庭洗涤的实验室程序：手洗》（见 12.3）和 ISO 6330，纺织品试验时采用的家庭洗涤及干燥程序（见 12.7），提供了可供选择的洗涤程序和设备参数。

## 1. 目的和范围

**1.1** 本测试方法用来评价消费者使用家庭洗涤程序后服装的尺寸变化率（长度和宽度方向）。包括四种洗涤温度、三种搅动循环和四种干燥方式，涵盖了消费者用当前的洗衣机进行洗涤及护理的程序。

**1.2** 此方法不适用于弹性面料制成的服装。

## 2. 原理

通过在洗涤前标记的几对基准点来确定服装样品经过家庭洗涤和护理后的尺寸变化。洗前测量每对记号之间的距离，在指定次数的标准洗涤循环结束后再次测量。计算尺寸变化率。负值表示收缩，正值表示伸长。测试值越接近于零，表示尺寸变化很小或没有变化。

## 3. 术语

**3.1** 尺寸变化：织物样品在规定条件下长度或宽度的变化。通常用与原样品尺寸变化的百分比来表示。

**3.2** 服装：用于遮盖人类身体的服用纺织织物或其他柔软材料制成的成形商品。

**3.3** 伸长：样品长度或宽度的增加而引起的尺寸变化。

**3.4** 洗涤：使用洗涤剂溶液清除织物上的尘垢和油污的过程，通常包括漂洗、脱水和干燥等程序。

**3.5** 收缩：织物长度或宽度的缩小而引起的尺寸变化。

## 4. 安全和预防措施

本安全和预防措施仅供参考。本部分有助于测试，但未指出所有可能的安全问题。在本测试方法中，使用者在处理材料时有责任采用安全和适当的技术；务必向制造商咨询有关材料的详尽信息，如材料的安全参数和其他制造商的建议；务必向美国职业安全卫生管理局（OSHA）咨询并遵守其所有标准和规定。

**4.1** 遵守良好的实验室规定，在所有的试验区域应佩戴防护眼镜。

**4.2** 洗涤剂可能会引起对人的刺激，应注意防止其接触到皮肤和眼睛。

**4.3** 操作实验室测试仪器时，应按照制造商提供的安全建议。

## 5. 仪器和材料（见 12.1）

**5.1** 标准洗衣机（见 12.2 和表 1）。

**5.2** 标准滚筒式烘干机（见 12.2 和表 3），或滴干/悬挂晾干的设备。

**5.3** 调湿设备和调湿/干燥样品的抽拉式带孔架子（见 12.3）。

**5.4** 天平。至少 5.0kg 或 10.0 磅的量程。

**5.5** 1993 AATCC 标准洗涤剂（粉末状，含荧光增白剂，见 12.3）。

**5.6** 陪洗织物。1 型或 3 型（见表 4）。

**5.7** 专用持久标记笔（见 12.3），适合的直尺、卷尺、标记模板或其他用来做标记的装置（见 12.3）。也可用缝线的方式来做标记。

**5.8** 测量工具。

**5.8.1** 卷尺或直尺。刻度为 mm、1/8 英寸或 1/10 英寸。

**5.8.2** 卷尺或直尺模板。直接标注尺寸变化百分比，刻度为 0.5% 或更小（见 12.3）。

**表 1 标准洗衣机洗涤参数（见 12.2，12.6）**

| 项　　目 | | （1）标准挡 | （2）轻柔挡 | （3）耐久压烫挡 |
|---|---|---|---|---|
| 水位［L（加仑）］ | | 72±4（19±1） | 72±4（19±1） | 72±4（19±1） |
| 搅拌速度（r/min） | | 86±2 | 27±2 | 86±2 |
| 洗涤时间（min） | | 16±1 | 8.5±1 | 12±1 |
| 脱水速度（r/min） | | 660±15 | 500±15 | 500±15 |
| 脱水时间（min） | | 5±1 | 5±1 | 5±1 |
| 洗涤温度［℃（℉）］① | Ⅱ低温 | 27±3（80±5） | 27±3（80±5） | 27±3（80±5） |
| | Ⅲ中温 | 41±3（105±5） | 41±3（105±5） | 41±3（105±5） |
| | Ⅳ高温 | 49±3（120±5） | 49±3（120±5） | 49±3（120±5） |
| | Ⅴ极高温 | 60±3（140±5） | 60±3（140±5） | 60±3（140±5） |

① 根据美国能源部的要求，家用洗衣机多采用冷水洗涤。外部控制器可以用来调节仪器温度。

## 6. 测试样品

**6.1** 取样与准备。

**6.1.1** 每件服装为一个样品，作为测试样品的服装能代表一批样品的性能。如果可能，使用三件测试。如果服装不够也可以只使用一个或两个样品。

**6.1.2** 如果衣服在没有水洗之前就已经由于错误的布面整理、服装的拼接或包装引起扭曲变形，则得出的尺寸变化不真实。对于这种情况，需要另取衣服进行检测。或在检测结果中注明情况，仅供参考用。

**6.1.3** 在标记前，按 ASTM D1776《纺织品调湿和测试标准方法》（见 12.3）。（纺织品调湿条件见表 1，按照表 2 根据纤维含量选择调湿时间）。将衣服悬挂于合适的衣架上，对于通常不采用悬挂的衣服，例如 T 恤、平角短裤等，将每件衣服分开铺放在网架或打孔的晾置架上放置。

**6.2** 标记。在无张力，平整、光滑、水平的平面上进行标记。

表 2　标准干燥程序

| 符号 | 干燥程序 | 符号 | 干燥程序 |
|---|---|---|---|
| A | 滚筒烘干 | B | 悬挂晾干 |
| Ai | 滚筒烘干（标准） | C | 滴干 |
| Aii | 滚筒烘干（轻柔） | D | 平铺晾干 |
| Aiii | 滚筒烘干（耐久压烫） | | |

表 3　标准滚筒式烘干机参数（见 12.2）

| 项　目 | Ai 标准 | Aii 轻柔 | Aiii 耐久压烫 |
|---|---|---|---|
| 最高排气温度［℃（℉）］ | 68±6（155±10） | 60±6（140±10） | 68±6（155±10） |
| 冷却时间（min） | ≤10 | ≤10 | ≤10 |

表 4　陪洗布参数

| 项　目 | | 1 型 | 3 型 |
|---|---|---|---|
| 成分 | | 100%棉 | （50%±3%）棉/（50%±3%）聚酯纤维 |
| 坯布纱线 | | 环锭纺 36.4tex（16 英支） | 环锭纺 36.4tex（16 英支）或 19.4tex×2（30 英支/2） |
| 坯布结构（根/25.4mm） | | 平纹（52±5）×（48±5） | 平纹（52±5）×（48±5） |
| 整理后克重（g/m²） | | 155±10 | 155±10 |
| 边缘 | | 四边缝合或包边 | 四边缝合或包边 |
| 整理后织物尺寸 | mm | （920±30）×（920±30） | （920±30）×（920±30） |
| | 英寸 | （36.0±1）×（36.0±1） | （36.0±1）×（36.0±1） |
| 整理后织物质量（g） | | 130±10 | 130±10 |

**6.2.1** 按照表5在衣服的选定区域标记测量点。每件衣服至少需要在长度和宽度上有三组标记。标记所做的区域是买卖双方认可的。如果衣服足够大，标记的距离使用 460mm（18 英寸）。根据衣服的尺寸来确定使用的标记距离。对于一些衣服，特别是童装，需要使用较短的标记距离，如254mm（10 英寸）的印记或更短。所有的印记必须离样本的边缘或缝线25.4mm（1 英寸）以上，除了6.2.2所述的情况。

**6.2.2** 标记也可以在成衣的不同拼接面上（缝线之间或沿着缝线），如侧缝到侧缝、衣服的全长或全宽、或其他选定的区域。对于这类标记，需要在成衣上清楚标明测量点。

**6.2.3** 不同尺码、不同型号的成衣或不同长度标记的尺寸变化结果不具可比性。

**6.2.4** 标记点间距离应写入报告。

**6.3** 原始测量。所有的测量均在无张力下，在同一个平面上进行标记。

为提高尺寸变化计算的准确度和精确度，使用适当的直尺或卷尺按6.2中所做标记测量距离，所用单位为 mm 或 1/8 英寸或 1/10 英寸，记为测量值 A。如果使用已校准的样板直接标记和测量尺寸变化率，则不需要进行初始距离的测量。

表 5　测量的部位举例

| 成衣类型 | 测量部位 |
|---|---|
| 衬衫 | 衣领、领基、身长、袖长、胸围、袖口 |
| 裤子 | 前裆、后裆、裤管、内缝、外缝、腰围、臀围 |
| 连体工作服 | 身长、前裆、后裆、裤管、内缝、腋下长度、袖长、肩宽、腰围、胸围、臀围 |
| 平脚裤 | 总长、前裆、后裆、腰围 |
| 睡衣 | 身长、袖长、下摆、胸围 |
| 睡裤 | 内缝、裤长、腰围、臀围 |
| 短裤 | 裤长、前裆、后裆、短裤、腿宽、内缝、臀围、腰围 |
| 套头衫 | 长度、袖长、肩宽、胸围、腰围 |
| 衬裙 | 长度、下摆、腰围、臀围 |
| 女式罩衫 | 长度、袖长、肩宽、胸围、腰围 |
| 女裙 | 长度、下摆、臀围、腰围 |
| 制服/套装 | 大身长度、裙长、袖长、肩宽、胸围、腰围、臀围、下摆 |
| 工作服 | 长度、外缝、前裆、后裆、裤管、内缝、腰围、臀围 |

## 7. 水洗程序

**7.1**　水洗。

**7.1.1**　从表 1 选择水洗条件，并据此进行设定获得指定的循环参数。

**7.1.2**　水洗负载包括样品的全部测试试样，加上足够的陪洗织物，总负荷达到 1.8kg±0.1kg（4.0 磅±0.2 磅）。

**7.1.3**　开始选择水洗循环，加水至指定的水位。

**7.1.4**　按照洗衣机生产商说明，加入 66g±1g 的 1993 AATCC 标准洗涤剂。如果洗涤剂直接加入水中，应当轻微搅拌，使其全部溶解。在加负载之前停止搅拌。

**7.1.5**　加入负载（测试样和陪洗织物），均匀分散在搅拌器四周，开始水洗循环。

**7.1.6**　对于需要滴干的试样（干燥程序 C），在最后一次漂洗后，开始排水之前停止水洗循环。取出浸湿的试样。对于需要滚筒烘干（A），悬挂晾干（B），或平铺晾干（C）的试样，允许继续洗涤直到最后一次洗涤循环结束。

**7.1.7**　在每次水洗循环结束后，将绞在一起的试样和陪洗织物分开，切忌使试样发生扭曲变形。选择合适的干燥程序。

**7.2**　干燥。

**7.2.1**　从表 2 选择干燥程序。

**7.2.2**　（A）滚筒烘干。将洗涤负荷（试样与陪洗织物）放入滚筒烘干机中，设置温度达到选定的排气温度（见表 3）。启动烘干机，直到试样和陪洗织物烘干。烘干机停止后，立即取出试样。

**7.2.3**　（B）悬挂晾干。悬挂晾干时固定试样的两角，织物的长度方向与水平面垂直，悬挂在室温不超过 26℃（78℉）的静止空气中至干燥。不要直接对着试样吹风，以防止试样发生扭曲。

**7.2.4**　（C）滴干。滴干时固定滴水试样的两角，织物的长度方向与水平面垂直，悬挂在室温不超过 26℃（78℉）的静止空气中至干燥。不要直接对着试样吹风，以防止试样发生扭曲。

**7.2.5**　（D）平铺晾干。试样在水平的网架或打孔架上摊平，去除褶皱，但不要扭曲或拉伸试样，放在室温不超过 26℃（78℉）的静止空气中至干燥。不要直接对着试样吹风，以防止试样发生扭曲。

**7.2.6** 对于所有的干燥方式，允许试样在再次洗涤之前完全干燥。

**7.2.7** 重复选定的洗涤和干燥程序，总共进行 3 次循环或按协议要求的循环次数。

**7.3** 调湿。

最后一次干燥完成后，按 6.1.3 所述进行试样的调湿。

**7.4** 熨烫。

**7.4.1** 对于褶皱现象非常严重且消费者一般会对此类织物做成的成衣进行熨烫的样品，在再次测量标记前应对其进行熨烫。

**7.4.2** 参见 AATCC 133《耐热色牢度：热压》熨烫法中的安全熨烫温度指南来选择合适的熨烫温度（见 12.3）。熨烫中仅需施加必要的压力以去除样品上的褶皱。

**7.4.3** 由于每个操作者进行手工熨烫时会出现非常高的可变性（人工熨烫没有标准方法），导致烫后的尺寸变化重现性非常差。因此，应谨慎对待由不同操作者得到的测试结果。

**7.4.4** 熨烫后，按照 6.1.3 的描述对测试试样进行调湿。

## 8. 测量

**8.1** 样品经调湿后，标记和测量均无张力的平铺在同一个光滑平面上，如 6.2 和 6.3 所述。

**8.2** 测量打印标记间的距离或成衣上标记间的距离，如侧缝到侧缝、成衣的总长或总宽、或其他选定的区域，记做测量值 B。精确到毫米或 1/8 英寸或 1/10 英寸。如果使用尺寸变化率标尺，要求精确到 0.5% 或更小的标尺精度，直接记录尺寸变化率。

## 9. 计算和说明

**9.1** 计算。

**9.1.1** 若测量结果直接是尺寸变化率，取第

一次、第三次或其他洗涤干燥次数后的测试衣服的每个区域的平均值。

**9.1.2** 若测量结果是长度（mm、1/8 英寸或 1/10 英寸）的值，则按照下面计算第一次、第三次或其他洗涤干燥次数后的尺寸变化。

$$DC = \frac{B-A}{A} \times 100\%$$

式中：$DC$——平均尺寸变化,%；

$B$——平均洗涤后尺寸；

$A$——平均原始尺寸。

整个衣服每个测量区域的平均尺寸变化，如果需要，则分别计算长度和宽度方向的平均值，精确到 0.1%（见 12.5）。

**9.1.3** 如果最终测量的尺寸小于原始尺寸，表示缩小；如果最终测量的尺寸大于原始尺寸，表示伸长。

**9.2** 说明。

**9.2.1** 洗涤干燥一次后按照 9.1 计算尺寸变化，需要时可以熨烫。如果结果在预定的要求范围内，按照 7.1 ~ 7.4 操作，直到预定的循环全部完成。

**9.2.2** 洗涤干燥一次后按照 9.1 计算尺寸变化，需要时可以熨烫。如果结果超出了预定的要求范围，停止测试。

## 10. 报告

**10.1** 每个样品需要报告以下内容：

**10.1.1** 样品的描述或识别。

**10.1.2** 结果是按照 AATCC TM150-2018t 进行的。

**10.1.3** 所使用的陪洗织物类型，类型 1 或类型 3。

**10.1.4** 水洗循环的次数（默认 3 次循环，见 9.2）。

**10.1.5** 报告水洗条件，如果可能的话，报告包括水洗循环档位，水洗温度，干燥程序和滚筒干

燥温度。被双方所接受的字母数字符号，例如 1－Ⅳ－A（ⅱ）表示 49℃ 常规水洗循环，滚筒干燥循环。

**10.1.6** 样品原状态是否有扭曲或褶皱。

**10.1.7** 试样是否经过熨烫。

**10.1.8** 测试方法的任何偏离。如果使用本测试方法未列出的水洗设备或条件，必须进行详细描述并且作为标准方法的偏离进行备注（见 12.6）。

**10.2** 每个方向的报告如下。

**10.2.1** 测试的织物方向：长度或宽度方向。

**10.2.2** 平均尺寸变化，精确到 0.1%，（－）表示缩短，（＋）表示伸长（见 12.5）。

**10.2.3** 初始标记之间的距离，250mm（选项1）或 460mm（选项2）。

## 11. 精确度和偏差

**11.1** 精确度。这个方法没有建立精确度，方法精确度的描述是用标准统计学技术，比较实验室内部或实验室间的测试结果的平均值而产生的。

**11.2** 偏差。服装经自动家庭洗涤后尺寸变化的定义，仅适用于本测试方法。没有独立的方法评价它的真值。作为评估性能的手段，本方法没有已知的偏差。

## 12. 注释

**12.1** 有关适合测试方法的设备信息，请登录 http://www.aatcc.org/bg。AATCC 提供其企业会员单位所能提供的设备和材料清单。但 AATCC 没有给其授权，或以任何方式批准、认可或证明清单上

的任何设备或材料符合测试方法的要求。

**12.2** 建议的洗衣机的型号和来源，可联系 AATCC 获取，地址：P.O.Box 12215, Research Triangle Park NC 27709；电话：+1.919.549.8141；传真：+1.919.549.8933；电子邮箱：ordering@aatcc.org；网址：www.aatcc.org。本测试方法的上一版本中列出了另一种负载（3.6 kg 负载，83 L 水，80g AATCC1993 标准参考洗涤剂）。但是目前没有设备能满足此参数要求，另外，此参数所得到的测试结果与本标准方法得到的测试结果没有可比性。

**12.3** 可从 AATCC 获取，地址：P.O.Box 12215, Research Triangle Park NC 27709；电话：+1.919.549.8141；传真：+1.919.549.8933；电子邮箱：ordering@aatcc.org；网址：www.aatcc.org。

**12.4** 可从 ASTM 国际组织，100 Barr Harbor Dr., W.Conshohocken PA 19428；tel：+1.610.832.95.；fax：+1.610.832.9555；web site：www.astm.org。

**12.5** 如果想得到样品之间尺寸变化的可变性信息，则要单独计算衣服上每个标记的尺寸变化。

**12.6** 此测试方法中的水洗温度和其他参数都是测试的标准条件。作为实验室的常用测试程序，它代表但不完全和目前消费者的实际情况一致。消费者的实际情况会随着时间和每个家庭有所不同。实验室操作必须一致，以便使结果具有可比性。如果水洗设备或其他条件不同于此方法，必须要描述细节和偏离。LP1、LP2 和 ISO 6330 概述了可选择的其他洗涤条件。

**12.7** 可从 ISO 网站获取，www.iso.org。

*AATCC TM154-2017e*

# 分散染料的热固色性能

AATCC RA87 技术委员会于 1978 年制定；1981 年、2006 年、2011 年重新审定；1986 年、1991 年、1996 年、2001 年编辑性修订并重新审定；2008 年、2010 年、2019 年编辑性修订；2017 年修订。

## 1. 目的和范围

本测试方法适用于测定在特定固色条件下，分散染料在聚酯纤维/纤维素纤维织物上的固色性能。本测试方法中的变量是温度。当然，也可以使用本方法来研究时间和/或染料和/或助剂浓度的变化影响。

## 2. 原理

**2.1** 染料以一定浓度浸轧到混纺织物上，烘干织物，染料在一定的温度和时间条件下被固着在织物上。混纺织物中棉纤维组分被浓硫酸溶解，然后进行中和与彻底清洗。

**2.2** 用分光光度计测量在不同固色条件下染色织物的反射率，用库贝尔卡—蒙克函数（$K/S$）计算相对于最深染色（为 100%）时的染料浓度。用这些结果评价不同染色条件下相应的染料固色性。备选方法：用适当的溶剂萃取织物上的染料，通过透射分光光度计法测定染料的浓度。将得到的染料浓度与相应浸轧过程中未固色的样品的染料浓度相比较来得到真正的染料固色值。

## 3. 术语

**3.1** 分散染料：一种非水溶性染料，在被适当分散时，对聚酯、聚酰胺及其他合成纤维具有亲和力。

**3.2** 热固色：当用着色剂对纺织材料进行染色时，使用干热方法以得到永久着色的过程。

## 4. 安全和预防措施

本安全和预防措施仅供参考。本部分有助于测试，但未指出所有可能的安全问题。在本测试方法中，使用者在处理材料时有责任采用安全和适当的技术；务必向制造商咨询有关材料的详尽信息，如材料的安全参数和其他制造商的建议；务必向美国职业安全卫生管理局（OSHA）咨询并遵守其所有标准和规定。

**4.1** 遵守良好的实验室规定，在所有的试验区域应佩戴防护眼镜。

**4.2** 所有化学物品应当谨慎使用和处理。

**4.3** 使用 70% 的硫酸在通风橱内进行溶解操作（见 7.3）。在准备、配制和处理硫酸时，应使用化学防护镜或者面罩、防水手套和防水围裙。浓酸处理只能在充分通风的通风橱内进行。需要注意的是，应总是向水中滴加酸。

**4.4** 在准备、配制及处理氢氧化铵时，使用化学防护镜或者面罩、防水手套和防水围裙。配制、混合以及处理氢氧化铵只能在充分通风的通风橱内进行。

**4.5** 氯苯的萃取步骤应在充分通风的通风橱内进行（见 8.2）。需要注意的是，氯苯蒸气有毒且易燃。

**4.6** 氯苯是一种易燃液体，只能用小容器少量储存在实验室中，并远离热源、明火和火花。

**4.1** 遵守良好的实验室规定，在所有的试验区域应佩戴防护眼镜。

**4.2** 所有化学物品应当被谨慎使用和处理。

**4.3** 四氯乙烯是有毒物质，皮肤反复接触以及食入会引起中毒。仅限在通风效果良好的环境中使用。对实验室动物进行四氯乙烯毒理学研究发现：长时间接触浓度为 100~400mg/kg 的四氯乙烯蒸气后，大鼠和小鼠有癌变迹象。因此，用四氯乙烯浸透的织物应在通风合适的通风橱内干燥。处理四氯乙烯时，应该使用化学护目镜或面罩、防渗透手套和防渗透围裙。

**4.4** 在附近安装洗眼器、安全喷淋装置、有机蒸气防毒面具以备急用。

**4.5** 干洗设备应在制造商的指导下与室外大气实现通风。

**4.6** 本测试方法中，人体与化学物质的接触限度不得高于官方的限定值〔例如，美国职业安全卫生管理局（OSHA）允许的暴露极限值（PEL），参见 29 CFR 1910.1000，最新版本见网址 www. osha.gov〕。此外，美国政府工业卫生师协会（ACGIH）的阈限值（TLVs）由时间加权平均数（TLV-TWA）、短期暴露极限（TLV-STEL）和最高极限（TLV-C）组成，建议将其作为人体在空气污染物中暴露的基本准则并遵守（见 13.2）。

## 5. 试剂

**5.1** 四氯乙烯（商业用），干洗级。

**5.2** 失水山梨糖醇单油酸酯（典型的化学品是 Span 80）。

## 6. 仪器和材料

**6.1** 干洗机。转笼型全封闭式，以便使用全氯乙烯。转笼直径不小于 600mm，不大于 1080mm，深度不小于 300mm，配有 3~4 个提升片。转笼的回转速度在干洗时的 $g$ 因子（见 13.3）在 0.5~0.8，脱液时 $g$ 因子在 35~120。机器上应安装有温度计，

以便测量溶剂的温度。机器应备有适当装置，使乳液能够慢慢加入内、外笼之间的溶剂液面之下。干洗机可以是洗涤/干燥一体机，也可以另外配独立的烘干机。不论什么类型的烘干机，都必须配备一个温度控制器，可以在烘干过程中控制进风口或出风口的温度（关于溶剂的回收，见 13.4）。独立烘干机转笼的尺寸应该和干洗机一致。

**6.2** 试样整理所需的适用设备。

**6.3** 能提供试验用标准大气环境的设备。

**6.4** 作为陪洗物的干净织物或服装，白色或浅色，成分为 80% 羊毛和 20% 棉或黏纤。

**6.5** 笔、墨水（不褪色的）或其他做标记的适当工具。

**6.6** 适用于试样测量用的直尺，最小刻度是毫米（mm）。

**6.7** 测试平台，尺寸足够使试样平铺在上面进行测量。

## 7. 试验样品

**7.1** 成衣，按照原样进行测试。

**7.2** 织物的剪样尺寸不小于 500mm×500mm，四边用涤纶线包好边，防止脱边。

**7.3** 弹力圆筒形针织物应小心顺着罗纹剪开，这样不会造成扭曲。按照 8 所述做标记和测量后，将剪开的边重新缝合，恢复成圆筒形。试验完成后，再沿缝线剪开，在打开的状态下确定标记间的距离。

## 8. 试样准备

**8.1** 将干燥状态的试样放入温度 21℃±2℃（70°F±4°F）、相对湿度（65±5）% 的标准大气下调湿。试样铺开放在平坦、光滑的台面上，放置时间不小于 24h。

**8.2** 做标记时，将试样在无外力状态下自然平放在一个平坦、光滑的平面上。注意试样上应看不到有褶皱或折痕。长度和宽度方向各做三对标

记，每对标记相隔至少 250mm。如果样品是服装，可以分别在服装面料和里料的不同部位做标记和测量。

## 9. 操作程序

**9.1** 一般材料的试验程序。

**9.1.1** 内笼全部盛载量按 $50kg/m^3 \pm 2kg/m^3$ 装样量计算。保证每次洗涤试样质量不超过总质量的 10%，除了有些成衣本身质量已经超过了总质量的 10%。不足的质量用陪洗物补充。

在把试样放入干洗机之前，需要把试样和陪洗物放在标准试验环境中调湿。一般是放置 24h 后进行测试。

**9.1.2** 将调湿后的试样和陪洗物放入干洗机，加入含失水山梨糖醇单油酸酯的全氯乙烯，失水山梨糖醇单油酸酯在全氯乙烯中的含量为 1g/L，根据内笼和外笼溶剂的容积量计算，装载量是 $0.65L/kg \pm 0.5L/kg$（相当于内笼直径约 30% 的溶剂液位），在干洗过程中保持溶剂温度 $30℃ \pm 3℃$（$86℉ \pm 5℉$）。

**9.1.3** 准备乳状液，按照体积计算，用一份失水山梨糖醇单油酸酯加三份全氯乙烯，然后加两份水（搅拌）。启动干洗机，关闭过滤，缓慢地（不短于 2min、不长于 12min）将一定量（相当于按承载量计算的含水量 2% 的乳液量）的乳液加至干洗机的内、外笼之间的溶剂液面之下。

**9.1.4** 启动机器后，保持机器运转 15min，除了在按 9.1.2 加溶剂时，在整个机器运行期间，不得使用过滤器通道。

**9.1.5** 排放溶剂。离心脱液 2min，除去盛载物中的溶剂（全速离心脱液至少 1min）。

**9.1.6** 以同样的浴比（见 9.1.2）加入纯干洗溶剂漂洗 5min，排水和脱水 3min（全速脱水至少 2min）。

**9.1.7** 在干洗机或单独的转笼烘干机中，转笼在循环的热风中翻滚适当时间以烘干洗涤物，最好使用自动的溶剂干燥控制装置。烘干时出风口温度不超过 60℃（140℉），或进风口温度不超过 80℃（176℉）（见 13.5）。烘干后，室温下对正转动的洗涤物吹风 3~5min。

**9.1.8** 立即把样品取出。成衣试样分开挂在衣架上，织物试样平放在平面上，整理前至少放置 30min。

如果需要测试仅进行干洗的尺寸稳定性，此时可以对试样进行调湿和测量，并在报告中详细记录此过程。

**9.1.9** 根据织物或成衣选择适当的方法进行整理。大多数情况是在成衣压烫机上用蒸汽对试样进行压烫，蒸汽压力 370~490kPa（3.8~5kgf/$cm^2$）（炉压）或在成衣汽蒸模具上汽蒸 5~20s，接着用暖空气干燥 5~20s。

**9.1.10** 按照 8.1 所述调湿试样，按照 8.2 来测量原标记间的距离。

**9.2** 敏感材料的试验程序。

**9.2.1** 按照 9.1.1 进行，但内笼盛载量计算方法为 $33kg/m^3 \pm 2kg/m^3$。

**9.2.2** 按照 9.1.2 进行，但盛载物所用溶剂量增至 10L/kg±1L/kg（溶剂的液位与 9.1.2 的大致相同）。

**9.2.3** 按照 9.1.3 进行，但溶剂相对湿度为 63%±2%，即不需要加乳液。

**9.2.4** 按照 9.1.4 进行，但运行时间减少到 10min。

**9.2.5** 按照 9.1.5~9.1.10 进行，但全速甩干时间减少到 1min。

**9.2.6** 按照 8.2 把样品平铺，测量标记间的距离，精确到毫米。测量成衣的全部尺寸，精确到±2mm。所有测量都要在 8.1 说明的调湿和试验用标准大气下进行。

## 10. 计算和结果表示

计算织物长度和宽度方向的尺寸变化率及成衣

主要部位的尺寸变化率。结果取尺寸变化百分率的平均值，数值修约到 0.2%，用"－"表示缩短，用"＋"表示伸长。

## 11. 报告

注明试验按照本方法进行，报告如下内容。

**11.1** 测试中任何可选或附加条件的详细记录。

**11.2** 遵照的是 9.1 或 9.2 中的程序。

**11.3** 根据 10 计算得出结果。

**11.4** 试样在洗涤材料中的质量百分比以及陪洗布的材料类型。

**11.5** 烘干过程中进风口或出风口的最高温度。

**11.6** 整理方法的详细描述。

**11.7** 整理的次数。

**11.8** 本方法要求的织物或服装试样的尺寸描述。

## 12. 精确度和偏差

**12.1** 精确度。本测试方法的精确度尚未确立。在本方法的精确度确立之前，应使用标准统计方法进行实验室内或实验室间的结果比对。

**12.2** 偏差。全氯乙烯机械干洗的尺寸变化只能按照测试方法对其进行定义，没有独立的方法可以确定其真值。本方法作为判断这一性能的手段，没有已知偏差。

## 13. 注释

**13.1** 敏感材料包括毛针织品、毛皮织物、绉绸、稀经稀纬及松捻毛织物、原纱漂白织物、珠皮呢、经条灯芯绒、马裤呢、拉舍尔织物、雪尼尔、凸纹针织物、真丝织物等。

**13.2** 相关信息可从 ACGIH 获取，地址：Kemper Woods Center, 1330 Kemper Meadow Dr., Cincinnati OH 45240；电话：+1.513.742.2020；网址：www.acgih.org。

**13.3** 根据下面的公式计算系数 $g$ 因子：

$$g=\frac{5.6n^2d}{10^7}$$

式中：$n$——转速，r/min；

$d$——转笼的直径，mm。

**13.4** 使用商业干洗设备时，应注意官方的有关安全规定和通常采用的预防措施。

**13.5** 由热敏感纤维织成或含有热敏感纤维的纺织品，如变性聚丙烯腈纤维，烘干时出风口温度不应超过 40℃（104℉）[入风口温度达到 60℃（140℉）]。对热非常敏感的纺织品，如含有聚氯乙烯纤维的产品，脱液后应离开设备，在室温下干燥。

*AATCC TM159-2017e*

# 酸性染料和金属络合酸性染料在锦纶上的迁移

AATCC RA87 技术委员会于 1979 年制定；1984 年、1989 年（更换标题）、1994 年、1999 年编辑性修订并重新审定；1985 年、1987 年、1997 年、2004 年、2010 年、2019 年编辑性修订；2006 年重新审定；2011 年、2017 年修订。

## 1. 目的和范围

本测试方法评价在模拟染色浴的条件下，酸性（阴离子）染料或金属络合染料从染色的锦纶织物向未染色锦纶织物的迁移。为了保证染色过程的一致性，本方法采用酸性染料对锦纶的染色方法。

## 2. 原理

**2.1** 将锦纶织物用待测染料染成 1/1 的标准深度。将染色后的锦纶织物的一部分与相同重量的未染色锦纶织物一起放入模拟染色浴中进行移染测试。

**2.2** 移染测试分别在 pH 为 4.5、6.0 和 7.5 的条件下及 95℃ 的温度下进行。

## 3. 术语

**3.1** 酸性染料：一种阴离子染料，对含有阳离子基团的纤维具有直接性，通常在酸性或中性染浴中进行染色。

**3.2** 金属络合酸性染料：一种酸性染料，由等量的金属离子与等量的染料（1∶1 金属络合酸性染料）或两倍量的相同或不同的染料（1∶2 金属络合酸性染料）反应制成，具有螯合金属的能力。

**3.3** 移染：在纺织品加工、测试、储存和使用过程中，化学品、染料或颜料在一个基材的纤维间或不同基材的纤维间迁移的现象。

## 4. 安全和预防措施

本安全和预防措施仅供参考。本部分有助于测试，但未指出所有可能的安全问题。在本测试方法中，使用者在处理材料时有责任采用安全和适当的技术；务必向制造商咨询有关材料的详尽信息，如材料的安全参数和其他制造商的建议；务必向美国职业安全卫生管理局（OSHA）咨询并遵守其所有标准和规定。

**4.1** 遵守良好的实验室规定，在所有的试验区域应佩戴防护眼镜。

**4.2** 所有化学物品应当谨慎使用和处理。当用浓酸和氢氧化钠制备缓冲模拟染浴时，使用化学护目镜或面罩，佩戴防水手套和围裙。

**4.3** 在附近安装洗眼器、安全喷淋装置、防有机蒸气全面罩型防毒面具以备急用。

**4.4** 本测试方法中，人体与化学物质的接触限度不得高于官方的限定值［例如，美国职业安全卫生管理局（OSHA）允许的暴露极限值（PEL），参见 29 CFR 1910.1000，最新版本见网址 www.osha.gov］。此外，美国政府工业卫生师协会（ACGIH）的阈限值（TLVs）由时间加权平均数（TLV-TWA）、短期暴露极限（TLV-STEL）和最高极限（TLV-C）组成，建议将其作为人体在空气污染物中暴露的基本准则并遵守（见 9.1）。

## 5. 仪器和材料

**5.1** 染色的锦纶。

**5.2** 未染色的锦纶（与染色锦纶材料相同）。

**5.3** 非离子表面活性剂。

**5.4** 碳酸钠（$Na_2CO_3$）。

**5.5** 磷酸（$H_3PO_4$），通常85%。

**5.6** 醋酸（$CH_3COOH$），结晶状。

**5.7** 硼酸（$H_3BO_3$）。

**5.8** 氢氧化钠（NaOH）。

**5.9** 醋酸（$CH_3COOH$），56%。

**5.10** 乙二胺四乙酸四钠盐（EDTA），100%粉末。

**5.11** 样品变色评价方法。

**5.11.1** 变色灰卡（AATCC EP1）（见9.2）。

**5.11.2** 采用 CIE 出版的 15.2 中的子条款 1.4 中所描述的任何一种几何定义的分光光度计（见9.3）。

**5.12** 样品沾色评价方法。

**5.12.1** 沾色灰卡（AATCC EP2）（见9.2）。

**5.12.2** 采用 AATCC 9 级沾色彩卡（AATCC EP8）（见9.2）。

**5.12.3** 采用 CIE 出版的 15.2 中子条款 1.4 中所描述的任何一种几何定义的分光光度计（见9.3）。

## 6. 操作程序

**6.1** 织物准备。

**6.1.1** 将未染色的锦纶织物在含有 1.5g/L 的非离子表面活性剂（见5.3）和 1.5g/L 碳酸钠的 50~60℃ 溶液中精炼 30min。

**6.1.2** 充分水洗。

**6.1.3** 用 1mL/L 的 56% 醋酸进行中和。

**6.1.4** 然后用水冲洗。

**6.1.5** 晾干。

**6.2** 染色程序。

**6.2.1** 浴比为 30：1、染色温度为 38℃（100℉）、X.XX% 染料、0.25% 的 EDTA 螯合剂（在中性金属络合染料中染色时）和 2.00% 的醋酸（56%）。

**6.2.2** 在 38~48℃ 下加入锦纶材料（织物、纱线、散纤维）。

**6.2.3** 将染浴以 1.5℃/min 的速度升温到沸腾。

**6.2.4** 沸染或在沸点附近染色 45min。

**6.2.5** 如果有必要，再添加 1.0% 的醋酸（56%）至竭染。

**6.2.6** 再染色 15min。

**6.2.7** 先用 80~90℃ 的热水清洗，再用 38℃ 的温水清洗。

**6.2.8** 晾干。

**6.3** 移染浴制备（见附录）。

**6.3.1** 按照附录中所述，分别制备 200mL 的 pH 为 4.5、6.0 和 7.5 的模拟染色浴（每个待测的染料样品用一个染色浴）。

**6.3.2** 分别把一片 5g 的染色织物和一片 5g 的未染色织物放到模拟染色浴内；B/F（浴比）为 20：1。

**6.3.3** 搅拌程度是影响染料进出基材扩散速率的重要因素。对于所有对比测试，搅拌速率应一致。

**6.3.4** 以 2℃/min 的速率将染浴升温至 95℃，在搅拌下运行 50min。保存染色浴（见6.3.6）。

**6.3.5** 取出两片织物，水洗并晾干。

**6.3.6** 测量室温下移染浴的 pH，并在表格中记录。

**6.3.7** 把一片未染色的锦纶放到移染浴中，并按照 6.3.4 所述条件染色至竭染，调节 pH 至 4.5。在表格中记录 pH。

## 7. 结果评价和报告

**7.1** 当 pH 为 4.5 时，比较染料。

**7.1.1** 为了得到最佳观察效果，样品应如图 1 所示并排放在白板上。

**图 1　pH＝4.5 时，用于比较染料的样品放置**

**7.1.2**　将 pH 分别为 6.0 和 7.5 的样品用类似的方法放置。

**7.2**　在 pH 为 4.5、6.0 和 7.5 时比较染料 A。

**7.2.1**　如图 2 所示，把样品放置在白板上。

**7.2.2**　染料 B 和染料 C 的样品用同样的方法放置。

**图 2　pH＝45，6.0 和 7.5 时染料 A 比较时样品的放置**

**7.3**　颜色比较。

评价并记录试样的变色等级，采用变色灰卡〔AATCC EP1 评定，或 EP7 试样变色的仪器评定（见 9.2）〕。

**7.4**　竭染样品的评价。

评价并记录竭染样品的沾色等级，使用沾色灰卡（AATCC EP2 评定），或 AATCC 9 级沾色灰卡

（AATCC EP8）或 EP12 沾色的仪器评定（见 9.2）。

**7.5**　在所有的测试记录中记录锦纶的类型和制造商。

## 8. 精确度和偏差

**8.1**　精确度。本测试方法的精确度尚未确立。在其声明确立之前，用标准统计学技术进行实验室内部或不同实验室之间测试结果的对比。

**8.2**　偏差。酸性染料和金属络合酸性染料在锦纶上的移染仅能依据一种测试方法来定义，尚没有独立的方法确定其真值。作为这一特性的一种评价手段，本方法没有已知偏差。

## 9. 注释

**9.1**　资料可从 ACGIH 获取，Kemper Woods Center，1330 Kemper Meadow Dr.，Cincinnati OH 45240；电话：+1.513.742.2020；网址：www.acgih.org。

**9.2**　资料可从 AATCC 技术中心获取，P.O. Box 12215，Research Triangle Park NC 27709；电话：+1.919.549.8141；传真：+1.919.549.8933；电子邮箱：ordering@aatcc.org；网址：www.aatcc.org。

**9.3**　CIE 出版号 15：2004《变色学》，第 3 版，可通过美国 CIE 国家委员会或 CIE 网店（www.techstreet.com/cie/）获取。

# 附录　模拟缓冲染色浴的制备

使用蒸馏水（如果没有蒸馏水，也可以使用自来水）制备如下两种溶液。

溶液 A：5g 磷酸（100%）、2.4g 醋酸（100%）、1.76g 硼酸（HBO₂，100%），制成 1L 溶液。

溶液 B：8g 氢氧化钠，制成 1L 溶液。

按照附表 1 使用 pH 计制备模拟染色浴。为达到所需的 pH，溶液 B 的量可能会有轻微调整。向溶液 A 中加入溶液 B，用 pH 计测定最终的 pH。用去离

子水稀释到 600mL。足够用于制备每个 pH 下的三个模拟染色浴。

**附表 1　制备模拟染色浴**

| pH | 溶液 A（mL） | 溶液 B（mL） | 溶液 C（mL） |
|---|---|---|---|
| 4.5 | 100 | ca.35 | 600 |
| 6.0 | 100 | ca.50 | 600 |
| 7.5 | 100 | ca.10 | 600 |

**AATCC TM161-2023**

# 由金属引起的分散染料色变，含或不含螯合剂

## 1. 目的和范围

本测试为实验室提供以下测试方法。

**1.1** 确定螯合剂在分散染浴中螯合重金属离子的有效性（重金属离子会引起分散染料色变）。

**1.2** 本测试可用来评价染色过程中分散染料对能够产生色变的金属离子的敏感程度。

## 2. 原理

**2.1** 螯合剂在分散染浴中螯合金属离子，阻止分散染料受金属离子诱导发生色变，螯合剂的有效性可按图 1 中的方法来确定。

**2.2** 分散染料对金属离子的敏感程度，可通过参照染料与待测染料的比对来测定，可按图 2 所示的方法测试。

## 3. 引用文献

注释：除非另有说明，所有出版物应使用当前版本。

**3.1** AATCC EP1《变色灰卡评定程序》。

**3.2** AATCC EP7《仪器评定试样变色》。

## 4. 术语

**4.1** 螯合剂：在纺织化学中，能使金属离子形成水溶性络合物而失活的化学物质。同义词：络合剂。

**4.2** 色变：测试样与相应的未测试样对比，可识别的任何颜色的该表，包括明度、色相或色差，或其组合。

**4.3** 等级：与样卡比较，得到的测试试样的评价级数。

**4.4** 灰卡：样卡由标准灰卡对组成，这些样卡对代表简便的色差值，且与色牢度级别对应。

注意：灰度等级以小数表示半级（如 1，1.5），或用横线表示（如 1，1-2）。

**4.5** 金属敏感程度：在有特定金属离子存在的情况下，染料在织物上产生变色的趋势。

## 5. 安全和预防措施

**5.1** 方法/程序中规定的安全预防措施是测试程序的辅助措施，本部分有助于测试，但未指出所有可能的安全问题。

**5.2** 使用者有责任参考适用的安全数据表，使用安全和适当的技术，在处理本标准中材料时应穿着适当的个人防护装备。

**5.3** 使用者必须向制造商咨询具体细节，如设备操作说明和其他建议。咨询并遵守所有适用的健康和安全法规［如美国职业安全卫生管理局（OSHA）标准和规定］。

## 6. 使用和限制条件

**6.1** 精确的测定结果和预期的色变，依靠所有的染色工艺参数的精确控制以及所用特殊金属染料和载体。

**6.2** 外来金属污染物可能导致错误的结果。测试过程中，必须使用干净的织物和蒸馏水，先用10%磷酸溶液清洗染色容器，然后用蒸馏水充分清洗。

**6.3** 为避免得出错误的结论，必须根据已知的金属敏感性的染料确立测试条件，以确认可以获得预期的色变。特定的参照染料或载体、或特定的

染色条件，可能不会产生预期的色变。

**6.4** 本测试方法不适用于分散染料和其他染料混合时的测试，因为其他染料中可能含有金属络合物，存在潜在的被螯合剂破坏的可能性。

## 7. 仪器和材料（见15.1）

**7.1** 测试织物。干净的100%聚酯织物（长丝或短纤）经过退浆（按需要）和精炼处理（见15.2）。

**7.2** 参照染料（C.I. 分散红60和C.I. 分散黄42）（见15.3）。

**7.3** 待测染料。

**7.4** 硫酸铜（$CuSO_4$），相对分子质量为159.606。

**7.5** 硫酸亚铁铵〔$Fe(NH_4)_2(SO_4)_2 \cdot 6H_2O$〕，相对分子质量为392.158。

**7.6** 载体（见15.4）。

**7.7** 螯合剂（见15.5）。

**7.8** 蒸馏水。

**7.9** 醋酸（$CH_3COOH$），浓度为99.7%。

**7.10** 磷酸（$H_3PO_4$），浓度为85%。

**7.11** 非离子助剂。

**7.12** 碳酸钠。

**7.13** 具有良好搅拌和温控功能的染色设备。

**7.14** 分析天平。

**7.15** pH计。

**7.16** AATCC变色灰卡（AATCC EP1，见15.6），或分光光度计，见AATCC EP7仪器评定试样的变色中的描述。

## 8. 取样

**8.1** 每次染色，剪取一块聚酯织物测试样（见图1和图2）。

**8.2** 对于所有的颜色，使用相同的染料、金属、载体和螯合剂溶液。

图1 操作程序1

图2 操作程序2

## 9. 试样准备

**9.1** 对于每一次测试，准备适当数量、质量相等的聚酯织物样品。通常情况下，每个样品的质量是10g。

**9.2** 按照第10部分的描述制备染料和辅助溶液。

## 10. 试剂准备

**10.1** 染料溶液（待测染料和参照染料）。

**10.1.1** 精确称量2.0g染料。使用表1中推荐的染料用量，使其产生与C.I. 分散红60或C.I. 分散黄42相当的染色深度。

**10.1.2** 量取100mL蒸馏水，加热至49~60℃（120~140℉）。向染料中加入少量此蒸馏水。

**10.1.3** 用干净的搅拌棒均匀搅拌至染料分散，在搅拌过程中加入几等份温水。

**10.1.4** 用蒸馏水稀释到1000mL，使2.0g/L的染料分散。

**10.2** 硫酸铜溶液。

**10.2.1** 精确称量2.51g的硫酸铜。

**10.2.2** 加入1000mL的蒸馏水中。最终金属离子的浓度为 1.0g/L。

**10.2.3** 使用前，应该仔细检查金属溶液，不要使用有任何絮状沉淀或沉降物的溶液。

**10.2.4** 亚硫酸盐溶液不稳定，在储存过程中容易产生沉淀，每天需要新制备溶液。

**10.3** 硫酸亚铁铵溶液。

**10.3.1** 精确称量 7.02g 硫酸亚铁铵。

**10.3.2** 加入 1000mL 蒸馏水中，最终金属离子的浓度为 1.0g/L（见 10.2.3 和 10.2.4）。

**10.4** 载体溶液。

**10.4.1** 精确称量载体。

**10.4.2** 用蒸馏水配制 50.0g/L 的载体溶液。

**10.5** 螯合剂溶液。

**10.5.1** 精确称量螯合剂。

**10.5.2** 用蒸馏水配制 10.0g/L 的螯合剂溶液。

**10.5.3** 在含有二价铜离子或亚铁离子的 C.I. 分散红 60 和 C.I. 分散黄 42 染色浴内加入足够量的 EDTA 螯合剂，可得到预期的没有金属离子产生色变的试样。

## 11. 操作程序

**11.1** 在"空白""有金属离子存在""有金属离子和螯合剂存在"的条件下，用 C.I. 分散红 60 和 C.I. 分散黄 42 进行染色，测试螯合剂在染料浴中螯合金属离子的有效性，以便防止金属离子引起的色变（见图 1，表 1 和表 2）。

**11.2** 在"空白""有金属离子存在"的条件下，用 C.I. 分散红 60 和 C.I. 分散黄 42 进行染色，测试分散染料的金属离子敏感度（见图 2，表 1 和表 2）。

**表 1　常压染色浴的组成（见 14.14）**

| 参数 | 空白 | |
| --- | --- | --- |
| | C.I. 分散红 60 | |
| 织物质量（g） | 10 | |
| 水量（mL） | 259 | |
| 载体浓度（%）（见 9.4）[a] | 8.0（16mL） | |
| 染料浓度（%）（见 9.1）[b] | 0.5（25mL） | |
| 浴比[c] | 30：1 | |
| 参数 | 有金属离子（没有螯合剂） | |
| | 铜离子 C.I. 分散红 60 | 亚铁离子 C.I. 分散红 60 |
| 织物质量（g） | 10 | 10 |
| 水量（mL） | 256 | 181 |
| 金属离子浓度（见 9.2 和 9.3） | 10（mg/kg）（3mL） | 10（3mL） |
| 载体浓度（%）（见 9.4） | 8.0（16mL） | 8.0（16mL） |
| 染料浓度（%） | 0.5（25mL） | 2.0（100mL） |
| 浴比 | 30：1 | 30：1 |
| 织物质量（g） | 10 | 10 |
| 水量（mL） | 251 | 176 |
| 螯合剂浓度（%）（见 9.5） | 0.5（5mL） | 0.5（5mL） |

续表

| 参数 | 有金属离子和螯合剂 | |
| --- | --- | --- |
| | 铜离子 C. I. 分散红 60 | 亚铁离子 C. I. 分散红 60 |
| 金属离子浓度（mg/kg） | 10（3mL） | 10（3mL） |
| 载体浓度（%） | 8.0（16mL） | 8.0（16mL） |
| 染料浓度（%） | 0.5（25mL） | 2.0（100mL） |
| 浴比 | 30∶1 | 30∶1 |

**注** 沸水浴常压染色，温度100℃（212°F），60min。

a 必要时采用合适的载体和调节水量。

b 所选的染料浓度可以产生最大的色度变化。

c 选择适合于实验室的30∶1的浴比。预试验表明10∶1、20∶1和30∶1的浴比没有太大差异。

表 2　加压染色浴的组成（见 14.14）

| 参数 | 空白 | |
| --- | --- | --- |
| | C. I. 分散红 60 | C. I. 分散黄 42 |
| 织物质量（g） | 10 | 10 |
| 水量（mL） | 275 | 275 |
| 染料浓度（%）（见 9.1）a | 0.5（25mL） | 0.5（25mL） |
| 浴比b | 30∶1 | 30∶1 |

| 参数 | 有金属离子（没有螯合剂） | | |
| --- | --- | --- | --- |
| | 铜离子 C. I. 分散红 60 | 铜离子 C. I. 分散黄 42 | 亚铁离子 C. I. 分散红 60 |
| 织物质量（g） | 10 | 10 | 10 |
| 水量（mL） | 272 | 272 | 189 |
| 金属离子浓度（mg/kg，见 9.2 和 9.3） | 10（3mL） | 10（3mL） | 10（3mL） |
| 载体浓度（%）（见 9.4）c | 无载体 | 无载体 | 4.0（8mL） |
| 染料浓度（%） | 0.5（25mL） | 0.5（25mL） | 2.0（100mL） |
| 浴比 | 30∶1 | 30∶1 | 30∶1 |

| 参数 | 有金属离子和螯合剂 | | |
| --- | --- | --- | --- |
| | 铜离子 C. I. 分散红 60 | 铜离子 C. I. 分散黄 42 | 亚铁离子 C. I. 分散红 60 |
| 织物质量（g） | 10 | 10 | 10 |
| 水量（mL） | 267 | 267 | 184 |
| 螯合剂浓度 | 见 9.5 | | |
| 金属离子浓度（mg/kg） | 10（3mL） | 10（3mL） | 10（3mL） |
| 载体浓度（%） | 无载体 | 无载体 | 4.0（8mL） |
| 染料浓度（%） | 0.5（25mL） | 0.5（25mL） | 0.5（25mL） |
| 浴比 | 30∶1 | 30∶1 | 30∶1 |

**注** 所有染色在受压下，130℃（265°F），染色 30min。

a 所选的染料浓度可以产生最大的色度变化。

b 选择适合于实验室的30∶1的浴比。预试验表明10∶1、20∶1和30∶1的浴比没有太大差异。

c 必要时采用合适的载体和调节水量。

**11.3** 染色之前，使用 10% 的磷酸溶液清洗所有的染色容器，然后用蒸馏水冲洗。

**11.4** 按照表 1 和/或表 2 制备染料浴。

**11.5** 将试样预先在蒸馏水中润湿，挤压除去多余水分，放入带有搅拌的染色浴中。

**11.6** 用醋酸调节含有样品的染色浴 pH，使用 pH 计测定染浴的 pH 为 5.0。

**11.7** 把压力染色容器放入相应的染色机中，把常压染色容器放入配套的染色设备内。

**11.8** 以 2.2℃（4℉）/min 的速度升温至染色温度。

**11.8.1** 常压染色在沸腾状态下保温 60min。

**11.8.2** 高温高压染色在 130℃（265℉）下保温 30min。

**11.9** 冷却后取出染色容器。

**11.10** 试样后处理。在 71℃（160℉）的以下溶液中煮练 10min：

（1）0（owf）非离子表面活性剂；

（2）0（owf）碳酸钠。

**11.11** 清洗。

**11.12** 用醋酸中和至 pH 为 7±0.5。

**11.13** 清洗（使用蒸馏水）。

**11.14** 干燥。

**11.15** 评级前，将测试试样在相对湿度（65±5）%，温度 21℃±2℃（70℉±4℉）大气环境中调湿 1h。

## 12. 评级

**12.1** 按照 EP1 或 EP7 进行比较评级。用"空白"条件的染色样品代替原始样品。用"有金属离子存在"和"有金属离子和螯合剂存在"的染色样品作为评级样品。

**12.2** 将 C.I. 分散红 60 和 C.I. 分散黄 42 "有金属离子存在"的染色样品与"空白"染色样品比较（见 15.3）。如果没有颜色变化，重复进行测试，必要的话使用其他生产商的染料测试。

**12.3** 评价螯合剂的有效性。

将 C.I. 分散红 60 和 C.I. 分散黄 42 "有金属离子和螯合剂存在"的染色样品与"空白"染色样品比较。颜色变化很小或没有变化表明金属离子螯合作用是有效的。

**12.4** 评价试验染料的金属离子敏感性。

将"有金属离子和螯合剂存在"的试验染料的染色样品与"空白"染色样品比较。

## 13. 报告

测试报告应至少包含以下内容。

**13.1** 每种测试染料和螯合剂的描述或识别。

**13.2** 评级是按照 AATCC TM161－2023 进行的。

**13.3** 染色条件（即大气、压力）。

**13.4** 使用的评级程序（EP1 或 EP7）。

**13.5** 每次染色的变色等级。如果染色样品重复使用，需报告每次染色浴的平均等级。

**13.6** 测试方法的任何偏离。

## 14. 精确度和偏差

**14.1** 精确度。本方法的精确度尚未确定，在其声明确立之前，应使用标准统计分析技术对任何实验室内或实验室之间的测试结果平均值进行比较。

**14.2** 偏差。由金属离子引起的分散染料变色的真实值，仅能根据测试方法的方式进行定义，因此本方法没有已知偏差。

## 15. 注释

**15.1** 使用美国化学协会（ACS）试剂级化学品，以降低金属杂质含量。

**15.2** 推荐使用工厂的大货织物。

**15.3** 不同厂家生产的 C.I. 分散红 60 和 C.I. 分散黄 42 染料可能产生不同的结果，有必要使用参照染料证明在测试染色条件下可能产生的变色。

如果染色后不发生色变，应该进行重复测试。

**15.4** 如果可能，测试应在没有载体的情况下进行；如果染色时必须使用载体，则引入载体。

亚铁盐溶液不稳定，在储存过程中容易产生沉淀，每天需要新制备溶液。

**15.5** 在本测试方法的建立过程中，EDTA 作为螯合剂，其他的螯合剂商品也可能有效，它们的有效性可用本测试方法评价。

**15.6** 可从 AATCC 获取，地址：P. O. Box 12215，Research Triangle Park NC 27709；电话：+ 1. 919. 549. 8141；电子邮箱：ordering@ aatcc. org；网址：www. aatcc. org。

**15.7** 在一些染色条件下，表 1 中所列出的条件除外，C. I. 分散红 60 或 C. I. 分散黄 42 的色变是不可预计的。例如，常压染色时，即使染浴中含有铁或铜离子，C. I. 分散黄 42 也无明显色变；而在高温高压染色时，C. I. 分散黄 42 在铁离子存在的条件下产生色变。

## 16. 历史

**16.1** 2023 年修订，明确并使其与 AATCC 规定风格一致。

**16.2** 2019 年编辑性修订；2018 年修订；2012 年编辑性修订并重新审定；2010 年、2008 年编辑性修订；2007 年重新审定；2004 年编辑性修订；2002 年、1992 年编辑性修订并重新审定；1988 年编辑性修订（变更题目）；1987 年、1986 年编辑性修订并重新审定；1985 年编辑性修订。

**16.3** 由 AATCC RR90 技术委员会制定。RA99 技术委员会维护。

*AATCC TM162-2011e2*

# 耐水色牢度：氯化游泳池水

AATCC RA23 技术委员会于 1984 年制定，取代 AATCC 105-1975 试验方法；1985 年、1995 年、2008 年、2010 年、2012 年、2019 年编辑性修订；1986 年、1997 年编辑性修订并重新审定；1991 年、2002 年、2009 年重新审定；2011 年编辑性修订。与 ISO 105-E03 有相关性。

## 1. 目的和范围

本测试方法用以评定染色、印花或其他各类有色纱线和织物的耐氯化游泳池水色牢度。

## 2. 原理

纱线或织物试样在规定的温度、时间、pH 及硬度条件下，在稀释的含氯溶液中以一定的速率搅拌，评定干燥后被测试样的变色。

## 3. 术语

**3.1** 色牢度：材料在加工、检测、储存或使用过程中，暴露在可能遇到的任何环境下，抵抗颜色变化和/或颜色向相邻材料转移的能力。

**3.2** 游泳池水：向其中加入各种化学品以保持水的纯度、清晰度，通常是游泳池用水。

## 4. 安全和预防措施

本安全和预防措施仅供参考。本部分有助于测试，但未指出所有可能的安全问题。在本测试方法中，使用者在处理材料时有责任采用安全和适当的技术；务必向制造商咨询有关材料的详尽信息，如材料的安全参数和其他制造商的建议；务必向美国职业安全卫生管理局（OSHA）咨询并遵守其所有标准和规定。

**4.1** 遵守良好的实验室规定，在所有的试验区域应佩戴防护眼镜。

**4.2** 所有化学物品应当谨慎使用和处理。

**4.3** 在使用 6N 的硫酸和醋酸时，应使用化学防护眼镜或面罩，戴防水手套和围裙。浓酸只能在充分通风的通风橱中操作，总是将酸加入水中。

**4.4** 在附近安装洗眼器、安全喷淋装置以备急用。

**4.5** 在操作实验室测试设备时，应按照制造商提供的安全建议操作。

**4.6** 遵循染轧机的安全说明。在夹持点要足够小心，切勿移动安全保护设施。推荐使用脚踏开关。

**4.7** 本测试方法中，人体与化学物质的接触限度不得高于官方的限定值［例如，美国职业安全卫生管理局（OSHA）允许的暴露极限值（PEL），参见 29 CFR 1910.1000，最新版本见网址 www.osha.gov］。此外，美国政府工业卫生师协会（ACGIH）的阈限值（TLVs）由时间加权平均数（TLV-TWA）、短期暴露极限（TLV-STEL）和最高极限（TLV-C）组成，建议将其作为人体在空气污染物中暴露的基本准则并遵守（见 11.1）。

## 5. 仪器和材料（见 11.2）

**5.1** 仪器。

**5.1.1** 选择 1：加速洗涤设备（见 7.1 和

11.3）。

**5.1.2** 不锈钢杠杆锁小罐，型号2，1200mL，90mm×200mm（3.5英寸×8.0英寸）。

**5.2** 选择2：干洗设备（见7.2和11.4）。

**5.3** 小轧车。

**5.4** 变色灰卡（AATCC EP1，见11.6）。

**5.5** 测试用控制织物162#（见11.6）。

**5.6** 试剂。

**5.6.1** 家用次氯酸钠（NaClO）溶液，含有效氯约为5%（见11.5）。

**5.6.2** 无水氯化钙（CaCl₂）。

**5.6.3** 氯化镁六水合物（MgCl₂·6H₂O）。

**5.6.4** 硫酸（H₂SO₄），3mol/L（6N）。

**5.6.5** 碘化钾（KI），12%。

**5.6.6** 淀粉溶液，1%。

**5.6.7** 硫代硫酸钠（Na₂S₂O₃），0.01mol/L（0.01N）（见11.7）。

**5.6.8** 蒸馏水或去离子水。

**5.6.9** 碳酸钠（Na₂CO₃）。

**5.6.10** 醋酸（CH₃COOH）。

## 6. 试剂制备

在去离子水或蒸馏水中加入5mg/kg氯和100mg/kg盐（硬度浓缩液）；调整到21℃（70℉），用碳酸钠或醋酸调整pH到7.0。

## 7. 试样准备

**7.1** 选择1：加速洗涤设备。

试样尺寸5cm×5cm，控制面料尺寸5cm×5cm。试样和控制面料总重为1.0g±0.05g。可以同时测试相同样品上的多个试样，以获得1.0g的质量。

**7.2** 选择2：干洗设备。

有色试样尺寸约为6cm×6cm，总重为5.0g±0.25g。如果试样不足5.0g，可加入多块试样使总重为5.0g，包括试验用控制织物。不同颜色的试样可同时试验，以达到5.0g的负载。

## 8. 操作程序

**8.1** 溶液制备。

**8.1.1** 将800mL去离子水或蒸馏水倒入1L的容量瓶中，加入8.24g的氯化钙和5.07g的氯化镁，同时搅动使之溶解。再加水达到1L容量。所得到的溶液为"硬度浓缩液"，可保留使用30天。

**8.1.2** 用去离子水或蒸馏水稀释51mL硬度浓缩液到5100mL，加入0.5mL家用次氯酸钠溶液（储存天数不超过60天），通过滴定确定实际的有效氯含量，调节到5mg/kg（见11.7）。

**8.1.3** 0.01N硫代硫酸钠可以直接购买或将0.1N溶液按10倍体积稀释。

**8.1.4** 必要时，用碳酸钠或醋酸调整溶液pH到7.0。

**8.2** 选择1：加速洗涤设备。

**8.2.1** 向加速洗涤设备的小罐中加入1000mL溶液（8.1中配置的），调整温度至21℃（70℉）。

**8.2.2** 将测试试样和控制织物放入加好溶液的小罐中，试样尺寸5cm×5cm，控制织物尺寸5cm×5cm，试样和控制织物总重为1.0g±0.05g，可以同时测试相同样品上的多个试样，以获得1.0g的质量。将带有垫圈的盖子盖好并锁紧。将小罐倒置以检查是否泄漏。

**8.2.3** 将盖好的小罐安装到测试设备上，测试试样和控制织物的温度为21℃。本测试中每个试样及其控制织物分别进行测试，然后使试样在溶液中翻滚60min。

注意：测试过程中不加入钢珠。

**8.3** 选择2：干洗设备。

**8.3.1** 清洗干洗设备缸体，将5000mL去离子水及0.5mL家用次氯酸钠溶液加入其中（见11.5）。关闭缸体，运转10min（只有在干洗设备的缸体中用了氯化游泳池水以外的其他测试情况下，才有必要对缸体进行清洗），倒掉溶液。

**8.3.2** 将5000mL溶液（8.1中制备的）加入

缸体，调节温度到21℃（70℉）。

**8.3.3** 将测试试样以及控制织物放入缸体，关闭缸体并运转60min。

**8.4** 对于上述两种选择，取出试样，用小轧车去除多余的溶液。用蒸馏水或去离子水彻底漂洗。再次轧水，放在漂白纸巾上并在室温下干燥。

## 9. 变色的评定方法

**9.1** 用《变色灰卡评定程序》（AATCC EP1）或用AATCC EP7《仪器评定试样变色》方法评定试验用控制织物162#的变色级数。如果评价级数不是2~3级或3级，则认为试验是无效的。若是2~3级或3级，则进行9.2。

**9.2** 用《变色灰卡评定程序》（AATCC EP1）或用AATCC EP7《仪器评定试样变色》方法评定试样的变色，记录评定的变色级数（见11.6和11.8）。

## 10. 精确度和偏差（见11.8）

**10.1** 实验室间的精确度研究通过5个实验室、8块不同颜色的试样、两种测试方法（干洗设备方法和加速洗涤设备方法）以及两种评定程序（人工评级和光度计方法）进行研究，得到本测试方法的统计参数。5个实验室均对8块试样分别使用不同的测试方法和不同的评定程序进行了测试，得到的主要数据见表1。

表1　色牢度评级精确度的计算值

| 试样数量 | 实验室内 | 实验室间 |
|---|---|---|
| 3 | 0.207 | 0.397 |
| 2 | 0.256 | 0.487 |
| 1 | 0.357 | 0.689 |

**10.1.1** 干洗设备得到的色牢度的平均值为3.483，加速洗涤设备得到的平均结果为3.3213。两者在95%置信区间内的差异不显著。

**10.1.2** 人工评级得到的色牢度的平均值为3.24，设备评级得到的平均结果为3.23。两者在95%置信区间内的差异不显著。

**10.1.3** 在5个实验室中，3个实验室的评级结果非常接近，分别为3.249、3.229和3.261。其他两个实验室的评级结果分别是3.415和3.055。

**10.2** 偏差。耐氯化游泳池水色牢度的真值只能以一种测试方法对其进行定义，由于这种局限性，本测试方法没有已知偏差。

## 11. 注释

**11.1** 可从ACGIH Publications Office获取，地址：Kemper Woods Center, 1330 Kemper Meadow Dr., Cincinnati OH 45240；电话：+1.513.742.2020；网址：www.acgih.org。

**11.2** 有关适合测试方法的设备信息，请登录http://www.aatcc.org/bg。AATCC提供其企业会员单位所能提供的设备和材料清单。但AATCC没有给其授权，或以任何方式批准、认可或证明清单上的任何设备或材料符合测试方法的要求。

**11.3** 选择1：加速洗涤设备。以40r/min±2r/min的速度对恒温密闭的小罐进行翻转。

**11.4** 选择2：干洗设备。其不锈钢缸体高约33cm（13英寸），直径约22cm（8.75英寸）。缸体以垂直方向安装于倾斜50°的轴上，旋转速度为45~50r/min。

**11.5** 家庭用次氯酸钠溶液。如购买，则浓度约为5.25%或稍高浓度。所有的次氯酸钠溶液浓度都会随时间而降低，尤其暴露在光和热下，浓度损耗得更快。购买60天后，不应再使用。

**11.6** 可从AATCC获取，地址：P. O. Box 12215, Research Triangle Park NC 27709；电话：+1.919.549.8141；传真：+1.919.549.8933；电子邮箱：ordering@aatcc.org；网址：www.aatcc.org。

**11.7** 取100mL（测定体积的）溶液样品，加入20mL的3mol/L（6N）硫酸，6mL的12%碘化钾和3滴1%的淀粉溶液，充分混合，溶液呈褐蓝色。用0.01N的硫代硫酸钠反滴定，直到蓝色淀指示颜色刚刚消失。用下列公式计算有效氯的含量：

$$有效氯百分含量 = \frac{硫代硫酸钠的体积（mL）\times 0.01N \times 0.0355}{100mL \times 次氯酸钠溶液的相对密度} \times 100\%$$

家庭用的次氯酸钠的相对密度为 1.08，按上式，反滴定中使用 1.6mL 硫代硫酸钠溶液，对应的有效氯含量为 0.0005%，即 5.0mg/kg。

**11.8** 本测试方法的精确度取决于测试材料、所用测试方法以及评定程序的不同组合方式。

本方法 10 中的精确度是通过视觉评定以及仪器评定方式得出的（AATCC EP1 和 AATCC EP7）。

## AATCC TM163-2013（2020）e4

# 储存中染料转移色牢度测试方法

## 1. 目的和范围

**1.1** 多种颜色的服装部件组成的服装在储存中，染料有时会由一个区域转移到另一个区域，通常是较深的颜色向较浅的颜色转移。这种现象与升华不同，因为染料转移发生在低于染料的升华温度和非升华染料情况下。

**1.2** 当服装折叠起来，不同颜色相互紧密接触时，染料会发生转移。通常潮湿条件下的染料转移量会增加，因此在湿热天气或服装在汽蒸后立即进行储存时，问题会更严重。用塑料袋储存可保持服装环境最初的相对湿度，是否会加重或减轻染料转移取决于服装入袋时的条件。

**1.3** 本测试方法旨在评价服装在长时间储存过程中，颜色是否会发生转移。如果在 7（操作程序）中规定条件下，颜色没有发生转移，那么一般在正常储存或超期储存的条件下就不会发生颜色转移。

**1.4** 本方法也可以用于评价与织物后整理有关的颜色转移问题。有些染料本身就比其他染料更易发生转移，一些化学整理剂和后整理条件也会使转移加快。

## 2. 原理

将经过染色和后整理的试样夹在预先润湿的多纤维贴衬织物和另一选定的织物中间，在室温下置于汗渍架中放置48h，然后进行干燥和评级。

## 3. 术语

**3.1** 色牢度：材料在加工、检测、储存或使用过程中，暴露在可能遇到的任何环境下，抵抗颜色变化或颜色向相邻材料转移的能力。

**3.2** 染料：用于基布或在基布中出现的染料，通过分子扩散表现出某种程度的耐久性。

**3.3** 转移：纺织品在加工、测试、储存以及使用过程中，化学物质、染料或颜料在基布间或基布内纤维间的移动。

## 4. 安全和预防措施

本安全和预防措施仅供参考。本部分有助于测试，但未指出所有可能的安全问题。在本测试方法中，使用者在处理材料时有责任采用安全和适当的技术；务必向制造商咨询有关材料的详尽信息，如材料的安全参数和其他制造商的建议；务必向美国职业安全卫生管理局（OSHA）咨询并遵守其所有标准和规定。

**4.1** 遵守良好的实验室规定，在所有的试验区域应佩戴防护眼镜。

**4.2** 操作实验室测试仪器时，应遵循制造商提供的安全建议。

**4.3** 注意小轧车的使用安全。确保咬入点处的充分防护，勿移除小轧车上的正常安全装置，建议使用脚踏开关。

## 5. 仪器和材料（见 11.1）

**5.1** AATCC 耐汗渍测试仪。

**5.2** 塑料袋。由聚乙烯制成并能装下汗渍测试仪。

**5.3** 多纤维贴衬织物［8mm（0.33 英寸），条宽］，由醋酯纤维、棉、锦纶、涤纶、腈纶和羊毛组成。

**5.4** 与试样成分相同的白色织物。如果没有，可使用 AATCC TM8《耐摩擦色牢度：摩擦测试仪法》中规定的棉布。

**5.5** 蒸馏水或去离子水。

**5.6** 能装下50mL水的蒸发皿或烧杯。也可用湿海绵。

**5.7** AATCC 9级沾色彩卡（AATCC EP8，见11.2）。

**5.8** 沾色灰卡（AATCC EP2，见11.2）。

**5.9** 变色灰卡（AATCC EP1，见11.2）。

## 6. 试样

**6.1** 剪取尺寸为5.7cm×5.7cm（2.25英寸×2.25英寸）的试样。

**6.2** 准备5.7cm×5.7cm（2.25英寸×2.25英寸）的多纤维贴衬织物及同样大小的白色织物试样。

## 7. 操作程序

**7.1** 方法Ⅰ。

**7.1.1** 将多纤维贴衬织物和另一选定织物（见5.4）浸入24℃±3℃（75℉±5℉）的蒸馏水或去离子水中，使两者含水率在100%～110%内（见11.3）。在试验前不要将测试试样浸湿，以防止染料或整理剂过早发生转移。

**7.1.2** 将印染试样夹在预先润湿的多纤维贴衬织物和白色织物（见5.4）之间，制成组合试样。

**7.1.3** 将组合试样（按7.1.2制备）夹在耐汗渍色牢度测试装置的两块干净的板材之间。按AATCC TM15中的9.4.1操作耐汗渍色牢度测试装置，但不要将此装置置于烘箱中。

**7.1.4** 将耐汗渍色牢度测试装置与至少装有50mL蒸馏水或去离子水的蒸发皿（见5.6）一同放入聚乙烯袋中，以保持袋中较高的相对湿度。如果不使用拉锁袋，则应用绳索或胶带将袋口封住（见5.2）。在室温［24℃±3℃（75℉±5℉）］下放置48h。注意耐汗渍色牢度测试仪不要掉到有水

的蒸发皿里（见11.4）。

**7.1.5** 拆下耐汗渍色牢度测试仪的盖板，取下组合试样并将各组合部分分开。将样品置于室温下干燥。

**7.2** 方法Ⅱ。这是一种已被使用的快速试验方法，用本方法对一些染色或整理过的织物进行测试所得到的结果与方法Ⅰ几乎一致。该方法将试验装置（见7.1.4）置于具有强制通风的烘箱中，烘箱温度为38℃±1℃（100℉±2℉），放置4h（见11.4）。

## 8. 评级（见11.8）

**8.1** 试样干燥以后，检查多纤维贴衬织物及白色织物的沾色情况。用AATCC EP2《沾色灰卡》、AATCC EP8《AATCC 9级沾色彩卡》或AATCC EP12《仪器评定沾色程度的方法》对多纤维贴衬织物中的每种纤维部分以及组合试样另一面的样布进行评级。记录评定的级数和所使用的评级样卡。

**8.2** 如果试样发生变色，采用AATCC EP1或AATCC EP7评价变色。记录与灰卡相当的变色等级。

## 9. 报告

**9.1** 记录组合试样中使用的白色织物（见5.4和11.6）。

**9.2** 如果含水率不是100%～110%，则记录含水率（见11.3）。

**9.3** 报告多纤维贴衬织物每种纤维的沾色级数及白色样布的沾色级数作为染料转移等级。报告使用的评级样卡。

**9.4** 报告试样的变色等级，以及所采用的评级程序（见11.7.2）。

## 10. 精确度和偏差（见11.7）

**10.1** 实验室间的数据。实验室之间的比对试

验于 1982 年进行，四家验室分别对两种不同纺织材料的样品进行了测试，每种材料有五种不同的整理剂。均使用了 AATCC 9 级沾色彩卡和沾色灰卡评定，并在实验室间建立了一级内的相关性。

**10.2** 精确度。根据 10.1 中的评定方法和商业惯例，当对取自批样或托运货物的试样染料转移进行测试并用沾色灰卡进行评定时，如果评级结果低于规定的级数超过 1 级，那么一般认为批样或托运货物的染料转移性能比规定的等级明显较差。

**10.3** 偏差。染料转移的真实值只能以一种测试方法对其进行定义，因此本方法无已知偏差。

## 11. 注释

**11.1** 有关适合测试方法的设备信息，请登录 http://www.aatcc.org/bg。AATCC 提供其企业会员单位所能提供的设备和材料清单。但 AATCC 没有给其授权，或以任何方式批准、认可或证明清单上的任何设备或材料符合测试方法的要求。

**11.2** 可从 AATCC 获取，地址：P.O.Box 12215，Research Triangle Park NC 27709；电话：+1.919.549.8141；传真：+1.919.549.8933；电子邮箱：ordering@aatcc.org；网址：www.aatcc.org。

**11.3** 某些织物和结构在 100% 含水率时有水滴下。对于此类材料，可将其悬挂直至没有水滴下时再使用，此时含水率为最高含水率。

**11.4** 如果使用的温度和/或时间与 7.2 中规定的不同，同样要报告并说明原因。

**11.5** 对于非常关键的评价和仲裁，必须使用沾色灰卡评级。

**11.6** 测试中所有材料受到的影响不尽相同。任何一种测试方法获得的结果都不能代表另一测试方法测得的结果，除非已知给定材料的定量相关度。在任何情况下，材料说明中应注明测试方法。

**11.7** 本测试方法的精确度取决于被测材料、所用测试方法和所用评价方法的不同组合方式。

**11.7.1** 本方法 10 中的精确度是通过视觉评级方法得到的（AATCC EP2 和 AATCC EP8）。

**11.7.2** 使用仪器评价方法（AATCC EP7 和 AATCC EP12）可能会得到比视觉评价方法更高的精确度。

**11.8** 注意：有报告显示，对于含有聚酯和氨纶或其混纺的深色产品（如藏蓝色、黑色等），使用本方法得出的结果与消费者实际使用时的沾色倾向可能不一致。所以，本方法不建议作为此类织物的验收实验方法。

## 12. 历史

**12.1** 2023 年编辑性修订，更新历史部分。

**12.2** 2022 年、2021 年编辑性修订；2020 年编辑性修订并重新审定；2019 年编辑性修订（更改标题）；2013 年修订；2012 年编辑性修订并重新审定；2011 年、2010 年、2008 年编辑性修订；2007 年重新审定；2002 年编辑性修订并重新审定；2001 年编辑性修订；1997 年编辑性修订并重新审定；1995 年编辑性修订；1992 年、1986 年编辑性修订并重新审定；1987 年重新审定。

**12.3** AATCC RA92 技术委员会于 1985 年制定。管辖权于 2020 年移交至 RA87 技术委员会。

*AATCC TM164-2015e（2020）*

# 耐高湿大气中二氧化氮色牢度

## 1. 目的与范围

**1.1** 本测试方法用来测定有色纺织品在较高的温度及相对湿度高于85%的大气中，耐二氧化氮的色牢度。

**1.2** 某些纤维，在低于85%的相对湿度中，不容易褪色。这就需要在更高的相对湿度下测试，使其产生颜色变化，以预测其在温暖、潮湿环境中使用时的褪色性能（见11.1）。

## 2. 原理

在恒定的相对湿度为（87.5±2.5）%、温度为40℃±1℃（104℉±2℉）的条件下，试样和控制标样同时暴露于二氧化氮中，直到控制标样褪色到和褪色标准的颜色相同时。可重复此循环，直到试样变色达到预定的程度或至预定的循环次数。

## 3. 术语

色牢度：材料在加工、检测、储存或使用过程中，暴露在可能遇到的任何环境下，抵抗颜色变化和/或颜色向相邻材料转移的能力。

## 4. 安全和预防措施

本安全和预防措施仅供参考。本部分有助于测试，但未指出所有可能的安全问题。在本测试方法中，使用者在处理材料时有责任采用安全和适当的技术；务必向制造商咨询有关材料的详尽信息，如材料的安全参数和其他制造商的建议；务必向美国职业安全卫生管理局（OSHA）咨询并遵守其所有标准和规定。

**4.1** 高浓度的二氧化氮对身体有害，必须将它排到大气中，或收集在水中，并用10%的氢氧化钠溶液或碳酸氢钠溶液中和。工作场所中的二氧化氮最高浓度不得超过500pphm。

**4.2** 把气罐用链或夹子固定在墙上或其他合适的位置，以防翻倒或被碰倒。

**4.3** 本测试方法中，人体与化学物质的接触限度不得高于官方的限定值［例如，美国职业安全卫生管理局（OSHA）允许的暴露极限值（PEL），参见29 CFR 1910.1000，最新版本见网址 www.osha.gov］。此外，美国政府工业卫生师协会（ACGIH）的阈限值（TLVs）由时间加权平均数（TLV-TWA）、短期暴露极限（TLV-STEL）和最高极限（TLV-C）组成，建议将其作为人体在空气污染物中暴露的基本准则并遵守（见11.2）。

## 5. 仪器和材料

**5.1** 接触室。适于容纳二氧化氮并可以保持恒定的升高温度和相对湿度（见11.3）。

**5.2** 控制标样 No.1（见11.4）。

**5.3** 褪色标准（控制标样 No.1）（见11.4）。

**5.4** 变色灰卡（AATCC EP1，见11.5）。

**5.5** 罐装二氧化氮（见11.6）。

## 6. 试样准备

**6.1** 剪取试样，每块试样尺寸至少为60mm×60mm。为了后续的颜色对比，应将未暴露的试样放在避光密封容器里，以防变色。

**6.2** 如果测试经水洗或干洗的材料，则试样和控制标样要同时进行水洗或干洗。水洗或干洗试样的制备，请按照 AATCC TM61《耐洗涤色牢度：

快速法》和/或 AATCC TM132《耐干洗色牢度》中的规定进行。

## 7. 操作程序

**7.1** 将试样和控制标样 No.1 悬挂在接触室中,接触室保持相对湿度在(87.5±2.5)%、温度 40℃±1℃(104℉±2℉)。为使得 5~15h 的暴露作为一个褪色循环,接触室内二氧化氮浓度须在 400~600pphm 范围内。

**7.2** 定期观察仓内控制标样 No.1,直至它变色至和褪色标准的颜色一致时为止,即完成一次循环。做颜色比较时,一般采用微弱的天然日光或与其等同的人造光源。

**7.3** 将在一个周期终止后出现明显变色的试样取出。一般来说,对二氧化氮敏感的试样,一个周期后就会发生可测量出的变色。

**7.4** 在每个追加的褪色周期中都要悬挂一块没有被二氧化氮暴露过的控制标样 No.1,直到完成需要的全部周期。

**7.5** 供选择的后处理。暴露于二氧化氮中的试样从接触室中取出后,可能会继续变色。将试样置入尿素缓冲溶液(见 11.7)中浸泡 5min,可能会稳定其颜色。然后挤干试样,在净水中彻底冲洗,并在不超过 60℃(140℉)的空气中干燥。注意:对于任何还需要放回接触室中继续暴露的试样,都不要用尿素溶液处理。

## 8. 评级

**8.1** 每次褪色循环结束后,从接触室中取出试样,立即与相应的保存原样比较。

**8.2** 规定循环次数结束后,用 AATCC EP1《变色灰卡评定程序》或用 AATCC EP7《仪器评定试样变色》评定试样的颜色变化,记录评定的级数,并报告试验循环次数。

## 9. 报告

报告试样变色的级数、试验循环次数以及试验时的温度和相对湿度。

## 10. 精确度与偏差

**10.1** 精确度。这一测试方法的精确度尚未确定。在其精确度声明确立之前,应用标准的统计学方法来对同一实验室内的测试结果或是不同实验室间的测试结果的平均值进行比对。

**10.2** 偏差。在高湿度环境下,耐二氧化氮的色牢度只是基于一种测试方法进行定义的。目前没有任何一个独立的可供参考的测试方法可以用来确定其真值。作为一种评估这些性能的手段,本方法没有已知偏差。

## 11. 注释

**11.1** 测试湿度。对于某些纤维,诸如锦纶和醋酸纤维,在高湿度环境的二氧化氮作用下,其褪色随相对湿度的微小波动会发生很大变化。因此要严格控制温度和相对湿度。

**11.2** 资料可从以下途径获取,地址:Publications Office, ACGIH Kemper Woods Center, 1330 Kemper Meadow Dr., Cincinnati OH 45240;电话:+1.513.742.2020;网址:www.acgih.org。

**11.3** 接触室。保持较高温度和相对湿度 85% 以上的二氧化氮接触室应由不锈钢制成,内壁涂耐受性涂料。接触室需保持相对湿度 87.5%±2.5%、温度 40℃±1℃(104℉±2℉),并保持二氧化氮浓度在 400~600pphm 范围内。

配套设备的设计图纸可从 AATCC 获取,地址:P.O. Box 12215, Research Triangle Park NC 27709;电话:+1.919.549.8141;传真:+1.919.549.8933;电子邮箱:ordering @ aatcc.org;网址:www.aatcc.org。

**11.4** 测试控制布与褪色标准。

**11.4.1** 之前,测试控制织物,控制标样

No. 1 是由 0.4% C. I. 分散蓝 3（散利通蓝 FFRN）染色而成的醋酸纤维贡缎。第 21 批改为使用 0.4% 分散紫 1 对醋酸纤维贡缎染色，由于它的褪色特性是众所周知的，在测试后，第 21 批会比以前分散蓝 3 染成的控制织物产生更多的颜色变化。

**11.4.2** 因为不同批次的染料和坯布制成的控制织物的初始颜色和褪色率都不尽相同，因此，有必要准确地建立一个新的褪色标准，以便使用不同批次的控制标样时可以进行对比实验，在进行实验时，只有符合褪色标准的控制织物才可以使用。

**11.4.3** 第一批控制织物的褪色标样是用还原染料染成的醋酸纤维贡缎。对于之后批次的控制标样，直接染料染色的黏胶纤维贡缎制成的褪色标样表现出良好的颜色一致性。

**11.4.4** 控制标样和褪色标准都必须置于合适的容器内或包装起来，以防止运输和储存过程中由于空气中的二氧化氮和其他可能存在的污染物而导致其变色。

**11.4.5** 控制标样也对空气中其他污染物敏感，诸如臭氧。其褪色程度在不同湿度和温度下变化相当大，因此建议不能再将其正常使用或最终用于二氧化氮测试。这些控制标样颜色的改变不仅反映了它会受到二氧化氮的影响，大气污染物、温度和湿度的变化综合因素也不可忽略。

**11.4.6** 由 2.47cm 宽并注明批号的控制标样 No. 1 和其相应的褪色标样组成的一个密封包装，可从以下公司购买：Testfabrics Inc.，P. O. Box 3026，415 Delaware Are.，W. Pittston PA 18643；电话：+1.570.603.0432；传真：+1.570.603.0433；电子邮箱：info @ testfabrics.com；网址：www. testfabrics.com。

**11.5** 可从 AATCC 获取，地址：P. O. Box 12215，Research Triangle Park NC 27709；电话：+1.919.549.8141；传真：+1.919.549.8933；电子邮箱：ordering@ aatcc. org；网址：www. aatcc. org。

**11.6** 使用瓶装的气体，带适当减压阀的罐中装有约含 1% 氮的二氧化氮。

**11.7** 尿素后处理。

**11.7.1** 本项处理完全是可选的。经验表明，试样从接触室中取出后的变色是可以忽略的。尿素处理本身常会造成变色。因此，如果使用此步骤，重要的是暴露的和未暴露的控制试样都要以同样的方法处理。

**11.7.2** 尿素溶液：每升水中含有 10g 尿素（$NH_2—CO—NH_2$），加入 0.4g 磷酸二氢钠二水合物（$NaH_2PO_4 \cdot 2H_2O$）、2.5g 磷酸氢二钠十二水合物（$Na_2HPO_4 \cdot 12H_2O$）和不多于 0.1g 的快湿表面活性剂，例如二辛磺基丁二酸钠，使得溶液的 pH 为 7。

## 12. 历史

**12.1** 2020 年重新审定。

**12.2** 2015 年修订，2013 年、2006 年、2001 年、1992 年、1987 年重新审定，2019 年、2010 年、2008 年、2004 年、1995 年、1989 年编辑性修订，1997 年、1986 年编辑性修订和重新审定。

**12.3** 由 AATCC 委员会 RA33 于 1985 年制定。技术上等同于 ISO 105-G04。

*AATCC TM165-1999e10（2021）e*

# 铺地纺织品耐摩擦色牢度：摩擦测试仪法

## 1. 目的和范围

1.1 本测试方法用来评定铺地纺织品表面因摩擦而发生颜色转移到其他表面的程度。目的是尽量模拟各种铺地纺织品在实际使用中的情况，包括染色的、印花的以及其他着色方法的铺地纺织品。

1.2 测试程序中使用摩擦白布，包括干燥的和用水湿润的。

1.3 由于铺地纺织品的表面在实际使用中可能受到不同情况的影响，如沾污、沾色、清洁、洗涤剂洗涤以及进行化学整理，如防污整理、抗静电整理和抗菌整理等，因此可在上述各种处理前或处理后进行试验，或处理前及处理后一并进行试验。

## 2. 原理

2.1 在规定条件下，固定在摩擦仪基座上的有色试样与摩擦白布进行摩擦。

2.2 通过与沾色灰卡或 AATCC 9 级沾色彩卡进行比较，评价颜色转移到摩擦白布的程度，并确定沾色级数。

## 3. 术语

3.1 地毯：所有纺织材料制成的地板覆盖物。

3.2 色牢度：材料在加工、检测、储存或使用过程中，暴露在可能遇到的任何环境下，抵抗颜色变化和/或颜色向相邻材料转移的能力。

3.3 摩擦脱色：通过摩擦，着色剂从有色纱线或织物表面转移到另一个表面或同一织物的邻近区域。

3.4 小地毯：自成一块的小面积铺地地毯，主要用于覆盖地板的部分区域或覆盖其他地板覆盖物的部分区域。

3.5 纺织地毯：使用表面由纺织材料构成，通常用来覆盖地板的物品。

3.6 使用面：纺织地毯上，人脚踩踏的那一面。

## 4. 安全和预防措施

本安全和预防措施仅供参考。本部分有助于测试，但未指出所有可能的安全问题。在本测试方法中，使用者在处理材料时有责任采用安全和适当的技术；务必向制造商咨询有关材料的详尽信息，如材料的安全参数和其他制造商的建议；务必向美国职业安全卫生管理局（OSHA）咨询并遵守其所有标准和规定。

遵守良好的实验室规定，在所有的试验区域应佩戴防护眼镜。

## 5. 仪器和材料（见 13.1）

5.1 摩擦色牢度仪（见 13.2 和 13.3）。

5.2 摩擦头（见 13.3）。

5.3 摩擦白布（见 13.4）。

5.4 AATCC 9 级沾色彩卡（AATCC EP8，见 13.5）。

5.5 沾色灰卡（AATCC EP2，见 13.5）。

5.6 AATCC 白色纺织吸水纸（见 13.5）。

## 6. 试样准备

6.1 需要两块试样，一块用于干摩擦测试，另一块用于湿摩擦测试。

为了提高结果平均值的精确度，可增加试样数量。

6.2 铺地材料：试样尺寸至少为 50mm×

150mm。如果绒毛倒伏方向清晰可辨，则取样时长边方向为绒毛倒伏方向。

当需要进行多个测试以及进行产品的生产测试时，可以使用更大的或全幅的实验室样品，而不必裁剪单独的试样。

## 7. 核查

**7.1** 应对试验操作和仪器做定期核查，并保留对核查结果的记录。当产生异常摩擦效果并对评级程序产生影响时，使用以下的观察和纠正操作对避免错误的测试结果是非常重要的。

**7.2** 用实验室内部一块色牢度较差的地毯或小地毯作为核查试样，进行三次干摩擦测试。

**7.2.1** 如果产生重影的细长图形，则表明卡套可能松动。

**7.2.2** 如果产生拉长的条纹图形，则表明摩擦试样安装可能倾斜。

**7.2.3** 如果测试布上的摩擦区域出现弧状凹形痕迹，则表明摩擦头安装不当，最有可能的情况是摩擦头与某一具体位置垂直了（见13.3）。

**7.3** 如果摩擦基座上摩擦砂纸的摩擦区域用手摸起来与其旁边的区域相比很平滑或试样发生明显的滑动，则应及时更换摩擦砂纸。

## 8. 调湿

测试前，按照 ASTM D1776《纺织品调湿和测试标准方法》的要求对测试试样及摩擦白布进行预调湿和调湿。将每块测试试样或摩擦白布分开放在筛网或调湿用多孔架上，在温度为 21℃±2℃ 和相对湿度（65±5）% 的大气条件下调湿至少 4h。

## 9. 操作程序

**9.1** 干摩擦测试。

**9.1.1** 将试样平放在铺有砂纸的摩擦测试仪基座上，使其长度方向沿摩擦方向（见13.5）。如果绒头的倒伏方向清晰可辨，绒毛倒伏方向应指向耐摩擦测试仪的尾部。

**9.1.2** 将一块 25mm×100mm 的白色棉摩擦布样品覆盖在摩擦头的摩擦面上。固定时，应使其长边方向与试验时摩擦头移动的长度方向一致。进行这步操作时，可以用 Allen 圆柱头内六角螺栓（见13.6）将摩擦头固定在摩擦仪的压力臂上或将摩擦头从压力臂上拆下，更换一个合适的摩擦头夹持器（见13.3 和13.7）。用一个长方形卡套将白摩擦布固定在摩擦头上，卡套可在覆盖着棉白布的摩擦头上滑移。准备好测试时，使装有摩擦白布的摩擦头从摩擦仪臂向下移动。

注意：不要让摩擦头掉下，否则摩擦面上的凹痕或划痕可能无法修复；请小心轻放。

**9.1.3** 轻轻放下摩擦头到试样表面。用左手的拇指和食指紧按试样，并以 1 圈/s 的速度转动手柄，运转 10 圈。

**9.1.4** 取下摩擦白布，调湿（见8.1），并按照本方法中 10 的规定进行评级。对于拉毛、起绒或磨毛试样，松散纤维可能影响评级，因此在评级前，用透明胶带轻压摩擦白布，以粘去松散的纤维。

**9.2** 湿摩擦测试。

**9.2.1** 将摩擦白布在蒸馏水中彻底润湿。

**9.2.2** 在测试前，使用任何易于操作的方法，如将摩擦布夹在滤纸之间、用轧车进行轧液，以使摩擦布的含湿量控制在 65%±5%。这一含湿量的计算是以干摩擦布在标准大气条件下［温度为 21℃±2℃，相对湿度（65±5）%］的调湿质量为基础进行的（见13.8）。

**9.2.3** 在实际摩擦测试开始前，应小心处置，以防止因水分蒸发引起的含湿量降低到规定范围以下。

**9.2.4** 按照 9.1 的要求继续进行测试。

**9.2.5** 评级前，在空气中晾干摩擦白布。对于拉毛、起绒或磨毛试样，松散纤维可能影响评级，因此在评级前，用透明胶带轻压摩擦白布，以粘去松散的纤维。

## 10. 评级

**10.1** 用 AATCC EP2《沾色灰卡评定程序》，AATCC EP8《AATCC 9 级沾色彩卡》或 AATCC EP12《仪器评定沾色程度的方法》评定试验后颜色从试样转移到摩擦白布上的程度，并记录评定的级数（见 13.5 和 13.9）。

**10.2** 在评级时，用三层未使用过的摩擦白布垫于待评摩擦白布的下面。

**10.3** 对干摩擦色牢度和湿摩擦色牢度进行评级。使用沾色灰卡或 AATCC 9 级沾色彩卡进行评级，可能会得出不同的评级结果。因此，在报告中注明使用哪种样卡进行评级是非常重要的。对于关键性的评级或用于仲裁的评级，必须使用沾色灰卡。

## 11. 报告

**11.1** 对测试试样进行描述。

**11.2** 报告 10.3 中确定的沾色级数。

**11.3** 注明是干摩擦测试还是湿摩擦测试。

**11.4** 注明评级时使用的是 AATCC EP2 还是 AATCC EP8（见 10.3）。

**11.5** 如果地毯或地垫涉及 1.3 中描述的情况，则应在报告中对此加以说明。

## 12. 精确度和偏差 （见 13.9）

**12.1** 精确度。1997 年进行了实验室间的比对试验，以确定本测试方法的精确度。各实验室的比对测试均在常规大气条件下进行，不必在 ASTM 标准大气条件下进行。四个实验室参加本次比对测试，每个实验室有两位操作员参加，在连续两天当中，对六块试样进行了干摩擦色牢度和湿摩擦色牢度的评价。使用 AATCC 9 级沾色彩卡和沾色灰卡分别进行评级。

**12.1.1** 从每个实验室中选出一位操作者，对其比对测试结果进行了代表方差分析（ANOVA）。偏差构成见表 1。

表 1　偏差构成

| 项目 | 干摩擦 | | 湿摩擦 | |
|---|---|---|---|---|
| | 沾色灰卡 | 沾色彩卡 | 沾色灰卡 | 沾色彩卡 |
| 实验室内 | 0.0312 | 0.0417 | 0.125 | 0.0938 |
| 相互影响 | 0.0135 | 0.0403 | -0.0201 | -0.0031 |
| 实验室间 | 0.0264 | 0.0101 | 0.0028 | 0.0031 |

**12.1.2** 临界差见表 2。

表 2　临界差

| 单种织物 | | | | | |
|---|---|---|---|---|---|
| 项目 | 观测数量 | 干摩擦 | | 湿摩擦 | |
| | | 沾色灰卡 | 沾色彩卡 | 沾色灰卡 | 沾色彩卡 |
| 实验室内 | 1 | 0.49 | 0.56 | 0.98 | 0.85 |
| | 3 | 0.28 | 0.33 | 0.68 | 0.49 |
| | 5 | 0.22 | 0.25 | 0.44 | 0.38 |
| 实验室间 | 1 | 0.66 | 0.63 | 0.99 | 0.86 |
| | 3 | 0.53 | 0.43 | 0.58 | 0.51 |
| | 5 | 0.50 | 0.38 | 0.46 | 0.41 |
| 多种织物 | | | | | |
| 项目 | 观测数量 | 干摩擦 | | 湿摩擦 | |
| | | 沾色灰卡 | 沾色彩卡 | 沾色灰卡 | 沾色彩卡 |
| 实验室内 | 1 | 0.59 | 0.79 | 0.98 | 0.85 |
| | 3 | 0.43 | 0.64 | 0.68 | 0.49 |
| | 5 | 0.39 | 0.61 | 0.44 | 0.38 |
| 实验室间 | 1 | 0.74 | 0.84 | 0.99 | 0.86 |
| | 3 | 0.62 | 0.70 | 0.58 | 0.51 |
| | 5 | 0.60 | 0.67 | 0.46 | 0.41 |

**12.1.3** 使用一个评级者和沾色彩卡来确定实验室间差异的示例见表 3。

表 3　摩擦测试结果

| 项　目 | 干摩擦 | 湿摩擦 |
|---|---|---|
| 实验室 A | 4.0 | 4.0 |
| 实验室 B | 3.5 | 3.0 |
| 差异 | 0.5 | 1.0 |

说明：对于干摩擦测试，由于实验室间的结果差值小于 12.1.2（0.63）中所述的临界差值，因

此结果之间的差异不显著；对于湿摩擦测试，由于实验室间的结果差值超过了临界差值（0.86），因此结果之间的差异很显著。

**12.2** 偏差。摩擦色牢度的真值只能以试验方法进行定义。因此本方法没有已知偏差。

## 13. 注释

**13.1** 有关适合测试方法的设备信息，请登录 http://www.aatcc.org/bg。AATCC 提供其企业会员单位所能提供的设备和材料清单，但 AATCC 没有给其授权或以任何方式批准、认可或证明清单上的任何设备或材料符合测试方法的要求。

**13.2** AATCC 摩擦测试仪提供了一个模拟人手指和前臂动作的往复摩擦运动。需要进行长时间的摩擦时，计数器会很有帮助。计数器可另行购买。

**13.3** 摩擦测试仪的设计使摩擦头可以在 19.0mm×25.4mm 的长方形摩擦面上往复运动，在 9N 的向下压力下，曲柄每转一圈，摩擦头沿 100mm 的直线动程在铺地纺织品试样的表面做一次往复运动。摩擦头安装的方向固定。曲柄边上的切口可以安装螺丝将摩擦头固定在往复臂上。平头螺钉可以用 Allen 圆柱头内六角螺栓（见 13.6）或其他类似的可以用手拧紧或拧松的装置代替。摩擦头夹持器也可以用来协助安装棉摩擦白布。注：当摩擦头还在摩擦仪的压力臂上时，利用摩擦头夹持器的长方形滑动套筒，可轻松快捷地将摩擦布装到摩擦头上。

**13.4** 摩擦白布应满足下述条件：

纤维：10.3~16.8mm100%精梳棉原纤，退浆、漂白、不含荧光增白剂或整理剂。

纱线：15tex（40/1 英支）棉纱，5.9 捻/cm，Z 捻向。

密度：经密 32 根/cm±5 根/cm，纬密 33 根/cm±5 根/cm。

组织：$\frac{1}{1}$平纹。

pH：7±0.5。

克重：100g/m²±3g/m²（整理后）。

白度：$W$=78±3（见 AATCC 110）。

注意：根据对摩擦棉布的研究，ISO 摩擦白布的测试结果与 AATCC 摩擦白布的测试结果不等效。

**13.5** AATCC 9 级沾色彩卡、沾色灰卡和白色 AATCC 纺织吸水纸可从 AATCC 获取，地址：P.O. Box 12215, Research Triangle Park NC 27709；电话：+1.919.549.8141；传真：+1.919.549.8933；电子邮箱：ordering@aatcc.org；网址：www.aatcc.org。

**13.6** Allen 圆柱头内六角螺栓，螺纹 10~32，长 20mm。

**13.7** 摩擦头夹持器是一个顶部中心带有小孔的重块，可安装直径为 16mm 的摩擦头杆，摩擦头杆可以带动摩擦白布运动。

**13.8** 一旦确定操作方法，在测试过程中，有经验的操作者不必重复称量过程。

**13.9** 本测试方法的精确度与被测试样、测试方法本身以及所采用的评级程序等综合相关。

**13.9.1** 本方法中 12 所述精确度是采用目光评级（AATCC EP2 和 EP8）方法得到的。

**13.9.2** 使用仪器评价方法（AATCC EP12）可得到比目光评级更高的精确度。

## 14. 历史

**14.1** 根据 AATCC 标准的统一格式，历史部分进行了编辑性修订和重新审定。

**14.2** 2019 年、2016 年编辑性修订，2013 年编辑性修订并重新审定，2011 年、2010 年和 2009 年编辑性修订，2008 年编辑性修订并重新审定（更改标题），2004 年、2002 年、2001 年编辑性修订，1999 年修订（更改标题），1996 年编辑性修订，1993 年编辑性修订并重新审定，1988 年、1987 年修订。

**14.3** AATCC RA57 技术委员会于 1986 年制定，部分等效于 ISO 105-X12。

*AATCC TM167-1986e5（2018）e*

# 分散染料的起泡性

AATCC RA87 技术委员会于 1986 年制定；1987 年、1988 年、1993 年、1998 年、2003 年、2013 年、2018 年重新审定；1989 年、1991 年、1997 年、2010 年、2019 年编辑性修订；2008 年编辑性修订并重新审定。

## 1. 目的和范围

**1.1** 喷射染色机等染色设备，染液都是在低浴比、高循环和高搅动下运行的，因此在运行过程中必须控制泡沫的产生。

**1.2** 本测试方法提供了在可控条件下评价分散染料起泡性能的标准方法，并可以评估某一单一分散染料对染浴起泡的作用。

## 2. 原理

稀释一定量的分散染料，预加热并放入常规厨房用搅拌机（见 12.1）内。在预设的搅拌速度下对染液搅拌一定时间后，将染液转移到带有刻度的量筒中，读取泡沫和液体的高度。

## 3. 术语

泡沫：气体分散在液体或固体中所产生的分散体系（见 12.2）。

## 4. 安全和预防措施

本安全和预防措施仅供参考。本部分有助于测试，但未指出所有可能的安全问题。在本测试方法中，使用者在处理材料时有责任采用安全和适当的技术；务必向制造商咨询有关材料的详尽信息，如材料的安全参数和其他制造商的建议；务必向美国职业安全卫生管理局（OSHA）咨询并遵守其所有标准和规定。

**4.1** 所有化学物品应当被谨慎使用和处理。在使用本方法中涉及的化学品时使用化学护目镜或防护面罩、防护手套及防护围裙。在附近安装洗眼器/安全喷淋装置以备急用。

**4.2** 在处理粉状染料时需戴防护眼镜及防尘面罩。

**4.3** 如果需要用浓醋酸稀释制备醋酸用于调节 pH（见 7.1.4），在制备过程中需使用化学护目镜或防护面罩、防护手套和防水围裙。浓酸处理只能在充分通风的通风橱内进行。在附近安装洗眼器、安全喷淋装置以备急用。

注意：总是向水中滴加酸。

**4.4** 本测试方法中，人体与化学物质的接触限度不得高于官方的限定值［例如，美国职业安全卫生管理局（OSHA）允许的暴露极限值（PEL），参见 29 CFR 1910.1000，最新版本见网址 www.osha.gov］。此外，美国政府工业卫生师协会（ACGIH）的阈限值（TLVs）由时间加权平均数（TLV-TWA）、短期暴露极限（TLV-STEL）和最高极限（TLV-C）组成，建议将其作为人体在空气污染物中暴露的基本准则并遵守（见 12.3）。

## 5. 使用和限制条件

**5.1** 本测试方法提供了一个通过与相应的染料标准参考样进行对比来评价染料批次与批次间起泡性的差异。

**5.2** 本测试过程并不复杂，使用现有设备即可得到与更精确的实验室仪器相同的测试结果。

**5.3**　本测试方法提供了一套特定的测试程序及实验条件，有助于单个实验室内进行对比研究。不同的实验室由于所用设备和操作人员的不同会产生细微的测试结果差异，但还是可以将染料区分为低起泡性、中起泡性和高起泡性分散染料。

**5.4**　影响测试准确性和重现性的因素参见注释（见12.5~12.7）。

## 6. 仪器和材料

**6.1**　仪器。

**6.1.1**　500mL带刻度的玻璃量筒。

**6.1.2**　厨房用搅拌器（见12.1）。

**6.1.3**　玻璃搅拌容器。

**6.1.4**　秒表。

**6.1.5**　pH计。

**6.2**　材料。

**6.2.1**　蒸馏水。

**6.2.2**　醋酸，10%溶液。

**6.2.3**　1993 AATCC标准洗涤剂WOB（见12.4）。

## 7. 制备

**7.1**　染料分散液的制备。

**7.1.1**　称量5g、100%力份的染料（对于其他浓度的染料，称量质量需要相应调整。如200%力份的染料称量2.5g）。

**7.1.2**　在一个400mL的烧杯中用25mL的蒸馏水把染料调成糊状。

**7.1.3**　用175mL蒸馏水进一步稀释染料分散液，边搅拌边将染液加热到50℃（122℉）。

**7.1.4**　用蒸馏水将染料分散液稀释至1L。用醋酸将染液的pH调整到5.5±0.2（见12.5），使用pH计测量。最终待测染液的温度应为30℃（86℉）。

**7.2**　洗涤剂溶液的制备。用30℃（86℉）的自来水制备浓度为0.5g/L的1993 AATCC标准洗涤剂WOB溶液，用来检查搅拌器内任何阻碍起泡的污染物。

**7.3**　检查搅拌器内是否含有污染物。

**7.3.1**　将200mL洗涤剂溶液倒入容量为1.4L（1.5夸脱）的干净的搅拌器容器内。

**7.3.2**　让搅拌器在其最高速度下运行30s，然后停止，让溶液静置30s。此时在溶液的上部应至少出现2.5cm高的泡沫。如果出现的泡沫高度小于2.5cm，则对搅拌器容器进行清洗并重复上述操作，直到产生的泡沫达到要求（见12.6）。

**7.3.3**　彻底清洗搅拌器容器，然后向里面加入200mL蒸馏水。

**7.3.4**　让搅拌器在其最高速度下运行30s，然后停止，静置30s，此时应该无泡沫产生。如果有泡沫产生，则再次清洗搅拌器容器并重复上述操作，直到没有泡沫产生为止。

## 8. 泡沫测试

**8.1**　向搅拌器容器中倒入200mL染料分散液，盖上盖子。

**8.2**　选择产生14000~15000r/min叶片速度的搅拌速度，通常是搅拌器的最高转速（见12.1）。

**8.3**　启动搅拌器，同时按下秒表。扶住搅拌器容器（不包括盖子），以防止溶液溢出。

**8.4**　30s后，停止搅拌器，秒表继续运行。

**8.5**　立即将搅拌器内的液体倒入一个干燥的500mL刻度的量筒内。在倾倒时，仅倾斜容器一次，让染料分散液和泡沫自然地流到量筒内，保持容器在量筒上方倾斜的状态，直到秒表显示值达60s，然后将容器移开。

**8.6**　150s后，读取量筒中泡沫和液体水平面的凹面对应的刻度。如果把沾到量筒壁的泡沫顶部的读数作为泡沫高度，那么读数将是错误的（见12.8）。

**8.7**　分别记录泡沫和液体刻度值，用泡沫的刻度值减去液体的刻度值，得到产生泡沫的体积

## 12. 报告

报告每个试样的测试结果。

**12.1** 样品的描述或识别。

**12.2** 按照 AATCC TM168-2023 进行评价。

**12.3** 平均 CaCV 钙螯合值，取 3 位有效数字。

**12.4** 测试方法的任何偏离。

## 13. 精确度和偏差

**13.1** 精确度。在实验室内，同样的操作人员、同一仪器、同一时间测试方法的标准偏差为 ±2（1.60）。实验室之间（至少五个实验室），本测试方法的标准偏差为 ±1（0.54）。

**13.2** 偏差。螯合值只能通过试验方法来确定，没有独立的方法来确定其真值。作为估计该性质的一种方法，没有已知的偏差。

## 14. 历史

**14.1** 2023 年修订，明确并使其与 AATCC 标准格式一致。

**14.2** 2019 年编辑性修订；2018 年修订；2012 年重新审定；2010 年编辑性修订；2007 年编辑性修订并重新审定；2002 年重新审定；1997 年编辑性修订并重新审定；1992 年修订；1989 年编辑性修订并重新审定；1988 年重新审定。

**14.3** AATCC RR90 技术委员会于 1987 年制定。由 RA99 技术委员会维护。

**AATCC TM169-2020**

# 纺织品的耐气候性：氙弧灯暴晒

## 1. 目的和范围

**1.1** 本测试方法提供了一种程序，将各种纺织材料，包括涂层织物及其产品，在可控测试条件的人工气候设备中进行暴晒。本测试方法包括了可控湿态试样和干态试样的测试程序。

**1.2** 耐退化性的测定可以在标准纺织测试条件下评定暴晒后材料的强力损失百分率、残余强力百分率（断裂、撕破或胀破）和/或材料的色牢度来表示。

## 2. 原理

将待测的纺织材料样品和参照标准在规定条件下同时暴晒于氙弧灯下，通过与参照标准对比，评定测试材料的性能耐退化性。

## 3. 引用文献

**3.1** AATCC EP1《变色灰卡评定程序》。

**3.2** AATCC EP7《仪器评定试样变色》。

**3.3** AATCC TM16.3《耐光色牢度：氙弧法》。

**3.4** ASTM D123《纺织品相关标准术语》。

**3.5** ASTM D1424《摆锤法测定织物撕破强力的试验方法》。

**3.6** ASTM D1776《纺织品调湿和测试标准方法》。

**3.7** ASTM D2256《单纱法测定纱线断裂强力和伸长率》。

**3.8** ASTM D2261《舌形法（单舌法）织物撕破强力试验方法（等速伸长拉伸强力机）》。

**3.9** ASTM D3512《纺织品抗起球性能和相关表面变化的检测方法：乱翻式起球测试仪》。

**3.10** ASTM D3786《纺织品液压胀破强力试验方法：膜片式胀破强力仪法》。

**3.11** ASTM D3787《针织物顶破强力测试方法等速型（CRT）弹子顶破强力测试》。

**3.12** ASTM D3884《纺织品耐磨性能测定（旋转平台，双头法）》。

**3.13** ASTM D5035《纺织品断裂强力和伸长率的测试方法（条样法）》。

**3.14** ASTM D5587《纺织品梯形法撕破强力试验方法》。

**3.15** ASTM G151《非金属材料暴露于使用实验室光源的加速试验装置的标准实施规程》。

**3.16** ASTM G155《非金属材料暴露于使用氙弧灯光源试验装置的标准实施规程》。

## 4. 术语

**4.1** 断裂强力：特定材料在断裂时所能承受的极限拉伸强力或负荷地能力（ASTM D123）。

**4.2** 胀破强力：在规定条件下，以一个垂直于织物表面的力作用于织物，使其破裂所需的压力或压强（ASTM D3786，D3787）。

**4.3** 色牢度：材料在加工、检测、储存或使用过程中，暴露在可能遇到的任何环境下，抵抗颜色变化或颜色向相邻材料转移的能力。

**4.4** 辐照度：波长的函数，单位面积的辐射功率，单位为瓦特每平方米（W/m²）。

**4.5** 辐射量：辐照度对时间的积分，单位为焦耳每平方米（J/m²）。

**4.6** 辐射能量：以各种波长的光子或电磁波形式在空间传播的能量。

**4.7** 辐射通量密度：通过试样的辐射能的流动速率。

**4.8** 辐射功率：每个单位时间放射、转移或接受的辐射能量。

**4.9** 光谱能量分布：放射的辐射能量在不同波长范围内的能量变化。

**4.10** 光谱透射率：波长的函数，辐射能经过给定的材料后，其中未被材料吸收的能量占总入射能量的百分比。

**4.11** 纺织品测试用标准大气：温度保持在21℃±1℃（70℉±2℉）、相对湿度保持在65%±2%的空气环境（ASTM D123）。

**4.12** 撕破强力：织物能够抵挡从已有的切口延伸至完全撕裂的能力（ASTM D1424，D2261，D5587，D5034）。

**4.13** 总辐照度：在一个时间点上，所有波段里辐射功率的总和，单位为瓦特每平方米（W/m²）。

**4.14** 气候：给定地理位置的气候条件，包括日光、雨水、湿度和温度等因素。

**4.15** 耐气候性：材料暴晒在气候条件下抵抗其性能退化的能力。

## 5. 安全和预防措施

**5.1** 本安全和预防措施仅供参考。本部分有助于测试，但未指出所有可能的安全问题。

**5.2** 在本测试方法中，使用者在处理材料时有责任参考合适的安全数据采用安全和适当的技术。

**5.3** 使用者务必向制造商咨询有关材料的详尽信息，如材料的安全参数和其他制造商的建议；务必向如美国职业安全卫生管理局（OSHA）等安全健康管理机构咨询并遵守其所有标准和规定。

**5.4** 测试仪器内有高强度光源，当仪器运转时，其门必须保持关闭状态。

**5.5** 维修氙弧灯前，必须关闭测试仪器并冷却一段时间。

**5.6** 当维修仪器时，关闭"off"开关。如果适用，拔去电源插座，确保机器前置面板上的主电

源指示灯是熄灭的。

## 6. 使用和限制条件

**6.1** 本测试方法得到的结果并不等同于户外环境得到的结果，除非对某一给定材料建立了数学相关性且协议双方达成一致。户外环境因季节、地理位置和地形不同而不同，因此，户外环境下暴晒的结果也会相应的改变。在相同的环境下不是所有材料都会受到相同的影响。本测试方法中描述的耐气候性测试仪器是令人满意的，它们被广泛应用于纺织材料的商业验收测试中。买卖双方应根据以前的数据和经验来决定选用哪一种类型的仪器。不同制造商提供的耐气候测试仪器的光谱分布、喷水、空气和湿度传感器的位置、测试箱的尺寸可能会有明显的不同，这会导致测试结果的不同。因此，不同制造商生产的仪器，不同尺寸的测试箱和不同的氙弧灯得到的数据不能互换，除非确定了它们之间的某种数学相关性并达成一致。AATCC RA50委员会目前没有使用本测试方法在不同测试仪器之间做对比测试。

**6.2** 当使用本测试方法时，协议双方应结合光源、湿度和润湿效果，对合理的测试程序达成一致。所选择的循环程序要反映出材料使用的季节、地理位置和地形等预期的环境条件（见8.2.1方法2）。

**6.3** 当使用本测试方法时，要选用一个参照标准，其在规定的暴晒后特征值的变化是已知的。

**6.4** 协议双方达成一致时，也可采用其他耐退化性的测试程序。

## 7. 仪器（见16.1）

**7.1** 可使用不同型号的氙弧测试仪器，但测试仪器必须是由耐腐蚀材料制造的，并能自动控制辐射度、湿度、箱体空气温度和黑板温度计或黑板标准温度计的温度。氙弧测试仪器可以是水冷却或空气冷却的（见17.2）。

**7.2** 氙弧灯光源。氙弧灯测试仪使用长石英，内置氙弧灯作为辐射源，发出从低于 270nm 的紫外光谱到可见光谱，再到红外光谱的辐射。当氙弧灯为同样的通用类型时，在某些不同尺寸和类型的仪器中，要使用不同功率范围的不同尺寸的氙弧灯。在不同的型号中，试样架根据氙弧灯的尺寸和功率范围而变化，以使在 340nm 下测得的放在标准试样夹中的试样表面的辐照度为 0.35W/m²。根据测试循环方法 1~4（见 8.2.1~8.2.4），选择其中的一个测试程序来操作氙弧灯测试仪。

**7.2.1** 滤光片。为使氙弧灯能模拟地球日光，必须使用滤光片过滤短波长的紫外光 UV 辐射。此外，也可以使用滤光片滤去红外光辐射，防止对试样产生不存在的加热，这种加热可能导致热退化，而且在户外暴晒中是没有的。

氙弧灯仪器应配备日光滤光片，以提供适当的光谱。日光滤光片应该满足附录所规定的相对光谱能量分布的要求。

**7.2.2** 遵守氙弧测试仪制造商的保养说明。除非有其他规定，控制辐照度，使得在 340nm 处的辐照度为 0.35W/m²±0.02W/m²，或在 300~400nm 处的辐照度为 40W/m²±2.0W/m²。根据选择的测试循环方法 1~4（见 8.2.1~8.2.4），选择其中的一个测试程序来操作氙弧灯测试仪。

## 8. 测试循环的确定

**8.1** 测试循环的确定是由最终使用的影响因素，尤其是气候条件影响因素来确定的。但并非所有材料在相同环境下受到的影响都是相同的。任一测试循环得到的结果不能代表其他测试循环或其他户外气候测试的结果。对某一地理位置获得的加速测试因子不一定适用于任何其他地理位置。然而，可以用特定的测试循环将与被测试循环相关的相似气候条件进行归类。

**8.2** 测试材料的特性有助于选择合适的测试循环，包括紫外暴晒、润湿、润湿时间和温度。

仪器必须配备连续光谱监控装置，控制在 340nm 处的辐照度为 0.35W/m²±0.02W/m²，或 300~400nm 处的辐照度为 40W/m²±2.0W/m²，除非有其他规定。对于纺织材料，可以选择以下测试循环方法。

**8.2.1** 方法 1。这一测试循环用于模拟亚热带气候，比如南佛罗里达州，120min 循环，仅 90min 暴晒，相对湿度（70±5）%，交替 30min 的光照和喷水，黑板温度 77℃±3℃（170℉±5℉）。喷水时，不需要控制黑板温度和相对湿度。

**8.2.2** 方法 2。这一测试循环用于模拟亚热带气候，比如南佛罗里达州，当供水系统受到限制时，循环时间为 120min，其中暴晒 60min，相对湿度（70±5）%；黑暗 60min，黑板温度 77℃±3℃（170℉±5℉），不喷水。

**8.2.3** 方法 3。这一测试循环用于模拟沙漠气候，比如亚利桑那州的菲尼克斯，连续光暴晒，无喷水，黑板温度 77℃±3℃（170℉±5℉），相对湿度 27%±3%。

**8.2.4** 方法 4。这一测试循环用于模拟温和的气候，比如俄亥俄州的哥伦布，120min 循环，仅 102min 暴晒，相对湿度（50±5）%，交替 18min 的光照和喷水，黑板温度 63℃±3℃（145℉±5℉）。喷水时，不需要控制黑板温度和相对湿度。

**8.3** 使用这些循环并不意味着是一种加速气候测试方法。本测试方法不局限于使用这些循环方法。

## 9. 参照标样

**9.1** 参照标样必须确定并由协议双方达成一致。只要已知其强力老化速度或颜色变化，任何合适的织物材料均可作为参照标样。参照标样必须与测试样同时暴晒。对于采用喷水的测试循环方法，参照标样不能显示出任何由于喷水引起的性质变化。采用参照标样来测定计时的仪器和测试程序的偏差。如果暴晒参照标样的测试结果与已知的标准数据相比，差异超过 10%，则需彻底检查仪器的操作条件，并纠正任何故障及缺陷，然后重新测试。如果数据偏差仍超过 10% 而又无明显的仪器故障，那么有可能参照标样出了问题，应对参照标样重新评定。

**9.2** 如果色牢度是唯一的评级标准，则 AATCC 16.3 中规定的蓝色羊毛标样对无喷水的测试循环方法是可以接受的。但是，由于任何一种方法与其他方法测得的蓝色羊毛标样的褪色级数可能不一致，所以必须谨慎使用。

**9.3** 目光评定。依据《仪器评定方法 1》，AATCC 蓝色羊毛标样 L4 达到变色灰卡的 4 级，等同于 20 个 AATCC 褪色单元（AFU）。AATCC 蓝色羊毛标样 L2 达到变色灰卡的 2-3 级，等同于 20 个 AFU。

**9.4** 仪器的颜色测量。对于第 5 批次的 AATCC 蓝色羊毛标样 L4，按照 AATCC EP7 测得其变色值为（1.7±0.3）CIELAB 单位。对于其他级数或批次的 AATCC 蓝色羊毛标样，按照 AATCC EP7 测得的变色 CIELAB 值等于该蓝色羊毛标样校准证书中的值。

AATCC 的褪色单元（AFU）和 AATCC 蓝色羊毛标样等量的暴晒量见表 1。

表 1　AATCC 的褪色单元和 AATCC
蓝色羊毛标样等量的暴晒量

| AATCC 蓝色羊毛标样 | AATCC 褪色单元 | 氙弧灯的辐照度（kJ/m²） | |
| --- | --- | --- | --- |
| | | **420nm** | **300~400nm** |
| L2 | 5 | 21 | 864 |
| L3 | 10 | 43 | 1728 |
| L4[①] | 20 | 85[②] | 3456 |
| L5 | 40 | 170 | 6912 |
| L6 | 80 | 340[②] | 13824 |
| L7 | 160 | 680 | 27648 |
| L8 | 320 | 1360 | 55296 |
| L9 | 640 | 2720 | 110592 |

① 变色为（1.7±0.3）CIELAB 褪色单位或 AATCC 变色灰卡的 4 级。

② 用透过玻璃的日光法和连续光照的氙弧灯法进行试验确认的值，其他的数据可以计算得出（见 AATCC16.3）。

## 10. 试样准备

**10.1** 试样数量。被测材料和确保精确度的参照标样都应使用重复抽样的样品（见 17.3）。

**10.2** 织物试样尺寸（原始状态）。这些给出的尺寸作为通用指导，在大多数情况下，足以满足评定的需要。某些材料暴晒后可能表现出尺寸变化。仪器制造商、物理测试仪器和所需要的重复试样的数量将影响所需的样品尺寸。应该核查 14.3 中规定的测试程序，以确保有足够数量的试样进行各自所需的退化测试（见 17.4）。为了尽可能地减少样品差异的影响，从样品中随机抽取两个试样，一个用于暴晒，另一个用于控制测试（不暴晒）。用于经向测试的每一对试样含有相同的经纱；用于纬向测试的每一对试样含有相同的纬纱。平行于经向剪取的两对试样不含有相同的经纱；平行于纬向剪取的两对试样不含有相同的纬纱。按照以下测试程序剪取试样。

**10.2.1** 断裂强力。当使用条样法测试断裂强力时，剪取试样大小至少为 5cm×20cm（2 英寸×8 英寸），长边平行于经向或机器方向，除非另有说明；当使用抓样法测试断裂强力时，剪取试样大小至少为 13cm×18cm（5 英寸×7 英寸）（见 17.5）（参考 ASTM D5035 或 ASTM D2256）。

**10.2.2** 胀破强力。剪取试样大小至少为 15cm×15cm（6 英寸×6 英寸）（参考 ASTM D3787 或 ASTM D3786）。

**10.2.3** 舌形法撕破强力。剪取试样大小至少为 10cm×23cm（4 英寸×9 英寸），短边平行于经向或机器方向，除非另有说明（见 17.5 和 17.6）（参考 ASTM D2261）。

**10.2.4** 埃尔门道夫撕破强力。剪取试样大小至少为 10cm×13cm（4 英寸×5 英寸），长边平行于经向或机器方向，除非另有说明（见 17.4 和 17.5）（参考 ASTM D1424）。

**10.2.5** 梯形法撕破强力。剪取试样大小至少为 10cm×18cm（4 英寸×7 英寸），长边平行于经向或机器方向，除非另有说明（见 17.5 和 17.6）（参考 ASTM D5587）。

**10.2.6** 色牢度。剪取试样大小至少为 3cm×6cm（1.2 英寸×2.4 英寸），确保测试暴晒面积不小于 3cm×3cm（1.2 英寸×1.2 英寸），并且与未暴晒区域具有相同的面积。

**10.2.7** 为防止试样散边，可以在试样的边缘涂上环氧树脂或类似的树脂。

**10.2.8** 对每一试样做好标记，标记要使用能抵抗测试环境条件影响的材料。

**10.3** 安装。

**10.3.1** 将试样安装在开放的试样夹上，试样夹置于箱体中，箱体背面没有背衬，除非另有说明（见 17.7）。

**10.3.2** 织物。确保试样平整地固定在试样夹上，无卷边，试样可以缝合在一个纱网背衬上。

**10.3.3** 纱线。将纱线卷绕到一个长度至少为 15cm（6 英寸）的框架上，只有直接面对辐射能的那部分纱线用来测试断裂强力，可以测试单纱或绞纱。当测试绞纱时，纱线必须紧密卷绕到框架上，宽度为 2.54cm（1.0 英寸）。控制样的纱线根数和暴晒试样的纱线根数须相同。暴晒结束后，在拆开测试纱之前，用一个宽 2.0cm（0.75 英寸）的遮盖物或其他合适的胶带，将面对光源的那部分纱线捆在一起，使这些纱线紧密地排列在样品架上。

## 11. 调湿

**11.1** 暴晒结束后，将所有试样，包括测试样和控制样，一起放置于 ASTM D1776 规定的条件下直至调湿平衡。一般认为在不超过 2h 的时间间隔内，样品连续称重，其质量变化不超过 0.2% 时为达到了调湿平衡状态。通常在一般应用中，以接收到的原样开始进行调湿至达到平衡。

**11.2** 在实际测试中，一般不会频繁地称重来确定纺织材料是否已达到调湿平衡。有一种程序，

除了出现争议时不能使用，但是日常的测试是足够的，即在测试前将试样置于标准大气下放置一段合理的时间。在大多数情况下，24h 一般是可以被接受的，然而，有些纤维或整理可能从接收到的原样开始调湿时表现出缓慢的调湿平衡速率。当已知这种情况时，经协议双方同意可按照 ASTM D1776 规定的程序进行预调湿。

## 12. 仪器的准备、维护和校准

**12.1** 将测试仪器安装在温度和相对湿度可以得到控制的房间里，这样会尽可能地减少由于空气变化产生的影响。

**12.2** 在开始进行每一次测试前，确保测试仪器已经校准，并在制造商要求的范围内。与仪器相连的暴晒装置（即光监控系统、黑板温度计、箱体空气传感器、湿度控制系统、紫外线 UV 传感器和辐射计）需要进行周期性的校准。只要可能，校准应溯源至国家或国际标准。校准时间表和程序应参照制造商的说明。

**12.3** 氙弧燃烧器或滤光片的老化可能导致光源光谱的改变。燃烧器内部或外壳的灰尘及其他残留物的堆积，也会造成光源光谱的改变。

**12.4** 根据制造商建议的时间周期或发生损坏时更换氙弧灯管和滤光片。

**12.5** 由于监测独立的测试样品表面温度是不实际的，因此使用指定的黑板传感器间接测量和控制测定样品的温度。该温度受吸收辐照度影响减去通过传导和对流发散的热量。要使黑板的正面处于良好的条件下。尽管其表面涂有高质量的整理剂，但当暴晒在耐气候装置中时也会老化。因此，应使用高级汽车蜡定期进行清洁并擦亮。保留一块备用的对比黑板单元以周期性校准所使用的黑板单元。当使用的黑板单元与对比单元进行对比，超出测试程序设定的极限值时，应重新抛光或更换。

**12.6** 对于带有喷水的测试程序，使用总固体含量小于 1mg/L，二氧化硅含量少于 0.2mg/L 的

水，以尽可能减少在试样上的沉淀物。喷水中非常少的二氧化硅都会导致试样表面有明显的沉淀物。将去离子水和反渗透两者结合可高效制得符合要求的去离子水。使用水的 pH 需记录。

**12.7** 确保测试过程中水、电供应达到仪器制造商所规定的详细说明。确保能达到设定的黑板温度和相对湿度。

**12.8** 按照所选择的测试方法控制测试环境。

**12.9** 编程序或调节仪器使其提供连续的日光测试。用白色背衬卡装满试样区域。白色背衬卡是用来模拟暴晒测试中测试箱体内的气流运动，而不包含实际的测试样。用与材料同样的摆放方式将黑板温度计置于试样转筒或样品架上。按照制造商的说明操作和控制测试仪器。当选用方法1或方法4时，依照这种方式操作仪器并调节箱体的温度和相对湿度，以达到8.2.1和8.2.4中所述参数。

**12.10** 在可控条件下仪器运转 60min 后关闭测试仪器，并从试样架上取出测试材料。

## 13. 操作程序

**13.1** 按照 8.2 的规定给氙弧灯测试仪器编程，以获得规定的测试条件。

**13.2** 根据仪器制造商的建议，将已装好试样的试样夹置于样品架上。确保所有的材料都有足够的支撑并垂直同轴排列。材料任何靠近或远离光源的距离即使很小，也可能会导致试样之间颜色的差异。试样架必须填满，使得空气在试样架中无法流通。可使用固体样品托盘或填充未满区域来满足以上要求。确保每个样品在一个喷水循环中得到喷水。

对于单股试样，其长度超过 23cm（9英寸）时，应将其置于暴晒区的中央位置。

**13.3** 不论机织物、针织物或非织造织物，都要确保测试样通常使用的正面直接暴晒在光源下。如果由于某些原因，没有暴晒材料的正面，要在报告中注明。

**13.4** 对于采用喷水的测试循环程序，确保喷出的水流细而且能均匀分布在试样暴晒面上。

**13.5** 用合适的记录仪监控暴晒测试箱体内的条件（可选择）。

**13.6** 连续操作测试仪器直至所选择的暴晒测试完成，当需要更换灯管或滤光片时，要避免不必要的延误，保持连续的暴晒时间，因为这种延误会导致结果的变化或造成错误的结果。

**13.7** 若同一暴晒面上的辐射量差异大于10%，需重新依次排列试样，使得每一试样在每一位置都能获得同样的暴晒时间。当试样测试时间较短（不超过1周）时，至少每天重新排列一次样品；当测试时间较长时，至少在测试过程中重置5次。如果协议双方同意，也可采用其他的测试方法以达到均匀一致的暴晒。

**13.8** 根据仪器制造商的建议更换滤光片，或当滤光片有明显变色或出现乳白色时更换滤光片，无论哪种现象先发生都要更换。

**13.9** 当暴晒循环结束后，从样品架上取出参照标样和测试样，将它们转移至纺织品测试标准大气下调湿，进行协议要求的物理性测试。

如果试样从试样架上取下时是湿的，那么先在周围实验室条件下或在温度不超过 71℃（160℉）的环境下将试样在无张力状态下干燥，然后再转移至调湿的大气中。在物理测试或色牢度评定前，浸湿未曝光的参照标样和保留的未曝光原样。用与测试样相同的干燥和调湿条件进行处理。

## 14. 评级

**14.1** 通过以下的一种或多种步骤，参照参照标准，评定材料的耐久性或耐退化性。

**14.1.1** 剩余或损失强力百分率。经规定的暴晒时间后，记录材料的剩余或损失强力百分率（断裂、撕破或胀破强力）。

**14.1.2** 残余强力。记录材料的初始和最终的强力值以及所有其他相关的数据。

**14.1.3** 根据协议一致认可的参照标样或标准。

（1）满意：在材料标准规定的暴晒时间下，与参照标样相比具有相同的或更好的耐久性。

（2）不满意：在材料标准规定的暴晒时间下，比参照标样更差的耐久性。

**14.2** 可以在暴晒前准备测试样，但最好是在暴晒以后准备测试样（见18.8）。对每一次测试样和控制样以及暴晒的和未暴晒的试样，通过标记、拆纱或裁切每个暴晒试样的中心部分等方法，按照各自测试程序中规定的尺寸准备试样（见14.3）。

**14.3** 物理性能。用以下一种或多种测试方法，测试织物性能的变化：

**14.3.1** 按照 ASTM D5035，采用规定的合适程序测试织物的断裂强力。

**14.3.2** 按照 ASTM D2256 来测定纱线的断裂强力。

**14.3.3** 按照 ASTM D3787 来测定织物的弹子顶破强力。

**14.3.4** 按照 ASTM D3786 来测定织物的膜片胀破强度。当胀破强度小于或等于 200psig 时，选用 C 型测试仪；当胀破强度大于 200psig 时，选用 A 型测试仪。

**14.3.5** 按照 ASTM D2261 来测定单舌撕破强力。

**14.3.6** 按照 ASTM D1424 来测定埃尔门多夫撕裂强力。

**14.3.7** 按照 ASTM D5587 来测定梯形撕破强力。

**14.4** 按照 AATCC EP7 来评定 AATCC 耐光色牢度标准的颜色变化。

**14.5** 对不同的重复试样的数据计算其平均值，或进行适当的统计处理。如果可能，相对于原来的强力和颜色，记录暴晒后的断裂、撕破或胀破强力的保留值的有效值或色牢度值。适当记录未暴晒控制样和暴晒试样在断裂点或在力—伸长率曲线上的某一点的伸长率特性，这些时常是重要的辅助信息（见16.9）。

## 15. 报告

**15.1** 测试报告中说明测试仪器的类型，包括型号、系列号和制造商名称、暴晒程序、暴晒时间、样品旋转时间表、辐照度、黑板温度、箱体空气温度、相对湿度，黑板温度是否由环境（箱体空气）或黑板控制，以及供应水的类型。

**15.2** 报告测试织物强力仪器的型号、材料组成（纤维类别）、织物的暴晒面（织物正反面纤维不同时）、织物质量［用 g/m² （盎司/码²）表示］。如果知道，还应报告织物整理剂的性质。

**15.3** 报告与本测试方法或参照标样性能的任何偏离。

**15.4** 报告每一性能的评级和相关数据。

**15.5** 报告仪器测试的操作时间表。

## 16. 精确度和偏差

**16.1** 精确度。

**16.1.1** CIE $\Delta E$ 颜色变化测试（见表2）。四种涂层织物样品（土工布样品），每种取 5 个重复试样，依据 AATCC 169-1991，采用 Ci$_{65}$ 气候测试仪进行测试。测试周期包括 90min 的光照，然后进行 30min 的光照和水喷淋，黑板温度 70℃±3℃、相对湿度 55%±5%，测试样不旋转。

**16.1.2** 拉伸强力测试。样品暴晒之前或之后对样品进行拉伸测试，在 340nm 下，暴晒量分别为 409.5kJ/m²、819kJ/m² 和 1228kJ/m²（325h、650h 和 975h）。测试方法为 ASTM D1682，5.0cm（2 英寸）条样法测试。

测试仪器：Instron Model 1000，量程为 1000 磅。

满刻度负荷：100 磅、200 磅、500 磅、1000 磅，十字头速度为 30.5cm/min（12 英寸/min）。

隔距长度：7.6cm（3 英寸），每个样品每个方向各取 5 个试样。

*AATCC TM171-2019*

# 地毯去污：热水抽吸法

AATCC RA57 技术委员会于 1987 年制定；1988 年、1989 年、2000 年、2005 年、2014 年重新审定；1991 年、1997 年、2008 年编辑性修订；1995 年修订（更换标题）、2019 年修订；2010 年编辑性修订并重新审定。

## 前言

在各种清洗地毯技术出现时，AATCC RA57 技术委员会（地毯技术委员会）就对各项技术进行了评估。通过与专业地毯清洗机构的沟通，本标准选择了最有代表的地毯实际清洗技术作为测试方法。

## 1. 目的和范围

**1.1** 本测试方法提供了用热水萃取法清洗地毯的实验室操作程序，有时也被误称为"蒸汽去污"。

**1.2** 本测试方法可用于地毯清洗，所述方法是最常用的实际地毯清洗方法（70%的实际使用率）。

**1.3** 本测试方法制备的试样也可用于其他测试，如色牢度、尺寸稳定性、整理耐久性、易清洗性测试等。

## 2. 原理

将地毯试样正面朝上固定在地板或样板上，试样的各部分用抽吸清洁头清洗，然后用刷子或起绒耙使绒头竖立。试样在室温下干燥。

## 3. 术语

**3.1** 地毯：所有纺织材料制成的地板覆盖物。

**3.2** 地毯绒头刷：一种手动的刷子，有中等硬度的长刷毛，专用于使地毯小范围内的绒头竖立（参见起绒器）。

**3.3** 清洁头：经改装的带有可以使用清洗溶液喷雾嘴的吸尘器头。有些清洁头带有动力驱动的刷子，以便润湿试样和去除污垢。

**3.4** 热水抽吸：一种清洗地毯的方法。将加热的清洗溶液注入地毯的绒头中，然后真空快速地吸走溶液以及污垢（参见蒸汽去污）。

注意：热水抽吸法通常被误称为"蒸汽去污"。热水的温度为 60℃±3℃（140℉±5℉），远低于蒸汽温度 100℃（212℉）。

**3.5** 拉绒：参见起绒。

**3.6** 起绒器：一种带有电动旋转刷子的真空清洁装置，用来搅动地毯绒头并使绒头竖立，便于去除污垢（参见地毯绒头刷）。

**3.7** 起绒：清洗后用地毯绒头刷、起绒器或起绒耙使地毯上的绒头竖立，这样更易去除地毯里的污垢，地毯绒头竖立保持其完整外观，又叫拉绒。

**3.8** 起绒耙：一种用来起绒的手动工具，带有环形排列的塑料齿。

**3.9** 小地毯：小面积的铺地地毯，主要用于覆盖部分地板。

**3.10** 蒸汽去污：参见热水抽吸。

**3.11** 纺织地毯：表面由纺织材料构成，通常用来覆盖地板的物品。

**3.12** 使用面：纺织地毯人脚踩踏的一面。

**3.13** 清洗棒：用来将清洗液注入地毯的工具，然后真空去除清洗液。

注意：清洗棒通常由伸长手柄和清洁头构成，它可分为轻型、重型和动力型。动力型清洗棒带有电动旋转或振动部件，以便于去除污垢。

## 4. 安全和预防措施

本安全和预防措施仅供参考。本部分有助于测试，但未指出所有可能的安全问题。在本测试方法中，使用者在处理材料时有责任采用安全和适当的技术；务必向制造商咨询有关材料的详尽信息，如材料的安全参数和其他制造商的建议；务必向美国职业安全卫生管理局（OSHA）咨询并遵守其所有标准和规定。

**4.1** 遵守良好的实验室规定，在所有的试验区域应佩戴防护眼镜。

**4.2** 所有化学物品应当谨慎使用和处理。

**4.3** 在混合、处理和使用洗涤剂及其溶液时应使用眼部防护装置。

**4.4** 在处理洗涤剂及其溶液时，建议使用手套或具有防护作用的护手膏。

**4.5** 使用离心脱水机时，应遵循制造商提供的操作规程及预防措施。液体在压力及高度真空下会导致液体溢出及/或水头胶管脱落。

## 5. 仪器和材料

**5.1** AATCC 洗涤剂 171#，适用于所有合成纤维地毯（见 11.1）。

**5.2** 热水萃取装置（见 11.2）。

**5.3** 地毯刷或起绒耙。

**5.4** 试样板（见 11.3）。

**5.5** 带有真空槽的萃取棒，无堵塞。

## 6. 试样准备

**6.1** 试样尺寸不小于 30cm×70cm（12 英寸×27 英寸），地毯绒头排列方向沿 70cm（27 英寸）方向

（见 11.4）。

**6.2** 如果整个试样需要均匀清洗，则需要使用与试样厚度基本一致的地毯放在试样周围，以保证清洗液能均匀地被吸走。

## 7. 操作程序

**7.1** 将试样用订书钉、大头钉或其他方式固定在地板或试样板上（见 11.4）。

**7.2** 按照说明书制备清洗液（见 11.1）。

**7.3** 每次开始清洗前，清除设备内的冷清洗液。

视觉检查并清除真空槽内的堵塞物（见 8.2）。

**7.4** 将 7.6L（2 加仑）或更多的预热温度为 60℃（140℉）的清洗液注入空的热水萃取装置的溶液罐中。

**7.5** 启动喷液装置及真空装置，将清洁头置于地毯表面，沿着逆地毯绒头排列的方向移动清洁头使其经过地毯表面。保持地毯位置不变，关掉喷液装置，真空开启，按照起点和路径重复操作，由两个步骤组成一次清洁循环。大多数情况下，为了得到明显的结果，一般需要两次清洁循环。清洁循环的次数可以根据地毯的沾污程度及测试目的适当增加。

**7.6** 清洗棒的移动速度大概为 46.0cm/s（1.5 英尺/s），清洗液的喷射速度为 0.45～0.63L/m²（0.10~0.14 加仑/平方码），回吸溶液时应保持移动速度与上述基本一致，也可以适当放慢速度以保证液体能够被充分回吸。

提示：一些喷嘴大小和喷嘴高度的组合可能会引起过大的液压而导致地毯绒头变形（见 11.5）。

根据纤维的吸收率不同，应使用回吸率 90%～95% 的高效、专业装置。正确操作真空装置时，地毯试样中不应超过 40.0g/m²（1.2 盎司/码²）液体残留量（即超过地毯试样的实际回潮率）。

**7.7** 如果需要清洗较大的面积，完成一次清洁循环后还有较大的面积需清洗，则应重新定位清

洁头位置，以使下一次清洗循环中清洁头能够覆盖已清洗过的区域，大概 5cm（2 英寸）。

**7.8** 用地毯刷或起绒把将试样的绒头沿逆绒头方向使其竖立。

**7.9** 从试样板或地板上取下试样，在室温下水平放置干燥。

## 8. 评价

**8.1** 经过本测试方法清洗过的试样可用于进行多种性能的测试，如色牢度、尺寸稳定性、整理耐久性、易去污性等。

**8.2** 如果存在堵塞，在取出试样进行评价时，可能出现带状或条状外观。这可能是由于萃取棒的真空槽堵塞造成的。带状外观是不正常的；因此在确认真空槽没有堵塞的情况下应重新测试试样。

## 9. 报告

**9.1** 注明试样按照本测试程序进行清洗。

**9.2** 报告清洁循环的次数。

**9.3** 按照制造商提供的说明制备清洗液，报告其 pH。

**9.4** 报告评估数据以及性能测试所引用的测试方法。

## 10. 精确度和偏差

精确度和偏差声明在此处不适用，因为本测试方法没有数据。

## 11. 注释

**11.1** AATCC 洗涤剂 171# 可以从 AATCC 获取，地址：P. O. Box 12215，Research Triangle Park NC 27709；电话：+ 1. 919. 549. 8141；传真：+ 1. 919. 549. 8933；电子邮箱：ordering@ aatcc. org；网址：www. aatcc. org。

稀释液。

美国，11~17g/加仑自来水。

英国，13~18g/加仑（英制）。

公制，3.0~4.5g/L。

**11.2** 专业商用热水抽吸设备通常为便携式或装在手推车或搬运车上。一般小型改造的装置很难满足要求，主要是液罐容量不够、输出压力及液体回吸达不到要求。

所用装置性能应至少满足如下要求：

（1）溶液罐应可维持液体温度为 60℃ ± 3℃（140℉±5℉），并有温度计进行测量；

（2）液体喷射装置的液压至少为 207kPa（30 磅/英寸$^2$），液体喷射速度至少为 3L/min（0.75 加仑/min）；

（3）液体回吸真空泵应具备至少 250mm（100 英寸）的密闭吸收能力，并带有流动速度为 43L/s（90cfm）的开孔；

（4）标准地板清洁棒的宽度为 25cm（10 英寸）。

**11.3** 试样板应用 1.27cm（0.5英寸）的 CD 级外用胶合板或更好的材料制成，尺寸应为 78.7cm×96.5cm（31.0 英寸×38.0 英寸）。

**11.4** 试样和试样板的尺寸可以根据其他测试的要求进行相应的调整。如 AATCC TM122《地毯沾污测试方法：实地沾污》或 AATCC TM134《地毯的静电倾向测试方法》。

**11.5** 喷雾嘴的喷液速度为 2.8 ~ 3.8L/min（0.75~1.0加仑/min），管路压力为 207kPa（30 磅/英寸$^2$）。喷液装置应在清洗棒的宽度内均匀喷射。喷射后试样表面不应有深浅条痕，不要使地毯绒头纠结或变形。为了保证液体喷射均匀，应适当调整喷孔大小及与地毯表面的距离，以避免绒头变形或纠结。如果喷射面太窄，绒头绒毛纠结，则适当增加喷射高度；如果喷射装置足够宽，但绒头绒毛仍会纠结，就要增加喷射头的尺寸。

*AATCC TM172-2010e（2016）e2*

# 家庭洗涤中耐粉末状非氯漂白剂色牢度

AATCC RA60 技术委员会于 1988 年制定；1989 年、1995 年、2002 年重新审定；1990 年、1996 年、1997 年、2003 年、2007 年（更换标题）、2010 年修订；1994 年、2004 年、2005 年、2008 年、2012 年、2019 年编辑性修订。2016 年重新审定并编辑修订。

## 1. 目的和范围

**1.1** 本测试方法用于评价纺织品在家庭洗涤中耐无氯漂白粉的色牢度，评价织物在五次家庭洗涤后，由于无氯漂白粉、洗涤溶剂及摩擦作用而产生的颜色变化情况。

**1.2** 首先用无氯漂白粉建立性能标准，若发现用无氯漂白粉处理后的织物性能已受影响，则仅用洗涤溶剂重新测试。有必要仅用水进行洗涤，以区分其他因素如硬度、pH 或含氯成分等对结果造成的影响。

**1.3** 由于目前可得到的无氯漂白粉中，除了有无氯漂白粉外，还有其他成分，如荧光增白剂、靛青漂白粉等。因此，本测试方法评定的是所有这些化学成分对颜色变化的总体影响。

## 2. 原理

试样在一定的温度、洗涤溶剂、无氯漂白粉溶剂及摩擦作用条件下进行五次家庭洗涤后，评定其颜色的变化情况。

## 3. 术语

**3.1** 漂白剂：在家庭洗涤中，一种可以通过氧化作用对纺织材料进行清洁、增白、增亮并帮助去除油渍及污点的产品，包括含氯和无氯两种。

**3.2** 色牢度：材料在加工、检测、储存或使用过程中，暴露在可能遇到的任何环境下，抵抗颜色变化和/或向相邻材料转移的能力。

**3.3** 洗涤：相对于纺织材料而言，洗涤是指织物通过用含有洗涤剂的水溶液进行处理（洗涤），以去除其上的污物或污渍的过程，通常还包括漂洗、脱水和干燥等程序。

**3.4** 无氯漂白剂：在溶液中不释放次氯酸离子的产品，如过硼酸钠、过碳酸钠。

**3.4.1** 无氯漂白液：以过氧化氢作为活性成分的产品。

**3.4.2** 无氯漂白粉：以过硼酸钠或过碳酸钠作为活性成分的产品。

## 4. 安全和预防措施

本安全和预防措施仅供参考。本部分有助于测试，但未指出所有可能的安全问题。在本测试方法中，使用者在处理材料时有责任采用安全和适当的技术；务必向制造商咨询有关材料的详尽信息，如材料的安全参数和其他制造商的建议；务必向美国职业安全卫生管理局（OSHA）咨询并遵守其所有标准和规定。

**4.1** 遵守良好的实验室规定，在所有的试验区域应佩戴防护眼镜。

**4.2** 1993 AATCC 标准洗涤剂 WOB 以及 2003 AATCC 标准液体洗涤剂 WOB 可能会引起对人的刺激，应注意防止其接触皮肤和眼睛。

**4.3** 操作实验室测试仪器时，应按照制造商

*AATCC TM174-2022e*

# 新地毯抗菌活性的评价

## 1. 目的和范围

本测试方法用于新地毯材料抗菌活性的评定，由三种测试方法组成：定性的抗菌评价、定量的抗菌评价和定性的抗真菌评价。本测试方法也可用于评价洗涤程序（由协议双方确定）对地毯抗菌性能的影响。

## 2. 原理

本测试方法由三种试验方法组成：方法Ⅰ、方法Ⅱ和方法Ⅲ。三种方法可以单独使用，也可以组合使用。

**2.1** 方法Ⅰ是抗菌活性的定性评价方法。将测试材料试样，包括相应的未经抗菌整理的同样材料的控制样（如果有，但非必须）紧贴在琼脂上，琼脂预先用测试菌种画线接种。经过培养，试样下以及周围的无菌区显示试样的抑菌活性。标准菌种为具有代表性的金黄色葡萄球菌（革兰氏阳性菌）和肺炎克雷伯氏菌（革兰氏阴性菌）。

**2.2** 方法Ⅱ用于定量地比较和评价地毯样品在暴露于测试菌种24h后的抗菌活性，然后将细菌从地毯试样中洗脱，并计算地毯试样的细菌减少百分率。在地毯试样上接种测试菌种，接种后在一定量的中和液中振荡试样，将细菌从试样中洗脱。测定液体中的细菌数量，计算细菌减少百分率。

**2.3** 方法Ⅲ是在沙氏葡萄糖琼脂培养基上定性评价地毯抗真菌活性及抗常见真菌微生物的活性。

## 3. 引用文献

注释：除非另有说明，使用最新版本的出版物。

**3.1** AATCC TM138《去污测试方法：纺织地毯的清洗》（见31.1）。

**3.2** AATCC TM171《地毯去污方法：热水萃取法》（见31.1）。

**3.3** ASTM E2471《用籽粒琼脂进行地毯中抗菌剂活性的筛选评估的标准试验方法》（见31.2）。

**3.4** ASTM E1402《抽样设计标准指南》（见31.2）。

**3.5** 疾控中心有关微生物和生物医学的生物安全文件（见16.4）。

## 4. 术语

**4.1** 活性：抗菌整理剂效果的度量。

**4.2** 抗菌剂：能够杀死细菌（杀菌剂）或抑制细菌活性、生长、繁殖（抑菌剂）的化学物质。

**4.3** 抗真菌剂：能杀死或抑制真菌生长的化学药品。

**4.4** 抗微生物剂：能杀死或抑制微生物生长的化学药品。

**4.5** 抗菌：纺织品防止可见的细菌繁殖并伴有臭味产生的能力，这种臭味有别于霉菌的臭味，它是由纤维上细菌的降解或污物产生。

**4.6** 防霉：地毯材料暴露在适合微生物繁殖的条件下时，防止不可见真菌繁殖并产生令人不愉快、发霉气味的能力。

**4.7** 防腐：抵抗地毯材料里面或外面因真菌生长而导致腐烂的能力。

**4.8** 抑菌区：与琼脂培养基表面直接接触的试样附近，看不到培养微生物生长的透明区域。

抑菌区是由于试样上抗菌剂的扩散造成的。

## 5. 安全和预防措施

**5.1** 方法/程序中规定的安全预防措施是测试

程序中的附属措施，并不包括所有的安全措施。

**5.2** 本标准的使用者有责任参考适用的安全数据表，采用安全和适当的技术，并在处理本标准的材料时穿戴适当的个人防护装备。

**5.3** 使用者务必向制造商咨询有关材料的详尽信息，如设备的操作说明和其他建议。咨询并遵守所有适用的健康和安全法规［如美国职业安全卫生管理局（OSHA）标准和条例］。

**5.4** 有关细菌操作的安全预防措施和人员培训请参阅 3.5、8.1 和 11.1 章节。

## 6. 使用和限制

本测试方法只适用于新地毯，不适用于使用过的地毯。

## I 地毯抗菌性的定性评价：单线法

## 7. 设备（见 31.4）

**7.1** 恒温培养箱，温度保持在 37℃ ± 2℃（99℉±4℉）。

**7.2** 水浴锅，温度保持在 45～50℃（113～122℉）。

**7.3** 本生灯或等同设备。

**7.4** 立式显微镜，最小 40 倍放大率。

**7.5** 高压蒸汽灭菌锅。

**7.6** 旋涡振荡器或等同设备。

## 8. 材料（见 31.4）

**8.1** 适合预期以测试样品为最终用途的细菌种类。某些细菌具有致病性（能够感染人类并产生疾病）。采取一切必要和合理的预防措施，消除实验室人员和相关环境中的其他风险。在处理前，对所有被污染的样品和测试材料进行消毒。可使用下列任何一种或全部细菌。

**8.1.1** 革兰氏阳性菌：金黄色葡萄球菌（*Staphylococus aureus*），ATCC 6538、CIP 4.83、DSM 799、NBRC 13276、NCIMB 9518 或等效菌株

（见 31.5 和 31.6）。

**8.1.2** 革兰氏阴性菌：肺炎克雷伯氏菌（*Klebsiella pneumoniae*），ATCC 4352、CIP104216、DSM 789、NBRC 13277、NCIMB 10341 或等效菌株（见 31.5 和 31.6）。

**8.1.3** 有关各方商定的其他菌种。

**8.2** 肉汤/琼脂培养基：营养肉汤/琼脂，胰蛋白胨大豆肉汤/琼脂，脑心浸液肉汤/琼脂 MH（Müller-Hinton）肉汤/琼脂或适合维持所选测试菌种生长的肉汤/琼脂。

**8.3** 蒸馏水或去离子水，无菌。

**8.4** 接种环，直径规格 4mm。

**8.5** 吸液管或等同材料，1mL，无菌。

**8.6** 带盖的培养管，最小容量 10mL，无菌。

**8.7** 培养皿，直径 100mm×深 15mm，平底，无菌。

**8.8** 镊子，无菌。

**8.9** 直尺，最小刻度为 mm。

## 9. 抽样

**9.1** 仅当样品具有统计学代表性时，测试结果有效（见 ASTM E1402）。

**9.2** 抽样必须是随机的。产品的每一个单元成为样本的概率应是相等的；每个样品的每一部分都应等可能的成为测试试样。

**9.3** 由于纯粹的偶然性，所有试样在偏差范围内必须是相同的。样本内必须没有已知原因的差异。

## 10. 试样准备

**10.1** 用手或裁样器裁剪试样（未灭菌）。虽然建议将试样剪成 25mm×50mm 的长方形，但实际上试样尺寸适当即可。

**10.2** 如可能，可用相同的方法测试一个同样材料、使用其他相同助剂整理的试样（但未经抗菌整理剂整理）进行测试。不过，确定试验的有效性

并不是必须这样做。许多标准整理剂，即使经过多次洗涤之后仍具有很强的抗菌活性。

**10.3** 方法Ⅰ测试试样，使用额外的测试试样，可以提高平均值精度。

## 11. 试验步骤

**11.1** 本试验应由经过培训的人员操作。参考美国卫生和公共服务部出版的《微生物和生物医学实验室的生物安全》（见 3.5）。

**11.2** 如果需要耐久性数据，必须对洗涤前后的地毯试样进行测试，洗涤方法由协议双方商定，例如 AATCC TM138（见 3.1）或 AATCC TM171（见 3.2）。

**11.3** 将已灭菌的琼脂（适当培养基）冷却至 45℃±2℃（117℉±4℉），倒 15.0mL±2.0mL 至每个标准（15mm×100mm）平底培养皿中。待琼脂培养基凝固后用于接种。

**11.4** 制备试验菌液：取一接种环（无菌的）待用菌种，接种到装有合适肉汤的单独培养管，在 37℉±2℃（99℉±4℉）条件下培养 18～24h。

**11.5** 制备稀释菌液：吸取 1.0mL±0.1mL 培养 18～24h 后的肉汤培养物到装有 9.0mL±0.1mL 灭菌蒸馏水的试管或小锥形瓶中，使用旋涡振荡器或适当的搅拌混匀。

**11.6** 用 4mm 的接种环取一环稀释后的菌液，在灭菌琼脂平板表面中间画一条大约 75mm 长的线，操作时应避免划破琼脂表面。

**11.7** 轻轻按压垂直横放在接种线上的试样，使其与琼脂表面紧密接触。为了便于操作，也可用生物移片器或刮勺使试样紧贴在琼脂表面，生物移片器或刮勺应先用火焰灼烧灭菌，并迅速在空气中冷却后使用。分别用琼脂平板对地毯的绒面（纤维面）和反面进行测试。

**11.8** 将平板在 37℃±2℃（99℉±4℉）下培养 18～24h。

## 12. 评价

**12.1** 观察经过培养的平板中，试样下的接种线上的细菌生长情况及试样边缘外的抑菌区。

**12.2** 计算可见抑菌区的大小，试样每边沿接种线的平均抑菌区宽度按照式（1）计算：

$$W = \frac{T - D}{2} \qquad (1)$$

式中：$W$——抑菌区的宽度，mm；

$\quad$ $T$——试样以及抑菌区的总宽度，mm；

$\quad$ $D$——试样的直径，mm。

**12.3** 评价测试结果的标准应该由协议双方商定。

**12.4** 抑菌区的大小不能用于抗菌活性的定量评价。报告应包括对抑菌区和试样下细菌生长观察的结果。

## 13. 报告

**13.1** 测试样品的描述。

**13.2** 报告样品使用 AATCC TM174-2022e 方法Ⅰ测试。

**13.3** 报告试验条件。

**13.3.1** 测试试样的尺寸。

**13.3.2** 重复测试试样的数量。

**13.3.3** 清洗地毯的数量（如果有）及使用的去污方法。

**13.3.4** 试验前试样是否灭菌及灭菌方式。

**13.3.5** 使用的琼脂培养基名称。

**13.3.6** 使用的菌种名称。

**13.3.7** 培养时间。

**13.4** 报告试验结果。任何观察到的抑菌区。

**13.5** 任何关于本标准的修改情况。

## 14. 精确度和偏差

**14.1** 精确度。本试验方法的精确度尚未建立，在建立之前，采用标准的统计方法比较实验室内或实验室之间的试验结果的平均值。

**14.2** 偏差。抗菌活性可以根据测试方法来定义。没有独立的方法来确定真值。作为评估这一特性的手段，本方法没有已知的偏差。

## II 地毯抗菌活性的定量评价

### 15. 设备（见31.4）

**15.1** 恒温培养箱，温度保持在37℃±2℃（99℉±4℉）。

**15.2** 水浴锅，温度保持在45～50℃（113～122℉）。

**15.3** 本生灯或等同设备。

**15.4** 高压蒸汽灭菌锅。

**15.5** 旋涡振荡器或等同设备。

### 16. 材料（见31.4）

**16.1** 适合预期以测试样品为最终用途的细菌种类。某些细菌具有致病性（能够感染人类并产生疾病）。采取一切必要和合理的预防措施，消除实验室人员和相关环境中的其他风险。在处理前，对所有被污染的样品和测试材料进行消毒。可使用下列任何一种或全部细菌。

**16.1.1** 革兰氏阳性菌：金黄色葡萄球菌，ATCC 6538，CIP 4.83，DSM 799，NBRC 13276，NCIMB 9518或等效菌株（见31.5和31.6）。

**16.1.2** 革兰氏阴性菌：肺炎克雷伯氏菌，ATCC 4352，CIP104216，DSM 789，NBRC 13277，NCIMB 10341或等效菌株（见31.5和31.6）。

**16.1.3** 有关各方商定的其他菌种。

**16.2** 肉汤/琼脂培养基：营养肉汤/琼脂，胰蛋白胨大豆肉汤/琼脂，脑心浸液肉汤/琼脂，*MH* 肉汤/琼脂或适合维持所选测试菌种生长的肉汤/琼脂。

**16.3** 蒸馏水或去离子水，无菌。

**16.4** 接种环，直径规格4mm。

**16.5** 吸液管或等同仪器，1mL，无菌。

**16.6** 带盖的培养管，最小容量10mL，无菌。

**16.7** 培养皿，直径100mm×深度15mm，平底，无菌。

**16.8** 镊子，无菌。

**16.9** 直尺，最小刻度为mm。

**16.10** 0.85%生理盐水，无菌。

**16.11** 润湿剂（见31.7）。

**16.12** 中和肉汤：Letheen 肉汤，D/E 肉汤或其他适用于被测抗菌化合物的肉汤。

**16.13** 带盖容器，最小容量120mL，以适应地毯试样，无菌。

### 17. 抽样

**17.1** 仅当样品具有统计学代表性时，测试结果有效（见 ASTM E1402）。

**17.2** 抽样必须是随机的。产品的每一个单元成为样本的概率应是相等的；每个样品的每一部分都应等可能的成为测试试样。

**17.3** 由于纯粹的偶然性，所有试样在偏差范围内必须是相同的。样本内必须没有已知原因的差异。

### 18. 试样准备

**18.1** 从试验地毯上剪取（建议用钢制裁样器）直径约为48mm的圆形试样。将圆形试样放入无菌容器，地毯圆片应平放在容器底部。

**18.2** 可用一块未经接种但经过整理的地毯来测定地毯上底布微生物的数量。

**18.3** 如果样品经过灭菌，请在报告中注明灭菌方式。

**18.4** 测试3组平行试样，使用额外的测试试样，可提高平均值的精度。

### 19. 试验步骤

**19.1** 本试验应由经过培训的人员操作。参考美国卫生和公共服务部出版的《微生物和生物医学实验室的生物安全》（见3.5）。

*AATCC TM175-2013e2（2019）e*

# 耐沾污测试方法：绒毛地毯

AATCC RA57 技术委员会于 1991 年制定；1992 年重新审定；1993 年、1998 年、2003 年、2019 年编辑性修订并重新审定；2006 年编辑性修订；2008 年编辑性修订（包括技术性调整）并重新审定；2013 年修订。

## 1. 目的和范围

本测试方法用来评价绒毛地毯对酸性食品颜色的耐沾污性能。

## 2. 原理

将食品、药品和化妆品（FD&C）用的红 40 的稀释水溶液调节至酸性，用少许该溶液对绒毛地毯试样进行沾污。将沾污后的试样在一定条件下放置 24h±4h，然后用清水进行漂洗，去除未被吸附的染料溶液。干燥后对试样上残留的污渍进行评估。

## 3. 术语

**3.1** 沾污：对于绒毛地毯来说，是指由于食品或液体等着色物质使地毯沾污，该污渍是用标准清洗方法难以去除的。

**3.2** 防污整理剂：一种化学品，用于纺织品后可以使纺织品具有部分或完全的抗污能力。

## 4. 安全和预防措施

本安全和预防措施仅供参考。本部分有助于测试，但未指出所有可能的安全问题。在本测试方法中，使用者在处理材料时有责任采用安全和适当的技术；务必向制造商咨询有关材料的详尽信息，如材料的安全参数和其他制造商的建议；务必向美国职业安全卫生管理局（OSHA）咨询并遵守其所有标准和规定。

**4.1** 遵守良好的实验室规定，在所有的试验区域应佩戴防护眼镜。

**4.2** 所有化学物品应当被谨慎使用和处理。

## 5. 仪器和材料

**5.1** AATCC 沾污杯和直径为 50mm（2.0 英寸）的沾污环（见 12.1 和图 1）。

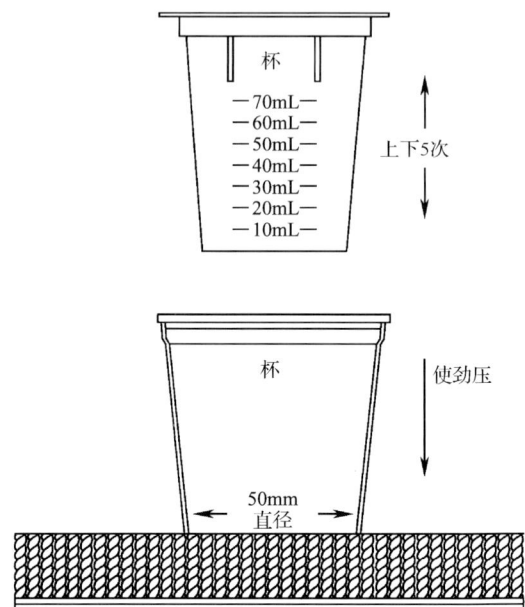

图 1 AATCC 沾污杯和沾污环

**5.2** AATCC 红 40 沾色样卡（见 12.1）。

**5.3** FD&C 红 40（C.I. 食品红 17）（见 12.1）。

**5.4** 柠檬酸（工业级或更高）。

5.5 去离子水或蒸馏水。

5.6 pH 计。

5.7 缓冲溶液，pH 为 2.0 和 4.0。

## 6. 沾污溶液

6.1 称取 100mg±1mg 的 FD&C 红 40，将其溶解在 1L±0.01L、温度为 24℃±3℃（75℉±2℉）的蒸馏水或去离子水中。

6.2 用柠檬酸（约 3.2g）将该溶液的 pH 调节至 2.8±0.1。用经 pH 为 2.0 和 4.0 的缓冲溶液校正过的 pH 计测试该溶液的 pH。由于 pH 试纸的精度不够高，所以不要使用 pH 试纸测试溶液的 pH。如果制备的沾污溶液的 pH 低于 2.7，则废弃该溶液，重新制备。

## 7. 试样准备

7.1 每次测试都需要准备一块边长为 150mm（6 英寸）的正方形试样。

7.2 用刷子或吸尘器去掉试样表面的所有杂质。

## 8. 操作程序

8.1 在标准大气条件下［温度为 21℃±2℃（70℉±4℉）、相对湿度为（65±5）%］，对所有试样进行调湿 24h。调湿时，试样需放置在不吸湿材料上面，绒毛面朝上。应避免试样与其他物质接触（见 12.2）。

8.2 将直径为 50mm（2 英寸）的沾污环放到试样的中央。一边向下压紧沾污环，一边将 20mL 的沾污溶液倒入沾污环正中。在沾污环内用沾污杯的底部对地毯绒毛进行挤压，上下移动沾污杯 5 次，以使地毯绒毛彻底润湿。不要旋转或扭动沾污杯，以避免由于杯底与地毯的摩擦使地毯表面的防污整理剂脱落。移开沾污杯和沾污环的时候要小心处理。

8.3 在标准大气条件下［温度为 21℃±2℃（70℉±4℉）、相对湿度为（65±5）%（见 12.2）］，

对沾污后的试样再次进行调湿 24h±4h。调湿时试样平放，绒毛面朝上。应避免空气流动而导致地毯沾污表面的加速干燥。

8.4 用温度为 21℃±6℃（70℉±10℉）的流水冲洗沾污试样，直到冲洗后的水变干净，表明未被吸附的红色染料已经完全被去除。试样的反面也需要进行彻底冲洗，以保证未被吸附的红色染料被彻底清除。在冲洗时，挤压试样有助于去除未吸附的红色染料。

8.5 用离心机或吸水机去除试样中过多的水分。

8.6 用烘箱在温度 100℃±5℃（212℉±9℉）条件下对试样进行烘干。烘干时间不超过 90min，烘干时试样平放，绒毛面朝上。或在空气中将其晾干。

注意：烘干时间过长会导致试样变色。

8.7 如果在干燥的过程中有红色染料析出，请重复 8.4~8.6 程序。

## 9. 结果评级

9.1 用 AATCC 红 40 沾色样卡对测试试样的耐沾污性进行评级。10 级表示无沾污，1 级表示严重沾污（见 12.3）。

9.2 旋转试样或用刷子轻刷试样绒毛，尽可能以最佳角度展示试样的沾污效果。将红 40 沾色样卡放到试样上面，使试样的沾污部分位于两个参考框之间，而试样未沾污部分（原始部分）位于带有编号的沾色样卡下面。

9.3 用北光或相当于 538lx（50 流明/英尺²）的光源照射试样表面。入射光源与试样表面呈 45°±5°，观测者视线与试样水平面呈 90°±5°（见图 2）。入射光源和视线角度应能使沾色样卡对光线的反射量降到最低。如有必要，可适当调节入射光源角度，以减轻沾色样卡的光反射（见 12.4）。

9.4 将试样的沾色部分与标有编号的沾色样卡进行对比。记录与试样沾污区域最匹配的沾污等级（见 12.3），不建议评级结果采用半级。

*AATCC TM179-2023*

# 织物经家庭洗涤后的纬斜变化

## 前言

AATCC TM179 用于评价经家庭洗涤后织物纬斜变化。AATCC TM207 用于评价接缝洗前和洗后的扭曲变化。ASTM D3882 仅用于评价织物于初始状态（洗涤前）相比的歪斜。这些方法之间的相关性未知；这些方法的结果之间没有可比性。

## 1. 目的和范围

**1.1** 本测试方法用于测定经家庭洗涤而导致的织物纬斜的变化。

**1.2** 该测试可用于所有适用于家庭洗涤的机织和针织物。

## 2. 原理

洗涤前，在织物或服装样品上做好标记。经 3 个标准洗涤循环后测量标记的直线距离。计算纬斜百分比并记录纬斜方向。数值接近零表示纬斜很小或没有纬斜；数值越大表示纬斜越大；本方法的计算不会产生负纬斜值。

## 3. 引用文献

**3.1** AATCC LP1《家庭洗涤的实验室程序：机洗》（见 15.1）。

**3.2** AATCC LP2《家庭洗涤的实验室程序：手洗》（见 15.1）。

**3.3** AATCC TM124《织物经家庭洗涤后的外观平整度》（见 15.1）。

**3.4** AATCC TM133《耐热色牢度：热压》（参见 15.1）。

**3.5** AATCC TM135《织物经家庭洗涤后的尺寸变化的测定》（见 15.1）。

**3.6** AATCC TM143《服装及其他纺织制品经家庭洗涤后的外观》（见 15.1）。

**3.7** AATCC TM150《服装经家庭洗涤后尺寸变化的测定》（见 15.1）。

**3.8** AATCC TM207《成衣经家庭洗涤前后接缝扭曲测试方法》（见 15.1）。

**3.9** ASTM D123《有关纺织品的标准术语》（见 15.2）。

**3.10** ASTM D1776《纺织品调湿和测试标准方法》（见 15.2）。

**3.11** ASTM D3882《机织物和针织物弓斜和纬斜的标准测试方法》（见 15.2）。

**3.12** ISO 6330《纺织品测试的家庭洗涤和干燥程序》（见 15.3）。

## 4. 术语

**4.1** 洗涤：使用水溶性洗涤剂溶液清除织物上污渍或沾污的过程，通常包括漂洗、脱水和干燥等程序。

**4.2** 纬斜：纬纱或针织横向线圈从垂直于两布边的线上产生一定角度偏移的现象（见 ASTM D 123）。

## 5. 安全和防范措施

本安全和预防措施仅供参考。本部分有助于测试，但未指出所有可能的安全问题。在本测试方法中，使用者在处理材料时有责任采用安全和适当的技术；务必向制造商咨询有关材料的详尽信息，如材料的安全参数和其他制造商的建议；务必向美国职业安全卫生管理局（OSHA）咨询并遵守其所有标准和规定。

5.1 遵守良好的实验室规定，在所有的试验区域应佩戴防护眼镜。

5.2 标准洗涤剂可能会引起对人的刺激，应注意防止其接触到皮肤和眼睛。

5.3 操作实验室测试仪器时，应按照制造商提供的安全建议。

## 6. 仪器和材料（见 15.4）

6.1 调理/干燥样品的架子、打孔架子或可拉筛网（见 15.1）。

6.2 不褪色记号笔（见 15.1）。

6.3 直角三角尺、L 直角尺或标记模板。

6.4 测量用的直尺或卷尺，最小刻度为 1mm 或更小。

6.5 标准洗衣机（见表 1 和 15.5）。

6.6 1993 AATCC 标准洗涤剂（粉状、含荧光增白剂）（见 15.1）。

6.7 天平。量程至少 5kg（10 磅）。

6.8 陪洗织物。1 型或 3 型（见表 2）。

6.9 标准滚筒烘干机（见表 3 和 15.5）。或滴干和悬挂晾干的设备。

6.10 数字成像系统（可选，见 15.6）。

表 1　标准洗衣机参数（见 15.5，15.10）

| 循环 | | （1）正常 | （2）轻柔 | （3）耐久压烫 |
|---|---|---|---|---|
| 水位〔L（加仑）〕 | | 72±4（19±1） | 72±4（19±1） | 72±4（19±1） |
| 搅拌速度/转/min | | 86±2 | 27±2 | 86±2 |
| 洗涤时间（min） | | 16±1 | 8.5±1 | 12±1 |
| 最终旋转速度（r/min） | | 660±15 | 500±15 | 500±15 |
| 最终旋转时间（min） | | 5±1 | 5±1 | 5±1 |
| 洗涤温度〔℃（℉）〕 | （Ⅱ）冷 | 27±3（80±5） | | |
| | （Ⅲ）温 | 41±3（105±5） | | |
| | （Ⅳ）热 | 49±3（120±5） | | |
| | （Ⅴ）非常热 | 60±3（140±5） | | |

注　由于美国能源部的要求，大多数洗衣机都使用冷水，可使用外部控制箱设定洗涤温度。

表 2　洗涤载荷参数

| 参数 | | 1 型 | 3 型 |
|---|---|---|---|
| 纤维成分 | | 100%棉 | （50%±3%）棉/（50%±3%）聚酯纤维 |
| 本色织物纱 | | 环锭纺 36.4tex（16 英支/1） | 环锭纺 36.4tex（16 英支/1）或 19.4tex×2（30 英支/2） |
| 本色织物组织结构（根/25.4mm） | | 平纹（52±5）×（48±5） | 平纹（52±5）×（48±5） |
| 最终织物质量（g/m²） | | 155±10 | 155±10 |
| 布边 | | 全部包边 | 全部包边 |
| 最终样品尺寸 | mm | （920±30）×（920±30） | （920±30）×（920±30） |
| | 英寸 | （36.0±1）×（36.0±1） | （36.0±1）×（36.0±1） |
| 最终样品质量（g） | | 130±10 | 130±10 |

表 3 标准滚筒烘干参数 (见 15.5)

| 循环 | Ai 正常 | Aii 轻柔 | Aiii 耐久压烫 |
|---|---|---|---|
| 最高排气温度 [℃（℉）] | 68±6（155±10） | 60±6（140±10） | 68±6（155±10） |
| 冷却时间（min） | ≤10 | ≤10 | ≤10 |

## 7. 试样准备

**7.1** 从织物样品上取样。

**7.1.1** 当以布卷作为样品时，应随机从商定的批布中选取卷轴。

**7.1.2** 为增加测试结果的准确性，每块样布取三块试样。

采用方法 1 标记的试样尺寸至少 380mm×380mm（15 英寸×15 英寸）。

采用方法 2 标记的试样尺寸至少 380mm×660mm（15 英寸×26 英寸）。

**7.1.3** 取样时，尽量使试样包含不同长度和宽度方向的纱线，识别试样的正面，在试样长度方向做标记。

**7.1.4** 若想了解织物在每一个部位纬斜变化的不同，可在需要的每一个区域准备三套样品，即样品的左边、中间或右边分别备样。

**7.1.5** 当选用方法 1 标记样品时，可按 AATCC TM124《织物经多次家庭洗涤后的外观平整度》、AATCC TM135《织物经家庭洗涤后尺寸变化的测定》准备样品（见 15.7），或者选用方法 2（见 8.2）标记样品，样品需足够大。

**7.2** 从服装上取试样。

**7.2.1** 当以成衣作为样品时，随机从商定原批次中选取样品。

**7.2.2** 为增加测试结果的准确性，测试三件成衣样品或两件成衣的三个部位。使用成衣上最大的区域进行测试。

**7.2.3** 可以按 AATCC TM143《服装或其他纺织制品经多次家庭洗涤后的外观》、AATCC TM150《服装经家庭洗涤后尺寸变化的测定》和/或 AATCC TM207《成衣经家庭洗涤前后接缝扭曲性能》准备样品，选用方法 1 或方法 2 进行标记。

## 8. 调湿

**8.1** 标记前，将试样按 ASTM D1776《纺织品调湿和测试标准方法》进行调湿。调湿条件见表 1，调湿时间根据不同的纤维成分按表 4 进行选择。

表 4 标准干燥条件

| 符号 | 干燥程序 |
|---|---|
| A | 滚筒烘干 |
| Ai | 滚筒烘干正常程序 |
| Aii | 滚筒烘干轻柔程序 |
| Aiii | 滚筒烘干耐久压烫程序 |
| B | 悬挂晾干 |
| C | 滴干 |
| D | 平摊晾干 |

将样品平铺于网筛或多孔架上。成衣按常规分开独立悬挂放置。每件衣服四周保证空气流动。

**8.2** 样品洗涤后需重新调湿。

## 9. 试样的标记

**9.1** 标记方法 1（见 15.8 和图 1）。

**9.1.1** 将试样放置于平整、光滑的水平面上，在无张力状态下进行标记。

**9.1.2** 平行长度方向和垂直长度方向各做两对 250mm（10 英寸）标记。

**9.1.3** 通过相邻四个标记的每个标记划直线，形成一个正方形。顺时针从左下角开始标注 *A*、*B*、*C*、*D*。任何其他的尺寸标记方法，需在报告中注明。

图 1  标记方法 1

**9.1.4** 对于圆筒针织物：内衣、汗衫等最终是筒状的针织物，在筒状状态下测试；对于其他的针织物，应该裁开，展开平幅处理。

**9.2** 标记方法 2（见 15.8 和图 2）。

图 2  标记方法 2

**9.2.1** 将试样放置于平整、光滑的水平面上，在无张力状态下进行标记。

**9.2.2** 沿着试样的宽度方向画一条线 YZ，YZ 距离底边至少 75mm（3 英寸）。

**9.2.3** 在 YZ 中间标记 A。

**9.2.4** 直角标记装置的一个直角边与 YZ 对齐，另外一个直角边在 A 点向上延伸。垂直于 YZ 沿点 A 向上延伸至少 500mm（20 英寸）。

**9.2.5** 在点 A 上方 500mm（20 英寸）处沿着第二条线标记点 B。如果试样的尺寸不够标记

500mm，那么距离试样的上边最少 75mm 处做标记，使可以利用到的标记尺寸最大化。任何其他的试样尺寸和标记，需在报告中注明。

**9.2.6** 或者对于内衣、汗衫等最终是筒状的圆形针织物，在筒状状态下测试，对于其他针织物，应该裁开、展开平幅处理。

## 10. 洗涤程序

**10.1** 洗涤。

**10.1.1** 参照表 1 选择测试的洗涤条件，设置洗衣机生成选定的循环参数。

**10.1.2** 加入测试样和陪洗织物，使总负载为 1.8kg±0.1kg（4.00 磅±0.2 磅）。

**10.1.3** 开始洗涤循环。使洗衣机注水到指定的水位。

**10.1.4** 按照洗衣机制造商的说明书，加入 66g±1g 的 1993 AATCC 标准洗涤剂。洗涤剂若直接加入水中，应确保在洗涤物加入前，洗涤剂充分溶解。

**10.1.5** 加入测试样和陪洗物，确保均匀分布在搅拌器周围。重新开始洗涤循环。

**10.1.6** 当试样需要进行滴干（干燥程序 C）时，必须在最后一次漂洗结束将要开始排水之前，停止洗衣机，取出湿透的试样；当试样需要进行滚筒烘干（A），悬挂晾干（B）或平铺晾干（D）

时，洗涤可进行最后一次脱水。

**10.1.7** 每次洗涤循环结束后，将缠结在一起的试样和陪洗物分开，尽量减少试样变形。进行适当的干燥程序。

**10.2** 干燥。

**10.2.1** 参照表 4 选择干燥程序。

**10.2.2** （A）滚筒烘干。

将测试样和陪洗物放入滚筒烘干机，按选取的排气温度（见表 3）进行设定。样品充分干燥后，立即取出。

**10.2.3** （B）悬挂晾干。

将样品悬挂在合适的悬挂架上，摊平样品、表面及缝线等。试样应通常仿其穿着的方向进行悬挂。不可折叠或拉伸试样。

允许试样在不超过 26℃（78℉）的室温下静置，悬挂晾干。空气不可直接吹着样品，以免引起织物扭曲。

**10.2.4** （C）滴干。

将滴水的样品悬挂在适当的悬挂架上，摊平试样、表面及接缝等。试样应通常仿其穿着的方向进行悬挂。不可折叠或拉伸试样。

将试样在不超过 26℃（78℉）的室温下静置，悬挂晾干。空气不可直接吹着试样，以免引起织物扭曲。

**10.2.5** （D）平摊晾干。

将样品平摊在网筛上或表面多孔的架子上。将样品表面的折皱抚平，避免引起扭曲或拉伸。

允许试样在不超过 26℃（78℉）的室温下静置。空气不可直接吹着样品，以免引起织物扭曲。

**10.2.6** 对于所有的干燥方法，允许试样在下次洗涤之前，完全干燥。

**10.2.7** 重复洗涤和干燥程序，直至完成 3 次循环洗涤程序，或商定的循环次数。

**10.3** 调湿。

在进行最后一次干燥后，按照 8 的描述调湿试样。

**10.4** 熨烫（可选）。

**10.4.1** 多数织物的褶皱在测量仪器的压力下会充分展平，以免引起测量误差。如果样品褶皱严重，消费者总是希望能够对最终产品进行熨烫，则可以在测量之前进行手工熨烫。

**10.4.2** 参照 AATCC TM133，表 1，《安全熨烫温度指南》（15.1）。根据纤维成分选择样品使用的安全熨烫温度，施加熨烫样品所需的最小压力。

**10.4.3** 由于不同操作人员的手工熨烫程序会存在较大的差异（没有标准的手工熨烫程序），因此对不同操作人员的洗涤和手工熨烫后的尺寸变化结果应谨慎使用。

**10.4.4** 熨烫后按 8.1 要求调湿试样。

## 11. 测量

**11.1** 调湿后，将试样在无张力状态下铺在与第 9 部分相同的水平面上。使用最初标记和测量的同一仪器进行测量。

计算时，标记方法 1 可采用测量方法 1 或测量方法 2 测量计算，标记方法 2 可采用测量方法 3 测量计算。

**11.2** 方法 1 标记，方法 1 计算，见图 3（a）。测量并记录斜线 $AC$ 和 $BD$ 的距离，精确到 1mm 或 1/8 英寸或 1/10 英寸，见图 3（a）。

**11.3** 方法 1 标记，方法 2 计算，见图 3（b）。

**11.3.1** 沿宽度方向延长线 $AD$。

**11.3.2** 将直角标记装置的一边沿 $AD$ 线放置，使垂直的另一边延伸至点 $B$，从 $B$ 点向下作垂线与 $AD$ 的交点定为 $A'$。

**11.3.3** 将直角标记装置的一边沿 $AD$ 放置，使垂直的另一边延伸至点 $C$，从 $C$ 点向下作垂线与 $AD$ 的延长线的交点定为 $D'$。

**11.3.4** 测量并记录线 $AA'$、$DD'$、$AB$、$CD$ 的长度，精确至 1mm 或 1/8 英寸或 1/10 英寸。

**11.4** 方法 2 标记，方法 3 计算，见图 3（c）。

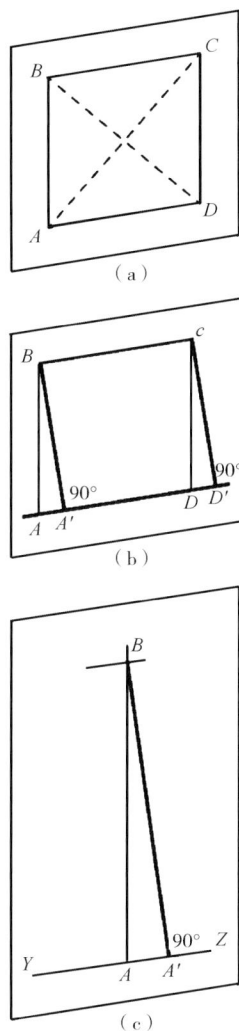

图3 测量和计算纬斜的最终（水洗后）标记方法，计算
方法1对应（a），计算方法2对应（b），计算方法3对应（c）

**11.4.1** 将直角标记装置沿 YZ 线放置，使垂直的另一边延伸至点 B，从 B 点作一条垂直于 YZ 的直线与 YZ 的交点定为 A'。

**11.4.2** 测量并记录 AA'、AB 的长度，精确至 1mm 或 1/8 英寸或 1/10 英寸。

**11.5** 测量方法 2 和测量方法 3 中的 A' 点与测量方法 2 中的 D' 点是三次或协商洗涤次数后的点。再经洗涤得到的点应标明洗涤次数，或用其他的方式区分开（如 A"）。

## 12. 计算和说明

**12.1** 纬斜计算方法 1，见图 3（a）。

计算纬斜变化率 X，精确到 0.1%，见式（1）。

$$X = \left| \frac{2(AC - BD)}{AC + BD} \times 100\% \right| \quad (1)$$

**12.2** 纬斜计算。方法 2，见图 3（b）。

计算纬斜变化率 X，精确到 0.1%，见式（2）。

$$X = \frac{AA' + DD'}{AB + CD} \times 100\% \quad (2)$$

**12.3** 纬斜计算方法 3，见图 3（c）。

计算纬斜变化率 X，精确到 0.1%，见式（3）。

$$X = \frac{AA'}{AB} \times 100\% \quad (3)$$

**12.4** 纬斜计算方法 1 与纬斜计算方法 2、纬斜计算方法 3 在数学基础上有一点关联，但当比较实验室间的数据时，最好采用相同的计算方法进行计算。

**12.5** 计算以上测试结果的平均值。注意方程式（1）得出的应为绝对值，均值不应出现负数。

若测试的是不同区域（如 7.1.4），则分别计算每个区域的平均值。

**12.6** 纬斜变化的解释。

**12.6.1** 如果经一次洗涤和干燥程序后，试样或服装的纬斜和扭曲在规定要求内，则应继续测试到规定次数。

**12.6.2** 如果纬斜或扭曲超过规定的值，则中止测试。

## 13. 报告

每个测试试样需报告下面的内容。

**13.1** 样品描述或说明。

**13.2** 评价依据 AATCC TM179-2023 进行。

**13.3** 陪洗物类型 1 型或 3 型。

**13.4** 水洗循环的次数（默认 3 次循环，见 10.2.7）。

**13.5** 洗涤条件，包括洗衣机循环、洗涤温度、干燥程序、滚筒烘干温度（如适用）、如果是各方都清楚理解的字母数字名称，也可以使用。例以避免因微观不匀所致的误差（见13.4和13.8）。

**8.2.2** 把称量好的染料倒入盛有溶剂的容量瓶中，容量瓶中的溶剂量大约为容量瓶总容积的1/3，然后进行溶解或分散。通常用20mL选定的溶剂对染料进行预溶解或分散，可能会用到混合溶剂或者添加剂。

水溶性染料可能需要加热以达到较好的溶解效果。如果被加热，溶解的或分散的混合物需要冷却到室温（见13.5）。不要在容量瓶中加热；在加热前需将其转移至烧杯，然后再转移到容量瓶中。

**8.2.3** 将溶液稀释至容量瓶的刻度线，并通过搅拌或者翻转容量瓶使溶液或分散液均匀。

**8.3** 溶液测试。

**8.3.1** 按要求（见13.6）对高浓度的储备溶液进行稀释，以使试液在10%~60%的透光率范围（见13.5）内获得最大的吸收值（最小透光率）。用来制备高浓度储备溶液的溶剂并不适用于稀释过程。例如，很多分散染料用水进行分散制成储备溶液，然后将其吸入溶剂与水的混合液进行稀释。

**8.3.2** 建议使用某些添加剂以提高稳定性和重现性。

**8.3.3** 为调节水溶性染料溶液的pH，可以使用酸（如醋酸或者硫酸）、碱（如碳酸钠或者氢氧化钠）或者缓冲溶液。但碳酸钠或者氢氧化钠不能用于活性染料。

**8.3.4** 使用螯合剂来减小未知金属离子的影响。

**8.3.5** 为避免染料在水中结块，可使用表面活性剂如脂肪醇聚氧乙烯醚。

**8.3.6** 如果适用，则可使用分散剂或者抗氧化剂。

**8.3.7** 容器和溶剂均应处于室温下。

**8.4** 在标准温度和压强下，1mL液体质量1g。转移和稀释的质量可以被8.1~8.3中所述的体积代替。这一情况仅适用于水的稀释。其他溶剂稀释需要按以下计算：

稀释液质量（g）＝所需体积×溶剂相对密度

这就减少了使用A级玻璃皿的成本，并消除了受温度影响的限制（尽管参比和样品在用溢流道比色皿测试前必须处于常温环境中）。它还有助于精确地转移分散液的量来获得不同的强度。染料和转移的质量精确至0.0001g，稀释的质量精确至0.001g。

## 9. 操作程序

**9.1** 当首次对某种染料样品进行测试时，建议在选定的条件（浓度、溶剂）下，选定的浓度应在一定浓度范围内（10~100mg/L，类似于一组确定染色性能的系列值），进行试验来确定有效关联性（比耳定律）。

**9.2** 测定最大吸光度（最小透过率）下的波长（λ）。

**9.2.1** 测试和参照样品进行定量测量（类似于HPLC、MS等），两个样品在最大吸光度下的波长（$\lambda_{max}$）应该是相同的。

**9.2.2** 定性测量（类似于视觉强度/外观）应通过测试最重着色力来确定（见13.1和13.2）。

**9.3** 完成溶液制备后尽快开始测试，以避免溶液变化对测试造成影响。

**9.4** 对光敏感的溶液要采用适当的措施，例如，使用深色的烧瓶或者在比较暗的环境下操作（见13.7）。

**9.5** 在具有明确路径长度（通常是5mm或者10mm）的分光光度计比色皿（透明小容器或者溢流道比色皿）内，测定溶液的透光率。

**9.5.1** 被测染料和参照染料之间的吸光度差异不应超过20%，以降低分光光度计在相对宽的浓度范围内测试时可能产生的偏差。

**9.5.2** 单光束分光光度计和双光柱分光光度计测得染料溶液的透光率值（$T$）不同，但是最后计算得到的结果是相同的。如果用双光束分光光度计进行测试，则应该将盛有纯溶剂的比色皿放在参照光柱下，盛有染料样品溶液的比色皿放在样品光柱下，同时进行测量。对于单光束分光光度计，首先要用纯溶剂对分光光度计进行校准，然后，染料样品在同一个比色皿内进行测量。

**9.5.3** 用来测定染料着色力的某些窄光谱通带（0.5~2.0nm）分析用分光光度计，可以直接测量透光率和吸光度。在这种情况下，系统或者使用者不用再对吸光度进行计算。

## 10. 计算

**10.1** 以比耳定律为基础，使用下面公式对结果进行计算：

$$A = \lg \frac{1}{T_\lambda}$$

**10.1.1** $A$ 是最小透射率对应波长下的吸光度（见 13.2）。

**10.1.2** $T_\lambda$ 是最小透光率对应波长下的透光率（在小数形式下，100% = 1.0）。

**10.2** 使用下面公式计算相对着色力，精确到 0.1%：

$$F_s = \frac{A_2 C_1}{A_1 C_2} \times 100\%$$

式中：$F_s$——相对着色力，%；

$C_1$——参照染料的浓度；

$C_2$——被测染料的浓度。

假设 $C_1 = C_2$，可以得到下面简化的公式：

$$F_s = \frac{A_2}{A_1} \times 100\%$$

## 11. 报告

**11.1** 被测染料名称。

**11.2** 染料质量。

**11.3** 使用的溶剂（如果溶剂系统对光敏感，则注明光照条件）。

**11.4** 溶解条件（如温度，也包括使用的用来改善稳定性和重现性的任何添加剂的名称和浓度，见8.4）。

**11.5** 稀释系数。

**11.6** 测试液的浓度和温度。

**11.7** 测量仪器（如类型和光谱通带宽度）。

**11.8** 比色皿厚度。

**11.9** 分析波长，也要说明通带宽度和分光光度计读数时间间隔。

**11.10** 相对着色力。

**11.11** 染料储存的条件。

**11.12** 使用的测试方法和修改内容。

## 12. 精确度和偏差

**12.1** 精确度。

**12.1.1** 在 1987 年，进行了一项十个实验室参与的实验室间研究。利用水溶液能见度分光镜测量吸光度，用一组循环测试得出了测试结果。试验中使用了几种不同类型的分光光度计，以用来确定测定仪器产生的偏差以及实验室之间的偏差。其中，水溶性染料和溶剂与水溶液溶解性染料（分散染料）使用的样品制备方法与本测试方法有所不同。具体数据请查阅 AATCC 技术中心的文件。

**12.1.2** 实验室内的偏差。变异系数百分数（CV）的最大值计算如下：

$$CV = \frac{S}{平均值} \times 100\%$$

对于任何给定的实验室，分散蓝 56 的 CV 值为 5.20%。

**12.1.3** 在充分溶解的前提下，水溶性染料的代表性 CV 值通常低于 1%。本测试方法得到的酸性染料的代表性 CV 值是 2.0%。参与这项研究的很多实验室表示他们日常的和实验室内偏差的内部标准是±0.5%。

**12.1.4** 实验室间的偏差：对于分散蓝 56，实验室间分析得到的最大 CV 值是 6.55%。对于水溶性染料的代表性 CV 值通常低于 5%，前提是染料需充分溶解。

**12.1.5** 分散染料在水与溶剂混合液内溶解得

**13.4** 报告测试结果。

**13.4.1** 每次测量的 UPF 值（见 15.6）。

**13.4.2** 每种环境、颜色、组织结构下的 UPF 平均值。

**13.4.3** UVA 透过率平均值 T（UVA）。

**13.4.4** UVB 透过率平均值 T（UVB）。

**13.4.5** UVA 阻挡百分率。

**13.4.6** UVB 阻挡百分率。

## 14. 精确度和偏差

**14.1** 精确度。2001 年对一家实验室的六块不同材料进行了精度和偏差研究（见表 3）。

**14.2** 偏差。面料的红斑加权紫外线光谱透射率和阻挡率仅能根据检测方法来定义，没有一个独立的方法可以测量其真值。本测试方法作为估测这一性能的一种手段，没有已知的偏差。

表 3 精度和偏差研究

| 织 物 | UPF 平均值 | | 标准偏差 | | 样品方差 | | 95%置信区间 | |
|---|---|---|---|---|---|---|---|---|
| | 干态 | 含水率 140% | 干态 | 含水率 140% | 干态 | 含水率 140% | 干态 | 含水率 140% |
| D | 41.655 | 28.105 | 0.700 | 0.884 | 0.490 | 0.781 | 0.580 | 0.707 |
| G | 40.615 | 81.718 | 9.246 | 17.959 | 85.492 | 322.533 | 7.398 | 14.370 |
| J | 23.733 | 42.603 | 1.394 | 5.978 | 1.943 | 35.733 | 1.115 | 4.783 |
| N | 7.797 | 3.723 | 0.367 | 0.238 | 0.134 | 0.056 | 0.294 | 0.190 |
| O | 57.947 | 15.779 | 4.281 | 3.021 | 18.325 | 9.125 | 3.425 | 2.471 |
| R | 22.32 | 10.686 | 2.492 | 0.547 | 6.209 | 0.299 | 1.994 | 0.438 |

## 15. 注释

**15.1** 可从 AATCC 获取，地址：P. O. Box 12215，Research Triangle Pank NC 27709 USA；电话：+1.919.549.8141；电子邮箱：ordering @ aatcc.org；网址：www. aatcc. org。

**15.2** 可由 ASTM 获取，地址：100 Barr Harbor Dr，West Conshohocken PA 19428；电话：+1.610.832.9500；网址：www. astm. org。

**15.3** 可从国际照明委员会 CIE 中央局获取，地址 BabenbergerstraBe 9/9A，1010 Vienna，AUSTRIA；电话+4317143187；电子邮箱 ciecb@ cie.co；网址 www. cie. co. at。

**15.4** 本测试方法所用设备仪器潜在供应商可在 AATCC 网站 www. aatcc. org/bg 根据买家指南获取。AATCC 尽可能提供与其合作的企业的设备和材料信息，但 AATCC 未授权，或以任何方式批准、认可或证明清单上的任何设备或材料符合测试方法

的要求。

**15.5** 可从 Schott 获取；网址 www. schott. com。

**15.6** 一些软件程序在计算 UPF 或 UVA/UVB 透过率之前，计算测量结果的平均透过率。UPF，T（UVA），T（UVB）的平均值是相同的。但根据 ASTM D6603 标签标称值需要确定单个 UPF 测量值。

## 16. 历史

**16.1** 2022 年进行了编辑修订，删除了 UPF 汇编，因其已废止。

**16.2** 2020 年修订增加核查织物和 UPF 特性的引用文献，以及符合 AATCC 标准的统一格式。

2016 年编辑性修订，2014 年重申，2010 年修订，2004 年修订，2000 年重申，1999 年重申。

**16.3** 本方法由 AATCC RA106 委员会于 1998 年建立。

# 附录 A　分光光度计和分光辐射度计说明

**A1**　积分球的表面设有或在中心涂有一层在紫外线光谱波段散射和反射都非常强的材料。所有端口占积分球表面积之和不应超过整个表面积的3%。

**A2**　光源与观测的几何图形。

**A2.1**　直接照射/半球观测（O/T）。在这个几何关系中，试样被一束与试样表面垂直方向偏离不超过8°（0.14弧度）的单向光束照射。光束的散射方向与光束轴向的夹角不应超过5°（0.09弧度）。观测光束的横截面面积至少应大于试样上最大孔洞面积的10倍。试样的总透光量是通过合成半球来测量的。

**A2.2**　半球照射/直接观测（T/O）。在这个几何关系中，试样被内部合成半球聚光照射。试样是通过单向观测的，被观测角度与试样表面垂直方向偏离不超过8°（0.14弧度）的单向光束照射。光束的散射方向与光束轴向的夹角不应超过5°（0.09弧度）。观测光束的横截面面积至少应大于试样上最大孔洞面积的10倍。

**A2.3**　试样替代错误。积分球可能会出现"试样替代错误"，这种错误是由面料对积分球内部光源反射造成的。这种错误可以通过几何方法消除：用一束参考光束穿过积分球的一个端口，这束参考光束会冲击部分积分球壁或安装在完全相对端口上的参考物质。

**A3**　光谱要求。分光光度计和分光辐射度计应在280nm（或更小）至400nm（或更大）光谱范围内有5nm或更小的带通。在光谱上的波长测量间隔不应小于5nm。

**A4**　杂散辐射。仪器内的杂散辐射，包括试样荧光处理造成的杂散辐射，对测量出的紫外线透过率结果的影响不会超过0.005。

**A5**　试样的荧光。试样上特殊染料和增白剂中的荧光成分可能会人为地提高试样的紫外线透过率。

**A5.1**　单色光源。内部光路上有单色光镜的分光光度计在荧光剂的干扰波长上会出现投射率升高的现象。这段波长范围几乎包括所有的UVR光谱。这种错误可以通过在试样后放置一个可透射UV射线并阻隔可见光的滤光片来解决。Schott Glass UG 11滤光片是较理想的选择。但是，滤光片对于长波长光谱的阻隔，可能会影响波长较长的UVA射线的测量。

**A5.2**　多色光源。在光路上有单色和多色光源的分光光度计和分光辐射度计中，在荧光剂的发散波长上会出现透射值的增大。所以在多数UVR波长上，这种作用会消失。使用符合太阳模拟器光谱分布的光源会精确地包含试样荧光剂对长波长UVA测量的影响。然而，荧光成分对UPF没有影响，只要提供足够的能量就可以将光谱中的干扰比率覆盖至可接收的信号，这样光源的光谱分布就无关紧要了。

# 附录 B　方法总结

防紫外线纺织品材料和/或产品的生产商或制造商必须考虑现行的标准和测试方法，遵守美国紫外线防护服标注自愿标准。

**B1**　有三项已发行的自愿标准：ASTM D 6544、ASTM D6603和AATCC TM183。

**B2**　总之，为了得到准确的UPF值，需结合这三个标准，合理地对产品进行"防紫外线"标注。

**B2.1**　试样原样（未处理）或（洗涤后）试

样紫外线透射性能评价按 AATCC TM183 执行。报告 AATCC TM183 UPF 平均值。

**B2.2** 根据产品最终用途，参考 ASTM D6544 确定暴露条件。

**B2.3** 在 ASTM D6544 规定条件下暴露后，按 AATCC TM183 评价透射性能。试样为待测样。

**B2.4** 参考 ASTM D6603 进行加权计算。UPF 值标注等级在 ASTM D6603 中列出。

*AATCC TM184-1998e3（2020）*

# 染料粉尘化特性的测试

AATCC RA87 技术委员会于 1998 年制定；1999 年、2000 年、2005 年、2010 年、2014 年重新审定；2008 年、2009 年、2019 年编辑性修订。技术上等效于 ISO 105-Z05。

## 1. 目的和范围

本测试方法适用于评价染料的粉尘化特性。

## 2. 原理

粉尘是将染料样品通过粉尘发生器产生，真空抽取有粉尘的空气，并传送到探测点，可目测评估或者用质量分析法和光度法定量测定产生的粉尘量。

## 3. 术语

粉尘：分散在气体中的固体材料的细小颗粒。

## 4. 安全和预防措施

本安全和预防措施仅供参考。本部分有助于测试，但未指出所有可能的安全问题。在本测试方法中，使用者在处理材料时有责任采用安全和适当的技术；务必向制造商咨询有关材料的详尽信息，如材料的安全参数和其他制造商的建议；务必向美国职业安全卫生管理局（OSHA）咨询并遵守其所有标准和规定。

**4.1** 遵守良好的实验室规定，在所有的试验区域应佩戴防护眼镜。

**4.2** 在附近安装洗眼器、安全喷淋装置以备急用。

## 5. 使用和限制条件

**5.1** 染料粉尘在如分散、运输转移和喷洒等处理中形成。

**5.2** 在染料消费工业中，考虑到卫生、健康和安全等方面，染料的粉尘化是一项很重要的指标。因此，建立一种可靠且可重现的测定该性能的方法是很重要的。

**5.3** 尽管存在其他的粉尘测试方法，但本测试方法更具有代表性且与处理染料的实际生产相似。考虑到染料的相对性和局限性，其结果不像密度是定值。

**5.4** 固体染料以不同的物理形态（粉末、粒状等）出售。商品染料颗粒的大小分布有很大变化。平均粒径可能小于 $50\mu m$ 或者大于几个毫米。固体染料颗粒的大小分布范围可能是窄或宽的。

**5.5** 染料粉尘颗粒的大小分布在很大程度上不取决于染料的物理形态。图 1 给出了两种典型染料粉尘颗粒的大小分布。

## 6. 仪器和材料（见 13.1）

**6.1** 天平。称量染料时，精确到±0.1g。

**6.2** 粉尘发生器。具有过滤架和连接接头，可组合以下的组件（见图 2，图 3，13.2）。

**6.2.1** 过滤器。白色，直径为 $50mm\pm2mm$，能定量地捕捉粉尘（孔尺寸<$5\mu m$），用于质量分析法或光度法，由硝化醋酸纤维素制成。对于目测法，可使用合适的玻璃纤维过滤器。

**6.2.2** 真空泵。吸力至少 20L/min。

**6.2.3** 调节阀。调整空气流动速率。

**AATCC TM185-2021**

# 螯合剂——过氧化氢漂白浴中螯合剂的百分含量：潘酚（PAN）铜指示剂法

## 前言

虽然存在几种测定螯合剂螯合值的试验方法，但该方法还额外包括对漂白剂中螯合剂百分比的计算。

## 1. 目的和范围

1.1 本测试方法适用于测量过氧化氢漂白浴中螯合剂的含量。

1.2 本测试方法是为工厂制备过氧化氢浸渍槽（或者饱和器中）部分的常规或周期滴定，或者其他方法制备的过氧化氢漂白溶液，测定漂白浴中螯合剂的浓度。

1.3 本测试方法限用于基于乙二胺四乙酸（EDTA）、N-羟基乙二胺三乙酸（HEDTA）和二乙烯三胺五乙酸（DTPA）的螯合剂。这可能包括任何专利产品（参考标准中"产品"部分），这些产品中可能包含多种成分，其中一种或多种可能是螯合剂。

## 2. 原理

2.1 过氧化氢漂白浴内螯合剂或其他产品的百分比含量分两步来测定：首先，在指示剂［潘酚，1-（2-吡啶偶氮）-2-萘酚］存在下，用已知浓度的硫酸铜直接滴定螯合剂或其他产品，然后，使用更低浓度的硫酸铜作为滴定剂，再次滴定含有螯合剂的漂白溶液。

2.2 报告中的结果为螯合剂的百分比。该值越高表示溶液中含有的螯合剂或螯合剂产物越多。

## 3. 引用文献

注：使用所有文件的当前版本，除非另有说明。

AATCC TM168《聚氨基多元羧酸及其盐类的螯合值：潘酚（PAN）铜法》（见15）。

## 4. 术语

4.1 螯合剂：在纺织化学中，能使金属离子失去活性且形成水溶性络合物的化学物质，也称络合剂。

4.2 铜螯合值（CuCV）：1g螯合剂或含有螯合剂的产品所螯合五水合硫酸铜的毫克数。

## 5. 安全和预防措施

5.1 方法/程序中规定的安全预防措施是检测程序的辅助措施，但未指出所有可能的安全问题。

5.2 在本标准中，用户有责任参考适用的安全数据表，使用安全和适当的技术，并在搬运物料时穿戴适当的个人防护装备。

5.3 使用者有必要向制造商咨询有关材料的详尽信息，如设备操作说明和其他建议。参考并遵守所有适用的健康和安全法规（如 OSHA 标准和规则）。

## 6. 使用和限制条件

6.1 测试结果可能会受以下任何情况的影响。

6.1.1 漂白溶液中所含有的离子或者铜离子预先螯合，将会显著降低漂白浴内原有的螯合剂表观浓度，影响浓度计算结果的准确性。

**6.1.2** 未被络合的螯合剂被过氧化氢氧化，将降低漂白浴内螯合剂的表观浓度。

**6.1.3** 氰化物离子、氨、大多数胺与铜离子结合形成分子，使之不与指示剂反应而导致错误的结果。

**6.2** 改变螯合剂或螯合剂产品的活性成分含量，漂白浴内螯合剂的百分含量将不受影响。

**6.2.1** 应对每批螯合剂或螯合剂产物进行AATCC TM168检测，以确定其活性成分含量是否发生了变化。

**6.2.2** 该方法测定的铜螯合值（CuCV）是螯合剂或螯合剂产品的活性成分含量的一种直接指示，可以为此目的而进行监控。

## 7. 试剂

本方法中用到的试剂是（美国化学协会）ACS试剂级产品，所有化学物品应当谨慎使用和处理，该方法中用到的很多化学品都具有腐蚀性或强烈的刺激性。

**7.1** 乙酸、冰醋酸（$CH_3COOH$）。

**7.2** 五水合硫酸铜（$CuSO_4 \cdot 5H_2O$）。

**7.3** 甲醇（$CH_3OH$）。甲醇是一种易燃液体，在实验室中需储存远离热源、明火和火花的小容器。

**7.4** 潘酚（$C_{15}H_{11}ON_3$）。

**7.5** 三水合乙酸钠（$NaC_2H_3O_2 \cdot 3H_2O$）。

**7.6** 氢氧化钠（NaOH），颗粒状。

**7.7** 硫酸（$H_2SO_4$），98%。

## 8. 试样准备

准备两个螯合剂或同类产品的样品和两个漂白浴的样品。

## 9. 试剂制备

**9.1** 试剂A（12.500g/L硫酸铜溶液）。用蒸馏水溶解12.500g±0.002g五水合硫酸铜，在容量瓶中稀释到1L。

**9.2** 试剂B（2.500g/L硫酸铜溶液）。转移200mL试剂A到1L的容量瓶中，用蒸馏水稀释到1L，保留剩余的试剂A。

**9.3** 潘酚指示剂（PAN）。溶解0.025g±0.001g PAN于50mL甲醇中，装入带有塞子的瓶子储存于冰箱中，每周都要配置新溶液。

**9.4** 醋酸钠缓冲溶液。准备过程中，配置和使用冰醋酸时，应使用化学护目镜或面罩、防水手套和防水围裙。浓酸一定要在通风良好的通风橱中处理。注意：一定要将酸加入水中。将34.0g±0.1g三水合乙酸钠溶解于500mL±1mL蒸馏水中，加入15.0mL±0.1mL冰醋酸，充分混合后，储存于密闭的容器内。

**9.5** 氢氧化钠溶液（20%）。准备过程中，配置和使用氢氧化钠时，应使用化学护目镜或面罩、防水手套和防水围裙。将200g±1g氢氧化钠溶解于800mL蒸馏水中，充分搅拌，冷却后转移至1L的容量瓶内，并用蒸馏水滴加至体积刻度。

**9.6** 硫酸（20%）。准备过程中，配置和使用浓硫酸（98%）时，应使用化学护目镜或面罩、防水手套和防水围裙。浓酸一定要在通风良好的通风橱中处理。注意：一定要将酸加入水中。在500mL蒸馏水中缓慢加入200g±1g硫酸，冷却后转移到1L的容量瓶中，并用蒸馏水滴加至体积刻度。

## 10. 操作程序

**10.1** 螯合剂或者螯合剂产品的螯合值。

**10.1.1** 称取0.9~1.1g螯合剂或者螯合剂产品试样，精确到0.01g，用蒸馏水稀释到75mL。

**10.1.2** 加入25mL醋酸钠缓冲溶液，并用冰醋酸降低pH或者20%的氢氧化钠溶液升高pH按要求调整pH到4.5~5.5。

**10.1.3** 加入1mL潘酚指示剂，并用试剂A滴定，直到出现永久紫色，即为终点。记录下所用试剂 A 的体积，精确到 0.01mL，用于式（1）。

**10.1.4** 用 12.5g/L 的硫酸铜溶液（试剂 A）滴定螯合剂产品。而用 2.5g/L 的硫酸铜溶液（试剂 B）滴定含有较稀螯合剂的氧化物漂白剂溶液更准确。

**10.2** 漂白浴内的螯合剂。

**10.2.1** 称量 90~110g 过氧化氢漂白溶液试样，精确到 0.01g。如果试样取自浸渍槽（饱和器），要确保没有碎屑和泡沫。

**10.2.2** 用 20% 的硫酸调整漂白溶液的 pH 到 7.0~9.0。

**10.2.3** 加入 35mL 醋酸钠缓冲溶液。如果需要，用冰醋酸或者 20% 的氢氧化钠溶液调整 pH 到 4.5~5.5。

**10.2.4** 加入 1mL 潘酚指示剂，并用试剂 B 滴定，直到出现永久紫色，即为终点。记录所用试剂 B 的体积，精确到 0.01mL，用于式（2）。

## 11. 计算

**11.1** 用式（1）计算螯合剂或者螯合剂产品的铜螯合值，保留小数点后 2 位数字。

$$CuCV = 12.5 \times \frac{V}{W} \qquad (1)$$

式中：$CuCV$——铜螯合值；

$\quad\quad V$——试剂 A 消耗的体积，mL；

$\quad\quad W$——试样的质量，g。

**11.2** 计算两个样品的铜螯合值平均值。

**11.3** 使用式（2）计算漂白浴内螯合剂的含量，近似到 0.01%。

$$CA = \frac{2.5V_2}{W_2 S} \times 100\% \qquad (2)$$

式中：$CA$——螯合剂含量；

$\quad\quad V_2$——试剂 B 消耗的体积，mL；

$\quad\quad W_2$——试样的质量，g；

$\quad\quad S$——平均铜螯合值（由 10.2 求得）。

**11.4** 计算漂白浴内螯合剂的平均含量。

## 12. 报告

**12.1** 描述或确定所测试的样品/产品。

**12.2** 报告样品使用 AATCC TM185-2021 方法进行检测。

**12.3** 报告检测结果。

**12.3.1** 报告螯合剂平均值。

**12.3.2** 报告漂白浴中螯合剂的平均含量。

**12.4** 描述对已发布标准的任何修改。

## 13. 精确度和偏差

**13.1** 精确度。

**13.1.1** 在 1990 年，完成一项有关本标准的实验室研究，它涉及七个实验室，每个实验室一名实验操作员。对实验步骤 11.1 中三个试样中的每个试样分别进行两次测定，并且对实验步骤 11.2 中三个漂白浴中的每个漂白浴进行两次测定。没有预先评估的实验室也参与，在本测试方法中表现出相关水平。有一个实验室得到的结果未被列入分析之列。

**13.1.2** 对这系列数据的分析得出如表 1~表 3 中列出的方差分布和临界差异。$N$ 次测定的两个平均值之间的差异，对于合适的精度参数，应达到或者超过表格内 95% 置信水平的值。

**13.2** 偏差。铜螯合值仅能根据本测试方法定义。对于其真实值，没有独立的方法进行测定。该方法没有已知偏差。

表 1 方差分量

| 组　成 | 螯合值 | 螯合剂 |
|---|---|---|
| 实验室间 $V$（$L$） | 2.61 | 0.000111 |
| 反应 $V$（$SL$） | 0.76 | 0.000157 |
| 实验室内 $V$ | 0.81 | 0.000030 |

表 2　螯合剂或者螯合剂产品的临界方差
（95% 置信区间）

| Det. 平均（N） | 实验室内 | 实验室间 |
|---|---|---|
| 单个漂白浴比较 | | |
| 1 | 2.49 | 5.13 |
| 2 | 1.76 | 4.81 |
| 3 | 1.44 | 4.71 |
| 多个漂白浴比较 | | |
| 1 | 2.49 | 5.67 |
| 2 | 1.76 | 5.39 |
| 3 | 1.44 | 5.29 |

表 3　漂白浴的临界方差
（95% 置信区间）

| Det. 平均（N） | 实验室内 | 实验室间 |
|---|---|---|
| 单个漂白浴比较 | | |
| 1 | 0.015 | 0.033 |
| 2 | 0.011 | 0.031 |
| 3 | 0.009 | 0.031 |
| 多个漂白浴比较 | | |
| 1 | 0.015 | 0.048 |
| 2 | 0.011 | 0.047 |
| 3 | 0.009 | 0.046 |

## 14. 注释

资料可从 AATCC 获取，地址：P. O. Box 12215, Research Triangle Park NC 27709, USA；电话：+1.919.549.8141；电子邮件：ordering @ aatcc.org；网址：www.aatcc.org.

## 15. 历史

**15.1**　2021 年进行了修订，阐明并与 AATCC 标准格式保持一致。

**15.2**　2019 年编辑性修订，2016 年和 2011 年重新审定，2010 年编辑性修订，2006 年、2000 年、1999 年重新审定。

**15.3**　由 AATCC RR99 技术委员会于 1998 年制定，由 RA99 维护。

条件下不会发生。如果加速测试中使用的实验室光源所包含的紫外辐射波长小于实际使用条件的波长，那么加速测试中的老化机理以及材料稳定性评级可能会产生巨大的差异。

**6.5** 如果已知特定波长范围的辐射会产生相应测试材料的降解，但并不影响材料的稳定性等级，则没有必要模拟日光的全部光谱。相对于紫外光或可见光光谱来说，实验室光源在窄带上具有很强的发射光谱，这将可能导致产生某些意想不到的结果。实验室光源也可能无法产生日光暴晒下会出现的变化。在仅有紫外线的光源下暴晒，材料可能不会产生由可见光引起的褪色，但会产生比日光照射更显著的高聚物泛黄现象。

## 7. 仪器（见 17.1，17.2 和 17.3）

**7.1** 测试箱（见 17.3）。

**7.2** UVA 型荧光紫外灯（见 17.7）。

**7.3** 给湿系统。

**7.3.1** 冷凝。用来产生冷凝水或喷射水或者产生两种水的给湿系统（见 17.8）。

**7.3.2** 喷水。在测试箱内装有喷水设备，可以在规定条件下对测试试样进行间歇性喷水。水应该均匀地喷洒在试样表面。喷水设备必须用抗腐蚀材料制成，以保证不会使水受到污染。

**7.4** 黑板温度计（见 17.9 和 17.10）。

**7.5** 样品架（见 17.11）。

**7.6** 测试箱位置（见 17.12）。

## 8. 试样准备

**8.1** 试样数量。为确保结果的准确性，待测材料和标准参比材料应有备份。建议每种材料至少取三块试样进行测试，以便对结果进行统计评估。

对同样的材料要暴晒足够数量的试样，以保证在 95% 概率水平下，测试结果的平均值在其真实平均值的±5% 以内。根据 ASTM D2905《纺织品样品数值表的标准实施规程》的规定来确定试样的

数量。

**8.2** 试样尺寸。某些材料在暴晒后可能出现尺寸变化。测试所需试样的尺寸会因测试仪器制造商、物理性能测试仪器和试样数量的不同而不同。在确定试样尺寸的同时，还要充分考虑到用来评估性能变化的物理测试的操作程序，以保证试样尺寸能满足相应测试程序的要求。

对于以下测试，除非另外说明，应剪取至少 102mm×152mm 的条状试样，试样长边方向平行于织物经向。

**8.2.1** 顶破强力（弹子顶破）。

**8.2.2** 断裂强力（抓样法）。

**8.2.3** 颜色变化。

**8.2.4** 为防止样品散边，可用环氧树脂或者类似材料对试样进行封边。

**8.2.5** 需使用抗测试环境条件影响的材料对试样进行标记。

## 9. 测试循环的确定

**9.1** 确定测试循环应根据最终使用用途涉及的影响因素而定，尤其是特殊的气候条件。相同的环境条件对不同材料的影响是不同的。采用任何一个测试循环得到的结果，都不能代表其他测试循环或者户外气候测试的结果。在某一地理位置得出的加速系数并不适用于任何其他的地理位置。但是，某些测试循环可适用于对类似的气候条件进行模拟。

**9.2** 测试材料的特性有助于选择合适的测试循环，如紫外暴晒、润湿、润湿时间和温度。如下的测试循环均适用于纺织材料。

**9.2.1** 方法 1（一般应用）：用辐照度为 0.77W/m² 的 340nm 的紫外光对材料在 60℃（140℉）温度条件下暴晒 8h，然后在 50℃（122℉）温度条件下冷凝 4h。本方法一般适用于如户外装饰织物、帐篷材料等。

**9.2.2** 方法 2（热冲击应用）：用辐照度为 0.77W/m² 的 340nm 的紫外光对材料在 60℃

（140℉）温度条件下暴晒 8h，然后喷水 0.25h，接着在 50℃（122℉）温度条件下冷凝 3.75h。本方法适用于建筑用及其他可能发生热冲击的情况。

**9.2.3** 方法 3（机动车外部应用）：用辐照度为 0.72W/m² 的 340nm 的紫外光对材料在 70℃（158℉）温度条件下暴晒 8h，然后在 50℃（122℉）温度条件下冷凝 4h。紫外辐照度可通过人工方式或 SAE J 2020 中描述的方式进行监控和维持。

**9.3** 这些测试循环的使用并不意味或者代表加速气候测试，反之亦然。本测试方法也不局限于上述测试循环。其与任何实际户外气候暴露所具有的关联度必须通过定量分析才能确定。

**9.4** 本测试方法允许仪器的测试条件波动为辐照度 ±0.02W/m²@ 340nm，温度 ±2℃。另外，不同测试条件之间转换时间约为 1h 是可以接受的（见 ASTM G151-19，附录 A3）。

## 10. 参照标准

参照标准可以是由任何强力退化或颜色变化级别已知的合适的纺织材料制成的。参照标准与被测试样必须同时在相同条件下暴晒。参照标准可以用来证明不同仪器之间以及不同测试循环之间是否具有一致性。如果暴晒后参照标准的测试结果与其已知值比较差异超过 10%，则需要彻底检查仪器的操作条件，并排除任何偏差及故障，然后重新进行测试。如果测得的数据偏差仍超过 10%，而又无明显的仪器故障，则需要重新对该参照标准进行评定。由有争议的参照标准得到的测试数据必须谨慎处理，通过定量分析确定其使用。

## 11. 操作程序

**11.1** 根据制造商的使用说明维护和校准设备。

**11.2** 在开始暴晒测试之前，将所有的试样，包括参比样和测试样，在 ASTM D1776《纺织品调湿和测试标准方法》要求的大气条件下进行调湿平衡。达到调湿平衡是指在间隔至少 2h 对试样进行

连续称重时，其质量增加不超过试样本身质量的 0.2%。可以进行任何必要的测试或评估，用以建立比较暴晒样和未暴晒样的基准。

**11.3** 安装试样。将样品安装在测试箱的样品架上，测试面对着灯。当试样没有装满样品架时，需要用空白板将其占满，以保证测试箱内的测试条件。

**11.3.1** 为了保证试样的刚性，柔软的试样可以用铝制或其他耐腐蚀的热导材料制作的衬板进行支撑。

**11.3.2** 如果试样上有孔洞和任何孔径大于 1mm 的不规则形状样品，必须对孔洞进行密封以防止水分损失。松结构的试样必须使用防潮层，例如铝或塑料背衬。

**11.3.3** 织物。将柔软织物试样包绕在铝板上，并用环形弹簧夹固定在相应的位置。在测试箱内，试样表面应为平整光滑的（见图 1）。

**图 1 柔软织物试样的典型安装方法**

**11.3.4** 纱线。将纱线缠绕在长度至少为 150mm 的架子上，只有直接对着辐射能的那部分纱线才进行断裂（强度）强力测试。可以测试单纱强力或绞纱强力。当测试绞纱强力时，纱线卷绕在框架上时必须紧密排列，宽度为 25.4mm。需要控制强力测试的绞纱样的纱线根数必须与暴晒试样的纱线根数相同。在暴晒结束后，纱线从框架上取下之前，用一个宽 20mm 的遮盖物或其他合适的丝带将面对光源那部分纱线固定，使这些纱线紧密排列的状态与其在暴晒架时最大程度相似。

**11.3.5** 对于机织物、针织物和非织造织物，应确保测试试样接受辐射源暴晒的那面为其实际使用中的正面。

**11.4** 调节仪器使之达到所需的测试条件，并在上述限定的测试条件下连续操作。应使用本方法9.2中指定的测试条件或双方达成一致的条件或产品质量要求的条件。

**11.5** 除了维修仪器和检查样品，应尽量保持操作的连续性，重复测试循环。每天在冷凝过程的中间检查样品，确保所有试样的湿润状态相同。

**11.6** 为了使温度或紫外光变化对测试的影响降到最低，建议按照图2所示的方式重新放置试样。每周一次按照下面步骤水平地轮换试样。

图 2　试样轮换

（1）将最右手边的两个试样支架移至暴晒区域的最左边。

（2）将其余的试样支架依次右移。

对于短时间的测试（一周之内），至少每天调整一次试样的位置。对于更长时间的测试，实验期间至少调整试样位置5次。

## 12. 暴晒时间

使用以下方法之一确定暴晒时间。

（1）规定的总小时数。

（2）用来将被测试样或双方认可的标准试样暴晒到产生相应变化所需要的总时间。

## 13. 调湿

**13.1** 如果测试试样和控制样在从测试仪中取出的时候是湿的，则在实验室室温下或在不超过71℃（160℉）的温度下使其干燥。

**13.2** 将测试试样和控制样置于纺织用标准大气条件下进行调湿，使所有试样都达到平衡。达到调湿平衡是指在间隔至少2h对试样进行连续称重时，其质量增加不超过试样本身质量的0.2%。通常情况下是以收到样品时的质量为基础。

**13.3** 对于裁取待测试样和控制样、经暴晒和未暴晒试样，剪取样品的中心部分至本方法所规定的尺寸，并作相应的标记。最好在暴晒后剪取和标记试样，也可以在暴晒前进行。未暴晒的控制样也以同样方法进行剪取，并在测试前使其在无张力状态下润湿和干燥。

## 14. 评级

**14.1** 用相应的 AATCC、ASTM 或 ISO 测试方法对暴晒过的测试试样进行评定或者评级。

**14.2** 物理性能。

**14.2.1** 织物弹子顶破强力测试。根据 ASTM D3787《针织物顶破强力测试方法：等速型（CRT）弹子顶破强力测试》测定试样的顶破强力。

**14.2.2** 抓样法拉伸强力测试。根据 ASTM D5034《纺织品断裂强力和伸长率的测试方法（抓样法）》测定试样的抓样法拉伸强力。

**14.3** 颜色变化。根据 AATCC TM16.3《耐光色牢度：氙弧法》对颜色变化进行评定。

## 15. 报告

**15.1** 报告以下有关暴晒条件的信息。

**15.1.1** 试验是按 AATCC TM186 – 2023 进行的。

**15.1.2** 荧光紫外/冷凝设备的制造商和型号。

**15.1.3** 荧光紫外灯的制造商名称。

**15.1.4** 暴晒循环，例如，60℃（140℉）、4h紫外线暴晒，50℃（122℉）、4h冷凝。

**15.1.5** 总暴晒时间。

**15.1.6** 总的紫外光照射时间。

**15.1.7** 与暴晒测试方法的任何偏差。

**15.2** 报告测试试样的信息：织物的纤维组成成分，织物的暴晒面（当织物正反面纤维不同时报告）。

如果已知，注明用 g/m² 表示的织物克重和织物的后整理。

**15.3** 报告以下评定过程的信息。

**15.3.1** 所用评定方法、各个性能测试的评级结果或相关数据。

**15.3.2** 如果有，对比评定所使用的标准。

**15.3.3** 数据。对各不同的试样结果取平均值，或用适当的统计方法处理，并记录与原始强力和颜色相比暴晒后试样断裂强力或顶破强力的剩余值和/或颜色变化。报告中至少包括以下内容。

（1）算术平均值。

（2）测试次数。

（3）标准偏差或变异系数。

没有测试次数和精确度的平均值报告基本上是没有用的。

## 16. 精确度和偏差

**16.1** 精确度。

**16.1.1** 实验室研究。在 1999 年早期，一个独立的实验室对该方法的实验室内精确度进行了小规模的研究和评估。将织物（400#棉印花坯布）按照本测试方法进行暴晒，得到暴晒后抓样法拉伸强力值和暴晒后弹子顶破强力值的 $\Delta E_{ab}^{*}$ 值。

**16.1.2** 实验室内精确度。相关物理性能的方差组成和实验室内精确度用临界值进行的表述，分别在表 1~表 3 中列出。

表 1  $\Delta E_{ab}^{*}$

| 平均值 | 样品方差 | 标准偏差 |
|---|---|---|
| 9.7 | 0.2 | 0.4 |
| 95%水平 | | |
| 平均值所用数量 | 标准误差 | 临界差 |
| 1 | 0.4 | 1.2 |
| 2 | 0.3 | 0.8 |

续表

| 95%水平 | | |
|---|---|---|
| 平均值所用数量 | 标准误差 | 临界差 |
| 3 | 0.2 | 0.7 |
| 4 | 0.2 | 0.6 |
| 5 | 0.2 | 0.5 |
| 6 | 0.2 | 0.5 |
| 7 | 0.2 | 0.5 |
| 8 | 0.2 | 0.4 |
| 9 | 0.1 | 0.4 |
| 10 | 0.1 | 0.4 |

表 2  暴晒后抓样拉伸强力

| 暴晒后试样抓样拉伸强力 | | |
|---|---|---|
| 平均值 | 样品方差 | 标准偏差 |
| 59 | 29 | 5.4 |
| 95%水平 | | |
| 平均值所用数量 | 标准误差 | 临界差 |
| 1 | 5.4 | 15.1 |
| 2 | 3.8 | 10.4 |
| 3 | 3.1 | 8.7 |
| 4 | 2.7 | 7.5 |
| 5 | 2.4 | 6.7 |
| 10 | 1.7 | 4.8 |
| 控制试样抓样拉伸强力 | | |
| 平均值 | 样品方差 | 标准偏差 |
| 75.2 | 6.6 | 2.6 |

表 3  暴晒后弹子顶破强力测试

| 暴晒后试样顶破强力 | | |
|---|---|---|
| 平均值 | 样品方差 | 标准偏差 |
| 83 | 81 | 9 |
| 95%水平 | | |
| 平均值所用数量 | 标准误差 | 临界差 |
| 1 | 9.0 | 25.2 |
| 2 | 6.4 | 17.8 |
| 3 | 5.2 | 14.6 |
| 4 | 4.5 | 12.6 |
| 5 | 4.0 | 11.3 |
| 10 | 2.8 | 8.0 |
| 控制试样顶破强力 | | |
| 平均值 | 样品方差 | 标准偏差 |
| 87 | 55 | 7.4 |

**16.1.3** 对于涉及的每个特性值，如果仅由偶然原因造成差异时，测试结果之间的差异不应超过 100 次对比中 95 次所显示的值。

**16.1.4** 可以用方差分析或 $t$-检验方法来对平均值进行比较。有关的更多信息可以参考标准统计学教程。

**16.2** 偏差。目前并没有仲裁测试方法可得到确切的测试结果用以确定本测试方法的偏差。因此，本测试方法没有已知偏差。

## 17. 注释

**17.1** 对于用于这个测试的其他设备的资料，请登录 http://www.aatcc.org/bg 访问在线的 AATCC 买家指南。AATCC 提供了其公司会员的设备和物品清单，但 AATCC 并不限制或以任何方式推荐、认可或证明设备清单中的任何设备或物质满足这个测试方法的要求。

**17.2** 关于本测试方法所用设备的设计和性能要求请参照 ASTM G151 和 G154（见 3.2）。

**17.3** 暴晒测试箱应为由耐腐蚀材料制成的荧光紫外/冷凝设备。测试箱内配有 8 只荧光紫外灯，一个可加热的盛水器，喷水系统（备选），试样架以及用于控制和显示操作时间和温度的装置。

**17.4** 相关资料可从 AATCC 获取，P. O. Box 12215，Research Triangle Park NC 27709；电话：+1.919.549.8141；传真：+1.919.549.8933；电子邮箱：ordering@aatcc.org；网址：www.aatcc.org。

**17.5** 相关资料可从 ASTM 获取，100 Barr Harbor Dr.，West Conshohocken PA 19428；电话：+1.610.832.9500；传真：+1.610.832.9555；网址：www.astm.org。

**17.6** 相关资料可从 SAE International 获取，400 Commonwealth Dr.，Warrendale PA 15098-0001；电话：+1.412.776.4841；网址：www.sae.org。

**17.7** 紫外线光谱范围的界定不明确，使用者

可根据需要进行调整。CIE（国际照明委员会）的 E-2.1.2 委员会在光谱范围 100~400nm 对紫外线进行如下划分：

| | |
|---|---|
| UVA | 315~400nm |
| UVB | 280~315nm |
| UVC | 100~280nm |

除非另外说明，否则应使用 UVA 型荧光紫外灯，该灯在波长 343nm 处产生峰值辐射，其光谱能量分布曲线（SED）如图 3 所示。

图 3　UVA-340 荧光紫外灯的代表性光谱能量分布

**17.8** 冷凝装置。该装置通过对盛水器进行加热产生水蒸气。盛水器应位于整个试样架区域的下面，盛水器内水位高度不低于 25mm。试样架和测试试样本身构成测试箱的侧壁。试样的背面应暴露于周围的室内空气，从而达到冷却的效果。热传递的结果使水蒸气在试样的测试面表面冷凝。

**17.8.1** 试样的放置应可以使冷凝水因重力作用而从试样测试面表面流掉，并使新的冷凝水不断重复这一过程。测试箱底部的通风口用来使周围空气与水蒸气进行交换，以防止冷凝水的氧损耗。

**17.8.2** 供水系统应为自动控制型，以不断调节盛水器中的水量。因为冷凝过程本身就把水蒸馏到试样测试表面，因此蒸馏水、去离子水或饮用水都可用于本测试。

**17.9** 使用在黑色铝板上附带一个传感器的黑板温度计测量试样温度。温度计测量精度为 ±1℃，

量程范围为 30~80℃。温度计应放置在暴晒区域的中心，以使传感器和试样处于相同的环境条件下。

**17.10** 在紫外光暴晒过程中，通过向测试箱内供应热空气，使平衡温度维持在目标值的±3℃范围内。在暴晒冷凝过程中，通过对盛水器中的水进行加热，使平衡温度维持在目标值的±3℃范围内。

**17.11** 测试试样应固定在稳固的试样架上，使试样测试面对着紫外灯，试样位于光源 210mm 高度内，宽度 900mm 内，如图 4 所示。试样位置调整是非常好的操作，推荐使用。然而，如果试样固定的位置可能在 210mm×900mm 区域的偏上、偏下和偏侧等方位，则试样按图 2 中虚线箭头调整位置。

图 4　光照强度均匀集中区

**17.12** 仪器放置在温度控制在 20~30℃ 的房间内。室内温度通过温度计进行测量，温度计必须放置在内墙上或距离地面约 1500mm 且远离任何加热设备至少 300mm 的柱状物内。需要至少三个或更多的温度计放置在房间内的不同位置，以便监测测试区域内的任何温度变化。

**17.12.1** 建议将仪器放置在距离墙壁或其他设备至少 300mm 处。测试仪器附近应该避免有热源存在，如果有则将其遮挡，如烘箱或者加热设备，因为这些热源的存在会降低冷凝的冷却效果。

**17.12.2** 放置仪器的房间应具有通风性，以去除测试中产生的热量和湿气，从而使房间温度维持在上述要求的范围内。每小时内进行 2~4 次空气交换一般可实现充分的空气流通。

## 18. 历史

**18.1** 2023 年修订，明确并使其与 AATCC 标准格式一致。

**18.2** 2022 年修订；2019 年、2016 年编辑性修订；2015 年修订；2013 年编辑性修订并重新审定；2009 年修订；2007 年、2008 年编辑性修订；2006 年、2001 年重新审定；2000 年修订。

**18.3** AATCC RA64 技术委员会于 1999 年制定；2007 年权限移交至 RA50 技术委员会。

# 附录　单个织物的方差分析组成

附表 1　单个织物的方差分析组成

| 织　　物 | 方向 | DC（%）平均值 | 实验室 V（L） | 时期 V（D） | 实验室/时期 V(L/D) | 织物 V（F W/I D） | 误差 V |
|---|---|---|---|---|---|---|---|
| 80/20 棉/聚酯 起绒针织布 | 长度 | 11. 34 | 0.24 | 1. 19 | 0.12 | 0.00 | 0.49 |
| | 宽度 | 5.40 | 0.16 | 0.15 | 0.00 | 0.19 | 0.14 |
| 100%棉斜纹布 | 长度 | 3.84 | 0.91 | 0.17 | 0.26 | 0.28 | 0.34 |
| | 宽度 | 1.21 | 0.08 | 0.01 | 0.01 | 0.00 | 0.04 |
| 50/50 棉/聚酯 平纹针织布 | 长度 | 6.06 | 0.61 | 0.10 | 0.36 | 0.90 | 0.34 |
| | 宽度 | 1.11 | 0.13 | 0.00 | 0.04 | 0.00 | 0.14 |
| 100%棉牛津纺 | 长度 | 2.87 | 0.48 | 0.05 | 0.14 | 0.00 | 0.54 |
| | 宽度 | 4.72 | 0.83 | 0.04 | 0.00 | 0.00 | 0.30 |
| 100%棉提花针织布 | 长度 | 9.05 | 0.35 | 0.29 | 0.11 | 0.02 | 0.29 |
| | 宽度 | 6.98 | 0.20 | 0.01 | 0.08 | 0.00 | 0.03 |

**注**　DC—尺寸变化，V—变化，L—实验室，D—天，F—织物，W/I—内。

*AATCC TM188-2010e3（2017）e*

# 家庭洗涤耐次氯酸钠漂白色牢度

AATCC RA60 技术委员会于 2000 年制定；2001 年、2008 年编辑性修订并重新审定；2002 年、2017 年重新审定；2003 年、2010 年修订；2004 年、2012 年、2013 年、2016 年、2019 年编辑性修订。

## 1. 目的和范围

**1.1** 本测试方法适用于评定在家庭洗涤中经频繁洗涤的纺织品的耐次氯酸钠漂白（通常称为"氯漂"）色牢度。

**1.2** 本测试方法的结果可以与其他测试方法相结合来建立护理标签（见 5，9.6 和 12.8）。

**1.3** 如果含氯漂白剂的成分中除次氯酸钠外还有其他成分，那么测试方法体现的是所有化学试剂对颜色变化的总体作用。

**1.4** 该标准方法使用家庭洗涤设备。AATCC TM61《耐洗涤色牢度：快速法》是模拟多次家庭洗涤（包括使用次氯酸钠的洗涤程序）的快速色牢度测试方法。AATCC TM61 方法与本方法之间没有已知的相关性。

## 2. 原理

试样在适宜的温度、洗涤剂、氯漂溶液条件下经五次家庭洗涤循环的摩擦作用后，评定洗后试样的颜色变化。

## 3. 术语

**3.1** 漂白剂：在家庭洗涤中通过氧化作用清洁、增白和增艳纺织材料，并有助于去除纺织材料的油渍和污渍的产品，分含氯漂白剂和无氯漂白剂。

**3.2** 护理标签：在纺织品中，一系列护理程序的说明描述，用来帮助清洁产品且不产生不良影响，并包括对于有可能产生不良影响的操作的警示（见 12）。

**3.3** 色牢度：材料在加工、检测、储存或使用过程中，暴露在可能遇到的任何环境下，抵抗颜色变化和/或向相邻材料转移的能力。

**3.4** 洗涤：使用液体洗涤剂的溶液处理（洗涤）纺织材料以去除油污和/或污渍的程序，一般依次包括清洗、脱水和干燥的程序。

**3.5** 次氯酸钠漂白：含 4%~6% 次氯酸钠的溶液（NaOCl），pH 为 9.8~12.8，通常称为"氯漂"。

## 4. 安全和预防措施

本安全和预防措施仅供参考。本部分有助于测试，但未指出所有可能的安全问题。在本测试方法中，使用者在处理材料时有责任采用安全和适当的技术；务必向制造商咨询有关材料的详尽信息，如材料的安全参数和其他制造商的建议；务必向美国职业安全卫生管理局（OSHA）咨询并遵守其所有标准和规定。

**4.1** 遵守良好的实验室规定，在所有的试验区域应佩戴防护眼镜。

**4.2** 操作实验室测试仪器时，应遵照制造商提供的安全建议。

**4.3** 1993 AATCC 标准洗涤剂 WOB 和 2003 AATCC 标准液体洗涤剂 WOB 可能会引起对人的刺激，应注意以防止其接触到皮肤和眼睛。

**4.4** 所有化学物品应当谨慎使用和处理。

**4.5** 在准备、配制和使用漂白剂和洗涤剂的过程中，要使用化学护目镜或面罩，防渗透手套和防渗透围裙。

**4.6** 如果将浓硫酸稀释为 10% 的硫酸（见 14.8.1 和 14.8.3），要使用化学护目镜或面罩，防渗透手套和防渗透围裙。操作浓酸仅在通风充分的通风橱中进行。

注意：总是将酸加入水中。

**4.7** 在附近安装洗眼器、安全喷淋装置以备急用。

**4.8** 本测试法中，人体与化学物质的接触限度不得高于官方的限定值［例如，美国职业安全卫生管理局（OSHA）允许的暴露极限值（PEL），参见 29 CFR 1910.1000，其最新版本见网址 www.osha.gov］。此外，美国政府工业卫生师协会（ACGIH）的阈限值（TLVs）由时间加权平均数（TLV-TWA）、短期暴露极限（TLV-STEL）和最高极限（TLV-C）组成，建议将其作为人体在空气污染物中暴露的基本准则并遵守（见 14.1）。

## 5. 使用和限制条件

试样可使用这些程序，但不加漂白剂，来测定单独用水和/或水和洗涤剂对织物的洗涤效果（见 9.6 和 12.8）。如果测试非氯漂色牢度，参见 AATCC 172《家庭洗涤中耐非氯漂色牢度》（见 14.2）。

## 6. 仪器和材料（见 14.3）

**6.1** 全自动洗衣机（见 14.4）。

**6.2** 全自动滚筒烘干机（见 14.5）。

**6.3** 带有可推拉的隔板或有孔架子的调湿/干燥架（见 14.6）。

**6.4** 陪洗织物，（920mm±30mm）×（920mm±30mm）。可选择以下的其中一种。

**6.4.1** 1 型陪洗织物，缝边的漂白棉织物。

**6.4.2** 3 型陪洗织物，50/50 聚酯/棉平纹织物。

**6.5** 1993 AATCC 标准洗涤剂 WOB 或 2003 AATCC 标准液体洗涤剂 WOB（见 14.7）。

**6.6** 滴干和悬挂晾干的设备。

**6.7** 天平，量程至少为 5kg，灵敏度为 ±0.1g。

**6.8** 计时器。

**6.9** 变色灰卡（AATCC EP1，见 14.7）或评定变色的比色计或分光光度计。

## 7. 试剂

**7.1** 次氯酸钠（NaOCl），4%～6%。

**7.2** 蒸馏水。

**7.3** 10% 硫酸溶液（$H_2SO_4$）。

**7.4** 10% 碘化钾溶液（KI）。

**7.5** 0.1mol/L（0.1N）的硫代硫酸钠（$Na_2S_2O_3$）。

## 8. 试样

从样品上剪取一块质量为 110.0g±10.0g 的试样。成衣或纺织制成品（毛巾、床单等）可作为一个试样，称取总重，精确至 0.1g。如果成衣的质量超过规定的 1.8kg，应在报告中注明总质量。见 9.2.3 规定的质量要求。

## 9. 操作程序

**9.1** 表1列出了用于测试的洗涤和干燥条件。洗衣机及洗涤条件相关信息参见本技术手册中 AATCC LP1（见 14.10）。

**9.2** 洗涤。

**9.2.1** 设定标准挡，向洗衣机中注入规定体积和温度的水。每次测试需测量和记录水的硬度。

**9.2.2** 加入 66g±1g 1993 AATCC 标准洗涤剂 WOB 或 100g±1g 2003 AATCC 标准液体洗涤剂 WOB（见 6.5），再加入 240mL±5mL（1 杯）次氯酸钠漂白溶液或制造商对满负荷洗涤时推荐的用量，开机运行 2min，确保溶液充分混合。

**9.2.3** 加入试样和足够的陪洗织物，使其总重为 1.8kg±0.1kg。设定选择的洗涤循环和洗涤时间（见表 1 和 9.1），启动仪器。当设定的洗涤时间结束后，停止洗衣机，提前将洗衣机刻度盘上的指针拨到洗涤循环的末端。再次启动洗衣机进行漂洗、排水和脱水。

表 1  洗涤和干燥条件（见 14.10）

| 洗涤循环 | 洗涤温度<br>［℃（℉）］ | 干燥程序 |
|---|---|---|
| （1）标准挡/厚重棉织物挡<br>（2）轻柔挡<br>（3）耐久压烫挡 | （Ⅱ）27±3<br>（80±5）<br>（Ⅲ）41±3<br>（105±5）<br>（Ⅳ）49±3<br>（120±5）<br>（Ⅴ）60±3<br>（140±5） | （A）滚筒烘干<br>（ⅰ）厚重棉织物挡<br>（ⅱ）轻柔挡<br>（ⅲ）耐久压烫挡<br>（B）悬挂晾干<br>（C）滴干<br>（D）平铺晾干 |

**9.2.4** 对于采用程序 A、B 或 D 进行干燥的试样，其通过洗涤后继续漂洗和最后的脱水循环。经过最后的脱水循环程序之后，立即将试样取出，并将缠在一起的试样分开，要小心操作使扭曲减到最小，然后按照程序 A、B 或 D 干燥［见表 1 和 AATCC LP1（见 9.1）］。

**9.2.5** 若选择程序 C 滴干，必须在最后一次漂洗结束之后，开始排水之前，停止洗衣机，取出浸湿的试样。

**9.3** 干燥。

**9.3.1** （A）滚筒烘干。将试样与陪洗织物一起放入烘干机中，根据 AATCC LP1（见 9.1）设定正确的排气温度，并设置循环程序。对于热敏织物，按照制造商的要求使用低烘干温度，且要在报告中注明。启动干燥机直到全部织物被烘干。滚筒烘干停止后要立即取出试样。

**9.3.2** （B）悬挂晾干。悬挂试样的两角，使试样的长度方向与水平面垂直，并悬挂在室温下静止的空气中干燥。

**9.3.3** （C）滴干。悬挂潮湿滴水的试样的两角，使试样的长度方向与水平面垂直，并悬挂在室温下静止的空气中干燥。

**9.3.4** （D）平铺晾干。将试样或成衣平放在水平的隔板或打孔的架上，去除褶皱，但不要扭曲或拉伸试样，放置在室温的静止空气中直至干燥。

**9.4** 按照 9.2~9.3 的步骤重复五次洗涤，或者直到颜色变化测试的终点（见 14.2）。

**9.5** 当完成第五次洗涤循环后（或达到终点标准的循环后），在评定变色之前，将试样平放在隔板或有孔架上，在 21℃±2℃（70℉±4℉）和相对湿度 65%±5% 的条件下调湿至少 4h。

**9.6** 如果使用该方法开发护理标签，试样必须进行其他测试。试样对非氯漂白的敏感程度可以使用 AATCC 172 方法进行测试。为了区分硬度、pH 或漂白剂等因素的影响（见 5，12.8 和 ASTM D3938《服装和其他纺织品确定或确认标签用法的标准指南》），可以仅用洗涤剂和/或水进行测试。

## 10. 评级

**10.1** 目光评级。

**10.1.1** 使用样品的未洗涤试样作为对比试样，用 AATCC EP1《变色灰卡评定程序》或 AATCC EP7《仪器评定试样变色》，评定试样颜色的变化。评定试样的至少三个位置或者在一个位置进行三次评定，并记录与灰卡颜色最接近的级数。

**10.1.2** 评级也可与从样品中剪取的未洗涤的控制样或已知等级的洗涤样比较。

**10.2** 仪器评级。测试及未测试的试样或成衣也可以用仪器进行评定（见 AATCC EP6《仪器测色方法》、AATCC EP7《仪器评定试样变色》和 AATCC TM173《CMC：可接受的小色差计算》）。

## 11. 结果的解释

**11.1** 本测试方法具有良好的示范效果，用来说明 1993 AATCC 标准洗涤剂 WOB 或 2003 AATCC 标准液体洗涤剂配合氯漂剂使用时对纺织品在家庭的光源都是可行的。红外点火室在烧瓶过压和破损时可作为防护层。实验室可自行决定点火方式，当样品被点燃时，火源应立即熄灭，直到试样被点燃；一旦试样点燃，立即关闭红外光束，使试样充分燃烧，直到火焰彻底熄灭才可以打开红外点火室。确定试样已经充分燃烧，如果发现试样没有烧尽，则应中止测试。由于烧瓶温度很高，要用烧瓶夹或手套从引燃橱中取出烧瓶。

**8.9** 摇动烧瓶。

**8.9.1** 如果使用机械振荡器，将烧瓶放到振荡器的固定夹中并固定。启动机械振荡器，振荡1.5~2min后，取出烧瓶。

**8.9.2** 如果采用手动摇动，则至少用力摇30s。

**8.10** 仅针对两步法适用，将（20.0±1）mL的TISAB总离子强度调节缓冲剂注入空的烧瓶中。注入时，将瓶塞稍稍提起，避免气体损失，盖上瓶塞并塞紧。重复上面8.9的步骤。

**8.11** 打开烧瓶，将所有的氢氧化钠溶液或TISAB倒入100mL的塑料杯中，并贴上测试号。

**8.12** 用镊子从溶液中取出金属篮，然后盖上杯子，在室温下将该混合物放置至少30min，使其冷却（见12.6）。

**8.13** 将氟离子活性电极和参比电极插入装有冷却样液的塑料杯中。缓慢搅拌，待离子计的读数稳定时，记下读数及试样的质量（见12.7）。

**8.14** 净化电极，倒掉杯中的溶液。为防止交叉污染，不可以重复使用杯子。用去离子水或蒸馏水冲洗金属篮和玻璃器皿，在开始新的测试前，将其干燥。

## 9. 计算

按如下方法计算结果。

（a）仪器已按40（溶液容量单位：mL）规定进行校准，则按下式计算：

$$\frac{\text{离子计的读数（mV）}}{\text{试样质量（g）}}$$

（b）如果离子计在校准的时候未乘以样本体积，则按下式计算：

$$\frac{\text{离子计读数}}{\text{试样质量（g）}}\times\text{样本体积（mL）}$$

定量限制应电实验室根据其应用水平进行设置，这些限定由使用的校准标准以及仪表和电极的能力决定。任何低于25mg/kg的结果均被认为是"背景噪声"。

## 10. 精确度和偏差

**10.1** 实验室之间比对的测试数据。1998年，用两种锦纶绒毛地毯在八个实验室进行了多实验室之间的比对研究。每个实验室都由一个操作人员对每个样品进行五次测试。

**10.2** 方差分量。表1和表2列出了用方差和标准偏差表示的方差分量。

**10.3** 精确度参数。对表1中的方差分量，如果偏差与表2中的临界偏差相同或超过表2中的临界偏差，则表示在95%的置信区间，两个观测值的平均值有明显差异。

由于评估过程中只使用了两块地毯，因此建议本测试法的使用者用精度信息评估其他地毯时要谨慎使用统计学方法进行。

**10.4** 偏差。本标准规定的含氟量测定仅是一种测试方法，还有其他的方法可以确定氟的含量，但本方法与其他方法之间的误差尚未确立。

**表1 氟含量方差的分量**
（用方差和标准偏差来表示）

| 分量 | 方差 | 标准偏差（µg/g） |
|---|---|---|
| 材料和实验室内的试样 | 630.0 | 25.1 |
| 实验室 | 378.0 | 19.4 |
| 交互作用：材料、时间、实验室 | 59.6 | 7.7 |

注 方差分量的平方根用来表示合理的度量单位的变异性，而不是度量单位的平方。

表2 已知条件的临界偏差

（95%置信区间，一种材料含氟量对比）

| 每次测试结果的编号 | 实验室内精确度 | | 实验室间精确度 | |
|---|---|---|---|---|
| | 标准误差 | 临界偏差 | 标准误差 | 临界偏差 |
| 1 | 25.1 | 70 | 31.7 | 88 |
| 2 | 17.8 | 49 | 26.3 | 73 |
| 3 | 14.5 | 40 | 24.2 | 67 |
| 4 | 12.6 | 35 | 23.1 | 64 |
| 5 | 11.2 | 31 | 22.4 | 62 |
| 7 | 9.5 | 27 | 21.6 | 61 |
| 9 | 8.9 | 23 | 21.2 | 59 |

注 表中的临界偏差值应看作一个总体说明，尤其对于实验室间的精度来说。

## 11. 报告

**11.1** 报告地毯的描述和测试时间。

**11.2** 报告测试程序的任何偏离。

**11.3** 报告9中的计算结果。

## 12. 注释

**12.1** 相关资料可从 ACGIH Publications Office 获取，地址：Kemper Woods Center，1330 Kemper Meadow Dr.，Cincinnati OH 45240；电话：+1.513.742.2020；网址：www.acgih.org。

**12.2** 大多数实验仪器供应公司可以提供总离子强度调节缓冲剂（TISAB）。缓冲溶液成分有柠檬酸钠、氢氧化钠、醋酸和水。

**12.3** 为了防止混淆溶液，应建立样品编号体系，单一试样在各个环节使用的所有物品均应标注相同的编号，如纸袋、塑料杯、烧瓶等。

**12.4** 为了便于处理大量的试样，可采用多道吸液器分装氢氧化钠储备液和总离子强度调节缓冲剂溶液。对此，多通道移液器需每天进行校准。

**12.5** 压力表的压力不应该超过 14kPa（2psi）。压力过大会导致液体飞溅。

**12.6** 平衡浴可使溶液上升至更高温度，使测量仪校准更快、温度校正电极在最初校准温度时允许存在一定允差，参考产商关于电极和测量仪的使用说明。

**12.7** 电极不使用时，应浸在 2μg/g（mg/kg）的标准氟溶液中，以保证电极的状态。

# 附录 A   标准品配制

标准氟配制举例：

**A1**  2000μg/g（mg/kg）氟标准溶液：称取经烘箱烘干的氟化钠 4.4200g±0.0001g，将其移至 1L 的容量瓶中，加入蒸馏水至 1L，摇动直至溶解。

**A2**  20μg/g（mg/kg）氟标准溶液：移取 2000μg/g（mg/kg）上述 2000mg/kg 溶液 10.0mL 至 1L 的容量瓶中，加入蒸馏水至 1L，摇动直至溶解。

**A3**  2μg/g 氟标准溶液：移液管移取 20μg/g（mg/kg）上述 20mg/kg 溶液 100.0mL 至 1L 的容量瓶中，加入蒸馏水至 1L，摇动直至溶解。

**A4**  0.001mol/L 氢氧化钠溶液：移液管移取 0.500mol/L 氢氧化钠溶液 2.00mL 至 1L 的容量瓶中，加入蒸馏水至 1L 并摇匀。

# 附录 B   保持实验室水平

特别推荐用含已知量的无挥发性氟碳化合物处理过的锦纶来建立并持续相应的测试控制图。

## 6. 使用和限制条件

**6.1** 并非所有材料在相同的光源和环境下受到影响的程度相同。任何测试方法测得的结果均不能代表其他测试方法的结果，也不能代表协议双方确定的最终应用用途的效果。

**6.2** 由明焰碳弧激发的辐射光含有相当数量的超短波长紫外光（小于 260nm），因此必须要对其进行过滤。在用的任何类型的滤光片都无法改变明焰碳弧灯的光谱能量分布，因此无法使其光谱分布与日光中的长波紫外光或可见光的光谱匹配。尽管这些滤光片在许多测试中都被指定使用，但它们可以传导大量波长在 300nm（陆地日光的典型截止波长）以下的有效能量，因此会导致附加的老化过程，而这种老化在实际户外使用中是不会发生的。

**6.3** 方法 A 主要用于评定以湿度和辐射能量等因素模拟的气候条件下，纺织材料及相关产品，包括涂层织物的耐退化性。同时也可以用于验证材料的耐受性。方法 B 主要用于评定无湿度因素条件下，在模拟气候条件暴晒下材料的耐退化性。

**6.4** 为了更好地对上述测试方法得到的结果进行解释，必须知道用模拟日光暴晒测得的纺织材料耐退化性与以下因素有关。

**6.4.1** 材料的固有特性，如其物理状态、质量和密度。

**6.4.2** 光谱能量分布和辐射通量密度（来自人造光源）。

**6.4.3** 暴晒期间织物试样周围空气的温度和相对湿度。

**6.4.4** 当存在雨水或者喷淋水时，包括纤维稳定剂在内的添加剂所产生的过滤或者降解效应。

**6.4.5** 大气污染物。

**6.4.6** 具有光谱吸收特征的整理剂和染料产生的影响。

**6.4.7** 在应用过洗涤剂或干洗剂的情况下，这些化学试剂残留物产生的影响。

**6.5** 不同纺织材料的相对降解速率并不随着相关因素的变化而产生相同程度的变化。因此，任何一种测试方法都不能准确地预测在不同使用条件下纺织品和相关材料的相对耐久性。所以，通常的做法是，将试样在其可能使用的各种不同条件下进行暴晒，通过这种方式研究材料的耐久性，进而对材料性能有一个全面的了解。

**6.6** 对于给定的材料，一旦确定了其可接受程度的标样，后面就可以通过协议双方确定的本测试方法的操作程序，直接将测试试样与初始确定的材料标样进行比较来对试样进行评定。虽然对于大多数纺织品来说，这些方法可以得到基本一致的结果，但并非所有纺织品都能得到相同的结果。当使用自然光和气候条件与相应人造（实验室）条件测试所得到的材料的耐降解性差异很大时，则以自然光和气候条件下得到的测试结果作为材料最终使用条件下耐久性的水平。

**6.7** 当采用本测试方法时，应根据历史数据和经验，将所选方法与光线、湿度、润湿和温度相结合。所选择的测试方法还应反映被测材料相对应的最终使用条件。

**6.8** 当采用本测试方法时，使用标准参照物，该标准参比材料在特定暴晒程序后，其性能变化值应为已知。

**6.9** 当操作条件在本方法允许的限度范围内变化时，会导致测试结果的变化。因此，通常情况下，本方法的测试结果是不具有参考价值的，除非有详细的附录报告明确了本方法的操作条件细节与 14 所述是一致的。

**6.10** 当使用本测试法进行商业货物验收时，如果由于报告的测试结果不同而引起争议，买卖双方应该进行对比测试来确定实验室之间是否存在统计偏差。建议采用统计方法对偏差进行分析。至少，买卖双方应当从存在争议的产品上取尽可能同质的一组试样，然后对试样进行随机编号并分配给两个实验室进行测试。根据测试前双方预先选定的 $t$ 检验和概率水平，对两个实验室所得结果的平均值进行比较。如果发现存在偏差，应进行修正，或者买卖双方在确定未来协议时需要将已知偏差考虑在内。

## 7. 仪器和材料（见 17.2）

**7.1** 如果条件允许，将测试仪器安装在温度和相对湿度可控的房间内，以将空气变化对测试的影响降到最低。

**7.2** 日弧光暴晒仪器，可对试样提供喷水（见 17.3 和附录 A）。

**7.3** 日弧光暴晒仪器，不对试样提供喷水（见 17.3 和附录 A）。

## 8. 参照标准

**8.1** 参照标准必须由协议双方协商确认。根据不同的测试需要，参照标准可以是由任何强力退化或颜色变化级别已知的合适的纺织材料制成的。参照标准与被测试样必须同时在相同条件下暴晒。参照标准可以用来证明不同仪器暴晒之间以及或不同户外测试地点之间是否具有一致性。如果暴晒后参照标准的测试结果与其已知值比较差异超过 10%，说明仪器有故障，则需要重新对该参照标准进行评定。由有争议的参照标准得到的测试数据必须谨慎处理，通过定量分析确定其使用。

**8.2** 如果色牢度是唯一的评价依据，则在不给湿的暴晒条件下（见 17.4），可以使用 AATCC TM16.2《耐光色牢度：碳弧法》（见 16.2.1）中规定的蓝色羊毛标样作为参照标准。但应注意，使用不同测试方法时蓝色羊毛标样的褪色速度是不同的。

## 9. 试样的准备和安装

**9.1** 试样准备。

**9.1.1** 根据不同的测试程序准备测试试样，试样尺寸的最小值见表 1。按照材料规格或合同要求，试样的长边可以与材料的经向或纬向平行。

表 1 试样尺寸和试样准备

| 性 能 | 测试方法 | 试样尺寸 |
|---|---|---|
| 断裂强力 | | |
| 条样法 | ASTM D5034 | 5cm×20cm（2 英寸×8 英寸） |
| 抓样法 | ASTM D5035 | 13cm×28cm（5 英寸×7 英寸） |
| 单纱强力 | ASTM D2256 | 15cm（6 英寸） |
| 胀破强力 | | |
| 机织物 | ASTM D3786 | 15cm×15cm（6 英寸×6 英寸） |
| 非织造布 | ASTM D3786 | 15cm×15cm（6 英寸×6 英寸） |
| 针织物 | ASTM D3787 | 15cm×15cm（6 英寸×6 英寸） |
| 撕破强力 | | |
| 摆锤法 | ASTM D1424 | 10cm×13cm（4 英寸×5 英寸） |
| 梯形法 | ASTM D1117 | 10cm×18cm（4 英寸×7 英寸） |
| 耐光色牢度测试碳弧法 | AATCC TM16.2 | 3cm×6cm（1.25 英寸×2.4 英寸） |

**9.1.2** 根据表 1 中适用的测试方法进行试样准备（见 17.5~17.8）。

**9.1.3** 表 1 中给出的试样尺寸仅作为一般参考，在大多数情况下，能满足测试的需要。某些材料在暴晒后可能出现尺寸变化，此时试样尺寸会因测试仪器制造商、物理性能测试仪器和需要测试试样的数量的不同而有所变化。但是任何情况下，都要参照表 1 中列出的测试方法对应的试样尺寸和数量，以确保有足够的试样用于暴晒，并满足测试需要。

**9.1.4** 除非另外说明，试样厚度不应超过 25mm（1 英寸）。对于厚度超过 25mm（1 英寸）的试样，买卖双方必须对特定条件达成一致意见。

**9.1.5** 如要防止试样散边，需用环氧树脂或者类似的材料对试样进行封边，也可以采取缝边、剪锯齿边或者熔边。

**9.1.6** 对每个试样进行标记，最好准备备份试样用以对不同辐射水平下暴晒产生的变化进行记

续表

| 样 品 | 方 向 | 测 试 | 平均强力（N） | 实验室内 | | | 实验室间 | | |
|---|---|---|---|---|---|---|---|---|---|
| | | | | $S_r$ | $r$ | $CV_r$（%） | $S_R$ | $R$ | $CV_R$（%） |
| 棉 | 经向 | 循环 1 | 276.30 | 16.68 | 46.72 | 16.91 | 16.68 | 46.70 | 16.90 |
| | | 循环 2 | 370.62 | 11.70 | 32.75 | 8.84 | 23.56 | 65.41 | 17.65 |
| | | 循环 3 | 307.00 | 10.52 | 29.47 | 9.60 | 16.65 | 46.62 | 15.19 |
| | | 循环 4 | 349.80 | 12.93 | 36.20 | 10.35 | 20.88 | 58.46 | 16.71 |
| | 纬向 | 循环 1 | 132.86 | 11.42 | 31.97 | 24.06 | 18.75 | 52.51 | 39.52 |
| | | 循环 2 | 162.40 | 10.30 | 28.83 | 17.75 | 15.55 | 43.54 | 26.81 |
| | | 循环 3 | 162.69 | 10.55 | 29.54 | 18.16 | 15.10 | 42.28 | 25.99 |
| | | 循环 4 | 170.81 | 11.16 | 31.25 | 18.30 | 14.95 | 41.86 | 24.51 |
| 羊毛 | 经向 | 循环 1 | 370.36 | 24.31 | 68.08 | 18.38 | 24.31 | 68.07 | 18.38 |
| | | 循环 2 | 380.37 | 17.11 | 47.91 | 12.60 | 25.62 | 71.74 | 18.86 |
| | | 循环 3 | 326.63 | 11.88 | 33.27 | 10.19 | 21.31 | 59.67 | 18.27 |
| | | 循环 4 | 410.40 | 13.31 | 37.27 | 9.08 | 13.31 | 37.27 | 9.08 |
| | 纬向 | 循环 1 | 323.18 | 19.82 | 55.50 | 17.17 | 26.03 | 72.88 | 22.55 |
| | | 循环 2 | 295.08 | 11.18 | 31.31 | 10.61 | 17.17 | 48.08 | 16.29 |
| | | 循环 3 | 244.79 | 11.23 | 31.44 | 12.85 | 12.73 | 35.64 | 14.56 |
| | | 循环 4 | 394.35 | 22.06 | 61.76 | 15.66 | 27.46 | 76.89 | 19.50 |
| 锦纶 | 经向 | 循环 1 | 59.14 | 4.40 | 12.32 | 20.84 | 4.4 | 12.32 | 20.83 |
| | | 循环 2 | 104.79 | 5.14 | 14.39 | 13.73 | 7.73 | 21.64 | 20.65 |
| | | 循环 3 | 51.24 | 4.64 | 13.00 | 25.37 | 4.64 | 12.99 | 25.36 |
| | | 循环 4 | 99.41 | 5.18 | 14.50 | 14.59 | 5.18 | 14.50 | 14.59 |
| | 纬向 | 循环 1 | 79.52 | 5.44 | 15.22 | 19.14 | 6.27 | 17.56 | 22.08 |
| | | 循环 2 | 122.46 | 5.28 | 14.80 | 12.08 | 8.18 | 22.90 | 18.70 |
| | | 循环 3 | 73.20 | 4.15 | 11.62 | 15.88 | 4.15 | 11.62 | 15.87 |
| | | 循环 4 | 114.28 | 7.07 | 19.80 | 17.33 | 8.49 | 23.77 | 20.80 |
| 总和或平均值 | 经向 | 循环 1 | 260.76 | 13.46 | 37.68 | 14.45 | 13.46 | 37.68 | 14.45 |
| | | 循环 2 | 298.04 | 10.50 | 29.39 | 9.86 | 16.25 | 45.69 | 15.26 |
| | | 循环 3 | 254.61 | 8.96 | 25.09 | 9.85 | 13.03 | 36.48 | 14.33 |
| | | 循环 4 | 300.56 | 9.39 | 26.29 | 8.75 | 11.38 | 21.86 | 10.60 |
| | 纬向 | 循环 1 | 186.49 | 11.55 | 32.34 | 17.34 | 15.60 | 43.67 | 23.42 |
| | | 循环 2 | 198.75 | 8.42 | 23.57 | 11.86 | 11.95 | 33.46 | 16.86 |
| | | 循环 3 | 173.31 | 8.67 | 24.28 | 14.01 | 10.18 | 28.51 | 16.45 |
| | | 循环 4 | 223.17 | 12.22 | 34.22 | 15.33 | 14.97 | 41.92 | 18.78 |

表 6 颜色测试用试样规格

| 项 目 | 织 物 | 染 料 | 颜料索引 | 颜色 |
|---|---|---|---|---|
| A | 腈纶 | Aizen Cation Bule K-GLH | 混合 | 蓝色 |
| B | 涤纶 | Kayanol Yellow E-3GL | C. I. 分散黄 64 | 黄色 |
| C | 锦纶 | Lanyl Red B | C. I. 酸性红 215 | 红色 |
| D | 羊毛 | Suminol Leveling Sky Blue R extra conc | 酸性蓝 62 | 蓝色 |

表7  各测试循环色牢度的精确度 $\Delta E$

| 样 品 | 测 试 | 循环平均 | 实验室内 | | | 实验室间 | | |
|---|---|---|---|---|---|---|---|---|
| | | | $S_r$ | $r$ | $CV_r$（%） | $S_R$ | $R$ | $CV_R$（%） |
| 腈纶 | 循环1 | 6.12 | 0.21 | 0.60 | 9.77 | 0.23 | 0.65 | 10.70 |
| | 循环2 | 2.52 | 0.11 | 0.31 | 12.29 | 0.11 | 0.31 | 12.29 |
| | 循环3 | 3.37 | 0.17 | 0.48 | 14.12 | 0.19 | 0.54 | 15.99 |
| | 循环4 | 4.97 | 0.15 | 0.43 | 8.72 | 0.25 | 0.69 | 13.87 |
| 聚酯纤维 | 循环1 | 3.90 | 0.19 | 0.53 | 13.55 | 0.19 | 0.53 | 13.72 |
| | 循环2 | 2.74 | 0.10 | 0.27 | 9.83 | 0.18 | 0.50 | 18.20 |
| | 循环3 | 3.77 | 0.13 | 0.37 | 9.68 | 0.22 | 0.61 | 16.03 |
| | 循环4 | 2.55 | 0.12 | 0.34 | 13.25 | 0.32 | 0.91 | 35.47 |
| 锦纶 | 循环1 | 6.20 | 0.27 | 0.75 | 12.12 | 1.24 | 3.48 | 56.19 |
| | 循环2 | 3.12 | 0.14 | 0.39 | 12.57 | 0.84 | 2.36 | 75.48 |
| | 循环3 | 5.15 | 0.09 | 0.24 | 4.71 | 0.72 | 2.02 | 39.15 |
| | 循环4 | 4.08 | 0.15 | 0.43 | 10.57 | 0.52 | 1.45 | 35.51 |
| 羊毛 | 循环1 | 32.73 | 1.23 | 3.45 | 10.53 | 1.79 | 5.00 | 15.28 |
| | 循环2 | 15.14 | 0.57 | 1.59 | 10.47 | 1.04 | 2.92 | 19.29 |
| | 循环3 | 18.92 | 0.25 | 0.70 | 3.68 | 0.94 | 2.62 | 13.86 |
| | 循环4 | 27.06 | 0.47 | 1.31 | 4.82 | 1.07 | 3.00 | 11.08 |
| 总和或平均值 | 循环1 | 12.24 | 0.48 | 1.33 | 10.88 | 0.86 | 2.42 | 19.76 |
| | 循环2 | 5.88 | 0.23 | 0.64 | 10.87 | 0.54 | 1.52 | 25.86 |
| | 循环3 | 7.80 | 0.16 | 0.44 | 5.70 | 0.52 | 1.45 | 18.52 |
| | 循环4 | 9.67 | 0.22 | 0.63 | 6.49 | 0.54 | 1.51 | 15.63 |

**16.3**　精确度。断裂强力和颜色差异 $\Delta E$ 的95%重现限值 $r$ 和重现变异系数 $CV_r$ 已经确立。例如，经测试循环1暴晒后腈纶织物的色差 $\Delta E$ 的重现变异系数为9.77%。当同一实验室中两个单独测试的差异（以色差百分数，$\Delta E$ 表示）大于9.77%时需对结果质疑，例如可能是源于不同的样品群。

断裂强力和色差 $\Delta E$ 的95%再现限值 $R$ 和再现性变异系数 $CV_R$ 已经确立。例如，经测试循环1暴晒后的腈纶织物的色差 $\Delta E$ 的再现性变异系数为10.70%。当同一实验室中两个单独测试的差异（以其平均值的百分比表示）大于10.70%时需对结果质疑，有可能是源于不同的样品群。

**16.4**　偏差。没有可接受的参考值，因此未建立偏差。

## 17. 注释

**17.1**　关于黑板温度计。测试温度是通过安装在试样架上的黑板温度计进行测量和监控的，黑板温度计的正面需要与测试试样接收到相同的暴晒。温度计由厚1mm（0.038英寸）、尺寸为70mm×150mm（2.75英寸×5.88英寸）的黑色不锈钢板组成，钢板上固定着不锈钢双金属片的刻度盘式温度计或者耐温装置（RTD）。温度计的主干直径为44mm（1.75英寸），带有44mm（1.75英寸）的刻度盘。主干延伸38mm（1.5英寸）处的感应部位位于钢板的中间，一端距钢板顶部64mm（2.5英寸），另一端距钢板底部48mm（1.88英寸）。附有温度计主干的钢板面应该涂有两层黑色耐光防水的搪瓷烤瓷，且至少具有95%的吸收率。

**17.2** 有关适合测试方法的设备信息，请登录 http://www.aatcc.org/bg。AATCC 提供其企业会员单位所能提供的设备和材料清单。但 AATCC 没有给其授权，或以任何方式批准、认可或证明清单上的任何设备或材料符合测试方法的要求。

**17.3** 关于本测试方法所用设备的设计和性能要求请参照 ASTM G151 和 G152（见 3.1）。

**17.4** 相关资料可从 AATCC 获取，P.O. Box 12215, Research Triangle Park NC 27709；电话：+1.919.549.8141；传真：+1.919.549.8933；电子邮箱：ordering@aatcc.org；网址：www.aatcc.org。

**17.5** 除非存在其他协议，对于规格已知的应用材料，应该取一定数量的试样，以保证在 95% 概率水平下材料的测试结果的平均值在真实平均值的 ±5% 内。根据 ASTM D2905 标准偏差的单侧极限的规定来确定试样的数量（见 3.1.10）。

**17.6** 起绒织物的纤维可能会倒伏或变形，如地毯等。对较小面积的此类织物进行评价比较困难，因此测试这些材料时，暴晒面积应该不小于 40.0mm（1.6 英寸）×50.0mm（2.0 英寸）。应暴晒足够大的尺寸或暴晒多块试样，以使被测材料包含样品的所有颜色。

**17.7** 在某些情况下，高湿度加之大气污染物，可使材料产生与光照效果相同的性质变化。如果需要，可以准备一套备份试样和参照标准，在另一个测试箱内或同类型的测试架上对备份试样在相同条件下进行暴晒，但暴晒时用不透明的材料对试样进行遮盖以消除光照影响。由于暴晒效果是由光照、温度、湿度和大气污染物共同产生的，因此不能仅仅通过覆盖不透明玻璃与不覆盖玻璃的两个测试箱产生的结果进行对比来评估光照对测试结果的影响程度。但是将两套试样与同一未经暴晒的原样进行对比，可以用来评估所测试样是否对湿度和大气污染敏感。这种方法也有助于解释在不同时间和不同地点，在相同辐射能的日光暴晒下试样产生不同测试结果的原因。

**17.8** 通常情况下，使用经向试样。当指定要求时，也可选用纬向试样。由于织物组织结构的原因，经纱经常接受不到辐照。因此，若使用纬向试样，则必须在报告中注明。

**17.9** 样品架必须由不锈钢或经适当涂层的钢制成，以避免金属杂质污染试样，因为金属杂质可能会加速或抑制试样的退化。若试样用订书钉固定，应使用不含铁和有涂层的钉子，以避免腐蚀性物质污染试样。金属框架必须经过消光处理和防反光设计，以避免反射影响材料的性能。框架应该与样品架的弯曲度一致。框架的尺寸由进行不同性能评价要求的试样规格决定。

**17.10** 在某些条件下，经交易双方达成协议，材料的撕破强力可以用来代替或补充断裂强力或胀破强力。根据材料的规格要求来明确是否可以用湿态断裂、撕破或者胀破强力测试来代替或补充标准纺织测试条件下的测试。如果使用，需要在报告测试数据的同时报告测试条件。

**17.11** 原样和遮盖暴晒试样之间的颜色变化的不同表明纺织品受到了除光照以外其他因素的影响，如热或者大气中的活性物质。尽管引起颜色变化差异的具体原因并不明确，但是如果出现这种现象，应该在报告中注明。

**17.12** 相关资料可从 ASTM 获取，100 Barr Harbor Dr., West Conshohocken PA 19428；电话：+1.610.832.9500；传真：+1.610.832.9555；网址：www.astm.org。

**17.13** 相关资料可以从 ANSI（American National Standard Institute Inc.,）获取，11 West 42nd St., New York 10036；电话：+1.212.642.4900；传真：+1.212.302.1286；网址：www.ansi.org。

**17.14** 相关资料可从 SAE International 获取，400 Commonwealth Dr., Warrendale PA 15098-0001；电话：+1.412.776.4841；网址：www.sae.org。

## 18. 历史

**18.1** 2023 年修订，使其与 AATCC 标准格式一致。

**18.2** 2022 年修订；2016 年编辑性修订；

2013 年重申；2009 年修订；2008 年、2007 年编辑性修订；2005 年、2004 年重新审定。

**18.3** AATCC RA64 技术委员会于 2003 年制定；2007 年权限移交至 RA50 技术委员会。

# 附录 A　设备和材料——仪器暴晒

日光型碳弧灯暴晒设备——方法 A 和 B。

**A1**　人造日弧光灯和气候测试仪器由三对镀铜的碳棒构成的垂直开焰碳弧组成，其固定在竖直的外壳中间。该碳弧灯封闭在 Corex ® D 型滤波器内。碳弧和外壳之间有一个圆柱形框架对试样进行支撑，圆柱形框架距离碳弧的中心 47.6cm（18.75英寸）。当设备更换新一组的碳棒时，最顶层试样架上面可用的试样与最底层试样架上可用的试样距离碳弧中心的距离不超过 53cm（21 英寸）。灯的尽耗部件提供碳弧周围的空气流动用来带走碳弧燃烧的副产物。测试箱内以及试样上空的空气流动是由鼓风系统提供的。测试循环是通过循环凸轮精确控制的。测试设备本身提供了对辐射、润湿、相对湿度、空气温度和黑板温度的控制。测试设备的详细说明见 ASTM G152《用明焰碳弧灯设备对非金属材料进行暴晒的标准操作方法》。

**A2**　对方法 A，有四个位于试样架上半部分的 F 80 喷水嘴以垂直于试样的方向对试样进行均匀给湿。另外，有两个喷水嘴位于试样架的下半部分，对着试样进行给湿。喷嘴中心距离样品 11.8cm

（4.63 英寸），与样试样架短边的垂直面的角度为 52°，喷淋角度为 80°。中间的两个喷嘴距离垂直试样架 13.6cm（5.38 英寸）。一个喷嘴位于中间喷嘴的上方 10.2cm（4 英寸）处，另一个位于中间喷嘴下方 10.2cm（4 英寸）。喷嘴压力必须在 124～172kPa（18~25psi），才可能提供 0.26~0.36dm³/min（0.46~0.64pt/min）的水量。

**A3**　在空气进入测试箱之前，通过用蒸发设备在空气进入调湿箱时对其进行给湿。空气的相对湿度通过干湿球温度计的显示或者记录进行测量，干湿球温度计的感应器位于测试箱气流的出口处。

**A4**　测试温度通过黑板温度计测量和控制，黑板温度的控制最好是通过让控制温度的空气在试样上方流通来完成，但也可通过室温空气流的开关控制来完成。

**A5**　供水系统可以使用去离子水、蒸馏水或反渗透水。供水管道必须是由不锈钢或者其他不会对水产生污染的材料制成。供给系统必须保证进入测试箱的水温恒定在 16℃±5℃（60℉±9℉）。

# 附录 B　建议的仪器校准和维护程序

按照制造商提供的说明进行仪器的校准和维护。

**B1**　组件的替换。

**B1.1**　碳棒。每日更换。

**B1.2**　灯组。当损坏或者出现明显凹痕时需更换。

**B1.3**　加长 UV 型滤光片。使用 2000h 后或者出现变色或浑浊现象时（无论哪种情况先发生），应更换滤光片。更换滤光片应该按照循环轮换的方式进行，以保证滤光片可以在长时间暴晒中提供均匀的效果。建议设备每运行 250h 更换八个滤光片中的一个。

**B1.4** 黑板传感器。当出现裸露的金属或者表面不再有光泽时更换（见 17.1）。

**B2** 清洁。

**B2.1** 加长 UV 型滤光片。每天用清洁剂和水清洗滤光片。

**B2.2** 黑板传感器。至少每周清洁一次。使用高品质机动车抛光剂。

**B2.3** 测试箱。当出现变色或者矿质沉淀物时进行清洁，至少每月清洁一次。使用不含氯的不锈钢清洁剂，用去离子水或者同等性质的水冲洗。

**B2.4** 调湿箱。至少每月清洁一次。用去离子水或者等质水冲洗。

**B2.5** 灯组。每天刷除碳的残余物。

**B3** 操作的验证。

**B3.1** 控制。每日进行检查以确保正确的仪器设置点。

**B3.2** 校准。至少每周一次。按照制造商提供的说明进行操作。

**B3.3** 记录。保持仪器设置点和校准的周记录。

**AATCC TM193-2023**

# 拒水性：抗水/乙醇溶液测试

## 1. 目的和范围

本测试方法通过测试织物对一系列具有不同表面张力的水/乙醇溶液的抗润湿性来评价各类型织物形成低能量表面传递的防护整理的效果。

## 2. 原理

将一系列具有不同表面张力的水/乙醇溶液的标准试液滴在织物的表面，观察润湿、吸附和接触角的情况。拒水性等级是织物表面不润湿的标准试液的最高编码。等级范围是 0~8，8 级拒水性最好。

## 3. 术语

**3.1** 等级：在纺织品测试中，表示用于质量特性评价的多级参照样卡中的任何一级的质量特征的符号。

等级表示等同于标准相应级别的质量水平。

**3.2** 拒水性：在纺织品中，纤维、纱线或织物抗液体润湿的特性。

## 4. 安全和预防措施

本安全和预防措施仅供参考。本部分有助于测试，但未指出所有可能的安全问题。在本测试方法中，使用者在处理材料时有责任采用安全和适当的技术；务必向制造商咨询有关材料的详尽信息，如材料的安全参数和其他制造商的建议；务必向美国职业安全卫生管理局（OSHA）咨询并遵守其所有标准和规定。

**4.1** 遵守良好的实验室规定，在所有的试验区域应佩戴防护眼镜。

**4.2** 本方法专用的乙醇属易燃品，应远离热源、火源与明火。使用时应通风良好，避免长时间吸入该气体挥发物，避免皮肤接触，避免进入体内。

**4.3** 本测试方法中，人体与化学物质的接触限度不得高于官方的限定值［例如，美国职业安全卫生管理局（OSHA）允许的暴露极限值（PEL），参见 29 CFR 1910.1000，其最新版本详见网址：www.osha.gov］。此外，美国政府工业卫生师协会（ACGIH）的阈限值（TLVs）由时间加权平均数（TLV-TWA）、短期暴露极限（TLV-STEL）和最高极限（TLV-C）组成，建议将其作为人体在空气污染物中暴露的基本准则并遵守（见12.1）。

## 5. 使用和限制条件

本试验方法并非织物抗所有水性物质沾污的绝对方法。其他一些因素，诸如水性物质的成分和黏度、织物结构、纤维类型、染料和其他整理剂等，也是防沾污的影响因素。然而，使用本方法可以得到织物对水相溶液沾污的大致指数。一般情况是，拒水等级越高，防水相液体沾污的性能就越好，尤其对于液态水性物质。在对指定织物的不同整理效果进行对比时本测试方法尤其有效。

## 6. 设备和材料（见12.2）

**6.1** 制备好的测试液，并按表4进行编码。

**6.2** 滴瓶（见12.3）。

**6.3** AATCC 白色纺织吸水纸（见12.4）。

**6.4** 实验室手套（普通的即可）。

## 7. 试样准备

在每块样品上分别取两块相同尺寸的试样进行

测试，试样尺寸应能足够完成全套试液的评定，但每块不小于 20cm×20cm（8 英寸×8 英寸），不大于 20cm×40cm（8 英寸×16 英寸）。各样品的试样应尺寸相同，测试前试样需在 21℃±2℃（70℉±4℉）和相对湿度（65±5）%的大气条件下调湿至少 4h（见 12.5）。

## 8. 操作程序

**8.1** 将待测试样平放在白色吸水纸上，白色吸水纸放在一个光滑的水平面上。

当评定稀松组织的轻薄织物时，测试时至少使用两层织物进行测试；否则，测试溶液就会润湿吸水纸的表面，而不是润湿实际的测试织物，这样会引起结果差错。

**8.2** 在滴测试液之前，戴上干净的实验室用手套，用手按照绒毛织物或者线圈织物的自然方向轻抚织物表面以使织物表面状态良好。

**8.3** 从编号最小的试液（AATCC 水溶液测试 1 号试液）开始，沿试样纬向在 3 个不同位置处小心进行滴液 [液滴的直径大约为 5mm（0.19 英寸）或体积为 0.05mL]，液滴之间至少相距 4.0cm（1.5 英寸）。滴液时，滴管头距织物表面约 0.6cm（0.25 英寸）。千万不要使滴管头碰到织物。从约 45°角的方向观察液滴 10s±2s 的时间。

**8.4** 如果织物与液滴接触处没有出现渗透或润湿，液滴周围也没有出现渗透现象，再在邻近位置进行高一号的测试液的测试，观察时间依然是 10s±2s。

**8.5** 继续这个过程，直到在 10s±2s 时间内，试液在织物表面出现明显的润湿及渗透现象。

## 9. 评定

**9.1** 织物的 AATCC 拒水等级是在 10s±2s 时间内不能润湿织物的最高编号的试液编号。如果织物能够被 98∶2 的水/异丙醇试液润湿，则其拒水级别便为零（0）级。织物是否润湿一般通过织物

与液滴接触的位置颜色变深，和/或液滴失去接触角度来进行判定。在黑色或深色的织物上进行测试时，润湿现象可通过液滴失去"光亮"来判定。

**9.2** 试验中，由于整理剂、纤维、结构等因素影响，可能遇到不同类型的润湿现象。对于某些织物，试验终点很难确定。很多织物对于指定编号的试液具有绝对的抗润湿性（表现为液滴清晰、接触角大，见图 1 中示例 A），然而用高一级编号的试液进行测试时，会立刻润湿。在这种情况下，测试的终点及面料的拒水等级很明显。然而，有些织物对几种编号的试液都显示出逐步润湿，表现为织物与液滴接触的位置部分变深（见图 1 中示例 B～D）。对于这种织物，测试的终点应为在 10s±2s 的时间内织物与液滴接触的位置完全变深或润湿。

**9.3** 三滴某一编码试液中有两滴（或以上）表现为完全润湿织物（见图 1 中示例 D）或液滴被吸附，失去接触角度（见图 1 中示例 C），表明试验没通过；三滴中的两滴（或以上）达到清晰的圆形外观，有大的接触角（见图 1 中示例 A），则说明该编号的试液通过。拒水级以未通过的试液之前的通过试液的编码来表示，以整数表示。当三滴中的两滴（或以上）在织物上显现圆形外观的液滴，其外缘部分变深（见图 1 中示例 B），就定义为测试临界通过。这时的拒水级由临界通过测试时使用的试液编码减 0.5 来表示，并精确到 0.5。

## 10. 报告

**10.1** 应报告试验用试样尺寸（见 7.1）。

**10.2** 试样的拒水等级应在两块独立的试样上分别测定。如果两个试样所得拒水等级一致，则报告其等级。若两个试样所得拒水等级不同，则需要对第三块试样进行测试，如果第三块试样的结果与之前两块试样中的任何一个所得的结果相同，则报告第三块试样的拒水等级。如果第三块试样的结果与前两块所得的结果均不相同，则报告中间值。报告精确到 0.5 个拒水等级（见图 1 和 9.3）。

**图 1 评级示例**

A—通过，液滴清晰、饱满 B—临界通过，
局部有变暗的圆形滴液 C—未通过，毛细
吸收和/或完全湿润 D—未通过，完全湿润

## 11. 精确度和偏差

**11.1** 概述。实验室内的比对试验曾于 2002
年 11 月和 2003 年 1 月进行，以建立本试验方法的
精度。在两次比对试验中，实验室各有两人参加，
连续三天每天对七块织物分别裁取两块试样进行拒
水等级评价。等级从 1 级到 10 级。由客户提供全
部所需的试验材料，并经过两级整理剂的处理（见
表 3）。所用织物包括锦纶、聚酯、棉和聚酯/棉。
测量数值结果为每天评定的两个（或三个）试样
等级的中间值。

**11.2** 拒水等级的标准方差的偏差构成见表 1。

**表 1 乙醇/水试验的偏差构成**

| 项 目 | 偏 差 |
| --- | --- |
| 一名实验员 | 0.26 |
| 实验员间/实验室内 | 0.43 |

**11.3** 临界差。如果在 11.2 的偏差构成中，
两个实验员之间的偏差等于或超过表 2 所示的临界
差，则视为两次观测在 95% 的置信区间的完全
不同。

**表 2 临界差①**

| 观察次数② | 一名实验员 | 实验室内 |
| --- | --- | --- |
| 1 | 0.50 | 0.79 |
| 2 | 0.18 | 0.59 |
| 3 | 0.15 | 0.48 |

① $t=1.950$ 计算临界差值，基于无限自由度。
② 次观察是取两（或三）块试样评级结果的中间值作为结果值。

**表 3 试样测定的平均值**

| 织 物 | 整理剂整理程度 | |
| --- | --- | --- |
| | 低 | 高 |
| 棉 | 3.5 | 5.5 |
| 聚酯纤维 | | 7.5 |
| 棉/聚酯纤维 | 1.5 | 2.5 |
| 锦纶 | 6 | 8 |

**表 4 标准测试液**

| AATCC 拒水溶液级别 | 成 分（水与异丙醇的体积比） | 表面张力① |
| --- | --- | --- |
| 0 | 无（未通过98%拒水试验） | |
| 1 | 98：2 | 59.0 |
| 2 | 95：5 | 50.0 |
| 3 | 90：10 | 42.0 |
| 4 | 80：20 | 33.0 |
| 5 | 70：30 | 27.5 |
| 6 | 60：40 | 25.4 |
| 7 | 50：50 | 24.5 |
| 8 | 40：60 | 24.0 |

① 25℃下的表面张力单位 dyn/cm，$1dyn=10^{-5}N$。

**11.4** 偏差。拒水溶液拒水等级的准确数值是
基于本试验方法的数值，因而本试验方法没有已知
偏差。

## 12. 说明

**12.1** 资料可从 ACGIH 获取，地址：Kemper
Woods Center，1330 Kemper Meadow Dr.，Cincinnati
OH 45240；电话：+1.513.742.2020；网址：www.
Acgih.org。

**12.2** 有关适合测试方法的设备信息，请登录
http://www.aatcc.org/bg。AATCC 提供其企业会员
单位所能提供的设备和材料清单。但 AATCC 没有
给其授权，或以任何方式批准、认可或证明清单上
的任何设备或材料符合测试方法的要求。

**12.3** 为方便起见，最好将库存的试液转到
60mL 滴瓶中，瓶外贴上 AATCC 拒水溶液等级的标

试验螨虫。屋尘螨或粉尘螨，也可使用指定国家或地区的任何其他菌种。

**6.2** 室内尘螨培养物的保藏。

**6.2.1** 在 25℃±1℃（77℉±1℉）、相对湿度 73%~76% 的条件下，将尘螨菌落保藏在热带鱼片类食品（tetrallin tropical flakes）上（见 13.2）。

**6.2.2** 使用前，混合物先用研钵和槌研磨，然后用筛网过滤，颗粒大小为 500~750μm。

**6.2.3** 须注意确保试验用螨虫储存为培养物之前没有暴露在对螨虫有影响的化学药品或整理剂中。

# 7. 试样

**7.1** 试样。

**7.1.1** 至少剪取三块试样，并使其紧贴在直径为 10cm 的玻片或聚苯乙烯皮氏培养皿底部。沿置于试样上的培养皿画线或用一个大小合适的裁样器可精确地剪取试样。对于散纤维，应使用足够的材料盖住皮氏培养皿的底部。

**7.1.2** 若有需要，皮氏培养皿或其他较大或较小的试验箱可替代使用。为保证试样紧贴在培养皿底部，试样大小可做相应调整。

**7.2** 对照样。

**7.2.1** 至少准备三块纤维类型和结构相同，但不含抗螨整理剂的试样（阴性对照）。

**7.2.2** 此外，每次测试需用储存尘螨菌落的实验室内部对照样，目的是验证经过六个星期的测试，已知试样上的螨虫菌落是否以期望的速度繁殖。

**7.3** 试样的灭菌。试验期间，由于孢子的存在，试样上可能有真菌生长，因此试样需要灭菌。使用的灭菌方法根据样品的成分和整理剂，以及特殊的抗室内尘螨整理而定。报告中注明使用的灭菌方法。

# 8. 操作程序

**8.1** 试验步骤。

**8.1.1** 在每块试样上分别放 50mg 磨碎、过筛的营养混合物。可用筛子使混合物在材料上均匀地分布。

**8.1.2** 为防止螨虫逃逸，可在容器的边上涂上凡士林。应避免涂层太厚，以免后序的加热过程中凡士林融化而影响螨虫的回收。经验证，打结网能提供有效的屏障（见 12.3）。但是，材料上将不可避免粘有一定量的螨虫，最后回收的数量可能受到影响。第三种方法是将一块先前被证明是有效的螨虫屏障织物紧密罩在顶部并固定。

**8.1.3** 关闭每个测试箱，将测试组件在 25℃±1℃（77℉±1℉）和相对湿度为 73%~76% 环境中放置大约 48h，使试样适应微环境。

**8.1.4** 在每个已适应环境的试样和对照样上放置取自同一活性菌落的 25 只雄性和 25 只雌性螨虫。

**8.1.5** 如果可能，使用交配对以确保雌性螨虫的产卵期相近。

**8.1.6** 关闭测试箱，且在 25℃±1℃（77℉±1℉）和相对湿度 73%~76% 的条件下将试样培养六个星期。

**8.2** 螨虫回收。

**8.2.1** 培养六个星期后，每次从培养箱中取出一个测试箱。为每个平板预先剪裁一个与试验平板大小适宜的尼龙网（见 12.4）。将黏胶带盖在尼龙网上，胶带的黏性面直接接触网孔，并且使胶带伸出网边沿大约 5mm。

**8.2.2** 在测试箱中取下盖子，直接将胶带、网组合体稳固地放置在试样的顶部，胶带的黏性面朝下。确保胶带的外边缘粘在试验平板的边上。网可限制食物颗粒数量以及随后的回收步骤中可能粘在胶带上的死螨虫的数量。

**8.2.3** 将去掉盖子的平板直接放在设定温度为 50℃（122℉）的加热板上（见 12.5）。在胶带、网组合体上放一个砝码，使组合体和试样紧密接触。将预制的与平板大小适宜的圆形聚苯乙烯泡沫塑料放置在测试盘中的组合体和砝码之间，均匀分配重量，也可防止湿气在胶带上聚集。

**8.2.4** 将每个测试箱在加热板上至少放置5h。加热时间必须充足，便于从较厚的纺织品试样或具有厚背衬的试样（如地毯）上回收螨虫。

**8.2.5** 热接触后，移除砝码和回收组合体。用干净的聚乙烯薄膜或另一黏性胶带封住尼龙网的另一面，便于螨虫计数。

## 9. 评价

**9.1** 用低倍的立体—双目显微镜对薄膜上回收的螨虫计数。

**9.2** 计算每组试样和对照样的平均值和标准偏差。

## 10. 报告

**10.1** 用以下公式表示结果，即相对于对照样减少的百分比。

$$R=\frac{A-B}{A}\times100\%$$

式中：$R$——试样相对于对照样减少的百分数；
$A$——在对照样上的尘螨平均数；
$B$——在试样上的尘螨平均数。

**10.2** 明确实验是按 AATCC TM194-2023 操作的。

**10.3** 在六周测试期内，如果阴性对照样上有生长良好的螨虫菌落出现，不必再回收实验室内部对照样中的螨虫进行计数，试验有效。但是，如果阴性对照样上预计螨虫数与对照样相比要低，必须按照8.2所述回收实验室内部对照样的螨虫。回收的螨虫数量超过每个实验室内部对照样正常范围，则试验无效。

**10.4** 必须在报告中注明本程序中出现的任何偏离。

**10.5** 测试结果的评价标准由协议双方确定。

## 11. 精确度和偏差

**11.1** 本试验方法的精确度尚未确立，在本方法的精确度确立之前采用标准的统计学方法比较实验室内或实验室之间的试验结果的平均值。

**11.2** 偏差。在长期测试条件下的纺织品抗室内尘螨的性能只能在一个测试方法中定义。没有独立的方法测定其真实值。作为评价这些性能的手段，该方法无已知偏差。

## 12. 注释和参考

**12.1** 手册可从 ACGIH Publications Office 获取，地址：Kemper Woods Center, 1330 Kemper Meadow Dr., Cincinnati OH 45240；电话：+1.513.742.2020；网址：www.acgih.org。

**12.2** TetraMin Tropical Flakes 可从 Spectrum Brands Pet LLC 3001 Commerce St., Blacksburg VA 24060-6617 获得，电话：800.526.0650。或通过他们的网站 http://www.tera-fish.com 及其他网上零售商获取。

**12.3** 打结网可从 Tanglefoot Company 获取，地址：314 Straight Avenue S.W., Grand Rapids MI 49504-6485；电话：+1.616.459.4139；传真：+1.616.459.4139；电子邮箱：info@tanglefoot.com；网址：www.tanglefoot.com。

**12.4** 网筛由447旦锦纶长丝制成，密度为40根/英寸×40根/英寸，厚度为0.36mm，孔径为0.63mm。可以从 Industrial Textile Ltd. 获取，地址：62 Patiki Rd., Avondale, Auckland 1007 NZ；电话：+1.649.828.3188；免费传真：+1.649.828.1022；电子邮箱：info@vakeattack.co.nz；网址：www.index.co.nz。

**12.5** 也可使用其他加热样品的方法，如用白炽灯光源。但是，开始测试时为使每种类型的样品获得最大的螨虫回收量，必须优化该程序。

## 13. 历史

**13.1** 2023 年修订，增加尘螨食物来源并使标准与 AATCC 标准格式一致。

**13.2** 2019 年编辑性修订；2013 年重新审定；2010 年编辑性修订；2008 年、2007 年重新审定。

**13.3** 由 AATCC RA49 技术委员会于 2006 年制定。

# 纺织品的液态水动态传递性能

## 1. 目的和范围

**1.1** 本测试方法用来对纺织品的液态水动态传递性能进行测试、评估和分级。本测试方法提供了测定针织物、机织物和非织造织物液态水动态传递性能的客观方法。

**1.2** 本测试方法得出的测试结果是以织物组织结构所特有的抗水性、拒水性和吸水性为基础的，包括织物的几何结构、内部结构以及组成织物的纤维和纱线的芯吸特征。

## 2. 原理

**2.1** 纺织品的液态水动态传递性能的测定是通过将织物试样放在两个水平（上层和下层）电传感器之间进行测试的，每个传感器有七个同心的插脚。将一定量的用来辅助测量电传导率变化的测试溶液滴到测试试样朝上那面的中心位置，测试溶液在三个方向上自由移动：测试溶液在试样上表面放射状扩展；测试溶液从试样上表面向试样下表面方向运动；测试溶液在试样下表面放射状扩散。在测试过程中测定并记录试样电阻的变化。

**2.2** 通过试样电阻的读数来计算织物液体含量的变化，进而对试样上液体在不同方向上的动态传递性能进行量化。用预先确定的参数表示织物液体管理性能的结果并进行评级。

## 3. 术语

**3.1** 吸收速率 $[AR_T$（上表面）和 $AR_B$（下表面）]：在测试过程中，水含量出现变化过程中试样上表面和下表面液体吸收速度的平均值。

**3.2** 累积单向传递指数 $(R)$：以时间为参照

坐标，试样上表面和下表面液体含量曲线之间的面积差。

**3.3** 下表面（B）：对于本测试而言，是指当试样对着下层电传感器的那面，也是面料的正面或者服装面料的外表面。

**3.4** 最大润湿半径 $(MWR_T)$ 和 $(MWR_B)$：试样上表面和下表面测得的最大润湿半径（mm）。

**3.5** 液态水动态传递：对于液态水动态传递测试来说，是指试样通过工艺整理得到的或者固有的对含水液体如汗液或者水（与纺织品舒适性相关的），包括液态水和水蒸气的传递性。

**3.6** 液态水（液体）动态传递综合指数（OMMC）：是通过对测得的织物的三个性能特征指标进行计算得出的表示织物对液体和水进行传递的综合性能的评价指数。三个性能特征值包括：试样下表面液体和水吸收速率 $(AR_B)$；单向液体传递性能 $(R)$；试样下表面最大液体和水扩散速度 $(SS_B)$。

**3.7** 扩散速度 $(SS_i)$：织物表面从测试溶液滴下到扩散到最大润湿半径时的速率累积值。

**3.8** 上表面（T）：对于本测试而言，是指当试样放在下层电传感器上时，对着上层电传感器的那面，也是面料用于服装后与皮肤接触的那面。

**3.9** 总含水量 $(U,\%)$：试样上表面和下表面含水量的总和。

注意：试样的总含水量可以更为精确的定义为"总的表面含水量"，尤其当织物成分中有纤维素类成分存在时。总含水量意味着试样中所有的水都将被测出，有时可能包含织物本身的水分。但是，当测试纤维素纤维时，所收集到的纤维内部的水分（如棉纤维内腔里的水分）不会被当成试样表面液体计算。

**3.10** 润湿时间 $[WT_T$（上表面）和 $WT_B$（下

续表

| 样品种类 | 克量（g/m²） | 纤维成分 | 参数 | 上层<br>润湿时间（s） | 下层<br>润湿时间（s） | 上层<br>吸收速率（%/s） | 下层<br>吸收速率（%/s） | 上层最大<br>润湿半径（mm） | 下层最大<br>润湿半径（mm） | 上层<br>扩散速度（mm/s） | 下层<br>扩散速度（mm/s） | 累积单向传递指数值（%） | OMMC |
|---|---|---|---|---|---|---|---|---|---|---|---|---|---|
| 针织 | 168 | 65锦纶/21涤/14氨纶 | 平均 | 7.16 | 6.23 | 54.94 | 80.52 | 10.00 | 11.00 | 1.29 | 1.43 | 233.47 | 0.52 |
| | | | 最小 | 5.72 | 4.92 | 36.67 | 42.76 | 10.00 | 10.00 | 0.73 | 1.30 | 23.50 | 0.36 |
| | | | 最大 | 14.67 | 7.08 | 106.95 | 168.13 | 10.00 | 15.00 | 1.51 | 1.75 | 574.27 | 0.77 |
| | | | 标准偏差 | 1.60 | 0.49 | 19.13 | 30.62 | 0.00 | 2.03 | 0.13 | 0.08 | 112.50 | 0.11 |
| | | | 变异系数（%） | 0.22 | 0.08 | 0.35 | 0.38 | 0.00 | 0.18 | 0.10 | 0.06 | 0.48 | 0.21 |
| | | | 95%CI | 0.57 | 0.18 | 6.85 | 10.96 | NA | 0.73 | 0.05 | 0.03 | 40.26 | 0.04 |

**11.2** 样品用 1.8kg（4 磅）的总负荷，按照 AATCC 135（1）-Ⅲ-A-ⅰ，常规水温，用 2003 AATCC 标准洗涤剂进行洗涤一次。常规滚筒烘干，时间间隔是 30min。每个样品上取 10 个试样，由一个操作人员测试三天。试样调湿时间为 48h，在规定标准大气条件下测试（见 7.2）。

**11.3** 表 3 各样品液态水动态传递测试仪得到的数据说明了样品的液态水动态传递性能。表中还给出了标准偏差（SD），变异系数 CV（%）和各样品的 95% 置信度的值。如 5.2~5.5 所述，对于样品之间或者对所有研究样品之间的数据进行比较是不可行的，因为各个样品的织物类型、克重、纤维成分及技术应用均不相同。

**11.4** 对于每个样品的三组含有 10 块试样进行测试得到的数据进行 t 检验，发现在 95% 置信水平下统计偏差不显著。因此，此置信区间也可以用于不同类型样品测试数据的分析。

**11.5** 本测试方法的实验室间精确度尚未确立。在本方法的试验室间精确度确立之前，需使用标准统计技术对实验室间平均值结果进行比较。

**11.6** 对液态水动态传递测试仪精确度的早期研究已经完成（见 13.4）。

**11.7** 2008 年精确度研究的相关数据可以通过 AATCC 总部查阅。

## 12. 偏差

纺织品的液态水动态管理性能方法的偏差只能以一种测试方法的方式进行定义，没有一个测试方法可以得到相关的真值，作为该性能的估计方法，本测试方法没有已知偏差。

## 13. 注释

**13.1** 白色 AATCC 纺织吸水纸，《AATCC/ASTM International Moisture Management Technical Supplement as Related to Textile Apparel，Linens and Soft Goods》，以及其他提到的文件可以从 AATCC 处获得，P. O. Box 12215，Research Triangle Park NC 27709；电话：+ 1.919.549.8141；传真：+1.919.549.8933；电子邮箱：ordering@ aatcc. org；网址：www. aatcc. org。

**13.2** 有关液态水动态传递测试仪的相关信息可以从 SDL Atlas L. L. C. 获得，3934 Airway Drive，Rock Hill，SC 29732-9200，电话：+1.803. 329.2110，传真：+ 1.803. 329.2133，电子邮箱：info @ sdlatlas. com。也可以根据专利 USP6，499，388 B2；论文 Moisture Management Tester：A Method to Characterize Fabric Liquid Moisture Management Properties，Textile Research Journal，Vol. 75（1），2005，p57-62；论文 An Improved Test Method for Characterizing the Dynamic Liquid Moisture Transfer in Porous Polymeric Material，Polymer Testing，Vol. 25（2006）， p677-689 中的相关信息进行研发。

**13.3** Influence of Pretreatments on Moisture Management Test Results，Jane Batcheler，University of Alberta，AATCC 国际会议海报的 2010 年 5 月版。

**13.4** 由浙江大学的 Bao-guo Yao，香港工业大学的 Yi Li 和香港大学的 Yi-lin Kwok 撰写的 Precesion of New Test Method for Characterizing Dynamic Liquid Moisture Transfer in Textile Fabrics 发表在 AATCC Review，Vol. 8，No 7，July 2008，p44-48。

**13.5** 相关资料可从 ASTM 获取，100 Barr Harbor Dr.，West Conshohocken PA 19428；电话：+ 1. 610. 832. 9500；传真：+1. 610. 832. 9555；网址：www. astm. org。

## 14. 历史

**14.1** 2022 年管辖权移交给 RA114 技术委员会；编辑性修订以注意变化。

**14.2** 2020 年编辑性修订增加历史，并以 LP1 代替 M6。

**14.3** 2016 年、2019 年编辑性修订，2012 年、2017 年编辑性修订并重新审定，2010 年重新审定，2011 年修订。

**14.4** AATCC RA63 技术委员会于 2009 年制定。

# 附录

液态水动态管理测试仪软件中计算测量值所用的公式。

**1.** 吸收速率 $AR_T$ 和 $AR_B$（%/s）的计算公式如下：

$$AR_T = SLOPE_T \text{ 的平均值}$$
$$AR_B = SLOPE_B \text{ 的平均值}$$

**2.** 扩散速度（$S_i$）的计算公式如下：

$$S_i = \frac{\Delta r_i}{\Delta t_i} = \frac{\Delta r_i}{t_i - t_{i-1}}$$

式中：$S_i$——从环 $i-1$ 到环 $i$ 的液体的扩散速度；

$\Delta r_i$——环 $i$ 和环 $i-1$ 之间的距离；

$t_i$——润湿时间+扩散时间；

$i$——同心环，$i = 1$，2，3，4，5 或 6。

**3.** 累计扩散速度 $SS_T$ 和 $SS_B$ 为：

$$SS_T = \sum_{i=1}^{N_T} S_i = \sum_{i=1}^{N_T} \frac{\Delta r_i}{t_i - t_{i-1}}$$

$$SS_B = \sum_{i=1}^{N_B} S_i = \sum_{i=1}^{N_B} \frac{\Delta r_i}{t_i - t_{i-1}}$$

式中：$N_T$、$N_B$——分别为试样上表面和下表面最大润湿环的编号。

**4.** 累积单向传递指数 $R$ 为：

$$R = \frac{\text{下表面面积（}U_B\text{）} - \text{上表面面积（}U_T\text{）}}{\text{总测试时间}}$$

**5.** 液态水动态传递综合指数 OMMC 为：

$$OMMC = C_1 \times AR_{B\_ndv} + C_2 \times R_{ndv} + C_3 \times SS_{B\_ndv}$$

式中：$C_1$、$C_2$、$C_3$——分别为与 $AR_{B\_ndv}$，$R_{ndv}$ 和 $SS_{B\_ndv}$ 对应的称重值；

$AR_{B\_ndv}$——吸收速率；

$R_{ndv}$——单向传递指数；

$SS_{B\_ndv}$——扩散速度。

$$AR_{B\_ndv} = \begin{cases} 1, & AR_B \geq AR_{B\_max} \\ \dfrac{AR_B - AR_{B\_min}}{AR_{B\_max} - AR_{B\_min}}, & AR_B \in [AR_{B\_min}, AR_{B\_max}] \\ 0, & AR_B \leq AR_{B\_min} \end{cases}$$

$$R_{ndv} = \begin{cases} 1, & R \geq R_{max} \\ \dfrac{R - R_{min}}{R_{max} - R_{min}}, & R \in [R_{min}, R_{max}] \\ 0, & R \leq R_{min} \end{cases}$$

$$SS_{B\_ndv} = \begin{cases} 1, & SS_B \geq SS_{B\_max} \\ \dfrac{SS_B - SS_{B\_min}}{SS_{B\_max} - SS_{B\_min}}, & SS_B \in [SS_{B\_min}, SS_{B\_max}] \\ 0, & SS_B \leq SS_{B\_min} \end{cases}$$

式中：$AR_{B\_max}$、$AR_{B\_min}$、$R_{max}$、$R_{min}$、$SS_{B\_max}$ 和 $SS_{B\_min}$ 是样品上所有测试试样的各个指标的最大值和最小值。

$C_1$、$C_2$ 和 $C_3$ 可以根据针对不同面料类型和产品的最终用途情况下，三个指标的相对重要性而进行调整。在开发 MMT 软件时，权重值分别为 $C_1 = 0.25$、$C_2 = 0.5$、$C_3 = 0.25$。取值是以人体舒适性研究为基础的，此时单向传递系数的重要性是吸收速率和扩散速度的两倍。

**AATCC TM196-2011e3（2021）**

# 铺地纺织品耐次氯酸钠色牢度

## 1. 目的和范围

本测试方法用于评定绒毛地毯耐次氯酸钠溶液（通常称为"氯漂"）的色牢度。适用于预染色、后染色、印花或其他方式染色的绒毛地毯。

## 2. 原理

绒毛地毯试样用少量的次氯酸钠漂白液进行处理，处理后的试样在特定环境条件下放置一定时间，然后用水进行冲洗以去除漂白溶液。干燥后评定试样的颜色变化。

## 3. 术语

**3.1** 变色：通过将测试试样与未测试试样进行对比，得到的包括颜色的亮度、色调和色度或三者任意组合上的变化。

**3.2** 色牢度：材料在加工、检测、储存或使用过程中，暴露在可能遇到的任何环境下，抵抗颜色变化和/或颜色向相邻材料转移的能力。

**3.3** 次氯酸钠漂白：含4%~6%次氯酸钠的溶液（NaOCl），pH为9.8~12.8，通常称为"氯漂"。

## 4. 安全和预防措施

本安全和预防措施仅供参考。本部分有助于测试，但未指出所有可能的安全问题。在本测试方法中，使用者在处理材料时有责任采用安全和适当的技术；务必向制造商咨询有关材料的详尽信息，如材料的安全参数和其他制造商的建议；务必向美国职业安全卫生管理局（OSHA）咨询并遵守其所有标准和规定。

**4.1** 遵守良好的实验室规定，在所有的试验区域应佩戴防护眼镜。

**4.2** 在准备、配制和使用漂白剂和洗涤剂的过程中，要使用化学护目镜或面罩，防渗透手套和防渗透围裙。

**4.3** 在附近安装洗眼器、安全喷淋装置以备急用。

**4.4** 本测试法中，人体与化学物质的接触限度不得高于官方的限定值〔例如，美国职业安全卫生管理局（OSHA）允许的暴露极限值（PEL），参见29 CFR 1910.1000，其最新版本信息见网址www.osha.gov〕。此外，美国政府工业卫生师协会（ACGIH）的阈限值（TLVs）由时间加权平均数（TLV-TWA）、短期暴露极限（TLV-STEL）和最高极限（TLV-C）组成，建议将其作为人体在空气污染物中暴露的基本准则并遵守（见12.1）。

## 5. 仪器和材料

**5.1** AATCC沾污杯及直径为50mm（2.0英寸）的沾污环（见12.2）。

**5.2** 变色灰卡（AATCC EP1，见12.2）。

**5.3** 去离子水。

**5.4** 亚硫酸氢钠（NaHSO$_3$）（见6.2）。

**5.5** 天平，精确度为0.01g。

**5.6** 次氯酸钠漂白标准溶液（NaOCl）。

**5.7** 照度条件，视觉评价所用的光源应在评级前确定。用以模拟下述CIE照度的光源（见表1）均可用于本测试（见12.3和12.4）。

一个直针来浸没试样末端（见 11.2）。

**9.8** 用带有水溶性墨水的标记笔在试样测试面于距离末端 5mm±1mm 处沿宽度方向画一条标记线，该标记线表示测试初始状态的试样浸没深度线（见图 1）。

**9.9** 用带有水溶性墨水的标记笔于距离 5mm±1mm 标记线的 20mm±1mm 以及 150mm±1mm 处沿宽度方向分别画一条标记线（见图 1）。

根据面料的最终用途，也可以使用其他的测试距离。如果需要对测试结果进行对比，则所有试样需要使用相同的测试距离标记。

图 1 垂直芯吸试样和标记

图 2 锥形烧瓶中垂直芯吸性能测试的试样放置

图 3 测试多试样的矩形平底盘

## 10. 调湿

**10.1** 测试前，按照 ASTM D1776 对试样进行调湿（通常纺织材料根据表 1 选择调湿条件，按照纤维成分根据表 2 估算调湿时间）。将每个试样分开放置在调湿/干燥架的筛网或多孔架上。

**10.2** 所有测试均在标准大气条件［温度 21℃±2℃（70℉±4℉），相对湿度（65±5）%］下进行。

## 11. 准备

**11.1** 如采用除蒸馏水或去离子水的其他液体（包括彩色水或染料溶液），按照 ASTM D1331 测试表面张力。

**11.2** 一些轻薄或疏水面料可能漂浮于水面上。在测试前，将附加试样测试末端放低以浸入水中。

**11.2.1** 如果试样很容易浸没，应继续标记剩余的试样。

**11.2.2** 如果试样末端漂浮于水面上，在末端插入直针，使用所需的最小质量使试样浸没。样品中的所有试样均采用相同尺寸的直针。当比较不同样品的测试结果时，最好采用相同尺寸的直针。

**11.2.3** 请勿重复使用水或样品。每次测试都使用干净的容器和新的水。

## 12. 操作程序

**12.1** 在稳固的表面进行测试以减少振动。

**12.2** 用锥形烧瓶测试单个试样时，向烧瓶内加入约 90mL 水（或其他液体）。保证水深至少 10mm。保持烧瓶口和瓶颈的干燥，以免试样提前接触到水。

**12.2.1** 将烧瓶放在剪式支架上，将试样悬挂在水平线上方的开口中。试样应无褶皱或曲折地垂直于烧瓶底部悬挂，如需要试样底端插入一个直针（见 11.2）。

**12.2.2** 升高支架直至试样底端浸没到 5mm 的标记线处，开始计时。

**12.3** 若要在一个矩形平底盘中测试多个试样，将试样悬挂，其底部在平底盘底板地正上方。确保所有试样的任何部分都不接触平底盘。试样应无褶皱或弯折地垂直于底板悬挂，根据需要插入直针（见 11.2）。在加水前，确保每个试样上的 5mm 标记线在同一水平面上是非常关键的。

小心地向平底盘中加水。避免将水泼或溅到试样上。当试样浸没到 5mm 标记线处时，立即启动计时器。

**12.4** 监测水的上升，可观察到标记墨水移动或试样变暗。当试样的 20mm 标记线的墨水开始移动时，记录时间，精确到秒。此为短距离下的芯吸时间。可能有必要安排多个观测者或使用多个计时器以确保在矩形平底盘中同时测试多个试样时记录芯吸时间。如果沿试样的宽度方向芯吸不均匀时，记录最高点并在报告中注明该现象。

**12.5** 继续监测水的上升，当试样的 150mm 标记线的墨水开始移动时，记录时间，精确到秒。此为长距离下的芯吸时间。

**12.6** 当满足一下条件时，终止测试：

**12.6.1** 在 300s（5min）内水没有达到 20mm 标记线。

**12.6.2** 在 1800s（30.0min）内水没有达到 150mm 标记线。

**12.6.3** 水芯吸至 150mm 标记线。

**12.7** 测试水移动的距离。记录时间（s）、距离（mm）和测试终止的原因。

**12.8** 如果在烧瓶中进行试验，将试样从烧瓶中移出。重复步骤，完成剩余试样的测试。

每个试样应使用干净的烧瓶和新的水。

## 13. 计算

**13.1** 按照式（1）计算垂直芯吸速率。每个试样可得到两个不同的速率：短距离的芯吸速率和长距离的速率。

$$W = d/t \qquad (1)$$

式中：$W$——垂直芯吸速率，mm/s；

$d$——芯吸距离，mm（短距离为 20mm，长距离为 150mm，或协议距离）；

$t$——芯吸时间，s。

注意：标准芯吸距离为：短距离为 20mm 和长距离为 150mm。如果测试在达到标记线之前终止或利益方有协议的，也可采用其他距离。

**13.2** 计算每个测试方向的短距离芯吸速率的平均值，精确到 0.1mm/s。

如有需要，计算标准偏差。

**13.3** 计算每个测试方向的长距离芯吸速率的平均值，精确到 0.1mm/s。

如有需要，计算标准偏差。

## 14. 报告

**14.1** 被测样品的描述或识别。

**14.2** 报告样品测试依据为 AATCC TM197-2022。

**14.3** 报告测试条件：

**14.3.1** 如果测试是在洗涤后进行了，报告采用的水洗条件和循环次数。

**14.3.2** 报告面料的测试面和测试方向。

**14.3.3** 报告使用的液体。如果不是水的话，报告张力。

**14.3.4** 报告直针的质量，如有用于浸没试样底端。

**14.3.5** 报告短距离和长距离芯吸距离。

**14.3.6** 适用时，报告试验终止的时间（见12.6）。

**14.4** 报告测试结果。

**14.4.1** 报告每个测试方向的平均短距离芯吸速率。

**14.4.2** 报告每个测试方向上单个试样的速率或短距离的标准偏差。

**14.4.3** 报告每个测试方向的平均长距离芯吸速率。

**14.4.4** 报告每个测试方向上单个试样的芯吸速率或长距离的标准偏差。

**14.5** 报告与本测试方法的任何偏离。

## 15. 精确度和偏差

**15.1** 精确度。

**15.1.1** 2009年对纺织品的垂直芯吸性能进行了研究，由1个实验室的3个操作人员对5个样品进行了测试。研究中用的5个样品为：（a）100%棉平针织物、（b）100%棉双罗纹针织物、（c）100%聚酯机织物、（d）100%棉斜纹机织物、（e）50/50棉/聚酯机织物。

**15.1.2** 表1给出了长度方向各试样的平均值和置信区间，表2给出了宽度方向各试样的平均值和置信区间。

**表1 统计数据汇总——长度方向**

| 项目 | 平针织物 | 双罗纹针织物 | 聚酯机织物 | 棉机织物 | 聚酯/棉机织物 |
|---|---|---|---|---|---|
| 长方形平底盘法——短距离法 | | | | | |
| 平均值（mm/s） | 1.6 | 0.2 | 2.6 | 1.4 | 0.3 |
| 标准偏差（mm/s） | 0.5 | 0.1 | 0.9 | 0.4 | 0.1 |
| 计数 | 18 | 18 | 18 | 18 | 18 |
| 置信水平（95%） | 0.3 | 0 | 0.4 | 0.2 | 0.1 |
| 烧瓶法——短距离法 | | | | | |
| 平均值（mm/s） | 1.4 | 0.4 | 2.6 | 1.3 | 0.3 |
| 标准偏差（mm/s） | 0.4 | 0.1 | 0.7 | 0.6 | 0 |
| 计数 | 18 | 18 | 18 | 18 | 18 |
| 置信水平（95%） | 0.2 | 0.1 | 0.4 | 0.3 | 0 |
| 长方形平底盘法——长距离法 | | | | | |
| 平均值（mm/s） | 0.1 | 0 | 0.1 | 0.1 | 0.1 |
| 标准偏差（mm/s） | 0 | 0 | 0 | 0 | 0 |
| 计数 | 18 | 18 | 18 | 18 | 18 |
| 置信水平（95%） | 0 | 0 | 0 | 0 | 0 |
| 烧瓶法——长距离法 | | | | | |
| 平均值（mm/s） | 0.1 | 0 | 0.1 | 0.1 | 0.1 |
| 标准偏差（mm/s） | 0 | 0 | 0 | 0 | 0 |
| 计数 | 18 | 18 | 18 | 18 | 18 |
| 置信水平（95%） | 0 | 0 | 0 | 0 | 0 |

表2　统计数据汇总——宽度方向

| 项目 | 平针织物 | 双罗纹针织物 | 聚酯机织物 | 棉机织物 | 聚酯/棉机织物 |
|---|---|---|---|---|---|
| 长方形平底盘法——短距离法 | | | | | |
| 平均值（mm/s） | 1.9 | 0.9 | 2.3 | 1.0 | 0.3 |
| 标准偏差（mm/s） | 0.7 | 0.2 | 0.7 | 0.3 | 0.1 |
| 计数 | 18 | 18 | 18 | 18 | 18 |
| 置信水平（95%） | 0.3 | 0.1 | 0.4 | 0.1 | 0.1 |
| 烧瓶法——短距离法 | | | | | |
| 平均值（mm/s） | 1.8 | 1.0 | 2.2 | 1.2 | 0.2 |
| 标准偏差（mm/s） | 0.6 | 0.4 | 0.7 | 0.7 | 0.1 |
| 计数 | 18 | 18 | 18 | 18 | 18 |
| 置信水平（95%） | 0.3 | 0.2 | 0.4 | 0.3 | 0.1 |
| 长方形平底盘法——长距离法 | | | | | |
| 平均值（mm/s） | 0.1 | 0.1 | 0.1 | 0.1 | 0 |
| 标准偏差（mm/s） | 0 | 0 | 0 | 0 | 0 |
| 计数 | 18 | 18 | 18 | 18 | 18 |
| 置信水平（95%） | 0 | 0 | 0 | 0 | 0 |
| 烧瓶法——长距离法 | | | | | |
| 平均值（mm/s） | 0.1 | 0.1 | 0.1 | 0.1 | 0 |
| 标准偏差（mm/s） | 0 | 0 | 0 | 0 | 0 |
| 计数 | 18 | 18 | 18 | 18 | 18 |
| 置信水平（95%） | 0 | 0 | 0 | 0 | 0 |

**15.1.3** 本方法的实验室间精确度尚未确立。在精确度确立之前，本方法的使用者应使用标准的统计方法对实验室间的平均值进行比较。

**15.2** 偏差。纺织品垂直芯吸速率的真值仅能以一个测试方法来定义。没有独立的方法可以测试其真值。作为评价该性能的方法，本方法没有已知的偏差。

## 16. 注释

**16.1** 相关资料可从AATCC获取。地址：P. O. Box12215，Research Triangle Park NC 27709，USA；电话：+1.919.549.8141；邮箱：ordering@aatcc.org；网址：www.aatcc.org。

**16.2** 可访问www.aatcc.org/bg的AATCC买手指南，查询潜在的设备、实际或材料来源。AATCC尽可能提供与其合作的企业的设备和服务清单。但AATCC没有对其授权，或以任何方式批准、认可或证明清单上的任何设备或材料符合测试方法的要求。

**16.3** 深色织物颜色或印花和图案可能难以测试。使用对比色的可溶性标记墨水可帮助使标记更加清晰可见。荧光墨水或芯吸液体，在紫外灯（黑光）下观察，手电筒或使用热红外线仪也可以提高能见度。

## 17. 历史

**17.1** 2022 年修订（标题变更），移除指定时间下的芯吸速率（现为 TM213），并定义了其他参数。管辖权移交给 RA114。

**17.2** 2019 年编辑性修订。2018 年重申。2016 年编辑性修订。2013 年重申。2012 年编辑性修订和重申。

**17.3** AATCC 委员会 RA63 于 2011 年建立。

*AATCC TM198-2011e3（2020）e*

# 纺织品的水平毛细效应

## 前言

历史上，纺织行业中有很多种不同的测试方法来确定纺织面料的毛细特征，即水或者液体在纺织面料中的运动特性。在过去十年间，业内人士研发出新的技术，改变了水在纺织材料中的运动和吸收特性，由此引入了"液体管理"这样的术语来描述这一现象。然而，通常情况下毛细效应的测定都是指液体在织物垂直面上的运动（通常称为垂直毛细效应）（见 AATCC 197《纺织品的垂直毛细效应》）。在过去十年中，还研究出了测试液体在织物水平面内运动的方法（水平毛细效应）。很多相关方面（纺织品生产商、化学试剂供应商、零售商以及独立运作的实验室）参与了纺织面料垂直毛细效应标准测试方法的研究。

关于纺织面料的吸水及毛细效应的非官方技术文献发表在 2004 AATCC/ASTM International 的技术增刊《纺织产品的测试程序和指南》以及 2008 AATCC/ASTM International 的液体管理技术增刊《服装、家用产品及纺织产品的应用》（见 14.1）。本测试方法基于该技术增刊中关于毛细效应的测试程序。

## 1. 目的和范围

本测试方法用来评价水平放置的纺织面料吸收液体并使液体沿着面料运动或渗透的能力。本方法适用于机织、针织及非织造织物。

## 2. 原理

通过视觉观测面料试样中液体的移动速率（单位时间的移动面积），人工进行计时并在一定时间间隔进行记录。

## 3. 术语

**3.1** 织物：由纱线或者纤维构成的平面结构（见 ASTM D123 和 14.3）。

**3.2** 水平毛细效应：纺织品测试中，在试样的某一位置滴上一定量的液体，液体从该位置起在面料平面的运动。

**3.3** 水平毛细效应速率：液体随着时间在纺织材料内运动而发生的润湿面积的变化。

**3.4** 毛细效应：液体通过毛细管作用在纺织材料中运动或渗透的现象。

**3.5** 毛细距离：液体沿着纺织材料运动，从起点到终止点的线性测量值。

**3.6** 毛细时间：液体沿着纺织品运动的时间周期。

## 4. 安全和预防措施

本安全和预防措施仅供参考。本部分有助于测试，但未指出所有可能的安全问题。在本测试方法中，使用者在处理材料时有责任采用安全和适当的技术；务必向制造商咨询有关材料的详尽信息，如材料的安全参数和其他制造商的建议；务必向美国职业安全卫生管理局（OSHA）咨询并遵守其所有标准和规定。遵守良好的实验室规定，在所有的试验区域应佩戴防护眼镜。

## 5. 使用和限制条件

**5.1** 最初，本方法适用于能够完全吸收所用液体的织物，不适用于液体在织物表面积聚或出现滴液的面料。如果全部量的测试液无法得到有效的毛细效应速率，那么得到的测试结果就是无效的。因此完全吸收液体和不完全吸收液体的面料得到的测试结果不具有可比性。液体在纺织品中运动的特性会受纤维成分、织物组织结构、机械或化学加工工艺以及上述因素的组合影响。

**5.2** 本测试方法用来评价水平放置的试样在接触蒸馏水或去离子水时的毛细能力，此时毛细效应受液体特性的影响，而不是受重力影响。

**5.3** 除了蒸馏水或去离子水，也可以使用其他液体（彩色水、染料溶液等）。如果测试中使用的不是蒸馏水或去离子水，则需要测定液体的表面张力，因为不同表面张力的液体可能会得出不同的测试结果。

**5.4** 深色纺织面料或者印花面料可能很难进行测试。此时使用具有对比色的水溶性墨水有助于进行标记和识别。

**5.5** 本测试的结果不能体现舒适性，本方法不适用于舒适性评价。

**5.6** 垂直毛细效应与水平毛细效应测试结果之间的相关性未知。因此对于不同放置方式的测试结果进行对比时应谨慎。

## 6. 仪器、试剂和材料

**6.1** 温度为 21℃±2℃（70°F±4°F）的蒸馏水或去离子水。

**6.2** 标记笔，细头，带有永久性并水溶的墨水（见 14.2）。

**6.3** 秒表或数字计时器。

**6.4** 卷尺或直尺，毫米刻度。

**6.5** 表面张力计，使用水以外的液体时用。（见 10.1）。

**6.6** 烧杯或陪替式培养皿。

**6.7** 滴管，10mL±0.05mL，带有 0.5mL 刻度，每毫升 15~20 滴的流量，或手持电子吸液管。

**6.8** 绷圈，直径为 152mm±5mm（6.0 英寸±0.2 英寸）（见 14.1）。

**6.9** 实验室用密封薄膜。

**6.10** 环架和夹钳。

**6.11** 标记模板，直径 100mm±3mm。

## 7. 取样

**7.1** 确定织物是否有疏水面或亲水面。根据有关方面的协议，确定是否织物的两面都要进行测试。如果只测试织物的一面，则需要标记出测试面。如果需要在洗涤后进行测试，用永久性记号笔标记出测试面。

**7.2** 所有试样都应在距离布边 100mm±5mm处裁剪。如果测试服装，应从不同部位并在远离接缝、口袋、开口等衔接部位处剪取试样。剪取的试样应包含不同的经纬纱线。

## 8. 试样准备

**8.1** 剪取五块尺寸为（200±5）mm×（200±5）mm的试样，与面料织边或服装纵向对齐。测试服装样品的水平毛细效应可以不用剪取单独的试样。

**8.2** 从面料或者服装上裁取一块附加试样，用来在测试前确定在划好的圆内滴液的位置（见 10.2）。

**8.3** 如果测试整理的耐久性或者洗涤后的毛细效应，样品在洗涤后按照 8.1 的规定剪取试样，按照 AATCC LP1 选择洗涤条件。

## 9. 调湿

**9.1** 将试样按照 ASTM D1776《纺织品调湿和测试标准方法》（见 14.3）的要求置于温度为 21℃±2℃（70°F±4°F）、相对湿度为 65%±5% 的大气环境下调湿至少 4h。

**9.2** 所有测试过程均在标准大气环境条件下完成。

## 10. 操作程序

**10.1** 如需要，按照 ASTM D1331-1989《表面活性剂溶液的表面张力和界面张力的标准测试方法》测试所用液体（彩色水或染料溶液）的表面张力，并报告（见14.3）。

**10.2**　用模板和带水溶性墨水的细头标记笔在每块试样中间画一个直径为100mm±3mm的圆。圆画在试样的测试面。测试中滴水的位置就是该圆的圆心（见图1）。

**图1　水平方向测试仪结构**

滴定管，距试样表面10mm

绷圈及20mm×20mm样品

烧杯，2L，可放置152mm直径的绷圈

**10.3**　将10mL滴管吸满蒸馏水或去离子水，然后将液面调整到滴管最上端的刻度线处，使液体凹液面与刻度线平齐。

将一块预测试试样装到绷圈上，保证试样表面绷紧，没有褶皱。将绷圈水平放到烧杯或陪替式培养皿上。降低滴管的高度，使滴管头部距离试样表面10mm±1mm。慢慢松开滴管塞，确保1.0mL±0.1mL的水滴到标记圆的中央。确定（并记录）能够使液体均匀稳定地滴落时滴管塞的松开位置，如在10s±2s内可以滴下规定滴数时滴管塞的位置。将该预测试试样丢弃。

**10.4**　将试样装入绷圈，试样的测试面向上。在绷圈的边缘使用实验室用密封薄膜可以防止轻薄面料滑脱，并有助于保持面料表面的绷紧。

**10.5**　将滴管塞松开到10.3.1预测试中确定的开启位置，将1.0mL±0.1mL水从10mm±1mm高度滴到直径为100mm±3mm标记圆的中心。也可以使用手持电子吸液管代替滴管，但是滴液的

高度要保持在10mm±1mm。松开滴管塞或者按下滴液按钮时，立即启动计时器。当水到达100mm±3mm标记圆边缘处时，测试应停止。记录液体在织物长度方向和宽度方向扩散的距离以及用的时间。

**10.6**　如果在5.0min±0.1min内，水没有到达100mm±3mm标记圆边缘并已经停止移动，试验终止，记录测试终止的时间。

**10.7**　重复10.4~10.6步骤，对其他试样进行测试。

## 11. 计算

**11.1**　记录每块试样的毛细效应时间，精确到秒。

**11.2**　计算每块试样的水平毛细效应速率和平均毛细效应速率。用下述公式计算水平毛细效应速率：

$$W=\frac{d_1 d_2 \pi}{4t}$$

式中：$W$——毛细效应速率，$mm^2/s$；
　　　$d_1$——长度方向的毛细效应距离，mm；
　　　$d_2$——宽度方向的毛细效应距离，mm。
　　　$t$——毛细效应时间，s。

**11.3**　毛细效应速率的计算可以用达到标记圆边缘的时间或者在5.0min±0.1min时间内的运动距离。

## 12. 报告及解释

**12.1**　报告毛细效应时间、长度和宽度方向的毛细效应距离、每个试样的平均毛细效应速率。报告测试中是否出现液体低落或积聚的现象。

**12.2**　如果测试使用的不是21℃±2℃（70°F±4°F）的蒸馏水或去离子水，则报告使用的液体以及液体的表面张力和温度。

**12.3** 报告测试是否在洗涤后进行，如果是，报告洗涤条件和洗涤次数。

**12.4** 短期的水平毛细效应时间表示快速毛细效应（见 5.1 和 5.5）。

## 13. 精确度和偏差

**13.1** 精确度。

**13.1.1** 实验室间研究。2009 年对纺织品水平方向的毛细效应测试进行了研究，此次研究由一个实验室的三个操作人员对五个样品进行了测试。研究中用的五个样品为：100% 棉平针织物；100% 棉双罗纹针织物；100% 棉斜纹织物；50/50 聚酯/棉织物；100% 聚酯织物。但是，结果证明其中后两块机织织物不适于进行水平方向毛细效应的测试，因为水在这两种试样表面积存，整个测试过程都不发生扩散。因此，相应精确度的建立是基于三种试样的：两种针织物和一种机织物。

**13.1.2** 相关数据见表 1，并对数据进行了方差分析，由于方差分析（ANOVA）表明织物对检测结果的影响显著，因此表 2 中的数据体现的是每种面料的单独数据。相关资料在 AATCC 技术中心留存。

表 1　数据（速率 mm²/s）

| 织　物 | 操作者 1 | | 操作者 2 | | 操作者 3 | |
|---|---|---|---|---|---|---|
| | 第 1 天 | 第 2 天 | 第 1 天 | 第 2 天 | 第 1 天 | 第 2 天 |
| 100% 棉平针织物 | 40 | 60 | 37 | 39 | 44 | 68 |
| | 34 | 57 | 84 | 70 | 56 | 62 |
| | 41 | 32 | 51 | 60 | 59 | 61 |
| | 64 | 47 | 68 | 48 | 41 | 60 |
| | 60 | 58 | 55 | 30 | 62 | 46 |
| 100% 棉双罗纹针织物 | 29 | 25 | 24 | 40 | 23 | 22 |
| | 28 | 22 | 25 | 16 | 19 | 19 |
| | 27 | 17 | 35 | 29 | 19 | 22 |
| | 16 | 19 | 31 | 20 | 21 | 19 |
| | 37 | 14 | 18 | 18 | 27 | 20 |
| 100% 棉机织物 | 120 | 49 | 33 | 120 | 43 | 31 |
| | 47 | 90 | 130 | 110 | 46 | 140 |
| | 47 | 45 | 130 | 170 | 39 | 35 |
| | 76 | 66 | 160 | 220 | 44 | 29 |
| | 98 | 51 | 43 | 71 | 27 | 43 |

注　本表中的所有数值均以两位有效数字表示。

表 2　统计结果

| 数据种类 | 100% 棉平针织物 | 100% 棉双罗纹针织物 | 100% 棉机织物 |
|---|---|---|---|
| 平均值（mm²/s） | 53 | 23 | 78 |
| 标准偏差（mm²/s） | 13 | 6.0 | 50 |
| 95% 置信区间 | 5.0 | 2.0 | 18 |

注　本表中的所有数值均以两位有效数字表示。

**13.1.3** 本方法的实验室间精确度尚未确立。在精确度确立之前，本方法的使用者应使用标准的统计方法对实验室间的平均值进行比较。

**13.2** 偏差。纺织品的水平毛细效应测试仅能以一个测试方法来定义。没有独立的方法可以测定其真值。作为评价该性能的方法，本方法没有已知的偏差。

## 14. 注释

**14.1** 相关资料可以从 AATCC 获取。地址：P. O. Box 12215，Research Triangle Park NC 27709；电话：+1.919.549.8141；传真：+1.919.549.8933；电子邮箱：ordering @ aatcc. org；网址：www. aatcc. org。

**14.2** 用的带有水溶性墨水的记号笔可由下述渠道购买，如 Paper Mate®、Flair®、Sanford Corporation 的 Fiber Tip Pen，2707 Butterfield Rd.，Oak Brook IL 60523；电话：+1.630.481.2200；传真：+1.866.666.8735；网址：www. papermate. com。

**14.3** ASTM 国际标准可从 ASTM 获得，100 Barr Harbor Dr.，West Conshohocken PA 19428；电话：+1.610.832.9500；传真：+1.610.832.9555；网址：www. astm. org。

## 15. 历史

**15.1** 2022 年权限移交至 AATC RA114 技术委员会；编辑性修订。

**15.2** 2020 年重新审定。

**15.3** 2013 年、2018 年重新审定，2012 年编辑性修订并重新审定，2016 年、2019 年编辑性修订。

**15.4** AATCC RA63 技术委员会于 2011 年制定。

*AATCC TM199-2013e（2018）e2*

# 纺织品的干燥时间：水分计法

AATCC RA63 技术委员会于 2011 年制定；2022 年权限移交至 AATCC RA114 技术委员会；2018 年重新审定；2012 年、2013 年修订；2017 年、2019 年、2022 年编辑性修订。

## 前言

历史上，纺织行业中有很多种不同的测试方法来确定纺织面料的干燥特性，包括干燥率、干燥时间或其他干燥性能参数。在过去十年间，业内人士研发出新的技术改进了这些参数，使干燥特性与"液体管理"相关联。很多相关方面（纺织品生产商、化学试剂供应商、零售商以及独立运作的实验室）参与了纺织面料干燥性能标准测试方法的研究。

关于纺织面料干燥特性检测技术的非官方技术文献发表在 2008 AATCC/ASTM International 的液体管理技术增刊《服装、家用产品及纺织产品的应用》。本测试方法是一种新的技术，已被多个公司采用。

## 1. 目的和范围

本测试方法用质量原理的水分计评估针织物、机织物或非织造织物在升高温度下的干燥时间。在非纺织标准测试环境下进行该测试，可以模拟面料在体温下的干燥特性或模拟其他使用温度的干燥特性。

## 2. 原理

将水加到试样上，然后试样在水分计预先选定的温度下 [37℃±2℃（99℉±4℉），如使用其他温度，需注明] 干燥，用来模拟体温下的干燥。测量并记录测试试样达到测试终点的时间作为干燥时间。

## 3. 术语

**3.1** 干燥速率：单位时间为从织物上蒸发掉的液体体积。

注意：干燥速率受织物结构、纤维成分，服装结构，整理方法、测试环境、液体体积变化的影响。

**3.2** 干燥时间：一定量的液体在特定测试条件下从纺织材料上蒸发掉所用的时间。

注意：本测试方法中所用的水量是通过一个准备步骤确定的，即是试样润湿到一定程度的用水量。测试的环境由水分计控制。

**3.3** 终点：干燥测试的终止点，可以是试样达到初始干燥质量或者是试样达到其他协商值，如干燥质量+4.0%含水率的时间点。

**3.4** 保水率：本测试方法中是指试样在去离子水中浸没 1min，然后在一定条件下垂直悬挂 5min 后的含水率，见 9.3.2 和式（1）。

**3.5** 测试面：在水分计载样台上放置时，试样向上的那面，也是测试中水接触的面，可以是织物的正面或者反面。

**3.6** 质量损失：试样的饱和质量和干燥后质量之差。

**3.7** 湿涂层量：在纺织加工工艺中，指应用于纺织材料的液体及其液态物质的量。

## 4. 安全和预防措施

本安全和预防措施仅供参考。本部分有助于测试，但未指出所有可能的安全问题。在本测试方法中，使用者在处理材料时有责任采用安全和适当的技术；务必向制造商咨询有关材料的详尽信息，如材料的安全参数和其他制造商的建议；务必向美国职业安全卫生管理局（OSHA）咨询并遵守其所有标准和规定。

遵守良好的实验室规定，在所有的试验区域应佩戴防护眼镜。

## 5. 使用和限制条件

**5.1** 织物的干燥特性因其成分含量、织物结构（如厚度或起绒等）、机械或化学处理工艺以及各因素的组合影响而不同。

**5.2** 其他影响干燥特性的因素包括测试的温度和湿度条件，以及所用液体的量。本测试在非纺织标准大气环境下进行。由于本测试可以在水分计的不同温度设置下进行，因此可以选择不同的测试温度来模拟人体在休息状态下、运动状态下或者在室外环境下的温度。

**5.3** 本测试是将一定量的水加到试样上，测试试样的干燥时间，并计算试样在一定量的水下的保水率。

**5.4** 本方法适用于至少有一面的吸水时间在 $30s \pm 2s$ 内的面料（见 AATCC 79《纺织品的吸水性》）。不适用于吸水时间超过 30s 的面料，因为在这种情况下，随着温度的升高，面料上的水分开始蒸发，因此无法得到正确的测试结果。

**5.5** 本测试方法的用途之一是用于对比处理过的试样与未经处理试样之间的保水特性变化，或者对比使用添加剂的面料与未使用添加剂的面料的保水特性。

**5.6** 本测试方法的结果并不表示舒适性，本方法不适用于舒适性测试。

**5.7** 本测试方法得到的干燥时间与吸水测试得到的结果之间的相关性未知。虽然本方法中使用 AATCC 79 方法来确定织物的测试面，但本方法并不测试吸水性。

## 6. 仪器和材料

**6.1** 带有加热装置的水分计，精度为 0.001g（见 14.1）。

**6.2** 去离子水。

**6.3** 垂直试样架，带有水平的且尺寸适宜的并带有夹子的可用来悬挂试样的架子（见图 2）。

**6.4** 镊子。

**6.5** 400mL 烧杯。

**6.6** 金属丝网筛，标准 6.3mm×6.3mm（0.25英寸×0.25英寸）网眼（见 14.2）。

**6.7** 载样台（见图 3）。

**6.8** 电子吸液管，带有 2.5mL 尖端，滴加速度为 4mL/min（见 14.1）。

**6.9** 带有抓取数据软件的计算机（可选）。

## 7. 试样准备

剪取 10 块直径为 70mm±1mm 的圆形试样，试样应沿样品宽度方向以对角线排列，以保证试样中含有不同的经纬纱线或者是取自样品的不同位置。如果样品的尺寸不够在织物宽度的对角线方向剪取 10 块直径为 70mm±1mm 的试样，可以剪取尺寸小一些的试样，但要在报告中注明。2 块试样用于准备步骤，8 块试样用于测试（见 9）。

## 8. 调湿

测试前将试样无张力地放置于光滑的水平面上，将试样按照 ASTM D1776《纺织品调湿和测试标准方法》中表 1 中纺织品通用条件（见 14.3）的要求进行调湿平衡。

## 9. 试样准备

**9.1** 开启水分计并设置 37℃ ±2℃（99℉ ±4℉），使其预热至少 30min。

**9.2** 按照 AATCC TM79，将一滴水滴到一块附加试样的正面，判断其吸水性，然后取另外一块附加试样在试样背面重复操作，确定吸水性更好的一面作为测试面。如果两面的吸水性区别不明显，则正反面都可以作为测试面。如果试样两面的吸水时间均超过 30s，则见 5.4。

**9.3** 称量并记录试样的初始质量（$W_1$），然后将试样浸没于水中，如图 1 所示。

**图 1　试样浸没在水中**

**9.3.1** 1min 后，用镊子将试样取出并悬挂于垂直架上，如图 2 所示。

**图 2　垂直试样架**

**9.3.2** 5min 后，用镊子移走试样，称量并记录质量（$W_2$），然后计算含水率 $x$：

$$x = \frac{W_2 - W_1}{W_1} \times 100\% \qquad (1)$$

式中：$W_1$——干燥质量，g；

$W_2$——饱和质量，g。

确定试样的加水量 $y$：

$$y = x \times W_1 \qquad (2)$$

式中：$y$——需要加的水量，mL；

$x$——含水率，%；

$W_1$——干燥质量，g。

本公式假定水在 25℃（77℉）的密度是 1g/mL。

**9.4** 设置电子吸液管使其吸取 9.3 中确定量的水并加到试样上。对于同一个样品的所有试样均使用这一确定量的水，无论不同试样的质量是否存在差异。

**9.5** 按照设备制造商的说明设置程序。测试的终点应由有双方协议确定。

## 10. 操作程序

**10.1** 打开水分计的试样箱，将载样台和金属丝网筛放入试样箱（见图 3）。

**图 3　载样台**

**10.2** 称量水分计的净重。将试样测试面向上放到载样台上（见图 4）。

**图 4　试样在载样台上的放置方式**

**10.3** 用电子吸液管将规定量的水以均匀的速度加到试样上。

**10.4** 将金属丝网筛放到试样上（见图5），启动水分计及软件（如适用）。水分计或软件将在达到预设的测试终点时自动停止。

图5　金属丝网筛在试样上方的放置方式

**10.5** 重复10.1~10.4步骤，对其他试样进行测试。

**10.6** 记录每个试样的干燥时间，精确到分钟。

## 11. 计算和评价

计算试样的平均干燥时间和标准偏差。

## 12. 报告

**12.1** 报告含水率、平均干燥时间和标准偏差、用水量、温度和试验终点。

**12.2** 如果试样直径不是70mm±1mm，则报告试样的直径。

## 13. 精确度和偏差

**13.1** 精确度。实验室间研究。2010年对水分计测试纺织品的干燥时间进行了研究，此次研究由一个实验室的两个操作人员对五个样品进行了测试。研究中用的五个样品为：100%棉双罗纹针织物、100%聚酯斜纹织物、100%棉平针织物、65/35聚酯/棉机织物、100%聚酯双罗纹针织物。

**13.2** 表1统计汇总。数据包括平均干燥时间、标准偏差和两个操作者的95%置信度。

表1　统计汇总数据（速率 $mm^2/s$）

| 序号 | 操作者1 | | | 操作者2 | | |
|---|---|---|---|---|---|---|
| | 平均干燥时间（min） | 标准偏差 | 95%置信度 | 平均干燥时间（min） | 标准偏差 | 95%置信度 |
| A | 147 | 4.7 | 3 | 158 | 5.2 | 4 |
| B | 115 | 4.2 | 3 | 121 | 4.5 | 3 |
| C | 73 | 2.5 | 2 | 78 | 2.6 | 2 |
| D | 28 | 1.7 | 1 | 28 | 1.3 | 1 |
| E | 85 | 1.8 | 1 | 93 | 3.5 | 2 |

**13.3** 本方法的实验室间精确度尚未确立。在精确度确立之前，本方法的使用者应使用标准的统计方法对实验室间的平均值进行比较。

**13.4** 偏差。纺织面料干燥时间的测试仅能以一个测试方法来定义。没有独立的方法可以测定其真值。作为评价该性能的方法，本方法没有已知的偏差。

## 14. 注释

**14.1** 可从任意实验室仪器供应商处获取。

**14.2** 可从任意硬件或家装店获取。

**14.3** ASTM国际标准可从ASTM获得，100 Barr Harbor Dr.，West Conshohocken PA 19428；电话：+1.610.832.9500；传真：+1.610.832.9555；网址：www.astm.org。

*AATCC TM200-2017e2*

# 纺织品吸水范围内的干燥速率：气流法

AATCC RA63 技术委员会于 2012 年制定；2022 年管辖权移交至 AATCC RA114 技术委员会；2013 年、2014 年重新审定；2015 年、2017 年修订，2016 年、2019 年编辑性修订。

## 前言

随着液体管理产品进入市场，纺织品干燥特性的测定变得更加重要。2008 AATCC/ASTM International 的液体管理技术增刊《服装、家用产品及纺织产品的应用》中给出了三种测试纺织品干燥时间的技术方法。本测试方法是一种新的技术，不同于技术增刊中给出的干燥测试法。

## 1. 目的和范围

**1.1** 本测试方法旨在确定纺织品吸水能力范围内的干燥速率。

**1.2** 本测试方法不适于测试袜类和裤袜类纺织品的干燥速率。

## 2. 原理

本测试方法根据纺织品吸水范围内的蒸发速率来确定其干燥速率。

## 3. 术语

**3.1** 吸水能力：一种材料能够保留的最大液体量，取决于使用的具体测试方法。

**3.2** 干燥速率：单位时间内从纺织品中蒸发的液体体积变化。

注意：干燥速率取决于织物结构、纤维含量、服装结构、整理工艺、测试条件以及液体体积的变化。

**3.3** 干燥时间：一定量的液体在特定测试条件下从纺织品中蒸发掉所用的时间。

注意：本测试方法向试样上施加一系列不同体积的水分，测试条件由分析人员和环境控制。

**3.4** 结束时间：在温度—时间曲线图上，温度由斜率最大的位置转向平滑段时对应的时间（见图 1 和 11.2）。

**3.5** 开始时间：向试样上施加水分的时间。

## 4. 安全和预防措施

本安全和预防措施仅供参考。本部分有助于测试，但未指出所有可能的安全问题。在本测试方法中，使用者在处理材料时有责任采用安全和适当的技术；务必向制造商咨询有关材料的详尽信息，如材料的安全数据和其他制造商的建议；务必向美国职业安全卫生管理局（OSHA）咨询并遵守其所有标准和规定。

**4.1** 遵守良好的实验室规定，在所有的试验区域应佩戴防护眼镜。

**4.2** 操作实验室测试设备时，应该遵守制造商的安全建议。

## 5. 使用和限制条件

**5.1** 本测试是在特定的实验室温度和相对湿度条件下进行的。

**5.2** 为了获得一致的测试结果，需要维持恒定的气流。本测试方法使用的仪器采用直径为 13.0cm±0.1cm 的小孔送气，不放置试样时，气流为 2.5m/s±0.5m/s。如果使用了其他流速的气流，

图 1 温度—时间工作曲线图

结果将会出现差异。本测试方法也可以在其他条件下进行，但为了便于结果比对，必须采用相同的测试条件。

**5.3** 本方法适用于织物反面的吸水时间在 30s 内的面料（见 AATCC TM79《纺织品的吸水性测试方法》和 14.1），不适用于吸水时间大于 30s 的纺织品。

## 6. 仪器和材料

**6.1** 温度记录仪，每秒记录一次，具有数据储存功能，并能够将其转换成计算机数据文件（见图 2）。

**6.2** 红外热电偶探头，温度范围为（15.0～50.0）℃±0.1℃（见图 2）。

**6.3** 风箱［（16.5±0.1）cm×（16.5±0.1）cm×（27.5±0.1）cm］，能够通过直径为（13.0±0.1）cm 的小孔产生 2.5m/s±0.5m/s 的气流（见图 2）。

**6.4** 可变容积的微量吸管［范围（0.050～1.000mL）±0.8%］（见图 3）或一台高精度泵。

**6.5** 纸巾，5cm×14cm（优选浅蓝色），润湿时颜色会发生变化（见图 2）。

**6.6** 风速计，热线式，可测定（0.1～5.0）

m/s±0.1m/s 的气流（见图 2）。

**6.7** 绷圈（见 14.1）。

**6.8** 去离子水或蒸馏水。

**6.9** 刚性材料（如卡片）圆形模板。

**6.10** 水滴检测传感器，能够探测水滴透过样本（可选）。

**6.11** 商业可购买的测试仪器（见 14.3）。

## 7. 取样

从多个试样中取具有代表性的样品。若待测织物为成品，则从每批中取三件。

## 8. 试样准备

**8.1** 沿着样品宽度方向从右侧、中间和左侧剪取 3 块试样，尺寸均为（15.0±0.5）cm×（15.0±0.5）cm。

**8.2** 若测试样品为服装或成品，则从服装的不同部位剪取试样，如袖子、后背和前身。

**8.3** 制备一个圆形测试模板（见 6.9），测试面积是直径为 13.0cm±0.1cm 的圆形。在试样背面探测。

## 9. 调湿

**9.1** 测试前，将试样按照 ASTM D1776《纺织

## 11. 评级

**11.1** 小心地抬起试样使之脱离玻璃纸，观察测试溶液是否转移到玻璃纸以及试样背面是否被溶液染色。纸张和辅料衬垫是否有任何可见的液体渗透。

**11.2** 使用印迹纸评估是否有液体迁移到背面。将样品表面朝上，在一块印迹纸上至少放置10s。抬起样品观察印迹纸上是否有明显的渗出液体。

**11.3** 液体转移到玻璃纸或吸墨纸上都表明测试样品存在液体渗透。

## 12. 报告

**12.1** 被测试地毯样品的信息，表明是使用 AATCC TM205-2016（2019）e 方法进行评价的。

**12.2** 对于每一个样品，按 11.1 测试报告样品是否存在液体渗透。

**12.3** 报告实验中的样品的尺寸。

**12.4** 注明任何与试验方法存在的偏差之处。

**12.5** 注明在测试期间是否使用了防溅罩。

## 13. 精度和偏差

由于使用该方法测试没有生成数据，精度和偏差不适用。

## 14. 提示

**14.1** 本测试方法中可能使用到的设备有关的信息请访问 AATCC 在线采购 www.aatcc.org/bg。AATCC 提供可销售以上设备和材料的公司，AATCC 无法以任何方式批准、认可或证明任何列出的设备或材料符合本试验要求。

**14.2** AATCC：P.O. Box 11215，Research Triangle Park NC 27709，电话：+1.919.549.8141；传真：+1.919.549.8933；电子邮箱：ordering@aatcc.org；网址：www.aatcc.org。

**14.3** ASTM：100 Barr Harbor Dr，西康肯市 PA 19428；tel：+1.610.832.9500；fax：+1.610.832.9555；www.astm.org。

**14.4** 对于绒纱被充分、合理地处理过的地毯，溶液立在样品表面的情况并不少见。

**14.5** 如果在移动样品时溶液流出了边缘，应舍弃该实验样品，并重新取样测试。

**AATCC TM206-2020**

# 游离和水解甲醛的测定：水萃取法

## 1. 目的和范围

本实验方法适用于可浸湿（非疏水）的可能含有游离或水解甲醛的纺织面料，尤其是后整理中使用的化学物中含有甲醛的面料。提供了水萃取过程以及对萃取后溶液中游离和水解甲醛含量的比色分析。

## 2. 原理

一定质量的面料样品加入含有去离子水的烧瓶中，将密封的或加盖的烧瓶放入一定温度的水浴中萃取一段时间，萃取的甲醛含量采用比色分析法进行定量。

## 3. 术语

**3.1** 游离甲醛：与产品和面料不存在键合作用的甲醛，游离甲醛在面料浸入水中时能轻易地被萃取出来。

**3.2** 水解甲醛：虽然原来以大分子结构存在，如交联剂，在本测试过程中，甲醛可以从大分子中分解并溶于水中。

## 4. 安全防范

注意：该安全防范仅提供一些信息，作为测试程序的附加信息，无法包含所有可能的情况。在本测试方法中，使用者在选取材料时应使用安全、适当的方法。具体的细节必须咨询制造商，如材料安全数据表和制造商其他的建议。所有的 OSHA 标准和规则也必须咨询并参照。

**4.1** 应遵循规范的实验室实操。在所有实验室区域佩戴防护眼镜。

**4.2** 在取用冰乙酸配制纳氏试剂时需使用护目镜或面罩、防漏手套和围裙。只能在通风橱中操作浓酸。注意：始终是向水中加酸。

**4.3** 甲醛是致癌物，必须在通风橱中进行，避免吸入或皮肤接触，在操作甲醛时使用护目镜或面罩、防漏手套和围裙（见8.1和9.1）。

**4.4** 一个洗眼器/安全淋浴器应位于附近，自给式呼吸器应随时可供急救使用。所有电气设备需接地。

**4.5** 在本程序中使用的化学品必须控制在或低于政府当局设定的水平（如职业安全和健康管理委员会［OSHA］29 CFR 1910.1000 允许的曝光极限［PEL］），最新版本见 www.osha.gov。另外，美国政府工业卫生会议（ACGIH）的临界值（TLVs）也要遵守，它对空气污染物的暴露极限进行了一般性使用说明，包含加权平均时间（TLV-TWA）、短期暴露极限（TLV-STEL）和上限值（TLV-C）（见14.3）。

## 5. 使用和限制

**5.1** 本方法适用于测定范围在 $20\mu g/g$ 到 $3500\mu g/g$ 之间的非疏水性织物上的游离甲醛和水解甲醛。本方法近似于水解甲醛，并尽量模拟实际使用条件。但是，由于 TM206 是一种水浸方法，因此应考虑可能会出现易于掉色的织物。如果染料的吸光度在 412nm 范围内，则可能会干扰分光光度计的测量。它不能用于测定在热存储条件下释放的甲醛。

**5.2** 或者采用 AATCC TM112《织物甲醛释放量的测定：密封广口瓶法》（见14.1），测定游离、水解甲醛和该方法外的条件下生产的甲醛。鉴于以上区别，测试时应选择合适的测试方法（见14.2）。

## 6. 设备、试剂、材料

**6.1** 250mL 具塞锥形瓶。

**6.2** 天平（灵敏度 0.01g）。

**6.3** 恒温水浴锅：40℃±1℃（105℉±2℉）。

**6.4** 乙酸铵、冰乙酸、乙酰丙酮和水（见7）。

**6.5** 甲醛溶液，约37%（见4.3）。

**6.6** 容量瓶：50mL、250mL、500mL、1000mL，A级。

**6.7** 移液管：1mL、2mL、3mL、5mL、10mL、15mL、20mL、25mL、30mL、100mL，已校准并满足A级体积精度和流程时间要求，或与移液管同样精度的自动移液器。

**6.8** 1L 干净、棕色玻璃瓶。

**6.9** 分光光度计、可测量412nm附近的吸光度，精确至小数点后3位。

**6.10** 试管（见14.4）。

**6.11** 蒸馏水或去离子水。后面统一称为去离子水。

**6.12** pH 计，经校准，精确到0.01。

## 7. 纳氏试剂的准备

纳氏试剂：在 1000mL 容量瓶中，加入 800mL 去离子水和 150g 乙酸铵，3.0mL±0.1mL 冰乙酸和 2.0±0.1mL 乙酰丙酮。使用去离子水定容至刻度，混匀。存放在密封的棕色瓶中。

储存 12h 开始颜色逐渐变深，因此用前必须储存 12h，试剂的有效期为 8 周，长时间储存后灵敏度会稍有变化，因此每周应做一校正曲线与标准曲线校对为宜。

## 8. 标准溶液的配制和校准

**8.1** 配制 1500μg/mL 储备溶液：取 3.8mL 分

析纯的甲醛溶液（约37%，见4.3）加入 1.0L 的容量瓶中，加水定容。滴定之前需放置至少 24h，使之均匀。使用一定方法滴定储备溶液中甲醛的浓度［见 9 中的滴定方法或别的合适的方法，如使用 0.1mol/L 盐酸的亚硫酸钠法（见14.5）］。记录标准储备溶液的实际浓度。该储备溶液可以使用至少 4 周，将用于制备标准工作溶液。

吸取 25mL 甲醛储备溶液放入 250mL 容量瓶中稀释至刻度，制备得到稀释比为 1:10 的溶液。然后对该溶液进行滴定，浓度单位为 μg/mL。

**8.2** 分别取 0mL、1mL、3mL、5mL、10mL、15mL、20mL、30mL 1:10 稀释后的溶液于 500mL 容量瓶中，加水定容，用于做校准曲线。（假如标准溶液浓度为 1470μg/mL，重新计算校准曲线的横坐标值，使用回归分析法可得浓度为 0.0μg/mL、0.29μg/mL、0.88μg/mL、1.47μg/mL、2.94μg/mL、4.41μg/mL、5.88μg/mL、8.82μg/mL）。

在 8.1 中取 1mL、3mL、5mL、10mL、15mL、20mL、30mL 1:10 稀释后的溶液加入 500mL 容量瓶时，得到的溶液甲醛含量大约为 0.30μg/mL、0.90μg/mL、1.5μg/mL、3.0μg/mL、4.5μg/mL、6.0μg/mL、9.0μg/mL。记录在"9. 甲醛储备液浓度的校准"中每种溶液的校准浓度。本实验中，相当于 1g 样品中加入 100mL 水，样品中甲醛的含量等于标准曲线上的甲醛浓度的 100 倍。

**8.3** 使用 5mL 移液管等分标准溶液，按 11.4~11.7 所述程序制备甲醛和吸光度相对应的校准曲线。

## 9. 甲醛储备液浓度的校准

**9.1** 为了在比色分析的校准曲线上得到准确的浓度值，必须对浓度约 1500μg/mL 的甲醛储备溶液滴定校准。

**9.2** 一定量的储备溶液与过量的亚硫酸钠反应，使用硫酸标准物进行反滴定至9.5。

**9.2.1** 装置：10mL、50mL 移液管，50mL 滴

定管，150mL 烧杯。

**9.2.2** 试剂：1.0 mol/L 亚硫酸钠（每升水中含 126g 无水 Na$_2$SO$_3$），0.01mol/L（0.02N）硫酸（可以从化学品供应商处直接购买标准品，否则必须使用 NaOH 标准品滴定），不要使用商业标准的硫酸，它可能使用了甲醛作稳定剂。如果有疑问，请与化学供应商联系。

**9.2.3** 程序。

（1）向烧杯中移取 50mL 浓度为 1.0 mol/L 的亚硫酸钠（Na$_2$SO$_3$）。

（2）向烧杯中移取 10mL 甲醛储备溶液。

（3）使用 0.01mol/L（0.02N）H$_2$SO$_4$ 滴定溶液至 pH 9.5 为终点。

**9.2.4** 记录消耗的硫酸体积，精确至 0.01mL。[使用 0.01mol/L（0.02N）的酸约需要 25mL]。

计算：

$$C = \frac{30030 \times AN}{10}$$

式中：C——甲醛的质量体积浓度，μg/mL；

A——使用的酸的体积，mL；

N——酸的当量浓度。

**9.3** 重复以上滴定过程 2~3 遍，计算平均值。

**9.4** 使用最终的浓度进行比色分析中的校准曲线。

## 10. 样品测试

**10.1** 取样时样品应尽快放入独立的可封口塑料袋中，为了保护样品的原始状态，在放入塑料袋前可以包裹一层锡箔纸。

**10.2** 称取 1.0g±0.01g 样品，每个样品做平行测试。如果样品被剪碎了而不能马上测试，应将样品放回塑料袋中，直到测试（如果之前使用了锡箔纸，也应包裹回去）。

## 11. 程序

**11.1** 移取 100mL 去离子水加入锥形瓶中，向瓶中加入一份样品。样品应完全浸到水中，而不是漂在水面（见 14.6），为此可以使用搅拌棒操作。盖上塞子放置在 40℃±1℃（105℉±2℉）水浴 60min±2min，每 5min 手动摇晃一次或使用超声波水浴振荡。如果使用超声波水浴，需经常检查水的温度。

**11.2** 从水浴中取出锥形瓶。

**11.3** 取出面料，盖上盖子，摇晃锥形瓶使玻璃内壁上溶液充分混合。将溶液冷却 30min。

**11.4** 向试管（50mL 锥形瓶或其他合适的瓶，比色计或光度计光可以直接使用，见 14.4）中移取 5mL 纳氏试剂，另至少取 1 支试管加入 5mL 试剂空白。5mL 纳氏试剂和 5mL 去离子水作为试剂空白。

**11.5** 混合试管并在 40℃±1℃（105℉±2℉）水浴保持 30min±1min，取出试管。盖上塞子或塑料薄膜，在暗处冷却至常温。

**11.6** 测量样品扣除试剂空白后在 412nm 处的吸光度。注意：显色后的溶液在暴露在光照下一定时间后会褪色。如果在显色后需过一段时间后测试且有较强光线，需小心地避光，否则颜色可以在一段时间内稳定（可以过夜），因此可以延迟测试（见 14.7 和 14.8）。

**11.7** 使用校准曲线计算样品萃取液中含有的甲醛含量（见 8.3 和 14.9）。

## 12. 计算和报告

**12.1** 使用以下公式计算样品中甲醛的含量：

$$F = \frac{100C}{W}$$

式中：F——甲醛浓度，μg/g；

C——读自工作曲线上的萃取液中的甲醛浓度，μg；

W——试样的质量，g。

**12.2** 如果同时使用本测试方法和 AATCC TM112，在报告计算结果时应注意本实验中使用

100mL 水，而 AATCC TM112 中是 50mL。

## 13. 精度和偏差

**13.1** 精度。

**13.1.1** 实验室间测试。AATCC TM206 实验在 2015 年进行了实验室间的比对。在参与实验的三个实验室进行两轮实验，他们对相同的材料标本进行多种测试。每个参与的实验室对低含量的样品（50～100μg/g）至少进行两次测试。对所有测试结果使用基本描述性统计来分析方差。

**13.1.2** 计算含量的方差值（见表 1）是一种合适的方法，对这个低水平的甲醛织物计算的临界差异（见表 2）和置信限（见表 3）结果如下所示。

**表 1 变异系数用标准偏差来衡量（以百分数表示）**

| 类别 | 面料 1 方差 |
|---|---|
| 实验室 | 2.4 |
| 操作人 | 1.1 |
| 样品 | 2.2 |

**表 2 临界差异—95.0%可信度（以百分数表示）**

| 测试号 | 单次 | 实验室内 | 实验室间 |
|---|---|---|---|
| 1 | 13.3 | 6.8 | 9.6 |
| 2 | 6.7 | 5.3 | 8.6 |
| 3 | 4.4 | 4.7 | 8.2 |
| 4 | 3.3 | 4.3 | 8.0 |
| 5 | 2.7 | 4.1 | 7.9 |
| 6 | 2.2 | 3.9 | 7.8 |

注 计算临界差异时取 $z$ = 1.960。

**表 3 置信限—95.0%可信度（以百分数表示）**

| 测试号 | 单次 | 实验室内 | 实验室间 |
|---|---|---|---|
| 1 | 9.4 | 4.8 | 6.8 |
| 2 | 4.7 | 3.7 | 6.1 |
| 3 | 3.1 | 3.3 | 5.8 |
| 4 | 2.4 | 3.0 | 5.7 |
| 5 | 1.9 | 2.9 | 5.6 |
| 6 | 1.6 | 2.8 | 5.5 |

注 计算置信限时取 $z$ = 1.960。

**13.1.3** 当两个或多个实验室要比较测试结果时，建议在他们开始试验之前建立实验室的能力水平。

**13.1.4** 如果实验室间只比较了一种甲醛含量较低的样品，需参考表 2 中的临界差异。

**13.1.5** 每个实验室的测定数量同样决定了临界差异值。

**13.2** 偏差。

**13.2.1** 面料中的甲醛释放量只能由测试方法确定。没有一种独立的方法能够测出其真实值。作为一种评价面料中游离甲醛含量的方法，AATCC TM206 没有偏差。

**13.2.2** AATCC TM206 在纺织品和服装行业中可用于对结果仲裁。

## 14. 提示

**14.1** AATCC：P. O. Box 11215, Research Triangle Park NC 27709，电话：+1.919.549.8141；传真：+ 1.919.549.8933；电子邮箱：ordering @ aatcc.org；网址：www.aatcc.org。

**14.2** 甲醛是许多纺织整理剂的成分或者前体。甲醛可用于后整理固化，促进自交联和/或与面料之间发生交联。交联不完整或在后期储存中发生水解都会导致面料上残留有甲醛。本测试旨在测试游离和可水解甲醛含量。温湿条件下可以进一步水解交联剂，释放更多的甲醛。AATCC TM112 可测定游离、水解甲醛和该方法外的条件下生产的甲醛。鉴于以上区别，测试时应选择合适的测试方法。

**14.3** 有需要请联系：ACGIH, Kemper Woods Center, 1330 Kemper Meadow Dr., Cincinnati OH 45240；tel：513-742-2020；www.acgih.org。

**14.4** 在使用某分光光度计以及确定光程的比色皿测试时，试剂与萃取液的比例可以调节使得吸光度值在合理区间。例如，虽然 5mL：5mL 一般对各种设备都比较方便，其他 1：1 比例的如 2mL：

2mL 对别的设备可能更合适。标准品和样品必须使用相同的比例。使用分光光度计管直接用于颜色的测定，避免了从试管转移到比色皿的步骤，这在样品多时可显著节省测试时间。超声或类似设备可以用于试剂的分散，各种规格的自动进样器也能用在样品溶液的制备。

**14.5** 参考 J. Frederick Walker，甲醛，3rd Ed. Reinhold Publication Co., New York, 1964, p486. An alternate reference is the Analytical Methods for a Textile Laboratory, Third Edition, 1984, edited by J. William Weaver。

**14.6** 在萃取时面料要完全浸入水中。如有必要，可使用一种不含甲醛的表面活性剂，浓度在 0.2% 左右。

**14.7** 如果萃取液有颜色，参考 DilipPasad 的 "Optimization of the AATCC Sealed Jar and HPLC Methods for Measurement of Low Levels of Formaldehyde," AATCC Textile Chemist and Colorist, June 1989, Volume 21, No 6（see 14.1）。

**14.8** 如果萃取液中含有悬浮物，可以对溶液进行离心或过滤处理。

**14.9** 前文 "10." 中涵盖的甲醛含量范围为 $0{\sim}500\mu g/g$，如果测出的吸光度值超过 1.0，则需取 10mL 纳氏试剂和 1mL 萃取液。如果是这样，应从约 $1500\mu g/mL$ 的甲醛标准储备液中取 1mL、3mL、5mL、10mL、15mL、20mL 并容至 500mL，配制甲醛浓度大约为 $3\mu g/mL$、$9\mu g/mL$、$15\mu g/mL$、$30\mu g/mL$、$45\mu g/mL$、$60\mu g/mL$，所得标样重新再按 10：1 的比例制作校准曲线（见 8.3）。

## 15. 历史

**15.1** 2020 年修订，为清晰起见，更新了多个章节。

**15.2** 2017 年重新审定，2018 年、2020 年（名称变更）编辑性修订。

**15.3** 由 AATCC 委员会 RA45 于 2016 年制定。

**AATCC TM207-2019**

# 成衣经家庭洗涤前后接缝扭曲测试方法

AATCC RA42 技术委员会于 2017 年制定，2019 年修订。

---

## 1. 目的和范围

**1.1**　本方法用于测试成衣经家庭洗涤前后的接缝扭曲性能。

**1.2**　本方法适用于测试可进行家庭洗涤的机织或针织成衣服装中上装和下装垂缝的扭曲性能。同时也适用于其他终端产品如窗帘、帷幔、枕头套扭曲性能的测试。

## 2. 原理

根据标记点洗前和洗后在自然状态下的位移来测试接缝扭曲性能。以对标记长度的百分率作为测试结果。数值越接近零表示扭曲越小或没有扭曲；数值越大表示扭曲越大；本测试方法不产生负扭曲值。

## 3. 引用文献

**3.1**　AATCC LP1《家庭洗涤的实验室程序：机洗》（见 16.1）。

**3.2**　AATCC LP2《家庭洗涤的实验室程序：水洗》（见 16.1）。

**3.3**　AATCC TM133《耐热色牢度：热压》（见 16.1）。

**3.4**　AATCC TM143《服装及其他纺织制品经家庭洗涤后的外观》（见 16.1）。

**3.5**　AATCC TM150《服装经家庭洗涤后尺寸变化的测定》（见 16.1）。

**3.6**　AATCC TM179《织物经家庭洗涤后的纬斜变化》（见 16.1）。

**3.7**　ASTM D123《纺织品相关标准术语》（见 16.2）。

**3.8**　ASTM D1776《纺织品调湿和测试标准方法》（见 16.2）。

**3.9**　ASTM D3882《机织和针织物弓斜和纬斜的标准测试方法》（见 16.2）。

**3.10**　ISO 6330《纺织品试验时采用的家庭洗涤及干燥程序》（见 16.3）。

## 4. 术语

**4.1**　洗涤：使用水溶性洗涤溶液清除纺织品上污渍或沾污物的过程，通常包括漂洗、脱水和干燥等程序。

**4.2**　接缝扭曲：成衣由接缝连接的不同部分发生旋转的现象，通常为横向旋转。

注意：接缝扭曲也常被称为扭转、扭斜。

## 5. 安全保护措施

本安全和预防措施仅供参考。本部分有助于测试的顺利进行，但并未指出所有可能的安全问题。在采用测试方法时，试验人员应采用安全和适当的方法来处理材料。务必向试验中所需材料和仪器的制造商咨询详尽信息，如试剂等的安全参数和使用指南等。务必向美国职业安全卫生管理局（OSHA）咨询并遵守其所有的标准和规定。

**5.1**　遵守实验室良好的管理规范。在所有的试验区域均应佩戴防护眼镜。

**5.2** 洗涤剂可能会对人体产生刺激，应注意防止其接触到皮肤和眼睛。

**5.3** 操作试验设备时，应严格遵守制造商提供的安全使用指南。

## 6. 使用和限制

**6.1** 本方法适用于与成衣平摊时底边相关的垂缝。底边作为接缝扭曲位移的参照。大部分成衣和具有内接缝的裤子等通常测试侧缝（摆缝）的扭曲性能。

**6.2** 本方法适用于直向接缝扭曲的测量，而不考虑接缝所在的位置（如边缝、中缝还是内侧缝等）。不适用于与成衣直向不一致的接缝，如横向的接缝。

**6.3** 接缝长短、织物结构和成衣的构造等均会对接缝扭曲性能产生影响。我们期望获得完全匹配的接缝（如缝迹、外观、针数/英寸等相同）。然而，即使在同一件成衣上，制作左右对等、完全相同的接缝也是不太可能的。

**6.4** 洗涤温度、洗涤设备和取样尺寸的不同，可能会导致接缝扭曲性能测试结果的不同。因此，使用不同洗涤设备获得的接缝扭曲性能数据是不具可比性的。

## 7. 设备和材料（见 16.4）

**7.1** 悬挂成衣的调湿设备和/或平铺成衣的打孔可抽拉的调湿/干燥架（见 16.1）。

**7.2** 不褪色的记号笔（见 16.1）。

**7.3** 直尺或卷尺，分度为 1mm，八分之一或十分之一英寸。

**7.4** 标准洗衣机（见表 1 和 16.5）。

**7.5** 1993 AATCC 标准洗涤剂（粉状，含荧光增白剂）（见 16.1）。

**7.6** 天平，量程最小为 5.0kg（10.0 磅）。

**7.7** 陪洗布，1 型或 3 型（见表 4）。

**7.8** 标准滚筒烘干机（见表 3 和 16.5），或滴干、晾干装置。

## 8. 试样制备

**8.1** 每件成衣作为单独的一个测试样。条件允许的情况下，每批次产品应取 3 件进行测试。

**8.2** 测试扭曲性能的同时，还可以同时进行 AATCC TM143、AATCC TM150 和 AATCC TM179 外观和（或）尺寸稳定性测试。

## 9. 调湿

**9.1** 测试前，根据 ASTM D1776《纺织品调湿和测试标准方法》表 1 纺织品调湿环境，以及表 2 中根据成分含量所规定的调湿时间进行调湿。

将试样平放于具有透气孔洞的架子上。成衣应正常自然下垂悬挂调湿。应使空气在试样上自由流通。

**9.2** 试样在洗涤后应进行同样的调湿过程。

## 10. 洗前测量

**10.1** 完整地观察整件成衣的外观，确定需要测试扭曲性能的垂直接缝（见 6.1）。

**10.2** 调湿结束后，将试样在自然状态下放置在平整、光滑水平的表面上，同时使第一条要测量的接缝完整可见（如果接缝在试样背面，则翻转平摊放置试样）。轻轻地抖动试样有助于试样的平整、松弛，但切忌拉伸或使试样发生扭曲变形。

**10.3** 将与所选取的测试接缝相交的底边处标注为 A 点。以与上述所选取的接缝和另一条接缝相交的点为起点，沿所选取的测试接缝方向 25mm 接缝处标记 B 点。例如，以裤子裤裆缝与内侧缝相交处为起点，沿内侧缝向下在内侧缝距起点 25mm 处标记为 B 点；又如，T 恤，以袖笼缝和摆缝相交处为起点，沿摆缝向下在摆缝距起点 25mm 处标记为 B 点（见图 1 和图 2）。

**10.4** 测量 AB 两点长度估读至最近的毫米数，或八分之一或十分之一英寸。

**10.5** 检查试样在洗涤前是否存在接缝扭曲。

**10.5.1** 如果所测试接缝未发生扭曲（见图 1 和图 2），记录原始扭曲长度为 0。

**10.5.2** 如果所测试接缝发生扭曲（见图 3 和图 4），标记该自然状态下底边边缘处为 $A'$ 点。

**10.5.3** 测量并记录所有需测量接缝的原始扭曲长度 $AA'$，估读至最近的毫米数，或八分之一或十分之一英寸。

**10.6** 重复 10.2～10.5 的步骤，测量剩余试样。

**图 1 裤子洗前和洗后接缝扭曲测量示意图（无洗前扭曲）**

$AB$ 长度包括一段接缝长度和底边长度，成衣洗后侧缝可能会发生扭曲

（事实上，同一件成衣其他位置的垂缝也同样可能会发生扭曲）

**图 2 T 恤洗前和洗后接缝扭曲测量示意图（无洗前扭曲）**

$AB$ 长度包括一段接缝长度和底边长度，成衣洗后侧缝可能会发生扭曲

（事实上，同一件成衣其他位置的垂缝也同样可能会发生扭曲）

**图3 裤子洗前和洗后接缝扭曲测量示意图（有洗前扭曲，洗后扭曲增加）**

（事实上，同一件成衣其他位置的垂缝也同样可能会发生扭曲）

**图4 T恤洗前和洗后接缝扭曲测量示意图（有洗前扭曲，洗后扭曲增加）**

（事实上，同一件成衣其他位置的垂缝也同样可能会发生扭曲）

## 11. 洗涤程序

**11.1** 洗涤。

**11.1.1** 从表1选择合适的洗涤程序。设定洗衣机参数获得所需的洗涤条件。

**11.1.2** 使所有试样加上陪洗布的质量达到1.8kg±0.1kg（4.0磅±0.2磅）。

**11.1.3** 开始选择的程序。加水至指定的水位。

**11.1.4** 按照设备使用指南，加入66g±1g的1993 AATCC标准洗涤剂。如果洗涤剂直接加入水中，应轻微搅拌，使其全部溶解。在加负载之前停止搅拌。

**11.1.5** 加入负载（试样和陪洗布），均匀分散在搅拌器四周，开始水洗循环。

**11.1.6** 对于需要滴干的试样（干燥程序C），在最后一次漂洗后，开始排水之前停止水洗循环。取出浸湿的试样，对于需要滚筒烘干（A），悬挂晾干（B），或平铺晾干（C）的试样，允许继续洗涤直到最后一次洗涤循环结束。

**表 1 标准洗衣机洗涤参数（见 16.5, 16.6）**

| 项目 | | （1）标准挡 | （2）轻柔挡 | （3）耐久压烫挡 |
|---|---|---|---|---|
| 水位［L（加仑）］ | | 72±4（19±1） | 72±4（19±1） | 72±4（19±1） |
| 搅拌速度（r/min） | | 86±2 | 27±2 | 86±2 |
| 洗涤时间（min） | | 16±1 | 8.5±1 | 12±1 |
| 脱水速度（r/min） | | 660±15 | 500±15 | 500±15 |
| 脱水时间（min） | | 5±1 | 5±1 | 5±1 |
| 洗涤温度［℃（℉）］① | Ⅱ 低温 | 27±3（80±5） | 27±3（80±5） | 27±3（80±5） |
| | Ⅲ 中温 | 41±3（105±5） | 41±3（105±5） | 41±3（105±5） |
| | Ⅳ 高温 | 49±3（120±5） | 49±3（120±5） | 49±3（120±5） |
| | Ⅴ 极高温 | 60±3（140±5） | 60±3（140±5） | 60±3（140±5） |

① 根据美国能源部的要求，家用洗衣机多采用冷水洗涤。外部控制器可以用来调节仪器温度。

**11.1.7** 每完成一次洗涤循环，将纠缠在一起的试样和陪洗布进行分离，分离时应最大程度地避免使试样变形。洗涤结束后，开始相应的干燥程序。

**11.2** 干燥。

**11.2.1** 从表 2 中选择干燥条件。

**表 2 标准干燥程序**

| 符号 | 干燥程序 |
|---|---|
| A | 滚筒烘干 |
| Ai | 滚筒烘干（标准） |
| Aii | 滚筒烘干（轻柔） |
| Aiii | 滚筒烘干（耐久压烫） |
| B | 悬挂晾干 |
| C | 滴干 |
| D | 平铺晾干 |

**11.2.2** （A）滚筒烘干。将洗涤负荷（试样与陪洗织物）放入滚筒烘干机中，设置温度达到选定的排气温度（见表 3）。启动烘干机，直到负载完全干燥，立即取出试样。

**11.2.3** （B）悬挂晾干。将每个试样悬挂在合适的衣架上，对表面、接缝进行整理使其平整光滑等。试样悬挂方向应与穿着方向一致。切忌折叠、拉伸试样。悬挂在室温不超过 26℃（78℉）的静止空气中至干燥。不要直接对着试样吹风，以防止试样发生扭曲。

**11.2.4** （C）滴干。将每个试样悬挂在合适的衣架上，对表面、接缝进行整理使其平整光滑等。试样悬挂方向应与穿着方向一致。切忌折叠、拉伸试样。悬挂在室温不超过 26℃（78℉）的静止空气中至干燥。不要直接对着试样吹风，以防止试样发生扭曲。

**11.2.5** （D）平铺晾干。将试样平整放置于平台或具有透气孔洞的架子上。抚平褶皱处，但应避免拉伸试样或使其扭曲变形。在室温不超过 26℃（78℉）的静止空气中至干燥。不要直接对着试样吹风，以防止试样发生扭曲。

**表 3 标准滚筒式干燥机参数（见 16.5）**

| 项目 | Ai 标准 | Aii 轻柔 | Aiii 耐久压烫 |
|---|---|---|---|
| 最高排气温度［℃（℉）］ | 68±6（155±10） | 60±6（140±10） | 68±6（155±10） |
| 冷却时间（min） | ≤10 | ≤10 | ≤10 |

表4 陪洗布参数

| 项目 | | 1 型 | 3 型 |
|---|---|---|---|
| 成分 | | 100%棉 | （50%±3%）棉／（50%±3%）聚酯纤维 |
| 坯布纱线 | | 环锭纺 36.4tex（16 英支） | 环锭纺 36.4tex（16 英支）或 19.4tex×2（30 英支/2） |
| 坯布结构（根/25.4mm） | | 平纹（52±5）×（48±5） | 平纹（52±5）×（48±5） |
| 整理后克重（g/m²） | | 155±10 | 155±10 |
| 边缘 | | 四边缝合或包边 | 四边缝合或包边 |
| 整理后织物尺寸 | mm | （920±30）×（920±30） | （920±30）×（920±30） |
| | 英寸 | （36.0±1）×（36.0±1） | （36.0±1）×（36.0±1） |
| 整理后织物质量（g） | | 130±10 | 130±10 |

**11.2.6** 对于所有的干燥方式，允许试样在再次洗涤前完全干燥。

**11.2.7** 按照选定的程序对试样共进行 3 次循环洗涤和干燥，或按照协议循环次数进行洗涤和干燥。

**11.3** 调湿。

试样在完成最后一次干燥程序后，按第 9 部分所述队试样进行调湿。

**11.4** 熨烫（可选）。

**11.4.1** 大多数织物的褶皱在测量时会在测量仪器的压力下充分展平，避免了测量误差。如果样品的褶皱非常严重，而且消费者总是会对这种织物制成的衣服进行熨烫，则可以在测量之前对试样进行手工熨烫。

**11.4.2** 熨烫前应使用适合织物中纤维的安全熨烫温度。参见 AATCC TM133，表1，安全熨烫温度指南（见 16.1）。仅需施加足以消除褶皱所需的最小压力。

**11.4.3** 由于每个操作人员操作的手工熨烫程序的不确定性极高（没有标准的手工熨烫程序方法），因此发现手工熨烫后尺寸变化结果的可重复性极差。因此，建议对不同操作人员测试的洗涤和手工熨烫后的尺寸变化结果应谨慎。

**11.4.4** 熨烫后，按第 9 部分所述对试样进行调湿。

## 12. 洗后测量

**12.1** 调湿结束后，将试样放置在与第 10 部分标记和测量试样相同的平面上，同时使第一条要测量的接缝完整可见（如果接缝在试样背面，则翻转平摊放置试样）。轻轻地抖动试样有助于试样的平整、松弛，但切忌拉伸或使试样发生扭曲变形。

**12.2** 如果所测试接缝未发生扭曲，记录洗后扭曲长度为 0。

如果所测试接缝发生扭曲，标记该自然状态下底边边缘处为 $A''$ 点（见图 3 和图 4）。

**12.3** 测量并记录所有需测量接缝的洗后扭曲长度 $AA''$，估读至最近的毫米数。

**12.4** 重复 12.1 到 12.3 的步骤，测量剩余试样。

## 13. 计算和说明

**13.1** 根据式（1）计算每个接缝的洗前扭曲率，并精确到 0.1%。

$$X_0 = \frac{AA'}{AB} \times 100\% \qquad (1)$$

式中：$X_0$——洗前接缝扭曲率，%；

注意：一定要向水中加入酸。

**5.4** 确保附近有洗眼器/安全淋浴器，并备有全面罩的高效颗粒物防毒面具以供紧急使用。

**5.5** 将本程序中所用化学品的接触控制在政府当局规定的水平或以下（例如，职业安全与健康管理局的［OSHA］允许暴露极限［PEL］，见 29 CFR 910.1000；请参见网站 www.osha.gov 以获取最新版本）。此外，建议美国政府工业卫生学家会议的（ACGIH）阈值限值（TLVS），包括时间加权平均值（TLV - TWA），短期暴露限值（TLV - STEL）和最高限值（TLV-C），作为应满足的空气污染物暴露的一般指南（见 14.3）。

## 6. 使用和限制条件

**6.1** pH 和总碱可用于确定湿处理后的纺织品对后续染整操作的适用性，或评估湿处理后的洗涤和/或中和效率。

**6.2** 本测试方法中，所有检测到的碱（例如氢氧化钠，碳酸钠，碳酸氢钠和其他碱性盐）均以氢氧化钠计算。结果报告为总碱，以 NaOH 表示。

## 7. 仪器和试剂（见 15.4）

**7.1** pH 计，0.1 单位刻度。

**7.2** 玻璃烧杯，600mL。

**7.3** 玻璃滴定管，10mL，0.10mL 刻度。

**7.4** 缓冲溶液，pH 4.0、7.0、10.0 或其他所需溶液。

**7.5** 硫酸，0.01mol/L（0.02N）$H_2SO_4$（见标准酸的制备方法 3.3）。

## 8. 校准

根据制造商的说明，用 pH 4.0 缓冲溶液校准 pH 计。对于双重校准仪器，使用 pH 4.0 缓冲液和 pH 7.0 或 pH 10.0 缓冲液。

## 9. 试样

**9.1** 试样可以是干燥或润湿状态。

**9.2** 干布。选择两个或更多具有代表性的干燥试样。在 100℃（212℉）的烘箱中放置 1h。在干燥器中冷却并称重，精确至 0.1g。试样的质量应为 5~10g。

**9.3** 湿布。选择两个或更多具有代表性的样品，在润湿状态下称重约 10~20g。

**9.4** 如果织物单位面积的质量过低或难以润湿，则将试样切成小块，以便更好地浸入蒸馏水中。

## 10. 程序

**10.1** 由于蒸馏水或去离子水含有溶解的二氧化碳，所以在使用前小心煮沸将其去除。在 600ml 烧杯中将 450~500mL 蒸馏水以中等速度煮沸 10min。然后将每个试样放在单独的烧杯中，盖上观察镜，并继续煮沸 10min。

**10.2** 将有盖的烧杯和所盛物品冷却至室温。搅拌试样，然后插入 pH 计电极，注意避免与试样接触。根据制造商的使用说明操作 pH 计测定浴液的 pH。

**10.3** 用 0.01mol/L 硫酸（$H_2SO_4$）滴定水和试样，直到 pH 稳定在 3.9（10 s）。滴加滴定剂，然后轻轻搅拌试样，不要触碰电极。读取滴定管至最接近的刻度（见 14.5 和 14.6）。

**10.4** 如果试样是从润湿样品取下的，则将滴定的试样冲洗并干燥至恒重（见 9.2），注意收集滴定过程中可能脱散掉的任何大纱线。称重精确至 0.1g。

**10.5** 煮沸（10min）并冷却 450~500mL 蒸馏水，不含试样，然后按照 10.3 的方法，滴定空白水。

## 11. 计算

**11.1** 使用式（1）计算滴定度中总碱百分比。

$$X=\frac{0.04\ (A-B)\ N}{W}\times100\%\qquad(1)$$

式中：X——以氢氧化钠（NaOH）计的总碱的质
量百分比；

A——试样的滴定管读数；

B——水空白的滴定管读数；

N——硫酸的当量浓度（0.02N）；

W——试样质量。

**11.2** 计算所有试样总碱含量的平均百分比。

## 12. 评价

**12.1** 湿处理纺织品的 pH 和总碱含量取决于纺织品的化学前处理。例如，碱煮后的 pH 和碱值通常高于漂白后的 pH 和碱值。

**12.2** pH 和总碱含量之所以非常重要，是因为它们会影响纺织品后续的加工过程。具有高 pH 和/或碱值的纺织品可能会呈现泛黄趋势，呈现色泽变化，或改变染料的消耗和固着，并且可能会降低树脂整理剂的固化或软化剂的消耗。

**12.3** 总碱含量是指在试样含有碱的情况下，每单位质量试样中残留碱的量。

## 13. 报告

**13.1** 样品描述。

**13.2** 报告测试方法 AATCC TM209-2022。

**13.3** 报告所有试样的总碱含量平均值。

## 14. 精度和偏差

**14.1** 精度。同一个实验室中的 3 名操作员参与了实验室内研究，使用该方法测量 pH 和碱度。所有操作人员测量了 6 种不同的面料，并分别在不同的日期重复测试了 2 次。表 1 给出了这项研究的实验室内精密度。表 2 提供了每种面料的平均值和标准差，以供参考。

表 1 精度

| n | 操作员 | pH（实验室内） | 碱度（实验室内） |
|---|---|---|---|
| 1 | 1 | 0.31044 | 0.02478 |
| | 2 | 0.43905 | 0.03505 |
| | 3 | 0.62091 | 0.04956 |
| 2 | 1 | 0.25401 | 0.01752 |
| | 2 | 0.31111 | 0.02478 |
| | 3 | 0.43997 | 0.03504 |
| 3 | 1 | 0.12701 | 0.01011 |
| | 2 | 0.17958 | 0.01429 |
| | 3 | 0.25401 | 0.02021 |
| 4 | 1 | 0.11173 | 0.00876 |
| | 2 | 0.15800 | 0.01239 |
| | 3 | 0.22345 | 0.01752 |
| 5 | 1 | 0.09838 | 0.00970 |
| | 2 | 0.13913 | 0.01372 |
| | 3 | 0.19676 | 0.01567 |

表 2 精度研究值

| 面料 | pH 平均值 | 标准差 | 碱度平均值 | 标准差 |
|---|---|---|---|---|
| 斜纹，卡其布 | 7.1132 | 0.2175 | 0.02185 | 0.00883 |
| 斜纹，海军蓝 | 7.3803 | 0.1314 | 0.02596 | 0.01010 |
| 斜纹，白色 | 5.9948 | 0.1728 | 0.01035 | 0.00992 |
| 牛仔布，靛蓝 | 10.104 | 0.0497 | 0.00512 | 0.01255 |
| 牛仔布，黑色套印 | 9.3405 | 0.0829 | 0.1873 | 0.0294 |
| 针织，白色 | 9.2165 | 0.1691 | 0.07803 | 0.01288 |

**14.2** 偏差。pH 和碱度的真实值只能根据试验方法进行定义。在此限制内，本测试方法没有已知的偏差。

## 15. 注意事项

**15.1** 2017 年进行了同一实验室内研究（3 名技术人员和 6 种面料）。在这项研究中，3 种方法进行了比较。结果表明，AATCC TM81 测定的 pH

与通过本标准组合方法测定的 pH 略有不同。AATCC TM81 和 AATCC TM144 的试样质量和水的体积不同。该组合方法使用与 AATCC TM144 相似的参数；这可能是 AATCC TM81 和该方法之间 pH 结果差异的原因。

**15.2** 可向 AATCC 索取，地址：P. O. Box 12215，Research Triangle Park NC 27709，USA；电话：+1. 919. 549. 8141；电子邮箱：ordering@ aatcc. org；网址：www. aatcc. org。

**15.3** 可从 Publications Office，ACGIH，Kemper Woods Center，1330 Kemper Meadow Dr. ，Cincinnati OH 45240；+1. 513. 742. 2020；www. acgih. org. 索取。

**15.4** 关于潜在的仪器、试剂或材料来源，请访问 AATCC 买方指南 www. AATCC. org/bg. 。AATCC 为其企业会员提供项目和服务的选项。AATCC 不具备资格，也不以任何方式批准、认可或证明任何清单符合其标准中的规范。

**15.5** 如果需要，可以使用合适的比色指示剂［例如甲基橙（pH 3.1~4.4）］进行滴定。这种方法的精密度可能比用一个好的 pH 计要低。

**15.6** 如果用户已确定自动滴定仪的精度是等效的，则可使用自动滴定仪。

# 16. 历史

**16.1** 按 AATCC 版式指南第 7.5 节规定，于 2022 年修订。

**16.2** 由 AATCC 委员会 RA34 在 2019 年制定。

**AATCC TM210-2019（2020）**

# 不同暴露条件下暴露前后电阻的测量

## 前言

本方法提供了对耐久性电子纺织产品电阻测量的指导。本方法包括测试电阻的程序以及样品暴露在洗涤、干洗、水、汗液、酸和碱、紫外线以及微生物环境下针对已建立的工业方法的改进。测试的暴露条件与样品最终用途相关。针对其他已经确立的方法，可能会进行相同的修订。对于不能切割成标准大小的较大样品或是形状不常见的样品，可能需要进一步的修订。如果涉及的工业测试方法同样用于测试原始样品（例如色牢度），应使用另一块试样。

## 1. 目的和范围

**1.1** 本方法用于测量暴露在洗涤、干洗、水、汗液、酸和碱、紫外线和/或微生物环境前后电子纺织产品的电阻。

**1.2** 本方法适用于电子纺织织物或嵌入导电通路的终端产品电阻的测量（机织物、针织物、印花产品、绣花产品等）。

## 2. 原理

沿导电通路或部分导电通路进行电阻的测量。以下其一或所有暴露条件均可能会用到：洗涤、干洗、水、汗液、酸和碱、紫外线和微生物。电阻在报告中以欧姆（$\Omega$）表示，值越大代表更强的阻碍能力（低的流通性）。暴露之后，电阻的变化应进行计算并以百分率进行报告，数值越高，代表电阻变化越大（电阻值显著性的增加）。

## 3. 引用文献

注释：应使用当前最新版本引用文献，除非有特殊指定。

**3.1** AATCC EP13《电子纺织产品的电阻评价程序》（见16.1）。

**3.2** AATCC LP1《家庭洗涤的实验程序：机洗》（见16.1）。

**3.3** AATCC LP2《家庭洗涤的实验程序：手洗》（见16.1）。

**3.4** AATCC TM6《耐酸和耐碱色牢度》（见16.1）。

**3.5** AATCC TM15《耐汗渍色牢度》（见16.1）。

**3.6** AATCC TM22《拒水性：喷淋试验》（见16.1）。

**3.7** AATCC TM100《纺织材料抗菌整理剂的评价》（见16.1）。

**3.8** AATCC TM106《耐水色牢度：海水》（见16.1）。

**3.9** AATCC TM127《抗水性：静水压法》（见16.1）。

**3.10** AATCC TM158《四氯乙烯干洗的尺寸变化：机洗》（见16.1）。

**3.11** AATCC TM186《纺织品的耐气候性：紫外光下湿态暴晒》（见16.1）。

**3.12** ASTM D1776《纺织品调湿和测试标准方法》。

## 4. 术语

**4.1** 电子纺织产品：整体或局部永久嵌入电子回路的织物或纺织产品。

**10.9.2** 将每块样品放入一个可密封的容器内，容器内含一块已接种 1.0mL±0.1mL 菌液（不留自由液）的额外裁剪的样品。

**10.9.3** 对于电阻测量，使用控制样并无必要。

**10.9.4** 对于电阻测量，灭菌并无必要。

## 11. 步骤

**11.1** 初始电阻值测试。

**11.1.1** 将第一块试样放置于平坦、绝缘的平台上进行测试。

**11.1.2** 在预期范围设定万用表或欧姆表。

**11.1.3** 将仪表正负极分别置于测试标记点。

**11.1.4** 探针和试样之间的压力和接触面会对测试结果有影响。维持持续稳定的压力确保可获得重复性结果。当不要求时，尽量由同一操作人员进行测试和提高测试结果的可靠性和稳定性。

**11.1.5** 万用表应使用适宜的探针或接触装置与试样进行接触。探针或接触装置应在报告中加以注明。使用不同探针或接触装置的测试结果不具有可比性。

**11.1.6** 万用表稳定 3s 后应尽快读取电阻数值。每个试样读取 1 个电阻测量结果。

**11.1.7** 测试和记录标记点之间的距离，并精确至最近的毫米。

**11.1.8** 对剩余试样重复上述操作步骤，进行电阻和距离测试。

**11.2** 暴露 1：家庭洗涤。

**11.2.1** 选择洗涤参数如水温、烘干方式等，基于终端产品的护理说明来选择。

**11.2.2** 进行 3 次洗涤循环（洗涤和干燥），买卖双方协商除外。

**11.2.3** 每个试样均使用洗衣机按照 AATCC LP1 规定的标准洗涤和烘干程序进行家庭洗涤。每块样品或终端产品在洗涤时均应负载相同质量的载荷。如果需要，可执行熨烫程序。

**11.2.4** 对家庭洗涤手洗按照 AATCC LP2 规定的标准手洗程序进行。每块样品或终端产品应单独手洗。

**11.3** 暴露 2：干洗。

**11.3.1** 每个试样均按照 AATCC TM158 规定执行干洗程序。每块样品或终端产品在洗涤时均应负载相同重量的载荷。

**11.3.2** 干洗循环进行 1 次，买卖双方协商除外。

**11.3.3** 对于电阻测量，标记和测试尺寸稳定并不必要。

**11.4** 暴露 3：水喷淋。

每个试样均按照 AATCC TM22 执行喷淋程序。

**11.5** 暴露 4：水静水压。

**11.5.1** 事先确定实验终点后，每个试样均按照 AATCC TM127 执行静水压程序。

**11.5.2** 按照规定水压上升速率增加水压，直到达到 2000mm $H_2O$，在此条件维持 2min 后立即将水压释放为 0 并取下试样。

**11.5.3** 在水压升高到 2000mm 或维持 2min 的过程中，如有水珠产生不应停止试验。同时在 2000mm 水压下，不应维持超过 2min。

**11.6** 暴露 5：水盐（海水）。

**11.6.1** 每个试样均按照 AATCC TM106 执行耐海水色牢度程序。

**11.6.2** 为避免损坏流通电路，应调整施加压力的大小。如果使用了 AATCC TM106 规定外的其他压力，应在报告中注明。

**11.7** 暴露 6：汗液。

**11.7.1** 每个试样均按照 AATCC TM15 执行耐汗渍色牢度程序。

**11.7.2** 为避免损坏流通电路，应调整施加压力的大小。如果使用了 AATCC TM15 规定外的其他压力，应在报告中注明。

**11.8** 暴露 7：酸和碱。

每个试样均按照 AATCC TM6 执行耐酸和碱色

牢度程序，确保按照斑点法对每个流通电路进行测试。

**11.9** 暴露8：紫外线和水分。

每个试样均按照 AATCC TM186 选项 1 100h，执行紫外线和水分测试程序。

**11.10** 暴露9：微生物。

**11.10.1** 每个试样均按照 AATCC TM100 执行抗菌性测试程序，但不进行稀释和平板培养。

**11.10.2** 进行中和之后从罐中取出试样，弃去废液。试样进行干燥和调湿后，测试其电阻值。

## 12. 评价

**12.1** 进行电阻测试前，再次进行试样调湿（第9章）。

**12.2** 测试和记录处理后试样的电阻值。使用与测试初始值相同的测试仪器在相同标记点进行测量（见11.1）。

**12.3** 测量和记录标记点间距离，精确到最近的 1mm。

## 13. 计算

**13.1** 对每一种暴露条件，计算所有初始试样的电阻平均值，记为 $R_i$。

**13.2** 对每一种暴露条件，计算所有暴露后试样的电阻平均值，记为 $R_f$。

**13.3** 对每一种暴露条件，计算所有初始试样的标记点长度，记为 $d_i$。

**13.4** 对每一种暴露条件，计算所有暴露后试样的标记点长度，记为 $d_f$。

**13.5** 对每一种暴露条件，按照下式计算试样在处理前后电阻的变化百分率（%）。

$$RC = (R_f - R_i)/R_i \times 100\%$$

式中：$RC$——处理后电阻变化百分率，%；

$R_f$——处理后，电阻平均值，$\Omega$；

$R_i$——处理前，电阻平均值，$\Omega$。

## 14. 报告

**14.1** 测试样品的描述。

**14.2** 试验是按照 AATCC TM210-2019（2020）进行的，报告每一种暴露条件测试。

**14.3** 报告通用测试条件。

**14.3.1** 万用表或欧姆表分辨率和精度。

**14.3.2** 探针和接触系统型号。

**14.4** 对于暴露1：家庭洗涤报告测试条件和结果。

**14.4.1** 暴露程序（AATCC LP1 或 AATCC LP2）和版本号。

**14.4.2** 洗涤条件包括循环洗涤次数，温度和干燥程序。

**14.4.3** 洗涤用水硬度（mg/kg）。

**14.4.4** 试样描述（导电通路长度，宽度，形状，材料等）。

**14.4.5** 每个试样标记点初始距离和暴露处理后距离（mm）。

**14.4.6** 标记点间，所有试样初始平均距离 $d_i$ 和暴露处理后平均距离 $d_f$（mm）。

**14.4.7** 每个试样标记点间初始电阻值和暴露处理后电阻值（$\Omega$）。

**14.4.8** 标记点间，所有试样初始电阻值平均值 $R_i$ 和暴露处理后电阻值平均值 $R_f$（$\Omega$）。

**14.4.9** 洗涤后电阻变化百分率（%）。

**14.4.10** 任何偏离方法的细节。

**14.5** 对于暴露2：干洗报告测试条件和结果。

**14.5.1** 暴露程序（AATCC TM158）和版本号。

**14.5.2** 使用的程序（常规材料或敏感性材料）。

**14.5.3** 测试样品占载荷质量的百分率。

**14.5.4** 洗涤舱类型。

**14.5.5** 干燥时，最高出气口或入口空气温度。

**14.5.6** 处理细节。

件和洗涤次数达成一致。检测结果中应声明洗涤条件。

注意：调节后的菌液必须在 2h 内使用。

注意：可以使用其他浓度的营养物，只要能够在未经处理的对照织物上产生氨气。报告中必须概述这些变化。

**9.6** 吸取 1.0mL 含 2%尿素的菌液至每个试样上，注意确保培养液全部被织物吸收。

注意：如果为了防止测试样品的过饱和而需要减少菌液量时，应使用不少于 0.5mL 的菌液量。当减少试验菌液量时，除非另有规定，否则应增加菌液中的菌浓度，以提供与使用正常菌液量时相同数量的细菌细胞。

**9.7** 用薄膜或类似的基材密封烧瓶口，见图 1。

**9.8** 将所有烧瓶置于 37℃±2℃的培养箱中培养 20h±2h。

**9.9** 对于每个烧瓶，按照检测器的说明，打开气体检测器，折断管颈，并将开口的一端插入每个容量瓶的颈口处，密封颈口与大气隔离。

**9.10** 根据需要用密封胶条将气体检测管固定在颈部，以保证密封。

**9.11** 将所有烧瓶置于 37℃±2℃的培养箱中，并记录开始的时间。

**9.12** 每小时监测一次烧瓶，观察每个气体检测管包装内由黄变蓝的痕迹。对于每个烧瓶，记录与检测管刻度上颜色变化相关的读数，以及试验时间。

注意：气体检测管检定的暴露时间只有 8h，与柱子的暴露接触时间必须在 8h 后停止。

**9.13** 建议一旦检测到颜色变化，此后每隔 30min 读取并记录一次数据。

**9.14** 当读数到达刻度顶部或达到 8h 时（以先到者为准），试验结束。终点时间将作为计算浓度（mg/kg）值和减少百分比（%）的依据。

图 1　在 37℃±2℃下培养 6h，含有经抗菌处理和
未经抗菌处理的织物的试验容器

## 10. 计算

**10.1** 对于每个试样和对照样，终点读数除以相应的试验时间得到产生氨气的浓度（mg/kg）值。

$$浓度(mg/kg) = \frac{读取的浓度(mg/kg)值×时间(h)}{暴露的时间(h)}$$

（1）

**10.2** 如果采用重复试验，计算样品中所有试样的平均浓度（mg/kg）值。计算所有对照样的平均浓度（mg/kg）值。

**10.3** 使用式（1）得到的浓度（mg/kg）值，按照式（2）计算经抗菌整理的织物的氨气减少百分比（%）。

$$R = 100 × \frac{B - A}{B}$$

（2）

式中：$R$——减少百分比，%；

$A$——抗菌整理的样品产生的平均氨气浓度，mg/kg；

$B$——未经整理的样品产生的平均氨气浓度，mg/kg。

## 11. 报告

**11.1** 测试样品的描述和识别。

**11.2** 报告样品测试方法 AATCC TM211-2021。

**11.3** 报告试验条件。

**11.3.1** 所使用的对照样。

**11.3.2** 使用的试验菌，包括来源和菌株数量。

**11.4** 报告测试结果。

**11.4.1** 每个试样和对照样的氨气浓度（mg/kg）。

**11.4.2** 每个试样和对照样的结束时间（h）。

**11.4.3** 试样的氨气减少百分比（%）。

## 12. 精确度和偏差

**12.1** 精确度。2020 年，三个实验室使用两种处理的织物和一种未处理的织物，完成了一项研究。织物 A 是对照样。织物 B 和 C 都经过相同的抗菌整理，但是织物 C 在 25 次家庭洗涤后进行测试。每个实验室采用 3 个试样和 1 名操作人员。试验菌为普通变形杆菌（两种不同的菌株）。

依据 2020 年的研究，本测试方法的重复性和再现性见表 1。

表 1  氨气减少百分比（%）的精确度

| 样品 | 平均值 | 实验室内<br>重复性（*SD*） | 实验室间<br>再现性（*SD*） |
|------|--------|------------------|------------------|
| B | 98.9 | 0 | 0.12 |
| C | 4.5 | 4.44 | 5.44 |

**12.2** 偏差。氨气的减少了只能用测试方法来界定。没有单独的方法来测定其真值。作为评估该性能的一种手段，该方法没有已知的偏差。

## 13. 注释

**13.1** Smeet, Bulsing, van Rooden 等人. 氨的气味和刺激阈值：静态和动态嗅觉法的比较. 化学感官, 2006。

**13.2** Aerias,（空气质量科学室内空气质量资源中心）, 2211 Newmarket Pkwy, Suite 106, Atlanta GA 30067,（770）933-0638。

**13.3** 供美国卫生与公众服务部 CDC/NIH_HHS 使用的出版物，出版号（CDC）84-8395。

**13.4** 合适的仪器、试剂或材料来源信息，请访问 AATCC 买方指南 www.aatcc.org/bg。AATCC 提供其合作会员销售的项目和服务清单。但是 AATCC 并不证明其资格或以任何方式批准、认可或证明清单上的任何物品符合测试方法的要求。

**13.5** ATCC 是美国菌种保藏中心（美国），CIP 是法国巴斯德菌种保藏中心（法国），DSM 是德国微生物和细胞保藏中心（德国），CCUG 是瑞典哥德堡大学菌种保藏中心（瑞典），世界菌种保藏联合会代理处获得的等效菌株可经有关各方协议使用。测试所使用的菌株应有其来源证明。

**13.6** 适用于测试杀菌/整理剂静态效果的测试方法为 AATCC TM100 或 AATCC TM147。

## 14. 历史

该方法由 AATCC RA31 委员会于 2021 年建立。

*AATCC TM212-2021*

# 家庭洗涤过程中纤维碎片释放量的试验方法

## 前言

在环境污染的背景下使用"超细纤维"术语具有歧义。AATCC 已经主动制定了纤维碎片和超细纤维的定义。尽管关于产生于环境中，尤其是水中的纤维碎片仍然存在很多问题，但是纺织行业的利益相关方决定，有必要开发一种标准方法来量化织物的脱落倾向。降解性、化学毒性和物理性损伤是纺织品脱落的其他重要的组成性能，需要开发额外的测试方法。随着研究的继续，一些测试参数可能会被修订，以提高方法的重现性和相关性。在尚未确定最佳规范的情况下，提供了一些可选则性。

## 1. 目的和范围

**1.1** 本方法测定在加速洗涤试验机中释放的纤维碎片的质量。加速洗涤法被认为提供了一种相对类似的方法，模拟在全面家庭洗涤中纤维碎片的释放性能。但是尚未确定精确的相关性。

**1.2** 本方法适用于可家庭洗涤的纺织品。

## 2. 原理

**2.1** 试样在某一温度、洗涤剂（可选）和一定转速条件下洗涤，在短时间内产生并释放纤维碎片。罐体在不锈钢珠和较低的浴比下旋转，加速织物的摩擦。对洗液进行过滤，测定纤维碎片的质量。

**2.2** 在测试前，各方应就方法的选择达成一致。洗涤方法 A 使用洗涤液，使织物试样完全浸湿。洗涤方法 B 仅使用水。干燥方法 A 使用标准纺织品测试环境下的过滤器。干燥方法 B 使用烘箱干燥后的过滤器。烘箱干燥可以更严格地控制过滤器的质量，但是由于空间限制和测试过程中会吸

湿，因此对一些实验室来说是不切实际的。

**2.3** 结果报告为：沉积在过滤器上的纤维碎片质量和占初始织物试样质量的百分比。

## 3. 引用文献

注释：除非另有说明，否则应使用所有出版物的当前版本。

**3.1** ASTM D6193《针脚和缝合的标准操作规程》（见 18.1）。

**3.2** ASTM E1402《抽样计划的标准指南》（见 18.1）。

## 4. 术语

**4.1** 纤维：在纺织品中，是构成纺织品基本元素的各种类型物质的统称，一般具有较好的柔韧性、纤细和较高的长厚比。

**4.2** 纤维碎片：从纺织品结构中断裂（或分离）出来的短纤维（通常长度小于 $5\times10^{-3}$ m）。

注意：纤维碎片作为环境污染物而引起关注，由于尺寸小，它们通常被称为"超细纤维"。

**4.3** 超细纤维：线密度小于 1dtex 或 1 旦尼尔的纤维。

注意：聚酯超细纤维通常直径小于 $10^{-5}$ m；这是一个经常被参考的尺寸，但不是超细纤维的标准定义。

注意：术语"超细纤维"已被广泛作为"纤维碎片"的同义词，为了避免歧义，AATCC 仅在线密度范畴内使用"超细纤维"。

## 5. 安全和预防措施

**5.1** 本方法/程序中指定的安全预防措施是测

试程序的辅助，但未指出所有可能的安全问题。

**5.2**　在本标准中，使用者在处理材料时有责任参考适用的安全数据表、采用安全和适当的技术、穿戴适当的个人防护设备。

**5.3**　使用者务必向制造商咨询详尽信息，如设备操作说明和其他建议。咨询并遵守所有适用的健康和安全规定［如美国职业安全卫生管理局（OSHA）标准和规定］。

## 6. 使用和限制条件

**6.1**　本测试方法并不提供成品在全面家庭洗衣机洗涤中释放的纤维碎片质量的精确相关性。

**6.2**　以玻璃纤维过滤器的质量变化作为结果报告。来自被测试样、操作过程或环境中的其他材料也可能沉积在过滤器上，从而增加纤维碎片的表观质量。由于不完全漂洗造成的纤维碎片的丢失也会影响表观质量。

**6.3**　由于玻璃纤维过滤器的孔径为 1.6μm，较小的纤维有可能从过滤器中逸出。因为仅使用同一尺寸的一个过滤器，所以在过滤器上也有可能捕获大于 5mm 的纤维。

## 7. 仪器（见 18.2)

**7.1**　可缝制单针锁式线迹的缝纫机，缝纫线类型为 301 型（见 ASTM D6193）。

缝纫针，0.65mm（9 号）或适合样品织物的尺寸（见 18.3）。

**7.2**　分析天平，分辨率 0.0001g。

**7.2.1**　去离子器，为获得准确的称量结果时推荐使用。

**7.2.2**　无静电刷。

**7.3**　加速洗涤试验机。

**7.3.1**　可在恒温控制水浴中以（40±2）r/min 的转速转动密封罐的洗涤设备。

**7.3.2**　不锈钢杠杆锁密封罐，2 型，1200mL（2.54pt），90mm×200mm（3.5 英寸×8.0 英寸），

盖子带氯丁橡胶垫。

**7.3.3**　聚四氟乙烯密封圈。

**7.3.4**　将密封罐固定于加速洗涤试验机机轴上的机械装置。

**7.3.5**　不锈钢珠，直径 6mm（0.25 英寸），每个密封罐 50 个。

**7.4**　调湿设施和带孔架的调湿/干燥架（干燥方法 A，见 18.5）。

**7.4.1**　可选（干燥方法 A），非循环空气干燥烘箱，能够保持温度在 70℃±2℃。

**7.4.2**　干燥方法 B（烘箱干燥），玻璃干燥器，有足够的空间可放置至少 20 个铝质称量盘。

**7.4.3**　干燥方法 B（烘箱干燥），干燥剂凝胶，例如硅胶。

**7.5**　适合直径为 47mm 过滤器的真空抽滤系统。

**7.5.1**　玻璃过滤漏斗和夹钳。

**7.5.2**　过滤器支架，烧结玻璃、烧结金属或不锈钢筛网。

**7.5.3**　真空瓶。

**7.5.4**　真空源。

## 8. 试剂（见 18.2)

**8.1**　蒸馏水或去离子水（见 18.4）。

**8.2**　洗涤方法 A，洗涤剂为 AATCC 高效（HE）标准参考洗涤液 WOB（不含荧光增白剂）（见 18.5）。

## 9. 材料（见 18.2)

**9.1**　湿巾，不脱毛，少绒或无绒。

**9.2**　丁腈手套。

**9.3**　实验服。

**9.4**　铝箔。

**9.5**　长丝缝纫线，适用于织物试样（见 18.6）。

**9.6**　夹钳，无锯齿。

**9.7** 铝质称量盘。

**9.8** 筛网，孔径小于 5mm（0.2 英寸）。

**9.9** 烧瓶，至少 1500mL。

**9.10** 洗瓶。

**9.11** 硅硼酸盐玻璃纤维过滤器，无黏结剂，孔径 1.6μm，直径 47mm。

**9.12** 药用滴管/球管，玻璃，容量 2mL，名义上每毫升 20 滴。

## 10. 抽样

**10.1** 试验结果仅在样品具有统计代表性时有效（见 ASTM E1402）。

**10.2** 抽样必须是随机的，每一个产品单元成为样本的概率应是相等的；每个样本的每一部分都应等可能地成为一个试样。

**10.3** 由于纯粹的偶然性，样本中的所有试样在偏差范围内必须是相同的。样本内必须没有已知原因的差异。

**10.4** 检测前，各方应就检测目的对样本的正反面达成一致。

## 11. 试样准备

**11.1** 本试验方法测试非常小的质量变化。尽量减少所有的污染源。

**11.1.1** 用不脱毛、少绒或无绒的湿巾擦拭所有的工作台。

**11.1.2** 在衣服外面穿上实验服，将长发绑在后面。

**11.1.3** 佩戴丁腈手套。不要徒手操作过滤器、试样或称量盘。分析天平应足够灵敏能够捕捉记录接触到的污染物。

**11.1.4** 清洁筛网及所有的玻璃器皿，然后在使用前进行三次冲洗。

**11.1.5** 尽量减少与其他试样的接触，避免污染试样。为了消除因剪样台和缝纫机等常见表面造成的试样之间的污染，请用不脱毛、少绒或无绒的湿巾擦拭。

**11.2** 剪取 4 个试样，每个试样 200mm × 340mm（8 英寸×13.5 英寸），对角线通过样本的最长边与布边平行。

**11.3** 采用折光边整理所有试样的边缘，缝型为 EFb-1（见 ASTM D6193）。

**11.3.1** 将试样沿每边向里（背面）折 50mm（2 英寸）。不要按压。对于厚重试样，宽的折边更容易折叠。为了一致性，所有试样应使用同一折边宽度。

**11.3.2** 将毛边再次向里翻折到折边处，留下一个折光边。不要按压。靠近内折线的地方车缝折边，使用锁式缝迹（缝纫线类型为 301 型）。针距 2.0~2.5mm（每英寸 10~12 针）。反封以确保针脚牢固。修剪缝纫线。

**11.3.3** 完成后的试样尺寸为（100±10）mm×（240±10）mm〔（4±0.4）英寸×(9.5±0.4) 英寸〕。

**11.3.4** 极少数情况下，织物试样采用 EFb-1 型缝法不可行，此时可采用交替缝纫法和/或布边缝纫法，并在测试报告中进行详细的说明。

**11.4** 在洗涤前避免在试样上打标记。打标记可能会因为记号笔或颜料薄片的损伤而影响纤维碎片的脱落。

## 12. 调湿

**12.1** 干燥方法 A：将织物试样置于温度为 21℃±2℃（70℉±4℉），相对湿度为 65%±5% 的大气环境中至少 4h，将每个试样分开放在筛网或调湿用多孔架上。用铝箔盖住试样以减少大气中沉积物可能造成的污染。

**12.2** 干燥方法 B：将织物试样置于 70℃的清洁、无空气循环的烘箱中至少 4h。将烘箱干燥后的织物试样放置在干燥器中冷却至少 30min。在移出试样后再次清理烘箱和干燥器，以尽量减少过滤器上的纤维污染。

**12.3** 过滤器在清洗后调湿或烘箱干燥和冷却

（见 13.3），不需要其他额外的调湿。

## 13. 准备工作

**13.1** 在预称重之前，需在每个铝质称量盘上贴上标签。

**13.2** 清洗每个过滤器并分别放置在贴签的铝质称量盘里。小心地把一个过滤器放进筛网里，用装有蒸馏水/去离子水的洗瓶冲洗过滤器，以去除可溶化合物。用镊子将过滤器从筛网上取下放进称量盘里。

**13.3** 调湿或烘箱干燥过滤器。

**13.3.1** 干燥方法 A：将过滤器（在称量盘中）置于 21℃±2℃（70℉±4℉），相对湿度为 65%±5% 的大气环境中至少 4h。用铝箔盖住过滤器以免污染。

**13.3.2** 干燥方法 B：将过滤器（在称量盘中）置于 70℃±2℃ 的无空气循环的烘箱中至少 1h。使用烘箱干燥后的过滤器进行试验。将烘箱干燥后的过滤器和称量盘放在干燥器中冷却 30min。过滤器保持在干燥器中，取出后立即使用。

**13.4** 洗涤方法 A：制备 0.25% 的洗涤剂溶液。

**13.4.1** 每 1000mL 蒸馏水中加入 2.5g 洗涤剂。搅拌均匀。

**13.4.2** 每次测试或重新搅拌时使用新的溶液，以确保一致性，并在测试报告中记录溶液配置日期。

## 14. 程序

**14.1** 将每组过滤器和称量盘放在天平上称量，记录总的试验前质量，精确制 0.0001g（$W_1$）。保证过滤器远离可能的污染源。

**14.1.1** 干燥方法 A：如果不是在调湿大气环境中称量的，则应将过滤器在称量后立即放回调湿大气环境中。

**14.1.2** 干燥方法 B：称量后立即将过滤器放回烘箱，干燥器或其他密闭环境中。

**14.2** 将每一个织物试样放在天平上称量，记录总的试验前质量，精确至 0.0001g（$S_1$）。保证试样远离污染源。用无静电刷去除试样称量之间掉落在天平上的松散纤维。使用去离子器来减少静电对质量的干扰。

**14.3** 将加速洗涤试验机加水至规定的水位。调节温度至 40℃±2℃（104℉±4℉）。

**14.4** 确保所有的密封罐、盖子、密封圈、垫和钢珠在使用前清洗干净。

**14.5** 在每个密封罐中加入 50 个不锈钢珠和 360mL 洗涤剂溶液（洗涤方法 A），或 360mL 水（洗涤方法 B）。

**14.6** 在每一个密封罐的盖子里放置一个氯丁橡胶垫。在垫片上放置聚四氟乙烯密封圈以减少洗涤水的污染。用垫圈盖紧盖子，密封好每个罐子。

**14.7** 在加入试样前，先将密封罐和罐内物体预热约 10min。

按照制造商的说明在主槽或外部加热装置中预热。

**14.8** 从加速洗涤试验机或外部加热装置中取出密封罐，快速在每个密封罐内加入 1 个试样。不要让密封罐内的溶液/水冷却。

**14.9** 向洗涤程序的验证密封罐中加入溶液/水和不锈钢珠，不加试样。在每次洗涤循环中，至少加入 1 个验证密封罐。每 4 个试样加 1 个验证密封罐来平衡设备可能会更方便。验证密封罐是一个"空白对照"，主要用于检查测试过程中产生的任何污染或无效的漂洗过程。

**14.10** 用胶垫和密封圈重新盖紧每个密封罐。

**14.11** 将密封罐水平固定在加速洗涤试验机的转轴上，保证当密封罐转动时，盖子首先击打到水。在转轴的每边放置等量的密封罐。将装有试样的密封罐和验证密封罐均匀地分装在旋转试验机的转轴上。

**14.12** 开启洗涤试验机，以（40±2）r/min

的转速运行 45min。

**14.13** 当水洗循环结束后，取出密封罐。

**14.14** 将第一个密封罐内内容物全部倾倒进烧杯上方的筛网中。小心避免溅出。收集全部水洗液于烧杯中，试样和不锈钢球留在筛网上。

**14.15** 冲洗密封罐内容物，收集全部冲洗液于同一烧杯中。

**14.15.1** 不得过度处理试样，取出筛网上的试样，用洗瓶进行冲洗，喷淋试样的正反面以冲洗掉表面的松散纤维碎片。使用筛网将全部的冲洗液收集进烧瓶中。请勿挤压或按压试样。

**14.15.2** 保持筛网于烧瓶上，使用装有蒸馏水/去离子水的洗瓶冲洗不锈钢球。重复冲洗 3 次。全部冲洗液经过筛网后收集于烧瓶中。从筛网上取走钢珠。

**14.15.3** 用洗瓶冲洗空筛网的四面，收集全部冲洗液于烧瓶中。重复冲洗 3 次。将筛网置于一边以备下一个试样使用。

**14.15.4** 用洗瓶冲洗胶垫、密封圈、密封罐和盖子，收集冲洗液于同一烧瓶中。重复冲洗 3 次。

**14.15.5** 冲洗戴手套的手指，因其可能通过接触试样或密封罐内容物而沾染纤维。收集全部冲洗液于同一烧瓶中。

**14.16** 过滤烧杯里面的内容物。确保密封罐里的试样编号顺序与过滤器称量盘匹配。

**14.16.1** 将一个新的清洗过的过滤器支架连接到抽滤瓶上，将抽滤瓶连接到真空泵上。

**14.16.2** 使用镊子小心地将过滤器从称量盘转移到支架上。

**14.16.3** 将漏斗置于过滤器上方并夹紧。打开真空，用喷水瓶将过滤器浸湿。

**14.16.4** 如果采用其他过滤系统，按照制造商的指示和注释进行安装，并在测试报告中注明偏离。

**14.16.5** 小心倾倒收集烧瓶的内容物，经过滤器过滤。避免溅出。用水冲洗烧瓶至少 3 次，以除去烧瓶侧面的残余纤维。全部冲洗液经过滤器过滤。

**14.16.6** 用洗瓶冲洗漏斗侧面至少 3 次。

**14.16.7** 停止抽真空，取下漏斗。

**14.17** 用镊子夹着过滤器的边缘转移至对应的称量盘中。不要掀翻过滤器。

**14.18** 如果纤维遗留在漏斗的底部，用药用滴管冲洗纤维至称量盘中（不要使用洗瓶，因为这样可能会溅起或将纤维冲到盘子外）。尽量少用水，可以避免干燥时间过长。

**14.19** 盖住过滤器和称量盘避免污染。

**14.20** 对剩余的密封罐重复冲洗和过滤程序（14.14~14.19），包含验证密封罐。

**14.21** 调湿或烘箱干燥过滤器。

**14.21.1** 干燥方法 A：将过滤器（在称量盘中）置于温度为 21℃±2℃（70℉±4℉），相对湿度为 65%±5% 的大气环境中至少 4h。用铝箔保持覆盖住过滤器，避免沾污。理想情况下，过滤器和收集的纤维应能在标准大气环境下达到吸湿平衡，但是对于每一个试样要验证这一点不是切实可行的；假设过滤器和纤维在 4h 内达到平衡。如果过滤器或纤维 4h 后仍旧是湿的，在测试试验后质量之前，应在标准大气条件下保持 4h 以上。

**14.21.2** 干燥方法 B：将过滤器（在称量盘中）置于 70℃±2℃ 的无空气循环的烘箱中至少 1h。称量烘箱干燥后的过滤器作为试验后质量。将烘箱干燥后的过滤器和称量盘置于干燥器中冷却 30min。保持过滤器于干燥器中，取出后立即称量。

**14.22** 用天平称量每一个调湿或烘箱干燥后的过滤器和称量盘组件，记录试验后的总质量，精确至 0.0001g（$W_2$）。保证过滤器远离可能的污染源。用无静电刷去除试样称量之间掉落在天平上的松散纤维。使用去离子器来减少静电对质量的干扰。

## 15. 计算

**15.1** 按照式（1）计算每个试样释放纤维碎片的质量。

$$F_{m,n} = W_{2,n} - W_{1,n} \qquad (1)$$

式中：$F_{m,n}$——第 $n$ 个试样上释放的纤维碎片的质量，g；

$W_{1,n}$——调湿或烘箱干燥后过滤器和称量盘的试验前质量，g；

$W_{2,n}$——调湿或烘箱干燥后过滤器和称量盘的试验后质量，g。

**15.2** 计算释放的纤维碎片的平均质量和每个样品的标准偏差。

**15.3** 按照式（2）计算每个试样释放纤维碎片的百分率。

$$F_{p,n} = \frac{W_{2,n} - W_{1,n}}{S_{1,n}} \times 100\% \qquad (2)$$

式中：$F_{p,n}$——第 $n$ 个试样释放的纤维碎片的百分比，%；

$W_{1,n}$——调湿或烘箱干燥后过滤器和称量盘的试验前质量，g；

$W_{2,n}$——调湿或烘箱干燥后过滤器和称量盘的试验后质量，g；

$S_{1,n}$——调湿或烘箱干燥后试样的试验前质量，g。

**15.4** 计算每个试样释放的纤维碎片的平均百分率和标准偏差。

**15.5** 按照式（3）计算每个验证密封罐累积的污染物质量。

$$F_{m,v} = W_{2,v} - W_{1,v} \qquad (3)$$

式中：$F_{m,v}$——第 $v$ 个验证密封罐累积的污染物质量，g；

$W_{1,v}$——调湿或烘箱干燥后过滤器和称量盘的试验前质量，g；

$W_{2,v}$——调湿或烘箱干燥后过滤器和称量盘的试验后质量，g。

## 16. 报告

**16.1** 测试样品的描述和识别。

**16.2** 报告样品测试方法 AATCC TM212-2021。

**16.3** 报告试验条件：

**16.3.1** 报告织物的正面。

**16.3.2** 报告试验用水为蒸馏水，还是去离子水。

**16.3.3** 报告使用的洗涤方法 A（洗涤剂溶液），还是洗涤方法 B（仅有水）。

**16.3.4** 报告洗涤剂配方和浓度，如果适用［默认为 AATCC 高效（HE）洗涤剂，WOB，0.25%］。

**16.3.5** 报告是否使用了干燥方法 A（调湿后试样和过滤器），或干燥方法 B（烘箱干燥后试样和过滤器）。

**16.4** 报告测试结果：

**16.4.1** 报告每个样品释放的纤维碎片平均质量，精确至 0.0001g。注意有效位数。例如，如果释放的纤维碎片质量为 0.0123g，有效位数就是 3（数字"0"不算有效位数）。

**16.4.2** 报告每个样品释放的纤维碎片质量的标准偏差。

**16.4.3** 报告每个样品释放的纤维碎片平均百分率，保留和释放的纤维碎片质量相同的有效位数（见 16.4.1）。

**16.4.4** 报告每个样品释放的纤维碎片百分率的标准偏差。

**16.4.5** 报告每个验证密封罐累积的污染物质量。不用从样品释放的纤维碎片质量中减去该值，该值仅用于参考。如果验证密封罐的污染物质量高于期望值，应考虑重新测试所有样品，采取其他的预防措施以避免污染。

**16.5** 描述对本发布方法的任何偏差，包括布边缝纫方法或过滤系统。

## 17. 精确度和偏差

**17.1** 精确度。2020 年，2 个实验室，3 种织物，完成了研究。织物 A 是纯棉机织毛圈布。每个实验室仅用 1 名实验员。织物 B 是再生纤维素/棉机织法兰绒织物。织物 C 是聚酯双面绒织物。全部测试采用干燥方法 A（调湿后的试样和过滤器）。采用洗涤方法 A〔AATCC 高效（HE）洗涤剂〕，收集结果数据。

**17.1.1** 表 1 给出了实验室内纤维碎片释放质量的精确度数值。

**17.1.2** 表 2 给出了实验室内纤维碎片释放百分率的精确度数值。以相对于基布质量的百分率来表示纤维脱落性能时，其差异程度远高于单纯用脱落质量来衡量的结果。这是由于织物基体影响了纤维脱落性能。

表 1  纤维碎片释放质量的精确度

| N | 实验室内精确度<br>（干燥方法 A，洗涤方法 A）* |
|---|---|
| 1 | 0.0005240 |
| 2 | 0.0003711 |
| 3 | 0.0003025 |
| 4 | 0.0002620 |
| 5 | 0.0002343 |
| 6 | 0.0002139 |
| 7 | 0.0001977 |
| 8 | 0.0001853 |
| 9 | 0.0001747 |
| 10 | 0.0001657 |

\* 所有实验室间纤维碎片释放质量的平均值为 0.0020g。织物 A 纤维碎片释放质量的平均值为 0.0016g，织物 B 纤维碎片释放质量的平均值为 0.0034g，织物 C 纤维碎片释放质量的平均值为 0.0013g。

**17.1.3** 精确度数据表是由两个不同实验室在三种不同织物上获得的数据，是有限的。虽然这些数据可用于初步指导/解释目的，但是需要征集更广泛和更具有代表性的机织物、针织物和非织造布

获得的结果，来不断更新精确度数据表。

**17.2** 偏差。家庭洗涤中纤维碎片释放性能只能根据某一实验方法予以定义。没有单独的方法来确定真值。作为预测这一性能的手段，没有已知的偏差。

表 2  纤维碎片释放百分率的精确度

| N | 实验室内精确度<br>（干燥方法 A，洗涤方法 A）* |
|---|---|
| 1 | 0.0004740 |
| 2 | 0.0003357 |
| 3 | 0.0002737 |
| 4 | 0.0002370 |
| 5 | 0.0002120 |
| 6 | 0.0001935 |
| 7 | 0.0001792 |
| 8 | 0.0001676 |
| 9 | 0.0001580 |
| 10 | 0.0001499 |

\* 所有实验室间纤维碎片释放百分率的平均值为 1.2753%。织物 A 纤维碎片释放百分率的平均值为 0.007197%，织物 B 纤维碎片释放百分率的平均值为 0.026414%，织物 C 纤维碎片释放百分率的平均值为 0.006355%。

## 18. 注释

**18.1** 可从 ASTM 网站获取。网址：www. astm. org。

**18.2** 有关本测试方法的其他设备信息，请访问 AATCC 买家指南网站 www. aatcc. org/bg。AATCC 提供其企业会员单位所能提供的设备和材料清单。但 AATCC 没有给其授权，或以任何方式批准、认可或证明清单上的任何设备或材料符合测试方法的要求。

**18.3** 缝纫针需要根据织物结果选择。通常，选择最小的合适的针，以降低试样的损伤和变形。

**18.4** 最佳做法是通过过滤水来减少污染。这是一个耗时的过程，可能在所有情况下都是不规范的，但是在使用前不过滤水，必须被考虑进误差的

一个潜在来源。

**18.5** 可从 AATCC 获取，地址：P. O. Box 12215，Research Triangle Park NC 27709；电话：+ 1. 919. 549. 8141；电子邮箱：ordering@ aatcc. org；网址：www. aatcc. org。

**18.6** 建议使用长丝线，以尽量减少缝纫线纤维碎片的污染。所有的线头都应小心修剪和丢弃。

复丝线可能比单丝线更好用，但两者都可以。锦纶和聚酯长丝都可以。

## 19. 历史

该方法由 AATCC RA100 研究委员会于 2021 年建立。

*AATCC TM213-2022*

# 纺织品垂直芯吸性能的测定：指定时间法

## 前言

多年来，有很多种用于评价纺织品垂直芯吸性能的测试方法。2004 年，AATCC 和 ASTM 联合发表了技术增刊，一本非官方的行业程序专集。在技术增刊中，本试验方法是测试垂直芯吸程序的较为全面和标准化的版本。首次发布时，本实验方法包含可选用指定距离和指定时间来测试芯吸速率。2022 年，指定距离的芯吸速率保留在 AATCC TM197 中，指定时间的芯吸速率则转移为该方法。

## 1. 目的和范围

**1.1** 本试验方法用于评价当裁剪边缘浸没时，面料试样垂直运送液体的能力。

**1.2** 本方法适用于机织、针织或非织造面料。

## 2. 原理

**2.1** 通过视觉观察液体从裁剪边缘沿着面料试样运动和/或渗透的距离，在指定间隔时，手动计时并记录。

**2.2** 液体沿面料运动的性能可能会受到纤维成分、织物组织结构、机械或化学加工工艺或上述因素的组合影响。

**2.3** 报告短期（120s）和长期（600s）的芯吸速率结果（单位时间的距离）。

## 3. 引用文献

注释：除非另有说明，否则使用所有出版物的现行版本。

**3.1** AATCC LP1《家庭洗涤的实验室程序：机洗》（见 16.1）。

**3.2** AATCC TM197《纺织品垂直芯吸性能的测定：指定距离法》（见 16.1）。

**3.3** ASTM D123《有关纺织品的术语》。

**3.4** ASTM D1331《涂料溶液，溶剂，表面活性剂溶液及相关材料的表面张力与界面张力的标准试验方法》。

**3.5** ASTM E1402《抽样计划的标准指南》。

**3.6** ASTM D1776《纺织品调湿和试验条件的标准规程》。

## 4. 术语

**4.1** 吸收：一种材料（吸收剂）吸收另外一种材料（被吸收的物质）的过程；如纤维对液体的吸收（ASTM D123）。

**4.2** 毛细作用：液体在不借助外力，如重力的情况下，在粘附力、凝聚力和表面张力的作用下，通过狭窄通道的过程。

**4.3** 面料：在纺织品中，由纱线或纤维织造而成的平面结构（ASTM D123）。

**4.4** 垂直芯吸性能：在垂直夹持的纺织品中，液体通过吸收或毛细作用的向上运动。

**4.5** 垂直芯吸速率：液体沿纺织品运动或渗透的速度。

**4.6** 芯吸性能：液体通过毛细作用沿着纺织材料运动或渗透。

**4.7** 芯吸距离：液体沿着纺织品运动或渗透，从起点到终止点的线性测量值。

**4.8** 芯吸时间：液体沿着纺织品运动或渗透的时间周期。

图1，图2）。

### 5. 安全和预防措施

**5.1** 本方法/程序中的安全和预防措施有助于测试程序，但未指出全部的安全问题。

**5.2** 在本测试方法中，使用者在处理材料时有责任参考合适的安全数据表，使用安全和适当的技术，佩戴合适的个人防护装备。

**5.3** 使用者务必向制造商咨询有关材料的详尽信息，如设备操作说明书和其他建议。咨询并遵守全部适用的健康和安全规定［如美国职业安全卫生管理局（OSHA）标准和规定］。

### 6. 使用和限制条件

**6.1** 本测试中可能采用除蒸馏水或去离子水的其他液体（彩色水、染料溶液等）。不同表面张力的液体可能产生不同的测试结果。

**6.2** 本程序测试液体沿浸没的裁剪边缘向上垂直运动的性能，但不能代表最终产品在实际穿着中接触水的情况。

**6.3** 本测试的结果不能体现舒适性，本方法不适用于舒适性评价。

**6.4** 垂直与水平芯吸性能测试结果之间的相关性未知。

### 7. 仪器、试剂、材料（见16.2）

**7.1** 温度为21℃±2℃（70℉±4℉）的蒸馏水或去离子水。

**7.2** 标记笔，细头，带水溶性墨水（见16.3）。

**7.3** 秒表或数字计时器。

**7.4** 测量卷尺或直尺，毫米刻度。

**7.5** 表面张力计，使用蒸馏水或去离子水以外的液体时用（见11.1）。

**7.6** 锥形烧瓶，500mL；或矩形平底盘，足够长，能够并排放置全部试样。

**7.7** 剪式支架，采用锥形瓶时使用。

**7.8** 将试样放入烧瓶或平底盘的方式（见

图1 锥形烧瓶中垂直芯吸性能测试的试样放置

图2 测试多试样的矩形平底盘

**7.9** 小型直针（可选，见11.2）。

**7.10** 无粉一次性手套，如橡胶或丁腈橡胶。

### 8. 抽样

**8.1** 试验结果仅在样品具有统计代表性时有效（见 ASTM E1402）。

**8.2** 抽样必须是随机的，每一个产品单元成为样品的概率应是相等的；每个样品的每一部分都

（A）、悬挂晾干（B）、平摊晾干（D）的试样，应继续洗涤直至最后的脱水循环。

（B）悬挂晾干。将试样的两个角挂起，使织物长度方向为悬垂方向。将试样悬挂在不超过26℃（78℉）的静止空气中晾干。不要直接对试样吹风，可能会导致变形。

（D）平摊晾干。将试样平铺在晾晒架上，抚平折痕，切忌扭曲或拉伸试样。将试样置于不超过26℃（78℉）的静止空气中直至晾干。不要直接对试样吹风，可能会导致变形。

**12.1.8** 每次洗涤后，将缠在一起的试样和陪洗布分离，分离时应最大限度地避免试样变形。然后开始相应的干燥程序。

**12.2** 转筒烘干（A）。

**12.2.1** 将洗涤载荷（试样与陪洗布）放进滚筒烘干机中，设置温度达到最大排气温度68℃ ±6℃（155℉±10℉）。

**12.2.2** 运行烘干机，直到负载完全干燥。

**12.2.3** 循环结束后立即从烘干机中取出试样，平放以防止产生影响去污评级的褶皱或折痕。

**12.3** 熨烫（可选）。

**12.3.1** 消费者总是希望可以熨烫最终产品，如果试样褶皱严重，则可以在评级之前手工熨烫试样或产品。由于不同操作人员的手工熨烫程序会存在较大差异（没有标准的手工熨烫程序），因此不同操作人员手工熨烫后的试验结果应当谨慎使用。

**12.3.2** 参照 AATCC TM133，表1安全熨烫温度指南，根据纤维成分选择使用安全的熨烫温度，施加使试样平整所需的最小压力。

**12.4** 每个试样的易去污评级应在干燥后4h内完成，无须再次调湿。

## 13. 评级

**13.1** 将评级样照放在观测板上，中心距离地面114cm±3cm（45磅±1磅）（见附录）。如果已经商定使用 AATCC 变色灰卡或其他样卡，需在报告中注明。

**13.2** 将试样正面朝上平铺在桌子中央，旋转试样至可观察到的最低等级的方向。

**13.3** 在离观测板76cm±3cm（30英寸±1英寸）的位置正对试样进行评估，双眼距离地面约157cm±15cm（62英寸±6英寸）。水平或垂直方向的不同观察角度可能会影响部分织物的评级。

**13.4** 两名观察员应独立对每个试样上的每种污渍进行评级。与残余污渍最接近的评级样照对应的等级就是试样的易去污等级。当残留污渍处于评级样照中间的等级时，可以评为半级（如1.5、2.5、3.5、4.5）。

**13.5** 计算每种污渍的4次评级的平均值（2个观察员，2个试样），精确至0.1。这是该测试方法的测量单位。

## 14. 报告

**14.1** 被测样品的描述或识别。

**14.2** 报告样品测试依据 AATCC TM215-2023。

**14.3** 报告测试条件：洗涤过程中水的硬度，以百万分之一（ppm）表示。

**14.4** 使用的污渍，包括品牌或者成分。

**14.5** 报告测试结果。

**14.5.1** 计算每种污渍的平均去污等级。

**14.5.2** 每个试样和观察员的单独去污等级，或者平均值的标准偏差。

**14.6** 报告与本测试方法的任何偏离，包括替代的污渍或洗涤程序。

## 15. 精确度和偏差

**15.1** 精确度——实验室间比对试验数据——2021年进行了一项涉及3个实验室的实验室间比对研究，旨在确定该测试方法的精确度值。每个实验室按照程序要求进行测试，由1名操作员和3名独立观察员根据 AATCC 去污样照评定试样。使用 AATCC LP1-2021 表 Ⅰ ［标准洗涤循环，正常设置，41℃（105℉）水温，转筒干燥〕进行洗涤。

本研究使用了4种参考污渍，即 i）韦尔奇葡萄汁，ii）卡夫意大利沙拉酱，iii）法国芥末，和 iv）亨氏番茄酱。这些污渍在当地购买，并提供给所有参与者。本研究使用了6种织物，其中3种代表锁式针织结构，3种代表斜纹机织结构。值得注意的是，锁式针织和斜纹机织结构都是紧密结构的织物。

**15.2** 精确度——表2列出了四种不同污渍（韦尔奇葡萄汁，卡夫意大利沙拉酱，法国芥末和亨氏番茄酱）的实验室内和实验室间精确度值。如预期所料，实验室间精确度值大于实验室内精确度

值。在四种污渍中，法国芥末精确度值最高，卡夫意大利沙拉酱精确度值最低。

6种不同结构、不同成分的织物去污能力并不相同，表明6种织物的易去污评级存在显著差异。这意味着一种污渍类型不能与另一种互换。

各个子组（污渍类型）在单个织物内未表现出显著差异，这意味着结果在参与研究的实验室中具有可重复性和再现性。

**15.3** 偏差——易去污等级的准确值仅能以一个测试方法来定义，没有单独的方法可以测试其准确值，作为评价该性能的方法，本方法没有已知的偏差。

表2　指定污渍的实验室内和实验室间精确度

| 序号 | 韦尔奇葡萄汁 | | 卡夫意大利沙拉酱 | | 法国芥末 | | 亨氏番茄酱 | |
|---|---|---|---|---|---|---|---|---|
| | 实验室内 | 实验室间 | 实验室内 | 实验室间 | 实验室内 | 实验室间 | 实验室内 | 实验室间 |
| 1 | 0.3012 | 0.852 | 0.1783 | 0.5031 | 0.3707 | 1.0468 | 0.2041 | 0.5768 |
| 2 | 0.213 | 0.6034 | 0.126 | 0.3563 | 0.263 | 0.7414 | 0.145 | 0.4085 |
| 3 | 0.174 | 0.4919 | 0.103 | 0.2905 | 0.214 | 0.6044 | 0.118 | 0.333 |
| 4 | 0.151 | 0.426 | 0.089 | 0.2516 | 0.185 | 0.5234 | 0.102 | 0.2884 |
| 5 | 0.135 | 0.381 | 0.08 | 0.225 | 0.166 | 0.4681 | 0.091 | 0.2579 |
| 6 | 0.123 | 0.3478 | 0.073 | 0.2054 | 0.151 | 0.4274 | 0.083 | 0.2355 |
| 7 | 0.114 | 0.3221 | 0.067 | 0.1902 | 0.14 | 0.3958 | 0.077 | 0.2181 |
| 8 | 0.107 | 0.3013 | 0.063 | 0.1779 | 0.131 | 0.3702 | 0.072 | 0.204 |
| 9 | 0.1 | 0.284 | 0.059 | 0.1677 | 0.124 | 0.3489 | 0.068 | 0.1923 |
| 10 | 0.095 | 0.2694 | 0.056 | 0.1591 | 0.117 | 0.3311 | 0.065 | 0.1824 |

## 16. 注释

**16.1** 可从 AATCC 获取，地址：PO Box 12215, Research Triangle Park NC 27709, USA；电话：+ 1.919.549.8141；电子邮箱：ordering @ aatcc.org；网址：www.aatcc.org.

去污样照应每12个月更换一次，于暗处储存以免褪色。

**16.2** 可从 ASTM International 获得，地址：100 Barr Harbor Dr., W. Conshohocken PA 19428, USA；电话：+ 1.610.832.9500；网址：www.astm.org.

**16.3** 关于该测试方法相关设备信息，请登录 www.aatcc.org/bg，在线浏览 AATCC 用户指南。AATCC 提供了列有其企业会员出售的设备和服务

的清单，但 AATCC 未对其授权，或以任何方式批准、认可或证明列出的任何设备或材料是否符合其标准规范。

**16.4** 有关符合标准参数的洗衣机和烘干机型号，请访问 www.aattcc.org/test/washers 或联系 AATCC，地址：PO Box 12215, Research Triangle Park NC 27709, USA；电话：+ 1.919.549.8141；电子邮箱：ordering@aattcc.org。

**16.5** 由于存积在陪洗布上的整理剂和/或污渍可能向试样转移，若认为该转移现象会严重影响易去污性能结果时，或者使用新的整理剂获取关键结果时，应使用新的陪洗布，陪洗布出现明显磨损或破损时应及时更换。

**16.6** 水的硬度可以根据生产厂商说明使用住宅用的试剂盒来测量。水的硬度会降低洗涤剂的效果，导致去污等级降低。本测试方法未指定硬度范围，但在比较不同水硬度值的测试结果时应谨慎。

**16.7** 本测试方法中列出的洗涤温度和其他参数是用于测试的标准条件，与大多数实验室程序一样，它们代表了当前的消费习惯，但不一定完全复制，消费者的使用方法随时间和家庭的不同而不同。实验室的使用方法必须保持一致，以便进行有效的结果比对。如果使用了本测试方法规定之外的洗涤设备或条件，应当描述细节并注明本方法的任何偏离。AATCC LP1 列出了可选的洗涤条件。

**16.8** 该方法规定了使用 2 个 96 英寸的灯管来观察洗后试样。然而，部分实验室由于空间限制无法使用 96 英寸的灯管。在这种情况下，可以使用 2 个 48 英寸的灯管和一个较窄的观察板。

## 17. 历史

2023 年由 AATCC RA56 技术委员会制定。

# 附录

**评级区**

**1.** 观察板。

**1.1** 胶合板，高 1829mm（72 英寸），厚 6mm（0.25 英寸），需足够宽以放置样照。

**1.2** 板上喷涂与 AATCC 的 2 级灰卡相同的颜色。CIELAB 值约为 $L^* = 77$，$a^* = 0$，$b^* = 0$。每个参数的色板颜色可接受两个单位的允差。

**2.** 照明。

悬挂荧光灯管（见 16.8）。

**2.1** 2 个平行的 F96 T12 冷白灯（无挡板或玻璃）。

**2.2** 一个白色搪瓷反光镜（无挡板或玻璃）。

**2.3** 如附图 1 所示固定。

**2.4** 除去指定荧光灯之外的所有光源。

**3.** 墙壁。

许多观察者的经验表明，靠近观察板的侧墙会反射光线干扰评估结果。建议将侧墙涂成哑光黑色（85 度角光泽度小于 5 个单位）或在观察板两侧安装遮光帘以消除反射。

**4.** 试样台。

**4.1** 桌子顶部为无眩光黑色，尺寸 610mm×920mm（24 英寸×36 英寸）；高度为 890mm±30mm（35 英寸±1 英寸）。

**4.2** 桌子的长边居中并与观察板接触（附图 1）。

2438mm
（夹具标称尺寸96英寸）

619.8mm ± 7.6mm
（24.4英寸 ± 0.3英寸）

5° ± 0.5°

1829mm ± 25mm
（72英寸 ± 1英寸）

2362mm ± 25mm
（93英寸 ± 1英寸）

1143mm ± 25mm
（45英寸 ± 1英寸）

889mm ± 25mm
（35英寸 ± 1英寸）

635mm ± 13mm
（25英寸 ± 0.5英寸）

914mm ± 25mm
（36英寸 ± 1英寸）

610mm ± 13mm
（24英寸 ± 0.5英寸）

1626mm ± 2.5mm
（6.4英寸 ± 0.1英寸）

（a）正视图

（b）侧视图

**附图1　易去污评级区**

下网址 www. aatcc. org/bg。AATCC 提供与本方法相关设备和材料合作商的名单，但未对其授权，或以任何方式批准、认可或证明清单上任何设备或材料符合本测试方法的要求。

**13. 2** 可以联系 AATCC 进行采购，地址：P. O. Box 12215，Research Triangle Park，NC 27709；电话：+ 1. 919. 549. 8141；传真：+ 1. 919. 549. 8933；电子邮箱：ordering@ aatcc. org；网址：www. aatcc. org。

**13. 3** 1993 AATCC 标准洗涤剂含或不含荧光增白剂均可用于本程序规定的试样。具体需根据选取的测试方法要求来确定选用那种洗涤剂。如为指定，对所有需进行色牢度评价的试样选用不含荧光增白剂的洗涤剂。应优先推荐选取消费者所使用的用于手洗的洗涤剂。但使用此类洗涤剂会造成实验室间的差异。即使进行了比对测试，但由于为了满足市场或消费者的需求，洗涤剂配方可能改变，因此可重复性较低。

## 14. 历史

**14. 1** 2020 年重新审定。

**14. 2** 2019 年编辑性修订。

**14. 3** 由 AATCC 委员会 RA88 于 2018 年制定，替代了 AATCC M5。

## AATCC LP3-2018e

# 纺织品表面游离氯菊酯的转移实验室程序

AATCC RA49 技术委员会于 2018 年制定，2019 年编辑性修订。

## 前言

本试验程序的建立基于游离氯菊酯杀虫剂的转移、萃取和分析方法。但基于不同仪器生产厂商所制造的设备分析技术各异，技术委员会仅对转移程序作了标准化的规定。本方法同样适用于除氯菊酯外的其他化学物质的转移，但应针对不同化学物质配备相应的萃取和分析技术。尽管使用本试验程序不会产生直接的数据，但最后的报告结果中应注明试验是按本程序进行的。

## 1. 目的和范围

本程序规定了从纺织材料表面转移游离氯菊酯杀虫剂到干净的织物表面用于进行后续萃取和分析的方法。同样可适用于转移其他化学物质。

## 2. 原理

将处理过的试样（含氯菊酯）置于马丁代尔耐磨测试仪上，使用未经处理的白色测试织物与试样进行摩擦，将氯菊酯从试样上转移至白色测试织物上。摩擦时，可以通过摩擦次数的变化来测定测试试样表面游离氯菊酯的量。

## 3. 引用文献

**3.1** ASTM D4850《与织物及织物测试方法相关的标准术语》（见 11.1）。

**3.2** ASTM D1776《纺织品调湿和测试标准方法》（见 11.1）。

**3.3** ASTM D4966《纺织品耐磨性能标准测试方法（马丁代尔耐磨性测试方法）》（见 11.1）。

## 4. 术语

耐磨性：通过与其他表面进行摩擦而获得的材料表面的磨损性能（ASTM D4850）。

## 5. 安全保护措施

注意：本安全和预防措施仅供参考。本部分有助于测试的顺利进行，但并未指出所有可能的安全问题。在采用测试方法时，试验人员应采用安全和适当的方法来处理材料。务必向试验中所需材料和仪器的制造商咨询详尽信息，如试剂等的安全参数和使用指南等。务必向美国职业安全卫生管理局（OSHA）咨询并遵守其所有的标准和规定。

**5.1** 遵守实验室良好的管理规范。在所有的试验区域均应佩戴防护眼镜。

**5.2** 所有的化学品均应谨慎使用。

**5.3** 洗眼器/安全喷淋装置均应置于附近供应急使用。

**5.4** 测试完毕后，为避免氯菊酯任何接触性危害，应根据制造商建议妥善处理经整理后的样品。

## 6. 使用及限制

**6.1** 氯菊酯的转移程度受摩擦次数的影响。

## 10. 取样

**10.1** 测试结果只有在样品具有统计学代表性时才有效（见 ASTM E1402）。

**10.2** 取样必须随机。每个产品单元成为样品的数学概率相等；每个样品的每个部分能成为试样的可能性也必须相等。

**10.3** 所有样品必须在纯属偶然的变化范围内保持一致。样品必须没有已知原因的差异。

## 11. 试样

**11.1** 洗后试样的质量会影响该步骤的结果。洗涤试样或未裁剪样品的总质量为（110.0±10.0）g。按照适用的测试方法裁剪和准备试样［水洗总负荷为（1.8±0.1）kg］。

对于服装试样，根据需要将服装一起或者分开洗涤，以确保试样至少有（110.0±10.0）g。如果单件服装质量超过（110.0±10.0）g，则单独洗涤并报告试样质量。

**11.2** 如果适用，保留一块未洗涤的试样用来评估洗后的变化（如颜色变化、起球情况等）。

## 12. 调湿

如果需要，应按照适用的测试方法对洗涤前试样进行调湿和评估。

## 13. 标准洗涤程序

**13.1** 从表 1 中选择测试的洗涤条件，并根据条件设定获得指定的循环参数。

表 1　标准洗衣机参数（见 19.3）

| 洗涤循环 | | （1）标准挡 | （2）轻柔挡 | （3）耐久压烫挡 |
|---|---|---|---|---|
| 水位［L（加仑）］ | | 72±4（19±1） | 72±4（19±1） | 72±4（19±1） |
| 搅拌速度（r/min） | | 86±2 | 27±2 | 86±2 |
| 洗涤时间（min） | | 16±1 | 8.5±1 | 12±1 |
| 脱水速度（r/min） | | 660±15 | 500±15 | 500±15 |
| 脱水时间（min） | | 5±1 | 5±1 | 5±1 |
| 洗涤温度［℃（℉）］① | II 低温 | 27±3（80±5） | 27±3（80±5） | 27±3（80±5） |
| | III 中温 | 41±3（105±5） | 41±3（105±5） | 41±3（105±5） |
| | IV 高温 | 49±3（120±5） | 49±3（120±5） | 49±3（120±5） |
| | V 极高温 | 60±3（140±5） | 60±3（140±5） | 60±3（140±5） |

①本表中的温度与美国联邦贸易委员会规定的洗涤标签验证温度相似（见表 5）。根据美国能源部的要求，家用洗衣机多采用冷水洗涤。外部控制器可以用来调节仪器温度。

**13.2** 水洗负载应包括 110.0g 的测试样品，加上足够的陪洗织物，使总负载达到（1.8±0.1）kg。

**13.3** 开始选定的洗涤循环，使机器加水至表 1 中规定的水位。

**13.4** 按照洗衣机生产商说明，加入（66.0±1.0）g 的 1993 AATCC 标准洗涤剂。

**13.5** 按照洗衣机生产商说明，加入漂白剂。

**13.5.1** 根据选择 1，加入（240±5）mL 的有效氯含量 5% 的次氯酸钠（NaOCl）溶液（含氯漂白剂）。

**13.5.2** 根据选择 2，加入（20.0±1.0）g $Na_2CO_3 \cdot 1.5H_2O_2$（粉末状非氯漂白剂）。

**13.6** 如果将洗涤剂和漂白剂直接加入洗涤水中，则搅拌 2min 以溶解和混合所有试剂，在加入洗涤负载之前停止搅拌。

**13.7** 加入洗涤负载（测试样或试样和陪洗布），均匀分散在搅拌器四周，开始洗涤循环。

**13.8** 对于需要滴干的试样（干燥程序 C），在最后一次漂洗后，开始排水之前停止洗涤循环。取出浸湿的试样。对于需要滚筒烘干（干燥程序 A），悬挂晾干（干燥程序 B）或平铺晾干（干燥程序 D）的试样，允许继续洗涤至最后的脱水循环结束。

**13.9** 在每次洗涤循环后，将绞在一起的试样和陪洗织物分开，注意减少变形。选择合适的干燥程序。

## 14. 标准干燥程序

**14.1** 从表 2 中选择干燥程序。

表 2　标准干燥程序

| 符号 | 干燥程序 |
|---|---|
| A | 滚筒烘干 |
| Ai | 滚筒烘干（标准） |
| Aii | 滚筒烘干（轻柔） |
| Aiii | 滚筒烘干（耐久压烫） |
| B | 悬挂晾干 |
| C | 滴干 |
| D | 平铺晾干 |

从表 3 中确定标准滚筒式烘干机的参数。

表 3　标准滚筒式烘干机参数（见 19.3）

| 循环 | Ai 标准 | Aii 轻柔 | Aiii 耐久压烫 |
|---|---|---|---|
| 最高排气温度<br>［℃（℉）］ | 68±6<br>（155±10） | 60±6<br>（140±10） | 68±6<br>（155±10） |
| 冷却时间（min） | ≤10 | ≤10 | ≤10 |

3 型陪洗布参数见表 4。

表 4　3 型陪洗布参数

| 项目 | | 3 型陪洗布 |
|---|---|---|
| 纤维含量 | | 50%±3% 棉纤维/50%±3% 聚酯纤维 |
| 坯布纱线 | | 环锭纺 16/1 或 30/2 |
| 坯布结构（根/英寸） | | （52±5）×（48±5）平纹 |
| 成品克重（g/m²） | | 155±10 |
| 边缘 | | 四边缝合或包边 |
| 成品尺寸 | mm | （920±30）×（920±30） |
| | 英寸 | ［（36.0±1）×（36.0±1）］ |
| 成品质量（g） | | 130±10 |

美国联邦贸易委员会发布的水温见表 5。

表 5　美国联邦贸易委员会发布的水温[①]

| 名称 | 初始清洗温度［℃（℉）］ |
|---|---|
| 低温 | ≤30（≤86） |
| 中温 | 31~44（87~111） |
| 高温 | 45~63（112~145） |

① 有关护理标签的温度范围，参照 16 CFR，423 部分，附录 A。

**14.2** （A）滚筒烘干。将洗涤负载（测试样或试样和陪洗布）放入滚筒烘干机中，设置温度达到选定的排气温度（见表 3）。启动烘干机直至负载完全干燥，立即取出试样。

**14.3** （B）悬挂晾干。悬挂时固定试样的两角，织物的长度方向和水平面垂直。将成品悬挂在合适的衣架上，拉直并抹平布面、接缝等处。成品的悬挂方向一般和使用方向一致，不要在衣架上折叠或拉伸试样。将试样悬挂在室温不超过 26℃（78℉）的静止空气中直至干燥。不要直接对着试样吹风，以防止试样发生扭曲。

**14.4** （C）滴干。滴干时固定滴水的湿试样的两角，织物的长度方向和水平面垂直。将滴水的湿成品悬挂在合适的衣架上，拉直并抹平布面、接缝等处。成品的悬挂方向一般和使用方向一致，不要在衣架上折叠或拉伸试样。将试样悬挂在室温不

图 1    变色灰卡

图 2    灰卡使用说明

## 6. 程序

**6.1**    将一块原样和对应的一块试样并排放置在一个平面上，且方向一致。特别要注意，两块材料之间产生的明显连接处。根据需要对散纱线进行修剪。

**6.2**    将原样和测试后试样放置在一块白色背衬材料上。任何其他附着方法（如钉等）的固定处都不能在可见的区域之内。如有必要，在原样和测试后试样下面放两层或多层原样以保证其不透。

**6.3**    沿着试样的边缘放置灰卡，试样和灰卡对的交界处成一条直线。

**6.4**    在样品和灰卡上放置一灰色遮样罩，以排除周围区域对评级的影响。

**6.5**    照射样品和使用的观察条件如 AATCC EP9 所述，优先选择 A（45°/0°）。

**6.6**    将原样和试样观感的色差与灰卡条显示的差异进行对比。试样的色差相当于某一灰卡对的差异，那么色牢度级数就是灰卡的级数。

**6.6.1**    只有当试样和原样之间看不出颜色的差异时，才能评为 5 级。

**6.6.2**    当试样和原样之间的颜色明显大于 1 级时，可以评为 0 级。

**6.7**    灰卡的清洁和物理条件对于获得一致的评定结果是非常重要的（见 8.4）。

**6.8**    当色牢度级数给出后，对比所有已评价的同级的成对原样和试样是非常有用的。因为评级错误会变得明显，这样会对评级的前后一致给予暗示。如果某对的色差程度表现出同其他同级的成对试样不一致，那么应该对照灰卡重新核对，如果必要，应该更改其等级。

## 7. 报告

**7.1**    根据相关的色牢度测试方法，报告每一试样对的等级，灰卡等级代表原样与测试样整体的总色差。

**7.2**    这个评级过程不用于评价明度、彩度和色相的某个单独元素。如果需要描述这些元素，观测者应在数字评价后加上适当的定性术语，见表 1。

表 1    色差方向的描述

| 色  差 | 方    向 |
|---|---|
| 明度 | 较亮，较暗 |
| 彩度 | 更多（更高）彩度和更少（更低）彩度 |
| 色相 | 较红，较绿，较黄，较蓝 |

## 8. 注释

**8.1**    灰卡可从 AATCC 获取，地址：P. O. Box 12215，Resarch Triangle Park NC 27709；电话：

+1.919.549.8141；电子邮箱：ordering @ aatcc. org；网址：www.aatcc. org。

**8.2** 灰卡的沾色等级和相应的由 CIE 1976 $L^*a^*b^*$（CIELAB）公式定义的色差和公差在表 2 中列出。色度值应使用 CIE 1964 10°视角、D$_{65}$ 光源的数据来计算。

**8.3** 色差值应使用 CIE 1964 10°视角、D$_{65}$ 光源的数据来计算。

**8.4** 应经常检查灰卡上的指纹及任何其他的痕迹。如果认为这些痕迹会干扰评级，则需更换灰卡。灰卡也会通过触摸而被物理损坏，如果这种破坏影响了评级，那么应该更换灰卡。灰卡应该每季度定期用分光测色计或色差计来测量（见附录），以确保其总色差在表 2 中所规定的范围之内。如果未使用分光测色计或色差计对灰卡测量，那么应该在首次使用后的一年内进行更换。当不使用时，灰卡应放置在包装袋中。

## 9. 历史

**9.1** 修订了包括委员会于 2018 年发布的灰卡维护和替换说明，该说明在先前出版的版本中被省略了。

**9.2** 2018 年、2012 年、2002 年、1987 年、1979 年修订，2011 年、2009 年、1991 年编辑修订，1992 年编辑修订并重新审定，2007 年重新审定。

**9.3** 技术上等同于 ISO 105-A02。AATCC 于 1954 年制定，AATCC RA36 技术委员会负责。

# 附录

**1.** 附表 1 规定了以 CIE 1976 $L^*a^*b$（CIELAB）为单位的、每一级变色灰卡的色差值。使用 CIE 1964 10°视角、D$_{65}$ 光源的数据来计算。

附表 1 仅用于通过仪器测量来保证灰卡在允差范围内，不能用于基于仪器测量的两个样品之间灰卡级数的赋值（见 AATCC EP7《仪器评定试样变色》）。

**2.** 每个色对评级时的参照必须是相应该色对的参照（而不是参照 5 级比较）。每一个色差评定值是同一色对的底部和顶部两部分之间的差异。

为了核查灰卡是否符合要求，可以在以下条件下进行分光光度测量：

**2.1** di：8°球镜（漫反射，含镜面反射/8°）。

**2.2** 小视野，直径约 10mm。

**2.3** 包括镜面反射组件。

附表 1 变色灰卡每级的色差值

| 色牢度（级） | 色差 CIELAB 单位 | 工作标准公差 CIELAB 单位 |
| --- | --- | --- |
| 5 | 0 | +0.2 |
| 4~5 | 0.8 | ±0.2 |
| 4 | 1.7 | ±0.3 |
| 3~4 | 2.5 | ±0.3 |
| 3 | 3.4 | ±0.4 |
| 2~3 | 4.8 | ±0.5 |
| 2 | 6.8 | ±0.6 |
| 1~2 | 9.6 | ±0.7 |
| 1 | 13.6 | ±1.0 |

**AATCC EP2-2020**

# 沾色灰卡评定程序

## 前言

本程序对因色牢度测试引起的沾色的视觉评价方法进行了标准化。不能用于白色或浅色材料的颜色变化评价。对于沾色的仪器评定，参照 AATCC EP12，仪器评定试沾色等级。AATCC 灰度色卡与 ISO 105-A03 中规定的是一样的。

## 1. 范围

**1.1** 本程序描述了染色织物在色牢度测试后，用灰卡对控制织物的沾色进行视觉评价的方法。为了判断灰卡是否持久有效，参见附录。

**1.2** 可评定由任何色牢度测试引起的沾色。

## 2. 原理

色牢度试验的沾色结果是通过灰卡（见 7.1）显示的差异与原样和已沾色试样颜色的不同或差异做视觉比较来评级的。如果试样的色差与某级灰卡的色差相当，那么色牢度的级数等同于灰卡的级数。结果以灰卡上对应的沾色等级表示，从 5~1 级，5 级表示无沾色，1 级表示沾色最严重。

## 3. 术语

**3.1** 着色剂沾色：颜色从材料上转移，从而使被作用物沾上颜色。

**3.2** 色牢度：材料在加工、检测、储存或使用中，暴露在可能遇到的任何环境下，抵抗颜色变化和/或向相邻材料转移的能力。

**3.3** 等级：与样卡比较，测试样品所得结果的级数。

**3.4** 灰卡：由一系列标准灰色卡片对组成，

卡片对代表渐变的色差值且与色牢度等级相对应。

注意：当灰卡等级为半级时，可用小数点形式表示（如 1 或 1.5）。也可用短划线表示（如 1 或 1~2）。

## 4. 材料

**4.1** 沾色灰卡，三刺激值 $Y$ 为 63±2 的灰色遮样照（见 8.1 和 8.2）。

**4.2** 白色背衬材料（卡片或其他），三刺激值 $Y$ 至少为 85（见 8.3），无增白剂。较小的背衬（大约与试样尺寸相同）可能仅在评价时使用，或者较大的背衬可能用于永久固定试样。

**4.3** 照明和观测环境如 AATCC EP9，纺织品色差的视觉评价，所述（见 8.1）。

## 5. 灰卡的描述

**5.1** 沾色 5 级代表相邻的两块同样的白色参考卡片。三刺激值 $Y$ 为 85±2，此两个参考卡片无明显色差（见附录）。

**5.2** 沾色 4~5 级到 1 级每级包含与 5 级使用同一参考白度卡，和与 5 级类似的色度和光泽但较深的中性灰色卡片成对来表示。在整个灰卡上每一对灰度条的色差——色牢度等级 4、3、2 和 1 是色差的几何递增。色牢度半级 4~5、3~4、2~3 和 1~2 的色差是整级的中间级（见 8.2 和图 1）。

## 6. 程序

**6.1** 普通沾色材料。

**6.1.1** 将一块原样（未沾色样）和一块沾色后的试样并排放置在一个平面上，且方向一致。特别要注意，使两块试样之间产生明显的连接处。根

图 1 沾色灰卡

据需要对散纱线进行修剪。

**6.1.2** 将未沾色和沾色后试样放置在一块白色背衬材料上。任何其他附着方法（如钉等）的固定处都不能在可见的区域之内。如有必要，在原样和测试后试样下面放两层或多层原样以保证其不透明。

**6.1.3** 沿着试样的边缘放置灰卡，试样和灰卡对的交界处成一条直线。

**6.1.4** 将评级卡附带的遮样罩放置在试样和灰卡上。将试样和灰卡对相邻摆放，从底部的标志孔中清晰可见。"评价普通沾色"（见图2）。对于小的沾色试样或不规则沾色试样，可使用带小孔的遮样罩。

图 2 普通沾色评级时试样、样卡和遮样罩的放置

**6.2** 沾色摩擦布。

**6.2.1** 按照相关测试方法要求放置摩擦布，任何其他附着方法（如钉等）的固定处都不能在可见的区域之内。

**6.2.2** 将评级卡附带的遮样罩放置在摩擦布上。使沾色区域透过中间的标志孔清晰可见。"评价摩擦布"（见图3）。

图 3 摩擦布沾色评级时试样、样卡和遮样罩的放置

**6.2.3** 将灰卡放置在遮样罩上，紧邻测试试样。

**6.3** 沾色多纤维织物。

**6.3.1** 多纤维织物。将沾色多纤维织物试样和非沾色多纤维织物原样并排以同一方向放置。修整沾色试样，使两块织物之间产生明显的连接处。

**6.3.2** 将未沾色和沾色多纤维织物放在白色背衬材料上。任何其他附着方法（如钉等）的固定处都不能在可见的区域之内。

**6.3.3** 沿着第一对纤维条放置灰卡，使纤维条和灰卡的交界处成一条直线。每一对纤维条分别进行评级。

**6.3.4** 将评级卡附带的遮样罩放置在多纤维织物和灰卡上。将纤维条和灰卡对相邻摆放，使其从顶部的标志小孔中清晰可见，"评价沾色多纤维织物"（见图4）。

**6.4** 照射样品和使用的观察条件如 AATCC EP9 所述，优先选择 A（45°/0°）。

图 4　多纤维贴衬织物评级时试样、样卡和遮样罩的放置

**6.5**　用未沾色原样和沾色样视觉差异和灰卡表示的差异比较，试样的级数就是最接近原样和试样色差对应的灰卡级数。

**6.5.1**　只有当试样和未沾色原样之间没有色差时，才能评为 5 级。

**6.5.2**　当沾色试样和原样之间的颜色差异明显大于 1 级时，可以评为 0 级。

**6.6**　灰卡的清洁和物理条件对于获得一致的评定结果使非常重要的（见 8.4）。

**6.7**　当色牢度级数给出后，对比所有已评价的同级的成对原样和沾色试样使非常有用的。因为评级错误会变得明显，这样会对评级的前后一致给予暗示。如果某对的色差程度表现出同其他同级的成对试样不一致，那么应该对照灰卡重新核对，如果必要，应该更改其等级。

## 7.　报告

根据相关的色牢度测试方法，报告每一试样对的等级。

## 8.　注释

**8.1**　灰卡可从 AATCC 获取，地址：P. O. Box 12215，Research Triangle Park NC 27709；电话：+1. 919. 549. 8141；电子邮箱：ordering @ aatcc. org；网址：www. aatcc. org。

**8.2**　灰卡的沾色等级和相应的 CIE 1976 $L^*a^*b^*$（CIELAB）公式定义的色差和公差在附录的表中列出。色度值应使用 CIE 1964 10° 视角和 $D_{65}$ 光源的数据来计算。

**8.3**　色度值应使用 CIE 1964 10° 视角和 $D_{65}$ 光源的数据来计算。

**8.4**　应经常检查灰卡上的指纹或任何其他的痕迹。如果认为这些痕迹会干扰评级，则需更换灰卡。灰卡也会通过触摸而被物理损坏，未降低损坏，不要将遮样罩折叠。如果这种破坏影响了评级，那么应该更换灰卡。灰卡应每季度定期用分光测色计或色差计来测量（见附录），以确保其总色差在表 1 规定的范围之内。当不在范围内时，应及时更换。如果未使用分光测色计或色差计对灰卡测量，那么应该在首次使用后的一年内进行更换。当不使用时，灰卡应放置在包装袋中。

## 9.　历史

**9.1**　修订了包括委员会于 2018 年发布的灰卡维护和替换说明，该说明在先前出版的版本中被省略了。

**9.2**　2018 年、2005 年、2002 年、1996 年、1981 年、1979 年修订，2006 年、1992 年编辑性修订，2012 年编辑性修订并重新审定，2007 年/1989 年重新审定。

**9.3**　与 ISO 105-A03 相关。AATCC 于 1954 年制定，AATCC RA36 技术委员会负责。

# 附录

**1.** 附表 1 规定了以 CIE 1976 $L^*a^*b^*$（CLE-LAB）为单位的、每一级沾色灰卡的色差值。使用 CIE 1964 10°视角、$D_{65}$ 光源的数据来计算。

附表 1 用于通过仪器测量来保证灰卡在允差范围内，不能用于基于仪器测量的两个样品之间灰卡级数的赋值（见 AATCC EP7《仪器评定试样变色》）。

**2.** 每个色对评级时的参照必须是相应该色对的参照（而不是参照 5 级比较）。每一个色差评定值是同一色对的底部和顶部两部分之间的差异。

为了核查灰卡是否符合要求，可以在以下条件下进行分光光度测量：

**2.1** di：8°球镜（漫反射，含镜面反射/8°）。

**2.2** 小视野，直径约 10mm。

**2.3** 包括镜面反射组件。

附表 1　沾色灰卡每级的差值

| 沾色等级 | 色差 CLELAB 单位 | 工作标准公差 CLELAB 单位 |
|---|---|---|
| 5 | 0 | +0.2 |
| 4~5 | 2.2 | ±0.3 |
| 4 | 4.3 | ±0.3 |
| 3~4 | 6.0 | ±0.4 |
| 3 | 8.5 | ±0.5 |
| 2~3 | 12.0 | ±0.7 |
| 2 | 16.9 | ±1.0 |
| 1~2 | 24.0 | ±1.5 |
| 1 | 34.1 | ±2.0 |

注　参考白色卡三刺激值 $Y$ 为 85±2。

**AATCC EP5-1996e2（2020）**

# 织物手感评价程序

## 1. 目的和范围

**1.1** 本评级程序为描述织物手感的评价指南。在标准条件下，评价织物手感的一个或多个组成要素（关于手感的组成要素参见附录 A）。

**1.2** 该指南可在以下情况使用：

**1.2.1** 不同人员在不同时间希望按照相同协议测试织物时。

**1.2.2** 在培训评测员检测和区别手感的不同组成要素时。

**1.2.3** 当希望得到与事先评测织物相同的测试条件时。

**1.2.4** 评测员分别对相同织物做出评定时。

## 2. 原理

评测员得到一个规范的试样，并按照规定的顺序触摸试样。

## 3. 术语

**3.1** 手感：人手接触、挤压，摩擦或以其他方式触摸织物时产生的触觉或印象。

**3.2** 手感的组成要素：成分、品质、特征、尺寸、性能或印象，这些要素使得触摸不同织物时会产生不同的感觉。组成手感要素的不同术语可以通过织物的压缩性能、弯曲性能、剪切性能和表面性能等物理特征来分类（见附录 A）。

## 4. 使用和限制条件

**4.1** 本指南的有效使用局限于评测员描述触摸感觉的能力。应该注意确定评测员是否存在触摸方面的缺陷以及评测员之间存在的任何差异变化。

**4.2** 收集到的数据的有效性依赖于先前达成的对将被评测的手感组成要素和共同接受的评测尺度的共识。

## 5. 试样准备

**5.1** 测试试样。

**5.1.1** 从样品中裁取足够大的测试试样，使评测员能用双手握持试样。通常，裁取的试样在长度方向和宽度方向都要大于 200mm（8 英寸）而小于 900mm（35.4 英寸），即使在不同的评测时间和日期，所有试样都应被裁剪成相同的尺寸和形状。

**5.1.2** 鉴别每块试样的长度方向和宽度方向，以评定可能因此存在的差异。

**5.1.3** 评测时，避免一块试样使用超过一次，因为伸展和挤压可能会改变织物的手感。

**5.1.4** 每一样品的试样数量应该同公认的统计分析和评测者的数量相统一。

**5.2** 试样标记。

**5.2.1** 在调湿和评测之前，应由评测者之外的其他人员进行试样的准备和标记。

**5.2.2** 标记试样以便于识别区分试样，标记试样的被评测面和织物长度方向（见 5.1.2）。用钢笔或铅笔在试样上标出识别标记、方向及被评测面等信息，不能使用标签标记。

**5.2.3** 测试前，根据 ASTM D1776《纺织品调湿和测试标准方法》对样品进行调湿（见 11.1）。如果采用其他条件应报告（见 9.6）。

## 6. 评测准备

**6.1** 在评测试样之前 0.5h，评测员要使用相同的洗涤程序和肥皂清洗双手，最好用不含保湿剂的洗手液。

**6.2** 评测员要用同样的毛巾擦干双手，例如所有人使用同样的棉织物毛巾或纸巾。

**6.3** 评测员在洗手后到测试前这段时间，双手要避免做剧烈活动，且不能将双手暴露于温湿度变化的环境中。

## 7. 操作程序

**7.1** 评测准备。

**7.1.1** 评测员应该在安静的房间内放松并感到舒适。进行评测时，评测员可以坐着也可以站着。

**7.1.2** 评测员应该由辅助员协助，辅助员可提供被评测的织物手感要素的指示，使用的评判尺度、样品和试样的数量、试样呈现顺序、评测的期望持续时间，及其他关于评测的相关信息。

**7.1.3** 评测员可以同辅助员口头交流评测级别、等级及其他触觉反应，或向记录器传达信息。他们可以以级别的形式将手感记录下来。

**7.1.4** 在评测判断期间，评测员可以看也可以不看试样。通常，不看试样是首选的（见11.2）。可以通过在掩饰物或在遮挡帘后面触摸试样，也可闭上眼睛或使用眼罩来完成。

**7.2** 触摸顺序。

**7.2.1** 辅助员应该将试样放置在一个光滑的非金属表面上。放置试样时，被评测面要朝上，并且要按照试样上的标记将试样正确排列。

**7.2.2** 如果要评测试样的热要素（温暖或凉爽），评测者应该最先用指尖接触织物表面开始进行评测。

**7.2.3** 如果一直在一个平台中评测，评测员应该一只手握持试样而用另一只手抚摸或触摸试样（见11.3）。

**7.2.4** 然后，评测者应该用手指和手掌轻压试样来对试样进行触摸。

**7.2.5** 评测者应该拿起试样并且用拇指和其他手指指尖对试样进行摩擦。

**7.2.6** 接下来，评测者将试样握持在手掌内呈拳状，在拇指和其他手指与手掌之间轻轻挤压试样。

**7.2.7** 判断试样的伸展松弛性时，试样在两手之间被握持的距离应至少为90mm（3.5英寸），并且不超过250mm（10英寸）。将双肘靠近身体，双手拉伸试样以此来确定其伸展松弛性。试样要在长度方向，宽度方向，斜向绷紧。

**7.2.8** 若要判断试样的挤压回复性（回弹性），评测者必须看着试样进行判断。用一只手握紧试样然后迅速松开；例如，在5s之内。并且在所有其他触摸程序已经完成之后再进行这个评测。

**7.2.9** 重复7.2.1~7.2.8测试每块试样。

## 8. 评价

**8.1** 可以通过对试样成对或成组的比较，来判断试样手感组成要素和等级差异。可以使用以下技术中的任一种。

**8.1.1** 建立一个织物标准，并且参考标准对每块试样进行评级。使用统一的术语（见附录A和附录B），描述为试样比参考试样更光滑或没有参考试样光滑。参照织物标准，几个试样可以采用逐个评测的方式进行评级。

**8.1.2** 通过选择手感术语建立两个极端的描述，并且对两极端分配数值。例如，选择一个极端描述（柔软的）并分配数值1，选择另一个极端描述（僵硬的）并且分配数值5。然后在根据织物不同手感建立起来的数字等级内，对织物的手感进行评级，并得到相应的数字级别。

**8.1.3** 试样可以通过互相比较评价的方式进行分级，例如，最（粗糙的），最不（粗糙的）或者中等（粗糙的）。随着试样数量的增加，将试样如此分级可能是困难的。

**8.1.4** 当将一个原试样与加工过的、处理过

search Journal，Vol. 34，p791-804，1964.

**B5** Civille，G. V. ，and Dus，C. A. ，Development of Terminology to Describe the Hand/Feel Properties of Paper and Fabrics，Journal of Sensory Studies，Vol. 5，p19-32，1990.

**B6** Kawabata，Sueo，The Standardization and Analysis of Hand Evaluation，2nd Edition，The Textile Machinery Society of Japan，1980.

**B7** Kim，C. J. and Vaughn，E. A. ，Physical Properties Associated with Fabric Hand，AATCC Book of Papers，p78-95，1995.

**B8** Wiczynski，M. E. ，Psychometric Properties of the Hand of Polyester/Cotton Blend Fabrics，Unpublished doctoral dissertation，University of North Carolina at Greensboro，1998.

**B9** Winakor，G. ，Kim，C. J. and Wolins，L. ，Fabric Hand：Tactile Sensory Assessment，Textile Research Journal，Vol. 50. p601-610，1980.

**AATCC EP6-2021**

# 仪器测色方法

## 1. 仪器测色的概述

**1.1 目的。**本评定程序是试样颜色（或着色表面）测试方法的参考性文件，主要使用设备进行辅助，也是目前很多 AATCC 测试方法中明确要求的。本文件包括三个主要部分，即反射率测量，透射率测量和相关计算。此外，本程序的附录部分对特定技术和试样处理程序进行了详细描述。

**1.2 术语。**

**1.2.1 可视区域：**在颜色测量仪器上，是指在单独的颜色测量中，颜色测量仪所能测量的表面。

**1.2.2 测色仪器：**在能量光谱的可视范围之内（由 360~780nm 范围内的波长组成，并且至少包括 400~700nm 波长范围），用于测量从试样表面反射（或透过试样的）的相对能量的各种设备，例如色度计和分光光度计。

**1.2.3 测色：**使用测色仪器得到的表示被测物体颜色的数量值。一个独立的数值可以是同一试样多个读数结果的平均值。

**1.2.4 荧光：**特定波长的辐射通量被吸收后，重新发射出其他波长的光的现象。一般是发射出波长更长的光。

**1.2.5 照明/测量条件：**对于测色仪器而言，可以采用以下角度或方式之一（散射/8、8/散射、0/45 或 45/0）来进行操作：

（1）照明试样（散射，8°，45°）。

（2）测量反射光线8°，散射，45°，0°。

散射/8（写作 d：8°）和 8/散射（写作 8°：

d）的照明/测量条件包含用于散射平均照明试样（或从试样表面反射）的光线积分球体，而 0/45（写作 0°：45°）和 45/0（写作 45°：0°）照明/测量条件通常使用镜子或光导纤维使设备能够在 45°方向照明（或测量）试样。

对于大部分的纺织材料来说，不同照明/测量条件光谱仪可以产生不同的色度结果。

**1.2.6 反射率：**在给定条件下，被反射光能量（光能）与入射光能量的比率。

**1.2.7 反射系数：**在相同的照明/测量条件和光谱测量条件下，从试样上反射的光线与从理想漫反射体上反射的光线的比率。

**1.2.8 镜面反射：**依照光反射定律，即为没有散射的反射，如同镜面一样。

**1.2.9 标准化：**对于测色仪器而言，是指使用颜色测量仪器对一种或多种标准材料进行测量，用以计算出一组用于后面所有测量的修正系数。

**1.2.10 透射率❶：**在特定的照明/测量条件和光谱条件下，透射光与入射光之间的比率。

**1.2.11 透射系数：**透过试样并通过光学系统后被接收器接收到的光，与试样移开之后，穿过相同光学系统并被接收器接收到的光之间的比率。如果被测样品是液态的，将有色液体装入比色皿中进行测试，将装有蒸馏水的比色皿测试值作为参比样。

**1.2.12 校验标准物质：**在测色中，是指任何可以用于确认（或校验）仪器标准化有效性的稳定材料。在仪器标准化之后对标准材料立即进行颜色

---

❶正常透射率（透明材料的）是非漫射的透射光与入射光的比率。

测量，并将其与该标准材料的原始测色结果进行比较，以发现任何不规范的标准化操作。

**1.3** 安全和预防措施。

**1.3.1** 此部分仅供参考。预防措施并没有涵盖所有部分。在整个测试过程中，使用者应采取适当的安全方式。仪器制造者必须提供如安全资料表类的具体细节资料，以及其他建议。

**1.3.2** 应养成良好的实验室操作习惯，在整个实验区域应佩戴护目用具。

**1.3.3** 应根据仪器制造商的操作说明操作仪器设备。

**1.4** 通用指南。一般来说，仪器测色的程序因待测试样类型和所使用的测量仪器而不同。有许多类型的具有不同可视区域、照明方法和照明/测量条件的颜色测量仪器可供选择。应该注意：使用不同类型仪器得到的数据进行比较，数据之间可能会不一致。

**1.5** 操作程序。

**1.5.1** 使用 AATCC EP6 作为辅助测色方法时，操作者应按照如下所述进行测量。

**1.5.2** 参见待测试样的相应部分（反射或透射）。

**1.5.3** 对仪器进行标准化见 2.4。保留操作记录和所有校验标准物质的测量结果。

**1.5.4** 获取并准备试样，注意任何可能需要的特定取样操作和/或恒温恒湿过程（见附录 1.2）。

**1.5.5** 将试样放入测色仪器，同样注意待测材料可能需要的任何特殊处理方法（见附录）。

**1.5.6** 测量试样的颜色，得到适当的光谱反射系数、光谱透射系数或色度值。

**1.5.7** 根据 4 中的规定进行适当的数值计算，或者根据特殊测试方法的要求进行数值计算。

## 2. 反射率法测色

**2.1** 原理。反射率法用来对不透明的材料或

基本不透明（并非半透明）的材料试样进行颜色测量，以得到用以表示试样颜色的数值。要求正确地安装设备、对测色仪器进行标准化（即校正）以及正确地将试样放置在测色仪器上，以得到稳定、可靠和有效的反射率测量结果。此外，对于用于评价结果的色度值的计算，必须按规定的方法进行。

**2.2** 使用和限制条件。本部分限于通过反射分光光度计或反射色度计对不透明试样和基本不透明试样进行颜色测量。特定操作程序和/或试样放置的辅助方法的相关信息可参见附录。

**2.3** 仪器和材料。

**2.3.1** 反射测色仪器通过照射试样，并测量从试样表面反射的光的数量来进行测试。照射一般以多波长（白光）的方式进行，单波长模式仅适用于非荧光性的试样。反射率测色仪可以大致分为两类：分光光度测色仪和色度仪（也称色差仪）。

**2.3.2** 分光光度测色仪（以 d：8° 为代表，使用多波长白光照射）分离和测量从试样上反射的光的光谱，相对于参比物，以等波长间隔显示白色（最常用的为 5nm、10nm 和 20nm 的波长间隔）。这个数据可以用于任何给定光源和视角条件下，计算需要的三刺激值（$X$，$Y$，$Z$）。一些分光光度计（以 8°：d 为代表）用单波长光照射试样，并以等间隔的波长光照射试样，测量从试样表面反射的光的数量。

**2.3.3** 色度计通过宽带过滤器直接测量三刺激值（$X$，$Y$，$Z$），设计的宽带过滤器用于为相应的光源和观测角（以 C/2° 为代表）产生色度值。色度计不能用来测量特定波长的反射系数。

**2.3.4** 在这两个分类之内，仪器可以按照条件光谱进行细分。最普遍的光谱条件有两种：球体的 [也可表示为 d：8°或 8°：d] 和 45/0 或 0/45。各个条件光谱的第一项是指照射样品的方法（或角度）（例如，条件光谱为 45°：0°的仪器中样品的照射角度为 45°）。第二项是指仪器观测被照射试

样的角度（例如，条件光谱为 45°∶0° 的仪器中，仪器观测被测试样的角度为 0°）。

**2.3.5** 球形（d∶8°）测色仪器是间接照射放置于测试孔的试样的，并从垂直方向以 0°~10° 的角度观测试样。这种方式可以保证获取从试样上反射出来的所有的光。有些球形仪器的观测角度大于 0°，这些仪器包括一个反射窗口，可以用来设定包含或排除镜面反射。在纺织领域，分光光度计主要使用 d∶8°，实际观测角为 8°，当在不同的形状上进行测试时，将产生不同的结果。

**2.3.6** 球形（8°∶d）仪器是相似的，但是照射路径和观测方向刚好相反。这个方法以 0°~10° 的角度照射试样，并测量从试样表面反射到积分球内光的数量。

**2.3.7** 条件光谱为 45°∶0° 或 0°∶45° 的测色仪器是以第一个角度照射试样，以第二个角度观测试样。这两种条件光谱可以是环绕的（在一个完全循环内，以 45° 角观测或照射试样）或定向的。对于大部分的纺织样品来说，45°∶0° 或 0°∶45° 两种条件光谱的仪器可以得到相同的结果。

**2.3.8** 所有的颜色测量仪器都需要一个白色的校正标准，用此校正标准对仪器进行标准化。这个校正标准的色度值存储在仪器中或软件中，要求只能用这一存储的校正标准来对设备进行标准化。正规的白色校正标准通常可通过一个序列号来进行识别。

**2.4** 标准化（校正）。

**2.4.1** 为保证获得一致、准确的测试结果，对测色仪器的标准化是绝对必要的。虽然不同类型的仪器使用的标准化方法是不同的，但是有一些共同的原则是必须遵守的。

**2.4.2** 一般来说，仪器的标准化包括对反射系数已知的（参照理想漫反射体）白色表面进行测量，然后计算（通过仪器内置的软件或计算机程序）一系列校正系数，这些系数将被用于接下来所

有的测试。有些仪器还需要配置一块黑色的瓷砖（或光阱）以及一块灰色的瓷砖。所有这些材料都必须保持其原始的清洁、无刮痕的状态。参照制造商清洁操作说明的相关建议。

**2.4.3** 仪器进行标准化的频率与很多因素有关，包括仪器类型、仪器操作的环境条件及测试结果的精确度要求。对于大部分的应用来说，最常用的是不超过 8h 进行一次标准化。

**2.4.4** 在标准化步骤完成后，需要验证标准化程序的有效性。通过测量一些有色材料（校验标准物），并将测得的色度值与这些材料原始的色度值进行比较验证。如果测得的色度值没有落在原始值可接受的偏差范围之内，则认定此标准化是无效的。校验标准物的数量和可接受的偏差极限取决于使用者的要求。但是通常是用 1~3 个标准物和 $0.20 \Delta E_{CMC}$（2∶1）（$D_{65}/10°$）单位的可接受偏差极限。

**2.5** 取样。所有使用颜色测量仪器进行的测试都涉及取样。所有如下这些要素对于获得有意义的和可重现的测试结果都是非常重要，包括：仪器的测量面积，得出单次测量平均值所需的测试次数，仪器放置试样的难度，以及样品的代表性（成衣、布卷、染色批次等）的准确度。建立取样程序的相关技术请参照 ASTM E 1345（见 7.1）和 SAE J 1545（见 7.3）。

**2.6** 试样准备。

**2.6.1** 测试用的理想试样是单一颜色、硬挺、非特殊结构、稳定、不透明的。在纺织材料中不存在上述完美的测试试样，因此在测试大部分的纺织材料时，就必须使用一定的技术和操作方法来消除或减少测色仪器不适用的材料特性的影响。对于下述特性的试样的特殊处理程序和技术在附录中给出。

**2.6.2** 试样的荧光［源于染料或荧光增白剂（FWAs）］将会影响测试结果，影响程度取决于试样上荧光材料的含量、紫外线辐射的数量以及仪器

光源中紫外光含量与可视光能量的不同。不同仪器之间的测试结果基本不具有重现性。荧光试样的代表材料为使用 FWAs 处理过的白色或浅色材料（见附录 1.1）。

**2.6.3** 纺织材料的含湿量会影响其颜色和外观特征。材料达到稳定吸湿状态所需的恒温恒湿时间因材料的纤维成分、织物结构、使用的染料以及周围环境的不同而不同。比较容易受含湿量影响的代表性材料是棉织物和再生纤维素纤维织物（见附录 1.2）。

**2.6.4** 非硬挺的试样在仪器的测试孔径处会向内突起（或呈"枕头"状）。试样突起的程度会因试样层数、材料的柔软度和安放试样时所用的支撑力不同而异。试样突起的程度会导致测色结果的严重偏差，而这种偏差是不可预测和无法再现的。非硬挺试样的代表材料为纤维、纱线、针织物和多层轻薄织物（见附录 1.4.3）。

**2.6.5** 非透明的试样在测量过程中会使一部分光透过材料。大部分的纺织材料，由于其组织结构的自身特征，均属于这个类别。在测试中，如有光线透过材料到达测色仪的压物架（或透到仪器之外的），都将产生错误和不可预测的结果。非透明材料的典型代表为针织物、轻薄织物和纤维（见附录 1.3）。

**2.6.6** 试样对光（光致变色性）和热（热致变色性）的敏感性会导致不可预测的和不可再现的结果，偏差的程度取决于材料的敏感程度以及试样暴露在相应条件下的时间长短（见附录 2.5）。

**2.6.7** 试样的尺寸对于测得具有代表性的结果是十分重要的。当试样尺寸小于常规测试所需的尺寸时，则需使用特定的技巧来完成测色（见附录 1.6）。

**2.6.8** 试样的表面纹理（包括起毛织物、斜纹织物、高光泽织物和有光织物等）会影响颜色测量的结果。具有上述这物理特性的试样在测色时对结果的影响方式不同，主要取决于仪器的条件光

谱。因此不同仪器之间的测试结果可能是非再现性的。这类材料的典型例子为地毯、灯芯绒和绞纱（见附录 1.7）。

**2.6.9** 试样本身的颜色差异（不均一性）以及相应的仪器的测量面积可能导致不准确的和不可再现的测试结果。这一特征材料的例子为粗斜纹棉布和多色织物（见附录 1.8）。

## 3. 透射法测色

**3.1** 原理。透明特性材料的颜色测量是通过透射法来得到其颜色值和强度值的。最普遍的应用是对装在玻璃试管中或流通池中的染料溶液进行测定，以得到其着色剂的特性、相对强度或色差。

**3.2** 使用和限制条件。本方法一般适用于测定不含杂质的纯溶液。虽然有时候半透明溶液或浑浊的溶液也用透射法来测定，但实际上这种操作已经超出了本评价程序的适用范围。

**3.3** 仪器、试剂和材料。

**3.3.1** 透射法测量仪可以是专用仪器（仅能够测量透射试样），也可以是通过与积分球结合的既能够测量反射率又能测量透射率的设备。大部分的透射法测量仪是分光光度计，当然也有一些是色度仪。

**3.3.2** 透射比色皿（在测试中用于盛放液体）通常由玻璃或石英制成，并且设计为特定的宽度（一般为 10mm），以适用于与纺织品有关的大部分溶液（通常在测试前需要进行一些稀释）。流通池，用来使溶液通过，对于大容量样品的应用更为有效，而且通常会得到重现性更好的结果。

**3.3.3** 当需要进行与体积度量相关的程序时，为正确制备试样，测定体积的玻璃器具（吸液管和长颈瓶）是必需的。且仅能使用 A 级的玻璃器具。

**3.3.4** 当称量用来准备测试溶液的试样时，必须使用可以精确到被测质量 0.1% 的天平。

**3.4** 标准化。在测试试样之前，必须按照制造商的说明对仪器进行标准化校正。通常是对盛放

在干净的比色皿中的用于溶解的清澈的溶剂溶液（通常为蒸馏水）进行测量，以产生100%参比曲线。一些仪器需要对封闭光束进行测量，以设定0的参考曲线。这一过程可以产生一组校正系数，这些系数将被用于接下来所有的测量。建议使用一个或多个颜色过滤器作为校验标准物来检查光度计和波长的准确性。

**3.5** 取样。透射法测试的取样程序取决于材料的属性和采集的试样的类型。粉末状和糊状的试样应该从足够多的位置进行取样，以确保样品的代表性和重现性。并在称重和溶解之前对样品进行充分混合。

**3.6** 试样准备。试样必须根据规定的试验程序，使用分析天平和测定体积的玻璃器皿来进行准备。溶液浓度的制备应该可以满足下面要求，即透射比色皿中的溶液在最大吸收波长（见7.4）下的透射百分比为10%~50%。每个试样必须是纯溶液，而不是悬浮液、分散液或混合体。如果试样的溶解度是未知的，则需要使制备的溶液放置一段时间，以观察溶液是否沉淀。如果观察到出现沉淀，则该溶液为非纯溶液，因此需要使用其他溶剂。所有试样在放置到测试仪器之前，都应达到室温。

## 4. 计算

与色度相关的大部分计算是通过测色仪的控制软件完成的。在通常情况下，使用者在使用本参考程序时无须进行这些计算。本评价程序对这些计算方法进行了描述，为需要进行或使用这些计算的使用者提供参考。

**4.1** 三刺激值。三刺激值（$X$，$Y$，$Z$）是通过光谱数据推导的，是所有色度相关计算的基础。精确的$X$，$Y$，$Z$值源自一组光谱数据，这组数据包括测量的波长范围（和间隔）和使用者选定的用于计算的光源/视角函数。当然大多数的三刺激值是通过计算机程序进行计算的，有兴趣者可以参考 ASTM E308（见7.1）中的明确步骤（见7.2）。

**4.2** CIE 1976 $L^*$，$a^*$，$b^*$，$C^*$ 和色调角（$h_{ab}$）。

**4.2.1** 根据以下公式，利用 $X$，$Y$，$Z$ 三刺激值计算参考物和试样的 $L^*$，$a^*$，$b^*$，$C_{ab}^*$，$h_{ab}$ 值：

$$L^* = 116 \ (Y/Y_n)^{1/3} - 16$$

如果：

$$Y/Y_n > 0.008856$$

则：

$$L^* = 903.3 \ (Y/Y_n)$$

如果：

$$Y/Y_n < 0.008856$$

$$a^* = 500 \ [f \ (X/X_n) - f \ (Y/Y_n)]$$

$$b^* = 200 \ [f \ (Y/Y_n) - f \ (Z/Z_n)]$$

式中：$f \ (X/X_n) = \ (X/X_n)^{1/3}$。

如果：

$$X/X_n > 0.008856$$

则：

$$f \ (X/X_n) = 7.787 \ (X/X_n) + 16/116$$

如果：

$$X/X_n \leqslant 0.008856$$

则：

$$f \ (Y/Y_n) = \ (Y/Y_n)^{1/3}$$

如果：

$$Y/Y_n > 0.008856$$

则：

$$f \ (Y/Y_n) = 7.787 \ (Y/Y_n) + 16/116$$

如果：

$$Y/Y_n \leqslant 0.008856$$

则：

$$f \ (Z/Z_n) = \ (Z/Z_n)^{1/3}$$

如果：

$$Z/Z_n > 0.008856$$

则：

$$f \ (Z/Z_n) = 7.787 \ (Z/Z_n) + 16/116$$

如果：

$$Z/Z_n \leqslant 0.008856$$

则：

$$C_{ab}^* = (a^{*2}+b^{*2})^{1/2}$$

$$h_{ab} = \arctan (b^*/a^*)$$

$h_{ab}$ 计算公式以 0~360° 的数值范围来表示。其中，$a^*$ 的正半轴为 0，$b^*$ 的正半轴为 90°。

**4.2.2** 对于这些公式，$X_n$、$Y_n$ 和 $Z_n$ 是光源的三刺激值。对于日光，首选的光源/视角为 $D_{65}/10°$。表 1 给出了 ASTM E308 中所有组合的三刺激值。

**表 1　光源与观测角度组合的三刺激值**

| 光源与观测角度的组合 | 三刺激值 | | |
|---|---|---|---|
| | $X_n$ | $Y_n$ | $Z_n$ |
| 10° 视角 | | | |
| A/10° | 111.146 | 100.000 | 35.203 |
| C/10° | 97.285 | 100.000 | 116.145 |
| $D_{50}/10°$ | 96.720 | 100.000 | 81.427 |
| $D_{55}/10°$ | 95.799 | 100.000 | 90.926 |
| $D_{65}/10°$ | 94.811 | 100.000 | 107.304 |
| $D_{75}/10°$ | 94.416 | 100.000 | 120.641 |
| $F_2/10°$（冷白荧光灯） | 103.279 | 100.000 | 69.027 |
| $F_7/10°$（日光荧光灯） | 95.792 | 100.000 | 107.686 |
| $F_{11}/10°$（Ultralume 4000，TL84） | 103.863 | 100.000 | 65.607 |
| 2° 视角 | | | |
| A/2° | 109.850 | 100.000 | 35.585 |
| C/2° | 98.074 | 100.000 | 118.232 |
| $D_{50}/2°$ | 96.422 | 100.000 | 82.521 |
| $D_{55}/2°$ | 95.682 | 100.000 | 92.149 |
| $D_{65}/2°$ | 95.047 | 100.000 | 108.883 |
| $D_{75}/2°$ | 94.972 | 100.000 | 122.638 |
| $F_2/2°$（冷白荧光灯） | 99.186 | 100.000 | 67.393 |
| $F_7/2°$（日光荧光灯） | 95.041 | 100.000 | 108.747 |
| $F_{11}/2°$（日光荧光灯） | 100.962 | 100.000 | 64.350 |

**4.3** 反射法测得的颜色强度值。

**4.3.1** 颜色强度（力份）值是与试样中所含的有色吸收材料（染料）量相关的一个单一数值。通常用于计算两个染色试样之间的强度差异（%强度）。颜色强度值可以通过四种被接受的方法中的任何一种进行计算。由其中一种方法得到的计算值与任何其他方法得到的计算值不一定相同。计算方法的选择通常要根据试样的特性和颜色强度值的应用目的而定。色度计必须使用三刺激值函数来计算颜色力度值。四种计算方法分别以 SWL、SUM、WSUM 和 TSVSTR 表示，计算方法如下：

**4.3.2** 用分光光度计测得的试样强度值，通常需要计算在单个或多个波长间隔下的 $K/S$ 值。对于不透明的试样（例如纺织品），计算其特定波长（$\lambda$）下的 $K/S$ 值的常用公式如下：

$$K/S = \frac{(1.0-R_\lambda)^2}{2.0R_\lambda}$$

式中：$R_\lambda$——试样在波长 $\lambda$ 处的反射因子〔%，$R$ 值通常用分光光度计测得并且标准化至 1.0（100% = 1.0）〕。

**4.3.3** 公式中如需要使用 Pineo 修正形式（一般用于深度染色的纺织品），则公式为：

$$K/S = \frac{1.0-(R_\lambda-s)^2}{2.0(R_\lambda-s)}$$

式中：$s$——染至最深色下所得到的最小反射率，且用于所有的波长。

**4.3.4** 最常用的四种颜色强度值的计算方法如下：

SWL 为单一波长（通常为最大吸光度的波长）下的 $K/S$。使用公式见 4.3.2，计算单一波长的 $K/S$ 值。

SUM 为在可见光谱范围内所有间隔波长的 $K/S$ 的总和。使用公式见 4.3.2，计算特定波长间隔的各个波长的 $K/S$ 值，并求和。把结果值除以间隔总数来标准化。

WSUM 为 $K/S$ 由视觉函数加权（例如 $x$、$y$、$z$ 函数和 $D_{65}$ 照明能量函数），并对可见光谱范围内所有间隔波长进行求和，然后除以波长间隔的总数。

$$WSUM = \sum_\lambda [(K/S_\lambda \times x_\lambda \times E_\lambda) + (K/S_\lambda \times y_\lambda \times E_\lambda) + (K/S_\lambda \times z_\lambda \times E_\lambda)]/n$$

式中：$K/S_\lambda$——按 4.3.2 公式计算的 $K/S$ 值；

$E_\lambda$——所选光源的能量（一般为 $D_{65}$）；

$x_\lambda$，$y_\lambda$，$z_\lambda$——所选视角（一般为 10°）的三刺激
值的权重；

$n$——所用波长间隔的数量。

TSVSTR 为三刺激颜色强度值，即 $X$，$Y$，$Z$ 的
函数。通常将 $Y$ 值作为同可见光函数相关的总颜色
力度值，尽管 $X$ 或 $Z$ 都可以作为组分的测量值，其
中吸收特性是已知的并落在可见光谱大的分散范围
内。在大部分的应用中，使用三刺激值（$X$，$Y$ 或
$Z$）的最小值代替 4.3.2 中的 $R$。虽然 TSVSTR 公
式在纺织工业中普遍应用，但在一般公认的参考书
中，找不到明确的科学依据。使用所述计算方法之
一计算两个式样之间的颜色强度相对偏差的方法参
见 4.5。

**4.4** 透射法测得的颜色强度值。

**4.4.1** 颜色强度值是与溶液中所含的颜色吸
收材料（染料）量相关的一个单一数值。通常用
于计算两个染色溶液之间的强度差异（%力度）。
颜色强度值可以通过四种被接受的方法中的任何一
种进行计算。由其中一种方法得到的计算值与任何
其他方法得到的计算值不一定相同。计算方法的选
择通常要根据试样的特性和颜色强度值的应用目的
而定。色度计必须使用三刺激值函数来计算颜色强
度值。四种计算方法分别以 SWL，SUM，WSUM 和
TSVSTR 表示，计算方法如下：

**4.4.2** 用分光光度计测得的试样颜色强度值，
通常需要计算在单个或多个波长间隔下的吸光度值。
计算特定波长（$\lambda$）下的吸光度值的公式如下：

$$A_\lambda = \lg \frac{1.0}{\tau_\lambda}$$

式中：$\tau_\lambda$——试样的内在透射率〔%，$\tau_\lambda$ 值通常用
分光光度计测量，并且修约到 1.0
（即 100% = 1.0）〕。

**4.4.3** 最常用的四种颜色强度值的计算方法
如下：

SWL 为单一波长（通常为最大吸光度的波长）
下的吸光度值。使用 4.4.2 中的公式，计算单一波长

的 $A$ 值。

SUM 为在可见光谱范围内所有间隔波长的吸光
度的总和。使用 4.4.2 中的公式，计算特定波长间
隔的各个波长的 $A$ 值，并求和。把结果值除以间隔
总数来标准化。

WSUM 为吸光度由视觉函数加权（例如 $x$，$y$，
$z$ 函数和 $D_{65}$ 光源能量函数），并对可见光谱范围内
所有间隔波长进行求和，然后除以波长间隔的
总数。

$$WSUM = \sum_\lambda \big[ (A_\lambda \times x_\lambda \times E_\lambda) + (A_\lambda \times y_\lambda \times E_\lambda) + (A_\lambda \times z_\lambda \times E_\lambda) \big]/n$$

式中：$A_\lambda$——按 4.4.2 中的公式计算吸光度；

$E_\lambda$——所选光源的能量（一般为 $D_{65}$）；

$x_\lambda$，$y_\lambda$，$z_\lambda$——所选视角（一般为 10°）的三刺激值
的权重；

$n$——所用波长间隔的数量。

TSVSTR 为三刺激颜色强度值，即 $X$，$Y$，$Z$ 的
函数。通常将 $Y$ 值作为同可见光函数相关的总颜色
力度值，尽管 $X$ 或 $Z$ 都可以作为组分的测量值，其
中吸收特性是已知的并落在可见光谱大的分散范围
内。在大部分的应用中，使用三刺激值（$X$，$Y$ 或
$Z$）的最小值代替 4.4.2 中的 $\tau_\lambda$。虽然 TSVSTR 公
式在纺织工业中普遍应用，但在一般公认的参考书
中，找不到明确的科学依据。

**4.5** 相对强度。通过以上方法计算的颜色强
度值可以用来计算两个试样之间颜色强度的相对偏
差，将其中的一个试样作为标准样。对比结果产生
的数值称为强度（%）。

$$强度 = \frac{颜色强度值_{试样}}{颜色强度值_{标样}} \times 100\%$$

## 5. 报告

使用本评价程序，完成操作并得到数据。需要
对操作步骤和得到的数据进行报告，应至少包括：

**5.1** 测试试样所用仪器的照明/测量类型。

**5.2** 所用的分光光度计或色度计。

**5.3** 计算色度值所使用的光源/视角。

**5.4** 试样的说明。

**5.5** （如有）所用的颜色强度计算方法（SWL, SUM, WSUM, TSVSTR）。

**5.6** 所用的试样放置方法和求平均的方法，例如测量面积、织物层数、若为非标准大气条件则报告温度和相对湿度，以及单独测量中的读数次数。

## 6. 精确度和偏差

AATCC EP6 是作为辅助参考方法使用的程序。作为试验方法的一部分，必须使用相关 AATCC 试验方法中相应的精确度和偏差声明来对色度结果值进行评价。使用者应注意，精确度和偏差一定程度上会受样品放置方法，求平均方法和所用测色仪自身的重现性和准确性所影响。

## 7. 注释和引用文献

**7.1** ASTM 标准来源于 ASTM, W. Conshohocken PA；网址：www. astm. org。

**7.1.1** ASTM E1345《使用多种测试方法降低颜色测量的变化性的标准操作方法》。

**7.1.2** ASTM E308《使用 CIE 系统测量物体颜色的标准测试方法》。

**7.2** CIE 出版物 15. 2018《比色法》第四版，the US National Committee of the CIE 或者 the CIE Webshop（www. tech－street. com/cie/）。验证计算方法正确与否的方法是将 100% 的反射值输入使用的计算机程序，并让系统计算三刺激值。算得的三刺激值应该与相应的照射条件对应的表（源自 ASTM E308）中的值保持相同至第二位小数。

**7.3** SAE International, 400 Commonwealth Dr., Warrendale, PA 15096；网址：www. sae. org。SAE J 1545 试验方法：仪器测量外部饰物的颜色差异，纺织品和染色花边。

**7.4** Stearns, E. I. , 吸光分光光度计的使用方法，Wiley-Interscience，1969。

**7.5** Wyszecki and Stiles，颜色科学，第二版。

**7.6** ASTM D1776《纺织品调湿和测试标准方法》。

## 8. 历史

**8.1** 2021 年修订，以使标准更清晰，并添加了历史部分，以与 AATCC 指南格式保持统一。

**8.2** 2019 年编辑性修订，2016 年修订，2003 年、2008 年重新审定，1998 年重新审定并编辑性修订，1996 年、1997 年重新审定。

**8.3** AATCC RA36 技术委员会于 1995 年制定。技术上等效于 ISO 105－J01。

# 附录

**1.** 反射率测试中存在的问题和指导。

**1.1** 荧光。当使用具有校准样品照明紫外线含量功能的测量仪器时，对于白度的评估可以直接与类似校准仪器的结果进行比较，并且足以用于商业用途。对于不能精确控制照射试样的紫外能量的测色仪，操作者应在光源和样品之间放置一个紫外滤光片，以有效消除紫外产生的荧光。应注意本技术测得的结果同视觉结果可能不一致。还要注意本技术仅适用于通过吸收紫外辐射导致荧光的情况。紫外能量可控的仪器所测得的结果与视觉观测结果更具有一致性，之前测试的数据（标准样、控制样等）不能直接用于比较，除非数据是通过紫外校准的仪器收集的。除非使用可以控制入射光能量和数量的设备进行测试，否则可以吸收可见光能的荧光试样无法进行一致性的测试。如果无法满足这个条件，那么被比较的两个试样应该在几乎相同的时间和在同一台仪器上进行测量。

**1.2** 含湿量。如果含湿量影响颜色的测量，那么需要对试样进行调湿平衡以使含湿量达到稳定。调湿过程应该在温度和相对湿度恒定不变的房间或箱体内完成，并在此环境下放置足够长的时间使所有样品都能达到平衡。对于大部分含棉或吸湿性纤维的试样来说需要几个小时的时间，但调湿所需的时间会因调湿大气环境的不同而发生明显变化。在测试过程中试样的调湿时间要尽量长。AATCC 规定纺织品测试的标准大气条件为相对湿度（65±5)%和温度21℃±2℃（70°F±4°F）（见7.6)。

**1.3** 透明性。大部分的纺织样品在某些程度上都具有透明性。所有试样必须使用相同的程序进行测量。如果样品量充足，则建议将样品多次折叠直至光线无法穿透层叠试样。当层叠试样以白色瓷砖和以黑色瓷砖作为背衬所得到的测试结果差异不大时，则认为此时试样的层叠次数是足够的。注意多层柔软材料的叠层可能会导致其他问题（见下面的非硬挺材料说明），这时则需要一个折中的办法。在这种情况下一般使用规定层数（各个试样的层叠数相同），并用不含荧光增白剂的相同材料或瓷砖作为背衬。

当没有办法实现完全不透明性时，可以使用修正公式来得到修正过的%R（$R_\infty$）值。$R_\infty$值被定义为以白色材料和以黑色材料作为背衬时反射率相同的层叠层数下的不透明反射率值。本程序需要分别对试样以白色瓷砖作为背衬和以黑色瓷砖作为背衬的条件下进行测量。计算各个波长间隔下的修正后%R（$R_\infty$）值的公式如下（见7.5)：

$$\alpha = 0.5\left(R_W + \frac{R_B - R_W + R_g}{R_B R_g}\right)$$

则：

$$R_\infty = \alpha - (\alpha^2 - 1)^{1/2}$$

式中：$R_W$——试样以白色瓷砖作为背衬的 $R$ 值；

$R_B$——试样以黑色瓷砖作为背衬的 $R$ 值；

$R_g$——白色瓷砖本身的 $R$ 值。

其中 $R_W$，$R_B$，$R_g$ 以十进制小数形式表示，例如，0~1.0。

**1.4** 非硬挺性。为避免柔软的试样进入测色仪的测试窗口，需使用以下程序之一进行操作。

**1.4.1** 将试样缠绕、捆绑或固定在一个纸卡或其他硬性足够的结构上。作为支撑的材料应为非彩色，且所有待测试样是可以再生的材料。同时应满足上述不透明性的要求。当把纱线试样缠绕到卡片上时，必须控制缠绕的张力、方向和密度以保证结果具有重现性。

**1.4.2** 有一些测色仪器的设计是在测试过程中不与试样发生接触，则被测试样必须是平整的，由刚性材料支撑，且具有足够的厚度以消除透明的影响。

**1.4.3** 对于分光光度计来说，有些试样在玻璃后面进行测试可以增加颜色测量结果的重现性，尤其是对于纤维和纱线试样来说。此时测得的反射率值必须通过一个玻璃修正公式进行修正，否则玻璃的影响会使测试结果产生偏差。此外，用来将试样贴到玻璃上所使用的材料数量和材料压力必须得到控制。常用的公式为：

$$R_\lambda = \frac{R_g + T_{c-1}}{R_g + T_c - 1.0 - (T_d \times R_g) + T_d}$$

式中：$R_\lambda$——没有玻璃情况下的修正后反射率百分比；

$R_g$——在玻璃下面测得的 $R$ 值；

$T_c$——玻璃对平行光线的透射率（对于折射率为1.50且不吸光的玻璃，该值一般等于0.92)；

$T_d$——玻璃对漫射光线的透射率（对上述的玻璃，该值一般等于0.87)。

注意：所有 $R$ 和 $T$ 值都要用十进制小数形式表示。

**1.5** 光敏性或热敏性。对光和/或热敏感的试样在实际仪器测试过程中，要使试样暴露在光线下尽量短的时间。闪光照射式仪器和带有自动遮光器的仪器可以控制试样暴露于光线下的时间。必须扫描可见光谱的仪器（每次测试大概需要几秒的时间）不适用于此类试样。无论哪种情况，样品准备过程都要小心处理，以尽量避免试样在测量之前暴露于光线。单一波长照射试样的仪器也可以用于此类试样的测试。

**1.6** 小试样。如果试样太小，则需要使用颜色测量仪器上的 SAV（小孔径）选项，在这种情况下，必须对试样进行多次读数，并取平均值以提高测量的精确度。小于测量孔径的试样得到的测试结果可信度不高。

**1.7** 表面纹路。对于测量具有明显表面纹路的试样，难度首先在于如何确定哪一个物理属性是使用者感兴趣的。能够将颜色与外观特征进行分离的仪器在这种情况下是具有优势的，但是这种设备在其他情况下却有不足。当仅需要测量试样的颜色时，最有效方法是将试样装在玻璃下面，并应用足够的压力以消除外观结构的影响。此时要遵守上述非硬挺试样使用玻璃时相关的注意事项和要求。如果试样的表面结构引起颜色的方向性偏差，则需要对每次测试重复测量四次，每次测量之后旋转 90°。然后将所有的测试结果取平均，产生一组色度值。为机动车用织物开发的类似操作程序的示例是 SAE J 1545（见 7.3）。

**1.8** 颜色不均匀。当待测试样的颜色不均匀时，有必要对测试值进行平均（分光光度计得到的光谱数据或色度计得到的三刺激值）以得到均一的、可重现的测量结果。在这种情况下就需要根据可视区域确定得到一个测试值需要的读数次数，使在试样随机确定的另外位置进行相同程序测量后可以得到相同的结果（见 SAE J 1545）。

**2.** 透射测量问题和指导。

**2.1** 化学不稳定性。如果溶液的化学性能不稳定，则不能进行测试。必须找出溶液产生化学不稳定性的原因，并研发相应的程序和溶剂以制备化学稳定性的溶液。

**2.2** 起泡沫、气泡。在试样准备阶段，向溶液中滴加一滴或两滴异丁醇（2-甲基丙醇）有助于去除气泡或泡沫。当向透射率比色皿中加入液态试样时，操作员应该将比色皿适当倾斜，然后将溶液沿着比色皿的边缘倒入比色皿，以减少泡沫或气泡的产生。

**2.3** pH 敏感性。许多染料对 pH 变化敏感，制备的试样的颜色会随着 pH 的变化而发生明显变化。在这种情况下，制备试样的过程中通常需要使用蒸馏水（或去离子水）以及 pH 缓冲液。

**2.4** 镀层。染料溶液（尤其是碱性染料）具有在透射比色皿表面形成并附着于比色皿的一层染料分子的趋势。透射比色皿应该用待测溶液进行冲洗（或冲刷），倒空，然后在测量颜色之前注入新的待测溶液。注意上面的步骤是以假设比色皿在测试之前是干净的（无染料分子镀层）为前提的，并且所有试样都用同样的方法进行处理。在具有实际意义的前提下，在测量试样之前应该进行仪器的标准化测量程序，在用染色溶液对参照比色皿进行冲刷之后，再将清澈的溶液（通常为蒸馏水）注入比色皿中。如果使用的是双光线束的仪器（盛放试样的比色皿和盛放参比物的比色皿可以同时进行测量），参比比色皿（盛放清澈的溶液）在注入清澈的溶液之前要先用有色的溶液进行冲洗。在这种情况中，常规的仪器标准化方法是适用的。

**2.5** 光敏感性或热敏感性（光致变色或热致变色）。如有可能，透射率测量应使用以单色（单一波长）照射试样的仪器来进行。如果条件不允许，可以使用能够提供遮光快门的仪器或用瞬时闪光照射试样的仪器，以减少影响。

**2.6** 分辨率（波长间隔）。一般来说，染料在溶液中的透射曲线与其在反射率测量中得到的曲线相比，峰形更尖、更明显。分光光度计需要以 10nm 或更小的波长间隔来进行测量以得到准确的、具有重现性的结果。另外，所用仪器的带通必须小于或等于 10nm。

**AATCC EP7-2021e**

# 仪器评定试样变色

## 前言

该评定程序由 AATCC RA36 委员会于 1995 年制定。1996 年被采用为 ISO 105-A05。该方法中使用的度量标准是在 ISO TC38 SCI WG-7 中制定的。

## 1. 范围

本评定程序可用于目视 AATCC EP1《变色灰卡评定程序》（见 9.1），是评定试样变色的一种替代方法（见 9.2）。适用于任何色牢度的试验方法，但试样用含有荧光增白剂（FWA）溶液处理的，不能用该方法。

## 2. 原理

对经过色牢度试验的试样的颜色和未经过处理的相同试样的颜色用仪器进行测量。在 CIE 015：2018（见 3.3）规定，测定两个试样 CIELAB 坐标系中的明度 $L^*$、彩度 $C_{ab}^*$ 和色相 $h_{ab}$。计算 CIELAB 的色差 $L^*$，$C_{ab}^*$ 和 $H_{ab}^*$，并通过一系列公式转换为变色牢度的灰卡等级。

## 3. 引用文献

注释：除非另有说明，所有出版物应使用当前版本。

**3.1** AATCC 国际测试方法与程序手册，美国纺织化学家与染色家协会，AATCC EP1，可以从 AATCC 获取，地址：P. O. Box 12215, Research Triangle Park NC 27709；电话：+1.919.549.8141；传真：+1.919.549.8933；电子邮箱：ordering @ aatcc.org；网址：www. aatcc.org。

**3.2** 原 9.2 的内容。

**3.3** CIE 015：2018，《色度学》，第四版，可通过美国 CIE 国家委员会或 CIE 网店（www. tech-street. com/cie/）获取。

## 4. 术语

**4.1** 色变：颜色的变化，不管是亮度、色相或色度上的任何一种变化，或这些变化的任意组合，通过比较测试样与相应的原样来描述。

**4.2** 灰卡等级：用于颜色变化（GSc），用于表示试样同原样或未测试样相比较的颜色变化的数值。应报出为 1~5 的半级（如 1、1.5、2、2.5、3、3.5、4、4.5、5）。

## 5. 安全和预防措施

使用者必须向测色设备制造商咨询具体使用细节，如设备操作说明和其他建议等。

## 6. 仪器

满足在 CIE 015：2018 中的子条款 6.4 中所描述的任何一种几何定义的分光光度计或色度计。

## 7. 测试样和参照试样

**7.1** 选择一个材料的有代表性的样品，该样品已经过色牢度测试，并且有足够的尺寸满足仪器夹具的要求。用足够厚的原始材料垫于这个试样之后，使试样不透光（为了精确的测量，需要不透光，或至少是均匀一致的）。另一种方法是，用白色的不含荧光增白剂（FWAs）的材料衬于一层原样的后面，并以同样方式在测试样后衬上一层白色材料。

**7.2** 按照 7.1 中的同样层数厚度，制成参照样（原始试样）。

## 8. 程序

**8.1** 测量参照试样的颜色，使用这些数据，根据 10° 观察者和 $D_{65}$ 光源，计算 CIELAB 中的 $L^*$、$C_{ab}^*$ 和 $h_{ab}$ 值（见 11）。

**8.2** 测量经过色牢度测试的试样颜色，并且进行与参照试样同样的相关计算。然后按照第 9 部分中描述的公式进行计算。

## 9. 计算

**9.1** 符号。

**9.1.1** 下标"ab"表示与 CIELAB 色差方程的关联。

**9.1.2** 下标"M"表示试样和参照试样的平均函数。

**9.1.3** 下标"K"表示色度校正色相的函数。

**9.1.4** 下标"F"表示特定的灰卡色差，用于区别于一般使用的 $\Delta E$。

**9.1.5** 下标"T"表示被测试样。

**9.1.6** 下标"R"表示参照试样。

**9.1.7** 下面使用的"Round"函数 Round（$x$，$n$）将 $x$ 的值四舍五入到指定的小数位数 $n$，即以下用法中的"3"。

**9.1.8** 所有色相角都以度为单位，而不是弧度。

**9.2** 使用以下伪代码计算 $\Delta E_F$。

如果：Abs（$h_{ab,T} - h_{ab,R}$）$\leqslant$ 180 则：
$$h_M = (h_{abT} + h_{abR})/2$$
否则：

如果：Abs（$h_{ab,T} + h_{ab,R}$）$\leqslant$ 360 则：
$$h_M = (h_{abT} + h_{abR})/2 + 180$$
否则：
$$h_M = (h_{abT} + h_{abR})/2 - 180$$
结束条件
结束条件

如果：Abs（$h_m - 280$）$\leqslant$ 180 则：
$$x = [(h_m - 280)/30]^2$$
否则：
$$x = [(360 - \text{Abs}(h_m - 280))/30]^2$$
结束条件

$$\Delta L^* = L_{abT}^* - L_{abR}^*$$

$$\Delta C_{ab}^* = C_{abT}^* - C_{abR}^*$$

$$C_M = (C_{abT}^* + C_{abR}^*)/2$$

$$D = (\Delta C_{ab}^* \cdot C_M \cdot e^{-x})/100$$

$$\Delta E_{ab}^* = [(\Delta L^*)^2 + (\Delta a^*)^2 + (\Delta b^*)^2]^{1/2}$$

$$\Delta H_{ab}^* = [(\Delta E_{ab}^*)^2 - (\Delta L^*)^2 - (\Delta C_{ab}^*)^2]^{1/2}$$

如果：（$h_{abT} - h_{abR}$）$< 0$ 则：
$$\Delta H_{ab}^* = (-1) \cdot \Delta H_{ab}^*$$

$$\Delta C_K = \Delta C_{ab}^* - D$$

$$\Delta H_K = \Delta H_{ab}^* - D$$

$$\Delta C_F = \Delta C_K / [1 + (20 \cdot C_M/1000)^2]$$

$$\Delta H_F = \Delta H_K / [1 + (10 \cdot C_M/1000)^2]$$

$$\Delta E_F = [(\Delta L^*)^2 + (\Delta C_F)^2 + (\Delta H_F)^2]^{1/2}$$

$$\Delta E_F = \text{Round}(\Delta E_F, 3)$$

**9.3** 根据以下函数计算变色（GSc）对应的灰卡等级。

如果：$\Delta E_F \leqslant 3.400$ 则：
$$GSc = 5 - \Delta E_F/1.7$$
否则：

如果：$\Delta E_F < 13.600$ 则：
$$GSc = 5 - \text{Log10}(\Delta E_F/0.85)/\text{Log10} \quad (2)$$
否则：
$$GSc = 1$$
结束条件
结束条件
此时，GSc 是 1~5 的十进制数。

**9.4** 要产生半等级（即 1、1.5、2、2.5、3、3.5、4、4.5、5），请执行以下函数：
$$GSc = \text{Round}(GSc, 3)$$

$$GSc = [\, Int\ (2 \cdot GSc + 0.5)\,]\, /2$$

## 10. 报告

报告应至少包括以下内容。

**10.1** 试样颜色变化的灰卡等级（GSc 值），遵循适当的试验方法指出的说明和报告。

**10.2** 本评定程序的编号和年号，即 AATCC EP7-2021e。

**10.3** 鉴别被测样品的所有必要细节情况。

**10.4** 所选用的 CIE 的种类。

**10.5** 所用分光光度计或色度计的规格。

**10.6** 所采用的是 $D_{65}$ 光源还是 C 光源。

**10.7** 所采用的是 1964 10°视角还是 1931 2°视角。

## 11. 注释

允许选择 $D_{65}/2°$。

## 12. 历史

**12.1** 2023 年编辑性修订，更新了第 2 部分原理中的引用文献，将历史部分放置于正确位置。

**12.2** 2021 年修订，删除表格选项，并重建计算公式以明确；2019 年编辑性修订；2015 年修订；2009 年、2003 年重新审定；1998 年修订；1996 年重新审定。

**12.3** 1996 年被等同采用作为 ISO 105-A05。

**12.4** AATCC RA36 委员会于 1995 年制定。

*AATCC EP8-2010e（2017）e*

# AATCC 9 级沾色彩卡

AATCC RA36/RA38 技术委员会于 1996 年制定；AATCC RA36 技术委员会负责；1997 年、1998 年重新审定并编辑性修订；2002 年、2010 年修订；2007 年、2017 年重新审定，2008 年技术勘误；2012 年、2019 年编辑性修订。

## 1. 范围

本评价程序描述了在色牢度试验中，使用 9 档沾色彩卡对未染色的纺织品进行沾色评定。

## 2. 原理

在色牢度测试中，用沾色和未沾色织物的颜色差异与沾色彩卡显示的色差进行视觉比较，评价未沾色织物的沾色程度（见 7.1）。

## 3. 术语

**3.1** 着色剂沾色：由于暴露于有色的或被污的液体媒介中，或者直接与染料或颜料材料接触，通过升华或机械运动（如摩擦），颜色从材料上转移，从而使被作用物沾上颜色。

**3.2** 色牢度：材料在加工、检测、储存或使用过程中，暴露在可能遇到的任何环境下，抵抗颜色变化和/或向相邻材料转移的能力。

**3.3** 等级：试验中用以表示质量特性的记号，它以多个标准参照等级中的某一个等级来表示。试样的质量特性表现出相当于标准的某个等级时，该等级即为试样的等级。对来自一个样品的不同试样、或者由不同的评价者评定的级数，通常取其平均值。

**3.4** 评级：在纺织品测试中，将材料同一个标准参考样卡比较，对材料进行评定或确定级数的过程。

## 4. 沾色彩卡的描述

**4.1** 沾色彩卡使用了 54 个颜色片。从蒙塞尔颜色手册中选择了五种色调（红色、黄色、绿色、蓝色和紫色）。描述行编号 5 的中性卡片和中性灰色卡片符合沾色灰卡上的灰卡片（见 7.1）。

**4.2** 沾色彩卡的卡片成 10 行排列在白色纸板上。每一列的每个颜色都显示出深度相似的递增，从顶部的最浅的颜色到底部的最深的颜色。为了评级效果，编号 5 在最上面一行，表示没有颜色，编号 4.5 被放在第二行或表示最浅的颜色，依次向下排至编号 1 被放在最底下的行表示最深的颜色（见 7.2）。

**4.3** 卡片以行的形式放置，行与行之间充分分开，在 10 行卡片的行之间清楚可见直径为 9.5mm（0.375 英寸）的圆孔。提供一个白色纸板遮样罩（见图 1），以便当它竖直方向平放在彩卡上时，仅能露出彩卡上的一个圆洞及两个邻近的颜色片（见 7.3）。

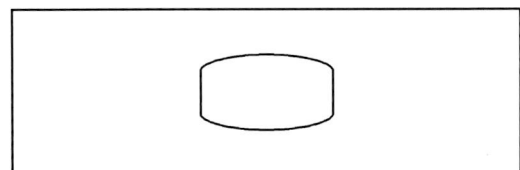

**图 1　白色纸板遮样罩**

## 5. 沾色彩卡的使用

**5.1** 用一个模拟日光、照度范围在 1080～1340 lx（100～125 英尺烛光）（见 7.4）的光源照射样品表面。光线与样品表面呈 90°±5°，观察方与样品表面呈 45°±5°（见图 2）。

**图 2  试样评级的照射和观测角度**

**5.2**  将被评价的沾色材料放在带有色条的卡后，以便通过最接近沾色色调列的一个圆洞可以看见材料上有色部分。对一些比较薄的材料，例如白棉布，进行沾色评级之前，应将一定层数的干净试验布衬在试样后面。对于已经固定在测试卡上，来显示沾色的较薄样品，这个操作也是适用的。纸板的颜色会影响实验人员的判断，除非在试样下面垫上几层干净的试验材料，此操作可在不从板上移走试样的情况下进行。遮样罩放在适合的位置，然后在这列上下移动试样和遮样罩，直到在这列中找到与试样颜色最接近的相似彩度卡片。为了限制或减少沾色卡的孔在试样上造成的阴影，应固定沾色卡以便试样和沾色卡与光线垂直。

**5.3**  通过比较沾色彩卡上的数值来确定等级，在沾色彩卡中的评级方法见表 1。

**表 1  沾色彩卡的评级方法**

| 着色剂沾色（转移） | 级数（级） |
| --- | --- |
| 没有沾色 | 5 |
| 沾色相当于编号 4.5 | 4.5 |
| 沾色相当于编号 4 | 4 |
| 沾色相当于编号 3.5 | 3.5 |
| 沾色相当于编号 3 | 3 |
| 沾色相当于编号 2.5 | 2.5 |
| 沾色相当于编号 2 | 2 |
| 沾色相当于编号 1.5 | 1.5 |
| 沾色相当于编号 1 | 1 |

## 6. 结果评价

**6.1**  用 AATCC 9 级沾色彩卡评级结果，应该与用沾色灰卡（AATCC EP2）评级结果一致（见 7.1）。

**6.2**  当用统计原理分析结果时，AATCC 9 级沾色彩卡被认为能完成评价的需要。它便于沾色的评价，尤其对经验较少的评级者更是如此。

**6.3**  报告必须清楚地注明是使用 AATCC 9 级沾色彩卡得出级数而不是使用沾色灰卡。

## 7. 注释

**7.1**  9 级沾色彩卡可以从 AATCC 获取，地址：P. O. Box 12215, Research Triangle Park NC 27709；电话：+1. 919. 549. 8141；传真：+1. 919. 549. 8933；电子邮箱：ordering@ aatcc. org；网址：www. aatcc. org. cn。

**7.2**  颜色改变或差异明显大于 1 的任何试样的色牢度可以被评为 0 级。

**7.3**  沾色彩卡的清洁和物理条件对获得一致的结果是非常重要的。应经常检查彩卡上的指纹或任何其他痕迹。如果认为这些痕迹会干扰评级，则需更换卡。彩卡也会通过触摸而被物理损坏。此外，如果卡片被破坏，例如，边缘破损、卡片松动或弯曲，影响了评级，那么就要换卡。沾色彩卡应定期（至少每年一次）用分光测色计或色差计进行测量，以确保其总色差在规定范围之内。使用球面几何分光光度法测量沾色彩卡时，需要将反射因素考虑在内，或者选择 0°/45°（45°/0°）几何体。色度值应使用 CIE 1964 10°视角，$D_{65}$ 光源的数据计算得到。收到沾色彩卡就应对其颜色进行测量，使用初始颜色数据，每个色彩条的色差 $\Delta E_{CMC}$ 不应超过 0.3。CMC 比率应使用 2：1。当不使用时，沾色彩卡应放置在包装袋中。

**7.4**  日光模拟器和照度选择的注释见 AATCC EP9《纺织品色差的视觉评价》。

# 纺织品色差的视觉评价

## 1. 目的和范围

本程序提供了将试样与标准进行视觉比较来测定和描述试样色差的基本原则和程序。目的是将纺织材料视觉色差评估程序标准化。

## 2. 原理

在规定的光源和观察条件下,将一个或多个试样的颜色和参考标准比较后进行评估。可识别的色差也能够同允差范围试样进行比较。

## 3. 术语

**3.1** 彩度:含有光谱纯色的比例,表示同样亮度下偏离灰色的程度,即较鲜亮的或较暗淡的。

**3.2** 色相:颜色的属性,即物体是红色、黄色、橙色、绿色、蓝色、紫色或这些颜色的组合。

**3.3** 明度:从自身不发光的纺织品材料表面所反射的光线的多少,或者用颜色感知的特性,可判断一个样品表面比另一个样品表面反射更多或更少光,即更暗的或更亮的。

**3.4** 同色异谱:两个有色材料的颜色特征,对于某一个光源和一个观察者是匹配的,但对于另一个不同的光源(具有不同的光谱能量分布)或者另一个观察者则是不匹配的。

**3.5** 参考标准:一种用于定义想要得到颜色的材料,还可用于定义其他的外观特性,例如整理、质地和结构。

**3.6** 允差范围试样:在色调、亮度和彩度,或这三个因素的组合上与参考标准偏离的选定试样,且为了评价的目的,在参考标准起强化作用的可识别的色差范围。

## 4. 使用和限制条件

**4.1** 本评价程序适用于测定和描述纺织材料同标准颜色试样的色差程度。

**4.2** 当评价多色的图案时,每种颜色要分别评价。

**4.3** 为了测定是否存在同色异谱现象,应在多于一个光源照明条件下评价试样。

**4.4** 只有通过 Farnsworth Munsel 100 色彩测试(见 10.1)以及 Pseuodoisochromatic Plate 测试,如颜色视觉测试(见 10.2),对色彩敏感度视觉正常的观察者才能执行本程序。

## 5. 仪器和材料

**5.1** 照明条件。在评价之前应确定在哪种光源下做比对,表 1 中任何一种模拟光源均可使用(见 10.3 和 10.4)。

表 1 光源

| 光 源 | 种 类 | 色 温(K) |
|---|---|---|
| $D_{65}$ | 日光 | 6500±200 |
| $D_{75}$ | 日光 | 7500±200 |
| A | 白炽灯 | 2856±200 |
| CWF | 冷白荧光灯 | 4150±350 |

注 除此之外的其他光源或色温的调整可以合同双方协商决定。

**5.1.1** 对于荧光增白剂试样的测试(FWAs),可使用紫外光源来观察试样。

**5.1.2** 推荐在试样上的照度值在 1080～1340lx(100～125 英尺烛光)的范围内。

**5.2** 观察环境。观察环境应处于房间内一个适合观察者正常进行视觉评价的区域,包含一个光源和一个观察平面,观察平面应位于灯箱中或置于桌面上。将试样放置在观察平面上，平面表面均匀，没有变形或凹陷，根据参考标准（见10.5）的颜色，环境颜色应符合从蒙塞尔 N5/~N7/ 的灰度范围。观察区域周围的颜色，即灯箱内表面和所在房间的墙壁的颜色应是符合蒙塞尔灰卡为观察表面设定的颜色+/1N 范围内的不反光平面，观察环境中不应放置其他物品，并且应该遮蔽外来的光线。观察者应身着中性颜色的服装，在试样上应不受到周围表面的反射光。表2归纳了 ASTM D1729-1996 对一般的和临界的色差测量的评价环境的推荐。在表2中包含的推荐比本程序规定的更具限制性，但包含在上述描述的界限内。

表2 背景和周围环境的颜色

| 评价分类 | 背景颜色 | 周围环境颜色 | 背景和周围环境的最大蒙塞尔彩度 |
|---|---|---|---|
| 临界的 | 同标准相似 | N5/~N7/ | 0.2 |
| 普通的 | N5/~N7/ | N5/~N7/ | 0.3 |

**5.3** 观察的几何条件。

**5.3.1** 选择条件 A。照明光源水平放置。试样平面相对水平面的夹角呈 45°±5°，从而使光源线与试样平面也呈 45° 入射。观察者以相对于试样呈 90° 观察试样。本条件适用于有光泽的或光滑的试样。

**5.3.2** 选择条件 B。照明光源和试样平面均水平放置，以使光线以相对试样平面呈 90° 入射。观察者以相对于试样平面呈 45°±5° 来观察试样。本条件适用于有光泽的或表面光滑的试样。

**5.3.3** 选择条件 C。试样平面和照明光源相互平行，以使光通量入射到试样平面中心，试样平面与水平面呈 35°±5°。观察者垂直观测试样，本条件不适用于有光泽或不光滑试样，观察者应注意不要阻挡光源的入射光。

**5.3.4** 举例（见图1）。条件 A 或者条件 B 是首选的观察条件。

**5.4** 用于评价光度和色温的仪器。设备须按

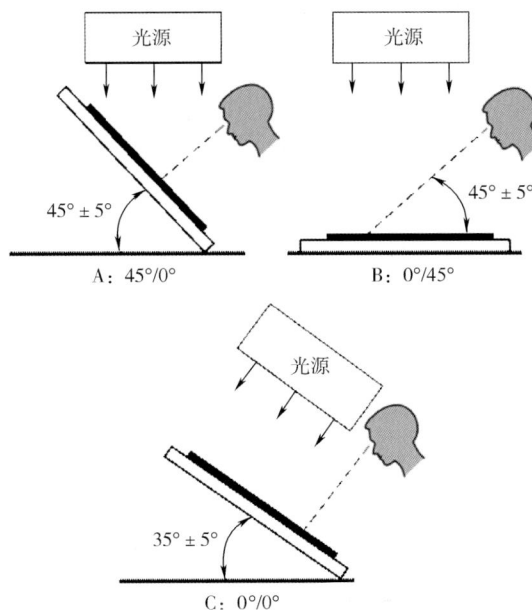

图1 选择 A（优先选择）、B（优先选择）、C 的观测角度

生产商的操作说明进行操作。确保用于评价光度和色温的仪器在工厂校准范围内。在测量之前，应先打开照明模拟器并使其趋于稳定。一般来说，这可能需要 15~30min。将仪器放置在光线照射的观察区域内。仪器的传感器应该是面对入射光线，且处于观察区域板的中心位置。在光线和传感器之间不能有任何遮挡。测量并记录色度数据或照明数据，确定观察环境在制造商的规定范围内。

## 6. 试样准备

**6.1** 在评价之前，所有有色标准和试样应调湿，以避免温度和湿度可能导致的差异（见10.7）。

**6.2** 如果使用的试验方法没有包含对试样尺寸的要求，使用在下面注释中推荐的试样尺寸（见10.6）。

**6.3** 染色机织物或针织物。如可能，试样应是具有代表性的矩形织物，最小尺寸为长 100mm、宽 200mm。多色试样大小应包含图案中的所有颜色。试样表面应干净且没有沾污或被弄脏。从试样上去除破损的边缘并标记或另做记号。应从距布边至少 150mm 的部位裁取试样，并且要避开接缝

区域。

**6.4** 窄幅织物、编带、带子、带状织物。被认为标准的试样应至少为 200mm 的长度全幅。

**6.5** 散纤维。应将测试样品梳成适当尺寸的一层或一片。

**6.6** 线或纱线。试样应成束状缠绕在板上形成平行的紧密纱线，或者编织成适合的尺寸。板上线圈要有足够厚度以遮住板，缠绕纱线的张力不会使板变形。

## 7. 操作程序

**7.1** 用色温计来测试试样表面的照明条件以确保符合 5.1 中的规定。此外，试验者还应测试观察区域的照度均匀性。从试样中心到边缘的照度偏差不应超过 25%。

光源模拟器每年应该检验四次，也可按设备制造商的推荐进行（见 10.4）。

**7.2** 在 7.2.1 和 7.2.2 中列出了不同色差的评价程序，这些评价程序可能需要不同的使用条件。这些程序中的每一个都可能与 A、B、C 选择条件中的仪器一起使用。在进行评价之前观察者至少用 2min 的时间使视觉适应照明条件。如果照明条件改变，这个适应过程还应重新进行，例如，更换了光源。

**7.2.1** 允差范围试样程序。将参考标准放置在试样所在平面上。允差范围试样放在参考标准旁边，并使两者边缘相接触。试样和参考标准应以长度方向相互平行放置，且除非有其他的规定否则应正面朝上。任何有方向性的试样都应以朝向相同的方向放置。非方向性的试样应以相同的长度方向或相反方向（180°旋转）放置。当进行色差评价时，观察距离应该是 700mm±150mm。

**7.2.2** 试样同参考标准的比较程序。试样和参考标准应以长度方向相互平行地并排放置，且除非有其他的规定否则应正面朝上。任何有方向性的试样都应以朝向相同的方向，非方向性的试样应以

相同的长度同方向或相反方向（180°旋转）放置。观察者应该站在正前方，观察方向与试样的平面相垂直，并注意避免挡住光线。当进行色差评价时，观察距离应该是 700mm±150mm。

**7.3** 多个试样的程序。应尽可能快的进行评价，因为延长观察时间会影响观察者的评价能力。

## 8. 评级

**8.1** 对照标准测定包括亮度、彩度和色调上的色差。

**8.2** 评价选项。

**8.2.1** 允差范围评价。观察者应该确定参考标准和试样之间的色差是否在允差范围之内或大于允差范围。

参考标准和试样间的色差描述应该包括表 3 中的术语。

表 3 色差方向的描述

| 色 差 | 方 向 |
|---|---|
| 明度 | 较亮，较暗 |
| 彩度 | 更多（或更高）彩度和更少（或更低）彩度 |
| 色相 | 较红，较绿，较黄，较蓝 |

**8.2.2** 等级评价。用表 4 的确定值，观察者可确定试样和参考标准之间的色差大小。对色牢度试验引起的颜色变化评价，见 AATCC EP1。在染料工业方面的特殊应用见 10.8。关于色差大小的描述语见 10.9。

表 4 色差的等级描述

| 语言描述 | 变色灰卡的相应等级 |
|---|---|
| 相当的 | 5 |
| 轻微的 | 4.5 |
| 显著的 | 4 |
| 相当大的 | 3 |
| 很大的 | 2 |
| 偏离颜色 | 1 |

## 9. 报告

**9.1** 根据使用的试验方法报告参考标准和每块试样之间的色差。报告允差内评价接近允差范围的界限值。

**9.2** 对于规定仪器、程序和评价的任何偏离均应在报告中注明。

**9.3** 当涉及使用本评价程序获得的数据时，至少应该包括以下信息：

**9.3.1** 试样的描述和评价的数据。

**9.3.2** 评价使用的照明模拟器。

**9.3.3** 所用的观察的几何条件（A，B，C）。

**9.3.4** 试样类型（平幅织物、绕线板、地毯等）。

**9.3.5** 试样条件（厚度，折叠层数等）。

**9.3.6** 评价选项和结果。

**9.3.6.1** 色差趋势的描述。

**9.3.6.2** 色差等级的描述。

**9.4** 操作员和评价的地点。

## 10. 注释

**10.1** 使用的 Farnsworth Munsell 100 色彩测试可从 AATCC 获取，地址：P. O. Box 12215, Research Triangle Park NC 27709；电话：+1.919.549.8141；传真：+1.919.549.8933，电子邮箱：ordering@ aatcc. org；网址：www. aatcc. org。

**10.2** 颜色视觉测试方法可以通过多种渠道获得。

**10.3** 对于在模拟日光照明下进行的视觉评价，推荐将相关色温校准到 6500K±200K，并且日光模拟器的品质最好被评定为 BC（CIELAB）或更好，评价方法刊登在 CIE Publication SO12E, Standard method of assessing the specified quality of daylight simulators for visual appraisal and measurement of colour，获取方式为：TechStreet，3916 Ranchero Dr.，Ann Arbor MI 48108，电话：+1.800.699.9277，网址：www. techstreet. com。以上的评级与 ASTM

D1729-1996 中的规定《漫射照明不透明材料的颜色和色差的视觉评价准则》是相同的。

**10.4** 滤光器和灯泡应按照制造商的推荐说明，定期维护和清洗。

**10.5** 蒙塞尔中性色 N5/~N7/ 可以从以下获取：Munsell Division of X－Rite Inc，地址：4300 44th St. SE，Grand Rapids MI 49512，电话：800/248-9748，网址：www. xrite. com。

**10.6** 关于为不同类型试样制备的附加推荐见 AATCC EP6《仪器测色方法》的 2.6 条试样准备。

**10.7** 关于试样调湿的详细资料，见 AATCC EP6《仪器测色方法》附录 1.2 含湿量。

**10.8** 染料工业特殊应用。在设计配方、合成和标准化当中，参考标准和测试样品应逐级染色；即参考标准以 95%、100% 和 105%，测试样品以 95% 和 100%，以方便同参考标准相当的试样饱和度的测定。这个评价通过将一个试样放在两个饱和度不同的参考标准之间来进行，以测定一个参考标准和一个试样在颜色饱和度上是相同的或接近相同。如此一来，参考标准和试样将按照 8.2 关于色度和色调的色差趋势和等级描述来评估。在这种情况下，由于饱和度的测定，亮度的大小和趋势经常被忽略。

表 4 中包括对整级和半级的描述。一些工业行业需要进一步细化，可用特殊规定的术语来描述中间的等级。例如，"微量"一词被广泛用于汽车工业中 4.5 级到 5 级。

## 11. 历史

**11.1** 2021 年修订，更新了表 4，并与 AATCC 指南格式保持统一。

**11.2** 2002 年、2010 年、2011 年、2017 年修订，2007 年重新审定，2008 年、2012 年、2019 年编辑性修订。

**11.3** AATCC RA36 技术委员会于 1999 年制定。

## AATCC EP10-2018e2

# 多纤维贴衬织物的评定

## 1. 目的和范围

本程序通过在规定条件下，对比被测多纤维贴衬织物的各个组分的沾色程度与标准控制多纤维织物的沾色程度，来评定被测多纤维贴衬织物的选用资格。

## 2. 原理

在一种皂液和四种不同染料的染浴条件下进行沾色实验，通过比较被测多纤维贴衬织物的每一种成分纤维条的沾色程度和标准，控制多纤维织物对应成分纤维条的沾色程度，来评定多纤维织物的选用资格。染浴包括：分散黄染料（Terasil Yellow）2GE 200%，用于评价二醋酯纤维和聚酰胺纤维条的沾色；酸性橙染料（Irgalan Orange）RL-KWL 250%，用于评价聚酰胺纤维条的沾色；直接蓝染料（Solophenyl Blue）GL 250%，用于评定棉纤维条的沾色；分散海军蓝染料（Terasil Navy Blue）BGLN 200%，用于评定聚酯和聚酰胺纤维条的沾色。各组分沾色程度是用比色法测色仪来评级的，以消除视觉评级的主观性。

## 3. 安全和预防措施

本安全和预防措施仅供参考。本部分有助于测试，但未指出所有可能的安全问题。在本测试方法中，使用者在处理材料时有责任采用安全和适当的技术；务必向制造商咨询有关材料的详尽信息，如材料的安全参数和其他制造商的建议；务必向美国职业安全卫生管理局（OSHA）咨询并遵守其所有标准和规定。

**3.1** 遵守良好的实验室规定，在所有的试验区域应佩戴防护眼镜。

**3.2** 所有化学物品应当谨慎使用和处理。

**3.3** 操作实验室测试仪器时，应按照制造商提供的安全建议。

## 4. 使用和限制条件

**4.1** 本程序适用于评定纤维条宽 15mm 的多纤维贴衬织物。如果测色仪能提供更小尺寸的孔径，那么也可对含有较窄纤维条的多纤维贴衬织物进行评定。

**4.2** 本程序制定了使用沾色程度评级（SSR）值按 ISO 105-A04（见 15.1）中要求进行计算。这些计算出的 SSR 值可用于确定沾色灰卡报告值（见 15.2）。报告值是在一个范围的基础上，这个范围比通过在 4 和 3 之间计算出的 SSR 值的范围更广（见 15.2）。

## 5. 仪器和材料（见 15.3）

**5.1** 加速水洗牢度试验机。

**5.1.1** 水洗牢度机在恒温水浴中旋转密封罐的转速是 40r/min±2r/min。

**5.1.2** 不锈钢 1 型密封水洗罐，500mL（1 品脱），75mm×125mm（3.0 英寸×5.0 英寸）。

**5.1.3** 不锈钢 2 型密封水洗罐，1200mL，90mm×200mm（3.5 英寸×8.0 英寸）。

**5.1.4** 装在水洗牢度机旋转轴上的用于固定水洗罐的支架。（见 5.1.3）。

**5.1.5** 特氟龙碳氟衬垫（见 11.5 和 15.4）。

**5.2** 分光光度计，几何条件 d/0°，附有镜面，小面积观察，计算 $D_{65}/10°$ 公差；允差 $\Delta E_{CMC}$ 0.5。

**5.3** pH 计，精确到±0.01。

**5.4** 天平，精确到±0.001g。

**5.5** 标准控制多纤维织物（见 15.6）。

## 6. 试剂

**6.1** 皂粉，按照 ISO 105-C02 中的规定（见 15.1 和 15.3）。

**6.2** Terasil Yellow 2GE 200%（见 15.5）。

**6.3** Irgalan Orange RL - KWL 250%（见 15.5）。

**6.4** Solophenyl Blue GL 250%（见 15.5）。

**6.5** Terasil Navy Blue BGLN 200%（见 15.5）。

**6.6** 蒸馏水或去离子水。

## 7. 试样准备

**7.1** 标准控制多纤维织物（见 15.6），质量 3.00g±0.1g。

**7.2** 测试用多纤维贴衬织物。质量 3.00g± 0.1g；尺寸约 100mm×100mm。

**7.3** 在试样上做标记，以区别控制试样和被测试样。

## 8. 试剂准备

**8.1** 肥皂溶液。在 45℃ 的 1L 水中溶解 50g 皂粉。

**8.2** Terasil Yellow 2GE 200%分散液。

**8.2.1** 分散液。用 2.45g 染料配成 1000mL 的溶液（见 8.6）。

**8.2.2** 稀释液。用 20mL 分散液稀释至 1000mL。

**8.2.3** 浓度为 0.00049g/L 的 Terasil Yellow 2GE 200%的测试溶液：用 10mL 稀释液和 100mL 肥皂溶液混合稀释成 1000mL 的溶液（见 8.7）。

**8.3** Irgalan Orange RL-KWL 250%溶液。

**8.3.1** 溶液。用 1.10g 染料配成 1000mL 的溶液（见 8.6）。

**8.3.2** 浓度为 0.011g/L 的 Irgalan Orange RL-KWL 250%测试溶液：用 10mL 溶液和 100mL 的肥皂溶液混合成 1000mL 的溶液（见 8.7）。

**8.4** Solophenyl Blue GL 250%溶液。

**8.4.1** 溶液。用 0.775g/L 的染料配成 1000mL 的溶液（见 8.6）。

**8.4.2** 稀释液。用 20mL 溶液稀释至 1000mL。

**8.4.3** 浓度为 0.000155g/L 的 Solophenyl Blue GL 250%的测试溶液。用 10mL 稀释液和 100mL 肥皂溶液混合成 1000mL 的溶液（见 8.7）。

**8.5** Terasil Navy Blue BGLN 200%分散液。

**8.5.1** 分散液。用 2.4g 染料配成 1000mL 的溶液（见 8.6）。

**8.5.2** 浓度为 0.024g/L 的 Terasil Navy Blue BGLN 200%测试溶液。用 10mL 的分散液和 100mL 的肥皂溶液混合配成 1000mL 的溶液（见 8.7）。

**8.6** 原始分散液或溶液。在 200mL 的烧杯中分散或溶解一定量的染料。然后用漏斗将溶液移到 1L 的容量瓶中。用洗瓶喷洒烧杯的内壁，然后将清洗烧杯的液体加到容量瓶中，重复这个操作直到所有的染料都倒到容量瓶中。加水约至总容量的 3/4 处，用塞子塞紧，上下翻转几次直到确保充分溶解，然后加水至刻度线。将溶液移到 1L 的锥形瓶中并用塞子塞好，然后做标记"染料原液"。

**8.7** 测试溶液。制备橙色和深蓝色染料的测试溶液，摇晃装有"染料原液"的锥形瓶以确保染料原液混合均匀。使用移液管，将规定量的原液转移到相应的容量瓶中。为了避免产生泡沫，要慢慢加入 100mL 的肥皂溶液并加水至容量瓶刻度线。将液体移到一个 1L 的锥形瓶中并用塞子塞紧，在锥形瓶上做标记"测试溶液"。

在制备黄色和蓝色染料的"测试溶液"之前，需要增加一个稀释的步骤。摇晃装有"染料原液"的锥形瓶以确保染料原液混合均匀，然后取规定量的原液到一个 1L 的容量瓶中，加水稀释至刻度线。将稀释后的溶液转移到一个 1L 的锥形瓶中，盖上盖子并且做标记"稀释液"。取规定量的稀释液到一个 1L 的容量瓶中来制备测试溶液。为了避免产生泡沫，要慢慢加入 100mL 的肥皂溶液并加水至容量瓶刻度线。将液体移到一个 1L 的锥形瓶中，塞子塞紧并且在锥形瓶上做标记"测试溶液"。

## 9. 水洗罐的准备

**9.1** 先用丙酮清洗，然后用水冲洗所使用的水洗罐。

**9.2** 将盖子和密封垫浸入装有丙酮的小烧杯中，浸泡 2min，然后用水冲洗。

## 10. 试样预湿

**10.1** 在 50℃（122℉）的 1L 水中将试样浸泡 10min。

**10.2** 用冷水漂洗试样。

**10.3** 用吸水纸或者小轧车挤压试样，使试样含湿量约 80%。

## 11. 操作程序

**11.1** 各种纤维需要有一定的沾色情况。用比色法测色仪来评级，以消除视觉评级的主观性。为了确保结果的再现性需要严格遵循测试程序。

**11.2** 在四个水洗罐中，每一个都加入一种测试溶液 300mL。

**11.3** 检查测试溶液的 pH，pH 应该在 9.5~10 之间。

**11.4** 控制试样和被测试样放入水洗罐中并且立即搅动 5~10s。

**11.5** 将特氟龙衬垫垫在氯丁橡胶垫圈与水洗罐盖子之间，然后盖紧水洗罐的盖子，以防泄漏或被污染。

**11.6** 重复以上步骤，完成其他三个水洗罐。

**11.7** 尽可能迅速地将水洗罐装入水洗牢度试验机中或类似的设备中。

如果一名操作者进行测试时没有助手协助，推荐一次只准备两个水洗罐进行测试。

**11.8** 在 20℃±2℃（68℉±4℉）时开始试验，在 20min 内将温度升高到 50℃±2℃（122℉±4℉），然后在此温度下运行 45min。

**11.9** 停止仪器，取出水洗罐，分别将被染色的试样单独放在 500mL 的烧杯中。用冷水漂洗试样 2min。然后用新鲜水再反复冲洗 2min。

**11.10** 将试样平铺在吸水纸上，在 50~60℃ 烘箱中干燥，评级之前将试样放在相对湿度为 65%±5% 和温度为 21℃±2℃（70℉±4℉）的条件下调湿至少 4h。

## 12. 评级

**12.1** 将试样折叠成两层条状以备测量。以与纹路呈 45° 角将试样放置在仪器上。在试样不同部位测量两次，将试样旋转 90°，然后在试样不同部位再测量两次。

**12.2** 测得以下几种成分的 CIELAB $L^*$，$a^*$，$b^*$ 和 $h_{ab}$ 值。

**12.2.1** 二醋酯纤维，经黄色染浴处理过。

**12.2.2** 聚酰胺纤维，经橙色染浴处理过。

**12.2.3** 棉纤维，经蓝色染浴处理过。

**12.2.4** 聚酯纤维和聚酰胺纤维，经深蓝色染浴处理过。

**12.2.5** 未经处理的控制用多纤维织物以及未经处理测试用的多纤维织物的二醋酯纤维、聚酰胺纤维、聚酯纤维和棉纤维（这些值基本是相同的）。

## 13. 计算

**13.1** 使用 AATCC 173《CMC：可接受的小色差计算》条款 4.2.1 中的公式计算 $\Delta E_{ab}^*$ 值。沾色程度等级（SSR 值）是根据 ISO 105-A04 中条款 6.4 和 6.5 中的公式来计算的（见表 1）。

**13.2** 控制用多纤维织物和测试用多纤维织物的沾色程度等级是以各自的经测试的纤维相对其原样的 CIELAB 值为基础来评定的。

**13.3** 如果软件不能给出 SSR 值，那么可以用手工计算。当然，在一个 Excel 模板中输入公式更为有效（见表1）。

**13.4** 按表2中所示将公式准确的输入到模板的单元格 L3、M3、N3 和 O3 中。按等号开始。

表 1　用于 SSR 计算的 Excel 模板

| 染料 | 纤维 | 多纤试样类型 | 经测试样品 | | | | 未测试样品 | | | | 计算值 | | | |
|---|---|---|---|---|---|---|---|---|---|---|---|---|---|---|
| | | | $L_S^*$ | $a_S^*$ | $b_S^*$ | $h_S^*$ | $L_R^*$ | $a_R^*$ | $b_R^*$ | $h_R^*$ | $DL^*$ | $DE^*$ | $DE_{GS}$ | SSR |
| 黄 | 二醋酯纤维 | 参比样 | | | | | | | | | | | | |
| | | 被测样 | | | | | | | | | | | | |
| 橙色 | 聚酰胺纤维 | 参比样 | | | | | | | | | | | | |
| | | 被测样 | | | | | | | | | | | | |
| 蓝色 | 棉 | 参比样 | | | | | | | | | | | | |
| | | 被测样 | | | | | | | | | | | | |
| | 聚酯纤维 | 参比样 | | | | | | | | | | | | |
| | | 被测样 | | | | | | | | | | | | |
| | 聚酰胺纤维 | 参比样 | | | | | | | | | | | | |
| | | 被测样 | | | | | | | | | | | | |

表 2　沾色程度评级公式

| 单元格 L3 | $DL^*$ | =D3-H3 |
|---|---|---|
| 单元格 M3 | $DE^*$ | =SQRT(L3^2+(E3-I3)^2+(F3-J3)^2) |
| 单元格 N3 | $DE_{GS}$ | =M3-0.4*SQRT(M3^2-L3^2) |
| 单元格 O3 | SSR | =IF(6.1-1.45*LN(N3)<4,6.1-1.45*LN(3),5-0.23*N3) |

**13.5** 从仪器的软件中将 CIELAB 值复制到模板中的适当单元格中。

**13.6** 当 3.00<SSR<4.00 时（见15.2），测试用多纤维贴衬织物的沾色性能是可接受的。

## 14. 报告

**14.1** 报告应至少包括以下信息：经每种染料处理过的控制试样和测试样的沾色程度等级（SSR 值）。

**14.2** 这个程序的编号和版本号，例如，AATCC EP#。

**14.3** 所有关于被测样品的必要的详细说明。

## 15. 注释

**15.1** ISO 105-C02《耐水洗色牢度：方法2》和 ISO 105-A04《贴衬织物沾色程度的仪器评价方法》，可以从 ANSI 获取，地址：11 West 42nd St., New York NY 10036；电话：+1.212.302.1286；传真：+1.212.398.0023；网址：www.ansi.org，或者浏览 ISO 的网站 www.iso.org。

**15.2** 指定的 SSR 值，要求比传统的灰卡评级的可接受公差更严格。

**15.3** 有关适合测试方法的设备信息，请登录 http://www.aatcc.org/bg。AATCC 提供其企业会员单位所能提供的设备和材料清单。但 AATCC 没有给其授权，或以任何方式批准、认可或证明清单上的任何设备或材料符合测试方法的要求。

**15.4** 特氟龙是杜邦公司的注册商标,地址:Wilmington DE 19898。

**15.5** 可 从 AATCC 获 取, 地 址:P. O. Box 12215, Research Triangle Park NC 27709;电话:+1.919.549.8141;传真:+1.919.549.833;电子邮箱:ordering @ aatcc. org;网 址:www. aatcc. org。

**15.6** 满足沾色要求的已知织物。

## 16. 历史

**16.1** 2023 年编辑性修订,明确注释部分并移动历史部分。

**16.2** 2019 年编辑性修订;2018 年修订;2017 年重新审定;2016 年、2013 年编辑性修订;2012 年重新审定;2008 年编辑性修订;2007 年、2006 年重新审定。

**16.3** 由 AATCC RA59 技术委员会于 2005 年制定。

*AATCC EP11-2021e*

# 用于荧光增白纺织品的 UV 能量评价程序：分光光度计校准

## 1. 范围

本评定程序描述了纺织品紫外线校准标准（TUVCS）的使用，TUVCS 用于分光光度计光源中的 UV 含量的内部仪器校准，目的是测量经过荧光增白剂增白的白色或浅色至中等颜色的纺织品。由于用于纺织品的荧光增白剂（FWAs）的紫外吸收特性不同于用于塑料或其他非纺织材料的荧光增白剂的紫外吸收特性，因而其参考标准也就不同于用于这些其他材料的参考标准。这个程序是基于每半年更换的纺织品校准标准，以便于调整分光光度计光源中准确的紫外线含量，使用的纺织材料独立于仪器的结构和用于调整仪器中紫外线能量值所使用的方法。

## 2. 原理

通过调节光源（机械地或者通过计算），使分光光度计光源中的 UV 能量值标准化，直到光源的校准值同 TUVCS 的 CIE 白度指数（CIE WI）一致（见 7.1）。

## 3. 术语

**3.1** 校准程序：调节仪器中某些参数的一种方法，使得来自相同或不同制造商的仪器在特定性能的测试中得出相同的结果。

**3.2** CIE 白度指数（CIE WI）：表征材料表面的白色程度，这个白度指数是依据 CIE（国际照明委员会）标准方法之一测定的三刺激值来确定的。

**3.3** 荧光增白剂（FWA）：能吸收近紫外线并重新发射可见光（紫—蓝）辐射的着色剂。荧光增白剂可使泛黄的材料变的较白（ASTM E284）。

## 4. 纺织品紫外线校准标准

TUVCS（纺织品紫外线校准标准）由一组四层精梳棉织物组成，这些织物经过漂白、丝光和一定的荧光增白剂处理。织物尺寸规格为（80±5）mm×（80±5）mm，固定在白色不透明，不含荧光增白剂的吸水纸上，一边固定。这使得操作 TUVCS 时不用接触用于测量的部分。我们发现，在正常仪器操作范围内的温湿度变化不会明显地改变测定的 WI 值，这些变化一般不超过 0.1WI。然而，暴露于光线下则可明显使荧光增白剂（FWA）变质，从而导致 WI 值的改变。因此，当不使用时，TUVCS 一定要放在紫外防护袋中（见 7.4），这一点非常重要。

## 5. TUVCS 校准标准的使用

**5.1** 对于积分球或有角度的测量方式，适用于大面积的测量（推荐条件）。采用其他条件或构造时，在一个给定仪器上进行测量需要对各个条件／构造分别进行校准。

**5.2** 任何的紫外校准标准物必须存储在一个容器中，以防止暴露于紫外光线下。纺织品紫外校准标准物应该存储于所提供的防紫外褐色袋中以防弄脏。同样，在操作过程中不要接触 TUVCS，避免沾污。

**5.3** 对于一个场所的多台仪器，可以使用同一个 TUVCS。每台仪器必须用 TUVCS 单独进行校准。

注意：这种操作最多不要超过三台仪器，因为过度使用 TUVCS 可能会缩短其寿命，使其寿命短于 6 个月。

## 6. 操作程序

**6.1**　设置分光光度计颜色测量软件的参数为 CIE 标准光源 $D_{65}$ 和 CIE 10°（1964）标准观察者（见 7.2）。

**6.2**　按表 1 所示参数设置仪器条件。根据制造商的校准程序对分光光度计所使用的测量装置进行校准。

**表 1　仪器条件**

| 项　　目 | 积分球 | 45°/0°（0°/45°） |
|---|---|---|
| 测量面积 | 大 | 大 |
| 紫外线过滤模式 | 校准 | 校准 |
| 镜面反射光 | 包括 | 不包括 |

**6.3**　在分光光度计的测色软件中，进入紫外线校准程序。输入印在 TUVCS 校准标准织物标签上的 CIE WI 值，确保将软件已经接受 CIE WI 值，而不是另一种类型的白度指数。

**6.4**　将 TUVCS 放置在仪器的样品架中心位置使之正好盖住仪器的测量孔径，用白色衬板衬在 TUVCS 后面。在 TUVCS 中使用的白色衬板是完全不透明的，以保证仪器样品夹的颜色对测试结果没有影响（见图 1）。

**图 1　试样在仪器中的位置**

**6.5**　依照仪器标准，以自动或手动方式进行紫外线能量的校准，得到的能量值应该在上述 6.3 中输入值的 ±0.5 CIE WI 单位之内。

**6.6**　移开纺织标准样，在紫外线校准模式下进行一个黑色和白色参照标准样的仪器校准。

**6.7**　在接下来的 6 个月，用纺织品标准每两星期进行一次紫外线校准（见 7.3），在任何其他光学模式下也可选择使用（见 5.1）。

## 7. 注释

**7.1**　纺织品紫外线校准标准物可以从 AATCC 获取，地址：P. O. Box 12215, Research Triangle Park NC 27709；电话：+ 1.919.549.8141；网址：www. aatcc. org。由于纺织标准材料对光降解的不稳定性，新的标准样必须每六个月订购一次。不使用时，标准品必须存放在随附的紫外线防护袋中。

**7.2**　按照 ASTM E308《用 CIE 系统计算物体颜色的标准操作规程》中光源/观察者所示数据进行色度计算，对于非荧光增白材料，在该程序进行之前，仪器参数应该恢复到出厂时原始规定。任何的偏离都会在白度测试结果中反映出来，不能被程序修正。

**7.3**　仪器不会突然变换光源。除非需要更高的频率，紫外校准每两星期进行一次即可。若仪器进行了维修，则使用之前也应该进行紫外校准。

**7.4**　在提供的紫外防护袋中存放时，可提供 TUVCS 防护，使织物不易受环境或化学品颜色变化的影响。

## 8. 历史

**8.1**　于 2021 年修订，以更新对引用文献 ASTM E308 表格的参考，根据 AATCC 格式添加历史部分，编辑修订 AATCC 订购流程并阐明稳定性和存储要求。

**8.2**　2019 年编辑性修订（标题变更），2016 年修订，2012 年、2010 年编辑性修订，2008 年重新审定。

**8.3**　AATCC 委员会 RA36 于 2007 年制定。

*AATCC EP12-2010e（2017）e2*

# 仪器评定沾色程度的方法

AATCC RA36 技术委员会于 2010 年制定；2012 年、2017 年编辑性修订并重新审定，2019 年编辑性修订。技术上等效于 ISO 105-A04。

## 1. 范围

本评价程序可替代视觉评价方法 AATCC EP2《沾色灰卡评定程序》（见 8.1）使用，以评价色牢度测试（见 8.2）中试样的沾色程度。本程序适用于任何要求使用沾色灰卡的测试方法。

## 2. 原理

在色牢度测试中，将与染色织物接触的贴衬织物与另一块同等的参考贴衬织物进行比较。参考贴衬织物需要在不使用染色织物的前提下经过同样的色牢度测试程序。用 CIELAB 对两个贴衬织物进行比较，并使用专门的公式将结果转化成沾色灰卡的级别。

## 3. 术语

**3.1** 着色剂沾色：由于暴露于有色的或被污染的液体媒介中，或者直接与染料或颜料材料接触，通过升华或机械运动（如摩擦），颜色从材料上转移，从而使被作用物沾上颜色。

**3.2** 色牢度：材料在加工、检测、储存或使用过程中，暴露在可能遇到的任何环境下，抵抗颜色变化和/或向相邻材料转移的能力。

**3.3** 沾色灰卡：由代表颜色渐进变化的一系列标准灰色条构成的一个卡片，每个标准灰色条对应色牢度的数字级别。

## 4. 仪器

分光光度计或比色计，需符合 CIE 出版物 15.2 中条款 1.4 关于几何定义的要求（见 8.3）。

## 5. 评价程序

**5.1** 将测试用贴衬织物与参考贴衬织物固定到没有进行光学增白的白色板上。

**5.2** 按照 AATCC EP6《仪器测色方法》。建议用至少两次测试结果的算术平均值。如果仪器允许使用不同的观测条件，那么最好的方法是包含反射要素。

**5.3** 同样使用 5.2 的操作程序对测试用贴衬织物进行测试。如果贴衬织物的沾色不匀，需要分别进行测试，计算中使用多次测试结果的算术平均值（见 AATCC EP6 的 A1.8 部分）。

## 6. 计算

**6.1** 计算参考贴衬织物与测试用贴衬织物之间的 CIELAB 色差 $\Delta E^*$ 以及明度差 $\Delta L^*$（见 8.4），如 6.1 和 6.2 所述，保留两位小数。计算中应采用 CIE 1964 10° 附加标准观测者以及光源 $D_{65}$。CIE 1931 2° 观测者以及光源 C 可以替代使用。

**6.2** 用 $\Delta E^*$ 和 $\Delta L^*$ 值计算灰卡差异 $\Delta E_{GS}$，保留两位小数，公式如下：

$$\Delta E_{GS} = \Delta E^* - 0.4^* \left[ (\Delta E^*)^2 - (\Delta L^*)^2 \right]^{1/2}$$

**6.3** 计算沾色灰卡的级数（SSG），保留两位小数，公式如下：

$$SSG = 6.1 - 1.45 \times \ln(\Delta E_{GS})$$

如果 SSG>4，则使用如下公式重新计算：

$$SSG = 5 - 0.23 \times \Delta E_{GS}$$

**6.4** 使用表1确定对应沾色灰卡的级数（GSs）。

## 7. 报告

报告应至少包括如下信息。

**7.1** 按照相关测试方法的要求报告沾色的级数（表1中的 GSs 值）。

表1 沾色灰卡级数

| 计算得到的 SSG | 报告的 GSs |
|---|---|
| 5.00~4.75 | 5 |
| 4.74~4.25 | 4~5 |
| 4.24~3.75 | 4 |
| 3.74~3.25 | 3~4 |
| 3.24~2.75 | 3 |
| 2.74~2.25 | 2~3 |
| 2.24~1.75 | 2 |
| 1.74~1.25 | 1~2 |
| 小于 1.25 | 1 |

**7.2** 评价程序的编号及年号，如 AATCC EP12-20××。

**7.3** 试样特性的必要描述。

**7.4** 仪器配置。

**7.5** 所用分光光度计或比色计的型号。

**7.6** 所用光源，$D_{65}$ 或光源 C。

**7.7** 所用观测者，1964 10°附加标准观测者或 1931 2°观测者。

## 8. 注释和引用文献

**8.1** 《AATCC 国际测试方法和程序手册》，美国纺织化学家与染色家协会，AATCC EP2《沾色灰卡评定程序》。可从 AATCC 获取，地址：P. O. Box 12215，Research Triangle Park NC 27709；电话：+ 1.919.549.8141；传真：+ 1.919.549.8933；电子邮箱：ordering@ aatcc. org。

**8.2** Jaeckel，S. M.，灰卡评定的可变性以及其对测试方法变化性的影响，Journal of The Society of Dyers and Colourists，Vol. 96，1980，p540-544。

**8.3** Commission Internationale del'Eclairage，Publication CIE No. 15：2004 Colorimetry，3rd ed.，CIE 中央局，维也纳，2004。副本可以从网站：www. cie-usnc. org 获取。

**8.4** AATCC TM173《CMC：可接受的小色差计算》，参见 8.3。

**AATCC EP13-2021**

# 电子纺织产品的电阻评价程序

## 前言

该评估程序使用 2 点探针系统最初主要作为一个工具用于晶体管设计和开发，4 点探针系统也适用于质量控制应用，程序可以用于任何电子纺织材料和产品电的阻测试。随着电子纺织品技术的发展，本程序将会随之发展，建立更多专用的测试方法或提供更多地方法可选项。

## 1. 目的和范围

**1.1** 本程序主要用于测试电子纺织品的电阻，可评价含有电子回路或线路的电子纺织织物或终端产品。不适用于纱线或纤维的测试。

**1.2** 样品可能会在收到后立即进行电阻测试，或进行处理例如拉伸或洗涤等后进行测试。处理对电阻测试结果的影响将会计算在内。有关不同暴露条件下暴露前后测试的进一步规范，请参阅 AATCC TM210。

## 2. 原理

样品电阻的测试使用数显式万用表和电子探针。方法 1 使用 4 点系统。方法 2 使用 2 点系统。如果需要，可以测试样品处理前和处理后的电阻。

## 3. 引用文献

**3.1** AATCC TM76 织物表面电阻率（见 15.1）。

**3.2** AATCC TM210 不同暴露条件下暴露前后电阻的测量（见 15.1）。

**3.3** ASTM D1776 纺织品调湿和测试标准方法。

**3.4** ASTM E1402，抽样计划的标准指南。

## 4. 术语

**4.1** 导电元件：在电子纺织品上永久地嵌入到纺织品中支持电流的一种纤维、织物、油墨、薄膜或其他材料，通常电阻小于 500kΩ。

**4.2** 电阻：在施加电压或电场下，限制电流流动的导电元件。

**4.3** 电子纺织产品：整体或局部永久嵌入电子回路的织物或纺织产品。

## 5. 安全与预防措施

**5.1** 安全预防措施仅作为提供信息的目的。测试程序中规定的安全预防措施是检测程序的辅助措施，但未指出所有可能的安全问题。

**5.2** 在本标准中，用户有责任参考适用的安全数据表，使用安全和适当的技术，并在处理材料时佩戴适当的个人防护装备。

**5.3** 使用者有必要向制造商咨询有关材料的详尽信息，如设备操作说明和其他建议。咨询并遵守所有适用的健康和安全法规（如 OSHA 标准和规则）。

## 6. 使用和限制条件

**6.1** 每个测试电路必须是可以接近的，至少测试的两个端点是可以接近的。为了达到可接近性，必须使用连接器。如已知产品最终用途，测试时，试样应尽量模拟产品的终端用途。

**6.2** 要参考万用表或欧姆表用户手册提供的测量范围。低电阻样品（<1Ω）需使用高精度测试设备，或使用 4 点探测以消除铅电阻的影响。

**6.3** 电阻超过 $10^5\Omega$ 的样品，参考 AATCC 76。

## 7. 设备和材料（见 15.2）

**7.1** 调湿设备、推拉式物品架、打孔架用于平铺试样（见 15.2）。

**7.2** 具有接地静电释放的工作平台。工作平台至少应比试样大。

**7.3** 无法去除墨水的记号笔（见 15.1）或针和缝纫线，用来制作基准点。

**7.4** 万用表或欧姆表。

**7.4.1** 方法 1（4 点测量），数字万用表或欧姆表，电流稳定，6.5 位分辨率。

**7.4.2** 方法 2（2 点测量），DMM 或 VOM 数显式万用表。精确到 $0.1\Omega$，精确度在 $0.9\%$。

**7.5** 与测试材料相适应的探针（见 18.3 和图 1）。

磁性探针，其金属板或铁磁体至少与试样等大。

**7.6** 精确到毫米的卷尺或直尺。

## 8. 核查

根据制造商的说明验证万用表或欧姆表的准确性，读数可以通过测量样品电阻范围内的一个或多个电阻器的电阻来验证。

## 9. 抽样

**9.1** 测试结果只有在样本具有统计代表性时才有效（见 ASTM E1402）。

**9.2** 抽样必须是随机的。每个产品单元成为样本的概率必须是相等的，每个样本的每个部分可能成为试样的概率都必须是相等的。

**9.3** 由于偶然原因，所有样本在偏差范围内必须一致，样本之间不得存在已知原因的差异。

## 10. 测试试样

**10.1** 每个导电通路（或选择通路的一部分）作为一个测试试样，测试应尽量模拟样品的终端用途。至少测试 3 个试样。

**10.1.1** 选取可以平铺测试、且没有拉伸或短路的试样。

**10.1.2** 为了方便起见，试样长度方向建议为 $150\sim300mm$。

**10.1.3** 终端产品根据设计进行取样，应测试完整的导电通路。

**10.2** 至少从 3 个样品或终端产品上选取代表性试样进行测试。

**10.2.1** 对本评价程序而言，样品或终端产品的尺寸和形状并非至关重要。

**10.2.2** 如对试样进行处理（拉伸、洗涤等）后测试，应针对样品尺寸参考合适的处理标准或 AATCC TM210。

**10.3** 接触试样时应尽量避免沾污试样，尤其是盐类或手上的湿气，这些都会影响电阻测试结果。

## 11. 调湿

做标记前，按照 ASTM D1776 调试试样（根据表 1 选择调湿环境，按照纤维成分根据表 2 估算调湿时间）。将每块样品或产品单独放置于打孔架上进行调湿。

## 12. 试样准备

**12.1** 在每个试样的端点处进行标记。如使用针线进行标记，确保针洞不在流通回路上。

如果被测流通回路与电子系统相连接，标记应标在回路与电子系统相连接处。

**12.2** 如测试磨损样品，边缘应进行修整或锁边。

## 13. 步骤

**13.1** 对于磁性探针，将金属板放在平坦的工作表面上。

**13.2** 将第一块试样放置于平坦、绝缘的平台上进行测试。对于磁性探针，将样品直接放在金属板上。试样摊平，消除尽可能多的褶皱，但不要拉伸试样。

**13.3** 将万用表置于电阻测试模式，单位为欧姆。将探针连接到仪表。使用 4 点系统消除所有测试过程中小于 1Ω 的引线电阻。4 点系统也可用于 1Ω 以上的不作为引线的电阻，这样对读数的影响较小。探针或接触装置应在报告中加以注明。使用不同的探针或接触装置的测试结果不具有可比性。

**13.4** 方法 1：4 点测量。

将带电压表的正负极分别放在标记点处。电流引线应沿着相同的导电路径，在电压引线之外，但尽可能靠近标记点（见图 1）。为确保整个测试过程中的压力一致可使用加权或磁性探头。

**13.5** 方法 2：2 点测量。

将仪表正负极分别置于测试标记点。为确保整个测试过程中的压力一致，可使用加权或磁性探头。

**13.6** 万用表稳定 3s 后应尽快读取电阻数值。每个试样读取 1 个电阻测量结果。

**13.7** 测试和记录标记点之间的距离，并精确至最近的毫米。

**13.8** 对剩余试样重复上述操作步骤，进行电阻和距离测试。

如果只能取到一个试样，应对该试样进行 3 次电阻测量，并在报告中加以注明。

## 14. 处理后的评价（可选项）

**14.1** 使用合适标准或 AATCC TM210 对试样进行处理，并记录处理细节。

**14.2** 测试前，重新调湿试样（按 11.1）。

**14.3** 使用和处理前测量相同的接触系统，并在相同位置测量和记录处理后试样的电阻。

**14.4** 测量和记录标记点间的距离，精确到毫米。

## 15. 计算

**15.1** 计算所有测试试样的电阻平均值，记为 $R$。

**15.1.1** 如试样在处理后进行测量，计算所有试样处理前的电阻平均值记为 $R_i$。

**15.1.2** 如试样在处理后进行测量，计算所有试样处理后的电阻平均值记为 $R_f$。

**15.1.3** 如果仅测试了一个试样，计算同一试样 3 次测量的电阻平均值。

**15.2** 计算所有试样测量点间距离的平均值，精确到最近的毫米，记为 $d$。

**15.2.1** 如试样在处理后进行测量，计算所有试样处理前的测量点间距离平均值记为 $d_i$。

**15.2.2** 如试样在处理后进行测量，计算所有试样处理后的测量点间距离平均值记为 $d_f$。

**15.3** 如适用，按照式（1）计算电阻变化百分率（%）。

$$RC = \frac{R_f - R_i}{R_i} \times 100\% \tag{1}$$

式中：$RC$——处理后电阻变化百分率，%；

$R_f$——处理后，电阻平均值，Ω；

$R_i$——处理前，电阻平均值，Ω。

## 16. 报告

**16.1** 测试样品的描述。

**16.2** 报告样品使用 AATCC EP13-2020 进行测试。

**16.3** 报告测试条件。

**16.3.1** 采用用的方法（方法 1：4 点测量或方法 2：2 点测量）。

**16.3.2** 如适用，处理方式描述和处理次数。

**16.3.3** 测试试样数量。

**16.3.4** 试样描述（测试通路长度，宽度，形状，材料等）。

**16.3.5** 万用表或欧姆表分辨率和精度。

**16.3.6** 探针和接触系统型号。

**16.3.7** 每个试样标记点间距离。

**16.3.8** 标记点间距离的平均值 $d$，精确到最近的毫米（如适用，处理前初始距离 $d_i$，处理后最

终距离 $d_f$）。

**16.4** 报告测试结果。

**16.4.1** 每个试样标记点间电阻值。

**16.4.2** 标记点间电阻平均值 $R$（如适用，处理前初始电阻平均值 $R_i$，处理后最终电阻平均值 $R_f$）。

**16.4.3** 如适用，处理后电阻变化百分率。

**16.5** 任何偏离程序的细节。

## 17. 精度和偏差

**17.1** 精度五家实验室之间根据本程序规定的测试方法进行了电子纺织产品电阻测量研究。同时，各家实验室在第二天又进行了重复测试。

**17.1.1** 样品一块为不锈钢铜丝导电线通过绣花线嵌于机织物上，另一块为镀银 TPU 薄膜与针织物复合织物。镀银复合织物镀银宽度为 0.5mm 和 1.0mm 分别进行单独测试。所有试样长度为 100cm。

**17.1.2** 方差分析显示第一天和第二天测试结果没有显著差异。五家实验室中，三家实验室的电阻平均值为 5.5Ω，两家实验室的电阻平均值为 4.6Ω。然而五家实验室的标准偏差却很相似，标准偏差值很高，表明测试具有较高变异性，至少需要 3 块试样进行测试。表 1 列出了针对不同尺寸样品实验室内和实验室间精确度值。

**表 1 实验室内和实验室间精确度值**

| $n$ | 实验室内部 | 实验室间 |
|---|---|---|
| 1 | 0.5278 | 1.2253 |
| 2 | 0.3738 | 0.8678 |
| 3 | 0.3047 | 0.7074 |
| 4 | 0.2639 | 0.6127 |
| 5 | 0.2360 | 0.5480 |
| 6 | 0.2155 | 0.5002 |

> **注** 所有实验室间电阻的平均值为 5.3Ω；导电线试样平均值为 5.9Ω；宽度 0.5mm 的镀膜试样平均值为 6.7Ω；宽度 1.0mm 镀膜实验平均值为 3.5Ω。

**17.2** 偏差电子纺织产品电阻仅可以通过方法进行测量。没有独立的方法可以确定电阻真值。作为一项电阻测量方法，尚无已知偏差。

## 18. 注释

**18.1** 可向 AATCC 机构咨询获取相关资料，地址：P. O. Box 12215，Research Triangle Park NC 27709，USA；电话：+1. 919. 549. 8141；电子邮箱：ordering@ aatcc. org；网址：www. aatcc. org.

**18.2** 本测试方法所用设备仪器潜在供应商可在 AATCC 网站 www. aatcc. org/bg 根据买家指南获取。AATCC 尽可能提供与其合作的企业的设备和材料信息，但 AATCC 没有对其授权，或以任何方式批准、认可或证明清单上的任何设备或材料符合测试方法的要求。

**18.3** 加权或磁性探针比手持式探针能提供更稳定的压力。平坦或略圆的接触区域适用于大多数纺织品基材。4 点测量时探针必须沿相同的导电路径对齐且不要使用夹式探针。适用于电子纺织品电阻测量的探针示例如图 1 所示。

**图 1 用于 4 点电阻测量的欧姆表和探头**

## 19. 历史

**19.1** 2021 年修订，增加了 4 点测量内容。

**19.2** 2020 年重新审定，2019 年编辑修订，以更正材料来源。

**19.3** 由 AATCC RA111 委员会于 2018 年建立。

**AATCC EP14-2021e2**

# 小色差的 AATCC 评价程序

## 1. 目的和范围

**1.1** 椭圆形色差方程用于根据参考的颜色和指定的容差计算可接受的色差量。CIEDE2000 和 CMC（$l:c$）都是椭圆形色差方程，它们都可以在许多应用中用于纺织品和其他材料的颜色评估。当前数据（参见引用文献 6.1～6.7）表明 CIEDE2000 指标在与视觉评估的一致性方面表现稍好。因此，建议将其作为主要色差方法用于仪器评估。

**1.2** CIEDE2000 公式记为 $\Delta E_{00}$。CMC（$l:c$）公式一般用 $\Delta E_{cmc}$ 表示。CIEDE2000 和 CMC（$l:c$）都是 CIE 1976 $L^*a^*b^*$ 色差公式的扩展，它对依赖于亮度、色度和色调的色差感知变化进行了校正。CIEDE2000 还包括对色度交互的校正。

**1.3** 对 CIELAB 的 CMC（$l:c$）修改为关于参考颜色的接受量提供了一个测量单位。该体积采用椭圆体的形状，其基本半轴分别由 CIELAB 颜色空间中的亮度、色度和色调差异方向上的 $SL$，$SC$ 和 $SH$ 定义。椭圆体的实际大小和形状通过修改参数因子 $l$ 和 $c$ 进一步控制，见 3.3。

无论标样的颜色和任何试样与其差异的方向如何，CMC（$l:c$）公式依据感知上等效色差的长度的相等性，在整个 CIELAB 颜色空间中系统地改变这三个半轴的长度比。围绕任何给定的标样颜色，$SL:SC:SH$ 的比例是固定的，与工业应用无关。但是，应该注意的是，如果切换标样和试样，色差评估可能会有所不同。注意：在两个方向（标样对试样或试样对标样）计算得到的总色差的差异对于与纺织品应用相关的量级色差（低于 3.0 单位）是不显著的。

对 CIELAB 的 CIEDE2000 修改还提供了关于

标样颜色的椭圆体接受体积。在使用三个半轴表示亮度、色度和色调维度时，它类似于 CMC（$l:c$）。CIEDE2000 的开发是为了改善包括 CMC（$l:c$）在内的各种色差方程运用中发现的缺点。然而，CIEDE2000 在某些重要应用中与 CMC（$l:c$）不同。CIEDE2000 确定标样和试样之间的算术平均值，并将其用作 CIELAB 颜色空间中的点来确定椭圆空间的形状。这解决了当标样和试样颠倒时遇到的相关颜色差异。这也导致与单个标样相比，一组样品的接受体积边界有些不精确，因为计算是基于每个试样与标样的关系。由于计算可接受边界的差异，CIEDE2000 可能不适合某些应用，尤其是在使用可视绘图时。

**1.4** CIEDE2000 和 CMC（$l:c$）都支持使用分量色差度量，即分别由 CMC（$l:c$）或 CIEDE2000 内部数学对视觉接受度加权的 $DL$、$DC$ 和 $DH$ 值。$DL$、$DC$ 和 $DH$ 的这些加权值与视觉颜色评估的相关性比 $DL^*$，$Da^*$，$Db^*$，$DC^*$，$DH^*$ 等传统指标更强烈，对于 CMC（$l:c$），这些分量色差项分别是 $DL_{cmc}$，$DC_{cmc}$，$DH_{cmc}$。对于 CIEDE2000，这些术语是 $DL_{00}$、$DC_{00}$ 和 $DH_{00}$。

**1.5** 在需要在临界公差范围内或附近进行评级的应用中，可能会在 $\Delta E_{00}$ 和 $\Delta E_{cmc}$ 中生成由代表不同级别色差的椭圆体体积组成的多个级别。这将产生一组同心体积/公差，提供与一组预定义的术语相关联时的统一评分系统。这方面的一个例子是灰度等级与单词描述的关联，如 AATCC EP9 的表 4 所示。

## 2. 原理

与 CIELAB $DE^*ab$ 相比，这些方程显著改善了

$$h' = \begin{cases} \arctan\dfrac{b'}{a'} & \text{当 } a' > 0 \text{ 且 } b' \geqslant 0 \text{ 时} \\[2ex] \arctan\dfrac{b'}{a'} + 360° & \text{当 } a' > 0 \text{ 且 } b' < 0 \text{ 时} \\[2ex] \arctan\dfrac{b'}{a'} + 180° & \text{当 } a' < 0 \text{ 时} \\[2ex] 90° & \text{当 } a' = 0 \text{ 且 } b' > 0 \text{ 时} \\[2ex] 270° & \text{当 } a' = 0 \text{ 且 } b' < 0 \text{ 时} \end{cases}$$
(18)

$$h' = 0 \text{ , 当 } a' = 0 \text{ 且 } b' = 0 \text{ 时} \tag{19}$$

其中：

$$G = 0.5 \left[ 1 - \sqrt{\dfrac{(\bar{C}_{ab}^*)^7}{(\bar{C}_{ab}^*)^7 + 25^7}} \right] \tag{20}$$

$\bar{C}_{ab}^*$ 是色差对的两个样本的 $C_{ab}^*$ 值的算术平均值。

等式（18）确保 $h'$ 是点 $a'$，$b'$ 在 $0 \sim 360°$ 范围内从 $a'$，$b'$ 平面中的正 $a'$ 轴测量的角度位置。在 $a' = b' = 0$ 的情况下，$h'$ 是不确定的并且应分配为零值，如式（19）所示。

注 1：$L'$，$a'$，$b'$，$C'$ 和 $h'$ 值应仅用于计算色差，不应用作替代的统一色彩空间。报告 CILEAB 颜色空间坐标时，应使用 $L^*$，$a^*$，$b^*$，$C_{ab}^*$ 和 $h_{ab}$ 值。

下标 R（标准）和 S（试样）表示的两个样品之间的差异应计算如下：

$$\Delta L' = L'_S - L'_R \tag{21}$$

$$\Delta C' = C'_S - C'_R \tag{22}$$

$$\Delta H' = 2(C'_R C'_S)^{1/2} \sin\dfrac{\Delta h'}{2} \tag{23}$$

其中：

$$h' = 0° \text{ , 当 } C'_R C'_S = 0 \text{ 时} \tag{24}$$

$$\Delta h' = h'_S - h'_R \text{ , 当 } C'_R C'_S \neq 0 \text{ 且 } |h'_S - h'_R| \leqslant 180° \text{ 时} \tag{25}$$

$$\Delta h' = h'_S - h'_R - 360° \text{ , 当 } C'_R C'_S \neq 0 \text{ 且 } |h'_S - h'_R| > 180° \text{ 时} \tag{26}$$

$$\Delta h' = h'_S - h'_R + 360° \text{ , 当 } C'_R C'_S \neq 0 \text{ 且 } |h'_S - h'_R| < (-180)° \text{ 时} \tag{27}$$

注 2：当 $h'_S$ 和 $h'_R$ 在不同的象限中或当色度之一为零时，式（24）~式（27）避免了可能的计算困难。它们依据 Sharma 等，2005 年的研究。

注 3：在信息技术和其他领域，有时使用下标 r（标准）和 t（测试）分别代替 0 和 1。类似地，在小色差的工业评价中，有时会使用 s（代表标准）和 b（代表批样）。

两个样品之间的 CIEDE2000 色差 $\Delta E_{00}$ 应按下式计算：

$$\Delta E_{00} = \left[ \left(\dfrac{\Delta L'}{K_L S_L}\right)^2 + \left(\dfrac{\Delta C'}{K_C S_C}\right)^2 + \left(\dfrac{\Delta H'}{K_H S_H}\right)^2 + R_T \left(\dfrac{\Delta C'}{K_C S_C}\right)\left(\dfrac{\Delta H'}{K_H S_H}\right) \right]^{1/2} \tag{28}$$

式中：

$$S_L = 1 + \dfrac{0.015(\bar{L}' - 50)^2}{\sqrt{20 + (\bar{L}' - 50)^2}} \tag{29}$$

$$S_C = 1 + 0.045\bar{C}'T \tag{30}$$

$$S_H = 1 + 0.015\bar{C}'T \tag{31}$$

$$T = 1 - 0.17\cos(\bar{h}' - 30°) + 0.24\cos(2\bar{h}') + 0.32\cos(3\bar{h}' + 6°) - 0.20\cos(4\bar{h}' - 63°) \tag{32}$$

$$R_T = -\sin(2\Delta\theta)R_C \tag{33}$$

$$\Delta\theta = 30°\exp\{-[(\bar{h}' - 275°)/25°]^2\} \tag{34}$$

$$R_C = 2\sqrt{\dfrac{\bar{C}'^7}{\bar{C}'^7 + 25^7}} \tag{35}$$

$K_L$，$K_C$ 和 $K_H$ 是 3.6 中解释的参数因子。

注 4：式（29）~式（35）中使用的 $\bar{L}'$、$\bar{C}'$ 和 $\bar{h}'$ 值是色差对的对应值的算术平均值。这样做的结果是总色差是可逆的，即无论是使用第一个样本还是第二个样本作为计算色差分量的参考，一对之间的总色差都是相同的。

注 5：与参考点的总色差相等的点的轨迹不是精确的椭球体，也不完全以参考点为中心。如果色差对在不同象限中有样本，用户在计算平均色调角时应注意。例如，如果色差对的色调角为 30° 和 300°，则简单平均值 165° 是不正确的，正确值为 345°。为了准确测定平均值，应使用以下公式计算（Sharma 等，2005）。

$$\bar{h}' = \frac{h'_0 + h'_1}{2}，当 |h'_0 - h'_1| \leqslant 180° 且 C'_0 C'_1 \neq 0 时 \quad (36)$$

$$\bar{h}' = \frac{h'_0 + h'_1 + 360°}{2}，当 |h'_0 - h'_1| > 180° 且 (h'_0 + h'_1) < 360° 且 C'_0 C'_1 \neq 0 时 \quad (37)$$

$$\bar{h}' = \frac{h'_0 + h'_1 - 360°}{2}，当 |h'_0 - h'_1| > 180° 且 (h'_0 + h'_1) \geqslant 360° 且 C'_0 C'_1 \neq 0 时 \quad (38)$$

$$\bar{h}' = h'_0 + h'_1，当 C'_0 C'_1 = 0 时 \quad (39)$$

注6：CIE 142−2001。Luo 等（2001）和 Sharma 等（2005）中给出了一些计算示例。Sharma 等也给出了一些有用的实现说明和数学观点。

如果需要，CIEDE2000 色差的分量（$\Delta L_{00}$、$\Delta C_{00}$ 和 $\Delta H_{00}$）可按下述计算：

**4.3.3** 颜色分类和统计质量控制。

对于某些应用，例如将色差分配到亮度、色度和色调分量以进行色度分类和统计质量控制，具有基于参考样本位置的这三个方向属性非常重要。实现这一点的最佳方法是使用 CMC 属性 $DL_{cmc}$，$DC_{cmc}$ 和 $DH_{cmc}$，如以 4.4.1 中式（41）~式（43）中所定义。

**4.3.4** 结果报告。

建议使用光源 $D_{65}$ 和 10°观察者计算和 1：1：1 的（$K_L : K_C : K_H$）比率作为计算 $\Delta E_{00}$ 值的标准。如果使用其他 $\Delta E_{00}(K_L : K_C : K_H)$ 比例，则必须将它们指定为值的一部分［即 $\Delta E_{00}(2:1:1)$］，表示使用 $K_L : K_C : K_H$ 比例为 2：1：1。

**4.4** $\Delta E_{cmc}$ 的计算。

**4.4.1** 用式（40）计算 CMC（$l : c$）单位中的色差：

$$\Delta E_{cmc} = [(\Delta L^* / l S_L)^2 + (\Delta C_{ab}^* / c S_C)^2 +$$

$$(\Delta H_{ab}^* / S_H)^2]^{1/2} \quad (40)$$

式中：

对于 $L_R^* > 16$：

$$S_L = 0.040975 L^* / (1 + 0.01765 L^*)$$

对于 $L_R^* \leqslant 16$：

$$S_L = 0.511$$

$$S_C = [0.0638 C_{ab}^* / (1 + 0.0131 C_{ab}^*)] + 0.638$$

$$S_H = (FT + 1 - F) S_C$$

式中：

$$F = [C_{ab}^{*4} / (C_{ab}^{*4} + 1900)]^{1/2}$$

$$T = 0.36 + abs [0.4\cos(35 + h_{ab})]$$

除非 $h_{ab}$ 在 164°~345°之间，否则：

$$T = 0.56 + abs [0.2\cos(168 + h_{ab})]$$

对于最后两个公式，"abs"表示方括号内的值取绝对值，也就是说，取正值。

注7：如果需要，CMC（$l : c$）色差构成（$L_{cmc}$，$C_{cmc}$ 和 $H_{cmc}$）可能使用式（40）中圆括号内的定义计算，即：

$$\Delta L_{cmc} = \Delta L^* / l S_L \quad (41)$$

$$\Delta C_{cmc} = \Delta C_{ab}^* / c S_C \quad (42)$$

$$\Delta H_{cmc} = \Delta H_{ab}^* / S_H \quad (43)$$

当 $l = 2.0$ 时，公式固定了三个与典型织物样品目测评定相关量（$S_L : S_C : S_H$）的比例。当表面特征有显著差异时，可能会用到其他取值。例如，被测试样颜色很深时，可能需要用到其他值，但是使用者应该假设 $l = 2.0$，直到实际结果说明有必要调整值。实际上，$c$ 总是设置为一致的并且可以从公式中忽略不计的值。

**4.4.2** 对于 CMC（$l : c$），公式描述了一个椭圆球体的量，轴向分别为一个标准的明度、彩度和色相方向。为给定参考计算的 $S_L$、$S_C$ 和 $S_H$ 的椭球半轴长度描述了包含公差内所有样本的接受体积。

**4.4.3** 结果报告。推荐用 $D_{65}$ 光源和 10°观察角以及（$l : c$）为 2：1 的比例作为计算 $\Delta E_{cmc}$ 的标准。如果其他的光源、观察角度或 CMC（$l : c$）比例被使用，它们必须作为结果值的一部分专门声明

［例如 $\Delta E_{cmc}$ （1.37∶1），表示使用 1.37∶1 （$l∶c$）比例］。

## 5. 实验结果的解释

$\Delta E$ 是代表总色差的单个数字，$\Delta E_{00}$ 表示 CIEDE2000 色差单位的数量，$\Delta E_{cmc}$ 表示试样与参考的 CMC 色差单位的数量。

## 6. 引用文献

**6.1** Luo M.，G Cui 和 B. Rigg，"CIE2000 色差公式的开发"，颜色资源应用程序，（2001），26：340-350。

**6.2** Sharma G，W. Wu 和 E. N. Dalal，"CIEDE2000 色差公式：实施说明、补充测试数据和数学观察"，色彩研究与应用，（2005），30，1：21-30。

**6.3** CIE 217：2016，用于评估色差公式性能的推荐方法。

**6.4** Gay J. 和 R. Hirschler，"CIEDE2000 的现场试验：工业中视觉和仪器通过/失败决策的相关性"。

**6.5** CIE Publ. 152：2003，第 25 届 CIE 会议论文集，圣地亚哥，2003. D1-38-41。

**6.6** Hinks D.，R. Shamey，L. Cardenas，S. G. Lee，R. Kuehni 和 W. Jasper，"视觉小色差评估的可变性：色差公式性能的意义"，跨社会色彩委员会（ISCC）年会。密苏里州堪萨斯城，（2007），35。

**6.7** Shamey R.，R. Cao，W. Sawatwarakul 和 J. Lin，"使用实验黑色数据集评估各种色差公式的性能"，色彩研究与应用，（2014），39，6：589-598。

**6.8** Shamey R.，R. Cao，T. Tomasino，S. S. H. Zaidy，K. Iqbal，J. Lin 和 S. G. Lee，"蓝色区域中选择色差公式的性能"，JOSA A，（2014），31，6：1328-1336。

**6.9** Aspland R. 和 P. Shanbhag，"人群中的 CMC 色差：权重因素有问题吗？"AATCC 年度国际会议和展览论文集，（2003）：134-139。

**6.10** CIE Publication No. 015：2018，Colorimetry 第 4 版，可从 www. Techstreet. com 获取。

**6.11** ASTM E308，使用 CIE 系统计算物体颜色的实践，可从 ASTM International 获得，地址：100 Bar Harbor，W，Conshohocken PA 19428；电话：+1610. 832. 9500；传真：+ 1. 610. 832. 9555；网站：www. astm. org。

## 7. 历史

**7.1** 2023 年编辑性修订，更正拼写错误。

**7.2** 2022 年编辑性修订。AATCC RA36 技术委员会于 2021 年制定。

**7.3** 取代测试方法 AATCC TM173-2009。

# AATCC 专论

*AATCC M1–2017e*

# AATCC 标准洗涤剂和常用洗涤剂概况

AATCC RA88 技术委员会于 1995 年制定；1981/1982 年、1991 年、1998 年（更换标题）、2005 年、2017 年（更换标题）修订；2011 年编号，2019 年编辑性修订。

## 1. 历史背景

**1.1** 自 20 世纪 60 年代起，AATCC 及其他从事测试和开发的组织就开始将标准纳入洗涤剂领域。AATCC 标准洗涤剂 124 和 AATCC 标准洗涤剂 WOB（不含荧光增白剂）是 AATCC 最早采用的配方，代表了那个时期典型的以磷复配洗涤粉为主的家用洗涤产品。洗涤剂配方的不断变化以及迫于环境压力，含磷洗涤剂的禁用使得 AATCC 标准洗涤剂 124 和 AATCC 标准洗涤剂 WOB 已经过时。

**1.2** 由于标准洗涤剂 124 和 WOB 的废止，新的具代表性的洗涤剂已投入使用。以下章节介绍了一些具代表性的洗涤剂趋势和 AATCC 标准洗涤剂。

## 2. 洗涤剂工业现状和未来的发展趋势

**2.1** 如今的市售洗涤剂产品形式多样，包括粉剂、液剂和单剂量包。所有形式的产品最初都主要由表面活性剂和助洗剂组成（主要含表面活性剂的非复配洗涤液除外）。这些产品也含有一些助剂，使产品在加工和运输过程中保证性能稳定，并含有许多可选择的成分，用于提升性能或美感，例如荧光增白剂、酶、漂白剂、抗再沉淀剂、纤维和染料保护剂、香味剂和泡沫控制剂等。

**2.2** 洗涤粉和洗涤液之间的不同之处关键在于助洗剂体系。一般洗涤粉的复配比洗涤液的复配要好，因为它有碳酸盐助洗剂体系和增强助洗效果的铝矽酸盐（硅酸盐），并在较大 pH 条件下（pH 为 10）效果最佳。重垢型洗涤液是典型的柠檬酸

盐复配洗涤剂，在较小 pH 条件下（pH 为 8.5）效果最佳。单剂量包洗涤剂可包含液剂和/或粉剂成分和相当的复配成分。

在此标准撰写时（2017 年），美国市售洗涤剂约 75% 为液剂，另外有分开销售的粉状和包装洗涤剂。

**2.3** 洗涤剂市场将随着消费者的需求和化学工业的发展不断变化。未来的洗涤剂将受到许多因素的影响，包括环境、化学品准入、原材料成本、性能所带来的效益大小和消费者需求。因此，有必要确保标准洗涤剂在市场上具有代表性，并能随市场洗涤剂工业的巨大转变进行更新。

## 3. 使用 1993 AATCC 标准洗涤剂的原理

**3.1** 在该背景下，尤其是在使用磷酸盐引发了人们对环境的关注情况下，含荧光增白剂和不含荧光增白剂的新型 AATCC 标准洗涤剂自 1993 年开发并沿用至今。这种浓缩洗衣粉配方使用碳酸盐复配而非磷酸盐复配。并且由于在产品的保存期内酶的活性可能会发生变化，因此没有将酶加入该配方中。

**3.2** 在实验室进行比较，1993 AATCC 标准洗涤剂和目前上市的产品的洗涤性能可能不同。但是，将目前上市的产品进行比较也能发现同样或更大的差异。

**3.3** 水的硬度的选择在于所使用的是 1993 AATCC 标准洗涤剂和目前一般洗涤剂使用效果存

在差异的原因之一。在硬水条件下，1993 AATCC 标准洗涤剂去油污效果可能更好，因为与大多数市场上可买到的产品相比，其适用的硬度范围更广更有效。

**3.4** 在 ISO 的一些不同测试方法中，使用了其他标准洗涤剂。在针对世界其他地区出售的家庭洗涤设备的方法中对洗涤剂的使用方法有所规定。

**3.5** 1993 AATCC 标准适用于上置式加速试验仪（耐洗牢度试验仪）。不适合高效上置式或前置式试验仪。

## 4. AATCC 液态洗涤剂的原理

**4.1** 由于液态洗涤剂市场份额的增长，AATCC 根据相应市场需求开发了液态标准洗涤剂。

**4.2** 虽然洗涤粉和洗涤液都是用于清洁和去污，但实现这些目标的方式有所不同。关键的不同点在于两种产品使用的 pH 范围。洗涤粉在较大 pH（pH 为 10）时效果最佳。较大的 pH 对去除污垢相对有利，因此洗涤粉在去除污垢上非常有效；然而，较大 pH 对织物和染料有不利影响。多年来，研究人员在高 pH 下开发了一些能提高性能的技术，洗涤粉已经能够克服最初的许多缺点。

**4.3** 洗涤液在较低 pH 条件下（pH 为 8.5）效果最佳。因为这个 pH 比较接近中性，对织物和染料更柔和。多年来，技术的发展使洗涤液的清洁效果更强，同时保持了对织物和染料柔和的特点。因为洗涤粉和洗涤液配方存在很大差异，因此需用不同的、合适的标准洗涤剂来代表它们。

**4.4** AATCC 研发的第一款液态洗涤剂是 2003 含有和不含荧光增白剂的 AATCC 标准洗涤剂，且适用于传统的上置式洗衣机。2016 年新的标准洗涤剂开发后，2003 AATCC 标准洗涤剂将不再使用，且 2016 AATCC 标准洗涤剂可以在传统和高效洗衣机上使用。

**4.5** 2015 高效标准洗涤剂（含有和不含荧光增白剂），是目前推荐的标准洗涤剂，同时适用于传统和高效洗衣机。这种洗涤剂的去污效果可以和目前市售产品相媲美。

## 5. 实验室测试用标准洗涤剂的原理

**5.1** 织物的很多特性对于消费者使用和可接受度是很关键的，如尺寸变化、表面或外观平整度、色牢度、去污性和阻燃性会受纺织品洗涤方式的影响。纺织行业已采用标准的洗涤剂和洗涤条件来预测消费者对纺织品的可接受度，并对他们的产品性能作出判断。设计的标准洗涤剂在市场上具有广泛的代表性。

**5.2** 实验室一般购买本国产品牌洗涤剂，是因为以下几点：

（1）同一品牌洗涤剂在异地和相邻两年间都含有同样成分的假设是不成立的；

（2）本地购买的便利性；

（3）价格。

实验室测试使用现成的洗涤剂，增加了一个标准测试方法和洗涤剂中要控制的变异因素。光学增白剂或荧光增白剂的含量肯定会影响色牢度的评定，消费者购买使用的同一品牌洗涤剂中，其含量是不同的。

**5.3** 洗涤剂制造商已用其他清洁成分开发出了新型洗涤剂，如非氯颜色安全漂白系列。使用该产品，AATCC 现可以用满水位（洗衣机）方法和快速标准程序检测色牢度，即 AATCC 172《家庭洗涤中耐非氯色牢度》和 AATCC 190《家庭洗涤耐活性氧漂色牢度：快速法》。

**5.4** 应注意欧洲和亚洲使用的标准洗涤设备和洗涤剂有差异。

*AATCC M4-2017e*

# 家庭洗涤用液体织物柔软剂概述

AATCC RA88 技术委员会于 2006 年制定；2011 年编号；2017 年修订，2019 年编辑性修订。

## 1. 织物柔软剂的背景

**1.1** 尽管自 20 世纪 60 年代起，AATCC 及其他测试和开发的组织就开始将标准纳入洗涤剂领域，但一直以来却没有标准织物柔软剂。2017 年在美国约有 80% 的家庭经常使用柔软剂。最常用的方法是在织物上使用漂洗型柔软剂和片状柔软剂。超过 40% 的家庭使用漂洗型柔软剂，而超过 60% 的家庭使用片状柔软剂，还有一些家庭两者均使用。本文介绍了有关家庭洗涤用液体织物柔软剂的情况。

**1.2** 家庭液体织物柔软剂于 19 世纪 60 年代问世，用于保持服装的舒适性。在洗涤过程中的强大外力作用下，织物纤维易缠结，因此反复洗涤后，织物会丧失其某些最初的物理性能。经干燥后，纤维任意地缠结在一起，导致服装变得硬挺，化纤制品在滚筒烘干过程中易产生静电，液体柔软剂可以帮助解决这些问题。

## 2. 织物柔软剂特点

**2.1** 柔软性。在漂洗过程中，液体织物柔软剂通过将阳离子活性化合物或某种成分沉淀到织物表面起到柔软织物的作用。双烷基季铵盐柔软剂由一个带正电的氨基和脂肪链构成，一旦季铵盐表面活性剂与织物接触，其脂肪链就会垂直于织物表面，来防止纤维缠结，使织物变得厚实。纤维上的油脂可减小织物表面及纤维间的摩擦，提高织物的手感。在漂洗过程中，柔软剂的活性成分或化合物

沉淀会很高，在某些情况下接近 90%。液体织物柔软剂的漂洗沉淀比片状柔软剂更具优势，因为液体柔软剂与织物表面的接触面积更大，更易渗透，使织物手感更好。较柔软的服装也会使消费者的穿着接触感更好。

**2.2** 静电。静电是由于一些织物表面电子或电荷不平衡产生的。不同材料相互接触，分开后，电子会发生转移，造成了电子不平衡。摩擦和低含湿量条件下更易产生这种现象。比如，当织物在烘干机中干燥时，自然条件下含湿的纤维制品（棉）比化学纤维（涤纶）的静电更易消除。织物柔软剂通过润滑纤维和减小摩擦来防止烘干机中静电的聚集。

**2.3** 织物气味。大部分的织物柔软剂（无味型或随意型除外）通过在配方中加入芳香剂，使织物具有清新的气味，在某些情况下这种气味可持续数天。很多消费者从织物清新的气味会联想到某件东西被完全洗净。

**2.4** 外观（颜色）。通常使用体织物柔软剂洗涤后的织物的外观（颜色）更好。柔软成分的沉淀使纤维和纱线润滑，有助于织物外观的保持，并可能延长其寿命。织物摩擦可能会形成表面疵点，如起毛和起球现象，造成褪色和破损。

**2.5** 减皱。沉淀的柔软剂活性成分润滑了纤维，减小了纤维间摩擦，因此液体柔软剂有助于减少织物褶皱。织物褶皱越少越容易熨烫。

**2.6** 可燃性。不建议有阻燃标签的儿童睡衣或服装使用液体织物柔软剂，因为它会降低阻燃

效果。

## 3. 液体织物柔软剂

**3.1** 所有有效的家庭洗涤液体织物柔软剂都含有一种阳离子表面活性剂——季铵化合物。液体柔软剂诞生于 19 世纪 60 年代早期,是简单的双二甲基氯化铵(氢化牛油烷基)、芳香剂、电解质、着色剂和水的分散质。双二甲基氯化铵(氢化牛油烷基)是一种非常有效的软化剂和抗静电剂。在 18 世纪 80 年代,制造商将一些液体柔软剂通过浓缩,使其活性浓度为原来的 3 倍,制成了浓缩配方,包装更小、更方便。为了保持预期的柔软效果,制造商使用了双(氢化牛油烷基)二甲基氯化铵和咪唑啉季铵盐活性成分或咪唑啉。

**3.2** 柔软剂市场继续随着消费者需求的变化不断发展。未来的柔软剂将会受一些因素的影响,如是否可迅速生物降解、节水效果、原材料成本、性能效益、气味更清新的需求,以及其他消费需求。

*AATCC M9-1992e2*

# 实验室间测试 ASTM 方法概述

AATCC RA102 技术委员会于 1992 年制定；2011 年编号；2018 年、2019 年编辑性修订。

## 1. 概述

ASTM D2904《产生正态分布数据的纺织品测试方法的实验室间测试的规范》和 ASTM D2906《纺织品精度和偏差描述的规范》是规划用以评估推荐的测试方法的实验室间测试的指南，也是用测试结果撰写正态分布数据精度报告的指南。这些方法和 ASTM D4467《产生非正态分布数据的纺织品测试方法的实验室间测试》旨在作为 AATCC 测试方法中制定精度和偏差陈述信息的指南。该专论是 ASTM 标准的重要部分的概要，也是 AATCC 测试方法中编写精度和偏差报告的最低条件。确定一名操作者在实验室内及实验室间的方差分量的影响。根据方差分量计算出的临界差值显示，对于取自不同样品的 $n$ 个试样的平均值来说，即使是最小的差值在统计上也非常重要。

## 2. 实验室间测试参数

**2.1** 材料：至少要有两种有代表性的被测样品。子样品应尽量相似。只要可能，每种材料的性能值应该通过不同方法来确定，以便确定所建议的方法与仲裁方法之间在性能的不同水平上是否存在可变偏差。

**2.2** 实验室：至少应该有五个实验室参与测试。

**2.3** 操作员：建议每个实验室内至少有两名操作员，但是由一名操作员进行测试也是可以接受的。

**2.4** 样品：每个实验室的每名操作员应至少测试每种材料的两个样品。每名操作员测试的样品数应由测试的固定变量（由一个实验室中一名操作员对同一材料的测试确定）和希望能够检测到的较小系统影响来决定。所需样品数的计算步骤在 ASTM D2905 的第 5.5 部分中有详细说明。建议在更多的实验室（每个实验室中至少两名操作员且每名操作员至少做两个测试）对更多的材料进行测试。为了消除任何储存或时间的影响，测试顺序应该是随机的。

**2.5** 仪器：与仪器相关的影响不应该包含在统计分析中。应当在实验室中使用多种器械时，确定仪器间是否存在差异，如果存在，用已知标准样品来获取校正因子。

## 3. 程序

**3.1** 在实验室间测试之前应该先进行初步的预测试。在进行全面测试之前先进行小规模的实验室间测试也是可取的。

**3.2** 获取足够多的样品和代码分给各实验室。材料应该完全随机地分给各实验室。某些情况下可能需要采用部分随机的方式。例如，不同细纱机的纱、各个机架的样品可以被分给每个实验室进行测试。在分给各实验室之前要确定子样品的一致性。

**3.3** 在每个实验室，根据被提议的测试方法的程序进行测试。

## 4. 分析

**4.1** 方差分析（ANOVA）被用来确定实验室间测试的影响因素（操作员、实验室）的大小。这个程序需假设方差相同。如果方差不同，需要进行像 ASTM D2904 第 11 部分所建议的数值转换。

**4.2** 单一材料的方差分析。

**4.2.1** 用一种 ASTM 专门设计的统计包或其他统计软件包（SAS，SPSS）中包含的方差分析程序，为每种材料准备一个单独的方差分析。在后一种情况下，模型中的实验室、实验室内的不同操作员、操作员测试和实验室内的不同样品等影响因素都是方差的来源。分析会产生每种影响因素的 F 值，且这些值可以被用来确定操作员之间及实验室之间是否存在明显差异。作为选择，可以使用 ASTM D2904 附录 A2 中的公式人工计算出方差。

**4.2.2** 用 ASTM 或用其他统计包来确定方差分量。该计算是 ASTM 程序的一部分，但是如果用其他的标准统计包（如 SAS 中的 VARCOMP）时则需要另外一个程序。计算方差分量的公式也在 ASTM D2904 附录 A2 中给出。

**4.2.3** 用方差分量计算每个影响因素的临界差值。ASTM 程序为选定数量的样品提供了这些临界差值，也可以用 ASTM D2906 的第 8.2 和 8.4 部分中的等式来计算这些临界差值。应该通过比较每种材料的临界差值来确定所有材料的数据放在一张方差分析表中时是否足够相似。应该根据在材料临界差值中观测到的方差的实际重要性做出技术决定。列在 ASTM D2904 第 15 部分的辅助测试对做这一决定是有帮助的。

**4.3** 所有材料的方差分析。

**4.3.1** 如果所有材料的临界差值足够相似，则准备一份包含所有材料在内的方差分析表。用 F 测试来确定有意义的影响因素。ASTM 程序将直接进行这些分析。对其他的程序，模型中包含的影响因素是材料、材料与实验室的相互作用、实验室操作员、实验室中材料与操作员的相互作用、操作员和实验室测试的样品。

**4.3.2** 按以前的方法计算方差分量和临界差值。因为材料是经过精心挑选来体现所关注性能的不同水平，所以通常不计算材料的方差分量。

**4.3.3** 如果实验室中材料与实验室和材料与操作员的相互关系对样品的影响都不显著，就不要把这些包括在精确度报告中。但是，如果这些因素中的任一个是显著的，方差分量适用于含有一种或一种以上材料的情况。这意味着，当在不同的实验室或由实验室内不同的操作员进行测试时，测试方法对材料的评定不同。在这些情况下，单一材料和多种材料的方差分量都要被计算，且后者包含了材料相互作用的方差。（更深入的解释见 ASTM D2904 的 A2.14.2.2）。

## 5. 报告或精确度陈述

**5.1** 根据材料数、实验室数、实验室内操作员数和每个操作员测定的样品数描述实验室间的实验信息。

**5.2** 针对从包括所有材料在内的分析中确定的每种影响因素，报告所选数量样品的方差分量（作为方差或标准偏差）。如果材料相互作用不显著，报告每个操作员测试的样品间、操作员间和实验室内的操作员间的临界偏差。

**5.3** 如果材料相互作用是显著的，报告每个操作员、实验室内和实验室之间影响下的单一材料和多种材料的方差分量和临界差值。

**5.4** 在任意等级或有限的、不连续的其他等级情况下，或有效转换不可用的情况下（如 AATCC 灰卡），推荐使用 ASTM D2906 中的文件 8 一分级特例。许多 AATCC 分级标准都是有限的或不连续的。

# 附录

术语的定义（选自 ASTM D123 和 ASTM E456）。

**1.** 嵌套实验。

一种用来检测两个或多个因素的影响性实验，在该实验中，一个因素的同一水准不能和其他因素的所有水准合用。

**2.** 粗糙实验。

一种有计划的实验，在该实验中，测试条件的环境因素是有意变化的，以评估这种变化所产生的影响。

**3.** 标准偏差。

偏差的正数平方根。

**4.** 样品。

一种材料或实验室样品的特定部分，用于进行测试或为了此目的而准备的（同测试样品）。

**5.** 方差。

一种测量观测值或测量值二次分布的方法，该测量值或测量值被描述为总平均值/样本均值的离差平方和的函数。

*AATCC M10-2018e*

# 横档的目光评定术语

AATCC RA99 技术委员会于 2012 年制定；2018 年修订，2019 年编辑性修订。

## 前言

横档是指纱线中存在的物理的或染色的差异、织物结构中存在的几何差异或者由这些差异任何组合而形成的一种视觉效果。本专论列出了一系列描述性术语，用来描述圆机针织物横档的外观和/或形式。

## 1. 术语

横档：无意义的、通常是重复且连续的条状或带状疵点，平行于圆机针织物的横向或机织物的纬向。

## 2. 横档外观描述性术语（圆机针织物）

**2.1** 带式：由两行或多行线圈造成的、重复有规律地出现，且在编织循环上有两个或两个以上横列完整连接的带状横档。

**2.2** 暗条：布面某一部分看起来比布面正常部分暗的一种横档。这种横档可以表现为在反射光下看起来颜色较暗，或在透射光下看起来颜色较暗。

**2.3** 亮条：布面某一部分看起来比布面正常部分亮的一种横档。这种横档可以表现为在反射光下看起来颜色较亮，或在透射光下看起来颜色较亮。

**2.4** 多端式：由两行或多行线圈造成的、重复规律出现的横档外观。与带式横档不同的是，多端式横档的两端（在编织方向上）不连接。

**2.5** 随机式：在织物横向出现的不规律横档。

**2.6** 重复式：在织物横向重复出现的规律横档。

**2.7** 单行式：由一行线圈造成的、重复规律出现的横档。

**AATCC M14-2020**

# 通用纺织口罩的指南和注意事项：成人

## 前言

鉴于 COVID-19 大流行和政府关于在公共场所使用口罩的相关建议，本指南由一个行业利益相关者小组制定，旨在为制造商提供信息。注意事项和建议旨在帮助制造商更有效地设计和生产用于一般用途（非医疗用途）的口罩。本文档包含以下方面的自愿性指导和实际考虑：

监管注意事项；

适合性和尺寸考虑；

材料和构造注意事项；

颗粒过滤注意事项；

呼吸阻力注意事项；

洗涤和使用寿命注意事项；

领带和耳圈注意事项；

产品标签和标识注意事项。

## 1. 目的和范围

**1.1** 本专论包含成人通用、可重复使用的纺织口罩的设计、构造和标签的自愿性指南。

**1.2** 本文件中的指南适用于无症状者日常使用的通用型口罩。

**1.3** 本文件中所述的口罩仅供成人使用。

**1.4** 本文件中描述的口罩不是美国食品和药物管理局（FDA）或加拿大卫生部规定的医疗设备，也不是美国国家职业安全和健康研究所（NIOSH）定义的个人防护设备（PPE）。

## 2. 引用文献

注释：除非另有说明，否则使用所有出版物的最新版本。

**2.1** 行业方法。

**2.1.1** AATCC LP1《家庭洗涤的实验室程序：机洗》（见 19.1）。

**2.1.2** ASTM D3938《服装和其他纺织品用确定或确认标签用法的标准指南》。

**2.1.3** ASTM D4964《弹性织物拉伸性的试验方法（拉力试验机的恒速拉伸试验）》。

**2.1.4** ASTM D5034《纺织品断裂强力和伸长率的测试方法（抓样法）》。

**2.1.5** ASTM F2100《医疗面罩材料性能的标准规范》。

**2.1.6** ASTM F2299《利用胶乳球测定医用面具材料粒子渗透性初始效率的标准试验方法》。

**2.1.7** ASTM D73《纺织织物透气性的标准试验方法》。

**2.1.8** EN 14683《医用面罩：要求和试验方法》。

**2.1.9** ISO 9237《纺织品：织物透气性的测定》。

**2.2** 美国法规。

**2.2.1** 16 CFR 300 1939 年的"羊毛产品标识法"的规则制度。

**2.2.2** 16 CFR 303 纺织纤维产品鉴别法的规则制度。

**2.2.3** 16 CFR 423 纺织品服装和面料的维护标签。

**2.2.4** 16 CFR 1610 服用纺织品可燃性测试标准。

**2.3** 加拿大法规。

**2.3.1** 加拿大消费品安全法（S.C. 2010，c. 21）。

**2.3.2** 纺织品易燃性规定（SOR/2016-194）。

**2.3.3** 纺织品标签法（R.S.C.，1985，c. T-10）。

**2.3.4** 纺织品标签和广告条例（CR. C., c.1551）。

## 3. 术语

**3.1** 呼吸阻力：在恒定的空气流速下，吸入的空气通过被测表面所需的压差。资料来源：EN 14683，FDA 认可的外科口罩共识方法。

注意：术语"透气性"也与该定义相关，但由于可能与蒸汽渗透性相混淆，本文件中没有使用该术语。专门为允许汗水以蒸汽形式散发而设计的织物一般不适合用于口罩。

**3.2** 口罩：旨在减少穿戴者呼吸道飞沫扩散的覆盖物（例如，呼吸、咳嗽和/或喷嚏）（对比医用面罩）。

注意：在本指南中，所规定的口罩为：

完全覆盖用户的鼻子和嘴巴；

紧贴脸部两侧，无缝隙；

佩戴时不会造成呼吸困难。

在本指南中，所规定的口罩不包括：

医疗装备；

供医护人员使用的个人防护设备（PPE）。

**3.3** 贴合：用于口罩，能够覆盖使用者的鼻子和嘴，同时在周边与使用者的脸部保持紧密舒适的接触（见图1）。

**图1 口罩罩住使用者的鼻子和嘴并在周边（虚线）进行接触**

**3.4** 医护人员（HCP）：所有在医疗环境中工作的人员，不论是有偿的还是无偿的，他们的活动会使他们面临从患者身上传播呼吸道感染的风险。资料来源：疾控中心。

注：这类活动的例子包括需要直接接触病人和/或暴露在病人护理环境中的活动，包括在病人房间或分诊室或检查室或其他可能受污染的区域，以及处理血液、体液、分泌物或排泄物（汗液除外）或被弄脏的医疗用品、设备或环境表面。

**3.5** 医疗场所：一个提供医疗服务的地方。（对比公共场所）资料来源：FDA。

注：医疗场所包括但不限于：急性护理医院；长期护理设施，如疗养院和专业护理设施；医生办公室；紧急护理中心；门诊诊所；家庭医疗（即由专业医疗服务提供者在家中提供的护理）和紧急医疗服务。环境包括在非保健环境中例行提供保健服务的特定场所（例如，工作场所或学校内的医疗诊所）。

**3.6** 医疗器械：旨在用于疾病或其他状况诊断或治愈，缓解，治疗或预防疾病的任何物品。资料来源：FDA。

**3.7** 医用面罩：在医疗程序中，为保护佩戴者的脸部，包括鼻子和嘴巴的黏膜区域，防止与血液和其他体液接触而设计的防护用品（对比口罩）。资料来源：ASTM F2100。

**3.8** 颗粒过滤效率：过滤材料捕获气溶胶颗粒的效率，在给定的流速下，以未通过医用面罩材料的已知颗粒数量的百分比来表示。资料来源：ASTM F2299，FDA 认可的外科口罩共识标准。

**3.9** 个人防护设备（PPE，医用）：服装、头盔、手套、面罩、护目镜、口罩和（或）呼吸器或其他旨在保护佩戴者免受伤害或防止感染或疾病传播的设备。资料来源：FDA。

**3.10** 公共场所：人们可能与直系亲属或家庭以外的其他人接近的场所（对比医疗环境）。

注意：公共场所包括（但不限于）杂货店、药店、公园、公共交通和办公环境。

**3.11** 使用寿命：对于纺织品来说，指的是在某一物品不能再执行其预期的最终用途之前，可以进行的最大洗涤次数。

注意：定义口罩使用寿命的特性有：

用户适应性；

颗粒过滤；

呼吸阻力；

挂耳环带或系带附件；

挂耳环带或系带松紧带恢复（如适用）。

## 4. 安全防范措施

**4.1** 本专论中规定的安全预防措施并非包罗万象。

**4.2** 用户有责任参考适用的安全数据表，使用安全和适当的技术，并在需要时穿戴适当的个人防护设备。

**4.3** 用户必须向制造商咨询具体细节，如安全数据表、设备操作说明和其他建议。参考并遵守所有适用的健康和安全法规（例如，OSHA 标准和规则）。

## 5. 局限性

**5.1** 本指南并不涉及纺织口罩设计和性能的所有方面。

**5.2** 阻隔性和透气性指标仅适用于织物，不一定能代表整体口罩的性能。本文件不包括评估完整口罩的详细协议。

**5.3** 本指南不适用于规范的呼吸防护。请参考适用的法规和标准以获得这些项目的指导。

## 6. 监管方面的考虑

**6.1** 遵守所有适用的国家和地方法规。以下清单并不全面。可能需要进行额外的测试和/或认证。

**6.2** 对于美国。

**6.2.1** 查看美国消费品安全委员会（CPSC）关于 16 CFR 1610 的易燃性指南。根据质量/结构和/或纤维成分，某些织物可能会被豁免测试。

**6.2.2** 根据 16 CFR 303 和 16 CFR 300，查看美国联邦贸易委员会（FTC）关于纤维标签、原产国和制造商识别的指导。如果非羊毛口罩不覆盖颈部或肩部的任何部位，则可免于标签要求。

**6.2.3** 审查 FTC 关于 16 CFR 423 的护理标签指南。一般来说，护理标签必须永久贴在服装上，但也可以申请豁免。

**6.3** 对于加拿大。

**6.3.1** 审查 SOR/2016-194 的易燃性指南。

**6.3.2** 审查《纺织品标签法》和《纺织品标签和广告条例》，确保产品包括所有适用的标签、纤维含量和声明要求。

**6.4** 无论是贴在口罩表面还是贴在包装上，标签一般都应该是"显眼的和可获取的"。在网上、印刷媒体或其他销售渠道中，标签信息也应该是显眼的和可获取的。

## 7. 合身和尺寸考虑因素

**7.1** 口罩的尺寸要足够覆盖使用者的鼻子和嘴。

参见附录 A，了解 CDC 和加拿大卫生部对自制口罩的尺寸建议。

**7.2** 设计口罩时，不能遮挡佩戴者的视线。

**7.3** 设计口罩的周边，使其与使用者的脸部（和下巴下方）保持紧密舒适的接触，最大限度地增加通过口罩材料的气流，并尽量减少侧漏（见图 1）。

**7.4** 在确定口罩尺寸时，需要考虑的主要面部测量值见图 2。

具体测量方法可参考 NIOSH 对呼吸机使用者头面部人体测量数据的调查（www. nap. edu/re-source/11815/ Anthrotech_ report. pdf）。

下颌角间宽　　　　　　　　　　　　　　耳屏点间颏下弧长

面宽　　　　　　　　　　　　　　　　耳屏点间鼻中隔下弧长

瞳孔间宽度　　　　　　　　　　　　　鼻梁下巴间长度

图 2　面部测量要考虑的尺寸

## 8. 材料和结构方面的考虑

**8.1** 本节并非旨在限制设计，而是为制造商提供实际的选择，说明哪些织物和加工技术已经证明有前途，哪些没有。

**8.2** 纤维和织物的选择。

**8.2.1** 纤维含量、结构和织物质量或纱线支数是良好的筛选工具，但不能保证性能。最终的材料选择应基于颗粒过滤和呼吸阻力的性能特性。

**8.2.2** 本文件中提到的任何特定织物类型只是一个例子。本节不打算详尽列出适合的材料。

**8.2.3** 符合法规要求并满足可能适用于口罩的最低行业规范的服装用市场面料。

**8.2.4** 可使用多层（2~3层）织物以达到所需性能。单层口罩可能无法提供足够的过滤效果，除非经过测试证明。超过3层可能会限制呼吸，并且可能对穿着者造成沉重和笨重的感觉。

**8.2.5** 考虑多层结构的织物兼容性。对洗涤的尺寸稳定性有显著不同的织物，如果一起使用，可能会导致合身或功能问题。

**8.2.6** 虽然美学和质量特性超出了本文件的范围，但制造商可能会考虑评估如抗皱、起球、耐弯曲、耐洗涤和耐汗渍等特性。

**8.2.7** 由于纱线或纤维之间的空隙较小，密度较大的结构和较重的织物通常能提供更好的颗粒过滤效果。需注意，提供高水平颗粒过滤的织物和多层组件也可能具有高呼吸阻力。对功能性口罩来说，需考虑颗粒过滤和呼吸阻力之间的平衡。

**8.2.8** 具有高拉伸性的织物，包括针织物，可能会带来挑战，因为拉伸会增加纱线之间的空隙。如果使用这类织物，应在口罩的结构中结合使用更稳定的层。

**8.2.9** 表面有拉丝或拉绒（绒毛）的织物可能会很好地捕捉水滴，但如果直接接触穿戴者的鼻子或嘴，可能会有刺激性。磨砂或绒毛织物最好作为外层或中间层使用，凸起的表面朝向脸部（在凸起的表面和穿戴者的脸部之间至少再放一层）。例如，拉绒面料中的法兰绒。

**8.2.10** 一些研究表明，由短纤维和纱线制成的织物具有更好的过滤性能。这些纱线可能有助于减少纱线之间和纱线内部的空隙。变形复合长丝纱也可以达到这一效果。

**8.2.11** 在选择口罩内层面料时，佩戴者的舒适度是一个重要的考虑因素。考虑选择柔软或光滑的面料，以便贴近皮肤使用。

**8.2.12** 考虑内层和/或中间层的水分管理。有利于脸部散湿或保湿的面料对佩戴者来说可能更舒适。潮湿的环境也会促进较大水滴的形成，这些液滴更容易被口罩保留。

**8.2.13** 涂层或层压织物可能具有不良特性，包括高呼吸阻力和不适合与口鼻直接接触的化学品。

**8.2.14** 避免使用含有危险化学品的面料。请查阅适用的限用物质清单（RSL，例如：www.aafaglobal.org/AAFA/Solutions_ Pages/RestrictedSubstanceList. aspx）以获得指导。

**8.2.15** 已进行了测量各种常见织物过滤性能的研究，在选择织物时可参考这些研究（见附录B）。

**8.2.16** 织物类型和纤维含量的例子见附录C。

**8.3** 口罩结构。

**8.3.1** 避免不必要的接缝，因为接缝可能带来潜在的渗漏区域。接缝和缝合所产生的孔洞相比未缝合的织物区域，可能会使更多的液滴通过。

**8.3.2** 避免在口鼻部位接缝，大的接缝会对佩戴者造成压力和不适。

**8.3.3** 使用适当的接缝结构，防止接缝处影响合身性或透气性，特别是多层组件。

**8.3.4** 使用适当的针和线，使缝合时的孔洞尽可能小。

**8.3.5** 使用适当的针脚长度，确保安全施工，避免不必要的孔洞。

**8.3.6** 使用褶皱、暗褶或其他结构技术来塑造口罩的形状，使其合适。

## 9. 颗粒过滤效率考虑因素

**9.1** 过滤效率仅在口罩的织物材料上测量，并表明织物在口罩中有效使用的潜力。它并不提供最终（口罩）产品的有效性。制造商应考虑到口罩的去污和口罩的密封性是非常重要的。

**9.2** 制造商可以使用以下推荐的方法和规格来评估口罩的织物颗粒过滤效果。

**9.3** 基本粒子过滤法。ASTM F2299《利用胶乳球测定医用口罩所用材料的粒子渗透性初始效率的标准试验方法》（或同等技术方法）。

**9.4** 粒径大小。采用小粒径颗粒可获得最佳的防护水平，但这是最难实现的。报告 3μm 的效率。用户也可以考虑在更小的粒径下进行测试，例如，0.5μm 和 1μm 的颗粒将更具有挑战性和代表实际使用条件。

**9.5** 迎面风速为 10.4cm/s。

**9.6** 检测。光学检测，可检测范围至少为 0.5～5μm，并能报告 3μm 的有效过滤量。根据 ISO 21501-4 进行校准。

**9.7** 其他可接受的方法。已确定与上述方法具有实际等同性的方法。

**9.8** 建议。机织口罩在洗涤前和经过规定循环次数的洗涤后，3μm 的过滤效率应不低于 70%。

**9.9** 所述的标准过滤测试只能评估织物的性能。口罩作为一种有效的最终产品，关键是评估口罩的性能，而不仅仅是织物的性能。正式的个人防护设备准则将要求进行人体面板测试或头型测试（参见 NIOSH），并要求在使用这些口罩进行防护时，需要对工人进行合适性测试。虽然后者不可能对一般人群的口罩进行测试，但最终产品的贴合度评估仍然是相关的，因此建议并鼓励对口罩的过滤效率进行评估，理想的情况是在颗粒粒径最大 3μm 时能够保持 70% 的防护水平，甚至可能是更小的

颗粒。

**9.10** 可用的方法可能包括人体头部模型，在上述规定的气流和颗粒分布下进行测试。这些测试可能不像织物过滤测试那样容易进行，但对建立完整的口罩性能至关重要，而上述测试只能建立织物性能。

## 10. 呼吸阻力考虑因素

**10.1** 口罩不得阻碍佩戴者的呼吸。制造商可使用适当的透气性试验方法评估织物或织物组件的呼吸阻力。在准备试样时，将所有材料裁剪成适用于试验方法中规定的试样尺寸或稍大一些。将各层材料按其在整个口罩中的使用顺序和方向堆叠。在组件的周边粗缝或包缝，缝合所有层，以创建一个用于测试的组件。

**10.2** 采用以下一种方法对材料组件进行测试。在多层组件中，没有必要评估各层的透气性。

**10.2.1** EN 14683（附件 C），使用 8L/min 的空气流量，标准直径为 25mm。

**10.2.2** ASTM D737，使用标准 125Pa 压降，使用标准 38.3cm² 的试验面积。

**10.2.3** ISO 9237，使用标准 100Pa 压差。

**10.3** 对于面层，建议采用以下透气值。

**10.3.1** 对于 EN 14683（附件 C），最大为 36.7Pa/cm²。

**10.3.2** 对于 ASTM D737，最小为 1.14L/(min·cm²)[37.5 ft³/(min·ft²)]。

**10.3.3** 对于 ISO 9237，最小为 0.91L/(min·cm²)（或 15cm/s）。

**10.4** 测试其他经多次洗涤循环后的试样（见洗涤和护理注意事项），不要重复测试相同的试样。

**10.5** 空气渗透性仅在织物上测量。虽然该测试表明了织物在口罩中的有效使用潜力，但结构、印刷和其他工艺也可能影响口罩成品的呼吸阻力。

## 11. 洗涤和护理注意事项

**11.1** 最好采用机器洗涤，避免手洗而增加污染的可能性。干洗对于口罩来说也是不切实际的，每次使用后都应清洗。

**11.2** 在确定护理说明时考虑最敏感的元素（例如，最容易发生尺寸变化的织物层）。

**11.3** 确定口罩的使用寿命。

**11.3.1** 按照 AATCC LP1 中的指示进行洗涤，使用口罩护理说明中规定的温度和循环设置（见 15.1）。

**11.3.2** 在多次洗涤后，评估贴合度、颗粒过滤性、透气性和挂耳环带/系带的附件性能。每个洗涤循环包括洗涤和干燥程序。

**11.3.3** 为了评估洗涤后的贴合度和挂耳环带/系带的附件性能，要洗涤整个口罩。

**11.3.4** 为评估洗涤后的过滤性和透气性，按照完整口罩的结构顺序，制备并洗涤一个或多个包括所有织物层的材料组件。

**11.3.5** 多个口罩和/或组件可以一起洗涤。

**11.3.6** 使用寿命是指根据本文件、法规和/或内部准则中的建议标准，口罩仍能满足使用要求，所能承受的最大洗涤循环次数。

**11.3.7** 一般来说，评估每次洗涤循环后的性能是不切实际的，可根据预期或期望的使用寿命选择一个循环间隔。例如，对于使用寿命为 50 次循环，在 25、35、45 和 50 次循环后进行评估。

**11.3.8** 在每个循环间隔后评估组件的不同区域或不同组件的过滤性。

**11.3.9** 在每个循环间隔后评估组件的不同区域或不同组件的呼吸阻力。

**11.3.10** 在每个循环间隔后，评估挂耳环带/系带的附件性能。

**11.3.11** 在每个循环间隔后，评估不同的挂耳环带/系带的弹性回复性能（如果适用）。

## 12. 系带和挂耳环带注意事项

**12.1** 提供系带或挂耳环带，保证口罩固定在使用者的脸上。

系带通常可提供更多的定制服务。

**12.2** 确保系带和挂耳环带足够耐用，能够保证口罩的正常使用。

**12.2.1** 使用 ASTM D5034 验证附件强力。

**12.2.2** 口罩系带和挂耳环带的建议附件强力至少为 44.5N（10lbf）。

**12.2.3** 测试其他经多次洗涤循环后的试样（参见洗涤和护理注意事项），不要重复测试相同的试样。

**12.3** 对于弹性系带和挂耳环带，确保充分的弹性回复，以保持形状和贴合。

**12.3.1** 使用 ASTM D4964 验证弹性回复性。根据宽度确定最大负荷。

宽度 ≥1 英寸：44.5N（10lbf）。

1 英寸>宽度 $>\frac{1}{2}$ 英寸：22.3N（5lbf）。

$\frac{1}{2}$ 英寸 ≤宽度：8.93N（2lbf）。

**12.3.2** 口罩系带和挂耳环带在 60s 后的推荐弹性回复率至少为 90%。

## 13. 产品标签和标识注意事项

**13.1** 产品说明。在所有的包装和宣传材料上准确描述产品为口罩。

**13.2** 成人使用。清楚地标明产品为"成人专用""不适用于儿童"或等同表述。

**13.3** 预期用途。不要在产品上贴上任何标签、图像或标记，以表明其用途超出口罩的预期。

**13.3.1** 预期使用者。不建议医护人员或需要呼吸道保护的使用者使用。

**13.3.2** 预期使用场所。不建议在任何需要采取特定液体和/或吸气防护措施的场所中使用，如医疗场所或商业场所。

**13.3.3** 社交距离。不建议使用口罩来减少社交距离。

## 14. 用户说明标签

**14.1** 遵守所有适用的国家和地方法规。

**14.2** 佩戴说明。包括关于使用者如何穿戴、佩戴和取下口罩的说明。

建议：摘除说明的一个例子是："个人应小心不要触及眼睛。"个人在取下口罩时应注意不要接触眼睛、鼻子和嘴巴，取下后应立即洗手。参考CDC、加拿大卫生部或其他官方来源的其他建议。

**14.3** 洗涤说明。包括家庭洗涤说明（见洗涤和护理注意事项）。

建议：可包括每次使用后清洗的建议。

**14.4** 使用寿命（最大洗涤循环次数）。包括丢弃前的最大洗涤循环次数（根据护理说明），见洗涤和护理注意事项。

**14.5** 合身性。包括评估合适性的指导（见合适性考虑因素），并声明指示用户如果口罩不再覆盖口鼻，或周边不再与脸部紧密接触，应将其丢弃。

**14.6** 弃置说明。包括正确处置口罩的说明。处置说明举例："在使用期限结束时，应将口罩丢弃。""使用寿命结束时，将口罩放入塑料袋中处置，以避免交叉污染。"

## 15. 性能宣称、广告和宣传材料

**15.1** 遵循所有适用的国家和地方法规。

**15.2** 在美国和加拿大，特定的宣称可能是允许的，但必须分别遵循联邦准则（见7. 监管方面的考虑）来证实宣称。考虑到本指南的背景，制造商应避免作出以下具体声明：

用作外科口罩或液体屏障防护；

抗微生物或抗病毒特性；

呼吸道防护和微粒过滤效率（如95%）。

**15.3** 制造商不应采用会给用户带来不必要风险的宣称和/或将产品归类为"医疗设备"或"个人防护设备"。

**15.3.1** 产品不应提及医疗用途。

**15.3.2** 产品不应提及PPE或个人防护设备。

**15.4** 不要做出暗示获得美国国家职业安全与健康研究所（NIOSH）、美国疾病控制与预防中心（CDC）、加拿大卫生部或其他安全相关机构批准的声明或标识。

**15.5** COVID-19（或其他感染疾病）。任何与使用授权口罩有关的印刷品，包括广告或宣传材料，均不得代表或暗示该产品在COVID-19大流行期间对预防或治疗病人是安全或有效的。

## 16. 建议总结（评价议定书）

表1是以评价议定书形式提出的建议总结，本协议不考虑适用的条例。

## 17. 说明

可从AATCC机构获取，地址：P. O. Box 12215, Research Triangle Park NC 27709, USA；电话：+1. 919. 549. 8141；邮箱：ordering@aatcc.org；网址：www. aatcc. org。

## 18. 历史

2020年由亚非贸易理事会RA113委员会制定。

表1 推荐的通用纺织口罩的评价和准则总结

| 评价 | 方法/引用 | 建议准则 |
|---|---|---|
| 一般标签 | | |
| 产品说明 | 视觉检查 | 应准确地描述产品为口罩 |
| 预期用途 | 视觉检查 | 不应包含任何标签或标记来误导可超出口罩预期的用途 |

续表

| 评价 | 方法/引用 | 建议准则 |
|------|-----------|----------|
| 目标用户 | 视觉检查 | 不应包含任何标签或标记来误导可由医护人员或需要呼吸道防护的用户使用 |
| 预期用途设置 | 视觉检查 | 不应包含任何标签或标记来误导可用于采取特定液体和/或吸气防护措施的场所，如医疗场所或商业场所 |
| 仅供成人使用标签 | 视觉检查 | 应标明"仅限成人使用""不适用于儿童"或等同表述的标签 |
| 用户说明标签 | | |
| 佩戴说明 | 视觉检查 | 应包含制造商关于用户如何戴上、佩戴和取下口罩的说明，摘除口罩的说明应包含（或等同表述）："个人在取下口罩时应注意不要接触眼睛、鼻子和嘴巴，取下后应立即洗手" |
| 洗涤说明 | 视觉检查 | 应包含制造商建议的洗涤说明 |
| 使用寿命标签 | 视觉检查 | 应标明在丢弃前可用的最大洗涤循环次数（根据护理说明） |
| 合身性 | 视觉检查 | 应包含声明，指示用户在口罩不再适合的情况下应丢弃 |
| 处置说明 | 视觉检查 | 应包含合理处置口罩的制造商的推荐程序说明 |
| 性能宣称、广告和宣传资料 | | |
| 医疗设备/医疗用途 | 视觉检查 | 该产品不应做出任何相关的用于医疗目的、疾病或其他条件的诊断，或用于治疗、减轻、治疗或预防疾病的宣称 |
| 个人防护装备的使用 | 视觉检查 | 产品不应做出任何提及 PPE 或个人防护设备的宣称 |
| 特殊宣称 | 视觉检查 | 不应做出以下宣称：<br>用作外科口罩，或液体阻隔防护<br>抗微生物或抗病毒特性<br>呼吸道防护和微粒过滤效率（如 95%） |
| 卫生机构的标志和批准 | 视觉检查 | 不应做出暗示获得美国国家职业安全与健康研究所（NIOSH）、美国疾病控制与预防中心（CDC）、加拿大卫生部或其他安全相关机构批准的声明或标识 |
| COVID-19 相关标签 | 视觉检查 | 任何与使用授权口罩有关的印刷品，包括广告或宣传材料，均不得代表或暗示该产品在 COVID-19 大流行期间对预防或治疗病人是安全或有效的 |
| 绳带附件 | | |
| 试样应按方法说明进行试验，验证口罩在宣称的总洗涤次数前后符合以下推荐要求 | | |
| 松紧带 | ASTM D4964 | 60s 后应具有大于 90% 的回复性，最大负荷由宽度决定<br><br>宽度≥1 英寸：44.5N（10lbf）<br><br>1 英寸>宽度>$\frac{1}{2}$英寸：22.3N（5lbf）<br><br>$\frac{1}{2}$英寸≤宽度：8.93N（2lbf） |
| 可重复使用的口罩上的绳带和附件 | ASTM D5034 | 附件应能承受至少 44.5N（10lbf）的质量 |

续表

| 评价 | 方法/引用 | 建议准则 |
|---|---|---|
| | | **洗涤和护理** |
| | | **试样应按方法说明进行试验** |
| 洗涤 | AATCC LP1 | 洗涤次数达到规定次数后，口罩不应出现以下情况：<br>颗粒过滤性和/或透气性低于推荐的70%PFE 或空气渗透率限制<br>尺寸改变，不再使可接受的用户感到"适身"<br>物理性能变化，以致口罩不能再使用（例如，绳带失效） |
| | | **颗粒过滤性** |
| | | **试样应按说明方法进行试验，验证口罩在宣称的总洗涤次数前后符合以下推荐要求** |
| 过滤效率 | ASTM F2299<br>（或等同技术） | 口罩的颗粒过滤效率应大于70%，在10.4cm/s 的迎面风速下，最大粒径为3μm<br>测试应对"收到的"样品和在宣称的洗涤次数之后进行 |
| | | **呼吸阻力：透气性** |
| | | **试样应按说明方法进行试验，验证口罩在宣称的总洗涤次数前后符合以下推荐要求** |
| 透气性 | EN 14683（附录 C） | 使用 8L/min 空气流量，标准直径为 25mm，应达到 36.7Pa/cm² |
| | ASTM D737 | 使用标准的 125Pa 降压，使用标准 38.3cm² 的测试面积，应至少达到 37.5ft³/(min·ft²) |
| | ISO 9237 | 采用标准的 100Pa 压差，应至少达到 0.91L/(min·cm²)（或 15cm/s） |

# 附录 A    政府对织物/纺织口罩布的立场

关于公众佩戴口罩布的指引参见加拿大卫生部和美国疾控中心的网址。

疾控中心关于自制口罩布的尺寸建议，请参见附图 1。

有关其他信息，请参见纺织口罩上的信息。

附图 1    CDC 推荐的纺织口罩的尺寸和结构

## 附录 B　织物过滤和透气性的研究

以下是政府有关公众佩戴纺织口罩的指南链接。

**B1**　测试自制口罩的功效。它们是否能在流感大流行中起到保护作用？

Davies, A., Thompson, K., Giri, K., Kafatos, G., Walker, J., & Bennett, A. (2013). Testing the Efficacy of Home-made Masks: Would They Protect in an Influenza Pandemic? Disaster Medicine and Public Health Preparedness, 7(4), 413-418.

**B2**　防毒面具常用织物的气溶胶过滤效率。

Abhiteja Konda, Abhinav Prakash, Gregory A. Moss, Michael Schmoldt, Gregory D. Grant, and Su-pratik Guha ACS Nano 2020 14 (5), 6339-6347.

**B3**　简单的呼吸防护。评价布制口罩和普通织物材料对 20~1000nm 粒径的颗粒过滤性能。

Samy Rengasamy, Benjamin Eimer, Ronald E. Shaffer, Simple Respiratory Protection—Evaluation of the Filtration Performance of Cloth Masks and Common Fabric Materials Against 20 - 1000 nm Size Particles, The Annals of Occupational Hygiene, Volume 54, Issue 7, October 2010, Pages 789-798

**B4**　制造开发中心在威克森林再生医学研究所的研究。

## 附录 C　纤维成分和织物的考量和实例

附表 1 列出了研究中使用的纤维成分及织物实例，以供参考。这并不是可接受选项的详尽清单。

注意：纤维成分、结构、织物质量或纱线支数是很好的筛选工具，但不能保证性能。最终材料的选择应基于颗粒过滤和呼吸阻力的性能特性。

附表 1　通用纺织口罩用织物示例

| 外层纤维成分实例 |
| --- |
| 棉或富含棉的混合物（60%以上为佳，因为具有良好的吸水性会吸湿）　根据织物密度，可以选择聚酯纤维 |
| **外层织物实例** |
| 机织：平纹、经面缎纹、纬面缎纹、斜纹，190g/m² 及以上<br>　纱线密度 400 以上，床单/枕套类（纬面缎纹）<br>　180 针/英寸的厚重绗缝织物（平纹）<br>　120~160 针/英寸的平纹织物<br>针织：起绒、刷毛/抓毛绒布、间隔、罗纹、珠地网眼 |
| **内层纤维成分实例（与皮肤直接接触）** |
| 棉花、锦纶、聚酯纤维 |
| **内层织物实例（与皮肤直接接触）** |
| 机织：平纹、经面缎纹、纬面缎纹、毛圈<br>　塔夫绸 45g/m²<br>　法兰绒（斜纹或平纹）160g/m²<br>针织：起绒、刷毛/抓毛绒布、间隔、罗纹、珠地网眼<br>　28~36 针（更细的针距可编织更薄的织物）<br>　织物密度大于 20 经/英寸×28 纬/英寸 |

续表

| 可选过滤层（内层和外层之间）的纤维成分实例 |
|---|
| 天然或合成纤维垫片<br>锦纶或聚酯（无纺布）衬布<br>锦纶超细纤维（机织或针织）<br>聚丙烯非织造布（如常见的可重复使用的杂货袋）<br>羊毛毡 |
| **可选过滤层（内层和外层之间）的织物实例** |
| 机织：<br>　　经面缎纹，平纹，斜纹，120~180g/m²<br>　　毛圈，300~400g/m² 的纯棉厨房巾<br>针织：起绒、刷毛/抓毛绒布、间隔、罗纹、珠地网眼（28 针或更细）<br>非织造布：（不能阻碍呼吸）蓝色商店毛巾-亲水针织布<br>复合/层压布：（不能阻碍呼吸）<br>　　不建议使用 Gore-tex（50 旦，101g/m²） |